입문

대기과학

대표저자 **소선섭**

Introduction to Atmospheric Science

청문각

入門大氣科學

Introduction to Atmospheric Science

蘇鮮燮 代表著者

淸文閣

머리말
Preface

· · · 대기과학(기상학)을 배우려고 하는 학도들에게 처음으로 접할 수 있는 입문서(入門書)로서 출판한 일반기상학(一般氣象學, 교문사, 1985년)이 세상에 나온지도 30여 년이 가까워 온다. 그동안 대기과학계의 지식도 발전했고, 집필(執筆) 경험도 많이 축적되었다. 다른 학문도 다 비슷하지만, 특히 이과계열의 과학교재는 그 발전 속도가 빨라 가능하면 10여 년이면 개정을 해 주어야 한다. 상기의 "일반기상학"은 뜻밖에도 독자들의 사랑을 많이 받아 장수(長壽)했다. 그동안 다른 저서의 집필에 밀려, 본서가 늦어진 감이 있다.

처음으로 대기과학을 배우는 학생들이 기대에 어긋나지 않고, 흥미를 가지고 평생의 직업으로 삼고, 더 나아가서는 가업(家業)으로 물려줄 수 있는 가치가 있게 마음속 깊게 심어주고 싶다. 그러기 위해서 본서(本書)를 어떻게 구성하고 집필해야 할까를 많이 생각하고 고민했다.

"입문대기과학(入門大氣科學)"은 대학교의 경우는 1학년 입학해서 "대기측기 및 관측"의 교재와 병해서 공부하고 관측·실험해서 기초부분을 완성하는 쪽이 좋다.

내용은 어려운 것과 수식 등의 많은 부분을 다루기보다는, 원리를 주위의 사물에 비교하면서 쉽게 이해할 수 있도록 신경을 썼다. 대기과학(大氣科學)의 특성상 수식(數式)을 취급하지 않을 수 없으므로, 가능한 한 쉽게 하려고 했지만, 어쩔 수 없이 사용되는 것에는 독자들의 많은 이해를 부탁한다.

끝으로, 원고의 정리 및 교정 등을 해준 공주대학교 대기과학과 대학원생들(양승구, 최훈희, 정호섭)과, 어려운 여건에도 불구하고 출판해 주신 청문각 류제동 사장님, 이 모든 분들께 심심한 감사의 말씀을 드린다.

2014년 2월
대표저자 소선섭(蘇鮮燮) 씀

대기과학
나무

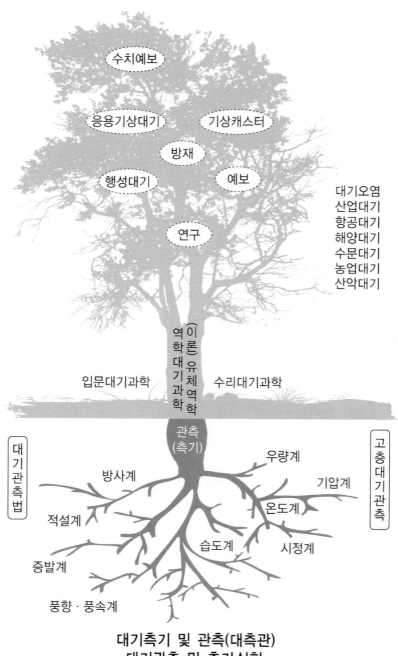

수치예보

응용기상대기 　 기상캐스터

방재

행성대기 　 예보

대기오염
산업대기
항공대기
해양대기
수문대기
농업대기
산악대기

연구

(이론)유체역학

역학대기과학

입문대기과학 　 수리대기과학

관측
(측기)

대기관측법

고층대기관측

우량계

방사계

기압계

적설계

온도계

습도계

시정계

증발계

풍향·풍속계

대기측기 및 관측(대측관)
대기관측 및 측기실험

일러두기

1. 대기과학의 용어는 한글(한자, 영어)의 순서로 나열했다.

　　우리말은 한글(순우리말인 고유어)과 한자(漢字)와 외래어로 이루어져 있다. 따라서 용어나 중요한 단어는 한글(한자, 영어)의 순으로 나열되어 있다. 우리글의 약 70% 정도는 한자어에서 유래된 것이라고 한다. 대기과학의 용어를 한글로만 만들면, 용어를 설명하는 형태가 되고 또 아시아의 공통용어도 되지 못해서 50점짜리가 된다고 사려된다. 그러니 한글과 한자가 있는 용어로 만드는 것이 100점짜리로, 현재 우리의 상황에서는 적합하다고 생각한다.

　　한자나 영어의 용어를 익히기 위해서 반복학습을 하고, 강조할 때는 굵은 글씨(고딕)로 되어 있다.

2. 새롭게 만들이진 용어에는 실선(實線, solid line)으로 밑줄(＿＿＿)을 그어 표기했다. 앞으로 검토해서 새 용어로 정착시키자는 뜻이다.

3. ＊ 참고 : 설명이 더 필요할 때는 참고가 되는 부분을 따로 떼어서 가능한 한 그 내용이 끝나는 바로 다음에 자세히 설명했다.

4. 그림, 표, 도표 등의 부기에,『참고』는 잘 알 경우 또는 볼 필요를 느끼지 않을 경우에는 생략하고 넘어가도 좋지만,『보기』라고 되어 있을 때는 생략하지 말고 꼭 보라는 뜻이다.

5. 응용 : 대기과학(기상학)이 우리의 일상생활이나 타 분야로 응용이 되면, 그 부분을 실었다. 앞으로 이것을 더욱 발전시켜 나갈 계획이다.

6. 심화(深化) : 본서인 입문대기과학의 범위를 넘어서 자세한 설명을 원하거나, 더 알고 싶은 독자를 위해서 한층 높은 수준의 내용 또는 문제를 실었다.

7. 한글 맞춤법
　　• '量'은 앞에 오면 두음법칙에 따라 '양'으로 표기하고, 뒤에서는 언제나 '량'으로 표기한다.
　　　(예) 양산(量産), 양수기(量水機), 생산량(生産量), 운수량(雲水量); (한글 맞춤법 제11항 참고)
　　▶ 다만, 한글어가 아닌, 고유어나 외래어와 만나는 경우에는 '양'으로 써야 함.
　　　(예) 구름-양(量), 니코틴-양(量)
　　• 모음이나 ㄴ 받침 뒤에 이어지는 '렬(列, 劣, 烈), 률(率, 律, 慄)'은 '열, 율'로 적는다(한글 맞춤법 제11항 참조).

차 례
Contents

Part III　운동과 방정식

Part Ⅳ ┃ 예보와 활용

Supplement 부 록

Part

I

지구와
대기

01 지구의 개관

지구(地球, Earth)란 무엇일까! 우리는 지구라고 하는 땅덩어리를 밟고, 그 위의 공기를 끊임없이 호흡하면서 생활하고 있다. 지구가 둥글고 바다와 육지(해륙)가 분포해 있고, 넓다고 하는 정도는 상식적으로 알고 있다. 그러면 우리가 지구에 대해서 어느 정도까지 잘 알고 있는지, 대기과학을 공부하는 학도들에게 필요한 만큼의 지식을 확보해 두도록 하자.

1 태양계 중의 지구

이 부분은 천문학(astronomy)이라고 하는 학문과 관련이 있다. 천문학이란 우주 전체에 관한 연구 및 우주 안에 있는 모든 천체에 관한 연구를 하는 자연과학의 한 분야이다.

1 태양계와 은하계

태양계(太陽系, solar system)란 항성인 태양과 이 태양의 중력에 의해 그 주변을 돌고 있는 지구를 비롯한 행성, 혜성, 유성 등의 천체(celestial body)로 이루어진 계(system)를 의미한다. 우리의 태양계를 비롯하여 약 1,000억 개의 항성과 성단 및 성간물질로 이루어져 있는 별들의 큰 집단을 우리은하(our galaxy)라고 한다. 보통 은하수(milky way)로 우리은하를 대신하는 경우도 많다. 우리은하가 있다고 하는 것은 우리의 태양계를 포함하지 않은 다른 은하계(the galaxy)가 있다는 뜻이 된다. 즉, 우리은하계 밖에 있는 막대한 공간을 채우고 있는 외부은하(extra-galaxies)는 약 10^{11}개의 별과 성간가스와 티끌 입자들로 구성된 거대한 천체이다.

은하는 우주를 구성하고 있는 단위의 하나로 수천억 개 이상의 별·가스성운·암흑성운 등으로 이루어진 대집단이다. 은하계는 이러한 우주의 수많은 은하 중에 태양계가 포함되어 있는 것이 우리은하가 되는 것이다. 따라서 우주(cosmos, universe)라고 하는 말은 우리은하와 외부은하를 포함한 은하계로 구성된 공간 전체, 즉 모든 물질과 방사가 존재할 수 있는 전 공간을 의미한다.

② 태 양

태양계 중에서 유일한 항성(恒星, 핵융합 반응을 통해서 스스로 빛을 내는 고온의 천체, fixed star)인 태양(sun, solar)은 우리의 지구와 어떠한 관련이 있는지 간단히 요약하면 다음과 같다.

- 태양계 전체 질량의 99.9%로 대부분을 차지하고 있다. 태양의 질량은 약 2×10^{30} kg이다.
- 지구를 포함한 태양계 내의 천체들의 운동을 지배한다.
- 태양계 내의 단 하나의 유일한 항성으로 빛을 발해서, 우리가 사용하는 대부분의 에너지의 원천이 된다.
- 태양방사(단파방사)는 지구의 환경을 좌우 내지는 지배한다.

태양의 표면에서 밝게 빛나고 윤곽이 뚜렷하게 보이는 부분을 광구(photosphere)라고 한다. 광구의 표면온도는 약 5,800 K 정도로 태양의 피부와 같은 것으로 우리에게 가시광선(4,000~7,000 Å)의 대부분을 보내고 있는 곳이다. 태양에서 전 공간으로 방출되는 총 방사에너지는 초당 3.90×10^{33} erg/s로 거의 변동이 없다. 따라서 지구에서의 태양에 의한 기후의 변화라고 하는 것은 거의 미미하다. 태양으로부터 1 AU(천문단위 ≒ 1.5×10^8 km) 떨어진 지구에서 받는 에너지를 태양상수(太陽常數, solar constant, S_0)로 표현한다. 이 태양상수는 $S_0 = 1.367 \pm 7$ kW/m²(평균 1.96 cal/cm² · min)이다.

태양광구의 표면상에 나타나는 반점을 흑점(黑點, sunspot)이라고 한다. 이 흑점들의 직경은 1,000 km의 작은 것에서부터 큰 것은 수만 km로 지구 10개 정도가 들어갈 수 있는 큰 것도 있다. 수명은 대략 흑점의 크기에 비례하여 수 시간에서 수 주일까지 가는 것도 있다. 흑점은 한 개가 나타나는 일은 없고 반드시 동서에서 2개가 한 쌍으로 나타난다. 태양활동기가 시작되면 흑점들이 집단으로 나타나 군을 만들며 이러한 군은 몇 개라도 발생하게 된다. 이 흑점수의 증감은 약 11년 주기로 반복한다. 이 11년의 주기는 단순히 태양 흑점수의 증감만이 아니라, 많은 태양표면의 활동이 반복되는 주기가 되기도 한다. 그래서 우리가 태양의 활동지표로서 흑점활동을 주시하고 있는 것이다. 다만 11년 주기라고 말하는 것은 정확한 값은 아니고, 짧게는 8.9년, 길게는 17년에 18년까지 길어지는 경우가 있다.

③ 행성들

태양계에서는 항성인 태양의 인력에 의해 그를 중심으로 해서 공전(公轉, revolution : 한 천체가 다른 천체 주위를 도는 운동이라고 하지만, 엄밀하게는 두 천체의 공통 무게중심의 둘레를 일정한 주기로 도는 것)을 하는 비교적 큰 9개의 천체가 존재한다. 태양에 가까운 차례로 수성·금성·지구·화성·목성·토성·천왕성·해왕성의 순서로 태양의 주위를 돌고 있다. 이들을 행성(行星, planet, 혹성)이라고 한다. 또한 이 밖에 화성과 목성 사이에 많이 분포하여 공전하는 소행성(miner planet)도 있다.

행성들을 크게 유사한 성질을 가진 2종류로 분류하면, 지구형행성(terrestrial planet)과 목성형행성(jovian planet)으로 구분할 수가 있다. 보통은 내행성(inner planets)과 외행성(superior planet)은 동의어로 사용되기도 한다.

지구형행성에는 수성(水星, Mercury), 금성(金星, Venus), 지구(地球, Earth), 화성(火星, Mars)이 있다. 규산염 암석을 주성분으로 해서 만들어진 고체의 표면을 갖는 행성들이다. 또 이들은 목성형행성보다 크기가 확연히 작고, 자전속도도 느리며, 편평도도 매우 작은 값을 가지고 있는 것이 특징이다. 그러나 지구형행성의 평균밀도는 목성형행성보다 적어도 3배 이상은 크다. 즉, 무겁다는 뜻이 된다.

목성형행성은 목성(木星, Jupiter), 토성(土星, Saturn), 천왕성(天王星, Uranus), 해왕성(海王星, Neptune)을 말하며, 거대한 질량에 비해 작은 밀도를 가지고 있는 행성들을 말한다. 목성형행성은 고체의 표면을 지닌 지구형행성과는 달리 대기는 수소, 헬륨, 메탄과 같은 가벼운 기체들로 구성되어 있고, 태양과 성분이 거의 같아서 원시대기 형태를 유지하는 것으로 볼 수 있다. 위성을 많이 가지고 있으며 해왕성을 제외하고는 얼음성분의 고리가 있다.

표 1.1 행성들의 모든 량

행 성	태양에서의 거리 (AU)	질 량 ($M_E=1$)	반 경 ($R_E=1$)	자전주기	평균밀도 (g/cm³)
수 성	0.39	0.06	0.38	58.7일	5.43
금 성	0.72	0.82	0.95	243일	5.21
지 구	1	1.00	1.00	24시간	5.52
화 성	1.52	0.11	0.53	24.6시간	3.93
목 성	5.2	318	11.21	9.9시간	1.33
토 성	9.54	95	9.5	10.5시간	0.69
천왕성	19.18	15	4.01	17.2시간	1.32
해왕성	30.06	17	3.88	16.1시간	1.64
명왕성	39.53	0.002	0.18	6.4 일	2.05

* 거리의 단위 : AU(천문단위≒1.5×10^8 km), 지구의 질량 $M_E = 5.9 \times 10^{27}$ g, 지구의 반경 $R_E = 6.4 \times 10^3$ km

이들 지구형행성과 목성형행성을 표로 정리해 보면, 여러 가지 양에서 그 차이를 알 수 있을 것이다(표 1.1).

④ 위성 · 유성 · 운석 · 혜성

(1) 위 성

위성[衛星, (natural) satellite]은 행성의 주위를 그 인력에 의하여 공전하고 있는 천체를 의미한다. 대개 모행성에 비하여 지름이 1/수십 이하, 질량은 1/수만 이하이지만, 지구가 가지고 있는 유일한 위성인 달(moon, lunar)은 지름 약 1/4 , 질량 약 1/100 로서 모행성에 대한 비율은 태양계 중 가장 크다. 수성 · 금성의 위성은 아직 발견되지 않았다. 아마 존재하지 않거나, 존재한다 해도 대단히 작을 것이라고 생각된다. 위성의 형상이라든지 그 과학적 특성 · 구성 등은 거의 알려지지 않았다.

대기과학에서 보통 사용하고 있는 '위성'이라고 하는 용어는 '기상인공위성[meteorological (weather) (artificial) satellite]'의 약자로, 자연위성(natural satellite)에 대한 상대적인 의미로 사용하고 있다.

현재 각 행성들이 가지고 있는 위성의 수는 수성과 금성은 없고, 지구가 1개, 화성이 2개, 목성이 16<, 토성이 18<, 천왕성이 15개, 해왕성이 8개, 명왕성이 1개로 총 61<(이하) 개로 되어 있다.

(2) 유성 · 운석

유성[流星, meteor, shooting(falling) star]은 태양계의 미소한 천체로 지구중력에 이끌려 대기 안으로 들어오면서 대기와의 마찰로 지상 수십 km에서 수백 km의 고공에서 대기와 충돌하여 불타면서 발열하며 빛을 내는 현상이다. '별똥별'이라고 하는 별명을 가지고 있다. 하루 동안 지구 전체에 떨어지는 유성 가운데 맨눈으로 볼 수 있는 것은 수없이 많으며, 유성이 빛을 발하는 시간은 1/수십 초에서 수 초 사이이다

태양계 내를 임의의 궤도로 배회하고 있는 바위덩어리를 유성체(流星体, meteoroid)라고 한다. 유성체는 조그마한 소행성(반지름 10 km 정도) 크기로부터 미소유성체(1 mm), 행성간 티끌(~ 1 μm)에 이르기까지 그 크기가 다양하다. 이러한 유성체가 지구대기에 들어올 때 공기와의 마찰로 가열되어 발광을 하는데, 보통 유성은 100~130 km의 고도에서부터 눈에 보이기 시작한다.

대부분의 유성체는 20~90 km의 고도에 이르면 완전히 소멸된다. 유성의 밝기로부터 평균밀도는 0.2~1 g/cm^3(혜성핵의 밀도와 유사)임을 알게 되었다. 유성체가 대기 속에 돌입하는 동안 공기와의 압축과 충격파의 발생에 따라 유성체 물질이 그 표면으로부터 증발되어 주위의 공기를 이온화시킨다. 그러므로 이온화된 공기분자나 수소 · 질소 · 산소 · 마그네슘 · 칼슘 · 철들과 같은 원

소의 스펙트럼선을 관측할 수 있다. 어떤 유성들은 그 발광이 대단히 밝고 커서 사람들이 놀라는데 이러한 것들을 하늘의 불이라고 하지만, 학문상으로는 화구(火球)라고 한다.

운석(隕石, meteorite)은 유성체가 대기 중에서 완전히 소멸되지 않고 지구상에 떨어진 광물을 통틀어 이르는 말이다. 때로는 일시에 많은 운석이 떨어지는데 이를 운석우(隕石雨, meteorite shower)라고 한다. 현재까지 발견된 운석은 약 1,600개로 그중 반 정도는 떨어지는 것이 관측되었고, 나머지 반 정도는 관측되지 않았다. 운석의 성분에 따라 석질(石質)운석·철질(鐵質)운석·석철질(石鐵質)운석 세 가지로 분류한다.

(3) 혜 성

혜성(彗星, comet)은 타원 또는 포물선 궤도를 가지고 도는 태양계 내에 속한 작은 천체를 의미하며, 우리말로는 살별(꼬리별)이라고 한다. 희랍어로는 'Komet'이라 하여 머리털을 뜻한다.

혜성은 초기 태양계가 형성되면서 외곽에 존재하게 된 오르트구름(Oort cloud : 장주기 혜성의 근원지로서, 먼지와 얼음이 태양계 가장 바깥쪽에서 둥근 띠 모양으로 결집되어 있어, 태양계를 껍질처럼 둘러싸고 있다고 생각되는 가상적인 천체집단)으로부터 태양계 내의 중력이나 어떠한 섭동을 받아서 태양계 내로 진입한 천체로 보고 있다. 소행성과 크기 면에서 비슷하지만, 혜성은 코마(coma)라고 하는 핵 주변을 감싸고 있는 대기와 이 주위를 넓게 싸고 있는 수소운이 있고, 이동 중에 생기는 꼬리를 가지고 있다. 이러한 구조는 모두 태양의 영향을 받은 것인데, 혜성의 구성성분은 태양계 형성 당시의 성분을 그대로 보유하고 있는 편이어서 휘발성 기체들이 많이 함유되어 있다. 혜성이 태양계 내로 진입할수록 태양의 영향을 받아 혜성표면의 기체들이 증발하고 부서지면서 대기와 태양의 반대쪽에 꼬리가 형성되는 것이다.

매년 10개 정도의 혜성이 나타나며, 그중 6~7개는 새로 나타나는 것이고, 나머지는 이전에 나타났던 혜성이 다시 지구 가까이에 돌아오는 것이다. 이런 혜성을 주기혜성, 다시 돌아오지 않는 혜성을 비주기혜성이라고 한다.

주기혜성은 행성과 같이 태양을 초점으로 하는 타원궤도를 그리는데 그 타원이 매우 길고(이심률이 크다), 원일점은 목성궤도보다 먼 것이 보통이다.

주기혜성으로 가장 유명한 것은 핼리(Halley)혜성으로 1682년에 나타났으며, 그 주기는 76년이다.

새로 나타난 혜성의 약 1/4은 짧은 주기(평균 7년), 그 나머지는 100년 내지 1,000만 년의 긴 주기를 가지고 있다. 따라서 주기의 길고 짧음에 따라 주기혜성을 두 가지로 분류하면 단주기혜성(평균 7년)은 대체로 행성과 같은 방향으로 이심률(eccentricity)이 0.2~0.9인 타원 상을 운행하는 반면, 장주기혜성은 이심률이 거의 1인, 즉 포물선에 가까운 궤도를 돌고 그 방향도 일정하지 않다.

2 태양-지구계 에너지

방사(放射, radition)란 전자파에 의해 에너지가 이동하는 모든 형태를 의미한다. 전자파를 방출하는 일 자체를 방사(emission)라고도 한다. 태양에서 지구로 본질적으로 아무것도 없는 행성공간을 통해서 열 및 빛의 방사와 같이 아무런 매개물질이 없이 일어난다. 옛날에는 복사라고 했으나, 이제는 모든 분야에서 방사로 통일해서 사용하도록 하자.

① 공기의 조성

행성(혹성)을 감싸고 있는 기체를 그 행성의 대기(大氣, atmosphere)라고 한다. 지구의 대기는 공기(air)이다. 공기 중의 수증기는 무색투명하고, 무미무취한 기체이지만, 액체로는 구름이나 비, 고체로서는 눈이나 우박 등으로 나타나 지구 상의 천기현상에 있어서 중요한 역할을 하고 있다. 그러나 수증기의 양은 시간과 장소에 따라서 크게 변화하고 있으므로(체적비로 0~4%), 공기의 조성을 생각하는 경우에는 제외하는 편이 편리하다. 이와 같이 수증기를 제외한 공기를 건조공기(乾燥空氣, dry air)라고 한다. 한편 수증기를 포함하는 공기를 특히 습윤공기[濕潤空氣, moist(wet) air]라고 하는 일이 많다. 즉,

$$습윤공기(공기) = 건조공기 + 수증기 \tag{1.1}$$

이다.

건조공기의 조성은 표 1.2에 표시되어 있다. 이 비율은 남·북 양극을 포함하는 고도 100 km 이하에서는 변하지 않는다고 생각된다. 이 표에서 이산화탄소는 시간과 장소에 의해 변동이 있고, 오존도 체적백분율에서는 10^{-6} 정도 이하로 적지만, 변동하고 있다.

표 1.2 건조대기의 조성

성분기체	영문명	표 기	체적비(%)
질 소	nitrogen	N_2	78.08
산 소	oxygen	O_2	20.95
아르곤	argon	Ar	0.93
이산화탄소	carbon dioxide	CO_2	0.0325
네 온	neon	Ne	0.0018
헬 륨	helium	He	0.0005
크립톤	krypton	Kr	0.0001
수 소	hydrogen	H	0.00005
오 존	ozone	O_3	0~0.0012

이들 외에도 대기 중에는 에어로졸(aerosol)이라고 하는 부유하고 있는 먼지 형태의 입자가 있다. 이 입자의 직경은 $10^{-2} \sim 10^2 \mu m\,[10^3 \mu m\,(micron,\ \mu)=1\ mm]$ 정도이고, 대기 중의 전기, 화학, 광학적 현상에 관여하고 있으며, 뒤에 언급하겠지만 이 속에는 구름과 안개의 형성, 강수현상에 있어서 큰 역할을 하는 것도 있다.

② 태양방사(일사)

지구 상에 있어서 대기 중의 현상을 포함하는 각종 자연현상(조석이나 지진·화산활동 등 제외) 중 대부분은 에너지 측면에서 태양에서의 방사에 의해 공급된다. 태양에서의 방사를 **태양방사**(太陽放射, solar radiation)라 하고, 지구로 들어오는 태양방사를 일사라고 한다. 태양방사의 **분광방사휘도**(分光放射輝度, spectral radiance)를 파장에 관련해서 나타내고 있는 그림 1.1에는 **플랑크의 법칙**(Planck's law) 식 (1.2)에 근거해서 표면온도 6,000 K의 흑체방사(blackbody radiation) 스펙트럼도 같이 표시되어 있는데, 양자가 대체로 일치하고 있는 것을 알 수 있다.

$$B(\lambda,\ T) = \frac{c_1}{\lambda^5 \left(e^{\frac{c_2}{\lambda T}} - 1 \right)} \tag{1.2}$$

여기서 $B(\lambda,\ T)$는 온도 T K의 흑체방사의 파장 $\lambda\ \mu m$에 있어서 분광방사휘도(단위 $W/m^2 \cdot \mu m$) $c_1 = 3.74 \times 10^{-16}\ W/m^2$ 및 $c_2 = 1.44 \times 10^{-2}\ mK$이다.

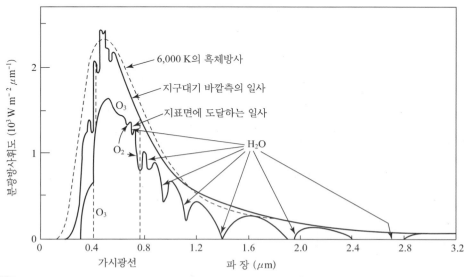

그림 1.1 **일사의 파장별 분광분포** 표면에 도달하는 일사, 지구대기 바깥에 있어서의 일사, 6,000 K 흑체방사의 스펙트럼(분광) 분포. H_2O는 물(수분, 수증기)의 기체성분에 의한 흡수를 표시함(Coulson, 1975).

태양방사에는 자외선[紫外線, ultraviolet rays(light)], 가시광선[可視光線, visible rays(light)] 및 적외선(赤外線, infrared rays) 등이 포함되어 있다. 그림 1.1에서 태양 방사에너지의 약 1/2은 가시광선에 있다고 하는 것을 알 수가 있다.

빈의 변위법칙(Wien's displacement)

$$\lambda_m \ T = 2,897 \ \mu m \ \mathrm{K} \tag{1.3}$$

에 흑체온도 $T = 6,000$ K를 대입하면 최대 분광방사휘도는 파장 $\lambda_m ≒ 0.5$에서 사출(射出)된다. 그림 1.2에서 이 파장이 청색에 대응하는 것을 알 수가 있다.

태양이 지구에서 약 1억 4,900만 km[1 AU(천문단위) ≒ 1.5×10^8 km]의 평균거리에 있을 때 지구대기의 바깥쪽에서 태양방사에 직교하는 단위면적에 단위시간당 입사하는 에너지가 **태양상수**이고, 그 값은 $S_0 = 1.368 \times 10^3$ W/m²(평균 1.96 cal/cm²·min)이다. 이 값은 인공위성에 탑재한 관측측기에 의한 측정치 등에서 구해졌다. 태양활동은 태양표면의 흑점수의 변화에서도 알 수 있듯이 변동하고 있으므로, 태양상수도 상수(constant, 정수)라고는 하지만, 0.3% 정도의 변

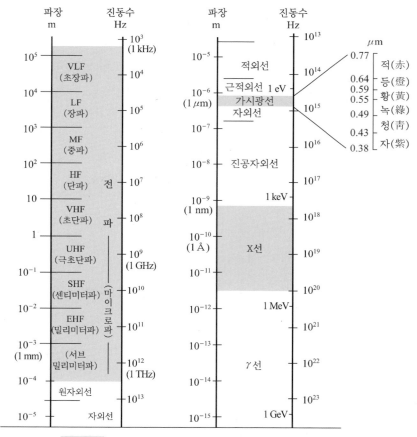

그림 1.2 전자파(방사)의 파장별 스펙트럼(spectrum)의 명칭

화가 있는 것으로 생각되고 있다.

태양에서 사출되고 있는 방사[후에 언급되는 지구에서의 방사와 비교해서 대응하는 파장이 짧기 때문에 이하에서는 **단파방사**(短波放射)라고 하는 일이 있다]는 태양대기 속을 통과하는 중에 그 일부가 흡수된 후 지구대기의 바깥쪽에 도달한다. 지구대기에 침입하면 일부는 대기 내의 오존, 수증기, 이산화탄소 및 구름 등에 의해 흡수되고, 또 공기분자, 구름입자, 에어로졸 등에 의해 산란된다. 산란된 일부는 다시 바깥 공간으로 되돌아간다.

지구대기 내의 오존(ozone) 농도는 고도 20 km 부근에서 극대가 되어 있지만, 이것이 태양방사에 포함되는 자외선의 일부를 흡수해서 이 고도 부근(상층 쪽이 대기의 열용량이 작으므로, 약 50 km로 이동한다. 그림 1.4 참조)의 기온을 높임과 동시에, 인류를 포함한 지구 상의 생물에 다량의 자외선이 내려 쏟아지는 일을 막고 있다(자외선이 직접 쏟아지면 피부암이 증가한다고 일컬어지고 있다).

최후까지 지표면에 도달한 방사 중 일부가 바깥 공간으로 반사된다. 일사에 대한 **반사율**을 알베도(albedo)라고 한다. 각종 특징을 갖는 지표면의 알베도를 표 1.3에 나타내었다.

지구의 반경은 $R_E = 6.4 \times 10^3$ km로, 지구중심을 통과하는 태양방사에 직교하는 단면적은 그림 1.3에 표시되어 있는 것과 같이 $\pi R_E{}^2$이고, 전표면적은 $4\pi R_E{}^2$이다. 따라서 지구대기에 의한 영향이 없는 경우 전 지구표면 상의 단위면적이 받는 일사는, 평균하면 태양상수의 1/4, 즉 3.42 $\times 10^2$ W/m^2(0.49 cal/cm$^2 \cdot$ min)이 된다. 이 값을 100으로 해서, 이상에서 언급한 지구대기 내에서 일사의 이동을 정량적으로 표시하면 그림 1.4(a)와 같이 분배된다. 이들의 값은 지구 전체에 있어서 1년간의 평균치이다.

표 1.3 지표면의 반사율(알베도)

표면상태	반사율(알베도)
신설(新雪) : 새로운 눈	90
사지(砂地) : 모래땅	25
나지(裸地) : 맨땅, 벗겨진 땅	15
삼림(森林) : 나무가 우거진 숲	7
수면(水面) : 태양 연직 위 부근	4
수면(水面) : 태양 지평선 부근	50
후운(厚雲) : 두꺼운 구름	75
박운(薄雲) : 엷은 구름	25

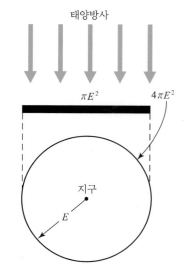

태양방사

πE^2 $4\pi E^2$

지구

E

그림 1.3 태양방사와 지구의 단면적과 표면적

그림 1.4(a)에 의하면 지구 및 지구대기에서 바깥 공간으로 되돌아가는 양은 전 지구가 받는 100에 대해서 30(=20+6+4)이고, 지구 전체의 반사율(알베도)이 0.3 정도라는 것을 알 수 있다.

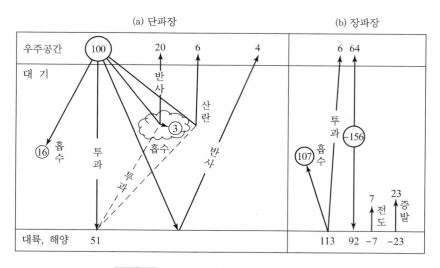

그림 1.4 지구 - 대기계에 있어서의 방사수지

③ 지구방사

지구의 표면온도는 300 K(27 C)의 흑체로 간주되므로 식 (1.3)에서 $\lambda_m \fallingdotseq 10\ \mu m$ 이 된다. 이와 같이 지구에서의 방사는 태양방사가 $\lambda_m \fallingdotseq 0.5\ \mu m$ 의 단파방사였던 것에 반해서, $\lambda_m \fallingdotseq 10\ \mu m$ 의 장파방사(長波放射, 적외선)이다(그림 1.2 참조).

지구에서의 장파방사를 이전 절과 같이 정량적으로 나타내면 그림 1.4(b)와 같이 113이 되지만, 이중 107은 대기에 흡수되고, 나머지 6은 외공간으로 달아난다. 이 값은 그림 1.4(a)에서 보는 대기 및 구름이 흡수하는 일사(16+3=19)보다 훨씬 크다. 이러한 사실로부터 대기가 태양에 의해 직접 데워지는 것이 아니고, 지표면에서 사출되는 장파방사에 의해 가열되는 것을 알 수 있다.

대기에 의한 장파방사의 흡수(吸收)는 대기 중의 수증기, 이산화탄소, 오존 등에 의해 이루어지지만, 이들이 모든 파장에 대해서 균등하게 이루어지는 것이 아니고, 그림 1.5에 나타나 있는 파장별 흡수율을 보면, 특정 파장에 대해서 선택흡수되고 있다는 사실을 알 수 있다.

이상에서 언급한 것과 같이 지구의 대기는 일사를 잘 통과시키지만, 지구에서 공간으로 향하는 장파방사는 막고 있다. 수증기, 이산화탄소 등에 의한 이와 같은 보온작용은 온실의 유리작용과 유사하므로, 이를 온실효과(溫室效果, greenhouse effect)라고 한다.

대기 내의 구름도 지구에서의 장파방사를 막는다. 맑게 개어서 별이 빛나는 밤의 다음날 아침이, 흐린 날 밤의 경우보다 춥다고 하는 사실을 우리는 경험으로 잘 알고 있다. 그러나 표 1.3에 나타나 있는 것과 같이 구름의 반사율(알베도)은 커서 일사를 통과시키기 어려우므로, 구름의 작용은 온실효과에는 포함되지 않는다.

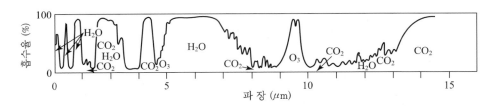

그림 1.5 지구대기의 파장별 흡수율과 흡수기체를 화학기호로 표시하고 있다.

④ 방사수지

그림 1.4를 이용해서 앞에서 말한 열수지(熱收支, heat budget)의 과정을 정량적으로 설명하면, 지구는 일사에 의해 51을 받고, 장파방사에서 113을 잃어버리지만, 대기에서 92를 다시 찾아오기 때문에 30의 증가가 되지만, 이들은 지표면에서의 증발에 의해 23, 전도에 의해(지표면과 대

기의 온도차에 의함) 7을 잃어버리므로

$$51 - 113 + 92 - 23 - 7 = 0 \tag{1.4}$$

가 되고, 방사수지(放射收支, radiation balance)는 균형을 이루고 있다.

또한 대기에 대해서는 일사에서 19를, 지표에서의 장파방사로 107을 각각 흡수하고, 지표면에서의 증발과 전도에 의해 30을 공급받지만, 지표면과 외공간으로 향하는 장파방사로 156을 잃어버리므로,

$$19 + 107 + 30 - 156 = 0 \tag{1.5}$$

가 되어, 역시 균형을 유지하고 있다. 태풍에 포함된 바람이나 파의 에너지로서 소비되는 양은 1 이하이다.

한편 바깥 공간으로는 단파방사로 30이 지구 전체의 방사율이 되고, 기타 바깥 공간으로는 지표면에서 6(투과), 대기에서 64의 장파방사가 있으므로 합계는 100이 된다.

이상의 수치는 앞에서도 논의한 바와 같이 지구 전체의 평균치이다. 균형이 유지되어 있다고 하는 사실은 지구 및 대기의 평균온도가 경년적으로 거의 일정하다고 하는 것으로 설명된다. 그러나 단파방사에 의해 지구가 열을 받는 것과 장파방사에 의해 지구가 열을 내보내는 것의 위도 분포는 그림 1.6과 같이 되어 있다. 위도 40°N 부근을 경계로 해서 저위도 쪽은 받는 열 쪽이 크고, 고위도 쪽은 방출하는 열 쪽이 크게 되어 있다. 저위도 쪽의 남은 열은 대기(전체의 약 60%)와 해양(전체의 약 40%)의 운동에 의해 고위도 쪽으로 수송되어, 이 불균형이 해소된다.

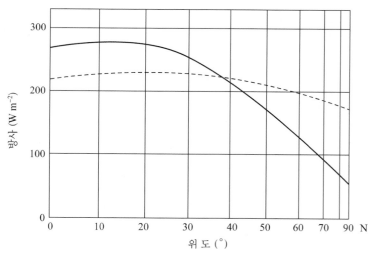

그림 1.6 **지구 및 대기가 흡수하는 연평균 방사의 위도분포** 실선 : 태양에서 오는 태양방사(단파방사), 점선 : 지구에서 사출하는 지구방사(장파방사)(Houghton, 1954).

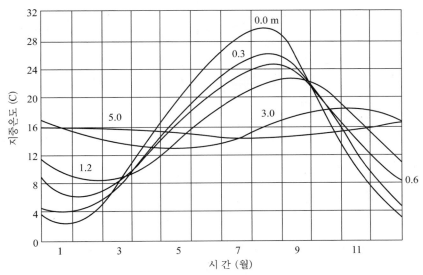

그림 1.7 **지중온도의 연변화** 일본 동경의 깊이 0.0~5.0 m(岡田, 1934)

연간으로 생각하면 지구는 여름철에는 열을 받는 기간이고, 겨울철에는 열을 방출하는 기간으로 되어 있다. 열을 받는 기간에는 지구로 흡수되는 열은 전도에 의해 토양을 가열하면서 깊은 부분으로 향한다. 이와 같은 열의 전달방법에 의해 지면온도의 연변화는 깊어짐과 동시에 적어져서, 어떤 깊이에 도달하면 연교차(최고와 최저온도의 차)가 0.1 C 이하가 된다. 이와 같이 거의 변화가 없는 깊이를 **불역층**(不易層, isothermal layer ; invariable stratus)이라고 한다. 불역층은 위도나 토질에 따라서 다르지만 보통 5~20 m 정도이다. 열을 방출하는 기간의 열의 전달방법은 이와는 반대로 되어 있어, 1년을 생각하면 열의 흐름은 서로 상쇄되어, 일사에 관한 한 지구는 경년적으로 가열도 냉각도 되지 않는다. 그림 1.7에 일본의 동경(구 중앙기상대)에서 깊이 5.0 m까지의 지중온도의 연변화를 표시하고 있다. 이곳의 불역층의 깊이는 약 10 m이다.

⑤ 원격탐사

표면온도 T K의 흑체가 단위시간(1초), 단위면적(1 m²)당 사출하는 방사 B는 식 (1.2)를 전파장에 대해서 적분해서 얻어지는 스테판·볼츠만의 법칙(Stefan-Boltzmann's law)에 의해 주어진다.

$$B = \sigma T^4 \tag{1.6}$$

여기서 σ는 스테판·볼츠만상수로 약 5.7×10^{-8} W/m²·deg⁴이다. 따라서 흡수가 작은 파장대(예를 들면, 그림 1.5에서 보는 것과 같은 10~12 μm)를 이용하면 표면온도에 대한 방사는 거의 감쇠되지 않은 채로 위쪽 방향으로 전달된다. 따라서 방사계(radiometer)를 위성, 항공기, 헬리콥터 등에 탑재해서 측정하면, 식 (1.6)에 의해 지표면온도를 알 수 있다. 이와 같은 측정방식을 적외선 원격탐사(遠隔探査, remote sensing)라고 하는데, 이는 접근하는 일이 곤란하거나 위험한 것과 같은 육상, 해상의 화산활동 등을 감시하기도 하고, 광범위한 해면온도의 분포를 단시간에 측정하는 일 등에 이용되고 있다.

앞에서 기록된 것의 예는 적외선 파장대를 사용하고 있지만, 원격탐사에는 가시광선과 마이크로파를 사용하는 방식들도 있다.

3 지구의 측정

지구과학자들은 여러 가지 방법으로 연구해서 지구의 여러 양을 측정하고 있다. 이들 양 중 학습이나 연구에 필요한 것을 여기에 정리해 둔다. 더 자세한 내용을 알고 싶으면 지구과학서를 참조하기 바란다.

① 지구의 모든 양

지구는 완전한 구가 아니고 타원체로 되어 있다. 이것을 지구타원체[地球楕圓體, earth ellipsoid (spheroid)]라 하고, 이 타원이 지축 주위를 회전해서 생긴 도형이라는 의미에서 회전타원체(回轉楕圓體, ellipsoid of revolution)라고도 한다. 이 지구타원체는 적도 쪽이 볼록하고 극 쪽이 납작한 형태를 하고 있다. 적도반경은 $R_적 = 6,378 \, \mathrm{km}$, 극반경은 $R_극 = 6,356 \, \mathrm{km}$이다. 이들로부터 지구의 타원체가 어느 정도 볼록하고 편평한 정도를 알려주는 것이 지구의 편평도(扁平度, flattening, 타원율)이다. 이것을 ϵ이라고 하면

$$\text{편평도 } \epsilon = \frac{R_적 - R_극}{R_적} = \frac{6,378 \, \mathrm{km} - 6,356 \, \mathrm{km}}{6,378 \, \mathrm{km}} \risingdotseq 0.003 \approx \frac{1}{300} \tag{1.7}$$

로 극히 작기 때문에 지구는 거의 구로 간주해도 좋다. 이 타원체와 같은 체적의 구의 반경, 즉 지구의 평균반경 R_E는 정확하게는 6,371 km이지만, 우리가 사용하는 데에는 다음과 같이 해도 지장이 없으므로,

$$\text{평균반경 } R_E \risingdotseq 6,400 \, \mathrm{km} = 6.4 \times 10^3 \, \mathrm{km} \tag{1.8}$$

을 사용하기로 한다. 지금부터 이 값을 지구의 반경(terrestrial radius)으로 사용하기로 한다.

위의 지구의 반경에서 지구의 표면적 S_E를 구하면,

$$\text{표면적 } S_E = 4 \pi R_E{}^2 = 4 \times 3.14 \times (6,400)^2 \risingdotseq 5.1 \times 10^8 \, \mathrm{km}^2 \tag{1.9}$$

이다. 이 표면적 중에 육지의 면적은 약 29%로 1.5×10^8 km²이고, 바다의 면적은 약 71%로 3.8 $\times 10^8$ km²가 된다.

지구의 전체 부피 V_E는

$$부피 \quad V_E = \frac{4}{3} \pi R_E{}^3 = \frac{4}{3} \times 3.14 \times (6,400)^3 \fallingdotseq 1.1 \times 10^{12} \text{ km}^3 \qquad (1.10)$$

이 된다. 이중 바닷물이 차지하는 부피는 바다의 평균깊이가 3.8 km이므로 해수의 체적은 1.37 $\times 10^9$ km³이 된다.

지구과학자들의 측정에 의하면 지구의 질량 M_E는

$$질량 \quad M_E = 5.9 \times 10^{27} \text{g} \qquad (1.11)$$

이고, 지구의 평균밀도 ρ_E는

$$평균밀도 \quad \rho_E = \frac{M_E}{V_E} = \frac{5.979 \times 10^{27} \text{g}}{1.083 \times 10^{27} \text{cm}^3} \fallingdotseq 5.52 \text{ g/cm}^3 \qquad (1.12)$$

가 된다(이 계산은 위의 근사치에서가 아니고, 정확한 값에서 계산한 것이다). 밀도(density) ρ에 대한 역수로 비적[比積, specific volume, 비용(比容)] α도 종종 사용된다. 따라서 이들의 관계는 $\rho = 1/\alpha$이 된다.

② 만유인력과 중력

만유인력(萬有引力, universal gravitation)이란 우주의 모든 물체 상호 간에 작용하는 인력으로 서로 잡아당기는 힘을 의미한다. 만유인력은 두 물체의 질량에 비례하고, 거리의 제곱에 반비례 한다. 두 물체 사이에 작용하는 힘(인력) F_a는 다음 식으로 표시된다.

$$F_a = G \frac{m_1 \, m_2}{r^2} \qquad (1.13)$$

가 된다. 여기에서 m_1과 m_2는 두 물체의 질량(g), r은 두 물체 사이의 거리(cm), G는 만유인 력상수(6.67×10^{-8} dyne·cm²/g²)이다.

중력(重力, gravity)은 지구 상의 물체에 작용하는 지구의 인력을 의미한다. 중력은 모든 물체에 항상 작용하고 있다. 그 방향은 수직하향이며, 크기는 그 물체의 무게이다. 동일 물체에 작용하는 중력도 엄밀하게는 지구 상의 장소나 높이에 따라 근소한 차이는 있으나, 대기과학에서 생각하는 범위에서는 그 차이는 무시해도 무방하다. 중력이 모든 물체에 작용한다는 것은 하나의 물체를 어떻게 세분하더라도 어느 부분에서이건 그 각각의 부분의 무게만큼 중력이 작용한다는 것이다.

또 항상 작용한다는 것은 물체가 정지하고 있는가, 움직이고 있는가 하는 운동상태나 수중인가 공중인가 하는 환경에 관계없이 언제 어디서나 중력이 작용한다는 것이다.

중력의 방향이 연직하향이란 점에서는 연직선 또는 그것에 수직한 수평면 상에 공간적인 기준 방향을 선택하는 경우가 많고, 중력의 크기가 무게라는 점에서는 무게를 기준으로 하여 다른 힘의 크기를 양적으로 표시할 수가 있다. 중력을 F라고 하면 뉴턴(Newton)의 운동 제2법칙에 의해

$$F = mg \tag{1.14}$$

에서 단위질량당($m = 1$) 중력을 생각하면 $F = 1 \cdot g = g$가 되어서 **중력가속도**(重力加速度, acceleration of gravity, gravitational acceleration)로 표현할 수가 있다. 앞으로 대기과학에서는 질량을 생략해서 힘을 그 가속도로 대신해서 주로 사용하기로 한다.

원운동을 하고 있는 물체에 작용하는 **원심력**(遠心力, centrifugal force, F_c)은 질량 m과 속도의 제곱 v^2에 비례하고, 궤도의 반경 r에 반비례한다. 따라서 원심력은 $F_c = m v^2 / r$이다. 단위질량당 원심력은

$$F_c = \frac{v^2}{r} = \Omega^2 r (v = \Omega r) \tag{1.15}$$

이다. 여기서 Ω은 지구의 자전각속도(自轉角速度, angular velocity of rotation)이다.

중력은 지구와 물체 사이의 만유인력과 지구의 자전에 의한 원심력과의 합력이며, 그 크기는 지구의 장소에 따라 다소 차이가 있으며, 적도 부근에서 가장 작다.

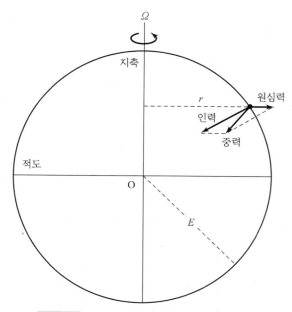

그림 1.8 중력, 만유인력 및 원심력의 관계

따라서 단위질량당 중력 = 중력가속도는 만유인력과 원심력의 합력이고, 만유인력에 의한 가속도를 g_a라고 하면 다음과 같이 중력을 대신해서 중력가속도를

$$g = g_a + F_c \tag{1.15}$$

로 표현할 수 있다(그림 1.8 참조). 원심력은 인력에 비해서 작다. 원심력은 적도에서 최대가 되고, 극을 향해서 감소해서 극에서는 0이 된다. 한편 인력은 지구의 극반경이 적도반경보다 작으므로, 극에서 최대, 적도에서 최소가 된다. 그 결과 중력은 극에서 최대(약 9.83 m/s²), 적도에서 최소(약 9.78 m/s²)가 된다.

대기과학에서는 특별히 필요로 하지 않는 한 위도 및 고도에 관한 g의 변화를 고려하지 않고, 우리가 사용하는 중력가속도의 값은 그 미세한 변화는 무시해서 상수로 해서 일정한 값을 사용해도 지장은 없다. 그래서 그 값은

$$g = 9.8 \text{ m/s}^2 = 980 \text{ cm/s}^2 = 980 \text{ gal(Gal)} \tag{1.16}$$

이다. 정지하고 있는 경우의 해수면은 중력과 직교하고, 편평도가 대략 1/300로 작으므로, 대기과학에서는 지구회전타원체를 특별한 경우가 아닌 한 구형으로 취급하고 있다.

4 지구의 공전과 계절

① 지구의 공전

공전(公轉, revolution)은 행성이나 혜성 등이 모항성인 태양 둘레를 돌거나 위성이 모행성의 둘레를 도는 것을 의미한다. 즉, 한 천체가 다른 천체의 둘레를 주기적으로 회전하는 운동이다. 지구가 태양의 둘레를 도는 것은 지구의 공전[the revolution of the earth(around the sun)], 달이 지구를 도는 것은 달의 공전이라고 한다. 그리고 한 번 회전하는 데 필요한 시간을 공전주기라고 한다. 지구의 공전주기는 평균 365.2422일이고, 달의 공전주기는 자전주기와 같으며, 27일 7시간 43분 11.5초이다.

그림 1.9와 같이 지구는 공전궤도를 따라 1년을 주기로 태양 주위를 공전하면서 지축을 중심으로 하루에 한 바퀴씩 자전한다. 이때 지축은 공전궤도면에 대해서 약 66.5°의 경사를 이루고 있다. 이러한 경사가 태양고도의 변화를 일으키는 원인이 된다. 즉, 지구의 적도는 공전면에 대해서 23.5° 기울어져 있고, 지축은 공전궤도면의 위치에 관계없이 항상 이 경사를 유지하고 있다.

그러므로 지표 상에서는 지구의 공전궤도 상의 위치에 따라서 태양의 고도가 달라지고, 이에 따라 각 지점이 받는 태양방사 에너지의 양과 밤낮의 길이가 달라져 계절의 변화가 생기는 원인이 되고 있는 것이다.

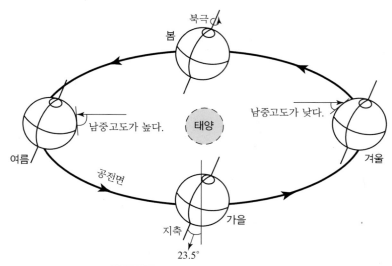

그림 1.9 공전면에 대한 지축의 경사

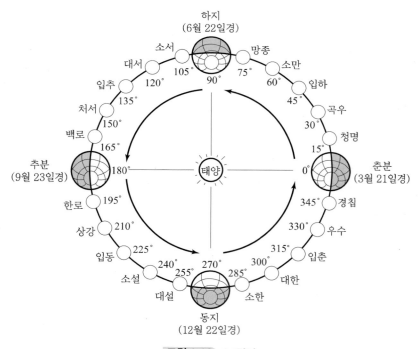

그림 1.10 24절기

옛날 중국에서는 음력을 사용할 때 날짜와 계절에 차이가 생기므로, 계절을 맞추기 위하여 별도로 24절기(二十四節氣)를 두었다. 이것은 공전궤도면의 춘분점을 기점으로 하여 15° 간격으로 24등분한 것이다. 이렇게 하여 각 궤도에서의 태양의 남중고도가 결정되어 계절과 맞게 된다. 그림 1.10은 계절의 변화에 잘 맞게 붙인 24절기의 이름이다. 24절기는 계절에 맞지 않는 음력의 단점을 보완해서 농사나 어법 등 생활에 이용되었다. 24절기의 이름과 그 의미는 표 1.4를 참조하기 바란다.

표 1.4 24 절기의 내용

절 기	날 짜	내 용	세시풍속
춘분(春分)	3월 20일, 21일	황도와 적도의 교차점, 낮과 밤의 길이가 같음	사한제
청명(淸明)	4월 4일, 5일	하늘이 차츰 맑아짐	봄밭갈이
곡우(穀雨)	4월 20일, 21일	농사비가 내림	곡우물 마시기
입하(立夏)	5월 5일, 6일	여름의 시작	쑥버무리
소만(小滿)	5월 21일, 22일	만물이 점차 성장하여 가득 찬다는 의미	김매기
망종(芒種)	6월 5일, 6일	수염이 있는 씨를 뿌리기 좋은 시기	망종보기
하지(夏至)	6월 21일, 22일	연중 낮이 가장 긴 시기	기우제
소서(小暑)	7월 7일, 8일	더위의 시작, 작은 더위	밀가루 음식
대서(大暑)	7월 22일, 23일	더위가 가장 심함	퇴비 장만
입추(立秋)	8월 7일, 8일	가을의 시작	기청제
처서(處暑)	8월 23일, 24일	더위 식고, 일교차 큼	처서비
백로(白露)	9월 7일, 8일	흰이슬, 이슬 내리기 시작	벌초
추분(秋分)	9월 23일, 24일	황도와 적도의 교차점, 낮과 밤의 길이가 같음	노인 성제, 가을걷이
한로(寒露)	10월 8일, 9일	찬이슬 내리기 시작	추수 끝냄
상강(霜降)	10월 23일, 24일	서리 내리기 시작	둑제
입동(立冬)	11월 7일, 8일	겨울 시작	김장 시작, 시제
소설(小雪)	11월 22일, 23일	적게 오는 눈, 얼음이 얼기 시작	김장
대설(大雪)	12월 7일, 8일	겨울 큰눈이 옴	다설은 대풍
동지(冬至)	12월 21일, 22일	밤이 가장 긴 시기	팥죽, 동치미
소한(小寒)	1월 5일, 6일	작은 추위, 가장 추운 때	혹한에 대비
대한(大寒)	1월 20일, 21일	겨울 큰 추위	연말일
입춘(立春)	2월 4일, 5일	봄의 시작	입춘대길
우수(雨水)	2월 18일, 19일	빗물, 봄비 내리고 싹이 틈	대동강물 풀림
경칩(驚蟄)	3월 5일, 6일	개구리 겨울잠에서 깸	선농제

② 계절의 출현

지구 상에 계절이 나타나는 것을 언뜻 생각하면 지구-태양 간의 거리가 변화해서 일사량의 차이로 생기는 것으로 착각할 수도 있다. 즉, 지구의 공전궤도가 타원형이어서 가장 가깝게 최소일 때의 근일점(1.47×10^8 km)과 가장 멀 때의 원일점(1.52×10^8 km)에서의 일사 차이는 약 7% 정도가 된다. 이것은 지구의 편평도가 식 (1.7)에서 보는 바와 같이, 약 1/300 정도이므로 거의 원운동과 같아서 영향이 있지만 계절을 일으키는 주원인이 되지는 못한다.

그러면 지구 상에서 계절의 변화를 주는 주원인은 무엇일까? 그것은 다름 아닌 지표 상에서 지구의 공전궤도 상의 위치에 따라서 태양의 고도가 달라지고, 이에 따라 각 지점이 받는 태양방사 에너지의 양과 밤낮의 길이가 달라져 계절의 변화가 생기는 것이다.

그림 1.11을 보면서 생각해 보자. 같은 양의 태양방사 에너지가 지표면에 도달한다고 할 때, 지표면과 햇빛(태양방사)이 이루는 각도에 따라 일사량이 달라지게 된다. 달라지는 양은 기온의 차이로 나타나게 된다. 햇빛이 (ㄱ)과 같이 수직으로 높은 각도로 비칠 때에는 거리 (가)에 해당하는 면적에, (ㄴ)과 같이 기울어져서 낮게 비칠 때에는 거리 (나)에 해당하는 넓은 면적에 비치게 된다. 햇빛 (ㄱ)과 (ㄴ)은 같은 양의 태양방사 에너지를 가지고 있으므로, (나)에 해당하는 넓은 면적에 비치는 단위면적당 에너지는 (가)보다 적다. 따라서 햇빛과 지표면과의 각도가 수직일수록 태양방사 에너지를 많이 받아서 기온이 높아지고, 각도가 작을수록 낮아짐을 알 수 있다. 이것을 방사대기과학 입장에서 표현하면, 방사속(放射束, radiant flux, flux of radiation)의 차이를

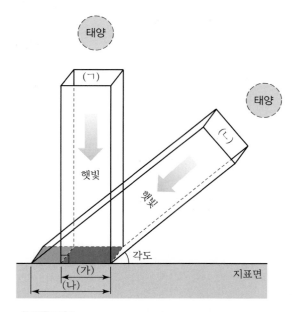

그림 1.11 햇빛과 지표면과의 각도에 비례하는 일사량

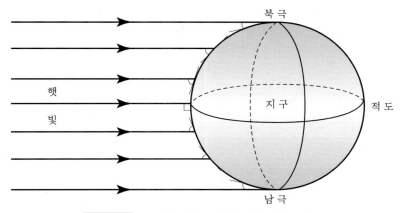

그림 1.12 햇빛과 각 위도의 지표면이 이루는 각도

의미한다. 방사속이란 단위시간당 단위면적당을 모든 방향에서 통과하는 방사에너지의 양이다. 이것이 계절이 생기는 주된 원인인 것이다.

그림 1.12에서 보는 바와 같이 지구는 둥글기 때문에 위도에 따라 햇빛을 받아들이는 정도가 위의 이론에 의해 다르다고 하는 것을 알 수가 있다. 적도에서는 수직이 되어 기온이 가장 높고, 극 쪽으로 갈수록 각도가 작아져 기온이 낮아진다. 또한 같은 위도에서도 그림 1.9에서 보는 바와 같이 지구의 공전에 따라 1년을 통하여 $+23.5° \sim -23.5°$까지 도합 47°의 고도변화가 있으므로, 이로 인한 태양방사 에너지의 차이가 그 지역의 기온차를 형성하여 계절이 생기는 주된 원인이 되고 있는 것이다.

5 지구의 자전과 각속도, 전향력

지구의 자전(自轉, Earth's rotation)은 지구가 자체의 지축 주위를 회전하는 것이다. 지구의 자전은 움직이는 방향이고, 북극성에서는 반시계방향으로 보인다.

① 자전각속도

지구의 자전은 일상생활에서 경험하는 천기현상에 있어서의 주요인들 중의 하나이다. 지구는 북극 상공에서 내려다보면 반시계방향(저기압방향)으로 자전하고 있다. 지구자전의 기본 양인 각속도는 그림 1.13을 이용해서 다음과 같이 구할 수 있다.

지구 상의 고정점 A가 1회전한 후에 B에 도달했다고 하면, 점 A는 태양에 대해서 1자전(남중에서 다음의 남중까지)한 것이 된다. 이것이 1태양일(太陽日)로 86,400초(s)이다. 그러나 지구는

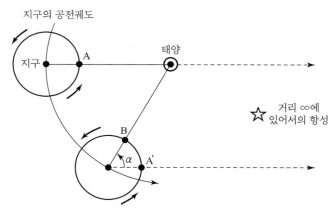

그림 1.13 지구의 자전각속도(태양일과 항성일)

공전하고 있으므로, 이 사이에 회전한 각은 $2\pi + \alpha$가 된다. 한편 점 A 가 2π만큼 회전하는 것은 A'에 도달했을 때이고, 이것은 무한원에 위치하는 항성에 대해서 1자전한 것이 된다. 이것이 1 항성일(恒星日)로 86,164 s이다. 따라서 지구는 1항성일에 1자전을 하고, 지구의 **자전각속도**(自轉角速度, angular velocity of rotation) Ω는

$$\Omega = \frac{2\pi}{1\,\text{항성일}} = \frac{2\pi}{86,164\,\text{초}} = 7.292 \times 10^{-5}\,\text{rad/s} \tag{1.17}$$

가 된다. 여기서 rad는 radian(라디안, 무차원수)의 약자로, 각도(평면각)의 단위인 **호도법**이라고 한다. rad는 원의 반지름과 같은 호에 대한 중심각으로, 1 rad $= 57°17'\,44.8''$이고 1°는 0.0174533 rad이다. θ rad과 $x°$와의 관계는

$$\frac{\theta}{\pi} = \frac{x°}{180°} \tag{1.18}$$

와 같다. 여기서 π는 원주율로 $\pi \fallingdotseq 3.1416$이다. 라디안은 주로 이론상의 연구와 자연과학(대기과학) 분야에서 많이 쓰인다.

② 전향력

그림 1.14(a)는 북극에 접해서 지구의 자전각속도 Ω로 반시계방향으로 회전하고 있는 원판을 나타내고 있다. 지금 북극 N에서 NC 방향으로 일정속도 V로 물체를 발사했다고 하자. 예를 들면, 지구 밖의 우주공간의 고정점(그림 중의 항성)에서는 이 물체가 일정속도로 직선 상을 진행하는 것을 볼 수가 있을 것이다. 물체는 일정 시간 간격마다 A, B, C의 상공에 도달할 예정이다. 그러나 원판이 회전하고 있으므로 원반 상의 점 A, B, C는 물체가 각각의 점 상공에 도달했을 때 A', B', C'으로 이동해 버리고 만다.

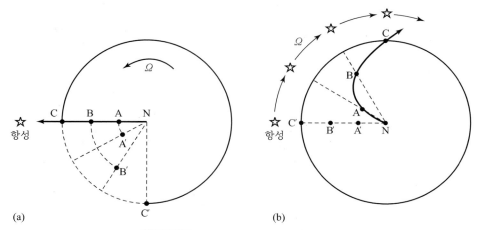

그림 1.14 회전원판에 의한 전향력의 설명

따라서 최초 C에 위치하고 원판 상에 고정되어 있던 관측자가 원판의 회전에 의해 C′으로 이동해 왔을 때에는, A′과 B′도 더욱 진행을 계속하고 있었으므로 NA′B′C′는 일직선이 된다. 그러나 이 관측자는 원판의 회전을 인식하고 있지 않으므로, 여전히 그림 1.14(b)의 C′에 멈추어 있어서 NA′B′C′는 그림 1.14(b)에 표시되어 있는 위치에 있다고 생각하고 있다. 지구 상의 우리들은 이 관측자와 같은 입장에 있다. 이 관측자로부터는 그림 1.14(a)의 ABC를 통과한 물체는 그림 1.14(b)의 곡선 NABC로 진행한 것과 같이 보인다. 이와 같이 물체에 진행방향의 오른쪽으로 굽어지는 궤적을 통과하게 하는 힘은 실제의 힘이 아니고 원판에 회전하고 있기 때문에 겉보기 상 나타나는 것으로, 이 힘을 **전향력**(轉向力, deflecting force) 또는 **코리올리힘**(Coriolis force)이라고 한다. 이 힘을 운동방정식에 넣음으로써 관측자는 회전지구를 기준으로 물체의 운동을 취급할 수가 있다.

발사되고 나서 t 시간 후의 물체의 변위 $\widehat{CC'}$는 $\overline{NC} = Vt$와 $\angle CNC' = \Omega t$의 곱이므로 $\widehat{CC'} = \Omega V t^2$이 된다. 이 변위가 C'에서 C로 향하는 물체의 가속도 a에 의한 것으로 한다면, 최초 정지해 있던 물체가 가속도 a로 T 시간 운동했을 때의 이동거리는 $S = at^2/2$이므로,

$$S = \frac{at^2}{2} = \Omega V t^2, \quad a = 2\Omega V \tag{1.19}$$

를 얻을 수 있다.

지금까지 원판은 각속도 Ω로 회전한다고 가정해 왔지만, 그림 1.15에 표시되어 있는 것과 같이, 임의의 위도 ϕ에 위치하고 있는 지점에 접한 원판은 그 지점에서 수직방향으로 향하는 축의 주위를 $\Omega \sin\phi$의 각속도로 회전한다. 따라서 Ω 대신에 $\Omega \sin\phi$를 이용하면 식 (1.19)는 다음 식과 같이 확장된다.

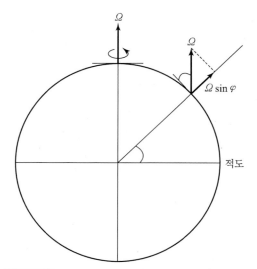

그림 1.15 위도 ϕ 에 있어서의 지구 자전각속도 성분

$$a = 2\Omega V \sin\phi \qquad (1.20)$$

이것은 단위질량에 작용하는 전향력이고, 그림 1.14에서 알 수 있듯이 북반구에서 전향력은 운동방향을 오른쪽으로 치우치게 한다. 식 (1.20)에서 적도($\phi = 0$)에서는 $a = 0$ 이므로 전향력은 작용하지 않고, 또 남반구에서는 $\sin\phi < 0$이므로 전향력은 왼쪽으로 치우쳐 작용한다.

다음에 이용하기 편하도록 그림 1.16과 같은 XY 좌표를 이용해서, 각각의 방향의 속도성분을 u, v로 한다면, 북반구에 있어서의 단위질량당 전향력의 x, y성분 a_x와 a_y는

$$a_x = 2\Omega v \sin\phi, \quad a_y = -2\Omega u \sin\phi \qquad (1.21)$$

이 된다.

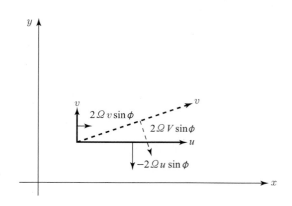

그림 1.16 전향력의 x방향 및 y방향 성분 굵은 선은 풍향, 가는 선은 전향력

연 습 문 제

01 지구 전체(지구 및 대기를 포함)에서는 흡수된 단파방사와 사출되는 장파방사가 평형을 이루고 있다. 이를 이용해서 이 경우 지구표면온도를 구하라. (단, 지구 전체의 반사율(알베도)은 0.30으로 한다. 이 온도를 유효방사온도(有效放射溫度)라고 한다.)

02 지구 상의 단위질량의 질점에 작용하는 인력과 원심력의 크기를 위도 45°N에 있어서 비교하라.

03 앞 문제에서 구한 인력과 원심력을 이용해서 45°N에 있어서의 중력을 구하라.

04 속도 10 m/s로 등속운동을 하는 공기덩어리가 1시간 및 6시간에 이동한 거리 및 이 사이에 전향력에 의해 변위한 거리를 구하라. 단 이 운동은 30°N에 있어서 행하여지는 것으로 한다.

05 야구장에서 한 외야수가 100 m 떨어져 있는 포수에게 25 m/s의 속도로 공을 던졌다. 포수가 있는 곳에서 공은 어느 정도 쏠릴까? 단, 야구장의 위치는 35°N, 130°E로 한다.

02 기상학사

기상학(氣象學, meteorology)이라고 하는 용어는 서양에 있어서는 그리스 시대의 아리스토텔레스(Aristoteles, 고대 그리스의 철학자, B.C. 384~322)가 각양각색의 대기현상을 기재하고 설명한 '기상학(Meteorologica)' 이래로, 아주 오랜 역사를 가지고 있다. 한편 우리나라에서의 기상학이란 천문학과는 달리 새로운 용어로 대략 1900년도 전후의 일일 것이다.

그러나 서양에서도 기상학이 독자적인 학문임을 발견하고, 독립적인 학문으로 걷기 시작한 것은 19세기 후반경의 일이어서, 우리말의 기상학이란 언어의 발상과 시대를 같이 하고 있다.

물론 19세기 중반 이전에도 대기 중의 현상을 기재, 설명하는 분야로서의 기상학은 있었지만, 기재 상에서는 지리학의 한 분야로 설명하거나 물리학의 응용으로서의 경향이 강해서, 독립된 학문의 체계라고는 인정하기 어려웠다.

여기서는 고대 시대부터 시작된 기상학의 역사＝기상학사(氣象學史)를 설명한다. 이 장의 특징은 단순히 물리학사의 1항목으로서 초기의 연구, 시작되는 처음만을 언급하는 것이 아니고, 현재의 기상학으로까지 발전해 온 과정을 더듬고, 이후로 전개되는 미래에 대한 개략적인 설명도 될 수 있도록 구성하고 있다.

1 고대 · 중세

기상학도 다른 모든 자연과학과 같이 경험의 축적과 그들의 다양한 해석에서 시작되었다. 천기변화(天氣變化, 날씨변화)에 대해서의 경험이 간단한 속담으로 정리되고, 이것이 예견에 사용된 것은 기원전 3000~1000년의 바빌로니아(Babylonia : 메소포타미아 남부에 기원전 1700년경에 번창한 고대 왕국) 시대부터이다. 그리스 시대에는 천기속담집과 같은 것도 저작되었다.

대기현상의 해석은 처음에는 애니미즘(animism : 모든 생명의 근원이 정신에 있다는 설), 물활론(만물에 영혼의 존재를 인정하고 그것을 숭배하는 원시적 신앙)적인 것이었다. 이것이 신의 의지인 것으로 생각하게 되고, 신의 뜻을 묻기도 하고, 초월자의 의지를 기도에 의해 바꾸려고 하는 것과 같은 시도가 각지에서 행하여졌다(예를 들어, 기우). 이와 같은 사고에 대해서 자연을 그 자신으로 해석하려고 하는 생각이 그리스에서 태어났다. B.C. 500년경, 아낙시만드로스[Anaximandros, 고대 그리스의 이오니아학파의 자연철학자(B.C. 611~547)], 만물의 근원을 무한한 것 곧, 아페이론(apeiron)이라고 생각하였음]는 "바람은 공기의 흐름이다"라고 말했는데, 이것은 바람의 신에 의한 바람의 설명보다는 좀 더 과학에 접근한 것이다.

또한 그리스 시대에는 기상이 인간의 생활이나 질병에 영향을 미친다고 알려져 있다. 의학의 아버지 히포크라테스(Hippocrates, 고대 그리스의 의학자, B.C. 460~377)의 저작에는 그와 같은 기술이 보인다.

아테네의 '바람의 탑'은 정상에 바람자루의 신상(현재는 소실)을 붙인 거대한 물시계로 잘 알려져 있는데, 8면의 벽에는 각각의 바람신의 상이 조각되어 있고, 풍향이 다른 8개의 바람은 확실하게 식별할 수 있다는 것을 알 수 있다. 일정한 풍향의 바람이 특유의 날씨를 동반한다고 하는 일은 중국의 "8풍의 사상(八風의 思想, 淮南子, B.C. 120년경)에서도 알 수 있다.

기원전 350년경 그리스의 아리스토텔레스(Aristoteles, B.C. 384~322, 그리스의 철학자, 플라톤의 제자이며 알렉산더 대왕의 스승)는 처음으로 '기상학'을 저술하고, 다양한 현상을 기술함과 동시에, 그것에 여러 가지 해석을 붙였다. 그 유명한 사원소설은 그가 이 책의 끝 부분에서 주장한 설이다. 그는 추움·따뜻함 및 건조함·습함 2요소의 조합에 의해 지수화풍(地水火風)의 4원소의 성질을 특징짓고, 이것에 의해 지구 상의 모든 물질을 설명한 것인데, 이와 같은 속성의 조합에 의해 요소의 특징을 표현하는 방법은 20세기가 되어서도 그대로 계승되어 이어지고 있다(예를 들면 기단의 분류방법).

고대의 기상학은 현상 기술적인 면이 많고, 이것을 이용하는 것에도 경험적, 기술적인 것이었다. 그중에서도 후세에 남은 몇 개의 발견을 예로 들어 보면, BC 2세기경 중국의 한영이 눈의 육판(六辮, 육방결정)을 지적한 일, B.C. 70년경 로마의 시인 루크레티우스(Titus Lucretius Carus)가 『물의 본성』 속에서 시험한 다양한 대기현상의 설명, A.D. 77년경의 플리니우스[Gaius Plinius Secundus, 로마 제정기의 장군·정치가·학자(23?~79)는 학문, 특히 박물학에 관심이 깊었으며 현존 유일의 저작 『자연지』(37권)는 방대하고도 잘 정돈된 '백과전서'와 같은 것임]는 박물지 속에서 언급되어 있는 대기현상을 기술하고 있다. 또한 기원 1세기경 이집트인 히파로스가 인도양에서의 계절풍(monsoon, 몬순)을 발견한 일 등이 거론될 수 있다. 또 중세기의 수확으로서는 아라비아인 알하젠(Alhacen, Alhazen)이 박명의 지속시간의 관측에서 대기상한을 추정한 일 등이 주목받고 있다.

2 대기과학의 발전

기상학도 다른 지구과학과 같이 2개의 상호보완적인 면을 가지고 발전했다. 그 하나는 대기를 관측하는 기술의 발전으로, 그것은 새로운 관측측기의 발명과 관측망의 완비에 뒷받침되고 있다.

다른 하나는 기초적인 대기과학법칙에서 각양각색의 사상을 이해하는 일의 발전이다. 대기는 많은 자유도를 갖지만 관측이 거의 항상 이론에 선행해 왔다.

17세기 갈릴레이와 뉴턴에 의해 근대과학의 기초가 세워지고, 이것을 기반으로 대기현상의 과학적인 이해가 진전되었지만, 그 이전의 14~16세기는 다양한 관측과 경험이 축적되어 있던 시대로 보인다. 즉, 메를레(Merlet)의 기상관측은 14세기 초기부터의 고기록으로서 주목을 받고 있는데, 이것은 영국의 옥스퍼드에서 이루어진 것이었다. 또한 콜럼버스를 비롯해서 대항해시대의 항해자들이 대양에서 겪은 경험은 무역풍(trade winds, 적도편동풍) 등의 실체를 분명하게 했다.

동양에서는 15세기 중반에 만들어진 우량계로 우리나라의 측우기(測雨器, korean rain gauge)는 세계적으로도 유명하다. 1441년(세종 23)에 만들어진 이 측우기는 관상감과 각 도의 감영에 비치하고 우량을 측정하도록 하였다고 한다(그림 2.1).

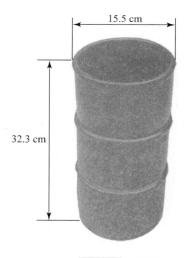

그림 2.1 측우기

측우기(korean rain gauge)

　　조선시대에 우량 측정용으로 쓰인 관측장비로, 현재의 우량계(rain(fall) gauge, a pluviometer, a udometer)이다.

- 제작배경 : 세종은 홍수에 의한 피해를 막기 위해 우량측정에 의한 기상현상의 파악을 기도하여, 처음(1423년경)에는 비가 온 뒤에 빗물이 땅속으로 스며들어간 흙의 젖은 깊이, 즉 우택(雨澤)을 재어서 보고하도록 하였다. 그러나 비가 오기 전의 토지상태가 건조한지 또는 습한지에 따라 같은 정도의 비가 왔는데도 우택은 같지 않았고, 또 그것을 실제로 측정하는 일에 어려운 점이 많았기 때문에, 18년 가량 실시한 뒤에 우택제도는 폐지하고 1441년(세종 23)에 측우기를 발명하여 관상감과 각 도의 감영에 비치하고 우량을 측정하도록 하였다. 측우기의 발명자는 장영실로 알고 있는데, 세종의 장남인 문종이라고 하는 주장도 있다.
- 구조 : 주철제로서 깊이 약 41 cm, 지름 약 16 cm의 원통형이었다. 돌로 만든 대 위에 올려놓고 비 온 뒤에 그 속에 고인 빗물에 주척을 꽂아 세우고 물의 깊이를 분(分, 약 2 mm) 단위까지 재어 보고하도록 하였으며, 이듬해인 1442년에는 측우기의 규격을 약간 줄여서 깊이 약 31 cm, 지름 약 14 cm로 하였다. 그 까닭은 실제로 사용해 보니 깊이 약 41 cm에 빗물이 많이 차는 일은 거의 없으며, 자를 꽂아 빗물의 깊이를 재기에는 너무 깊어서 불편하였다. 또 측정한 뒤에 물을 쏟아버리고 다시 측우대에 안치할 때 너무 무거워서 취급하는 데에 불편했기 때문이다.
- 유물 : 1910년경에 확인된 측우기는 모두 4기로 황동제였다. 그중 하나는 경복궁 내의 관상감에서 쓰던 것으로 깊이 306 mm·안지름 147 mm이었고, 두 번째는 대구의 선화당에 있던 것으로 깊이 217 mm·안지름 147 mm, 세 번째는 함흥에 있던 것으로 깊이 293 mm·안지름 145 mm이다. 넷째는 공주에 있던 금영측우기로 이것은 특이하게 세 부분의 조립식으로 구성되어 있다. 안지름은 140 mm, 조립할 때의 깊이는 315 mm이지만 상·중·하단 각각의 깊이는 106 mm·105 mm·103 mm이고 조립할 때 겹쳐지는 부분이 3 mm이며, 전체의 무게는 6.2 kg이다. 그런데 관상감측우기는 국권상실 무렵에 없어졌고, 함흥측우기와 선화당측우기는 한국전쟁 중에 모두 없어졌다. 금영측우기와 주척은 1915년경 와다가 일본으로 가져가서 일본 기상청에서 보관하고 있었다. 이것을 1971년에 돌려받았으나 주척은 돌려받지 못하였다. 금영측우기는 1837년(헌종 3)에 만든 것으로 보물 제561호로 지정되어 현재 기상청에 소장되어 있다.
- 의의 : 조선시대에 우량측정용으로 쓰인 측우기는 갈릴레이(Galilei, G.)의 온도계 발명(1592년)이나 토리첼리(Torricelli, E.)의 수은기압계 발명(1643년)보다 훨씬 앞선 세계 최초의 기상관측장비였다. 따라서 측우기는 세계기상학사에서 관천망기시대(觀天望氣時代)에 뒤따르는 측기시대를 약 150년 정도 앞당긴 것이었다.

출처 : 한국사기초사전, 2011, 한국학중앙연구원

우리나라에서는 15세기 중반부터 측우기를 이용해서 우량을 관측했다.

기상관측의 관측기기에 대해서 말하면 15세기 말에 레오나르도 다빈치(Leonardo da Vinci, 1452~1519년, 르네상스 시대의 이탈리아를 대표하는 천재적 미술가·과학자·기술자·사상가)가 습도계, 풍력계를 고찰하였고, 이것은 16세기 말의 갈릴레이(Galilei, 갈릴레오 Galileo, 1564~1642, 이탈리아의 천문학자·물리학자·수학자)의 공기온도계의 발명에 약 100년 정도 앞서 있다. 17세기 중엽에는 토리첼리(Evangelista Torricelli)에 의한 수은기압계(mercury barometer)가 발명되었다. 당시 그는 "우리들은 대기라고 하는 바다 밑에 살고 있다(공기의 바다). 그 대기는 확실한 실험에 의해 무게를 가지고 있는 것을 알고 있다."라고 말했는데, 이 말 속에서 당시의 대기관을 엿볼 수 있다. 원래 대기에 무게(중량)가 있다고 하는 것을 최초로 측정한 것은 토리첼리가 아니고, 그의 스승인 갈릴레이였다.

참고 2-2

토리첼리(Evangelista Torricelli, 1608.10.15~1647.10.25)

이탈리아의 수학자, 물리학자이다. 갈릴레이의 계통을 이어받은 학자로서 갈릴레이의 역학을 전개하였다. 즉, 유체동역학(流體動力學)을 개척, 1644년 발표한 유속과 가압의 크기에 관한 법칙이 '토리첼리의 정리(Torricelli's theorem)'이다. 토리첼리의 실험(Torricelli's experiment)에서 그는 1643년 V. 비비아니(제자)와 함께 수은을 채운 폐관을 수은용기 속에 거꾸로 세워, 폐관 상부에 진공이 생기는 것(토리첼리의 진공)을 발견하고, 이것이 대기압에 의한 것임을 설명하여 수은기압계를 발명, 진공 연구에 신기원을 이룩하였다. 분출하는 물이 그리는 곡선의 연구와 포물체의 운동에 대한 연구도 있다.

블레즈 파스칼(Blaise Pascal, 1623~1662, 프랑스)이 높이와 함께 기압[air(atmospheric) pressure]이 감소해 가는 것을 실험에서 실증하려고 한 것은 1648년의 일이었다. 같은 시기 독일의 오토 폰 게리케(Otto Von Guericke, 1602~1686, 수기압계)는 날씨의 변화에 수반되어 기압이 변화하는 것을 분명하게 했다.

이제까지 언급한 것들은 물리학사에서도 거의 다 다루어진 것들이다. 이것은 물리의 응용으로서 기상학이 생각되고 있었기 때문이다. 기상학이 독자적인 방법을 갖고, 하나의 독립된 과학으로 성립하게 된 것은 19세기 중반의 일이었는데, 그때까지의 기상학은 해석상으로는 응용물리, 기술상으로는 지리학의 한 분야로 취급되는 경우가 많았다.

대기의 기체로서의 성질은 토리첼리가 1643년에 기압계(氣壓計, barometer)를 발명한 후, 1686년에 핼리(Edmund Halley, 1656~1742, 영국의 천문학자, 지구물리학자, 수학자, 기상학자, 물리학자)가 무역풍의 이론 속에서 생각했던 것이다. 그러나 이 성질은 로버트 보일(1662년,

Robert Boyle, 1627~1691, 아일랜드, 자연철학자, 화학자, 물리학자, 발명가, 신학에 관한 저서도 있음), 메리어트(Marriott, 1676) 등의 연구 후, 샤를(Charles, 1802), 조셉루이 게이뤼삭(1802년, Joseph Louis Gay-Lussac, 1778~1850, 프랑스, 1808년에 기체반응의 법칙을 발견한 화학자)에 의해 연구가 진전되어, 상태방정식이 구해졌다. 핼리의 무역풍 이론에서는 태양에서의 방사가 대기현상의 주된 에너지원으로 되어 있는데, 방사의 기본적 성질의 구명은 19세기 중반이 되어서 독일의 키르히호프(Gustav Robert Kirchhoff, 1824~1887)의 업적을 기다리지 않으면 안 되었고, 방사의 역할이 더욱 기상학에서 충분히 생각하게 된 것은 20세기가 되어서의 일이었다.

대기의 가스로서의 성질은 이 외에도 단열변화를 했을 때의 기압과 온도간의 관계식이 기상학에서는 중요한데, 이것은 1823년에 푸아송(Poisson)에 의해 구해졌다. 잠열(latent heat)의 개념은 1761년 블랙(Black)에 의해 발견되었는데, 이 사고가 물의 상변화의 이론으로 삽입되어 기상학에 응용되게 된 것은 19세기의 일이고, 클라페이론·클라우시우스(Clausius-Clapeyron)의 업적을 기다기지 않으면 안 되었다.

물[기체(수증기), 액체(액수), 고체(얼음)]의 상변화에 일찍부터 주목하고 있던 연구자는 돌턴(John Dalton, 1766~1844, 영국)이지만, 영국의 웰스(Welles, 1815년)는 구체적으로 이것을 이슬(dew)의 이론 속에 전개했다. 그는 이슬은 지물이 방사 때문에 냉각해서, 공기 중에 포함되어 있는 수증기가 이것에 접촉해서 온도가 이슬점 이하로 내려가, 그 결과 응결해서 액체(liquid water)가 된 것이라고 말했다. 이와 같이 그는 방사냉각에 대해서도 그 중요성에 주목하고 있었다.

1847년이 되어서 에스피(James Pollard Espy, 1785~1860, 미국의 기상학자, 폭풍론으로 유명)가 구름 속에서 방출되는 잠열의 중요성을 지적하고, 이것에서 습윤단열감률[濕潤斷熱減率, moist(saturation) adiabatic lapse rate]의 이론을 이끌어냈다. 그러나 에스피 시대의 구름이나 비의 이론은 온도가 다른 종류의 기체 혼합으로 생각되고 있었고(예를 들면 호튼(Hutton)의 생각), 실상으로서의 단열냉각과는 차이가 있었다.

대기가 단일의 원소는 아니고, 질소 및 산소 등의 혼합체라고 하는 것은 18세기 말경까지 캐번디시(Henry Cavendish, 1731~1810, 영국의 과학자), 블랙(Black), 프리스틀리(Joseph Priestley, 1733~1804. 영국의 목사이자 화학·식물생리학자), 라부아지에(Lavoisier, Antoine Laurent, 1743~1794, 프랑스의 화학자) 등의 많은 화학자에 의해 분명하게 된 것이다. 이들의 일은 화학사서에 자세할 것이니, 그쪽을 참조하기 바란다. 대기성분 중에서 가장 늦게 발견된 것은 아르곤(argon, Ar)이었다. 아르곤을 발견한 것은 레일리(John William Strutt Lord Rayleigh, 1842~1919, 영국)와 램지(Ramsay, William, 1852~1916, 영국의 화학자)로 1894년의 일이었다.

3 ⎯ 광학·전기현상의 설명

무지개(rainbow)는 고대의 아리스토텔레스(Aristoteles)의 『기상학』까지 거슬러 올라간다. 그러나 그 사고는 불완전한 것이었다. 13세기 초기 폴란드의 비텔로(Witelo)는 빛의 굴절에 의해 무지개를 설명했는데, 이것이 올바른 무지개 이론의 출발점이 되었다. 비텔로의 뒤를 이어서 베이컨(Bacon)의 이론이 나왔지만, 이것은 빛의 반사만을 생각한 이론으로, 이론으로서는 오히려 퇴보한 것이었다. 또 천문학자인 케플러(Johannes Kepler, 1571~1630, 독일)는 무지개는 물방울 속을 통과하는 빛의 몇 번 굴절에 의해 설명했지만, 아직 충분한 이론이라고는 말할 수 없었다. 그리고 17세기 초 도미니스[Marcus Antonius de Dominis, 1560~1624, 아드리아해 출신의 철학자, 과학자, 뉴턴의 저서 『광학, 1704년』 속에 소개]에 의해 거의 올바른 곳까지 와 있었지만, 아직 제2의 무지개는 설명할 수 없었다.

제2의 무지개를 포함해서 이것을 그의 광학에서 훌륭하게 설명한 것은 데카르트[René Descartes, 1596~1650, 프랑스, 『기상학』을 집필하고(그림 2.2 참조), 무지개의 이론과 와동론으로 유명]로, 17세기의 초의 일이었다. 그 뒤 뉴턴에 의한 색에 따른 굴절률의 다름의 실험을 거쳐서, 호이겐스(Christian Huygens, 1629~1695, 네덜란드의 천문학 등), 영(Thomas Young, 1773~1829, 영국) 등의 학자들에 의해 무지개의 이론은 전개되게 되었지만, 무리[훈(暈), halo], 코로나(corona), 환일(幻日, parhelion) 등의 광상, 신기루(蜃氣樓, mirage), 별들이 깜박깜박 보이는 현상, 천문 굴절 등에 대해서도 설명이 주어졌다. 하늘이 파란 것에 대해서 비로소 올바른 설명을 한 것은 틴들[Tyndall, 1820~1893, 영국, 1868년 틴들현상(Tyndall phenomenon) 발

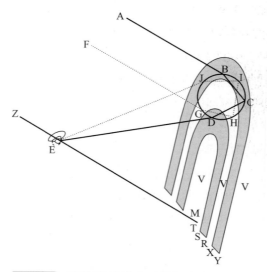

그림 2.2 데카르트의 저서 『기상학』의 무지개 설명

견, 하늘의 청색을 설명, 결정의 자기적 성질, 음향 등 연구, 열현상의 분자운동론적 견해를 지지했음]이었지만, 그 후 레일리(Lord Rayleigh, 1842~1919, 영국)가 이것을 분자산란에 의해 설명했다.

분자산란의 이론을 더욱 일반적인 형태로 전개한 것은 미(Mie, 1908)였는데, 그는 그의 생각을 시정의 이론 속에서 전개했다. 현재는 레이더의 발전에 수반되어 미의 이론은 마이크로웨이브[microwave, 극초단파(파장이 1 m 이하, 수 mm 정도의 전파) = 미리파(extremely high frequency, 파장이 1~10 mm의 전파, 직진성이 강하고 레이더나 초다중통신 등에 이용됨)]의 영역까지 확장되어 있다.

1750년 벤자민 프랭클린(Benjamin Franklin, 1706~1790, 기상학자)과 1752년에 다리바드(Dalibard, 1703~99, 프랑스)는 연(kite)에 의한 실험으로 벼락의 본성을 분명하게 했다. 그 후 1795년에 쿨롬(Charles-Augustin de Coulomb, 1736~1806, 프랑스)에 의해 대기의 전기전도도가 발견되었다. 이 전도도의 유래를 대기 중의 작은 이온의 존재에 의해 설명한 것은 율리우스 엘스터(Johann Philipp Ludwig Julius Elster, 1854~1920, 독일)와 한스 가이텔(Hans Friedrich Geitel, 1855~1923, 독일) 및 윌슨(Wilson, John Tuzo, 1908, 캐나다의 지구물리학자)이었는데, 이는 19세기 말의 일이었다.

대기 중에서는 더욱 큰 이온이 존재하고 있다는 것이 쿠리에(Courier, 1875), 에이트켄(Aitken, 1880)에 의해 발견되었지만, 이것이 수증기 응결의 중심핵으로서 중요한 역할을 한다는 것은 1905년에 폴 랑주뱅(Paul Langevin, 1872~1946, 프랑스)과 폴랙(Pollack, 1915)이 분명하게 했다.

뇌운(雷雲)의 전기의 기원에 대해서 심슨(Simpson)의 수적분열설(水滴分裂說, 1909)과 윌슨(Wilson)의 (-)이온의 위에 수증기응결설(水蒸氣凝結說, 1916)이 있고, 양자 사이에 활발한 토의가 행해진 것은 제1차 세계대전 전의 일이었다. 뇌운의 전기의 설명으로는 현재는 얼음의 온도차에 의해 전하의 분리가 일어난다고 하는 레이놀즈(Reynolds, Osborne, 1842~1912, 영국) 및 브룩스(Brooks, 1957)의 설이 가장 유력하다.

초고층대기 중에 전리된 층이 있다고 하는 것은 일찍이 1883년에 스튜어트(Stewart)에 의해 논의되었는데, 그 후 1902년에 케널리(Kennelly, Arthur Edwin, 1861~1939, 인도 태생으로 미국의 전기학자) 및 헤비사이드(Heaviside, Oliver, 1850~1925, 전기학자, 영국)에 의해 연구되었고, 1925년이 되어서 애플턴(Appleton) 및 버넷(Burnet, Sir Frank Macfarlane, 1899~1985, 호주의 미생물학자)이 이것을 실험적으로 규명했다.

4 ＿ 기상관측의 발전

① 지상기상관측

17세기에 온도계와 기압계가 발명되었지만, 그 이전의 기상관측은 눈에 잘 띄는 관측에 중점적이었고, 관측기기도 간단한 것이었다. 그와 같은 것으로는 그리스 시대의 바람자루[풍견(風見), wind sleeve], 인도에서 사용되었던 우량계(BC 400), 쿠사의 니콜라스[Nicholas (of) Cusa, 승려(추기경), 1472년 : 투명무색으로 잘 빛나는 녹주석은 독일 안경(Brille)의 유래]와 레오나르도 다빈치(Leonardo da Vinci, 1484년)의 습도계가 있었다. 이 습도계는 건조한 양모나 면이 습기를 빨아들이는 것을 이용한 것인데, 이와 같은 일이 중국에서 기원전 1세기에 재의 무게가 습도에 의해 변하는 것이 알려져 있었다.

지상에 있어서 기상관측의 역사로 획기적인 업적을 남긴 것은 영국의 로버트 훅(Hooke, Robert, 1635~1703)이었다. 그는 모든 종류의 관측기기를 종합적으로 개량한 것뿐만이 아니고, 이것을 자동으로 기록하는 장치도 고안했다. 그가 고안한 자동기상관측장비를 그림 2.3에 나타내었다. 또 1667년경부터 일정의 양식으로 쓰여진 야장(野帳, field book)을 고안하고, 이것에 바람, 온도, 건습, 기압, 하늘의 상태 및 하늘에 나타난 현상의 이동방향 등을 기입했다. 이것이 현재 널리 사용되고 있는 관측야장의 원형이다(그림 2.4 참조).

훅(Hooke)이 이와 같은 기상관측을 시작한 같은 무렵에, 유럽에서는 각지에서 일정형식의 협동관측도 시작되었다. 17세기 중반부터 시작된 이들 기상관측은 18세기에는 독일의 팔라티나(Palatina) 기상학회에 의한 국제적인 기상관측으로 발전하였는데, 이것은 하인리히 브란데스(Heinrich Wilhelm Brandes, 1777~1834, 독일의 기상학자로 1820년 기압의 등편차선과 풍향이 기입되어 있는 최초의 천기도를 그렸다)에 의해 천기도(天氣圖, weather map, synoptic chart, 일기도)의 기초자료로 사용되게 되었다(그림 2.5 참조).

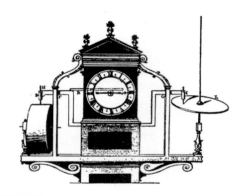

그림 2.3 훅(Hooke)이 고안한 자동기상관측장비

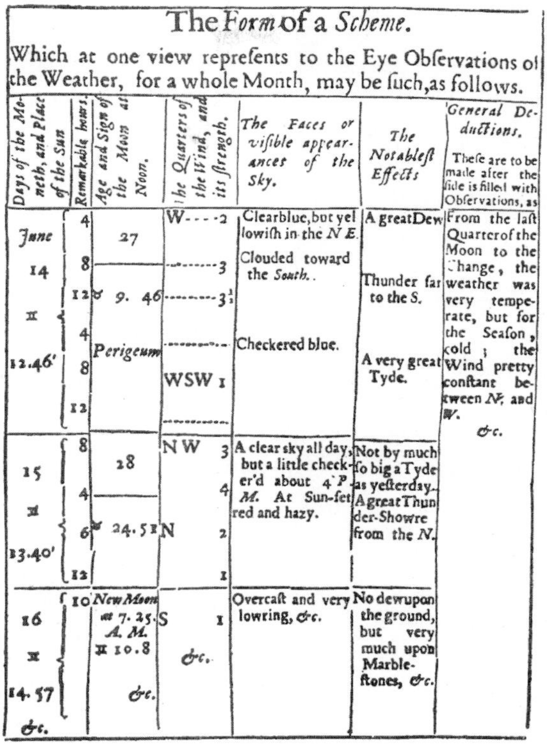

The *Form* of a *Scheme.*

Which at one view reprefents to the Eye Obfervations of the Weather, for a whole Month, may be fuch, as follows.

Days of the Moneth, and Place of the Sun	Remarkable hours.	Age and Sign of the Moon at Noon.	The Quarters of the Wind, and its ftrength.	The Faces or vifible appearances of the Sky.	The Notableft Effects	General Deductions. Thefe are to be made after the fide is filled with Obfervations, as
June 14 ♊ 12.46'	4 8 12 4 8 12	27 ☊ 9. 46 Perigeum	W - - - 2 - - - 3 - - 3½ - - - WSW 1	Clearblue, but yellowifh in the N E. Clouded toward the South. Checkered blue.	A greatDew Thunder far to the S. A very great Tyde.	From the laft Quarter of the Moon to the Change, the weather was very temperate, but for the Seafon, cold ; the Wind pretty conftant between N. and W. &c.
15 ♊ 13.40'	8 4 6 12	28 24.51	N W 3 4 N 2 1	A clear sky all day, but a little check-er'd about 4 P. M. At Sun-fet red and hazy.	Not by much fo big a Tyde as yefterday. A great Thunder-Showre from the N.	
16 ♊ 14.57 &c.	10	New Moon at 7. 25. A. M. ♊ 10.8 &c.	S 1 &c.	Overcaft and very lowring, &c.	No dewupon the ground, but very much upon Marble-ftones, &c.	

그림 2.4 훅이 고안한 관측야장의 형식

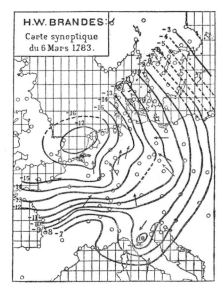

그림 2.5 브란데스가 작성한 가장 오래된 천기도 이 천기도(일기도)는 1783년 3월의 것이지만, 만들어진 것은 1820년 이다.

표 2.1 기상학사의 주요 관측기기 발명들의 요약

연 도	관측기기명	제작자	국 가
1662	전도걸(桀)우량계	렌(Len)	
1667	풍압풍력계	훅(Hooke)	
1724	수은온도계	파렌하이트 (Fahrenheit, Gabriel Daniel, 1686~1736)	독일
	화씨온도 눈금 결정		
1758	습구온도계	바움(Baum)	
1783	모발습도계	오라스 드 소쉬르 (Horace-Bénédict de Saussure, 1740~1799)	스위스
	자연과학자로 습도계, 온도계 등의 관측기기를 개량하고, 많은 관측을 함		
1790	최고·최저온도계	러더퍼드(Rutherford, Daniel, 1749~1819)	독일
1800	자기기압계	하워드(Howard)	
1822	건습구온도계	아이보리	
1823	이슬점습도계	존 다니엘 (John Frederic Daniell, 1790~1845)	영국
1843	공합(아네로이드)기압계	비디(Vidi, L., 1804~1866)	이탈리아
1846	풍배형풍속계	로빈슨(Robinson, John Thomas Romney, 1792~1882)	아일랜드
1885	아스만 통풍건습계 (Assmann ventilated psychrometer)	아스만(RichardAssmann, 1845~1918)	독일
1889	계진기(計塵器)	존 에이트컨(John Aitken, 1839~1919)	영국
	이 세진계(細塵計)로 관측된 대기 속의 세진이 '에이트컨핵'		

17세기 이래로 기상관측 관측기기의 개량, 발명의 연표식을 표 2.1에 정리하였다.

② 고층기상관측

1787년 스위스의 오라스 드 소쉬르(Horace – Bénédict de Saussure, 1740~1799)는 처음으로 몽블랑(Mont Blanc : 프랑스와 이탈리아의 경계에 있는 알프스 산맥의 최고봉)산에 올랐다. 그는 이때의 관측에서 기온이 291 ft마다 1 F 내려가는 것을 분명하게 관찰했다.

이것은 가장 초기의 고산기상관측이었지만, 이보다 앞서서 스코틀랜드의 윌슨(Wilson, 1749)은 연(kite)에 최저온도계를 붙여 고층의 기온을 관측했다. 같은 무렵 미국의 프랭클린(Franklin, Benjamin, 1706~1790, 정치가, 과학자 : 피뢰침의 발명과 번개의 방전현상 증명)도 1752년에 연을 사용해서 번개의 전기실험을 했다.

역시 18세기의 중엽 스코틀랜드의 브라이스는 지상에 비치는 구름의 그림자가 이동해 가는 시간을 측정함으로써 상층풍을 추정했다. 이 생각은 람베르트(Lambert, Johann Heinrich, 1728~1777, 독일: 광도계, 온도계 발명, 지도투영법 창안)에게 승계되었는데, 그는 구름의 그림자 관측에서 구름의 높이와 구름의 방향을 추정했다. 19세기 말엽에는 이러한 관측을 위해서 측운기(測雲器)와 운경(雲鏡)이 발명되었다. 20세기가 되면서 구름의 높이는 경위의를 사용해서 측정하게 되었다. 이 후 측운기구(測雲氣球, ceiling balloon : 구름의 높이를 측정하기 위한 기구)의 사용이 늘어났고, 현재 비행장 등에서 널리 사용되고 있는 운고계(雲高計, ceilmeter)로 발전하게 되었다.

구름의 형태를 분류하는 것에 대해서는 진화론으로 유명한 프랑스의 라마르크(Lamarck, Jean Baptiste, 프랑스의 박물학자, 1744~1829)가 1802년에 제안한 것이 있지만, 현재의 운형분류의 출발점은 영국의 루크 하워드(Luke Howard, 약제사, 1772~1864)가 1803년에 발표한 것이다. 그가 분류한 구름의 기본형은 Cirrus, Cumulus 및 Stratus이고, 이것을 권운, 적운 및 층운으로 번역한 것은 상해판의 기상학서 『측후총담(測候叢談)』에 의한 것이었다.

19세기는 연을 이용한 고층관측이 인간이 탑승한 기구에 의한 관측과 함께 급격하게 확산되었던 시대였다. 그러나 기구에 탑승해서 관측하는 것은 위험을 동반하기 때문에 생력화(기계화·기구개혁 등에 의해서 인력·노동력을 감소시킴)를 향해서 가게 되었다. 그래서 1893년에는 에르미트(Hermite)와 브장송(Besancon)에 의해 무인으로 자기의 관측기기를 부착한 기구가 처음으로 띄워졌다. 그 다음 해부터 미국의 블루힐(Blue Hill)기상대에서 연에 의한 기상관측이 매일 이루어지게 되었다. 20세기에 들어와서는 1910년대부터 비행기 관측이 시작되었다.

상층관측에 있어서 가장 혁명적인 일은 관측한 결과를 자동적으로 원거리에 전달하는 것이었다. 이 생각은 1868년에 네덜란드 바이스·바로트(Buys Ballot)에 의해 제창되었지만 실현하는 데까지는 이르지 못했다. 고층관측의 결과를 실제로 발신해서 이것을 지상에 처음으로 전달한 것은 헬라스(Hellas)와 로비치(Robitzsch)였다. 그들은 1917년에 연의 줄을 이용해서 이것을 시험했다. 1927년 이드락(Idrac)과 뷰로(Bülow)는 고층관측의 결과를 지상에서 수신했는데, 이것이 라디오존데의 시초가 되었다.

제2차 세계대전 후 고층관측용으로 레이더(radar)가 널리 사용되었는데, 이 시대부터 기구(氣球, balloon)의 추적은 레이더에 의해 이루어지고, 구름의 속이나 위의 상황도 관측할 수 있게 되었다. 1960년 타이로스(TIROS : 세계 최초의 기상인공위성) 1호 이래로 현재는 기상위성에 의한 관측이 일상화되어 왔다. 정고도 기구는 제2차 세계대전 중 일본에 의해 풍선폭탄으로 사용되었지만, 전쟁 후에는 편서풍 등의 추적에 사용되었다.

참고 2-3

레이더

radar는 radio detection and ranging의 약자로, 전파의 특성을 이용해서 목표로 하는 물체의 방위와 거리를 결정해서 위치에 관한 정보를 얻기 위한 장치이다. 제2차 세계대전 중에 함선·항공기의 탐지를 목적으로 개발되었다. 방위는 안테나의 지향성에 의해, 거리는 전파가 목표에서 반사해 돌아오는 왕복시간에 의해 결정된다. 목표물에서의 반사파를 에코(echo, 메아리)라고 한다. 레이더의 수신파가 목표에서의 반사파인 것을 1차 레이더, 수신파가 응답 비컨(beacon : 화톳불, 봉황불, 항로·항공로의 표시 등)을 갖는 목표에 부딪혀 다른 신호를 송신시켜, 이것을 수신파로 하는 2차 레이더가 있다. 기구레이더, 선박레이더, 항공관제레이더 등은 1차 레이더이고, 각각의 이용목적에 따라서 지시장치가 부가되어 있다. 항공기·선박의 탐지용이나 기상용에서는 주파수 $3 \sim 30$ GHz(파장으로서 $10 \sim 1$ cm)의 전파, 즉 SHF 및 EHF가 이용된다. 이 주파수대는 마이크로파(microwave)로 통칭되는 대역의 일부에 상당하고 있다. 파장 10 cm 부근을 S밴드, 5 cm 부근을 C밴드, 3 cm 부근을 X밴드라고 부르는 방식도 있다.

③ 기상관측망과 그 성과

대기현상은 공간적으로의 퍼짐을 갖고 끊임없이 변화하고 있다. 이 실태를 파악하는 데에는 1지점의 관측만으로는 불충분해서 아무리 해도 지표에 분포한 관측망을 필요로 하고 있다. 어떤 1지점의 연속된 관측과 거의 동시에 규격을 통일한 기상의 협동관측이 시작된 것은 이미 언급했지만, 여기서는 그 후의 발전에 대해서 논의해 보도록 하자.

반구적인 규모로 세계의 기후도를 처음으로 그린 것은 에드먼드 핼리[Edmond Halley, 1656~1742, 영국 : 세계 최초로 세계 무역풍, 계절풍의 분포도를 작성하고 그 원인에 대해서 고찰(1686), 고도에 의한 기압체감의 법칙 발견(1686), 우적의 이론(1693), 지표에 있어서의 수순환 이론(水循環理論, 1693) 등의 선구적인 업적을 남김]이다. 그는 많은 항해자들의 기록에 근거해서 적도지대의 무역풍(trade wind)과 계절풍(monsoon)의 분포를 나타내는 그림을 그렸다. 그의 업적을 더욱 풍부한 대양상의 자료에 의해 완성한 것은 미국의 매튜 모리(Matthew Fontaine Maury, 1806~1873)로, 1849년 그의 저서 『바다의 지리학』 속에 자세한 분포도를 그리고 있다.

각지의 많은 관측을 이용하면서부터 각종 기후도가 그려지게 되었다.

예를 들면, 훔볼트(Humboldt)의 세계 평균기온 분포도(1868~69), 말만(Mahlmann, 1844)이나 1846년 도브(H. W. Dove, 1803~1879)의 반구적인 풍계도(風系圖), 부찬(Boochan, 1868~69)의 북반구적 등압선 등이 있다.

이들 기후도가 정비되어 가는 사이에 중위도 지방에서는 아무리 기후 자료를 모아도 그것만으로는 나날의 날씨를 이해할 수 없다는 것을 확실하게 인식하기 시작하였다. 이것은 대기가 기후도에서 기대되는 것보다도 훨씬 격심한 변화를 하고 있기 때문이다.

이와 같은 변동으로 우선 관심이 쏠린 것은 폭풍권과 그 이동이다. 이것에 일찍부터 주목한 것은 디포(Defoe, 1703), 벤자민 프랭클린(Benjamin Franklin, 1706~1790, 미국)이었지만, 일본의 산록소행(山鹿素行)은 이것보다도 일찍 1679년에 태풍이 이동해 가는 것을 알고 있었다.

풍계의 이동실태를 파악하는 데에는 동시관측을 1장의 지도에 총합해서 써넣고, 이것을 연속해서 추적하는 방법이 취해졌다. 등압선(정확하게는 어떤 장소의 평균기압에서의 편차가 같은 곳을 연결한 등편차선)을 그리고, 이것을 실제로 시험한 것은 하인리히 브란데스(Heinrich Wilhelm Brandes, 1777~1834, 독일)로 1820년의 일이었다. 그는 이미 언급한 팔라티나(Palatina) 기상학회가 모은 자료를 이용해서 1783년 매일의 일기도(천기도)를 그리고, 기압계의 이동과 이것에 수반된 풍계의 변화를 조사한 것이다.

브란데스보다 일찍 인도의 카파(1801)와 미국 루이지애나의 던바(Dunbar, 1801)는 열대폭풍이 회전하는 풍계라고 논했는데, 그 후 1828년에 도브(H. W. Dove)가 각지의 관측을 모아 정리해 움직이는 와동(소용돌이)으로서의 구조를 규명했다. 폭풍의 와동에 대해서는 그 후 제임스 에스피(James Pollard Espy, 1785~1860, 미국), 레이드(1838년), 핏딩돈(1848) 등도 그 구조를 분명하게 했다.

1835년 전신이 발명되어 기상관측을 전신을 이용해 일상의 일기예보(날씨예보, 천기예보)에 이용하려는 다양한 의견이 나왔지만, 이것을 실제로 수행한 사업은 1849년 미국의 스미소니언(Smithsonian) 협회에 속해 있던 조셉 헨리(Joseph Henry, 1797~1878)의 지도 하에 수행되었다. 영국은 사이몬즈(Simons)의 뒤를 이어서 제임스 글레이셔(James Glaisher, 1809~1903)가 이것을 시험했지만, 불행하게도 이것을 예보에 이용하기 위해서는 너무나도 많은 시간이 걸리게 되었다.

매일의 등압선이 그려지는 천기도(일기도)는 프랑스에서 최초로 간행되었는데, 이 사업은 파리 천문대장 르베리에(U. J. J. Le Verrier, 1811~1877)에 의해 1863년에 수행되었다. 프랑스에서 이 사업의 계기를 만든 것은 크림전쟁(Crimean War, 1853~1856년 러시아와 오스만투르크·영국·프랑스·프로이센·사르데냐 연합군이 크림반도·흑해를 둘러싸고 벌인 전쟁)을 할 때 흑해의 크림(Crimea)반도의 발라크라바(Balaclava) 앞바다에서 폭풍으로 침몰한 군함 앙리(Henri) 4세 호 사건 때문이다.

각국에서 일기도가 만들어지게 되면서 이것을 이용한 일기예보가 가능해졌는데, 처음에는 각양각색의 등압선 형식과 천기와의 연결로부터 예보가 생각되어져서, 기압계의 기본형식의 분류가 이루어지게 되었다. 이와 같은 시험의 대표로서 애버크롬비(R. Abercromby, 1842~1897)의 등압선의 7 기본형식(1887년)을 들 수 있다(그림 2.6).

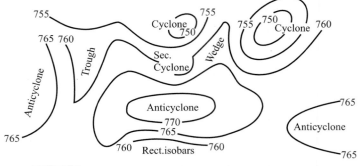

그림 2.6 애버크롬비(Abercromby)가 생각한 기압배치 기본형

이와 같은 소위 현상론적 단계에서 지상 부근의 대기의 구조를 생각해서 기압계와 천기의 관계가 분명하게 되는 것은 20세기부터의 일이고, 주로 해서 비야크네스(V. F. K. Bjerknes, 1862~1951, 노르웨이)를 중심으로 한 베르겐학파(Bergen)에 의해 수행되었다(1918). 이와 같은 해석의 전제가 되는 것은 각지에서 이루어진 통일된 규격의 기상관측이고, 천기에는 국경이 없고, 폭넓게 각국으로 퍼진다고 한다면 자료의 수집은 국제적으로 되지 않을 수 없다. 그래서 제1회 국제회의가 빈(Wien)에서 개최된 것이 1873년의 일이고, 이 국제기관은 그 후 발전해서 현재의 세계기상기관(WMO)이 된 것이다(그림 2.7 참조).

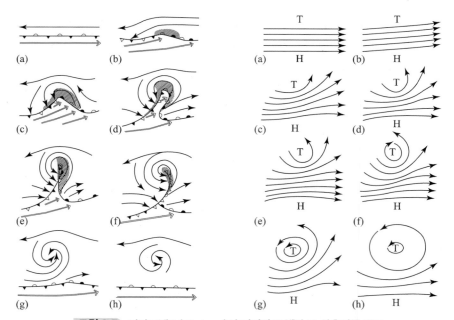

그림 2.7 비야크네스(Bjerknes)의 저기압 모델과 그 상층기류 구조

④ 기상위성

기상위성[氣象衛星, meteorological(weather) satellite]은 기상관측용 관측기기를 탑재한 인공위성 (人工衛星, artificial satellite)을 말한다. 즉, 정확하게는 기상인공위성(氣象人工衛星, meteorological artificial satellite)이 된다.

1863년에 로버트 피츠로이(Robert FitzRoy, 1805~1865, 영국)가 실용기상학의 입문서로서 『천기의 서(The Weather Book)』를 저술했을 때, 기상학의 하나의 이상으로 한 것은 새가 고공에서 넓은 공간을 내려다보듯이 지구대기의 권외에서 그 상황을 한눈에 통찰해 보듯이 내다보는 것이었다.

현실적으로 높은 하늘에서 광범위하게 지구를 내려다보는 것은 우선 기술적으로 어려웠다. 그러기 때문에 이 이상은 우선 지표 부근의 많은 관측치를 모아서 이것을 천기도로 그리는 일부터 시작하게 되었다. 그렇다고 해서 피츠로이(FitzRoy)의 이상이 사라져 버린 것은 아니어서, 기상위성이 쏘아올려지게 되면서부터 위성에서의 관측은 새로운 눈이 되어 대기현상의 이해에 획기적인 진보를 가져오기 시작한 것이다.

기상위성의 역사는 1960년 4월 1일 미국에서 쏘아올린 TIROS 1호부터 시작되었으며, 이 실험용 궤도위성 시리즈는 1965년 10호까지 연결되었다. 이들에 이어서 1966년의 ESSA(Environmental Survey SAtellite) 1호에서 1969년 9호까지가 발사되었는데, ESSA의 관측은 천기예보(날씨예보)에 이용되었다.

참고 2-4

TIROS

TIROS(Television and Infra-Red Observation Satellite)는 TV 카메라와 적외방사계를 갖춘 관측용 극궤도 인공위성이다. 실용화된 최초의 실험용 기상인공위성이다. 제1호는 1960년 4월 1일에 쏘아올려졌고, 1965년 발사된 10호까지를 마지막으로 타이로스 시리즈는 종료되었다. 그 후 보다 고도화된 NiMBUS 위성 시리즈로 바뀌었다. 이것은 기본적으로 같은 관측 프로그램을 계승하고 있고, 가장 개량된 위성으로 이어져 일반적으로 미국의 NOAA[(National Oceanic and Atmospheric Administration, 국립해양대기청] 위성으로 불리고 있다.

ESSA(Environmental Survey SAtellite)는 실험용 기상위성 TIROS의 연장으로, 미국의 NOAA에 속하는 현업용 기상위성이다. 짝수 번째의 위성에 자동송화(APT) 장치가 장착되어 VHF 수화기가 있으면 누구든지 관측자료를 이용할 수 있었다. 그 다음에는 NOAA의 ITOS(Improved TIROS Operational System)가 뒤를 잇고 있었다. ITOS는 개량형 현업용 기상위성관측 시스템이다. 기상관측의 정상업무로 기상위성도 삽입한 시스템이다. ITOS는 Improved TIROS Operational Satellite의 약자로 사용되는 일도 있다.

ESSA의 발사와 병행해서 이것보다도 정밀도가 높은 NOAA의 발사가 이루어져, NOAA에서의 영상이 방송해설 등에 널리 이용되고 있었고, 1977년 7월 14일 일본·미국의 로켓에 의해 동경 140°의 적도 상공 36.000 km에 쏘아올려진 정지위성 GMS에서의 화상(畵像)이 널리 이용되고 있다.

정지위성은 적도 상에 거의 등간격으로 5개가 쏘아올려졌고, GMS는 그중의 하나이다. 이 위성은 지구의 자전과 같은 속도로 돌고 있기 때문에(각속도 일정), 거의 일정한 위치에서 지구를 연속해서 관측할 수 있다.

정지위성에 의한 기상관측은 이후 대기과학, 천기예보 등에 큰 진보를 가져올 것으로 예상되며, 크게 기대되는 것은 다음의 2가지이다. 첫 번째는 사진해석의 진보에 의해 거시적 구름의 분포도 등의 변화를 화상으로 단시간 후에 이용할 수 있다는 점이다. 이것은 사진(영상)에서 화상으로의 발전을 의미하고, 대기의 동태파악에 큰 의미를 둔다. 두 번째는 적외역 관측에 의해 바다의 표면수온이 거시적인 규모로 관측되게 된 것과 종래의 배(그러나 항로가 있는 곳만)에 의한 점 관측은 한 순간에 면적이 되었다. 바다의 표면수온은 대기에 비교해서 보존성이 크므로, 이것은 장기예보의 진보에 큰 공헌을 하게 될 것이다.

5 대기의 구조와 그 동향

① 평균수직구조

대기는 높이(고도)가 증가함에 따라서 기압과 기온이 내려가고, 서풍이 강하게 되어 있는 것은 17세기에 고산 관측 등에 의해 확인되었다. 1900년에 프랑스의 테스란 드 보르(Léon Philippe Teisserence de Bort, 1855~1913)가 기구와 연의 관측을 통해, 10 km 이상의 대기에 기온의 수직방향의 변화가 급격히 변해 있는 곳을 발견했다. 이것이 현재의 성층권(成層圈, stratosphere)이다.

성층권의 발견으로 대기의 상당히 높은 상공에서는 등온이고, 요란(disturbance)은 거의 없다고 하는 오해도 생기게 되었다.

그러나 이 잘못된 생각은 칼 린데만(Carl Louis Ferdinand von Lindemann, 1852~1939, 독일의 수학자)과 도브슨(G. M. B. Dobson, 영국)의 유성흔의 연구(1922년)라든가, 제1차 세계대전 후의 휘플(Whipple)의 음향이상전파의 연구(1923, 25년)에서 올바르지 않다고 하는 것을 증명하였다. 그들의 연구는 모두 약 50 km의 높이에서 새로운 고온층을 발견하고 있다. 거기서는 바람도 강하고, 교란도 대단히 크다는 것이 기구 및 로켓에 의해 확인되었고, 성층권 위에는 각각의 특징을 갖는 중간권(中間圈, mesosphere), 열권(熱圈, thermosphere)이 존재하고 있다는 것이 분명하게 되었다.

지상에서 20~40 km의 높이에 오존층(ozone layer, ozonosphere)이 있는 것은 1880년에 하틀리(Hartley)에 의해 언급되었지만, 이 존재를 확인한 것은 파울러(William Alfred Fowler, 1911~1995, 미국), 레일리(John William Strutt Lord Rayleigh, 1842~1919, 영국), 파브리(Charles Fabry, 1867~1945, 프랑스), 도브슨(G. M. B. Dobson, 영국), 괴츠(F. W. Paul Götz, 1891~1954, 스위스)로 20세기 초의 일이었다. 또 오존층 형성의 광화학 이론은 1930년에 시드니 채프먼(Sydney Chapman, 1888~1970, 영국)이 제출하였다.

열권 내부와 그 하방의 대기의 전리한 층에 대해서는 금세기 초기에 라디오 전파(電波)의 전파(傳播)와 오로라의 연구에 관련해서 성황리에 수행되어 왔지만, 그중에서도 연구의 선도자는 에드워드 애플턴(Edward Victor Appleton, 1892~1965, 영국)이었다. E층, F층 등이라고 하는 것은 그가 명명한 것들이다. 현재는 열권 외부와 행성 간 물질과의 상호관계의 연구가 진행되고 있다.

높이에 따라 바람[wind(강풍), breeze(약풍, 산들바람)]이 어떻게 바뀌고 있는가에 대해서는 19세기 말경에 구름의 연구에서 이것을 수행한 레이(Ray, 1877)의 업적이 있고, 그 후에는 기구의 관측에 의해 관측치는 더욱 정밀하게 되었다. 그리고 1933년에는 비야크네스의 지도 아래 베르겐학파에서 성층권에 도달하는 평균대상풍의 수직단면도가 만들어졌다.

상층의 편서풍 흐름에 폭풍의 진행방향이 좌우된다고 하는 생각은 1868년에 미국의 루미스(Elias Loomis, 1811~1889)에 의해 제기되었지만, 이 생각은 20세기가 되어서 중구학파의 지향설(指向說)로 발전해 나갔다.

수증기가 높이와 함께 감소해 가는 것은 쥬링(Reinhard Süring, 1866~1950, 독일)에 의해 확인되었는데, 그는 아스만[리하르트 아스만(Richard Assmann) 1845~1918, 독일]의 통풍건습계(通風乾濕計)를 탑재한 탐관측기기류에 의한 관측으로 이것을 확인한 것이다.

② 대기 중의 와동·파동현상

19세기말~20세기 초기에 걸쳐서 많은 기상학자들이 주목해서 연구를 진행한 것은 열대외폭풍(熱帶外暴風, extra-tropical storm)과 이것에 수반되는 날씨의 구조를 규명하는 것이었다. 이와 같은 업적으로서 레이(Ray) 및 쾨펜(Wladimir Peter Köppen, 1846~1940, 독일)이 1892년에 한랭전선의 연구, 도브(H. W. Dove, 1837)가 한대기단과 적도기단에 상당한 기류를 저기압의 하층에서 알아낸 것들을 들 수 있다. 그리고 1917~18년에 비야크네스 및 솔베르그(H. S. Solberg, 1895~1976)는 온난전선을 발견하고, 한랭전선 상의 파동으로서 열대외저기압의 일생을 설명했다.

열대외폭풍

열대외폭풍(熱帶外暴風, extra-tropical storm)은 보통은 온대저기압을 지칭하고 있지만, 그와 같은 저기압은 한대나 극지에도 나타나므로, 원어를 직역한 명칭 쪽이 오해를 일으키지 않을 것으로 사려 된다.

1879년에는 레이(Ray)가 구름의 운동해석에서 하층의 활동이 상층에서는 편서풍대의 파동성 요란으로 되어 있다는 것을 발견했다. 하층의 와동과 상층의 파동을 연결짓는 데 있어서 가장 중요한 일을 한 것은 1937년에 비야크네스였다. 그는 상층의 편서풍의 파(장파)를 반구적인 규모의 것으로 보았다. 그의 생각은 로스비(Carl-Gustaf Arvid Rossby, 1898~1957, 미국에 귀화한 스웨덴인)를 중심으로 한 시카고학파로 이어지고(1937~49), 대기대순환론의 새로운 모델이 제출되었다. 더욱이 편서풍의 파동성 요란에 수반되는 권계면 부근에 강풍대가 존재하는 것을 발견하고, 제트기류(jet stream)라고 부르게 되었는데, 그와 같은 강풍대의 존재는 제2차 세계대전 중 일본을 폭격한 B29가 강한 횡풍을 발견한 것으로 알게 되었다(그림 2.8 참조).

그 후 편서풍의 파동에 대해서는 지형적으로 정상적인 파와 다양한 공간규모를 갖는 진행성의 파로 나누어질 수 있다는 것을 알아냈다. 그리고 개략적으로 계산해서 이 파동성요란이 대기의 모든 에너지의 약 1/2을 담당하고 있는 일, 하층의 저기압성의 와와 전선대는 상층의 편서풍파동

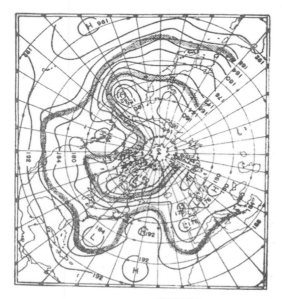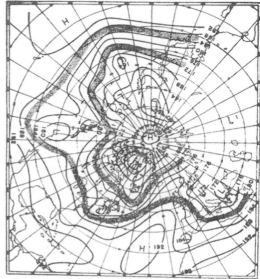

그림 2.8 시카고학파가 해석한 제트기류도(1951년)

과 밀접하게 관련되어 있는 구조를 가지고 있는 것을 팔멘(Erik Herbert Palmén, 1898~1985, 핀란드)이 1948년에 분명하게 했다. 또 적도 부근에서 편서풍과는 반대방향에서 불고 있는 편동 풍에도 파동성의 요란이 있는 것을 단(Dan, 1940), 리흘(Herbert Riehl, 1915~1997, 독일)이 1945년에 규명했다.

대기 중에는 이미 언급한 종관적인 행성파(行星波, planetary wave)와는 별도로 내부파(內部 波, internal wave)가 있고, 내부파는 음파와 중력파로 나누어진다. 음파의 이론은 19세기의 초기 라플라스(Laplace, Pierre Simon, Marquis de, 1749~1827, 프랑스)에 의해 행하여졌다. 또 폭 발음에 수반된 음향중력파(音響重力波, internal gravity wave)는 1883년의 크라카토아[Krakatoa 또는 크라카타우(Krakatau) : 인도네시아 수마트라와 자바섬 사이의 순다해협(Sunda Strait)에 위치한 섬] 화산폭발 이후, 베르벡(Vervaeck, 1886), 사이몬드(Simmond, 1888)에 의해 논의되 었다.

중력파에는 파상운 등에 의해 그 존재가 인정되는 내부중력파(內部重力波, internal atmospheric gravity wave), 산악파동 및 조석이 있다. 내부중력파의 연구는 1938년 헬름홀츠(Hermann Ludwig Ferdinand von Helmholtz, 1821~1894, 독일)의 이론이 잘 알려져 있고, 1940년대가 되 어서 이 파동은 기구와 글라이더에 의해 그 실존이 분명하게 되었다. 산악파동은 지난 세기 말엽에 레일리(Rayleigh)와 켈빈(Lord Kelvin, 본명은 William Thomson, 1824~1907, 영국)에 의해 취 급되었는데, 그 뒤 1901년에 포켈(Pockel)의 이론적 연구가 있고, 1920년대까지는 그다지 연구가 진전되지 않았다. 1920년대가 되어 코쉬미더(Koschmider), 게오르기에 의해 기구 등을 이용한 많 은 관측성과가 발표되었는데, 그 배경에는 독일을 중심으로 한 글라이더 기술의 발전이 있었다. 대기조석의 연구는 1825년의 라플라스(Laplac)에 의해 달에 의한 중력조(重力潮, lunar gravita-tional tide)의 연구에서 시작되는데, 1889년에는 한(Han)이 열적 태양조(太陽潮, solar-thermal tide)에 대해서 연구했다.

지표 부근의 난류(亂流, turbulence, turbulent flow)의 연구는 1913년경부터 테일러(Sir Geoffrey Ingram Tayler, 1886~1975, 영국)의 조직적인 연구에서 시작되지만, 이 경우는 항공 기를 이용한 관측에 의해 확인된 것이 적지 않았다.

6 대기운동의 이론

① 유체역학의 배경

유체역학(流體力學, fluid dynamics)은 17세기에는 3개의 분야가 병행해서 발전했다. 첫 번째 는 기체 및 액체를 연속체로서의 유체로 취급하는 것이고, 이것에 의해 유체 속에 놓여 있는 고체에 대한 저항이 설명되었다. 두 번째는 운동법칙의 발전이고, 종국에는 에너지 보존법칙으로서 표현되는 것이다. 이것을 이용해서 음파의 전파 등의 이론도 생각되어졌다. 세 번째는 계산법의 발전이고, 뉴턴(Newton, 1697), 라이프니츠(Leibniz)가 1693년에 큰 공헌을 했다.

고전유체역학은 19세기 중엽에 완성되고, 같은 무렵 열역학의 원리도 확립되었다. 이 발전에 있어서 지도적인 역할을 한 것은 1738년 다니엘 베르누이(Daniel Bernoulli, 1700~1782, 스위스), 1752년에 달랑베르(d'Alembert, Jean Le Rond, 1717~1783, 프랑스), 1755년에 오일러 (Euler, Leonhard, 1707~1783, 스위스), 1781~89년에 라그란지(Lagrange, Joseph Louis, 1736~1813, 프랑스), 1882년에 나비어(Navier, Claude–Louis-Marie–Henri, 1785~1836, 프랑스), 1845년에 스토크스(Stokes, George Gabriel, 1818~1903, 영국) 및 1858, 68 년에 헬 름홀츠(Hermann Ludwig Ferdinand von Helmholtz, 1821~1894, 독일)였다.

19세기가 저물어 갈 무렵 난류와 실제의 유체 중에 보이는 불안정성에 관해서 관심이 집중되고, 레일리(Rayleigh), 프란틀(Prandtl, Ludwig, 1875~1953, 독일), 테일러, 베르너 하이젠베르크 (Werner Karl Heisenberg, 1901~1976, 독일), 콜모고로프(Andrei Nikolaevich Kolmogorov, 1903~1987, 구소련의 수학자) 등 많은 연구자들의 공헌이 있었다.

고전유체역학에서 떨어져 나와 기상학 상에 중요한 발전을 가져온 것은 비야크네스의 순환정 리(circulation theorem)의 발견이었다. 이 정리는 밀도변화의 역학적인 효과가 기상이나 해양의 분야에서 중요한 역할을 하는 것을 나타내는 것이었다.

② 대규모적인 대기운동

적도무역풍(赤道貿易風, trade wind, 적도항신풍)이 대규모 대기의 풍계로서 우선 발견되기는 하였지만, 에드먼드 핼리(Edmond Halley, 1656~1743, 영국)는 1686년에 이것은 태양이 지구를 돌아서 서에서 서로 움직이고 있기 때문이라고 생각했다. 이 생각은 핼리가 대류의 역할을 인식하고 있었기 때문이라고 하는 점에 한해서 말하면 옳다.

참고 2-6

항신풍

이 항신풍(恒信風)을 보통 무역풍이라고 번역하지만, 'trade'의 원래 뜻에는 무역이라고 하는 의미는 없다. 오해를 없애기 위해서 본디의 뜻에 가까운 무역풍 쪽이 역어로서는 옳다고 생각된다. 이 역어가 옛날에는 사용되었다.

그 후 적도무역풍에 대해서는 해들리(George Hadley, 1685~1768, 영국)가 1735년에, 돌턴(John Dalton)이 1834년에 논의했지만, 그들은 지구의 자전을 고려한 대류의 자오선 방향의 순환에 있어서, 기류가 적도를 향하는 경우는 기류 서쪽으로 쏠리는 것을 발견했기 때문이다. 그러나 그들은 회전지구 상에서 어느 쪽 방향으로 움직여도 북반구에서 기류는 오른쪽으로 기울어진다는 것을 알지 못했다.

이것을 수학적인 형태로 분명하게 한 것은 1835년에 코리올리(Gustave Gaspard Coriolis, 1792~1843, 프랑스)와 1839년의 푸아송(Poisson)이었고, 이 생각을 기상학에 올바르게 응용한 것은 트레이시(Tracy, 1843)였다. 그는 회전하는 폭풍을 설명하는 것에 이 이론을 사용한 것이다.

도브(H. W. Dove, 1837)는 해들리의 이론에 첨가해서 중위도 지방에서 날씨 변화에 불규칙성이 나타나는 것은, 한대와 열대의 기류가 서로 침입해서 충돌하기 때문이라고 생각했다. 그 후 대양 상에 있어서의 관측자료가 1855년에 매튜 모리(Matthew Fontaine Maury, 1806~1873, 미국)의 역할에 의해 축적되고 있어서, 그 결과 남북방향으로의 기류의 충돌 외에도 중위도 지방에서는 편서풍이 탁월하다는 것을 분명하게 했다. 그리고 이것을 총합한 대기대순환의 이론은 1856년에 페렐(William Ferrel, 1817~1891, 미국), 1857년 톰슨(Thomson James)에 의해 제출되었다. 페렐은 대순환의 기재에 처음으로 운동방정식을 사용했는데, 이것이 근대기상역학(近代氣象力學)의 시작이었다. 결과적으로는 1857년의 보이스·발로트(Buys-Ballot, 1817~1890, 네덜란드)의 바람의 경험칙과 같은 것이 되어 버리지만, 페렐은 지형풍(지균풍)을 주어지는 식에서 이것을 이끌어낸 것이다(그림 2.9 참조).

참고 2-7

보이스·발로트(Buys-Ballot)

보이스·발로트(Christoph Hendrik Diederik Buys-Ballot, 1817~1890)는 네덜란드 사람으로, 보이스·발로트의 법칙으로 유명하다. 네덜란드 기상학회를 설립했다.

- **보이스·발로트의 법칙** : 보이스·발로트의 법칙(Buys-Ballot's law)은 1857년에 보이스·발로트에 의해 처음으로 경험칙으로 표현된 법칙이다. 만일 북반구에서 풍하(風下 : 바람이 불어가는 쪽)를 향해서 서 있으면 저압부는 왼쪽에 있고, 고압부는 오른쪽에 있다. 남반구에서는 이것과 반대이다. 등압선을 따라서 이상화된 지형풍(地衡風, 지균풍, geostrophic wind)의 흐름을 기술하는 법칙은, 이것보다 일찍 페렐에 의해 이론적으로 유도되었다. 지상풍에 대해서는 저기압의 중심은 통상 똑바로 왼쪽에 있기보다도 오히려 10~50° 전방에 있다. 어느 정도 떨어질 것인가는 지표면의 성질과 그것에서부터 생기는 마찰에 의존한다.

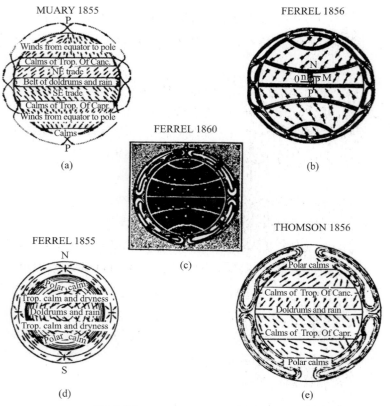

그림 2.9 다양하게 제시된 대기순환 모델

페렐의 이론을 더욱 자세하게 전개한 것은 구루도베르그·몽(1876~1883년) 및 오버벡 (Overbeck, 1888)에 의해서이지만, 더욱 이론적인 생각은 헬름홀츠(Helmholtz, 1888)가 제출했다. 그는 유체에 있어서 마찰의 중요성을 인식하고 있어서 유체 중에서 불연속 현상을 취급한 선구자였다. 그는 파상운을 이론적으로 설명(1888년)했고 한대전선(寒帶前線, polar front)은 파동과 닮은 와동성 요란이 아닌가라고 생각했다. 이 후자의 생각은 헬만(Gustav Hellmann, 1854 ~1939, 독일)에 의해 전개되고, 저기압과 기본류를 연결하는 최초의 단서를 제공했다.

국지적인 폭풍은 19세기에는 중위도 지방의 날씨변화에 관련된 중요한 연구대상이었지만, 이들의 와(渦, vortex, eddy : 유체 속에서 회전하고 있는 부분)는 일반적인 대기순환과는 독립된 풍계로 취급되고 있었다. 1893년에 베졸트(Wilhelm von Bezold, 1830~1907, 독일)가 폭풍의 에너지원에 대해서 논의하기까지는 이론적인 발전은 그다지 보이지 않았다. 로스비(Rossby), 루미스(E. Loomis), 페렐(Ferrel)들은 잠열의 방출에 의해 대류는 움직이는 것으로 생각했고, 이것은 관측에서 실질적으로 확인이 될 것으로 생각되었지만, 한(Han, 1891)은 유럽에서의 산악관측에서 그 예상과는 모순된 결과를 얻은 것이다. 에너지원의 기본류의 역학적 불안정이 유도되는 것은 20세기가 되어서의 일이었다(그림 2.10 참조).

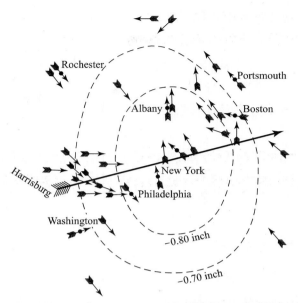

그림 2.10 저기압 중심의 기류도 1842년 2월 16일의 뉴욕 부근에서 루미스(E. Loomis)가 그린 기류도

1903년 마르그레스(Margules, Max R., 1856~1920, 오스트리아)는 폭풍이 국지적인 상하의 대류에서 어떻게 에너지를 얻고 있을까를 규명했다. 그는 또 1906년에 전선과 불연속면의 평형 조건을 이끌어냈다.

또 베르겐학파와 코친(Nikolai Ewgrafowichi Kochin, 1901~1944, 러시아)은 1935년에 전선 상의 파동의 불안정 결과로서 어떻게 저기압이 발달해 갈까를 논의했지만, 그 과정은 전단(剪斷, shear)운동에서 운동에너지로 전화해 가는 경우와 상하 전도될 때 위치에너지가 운동에너지로 바뀌어 가는 경우 양자가 있는 것을 규명했다. 그래서 각각의 과정에 따라서 폭풍의 열적 성질에 다른 것을 명확하게 했다. 이와 같은 경우 대기운동의 해석에 요란의 방정식을 최초로 사용한 것은 비야크네스였다.

이것에 이어지는 연구로 중요한 공헌을 한 것은 제프리스(Jeffreys, Sir Harold, 1891~1989, 영국)였다. 그는 고·저기압의 존재가 대기의 운동량수지상 중요한 일이라는 것을 발견했다. 그러나 하층의 저기압보다도 상층의 파동이 에너지수지상 소중한 것은 이것에 이어지는 로스비(Rossby)의 이론적 해석에서 분명하게 되었다. 로스비는 제2차 세계대전 중 헬름홀츠(Helmholtz)의 와동정리를 이용해서 이 연구를 수행하고, 이것에 연결해서 챠니(Jule Gregory Charney, 1917~1981, 미국), 이디(Eric T. Eady, 1915~1966, 영국), 엘리아센(Arnt A. Eliassen, 1915~2000, 노르웨이), 스타(Victor Paul Starr, 1909~1976, 미국), 쿠오(Kuo), 로렌츠(Edward Norton Lorenz, 1917~2008, 미국) 그리고 필립스(Philipps) 등이 대규모 순환에 대해서 기본적인 연구를 수행하고, 잘 정리한 체계가 완성되었다. 그리고 필립스는 대순환의 중요한 성질을 수학적으로 이끌어내는 데 성공했다. 그러나 대기순환에 있어서는 태양에너지의 열적 비평형을 해소해 가는 모습으로서, 제일의 적으로 파와 와동이 나타나는 것을 분명하게 하지만, 지구자전의 2차적 효과로서 이들의 파는 대상류를 유지하기 위해서 운동량이 수송되는 것이다.

이 문제에 관련해서 최근에는 회전판을 이용한 모델 실험이 행해지고 있으며, 이것에 대해서는 테일러(Tayler), 후르츠(Fultz)의 연구가 있다. 최근에는 기후변동론의 중요성이 언급되면서 전 지구적인 규모로 대순환의 재현 혹은 예상이 많은 사람들에 의해 지나치게 수치실험에 의해 행해지고 있다.

③ 그 외의 대기 중의 운동

19세기를 통해서 대기조석, 음향전파, 중력파 등의 이론적 연구가 수많은 기상학자들에 의해 진행되었고, 근년에 이르러 대기의 열적구조에 대해서 새로운 관측 사실이 분명해짐에 따라서 이들의 결과를 이용해서 다시 논의되게 되었다. 또 핵폭발에 의한 충격파의 전파에 대해서는 켈트(Celts, 1957)가 조사했다. 이 외에 계절풍순환, 해륙풍이론, 산악파동, 지형에 의한 국지풍 등의 연구는 금세기에 들어 수행되고 있는 것들이다.

허리케인(hurricane)이나 태풍(typhoon), 이것에 의한 소규모의 토네이도(tornado)와 용권(spout)의 연구는 레이더 등을 이용한 중규모 해석에 의해 현저하게 발달되었다. 그리고 적운대류의 구조 등도 분명하게 되었다.

구름과 강수에 대한 연구는 19세기에는 간단한 열역학의 기초 위에서 논의되었지만, 20세기가 되어서 응결핵에 대한 에이트켄(Aitken, 1911)의 연구가 있었고, 1911년 알프레드 로타어 베게너(Alfred Lothar Wegener, 1880-1930), 1935년 베르게론[Tor Harold Percival Bergeron(베르셰론), 1891~1977, 스웨덴], 1939년 핀다이젠(Walter Findeisen) 등이 강수기구를 대기과학적으로 논했다. 또 구름에 요오드화은(silver iodide, AgI)과 물을 씨뿌리기(seeding)함으로써 인공강우 시험은 1947년에 어빙 랭뮤어(Irving Langmuir, 1881~1957, 미국)와 쉐퍼(Sheaffer)에 의해 시작되었는데, 이것은 최근 레이더 기상학 등의 발전과 함께 구름과 강수의 기구(機構, mechanism)를 명확하게 했다.

대기요란(大氣擾亂, atmospheric disturbance)과 경계층의 문제에 대해서 선구적인 업적을 남긴 인물은 1905년에 에크만(Vagn Walfrid Ekman, 1874~1954, 스웨덴), 테일러(Tayler) 및 1925년에 슈미트(Wilhlm Schmidt, 1883~1936, 오스트리아)가 있고, 이어서 리차드슨(Lewis Fry Richardson, 1881~1953, 영국), 로스비(Rossby)의 연구가 있다. 경계층(boundary layer)은 인간의 생활에 가장 밀접한 관계를 가지고 있는 곳이고, 또 이것을 통해서 에너지의 수송 및 소비가 이루어지고 있는 종국의 장면이기 때문에 더욱 중요한 부분이다.

이론기상학(theoretical meteorology)의 모든 분야는 고속도의 전자계산기의 도입에 의해 대단한 편익을 받고 있는 것이다. 이것에 의해 대기운동을 나타내는 복잡한 비선형의 문제를 풀

수 있게 되었다. 그것은 계산기 도래 전에는 간편법으로 처리하고 있던 것을 해결했을 뿐만 아니라 각양각색의 새로운 문제들을 해결하는 데 큰 공헌을 했다.

④ 천기예보 및 기타 응용면

대기과학의 발달은 그것을 기술적으로 응용하는 면에서 다양한 자극을 받아 왔다. 그중 가장 중요한 면은 천기예보(날씨예보)이고, 이것에 첨가해서 최근은 날씨나 기후를 변화시키는 기술에서 다양한 지식을 얻어 왔다.

중위도 지방에서 천기변화를 가져오는 것으로서 이동성 저기압이 중요하다고 하는 것은 19세기 초기에도 이미 알려져 있었다. 19세기 중반에 전신(電信, telegraph : 문자나 숫자를 전기신호로 바꾸어 전파나 도선 등을 통하여 보내는 통신)을 이용하면서부터 빨리 알게 된 것은 이 전신을 통해 자료를 모아 이것을 이용해서 저기압을 천기도 상에 그려내서 그 움직임을 외삽함으로써 천기예보를 하는 것이었다. 초기에 선구자로서 큰 공헌을 한 것은 프랑스의 르베리에(Urbain Jean Joseph Leverrier, 1811~1877, 파리천문대장), 영국의 피츠·로이(R. Fitz Roy, 1805~1865) 제독 및 골턴(Sir Francis Galton, 1822~1911), 네덜란드의 바이스·바로트(Buys Ballot), 미국의 아베(Cleveland Abbe, 1838~1916) 등이었다. 그리고 19세기의 말엽에는 선진 제국들을 중심으로 3일 앞까지의 예보가 나오게 되었다.

천기도에 나타나는 다양한 기압배치형에서 천기예보를 생각하는 총관법[總觀法, synoptic method, 종관법(綜觀法)]은 그 후 개량 없이 사용되다가, 비야크네스를 중심으로 한 베르겐학파의 큰 발견 이후 현대적인 예보법의 기초를 만드는 것이 되었다.

대기의 상태를 나타내는 몇 개의 방정식을 푸는 것을 시작으로 천기예보를 시험해 보려는 생각은 아베(Abbe, 1901)에 의해 처음으로 제출되었다. 실제로 현재 알려져 있는 것과 같은 방정식에 이것을 발표한 것은 비야크네스(1904년)로, 그는 이 방정식을 풀기 위해서 장기계획을 세웠다. 이 방향을 따라서 최초의 예보는 리처드슨(Richardson, 1922)에 의해 시도되었지만, 이것은 복잡하고 수많은 방정식을 유한차해석에 의해 풀어 가야 했으므로, 계산에 수반되는 오차의 문제와 초기치로 집어넣어야 할 관측치의 문제가 해결되지 않았기 때문에, 예보한 결과는 실제와는 자릿수 차이가 나고 말았다.

이 문제가 해결되는 데에는 30~40년이라는 세월이 걸렸지만, 이 기간에 있어서 계산기와 고층관측을 포함한 기상관측망이 충실하게 실현되었다. 그로 인해서 1940년대에 요한 폰·노이만(Johann Ludwig von Neumann, 1903~1957, 헝가리 태생의 미국인)과 챠니(Charney)를 중심으로 한 수치예보가 발전하고 있었다. 현재는 대규모의 대류권 중층의 흐름은 역학적 모델을 사용해서 일상적으로 예보되고 있다. 그러나 하층의 저기압과 실제의 천기변화 총(종)관법에 의해 행해지고 있다. 또한 최근은 통계적인 회귀법(回歸法, regression method)도 도입되고 있고, 이것에 의해 총관법적인 경험적 수단은 객관성을 한층 증대시키는 계기가 되었다.

또한 장기예보는 현재 경험적, 통계적 법칙성에 중점을 두고 있는 단계에 있지만, 기상변동이나 이상기상이 인간생활에 큰 영향을 끼치게 된 현 시점에서, 중점적으로 이 문제(장기예보)를 다루지 않으면 안 되는 과제가 되고 있다.

최근 기상의 응용면에서 신중하게 그 중요성을 생각하고 있는 것은 인간이 환경에 미치는 대기의 문제이다. 대기오염 등과 같은 인간의 대기환경 변화가 인간에게 어떠한 영향을 주는가가 문제되고 있다. 유한한 지구 상에 있어서 배기물 처리의 문제, 화학기상학, 하천의 제어, 수문학적 물수지, 인공강우, 사막화에 대한 대책, 원자폭발과 유해방사성 물질의 확산 문제 등이 이것에 포함되어 있다.

연 습 문 제

01   고대·중세의 기상학은 어떠했는지 회상해 보라.

02   세계의 대기과학의 발전사적인 입장에서 볼 때, 한국의 측우기는 어떠한 위치를 차지하고 있으며, 역사적으로 어떠한 가치가 있는가?

03   광학·전기현상의 발전사에 대하여 설명하라.

04   기상관측은 어떠한 경로를 거쳐서 오늘날에 이르게 되었는지 과정을 설명하라.

05   대기의 구조와 동태를 요약·설명하라.

06   대기운동에 대해서 유체역학적, 대규모의 천기예보, 기타의 면에서 논의하라.

태양계 내의 행성 주위를 둘러싸고 있는 기체를 통틀어서 대기(大氣, atmosphere) 또는 행성대기라고 한다. 그중에서 지구의 중력에 의해 지구에 밀착해서 함께 회전하고 있는 기체를 지구대기(地球大氣, earth's atmosphere)라 하고, 일반적으로 대기라 함은 지구대기를 가리킨다. 대기가 존재하고 있는 범위를 대기권(大氣圈, aerosphere, atmosphere)이라고 한다.

1 대기의 기원과 진화

현재의 지구대기는 어떻게 해서 발생했고 지금의 모습으로 진화한 것일까? 제2장에서 언급했듯이 지구가 속해 있는 지구형행성의 대기와 목성형행성의 대기가 같은 태양계 내에 있으면서도, 현저하게 그 모든 양과 성분들이 다른 이유는 무엇일까?

1 1차대기와 2차대기

지구가 탄생한 직후는 완전히 대기가 없는 벌거숭이 상태였다는 이론에 대해서 그렇지 않았다는 태양계기원론의 역학모델에 의하면, 지구에 국한되지 않고 모든 행성은 그 형성 초기에 상당히 두꺼운 태양계 성운가스에 둘러싸여 있었다고 한다. 즉, 그 조성은 현재의 목성대기와 같은 분자상의 수소, 헬륨, 메탄, 암모니아 등으로 간주된다. 이와 같은 상상의 지구대기를 1차대기라고 한다. 이것에 대해서 현재의 대기를 2차대기라 한다.

지구에서는(화성과 금성에서도 같은 현상) 1차대기가 무엇인가의 원인에 의해 일단 거의 완전히 불어 날려가고, 일단 대기가 없는 상태를 지난 후 내부에서 기체가 솟아나오는, 즉 지구내부에서의 탈가스가 생물계(지구의 경우)와의 상호작용으로 진화한 후 현재와 같은 조성을 갖는 2

차대기가 생긴 것으로 보인다. 이것을 지구대기의 2차적 기원(탈가스기원)설이라고 한다. 또한 1차대기가 불려 올라가는 것은 (1) 목성의 형성에 의한 또는 (2) 초기 태양풍에 의한 것으로 생각되고 있다.

　큰 절에서 보면 현재 대기가 거의 계속 정착해 있는 것 같지만, 각론으로 들어가면 이후 많은 연구가 진행될 것으로 기대되고 있다. 그리고 더 중요한 것은 지구대기의 기원 문제가 태양계기원론과 깊이 관련되어 있는 것으로, 원시지구의 고온기원일까 저온기원일까의 결정적인 단서의 하나가 될 가능성이 있다.

② 지구원시대기

　원시지구의 1차대기는 주로 수소(H_2)와 헬륨(He)으로 이루어진 이상기체로, 정역학적 평형에 있어서 지구 중력권의 경계에서 성운가스의 온도·밀도와 부드럽게 연결되는 목성형행성 대기와 비슷할 것으로 상상된다. 그리고 등온층과 온도구배를 갖는 2층으로 이루어져 있다고 인정된다. 그래서 원시대기(1차대기) 밑의 온도, 즉 원시지구 표면의 온도가 2,700 K 이상의 고온이었던 것은 아닐까라고 예상하고 있다.

③ 2차대기의 생성

　2차대기는 탈(脫)가스 과정에 의해 거의 진공에 가까운 지표에 지구형성 후 늦어도 5억 년 이내에 형성되었다고 생각된다. 그래서 그 후의 2차대기의 진화는 해양의 탄생과 생물의 발생·진화와 깊은 영향 하에 있었다고 생각된다. 이 기본가설을 최초로 주창한 것은 브라운(H. Brown, 1947)으로, 대기 중의 희(希)가스(rare gases)의 존재량과 태양계의 평균적 희가스 존재량의 비교에서 얻어진 결과에 근거한 학설이었다.

　그림 3.1에 브라운이 수행한 지구와 태양계에 있어서의 희가스 존재도의 비교 그림을 나타내고 있다. 헬륨은 가벼워서 지구대기에서 간단히 우주로 도망갈 수 있기 때문에 정확한 비교가 무리이므로 여기서는 제외하고 있다. 이 그림에서도 지구대기 중에 포함되는 희가스의 양은 태양계의 평균조성에 비교해서 10^{-6}(Xe, 크세논)~10^{-10}(Ne, 네온)으로 극단으로 적어지고 있다. 이러한 사실을 근거로 브라운은 지구대기는 원시태양계 성운의 잔류가스로는 있을 수 없는 일, 따라서 지구대기는 틀림없이 지구 고유의 것으로서 지구내부에서의 탈가스 과정을 통해서 형성된 것으로 결론지었다.

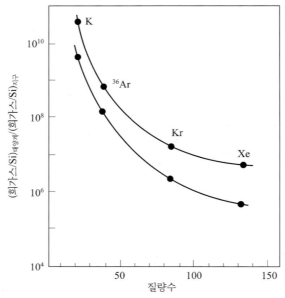

그림 3.1 지구와 태양계의 희가스 존재량 비교 가로축은 헬륨(He)을 제외한 각 희가스의 질량수, 세로축은 태양계 내의 희가스의 존재량(규소 Si = 10^6으로 한 상대치)을 지구대기 중에 포함된 희가스 존재량으로 나눈 값을 나타낸다. 위의 곡선은 지구대기 중에 존재하는 희가스만을 고려한 최소치, 아래의 곡선은 지구내부에 포함되어 있는 희가스량(암석 속의 값에서의 추정치)도 생각한 값. H. 브라운, 1951; 고지마(小島), 1978년에 의함

여기서 2차대기의 기원을 알기 위해서는

- 지구내부에서 탈가스가 일어난 시기
- 탈가스의 처사(일을 처리함)

의 양방을 분명하게 하지 않으면 안 된다. 이하는 고마바야시(駒林, 1973)와 고지마(小嶋, 1978) 등에 따라서 최근의 설명을 찾아보자.

아르곤(Ar)은 지구대기에서 3번째로 많은 기체이지만, 지구탄생 시 태양계가 생긴 직후의 시점에서는 아르곤 40(^{40}Ar)과 아르곤 36(^{36}Ar)과의 비 ^{40}Ar / ^{36}Ar은 거의 10^{-4} 정도로 추정되고 있다. 한편 현재의 지구대기에서는 ^{40}Ar / ^{36}Ar = 295.5의 값을 가지고 있다. 현재 아르곤 38(^{38}Ar)도 36과 같은 양상으로 대단히 적다. 아르곤 40은 지구내부의 유력한 열원으로 간주되고 있는 칼륨 40(^{40}K)이 방사성 붕괴로 생긴 기체이므로, 아르곤 40만이 많다고 하는 것은 지구내부에서 나오는 2차대기라고 하는 것을 증거로 인정할 수 있다.

고지마는 현재의 ^{40}Ar / ^{36}Ar = 295.5라고 하는 관측사실에서 2차대기의 지구에서의 탈가스 시기나 탈가스 과정이 연속적일까?(루베이＝W. Rubey, 1951년의 설), 대변동적(catastrophic)일까? (F. P. Fanale, 1971년의 설)을 추정하는 모델을 제창하고 있다.

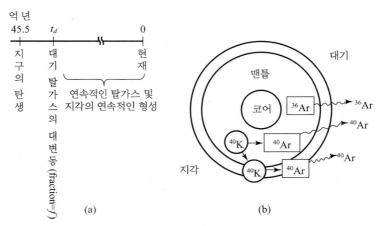

그림 3.2 탈가스 모델의 모식적 설명도 (a) 탈가스 과정에 대해서 모델이 나타내는 시간규모, (b) 대변동의 탈가스 시기부터 현재까지의 연속탈가스의 모식도로, 아르곤에 대한 것이다. 맨틀 지각에서는 아르곤의 탈가스가 일어나고, 동시에 맨틀 → 지각으로의 물질이동(예를 들면, 칼륨의 이동)이 일어나는 것으로 하고 있다. 고지마(1978년)에 의함

그림 3.2는 그 모식적인 설명도로 아르곤의 동위체비(同位体比)에 근거한 대기기원에 대한 연대학적 접근을 기초로 하고 있다. 이와 같이 해서 고지마는 교묘하게 탈가스 과정을 추측하고 있지만, 대변동의 탈가스와 연속적인 탈가스를 잘 조합한 설명은 독특했다. 탈가스의 처사가 대변동적인 형태에서 연속적인 형태로 이행하는 시기(t_d)에 관해서 소도의 모델은 $t_d \leq 5$억 년으로 추정하고 있고, 더욱 지구 역사의 극히 초기에 있어서 대변동의 탈가스만으로 끝나버리고 있었을 가능성도 강하고, 그 경우 아르곤의 동위체비에서 보는 한 연속적 탈가스는 허용되지 않았을 것으로 생각하고 있다.

대기의 탈가스를 논의하기 위해서는 아르곤 이외에 대기의 주요성분인 수증기(H_2O), 이산화탄소(CO_2), 질소(N_2) 등의 탈가스도 논의하지 않으면 안 된다. 이들 휘발성분에 대해서도 희가스에 대한 탈가스의 결론을 그대로 적용해도 불합리하지는 않은 듯하다. 또 헬륨은 가벼워서 지구 밖으로 도망가기 쉽고, 1차대기와 2차대기를 막론하고 적은 것은 이해되지만 그 적은 헬륨도 사실 전부 헬륨 4($^4H_2$)로 이것도 지구내부에서 나왔다고 생각된다.

이와 같은 대변동의 대기의 탈가스, 즉 지구역사의 아주 초기에 있어서 2차대기의 형성이라고 하는 결론은 현재 알려져 있는 다른 지구과학적인 관찰에서도 지지되고 있는 것 같다(고지마, 1978). 초기에 출현한 대기성분에 관해서 밀러와 유리(Miller-Urey, 1953)는 메탄-암모니아 초기 대기를 주장했다. 그러나 메탄 대기는 태양 단파방사의 자외부에 의해 간단히 분해되어 불안정하기 때문에 그 존재가 의심스럽다. 그 위에 지구가 고온상태로 탈가스를 받아 대기를 형상했다고 생각하면, 이러한 고온의 암석에서 탈가스된 휘발성분 N-C-H-O계는 이산화탄소-수증기-질소($CO_2-H_2O-N_2$)인 것이 열역학적으로 추정된다.

④ 대기의 진화

고지마와 고바야시는 이제까지의 모든 연구를 총합해서 대기의 진화에 대해서 다음과 같은 시나리오를 상정하고 있다.

지구대기는 대략 40억 년 이전에 대변동적인 탈가스에서 이산화탄소–수증기–질소 대기로 형성되고, 그 후 급속하게 수증기가 냉각해서 물로 되어, 계속 축적된 결과 해양을 형성했을 것이다. 일단 해양, 즉 액체의 물이 생기면 이산화탄소는 이것에 녹아들어, 암석과 반응해 탄산칼슘($CaCO_3$)으로 침전해, 대기 중에서는 서서히 감소해 간다. 이윽고 생명이 탄생한 후 광화학반응으로 점차 분자상 산소가 늘어, 현재 우리가 보는 질소–산소를 주성분으로 한 대기가 형성된 것일 것이다. 그러나 질소–산소 대기형성의 시간규모에 대해서는 확실하지 않은 것이 많다(고지마, 1978).

고바야시(1973)는 생물의 진화와 분자상 질소 증가의 관계에 대해서 태판(Tappan, 1968)과 브르크너와 마셜(Burkner & Marshall, 1965)의 연구를 근거로 상세한 추론을 전개했다. 그의 설명도를 그림 3.3에 표시했다. 어느 쪽도 가설의 영역에 지나지 않지만, 고지마의 성명 이후 지구의 역사에 있어서 대기–해양–생물계의 상호작용을 축으로 한 대기진화의 전설이 되어 있다.

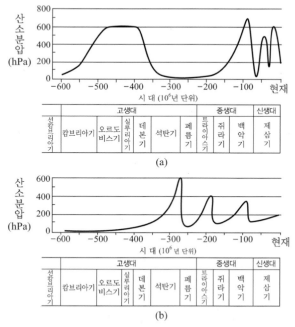

그림 3.3 지질시대의 분자상 산소량의 변천 추측도 고바야시(1973)에 의함. (a) 태판(Tappan, 1968)의 설, (b) 브르크너와 마셜(Burkner & Marshall, 1965)의 설, 어느 쪽도 생물의 진화가 분자상 산소량의 증감에 관계하고 있다는 것

즉, 한마디로 말하면 지질시대의 생물의 소장(消長 : 사라짐과 자라남 또는 쇠함과 성함)이 분자상 산소대기의 소장과 깊은 상관관계가 있다는 것이다. 고생대·중생대·신생대 시대의 변하는 점과 고생대의 데본기에는 특히 현저한 생물종의 변천이 있었던 일이 알려져 있다. 그 원인은 그렇다고 해도 태판(Tappan)은 분자상 산소가 증가한 시대와 해양 중의 식물 플랑크톤이 증가해서 산소를 다량으로 방출한 시대가 대응한다는 설을 제창했다. 한편 브르크너와 마셜(Burkner & Marshall)은 분자상 산소 자신의 변동에 수반되어 오존의 변동이 일어나고, 그것이 식물계의 발달과 비선형적인 상호작용을 가져와서 생물종을 바꾸고, 다시 분자상 산소량에 영향을 준다는 설을 제출했다.

이들의 가설은 이후 침착하게 기본의 생각과 가정을 점검함으로써 과학적 기초의 견고한 학설로 발전할 것이다.

2 대기의 조성

대기는 어떤 물질로 이루어져 있을까? 간단한 것 같지만 꽤 복잡하다. 대기의 조성(大氣-組成, composition of the atmosphere)에 대해서 탐구해 보기로 하자.

1 대기의 성분

지구대기는 많은 기체와 부유물질의 혼합물로 이루어져 있다. 공기라고 부르는 경우 단일기체와 같이 취급하지만, 그 평균분자량은 28.97이다. 이 값은 대기 조성의 99%를 질소와 산소가 점유하고 있는 것에 의한다. 건조공기의 성분은 그 조성이 거의 변하지 않는 성분(표 3.1 참조)과

표 3.1 건조공기의 조성(변하지 않는 성분)

성 분	원자기호 (분자식)	원자량 또는 분자량	공기에 대한 비중	존재비율(%)	
				체적비	중량비
질소분자	N_2	28.01	0.9673	78.088	75.527
산소분자	O_2	32.00	1.1056	20.949	23.143
아르곤	Ar	39.94	1.379	0.934	1.282
네온	Ne	20.18	1.529	0.0018	1.25×10^{-3}
헬륨	He	4.00	0.1368	0.000524	7.24×10^{-5}
크립톤	Kr	83.80	2.8180	0.000114	3.30×10^{-4}
수소분자	H_2	2.02	0.0696	0.00005	3.48×10^{-6}
크세논	Xe	131.3	4.53	0.0000087	–

표 3.2 건조공기의 조성(변하는 성분)

성 분	원자기호 (분자식)	원자량 또는 분자량	체 적	생성원
오 존	O_3	48.000	0.1 ppm 이하	오염대기에 수 ppm
이산화탄소	CO_2	41.0	350 ppm 이상	1.5 ppm/년씩 증가
이산화질소	NO_2	46.008	0~0.02 ppm	연소에 의해 방출
일산화질소	N_2O	44.02	0.00005%	토양 박테리아의 작용이나 질소비
산화질소	NO	30.008	부 정	N_2O의 광해리
메탄	CH_4	16.04	0.0002% 정도	유기물의 분해
아산화황	SO_2	64.05	0~100 ppm	공 업
라 돈	Rn	222	5ppm	라듐(Ra)의 α 붕괴
암모니아	NH_3	17.0	2.6×10^{-12} ppm	공업, 유기물의 분해
과산화수소	H_2O_2	34.0	4×10^{-2} ppm	공 업
요소	I_2	254	3.5×10^{-3} ppm	공 업

변화하는 성분(표 3.2 참조)이 있다. 이산화탄소(CO_2, 탄산가스), 일산화질소(N_2O), 메탄(CH_4)은 옛날에는 변하지 않는 성분에서 지금은 변하는 성분으로 바뀌었다.

수증기(H_2O)·오존(O_3)·이산화탄소(CO_2) 등을 제외한 주요성분은 지상 약 80 km(중간권계면)까지 불변이지만, 이것보다 위의 열권에 들어가면 극히 희박하게 되므로 대기입자의 충돌빈도가 적어져서 확산분리가 일어나고 상공일수록 가벼운 분자나 원자의 비율이 많아진다. 또 100 km를 넘으면 광해리 과정이 탁월하기 때문에 산소는 원자의 분자에 대한 비율이 1보다 커진다. 고도 1,000 km를 넘는 영역(외기권)에서는 헬륨(He)과 산소원자(O)가 주성분이 된다. 이들을 정리하면 그림 3.4와 같다.

오존은 지상 부근에서는 오염대기 속 이외에는 극히 미량(0.1 ppmv 정도)밖에 존재하지 않지만, 성층권에서는 태양 자외선에 의해 생성되어 20~25 km에서 최대농도 2 ppmv(ppm vol＝부피로 1/백만) 정도에 도달한다(오존층).

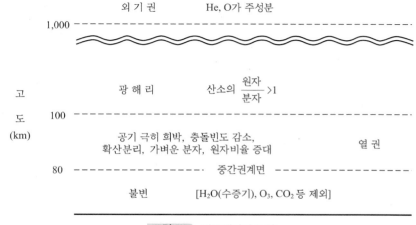

그림 3.4 지구대기의 요약

수증기는 장소와 시간에 의한 변동이 커서 여름철 많을 때에는 3% 정도나 되지만, 한대지방에서는 훨씬 적어진다. 성층권에서 수증기의 혼합비는 2~6 ppm(parts per million, 1/100만)이지만, 연직방향으로는 거의 일정하게 유지되어 있고 상공일수록 약간 증가하는 경향도 보인다. 이산화탄소는 인간활동(주로 화석연료의 대량 소비)에 의해 연간 급속하게 증가(약 1.5 ppm/년)하고 있다.

하층대기 중에는 화산재·매연·염류(해수 중에 녹아 있는 여러 가지 무기물들, 소금류)·꽃가루·에어로졸 등이 부유하고 있다. 또 광화학 스모그나 오염대기 중에는 인공생성원의 물질과 그 이차 생성물질도 포함되어 있다. 성층권의 고도 20 km 주위에는 황산과 황산암모니아 등을 주체로 한 에어로졸 농도가 큰 층(융계층=Junge layer)으로 존재한다.

② 대기 속의 수증기

대기 중에는 항상 수증기[水蒸氣, water vapo(u)r]가 포함되어 있다. 그러나 그 함유량은 다른 기체와는 달리 변화가 대단히 크다. 공기 1 kg 속에 35 g의 수증기가 포함되는 경우도 있고, 거의 0에 가까운 경우도 있다. 수증기는 온도가 변하면 응결 또는 승화하고, 물방울과 빙정이 된다. 그때 다량의 잠열이 발생한다. 기상이 복잡한 변화를 하는 것은 수증기가 있기 때문이다. 따라서 수증기는 다른 성분기체와는 달리 생각해서 취급해야 한다. 공기는 건조공기와 수증기의 혼합기체임을 고려해서 다루어야 한다.

3　대기의 성층과 구조

① 대기의 연직구조

대기의 내부는 한마디로 말할 수 있을 정도로 단순하지가 않다. 그림 3.5와 같이 우선 대기를 큰 눈으로 조감도를 보듯이 성층 전체를 내려다보기로 하자. 지구표면에서 80 km 부근의 고도까지는 공기의 분자조성의 변화에 착안해서 균질권(均質圈, homosphere, 등질권(等質圈))이라 하고, 대기를 구성하는 분자가 잘 혼합되어 있고 태양광선의 산란현상이 보이는 곳이다.

80~600 km 부근까지는 비균질권(非均質圈, heterosphere, 이질권)이라 하고, 산소의 해리현상이 보이고, 기체분자는 각각의 특유의 성질이 상실된다. 700 km 이상은 외기권(外氣圈, exosphere)이라고 하며, 중성입자가 우주공간으로 빠져나가기 시작한다. 거기서는 대기의 조성입자는 전리상태에 있고, 그 운동은 확산에 의하지 않고, 지구자장에 의해 제어된다. 1,000 km 부근에서도 오로라

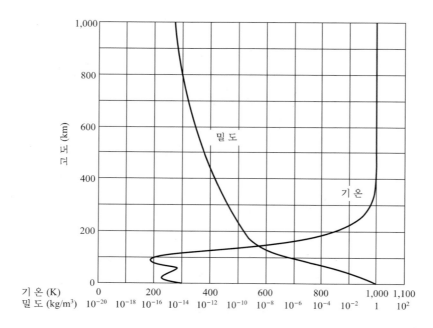

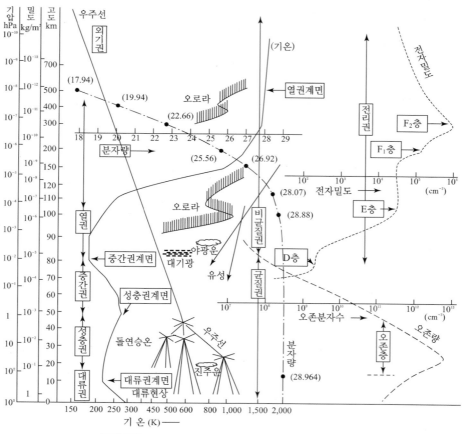

그림 3.5 대기의 연직구조와 성층상태를 보이는 단면도

[aurora: 고위도 지방에서 태양에서 방출된 대전입자(플라스마)의 일부가 지구자기장에 이끌려 대기로 진입하면서 공기분자와 반응하여 빛을 냄] 현상을 일으키기에 충분한 밀도의 대기가 존재한다. 30,000 km 부근에서는 공기분자가 이미 지구 중력권의 영향을 벗어나 있어 이 부근이 대기의 상한(上限, upper limit)으로 생각된다.

대기과학에서는 편의상 대기를 연직방향으로 몇 개의 층으로 구분한다. 구분방법은 착안하고 있는 대기의 성질에 따라서 몇 가지 방법이 있다. 보통 사용되고 있는 대기는 기온의 연직분포에 기초해서 대류권·성층권·중간권·열권으로 구분한다(뒤에 언급). 그 외에 화학적 성질에 따라 오존층(ozone layer, 10~50 km), 화학권(chemosphere, 35~80 km), 전리권(ionosphere, 80~400 km) 등으로 분류한다.

표 3.3 대기 중의 각종 기상요소의 연직분포

고도(km)	기온(K)	기압(hPa)	밀도(kg/m³)	분자량	개수밀도(n/m³)	평균자유행정(m)	음속(m/s)
0	288.15	1.01325^{+3}	1.2250^{+0}	28.964	2.5470^{+25}	6.6332^{-8}	340.29
1	281.65	8.9876^{+2}	1.1117	〃	2.3113	7.3095	336.43
2	275.15	7.9501	1.0066	〃	2.0928	8.0728	332.53
3	268.66	7.0121	9.0925^{-1}	〃	1.8905	8.9367	328.58
4	262.17	6.1660	8.1935	〃	1.7036	9.9173	324.59
5	255.68	5.4048	7.3643	〃	1.5312	1.1034^{-7}	320.54
6	249.19	4.7217	6.6011	〃	1.3725	1.2310	316.45
7	242.70	4.1105	5.9002	〃	1.2267	1.3772	312.30
8	236.22	3.5651	5.2579	〃	1.0932	1.5454	308.10
9	229.73	3.0800	4.6706	〃	9.7110^{+24}	1.7397	303.85
10	223.25	2.6499	4.1351	〃	8.5976	1.9651	299.53
15	216.65	1.2111	1.9476	〃	4.0493	4.1723	295.07
20	216.65	5.5293^{+1}	8.8910^{-2}	〃	1.8486	9.1393	295.07
25	221.55	2.5492	4.0084	〃	8.3341^{+23}	2.0272^{-6}	295.07
30	226.51	1.1970	1.8410	〃	3.8278	4.4137	304.83
36	236.51	5.7459^{+0}	8.4634^{-3}	〃	1.7597	9.6010	314.47
40	250.35	2.8714	3.9957	〃	8.3077^{+22}	2.0336^{-5}	323.80
46	264.16	1.4910	1.9663	〃	4.0882	4.1325	332.86
50	270.65	7.9779^{-1}	1.0269	〃	2.1351	7.9130	337.03
60	247.02	2.1958	3.0968^{-4}	〃	6.4387^{+21}	2.6239^{-4}	319.29
70	219.59	5.2209^{-2}	8.2829^{-5}	〃	1.7222	9.8102	290.22
80	198.64	1.0524^{-2}	1.8458	〃	3.8378^{+20}	4.4022^{-3}	258.0
90	186.87	1.8359^{-3}	3.416^{-6}	28.91	7.116^{+19}	2.37^{-2}	258.0
100	195.08	3.2011^{-4}	5.604^{-7}	28.40	1.189	1.42^{-1}	
150	634.39	4.5422^{-6}	2.076^{-9}	24.10	5.186^{+16}	3.3^{+1}	
200	854.56	8.4736^{-7}	2.541^{-10}	21.30	7.182^{+15}	2.4^{+2}	
250	941.33	2.4767	6.073^{-11}	19.19	1.906	8.9	
300	976.01	8.7704^{-8}	1.916	17.73	6.509^{+14}	2.6^{+3}	
400	995.83	1.4518	2.803^{-12}	15.98	1.056	1.6^{+4}	
500	999.24	3.0236^{-9}	5.215^{-13}	14.33	2.192^{+13}	7.7	
600	999.85	8.2130^{-10}	1.137	11.51	5.950^{+12}	2.8^{+5}	
700	999.97	3.1908	3.070^{-14}	8.00	2.311	7.3	

대기의 연직단면의 온도분포를 보면 큰 특징이 있어 성층을 구분하는 이유도 되지만, 바람이나 밀도의 연직분포 등에도 착안해서 대기의 연직구조를 보는 경우도 있다. 여기에 표 3.3이 참고가 되기를 바란다.

② 대기의 성층

여기서는 기온의 연직분포를 근거로 한 구분법에 따라서 대기의 연직구조의 성층을 기술하기로 한다. 그림 3.6에 대기의 열구조와 그 명칭을 나타내었다. 이 대기의 연직 기온분포를 보면서 다음의 설명을 이해해 보자.

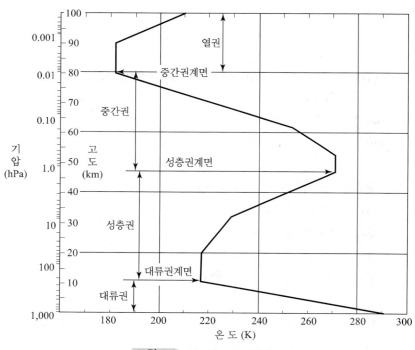

그림 3.6 대기의 연직 기온분포

(1) 대류권

대류권(對流圈, troposphere)은 대기의 성층 중에서 최하층에 위치하고, 주요 기상현상은 모두이 기층 내에서 일어난다. 두께는 고위도 지방에서는 약 8 km, 저위도 지방에서는 18 km이지만, 평균적으로는 12 km 정도이다. 지표는 태양광선을 흡수해서 가열되고, 대류권의 열원이 되어 있다. 대류, 방사, 증발과 응결, 열전도 등의 과정을 통해서 여기에서 위 방향으로 열이 이동한다.

그러기 때문에 일반적으로 지표면 부근의 기온이 가장 높아진다.

하층부는 지표면과 해수면의 영향으로 데워지고, 상층부는 방사냉각에 의해 냉각되고 있다. 상하의 기온차가 일정치를 넘으면 성층불안정이 되고, 대류가 생겨서 상하 공기의 혼합이 성행하게 된다. 이 외에도 대기 중에서는 여러 가지 규모의 요란(disturbance)이 생기기 쉽기 때문에, 수평의 공기혼합도 충분히 일어나고 있다. 그 결과 대기는 균질하게 되고 평균적으로는 거의 일정한 기온감률(5~7 C/km, 평균 0.65 C/100 m)이 유지되고 있다.

대류권의 상면을 대류권계면(對流圈界面, 간단히는 권계면, tropopause)이라 하고, 강한 편서풍과 가장 높은 권운이 있다. 대류권계면의 높이는 적도지방에서는 16~18 km로 높고, 기온은 −80 C 전후로 낮다. 대류권계면의 높이는 고위도 지방으로 갈수록 낮아져서 극지방에서는 8~10 km로 기온은 −50~−60 C로 비교적 높다. 또 권계면 고도는 같은 장소에서도 여름이 높고, 겨울에 낮아지고, 고·저기압에 수반해서도 변화한다.

그 위는 기온이 거의 일정한 값의 성층권의 하부로 연결되어 있다. 대기 중량의 70~80%, 수증기의 대부분은 대류권에 있고, 구름·비 등의 보통의 날씨변화는 주로 대류권에서 일어나고 있다. 구름은 대류권 내의 파동운동과 와운동에 수반해서 발생하고 발달하지만, 대류권계면을 넘어서 성층권 내의 고도까지 도달하는 일은 거의 없다.

(2) 성층권

성층권(成層圈, stratosphere)의 평균고도는 12~50 km이며, 대류권과 중간권 사이의 기층으로, 약 8~18 km의 대류권계면에서 고도 약 50~55 km의 성층권계면(成層圈界面, stratopause) 사이에 존재한다. 극 부근에서는 두껍고, 적도 부근에서는 얇다. 고도 약 25 km보다 하층의 등온기층을 하부성층권(lower stratosphere), 나머지 위의 절반은 기온이 서서히 상승하여 고도 약 50 km에서 0 C 정도가 되어 극대가 된다. 이곳을 상부성층권(upper stratosphere)이라고 하여 구분하는데, 양자의 역학적 성질이 현저하게 다르다. 즉, 하부성층권은 대류권과의 연결성이 강하고, 대류권에 의해 강제된 형태로 대기가 운동하고 있다. 그러나 이것에 대해서 상부성층권에서는 대기 중의 오존층이 태양 자외선을 흡수하기 때문에 가열이 있고 독자적인 순환계를 형성하고 있다.

즉, 성층권은 오존층과 거의 대응하고 있고 그 상부에 위치하는 고도 50 km 부근에서는 오존이 태양에서의 자외선을 흡수하기 때문에 가열되어 기온의 극대를 나타낸다. 대류권계면은 이들 2개 기온의 극대의 중간에 위치해서 기온의 극소치를 나타내는 고도에 대응하고 있다. 드물게 진주운[nacreous clouds, 진주모운(mother‑of‑pearl clouds)]이 나타난다.

성층권과 같은 기층이 왜 생길까에 대해서는 오존, 이산화탄소, 수증기의 공간분포를 결정하는 대기운동이 동시에 열을 3차원적으로 수송하는 역할을 하고 있고, 그 효과를 고려한 회색방사(회색체 : 파장에 관계하지 않는 물체)의 방사평형으로 설명할 수 있다.

(3) 중간권

중간권(中間圈, mesosphere)은 고도 50 km(성층권계면, 50~55 km)에서 80 km의 **중간권계면**(中間圈界面, mesopause, 80~85 km)까지이다. 여기서는 기온이 위로 갈수록 내려가지만, 기온감률은 대류권 정도로 크지 않고, 4 C/km 정도이다. 그 저면인 성층권계면에서는 기온이 0 C 전후로 높지만, 중간권 내에서는 오존의 농도가 성층권 내 정도로 높지 않으므로, 이산화탄소에 의한 적외선 방사에 의한 냉각 쪽이 탁월하고, 기온은 고도와 함께 낮아져서 고도 약 80 km의 중간권계면에서 최저(극소)가 되어 −90 C 전후의 값을 나타낸다. 그 이상에서는 기온이 계속 증가하고 있다.

또한 유성이 가장 많이 소실되는 기층이다. 여기서는 오존층의 상한에 가까우므로 자외선 흡수에 의한 가열효과와 오존 및 이산화탄소에 의한 적외선 방사에 의한 냉각효과가 방사평형의 상태에 있다.

(4) 열권

열권(熱圈, thermosphere)은 고도 80 km의 온도최소면(극소면, 중간권계면)보다 위의 영역을 말한다. 열권의 상한은 300~600 km의 **열권계면**(熱圈界面, thermopause)까지로 변동이 크다. 기온은 고도와 함께 상승하고, 열권 상부에서는 수백 C ~ 2,000 C에도 도달한다. 이것은 주로 0.1 μm 이하의 자외선과 X선이 열권 내의 산소와 질소의 분자·원자에 의해 흡수되는 것과 이 층의 열용량이 극히 작은 일 등에 의한다. 0.1 μm 이하의 자외선을 흡수해서 광해리함으로써, 산소·질소·헬륨 등의 이온과 전자가 다수 존재하고, 기층의 전기전도도를 높이고 있다. 대기의 이와 같은 전기적 성질에 착안해서 80 km보다 높은 상공을 **전리권**(電離圈, ionosphere, ionospheric region)이라 한다. 열권 내에서는 D, E, F_1, F_2층이라고 하는 **전리층**(電離層, ionospheric layer, ionosphere)이 존재한다.

열권은 고위도 지방에서는 오로라(aurora) 등 태양활동에 기인하는 특수한 현상이 발생하는 영역이기도 하다. 그래서 이 기층을 오로라층이라고 부르기도 한다. 열권계면 이상의 대기권을 **외기권**(外氣圈, exosphere)이라 한다. 이 영역에서는 기체분자가 자유롭게 대기권을 흩어져나갈 수 있고, 궤도입자가 된다. 그 상한이 지구대기의 상한으로, 행성 간 공간에 접한다.

4 고층대기

고층대기(高層大氣, upper atmosphere, 상층대기)는 지표에서 떨어진 높은 곳의 대기기를 가리킨다. 하층고도에 대해서는 확실한 정의는 없지만, 지표면의 영향이 적어지는 850 hPa 주변에서 위의 층을 의미하는 용어로 사용하는 일이 많다. 따라서 고층대기는 하부대류권을 제외하고 대류권, 성층권, 중간권, 열권 등의 대기 전체를 지칭한다.

고층대기의 상부를 특히 초고층대기라고 불러 구별하는 일도 있고, 현재로서는 주로 열권과 그 위쪽의 전리대기(電離大氣, ionized atmosphere)를 의미하는 용어로 사용되고 있다.

또 성층권, 중간권, 열권의 낮은 부분의 대기를 묶어서 **중층대기**(中層大氣, middle atmosphere)라 하며, 하나의 연구대상으로 하는 일이 있다.

① 고층대기의 조성

대기의 하층에서 공기는 운동에 의해 격렬하게 상하로 잘 뒤섞여 있으므로 조성은 변하지 않는다. 그러나 상공으로 올라감에 따라서 교반작용이 감소하고, 공기분자 자체의 분자운동에 의해 각 성분기체가 확산된다. 분자확산이 일어나는 하한의 높이를 **난(류)권계면**(亂(流)圈界面, turbopause)이라고 한다. 그래서 결국에는 각 성분기체가 따로따로 평형상태에 도달한다. 그 결과 무거운 기체는 높이와 함께 빨리 감소하지만, 가벼운 기체는 높이에 대해서 감소율이 적으므로, 높아짐에 따라서 무거운 기체와 가벼운 기체의 혼합비율이 변해가는 까닭이다. 그러나 실제

표 3.4 고층대기 조성의 변화

고도(km)	온도(K)	기압(mmHg)	N₂	O₂	O	비 고
0	297	760.0	2.01×10^{19}	5.00×10^{18}		N₂, O₂가 혼합
10	232	216.3	7.16×10^{18}	1.79×10^{18}		
20	220	44.77	1.48×10^{18}	3.70×10^{17}		
40	240	2.05	6.68×10^{16}	1.67×10^{16}		
60	420	0.23	4.28×10^{15}	1.07×10^{15}		
80	160	3.14×10^{-2}	1.54×10^{15}	3.84×10^{14}		
100	240	1.00×10^{-3}	2.82×10^{13}	7.56×10^{12}	1.09×10^{12}	O₂는 O로 분리한다.
120	320	8.68×10^{-5}	2.54×10^{12}	5.29×10^{8}	1.06×10^{12}	기온증가율 4 K/km
150	440	8.71×10^{-6}	1.41×10^{11}		1.08×10^{11}	
200	640	7.51×10^{-7}	4.31×10^{9}		1.75×10^{10}	원자상태의 산소만 O와 N₂는 확산적 분리, 기온은 위와 같은 비율로 할증한다.
300	1,040	3.83×10^{-8}	4.71×10^{7}		7.15×10^{8}	
400	1,440	7.23×10^{-9}	1.93×10^{6}		1.08×10^{8}	
600	2,240	8.86×10^{-10}			8.49×10^{6}	
800	3,040	2.13×10^{-10}			1.38×10^{6}	

로 자유기체, 탐관측기기구, 로켓 등으로 고층대기에서 공기를 채집해서 조사해 보면, 고도 80 km 정도까지는 거의 일정한 균일한 조성을 가지고 있다. 단 O_3에 대해서는 $10\sim50$ km 정도 사이에 특별한 분포를 하고 있는 일은 뒤에 설명하기로 한다. 고도가 더 높아지면 대기의 조성은 현저하게 변해간다. 이것에 대해서 표 3.4를 참조하기 바란다.

② 오존층

오존층(ozone layer, ozonosphere)은 지상 $10\sim50$ km의 오존(O_3)이 포함되어 있는 층을 뜻한다. 오존권(ozonosphere)이라는 단어도 종종 사용된다. 오존은 고도 $20\sim25$ km 부근에서 최대 농도를 가지고 있다. 그 전량을 표준상태로 고치면 0.3 cm 이내이지만, 태양에서 오는 자외선의 대부분을 흡수해서 지상생물의 생명에 대한 방어의 핵으로서 작용하고 있다. 흡수된 에너지는 성층권에서의 상공일수록 온도가 높이 올라가는 층을 이루게 하는 원인이 되고 있다.

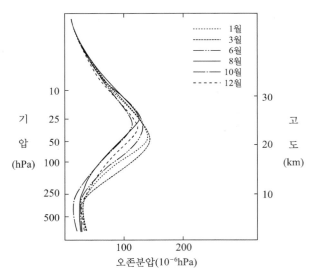

그림 3.7 **오존의 고도분포** 스위스의 Arosa에 의함

(1) 오존층의 형성

오존층이 형성되는 과정은 다음과 같다. 기체성분의 농도는 하층에서 크고, 상층으로 갈수록 지수함수적으로 감소하는 것이 일반적이다. 그런데 오존의 고도분포는 그림 3.7에서와 같이 고도 $20\sim25$ km 부근에서 최대농도를 가지고 있고, 그 이외에서는 감소한다. 오존은 대기 중에서 중요한 기체 중의 하나이고, 그 특이한 고도분포는 흥미가 있어 오존의 생성과정을 살펴본다.

오존은 파장 2,000~12,000 Å(Å은 Ångström의 약자로, 길이의 단위로, 1Å = 10^{-8} cm)에 걸쳐서 빛을 어느 정도 흡수하고, 오존과 관계가 있는 산소분자는 파장 1,000~2,400 Å의 빛을 흡수하는 성질을 가지고 있음을 사전에 알아두자.

한편 태양자외선의 파장 2,400 Å 이하의 광양자(光量子, light quantum : 빛을 입자의 모임으로 보았을 경우의 그 입자, 광자)가 산소분자에 충돌하면, 그것을 2개의 산소원자로 해리시킨다. 그 반응은

$$O_2 + h\nu \rightarrow O + O \tag{3.1}$$

에 의해 표현되고, 여기서 h는 플랑크(Planck) 상수, ν는 빛의 진동수로, $h\nu$는 광양자의 에너지이다.

이렇게 해서 생긴 산소원자는 산소분자와 반응해서 오존을 만드는데, 그 반응은

$$O + O_2 + M \rightarrow O_3 + M \tag{3.2}$$

에 의해 이루어진다. 여기서 M은 제3의 분자 또는 원자로, 구체적으로는 질소분자의 경우가 많다. 이러한 삼체충돌이 요청되는 것은 반응이 성립할 때, 에너지와 운동량 양자의 보존조건을 만족하지 않으면 안 되기 때문이다.

더욱이 오존은 태양자외선의 파장 12,000 Å 이하의 빛에 의해 해리됨과 동시에 또 산소원자와 충돌함으로써도 소멸한다. 이들의 반응은

$$O_3 + h\nu \rightarrow O_2 + O \tag{3.3}$$
$$O_3 + O \rightarrow 2O_2 \tag{3.4}$$

에 의해 표현된다.

그 결과 식 (3.1), (3.2)에 의해 생성되는 O_3와 식 (3.3), (3.4)에 의해 파괴되는 O_3가 평형상태로 오존층의 분포가 결정된다. 그런데 계산된 오존의 분포는 실제보다 현저하게 많음을 알았다. 이 결함은 오존의 파괴가 반응식 (3.4)만으로는 불충분한 것을 알아, 수정이론에서는 각종의 촉매반응에 의해 오존의 파괴가 채용되고 있다. 수소산화물(HO_x : $H \cdot HO \cdot HO_2$)·질소산화물(NO_x : $NO \cdot NO_2$)·염소산화물(ClO_x : $Cl \cdot ClO$)에 의해 오존의 촉매반응은 HO_x를 예로 들면

$$O_3 + NO \rightarrow O_2 + NO_2 \tag{3.5}$$
$$NO_2 + O \rightarrow O_2 + NO \tag{3.6}$$

이고, 위 식들의 반응 전후에서는 O_3와 O가 소멸되지만, NO와 NO_2는 변화가 없고 촉매로 작용하고 있는 것을 알 수 있다. 이와 같은 촉매반응을 포함하는 많은 화학반응 체계에 의해 오존층의 광화학이론이 구성되어 있다.

이들 모든 반응이 정상적으로 행해짐으로써 대기 중의 오존분포가 정해지는 것이지만, 아주 상층에서는 각 기체의 농도가 희박하기 때문에 반응은 그다지 많이 일어나기 어렵다. 또 식 (3.1) 과 식 (3.3)의 반응에 필요한 광양자는 상층에서 소비되어 버리므로, 하층에서도 반응은 많이 일어날 수 없게 된다. 결국 오존은 그림 3.7에서 보는 것처럼 중도에서 극대(최대)를 갖는 분포를 하게 되는 것이다. 이렇게 해서 생긴 오존은 태양자외선을 흡수함으로써 그 부근의 기온을 높인다고 하는 현상이 기상에 있어서 중요한 작용을 한다.

(2) 인간활동에 의한 오존층의 파괴

냉매·집적회로 등의 세정·발포제·스프레이의 분사제 등으로 다량 사용되어 온 F_{11}·F_{12}·F_{22} 등의 CFC는 염소원자(Cl)를 포함하는 분자구조를 가지고 있다. 그런데 이것이 대류권에서는 극히 안정하지만, 상부성층권까지 확산되면 강력한 태양자외선에 의해 해리되어 유리염소원자(Cl)가 생성된다. 이 Cl은 거기서 O 원자와 결합해서 ClO가 되고, 식 (3.5), (3.6)과 유사한 촉매반응에 의해 오존층을 파괴하게 된다. 이 과정과는 다르지만 Cl이 극성층권이 오존홀(ozone hole)의 생성에도 큰 역할을 하고 있는 것이 판명되어, 이 CFC의 활동은 한층 더 심각한 문제로 인식되고 있다.

참고 3-1

오존홀

오존홀(ozone hole)이란 극지방, 특히 남극 상공에 극야 직후의 봄(남극에서는 9월 후반에서 10월)에 거의 원형의 형태로 오존농도가 급격히 감소하고, 마치 구멍(hole)이 뚫려 있는 것과 같이 보여 붙여진 이름이다. 즉, 오존층이 얇아지는 현상을 의미한다.

오존층은 파장이 짧은 생물에 유해한 태양자외선을 흡수해서 생물권을 보호하고 있는 중요한 존재이다. 그래서 오존층을 보호하기 위해서 『오존층 보호를 위한 빈(Wien) 조약(1985년)』이 체결되고, 『오존층을 파괴하는 물질에 관한 몬트리올(Montreal) 의정서(1987년)』가 채택되어 구체적인 유해물질의 제조와 사용의 규제가 결정되었다. 그 후 남극의 오존홀 확대에 의해 CFC의 규제를 강화시키는 움직임이 선진국을 중심으로 논의되고 있다. 분명 지금의 세기 말까지는 CFC의 제조와 사용은 전면적으로 규제될 것이 분명하다.

5 초고층대기

초고층대기[超高層大氣, (ultra‒)upper atmosphere, aeronomy)]에서 '초고층(ultra‒upper)'에 대한 명백한 정의는 아직 없고, 시대와 함께 변천해 왔다. 관관측기기술이 미숙한 시대에는 인간이 도달할 수 있는 높은 산보다 위의 대기층은 초고층이었다. 관관측기기술의 진보와 함께 상시 관측이 가능한 고도가 높아짐에 따라 의미하는 영역의 하한고도도 점차 높아져 왔다.

1980년대에 들어서서, 성층권·중간권 및 하부열권을 일괄해서 중층대기라 하고 연구대상으로 거론하게 되었다(중층대기 연구계획 : MAP). 이 영역은 독자적인 에너지원을 가지고, 그것에 대응한 공유의 화학조성과 고유의 온도구조를 가지고, 또 고유의 대기대순환이 존재한다. 이와 같은 인식에서 초고층대기는 열권과 그 위의 영역, 주로 전리대기를 의미하는 것으로 되어 왔다. 또 중층대기의 위의 층이고, 이 영역을 단순히 상층대기라고 하는 연구자도 있었다. 이런 의미에서 대류권은 하층대기이다.

통상 상부성층권 또는 중간권을 포함해서 초고층대기로 기술하고 있다. 그러나 이들의 관계를 좀 더 명확하게 하기 위해서 필자는 열권계면(thermopause)인 고도 300~600 km 이상의 외기권을 '초고층대기'로 명명했으면 하는 생각이다. 또 영어명도 고층대기와 같은 용어인 'upper atmosphere'를 사용하지 말고, 구분해서 'ultra‒upper atmosphere'를 사용하기를 주장한다.

1 대기영역의 분할명명

대기권을 생각하는 경우 이것을 몇 개의 고도영역으로 나누어 명명해 두는 것이 편리하다. 그 방법으로는,

(1) 온도구조
(2) 조성·역학
(3) 특징적 성분
(4) 전리도·전자역학

에 의한 방법이 있지만, (1)의 방법이 가장 기본적이고, 세계기상기구(WMO, 1961)도 이 방법에 의한 명명을 채용하고 있다. 그림 3.8은 대기영역의 분할명명을 나타내고 있다.

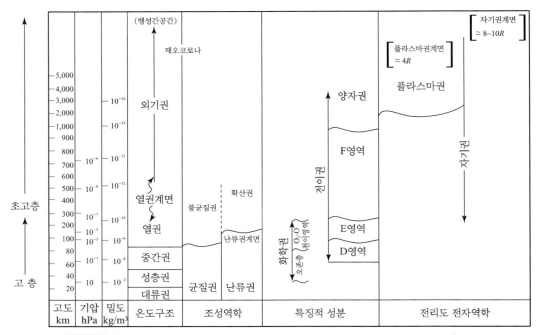

그림 3.8 **대기영역의 분할명명** 和達 淸夫 監修, 1993 : 최신기상의 사전. 동경당출판에서

② 대기조성의 고도변화

　　초고층대기를 열권계면 이상의 외기권으로 생각하자고 주장을 했다. 열권계면보다 위에서는 공기의 평균자유행정이 현저하게 증대해서 분자나 원자가 최후의 충돌로 위쪽 방향에 충분히 큰 속도를 가지면 지구의 인력권 밖으로 탈출한다. 이와 같은 영역을 외(기)권(exosphere, 약 500 km 이상)이라고 한다. 외기권에서 대기의 전리도는 고도와 함께 증대하고, 이온과 전자가 대기구조를 지배하게 된다.

　　초고층대기의 열원으로서 가장 중요한 것은 태양방사(주로 파장 300 nm 이하)의 중성대기입자에 의한 흡수이다. 흡수고도나 그 원리와 구조는 파장에 따라 달리하고 있다. 열에너지의 수송형태는 $CO_2 \cdot O_3 \cdot H_2O$가 비교적 다량으로 포함되어 있는 중간권에서는 적외방사 전달이 중요하지만, 이들이 성분이 적은 열권에서는 분자열전도가 중요한 형태이다. 또 중간권계면의 상하에 걸치는 천이영역(70~130 km)에서는 난류에 의한 와동수송이 탁월하다. 열권의 상부에서는 전리도가 커짐에 따라서 전자나 이온에 의한 플라스마(plasma) 열전도가 중성분자 열전도를 대신해서 중요한 역할을 한다.

　　표 3.5는 지표에서부터 고도 1,000 km까지의 기온, 기압, 밀도, 평균분자량을 나타내고 있다. 또한 그림 3.9는 높이에 따른 대기밀도, 평균분자량, 전리도 등을 표시하고 있다.

표 3.5 기온·기압·밀도·평균분자량의 고도분포

고도(km)	기온(K)	기압(hPa)	밀도(g/cm³)	평균분자량
0	288.15	1.013×10^{3}	1.225×10^{-3}	28.964
50	270.65	7.978×10^{-1}	1.027×10^{-6}	28.964
60	247.02	2.196×10^{-1}	3.097×10^{-7}	28.964
70	219.59	5.221×10^{-2}	8.283×10^{-8}	28.964
80	198.64	1.052×10^{-2}	1.846×10^{-8}	28.964
90	186.87	1.836×10^{-3}	3.416×10^{-9}	28.91
100	195.08	3.201×10^{-4}	5.60×10^{-10}	28.40
110	240.00	7.104×10^{-5}	9.71×10^{-11}	27.27
120	360.00	2.583×10^{-5}	2.22×10^{-11}	26.20
150	634.39	4.542×10^{-6}	2.08×10^{-12}	24.10
200	845.56	8.474×10^{-7}	2.54×10^{-14}	21.30
300	976.01	8.770×10^{-8}	1.92×10^{-14}	17.73
400	995.83	1.452×10^{-8}	2.80×10^{-15}	15.98
600	999.85	8.21×10^{-10}	1.14×10^{-16}	11.52
1,000	1000.0	7.51×10^{-11}	3.56×10^{-18}	3.94

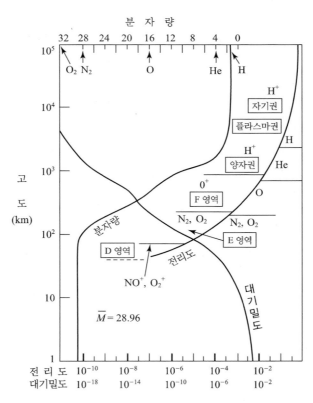

그림 3.9 **대기밀도(g/cm³), 평균분자량 및 전리도의 연직분포** 각 고도에 있어서 주성분과 이온을 나타내는 열권 상부의 온도를 1,000 K로 했을 경우를 나타내고 있다.

③ 관측방법

초고층대기의 밀도를 측정하는 방법으로는

- 낙하구(落下球, falling sphere)
- 로빈(ROBIN) : Rocket Balloon Instrument 의 약자로, 로켓에 탑재해서 쏘아올려 그 정점 (peak)에서 대기 중에 방출해서 낙하시키고 초고층대기 중의 밀도와 바람을 측정하는 장치

등에 의한 직접적인 방법이나 인공위성의 궤도주기에서의 추산이 고안되고 있다. 로켓 탑재의 질량분석기는 조성의 측정에 이용되고 있다.

기온의 측정에는

- 채프(chaff, 금속파편 분사장치) : 아주 엷은 알루미늄편 또는 메탈라이징(metallizing, 금속화 : 반도체 기판에서 전류·전기신호를 꺼내기 위해 기판표면에 알루미늄이나 동 등의 금속의 박막을 성장시켜 배선을 형성하는 것)한 나일론 등의 세편으로, 많은 채프를 로켓에서 방출 시켜, 이것을 레이더로 추적해서 상공의 바람을 측정한다.
- 그레네이드법(grenade method, 소형발음탄법) : 로켓에 내장한 여러 개의 소형발음탄(grenade, 수류탄)을 초고층대기 중에서 로켓이 비상 중에 일정한 시간간격으로 폭발시켜, 그 음파가 지상으로의 도달시각을 로켓 발사지점을 중심으로 전개한 수 개의 관측점에서 측정한다. 그 결과를 해석해서 초고층대기 중의 바람과 기온의 연직분포를 구할 수 있다.
- 로켓존데(rocketsonde) : 기상 로켓에서 사출되는 관측기기의 낙하산으로, 통상은 온도감지부 를 탑재하고 있지만, 종종 기압, 습도 또는 오존감부(감지부)도 가지고 있다. 존데는 낙하산 으로 하강해서 라디오존데와 같이 레이더로 추적해서 상층의 바람을 구할 수 있다.

등이 이용되고 있다.

④ 전리권(층)

전리권(電離圈, ionosphere, ionospheric region)이란 초고층대기 중에서 이온밀도, 즉 자유전자 밀도가 큰 영역을 의미하다. 그 하한은 약 70 km이나 그 상한은 확실한 경계는 없다. 이온밀도가 중성입자의 2,000~3,000배 이상인 영역을 양자권이라고 한다. 이 전리권의 범위를 통상 50~ 1,000 km의 공간으로 정의하는 경우도 있다.

전리권 내의 전자밀도가 크다고는 말해도 그 양은 중성입자의 1/10 이하이고, 이것이 극대가 되는 층이 전리층(ionospheric layer)이 된다. 이들은 아래에서부터 D 층(D-layer)·E 층·F_1 층 ·F_2 층으로 불리고 있다(그림 3.10 참조). 이러한 전리층에 대한 연구는 전파전파의 분야에서부 터 발달해서 전리층의 성층·일변화·계절변화·난류현상 등이 차차로 해명되고 있다. 태양 자외

방사에 의한 초고층대기의 광전리(光電離, photo‐ionization)작용에 의해 전리층이 생성되었다는 이론을 처음으로 제창한 것은 채프먼(Chapman)이었다. 각 전리층은 대기입자의 전리 퍼텐셜에 의해 높은 에너지의 파장 약 100 nm 이하의 태양방사에 의해 공기분자나 원자의 전리 (ionization, 분자나 원자가 그 전자의 일부 또는 전부를 잃어버리고 +의 전하를 갖는 일)에 의해 자유전자의 생성과 이온과 전자의 재결합이 거의 평형을 유지하고 있다.

방사강도가 같을 때의 전리는 공기밀도가 큰 하층에서 크지만, 태양방사는 도중의 흡수에 의해 약해지므로 전자생성률은 어떤 고도(F_1)에서 최대가 된다. 그러나 높은 곳일수록 밀도가 작기 때문에 재결합이 늦어져서 생성된 전자의 수명은 길어진다. 그렇기 때문에 최대전자밀도는, F_2층 (250~300 km) 부근에 존재한다. 야간에는 D층은 소멸, E층의 전자밀도는 현저하게 감소한다. 때로는 스포라딕 E층(sporadic, 산발성, 돌발, Es‐layer, Es층)이라고 하는 두께 수 km의 극히 얇은 전리층이 나타난다. 이것은 고위도에서는 야간에, 자기 적도 부근에서는 주간에 많이 출현해서 TV 전파 등의 단거리 통신을 방해한다. 로켓 관측에 의해 E층과 F_1층은 전자밀도가 확실한 극대를 가지고 있지 않은 것이 알려져서, 현재는 E영역, F영역이라고 하는 호칭이 많이 사용되고 있다.

지상에서 연직상방으로 발사된 주파수 f MHz의 전파는 전자밀도 $N = 1.24\, f \times 10^{-11}/m^3$의 고도에서 반사된다. 전자밀도 극대치의 층에서도 반사되지 않고 이 층을 투과하는 전파 최저의 주파수를 **임계주파수**(臨界周波數, critical frequency) 또는 **돌발주파수**(突拔周波數, penetration frequency)라고 한다.

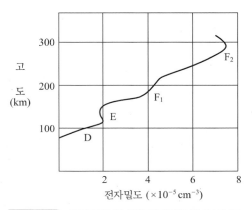

그림 3.10 로켓 관측에 의한 전자밀도의 고도분포

연 습 문 제

01   1차대기와 2차대기란 무엇인가?

02   변하지 않는 건조공기와 변하는 건조공기의 조성에는 어떤 성분들이 있는지 조사하라.

03   대기 중에서 수증기는 어떤 역할을 하는지 논하라.

04   대기의 연직구조는 어떻게 되어 있는가? 그중에서 기온에 관해서 자세하게 설명하라.

05   고층대기는 어디를 뜻하며, 어떤 특징이 있는가?

06   오존층의 형성과 파괴는 어떻게 이루어져 있고, 이의 중요성에는 무엇에 있는지 설명하라.

07   초고층대기는 어디를 말하며, 앞으로 어떠한 연구가치가 있다고 생각하는가?

Part

II

순환과 규모

대기 중에서 복잡한 기상현상이 일어나는 것은 수증기가 존재하기 때문이다. 만일 수증기가 없다면 지구 상의 모든 생물은 존재할 수 없는 것도 당연한 일이지만, 대기현상도 현재 우리들이 경험하고 있는 것과 같은 복잡한 것은 아니었을 것이다. 따라서 수증기의 상태변화는 대기과학에 있어서 가장 근본적인 문제 중의 하나이다.

1 대기 중의 수분

1 증발과 잠열

일반적인 증발(蒸發, evaporation)은 액체 또는 고체의 표면에서의 기화현상을 가리키지만, 대기과학에서는 지표면에서 대기로 수증기가 수송되는 과정을 의미한다. 지표면에서의 증발은 바다나 하천 등의 수면에서의 증발과 토양표면에서의 증발이 있다.

증발에 의해 물이 수증기로 변화하기 위해서는 증발의 **잠열**(潛熱, latent heat)이 필요한데, 통상의 기상조건 하에서 약 2.5×10^6 J/kg이라고 하는 아주 큰 값이 필요하다. 증발은 수증기에 저장된 열을 대기 중으로 운반하는 역할을 하고, 지표면의 열수지나 대기 중의 열수송에 있어서 중요한 과정이다. 이 증발에 동반되는 열수송을 **잠열수송**(潛熱輸送)이라 하고, 데워진 공기덩어리의 혼합에 수반되는 열수송(현열수송)과는 구별하고 있다. 해면도 포함된 지구표면 전체에서 대기로의 잠열수송량은 대략 80 W/m^2 정도라고 한다. 전구를 평균한 지표면(해면도 포함)의 태양방사와 지구방사의 방사에너지 수지량[정미(正味) 방사량]은 약 100 W/m^2 정도이므로, 지표면이 받는 방사에너지의 80%가 지표면에서의 증발과정을 통해서 대기로 되돌리고 있는 것이 된다.

① 물의 상변화

물질에는 3가지의 상(相, phase)이 있으며, 기상(기체 상태)과 액상(액체 상태), 고상(고체 상태)이 바로 그것이다. 물질이 어떤 하나의 상에서 다른 상으로 옮기는 것을 상변화[相變化, phase change(transition)]라고 한다. 상변화에 수반되어 흡수 또는 방출되는 열을 잠열이라고 앞에서 언급하였다.

기상학에서는 물의 상변화가 중요한 역할을 한다. 물(수분, water)에는 수증기[vapo(u)r, 기상], 액수(액체의 물, liquid water, 액상), 얼음(고상) 등의 3상이 있다. 물은 상온에서 어느 쪽의 상도 취할 수 있는 아주 특수한 물질이다. 영하로 내려가면 밀도가 감소하는 것도 특이하다. 이 것은 화학결합에서 약하지만, 분자간 인력에서 강한 수소결합이라고 하는 특수한 힘이 물분자에 작용하기 때문이다. 분자량이 같은 다른 물질과 비교해 보면 물은 수소결합 때문에 이상적으로 높은 녹는점[융점(融點), 0 C]과 끓는점[비점(沸點), 100 C]을 나타낸다.

물의 상변화가 지구대기의 온도영역에서 쉽게 일어나기 때문에 구름이 발생하고, 비나 눈이 내리는 것이다. 물의 상변화와 그것에 동반되는 잠열을 그림 4.1에 나타내었다. 일반적으로 물의 기상과 고상 사이의 상변화는 승화라 하지만, 특히 기상에서 고상으로의 변화를 승화응결, 그 반대를 승화증발이라고 명명해서 구별하는 일도 있다. 물질이 등온·등압의 조건 하에서 상변화 를 일으키는 경우 승화열은 기화열과 융해열을 더한 것이 된다.

그림 4.1에서 실선의 화살표로 표시한 변화는 분자배열의 규칙성이 증대하는 방향이다. 이 변화는 열역학평형의 조건 하에서는 일어나지 않고, 큰 자유에너지 장벽을 극복하지 않으면 안 된다. 예를 들면, 미수적(작은 물방울)은 강한 표면장력이 특징이다. 응결에 의해 수증기에서 새롭게 미수적이 생성되기 위해서는 표면장력은 수증기압의 강한 기울기에 의해 부서지지 않으면 안

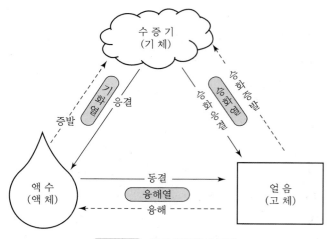

그림 4.1 물의 상변화와 잠열

된다. 수증기에서 액수, 수증기에서 얼음, 액수에서 얼음으로의 상변화는 모두 자유에너지 장벽을 넘어서지 않으면 안 되는 과정으로, **핵형성과정**(核形成過程)이라 한다.

② 물의 순환

지구 상의 물은 입사하는 태양에너지를 구동력으로 해서 증발 → 응결 → 강수라 는 과정을 통해서, 지권·수권·대기권·설빙권 사이를 끊임없이 회전하고 있다. 이것을 수순환[水循環, **물의 순환**, hydrological(water) cycle] 또는 수문순환(水文循環)이라고도 한다. 이들의 순환은 닫힌 계이지만, 상공의 대기 중에서는 수증기가 수소와 산소로 해리되어 그중 수소의 일부가 우주공간으로 나가는 일로, 약간의 손실이 있을 수 있다. 물은 대기 중에서 1년에 34회 교체되고 있다. 수순환은 수력에너지를 가져올 뿐만 아니라 지구 상에서의 물질순환이나 기후형성 과정을 통해서 생물권 및 인간사회의 발달·유지에 중요한 역할을 하고 있다.

해양에서의 증발을 100이라고 하면 해양 상의 강수는 92로 나머지의 8이 육지에서의 유출이다. 육지의 강수는 24로 증발은 16을 유출분만으로 상회하고 있다.

이것을 좀 더 자세하게 살펴보면 지표 부근에는 약 $1.5 \times 10^9 \, km^3$ ($1.5 \times 10^{21} \, kg$) 정도의 물이 존재하고 있지만, 그 대부분(대략 97~99%)이 해양에 존재하고 있고, 기타 설빙, 하천, 지하수 등의 육수는 약 3% 정도이다. 어떤 시점에서 인간이 수자원으로서 이용할 수 있는 표류수의 양은 $1.2 \times 10^3 \, km^3$ 정도이다. 대기 중에는 수증기, 운수로서 각각 0.001%가 포함되어 있다. 해수에서 증발하고, 대기 중에서 수증기나 운수의 형태로 존재하고, 또 강수가 되어 계 사이를 이동하는 물의 양은 전체의 극히 일부이지만, 대기 중을 이동해서 강수형성의 시기 등에 물이 기상, 액상, 고상으로 형태를 바꿀 때 방출되는 잠열은 대기대순환, 표층계 사이의 에너지 순환을 생각하는 데 아주 중요하다.

대기 중에서의 운수량은 전구에서 약 $1.3 \times 10^{16} \, kg$, 강수로서 대기에서 나가는 물의 양은 하루에 약 $1.2 \times 10^{15} \, kg/일$, 대기 중 물의 평균 체류시간(물순환의 빠르기)은 약 10일로 계산되고 있다. 같은 모양으로 해양에서는 약 4,000년, 육지의 물은 약 400년의 시간 규모를 갖는다.

강수, 유출, 증발이라고 하는 순환을 반복함에 따라서 지표면에 존재하는 물은 평균적으로 연간 30회 정도 바뀌고 실질적으로 어떤 시점에서 존재하는 양의 30배 정도를 이용할 수 있다는 계산이 된다. 해양에서의 증발은 남북 양반구 모두 아열대고압대(위도 20~30° 부근)에서 많고, 거기서부터 저위도 및 고위도로 수송된다. 육수는 저위도의 열대수렴대나 남북 양반구의 중위도대에 정점이 보인다. 대기대순환 등에 의한 수송에 의해 지구규모에서 보면 강수량과 증발량은 균형을 유지하고 있는 것이다.

대기는 아열대 해면에서의 증발이 강수를 상회하는 지역에서 물의 보급을 받아, 중고위도 전선대에서 강수로 물을 잃어버리고 있다. 수증기에 저장된 응결의 잠열(약 600 cal/g)은 고위도로 운반되어 강우가 될 때 비로소 대기를 가열하는 것이 되므로, 물순환은 잠열에너지의 극방향으로의 수송을 짊어지고 있는 셈이다. 또 해양과 육지 사이의 물순환을 생각해 보면 해양 상에서는 증발(3.4×10^{17} kg/년)이 강수(3.0×10^{17} kg/년)를 상회하고, 육상에서는 역으로 강수과다(강수 : 1.0×10^{17} kg/년, 증발 : 0.64×10^{17} kg/년)로 되어 있다. 이 차이는 몬순(계절풍) 등에 수반되는 바다에서 육지로의 대기 중의 수증기 수송을 책임지고 있다. 대륙 상의 육지의 물 과다분은 하천·지하수 유출로서 바다로 돌아간다.

2 구름의 형성

1 에어로졸과 응결핵

(1) 에어로졸

에어로졸(aerosol)은 입경이 대단히 작고, 낙하속도가 작아 대기 중에 떠서 대기와 거의 같은 움직임을 하는 것, 즉 현탁해서 액체 또는 고체의 미립자가 기체 중을 부유하는 상태를 말하지만, 미립자 그 자체를 칭하는 일이 많다. 기체를 분산매로 한 콜로이드(졸, sol)를 의미해서 이것을 기교질(氣膠質, aerocolloidal system), 연무질(煙霧質), 연무체(煙霧体), 분산계(分散系, disperse system), 대기오염(물)질이라고도 한다. 또한 부유진, 부유입자상물질(suspended particulate matter), 입자상(대기)오염질이라고도 한다. 입자의 성질, 기능, 관찰의 입장이 다른 것부터 분진(dust), 티끌, 진애, 그을음, 매연, 연기, 연무(haze), 유독가스(용해한 물질이 산화 등의 화학반응이나 휘발에 의해 핵이 되고, 기체상 대기오염물질이 응축해서 에어로졸이 된 것), 박무(薄霧, mist), 응결핵(condensation nuclei), 구름핵(雲核, cloud condensation nuclei), 빙정핵(ice nuclei), 대기이온 등 특별한 호칭을 이용하는 일도 있다.

참고 4-1

에어로졸(aerosol)

에어로졸(aerosol)의 'aerosol'은 aero-solution의 약자로, 대기 중의 부유물질을 콜로이드[colloid : 보통의 분자나 이온보다 크고 지름이 $1 \sim 100$ nm(10^{-3} μm) 정도의 미립자가 기체 또는 액체 중에 분산된 상태를 콜로이드 상태라 하고, 콜로이드 상태로 되어 있는 전체를 콜로이드라고 한다. 생물체를 구성하고 있는 물질의 대부분이 콜로이드이다]로 간주하는 입장에서 온 것이며, 최근 잘 이용되고 있다.

구름이나 안개를 구성하는 물방울이나 빙정, 빗방울이나 설편 등의 강수요소, 수 개의 분자가 대전분자를 중심으로 결합해서 이루고 있는 작은 이온 등도 에어로졸 입자라고 할 수 있지만, 기상분야에서 일반적으로 말하는 에어로졸은 이들의 구름, 강수요소, 소이온 등은 포함시키지 않는다.

에어로졸은 대기오염의 원인으로 알려져 있지만, 일사를 산란 및 흡수해서 지구의 방사수지(방사강제력이라고도 한다)에 영향을 미치고, 구름의 발생이나 그 광학적 특성에 영향을 미치는 것부터, 기상변동과의 관련도 주목되고 있다. 또한 에어로졸은 도시지역 대기오염의 원인이 되기도 한다. 일사를 반사하는데 지표면을 냉각시키는 '일산효과(日傘效果)'의 역할이 있고, 온실효과 기체의 증가에 의한 지구온난화를 완화하는 작용에 주목되고 있다.

에어로졸의 크기는 반경 1 nm~100 μm 정도까지 광범위하다. 작은 것은 작은 이온, 큰 것은 운립의 크기를 갖는다. 큰 우적(빗방울)의 크기(직경 3 mm 정도)를 포함하는 경우도 있다. 보통 크기에 따라 3개의 군으로 나눈다.

- 반경 0.001 ~ 0.1 μm : 에이트켄핵(Aitken nucleus), 에이트켄입자
- 반경 0.1 ~1 μm : 대핵(大核, large nucleus), 대입자
- 반경 1 μm 이상 : 거대핵(巨大核, giant nucleus), 거대입자

에어로졸의 크기별로 농도를 살펴보면 반경 0.01 μm 정도의 것이 가장 많고, 그것보다 큰 것은 급감한다. 그것보다 작은 것도 적다.

또 작용기능 면에서 보면 응결핵, 흡습핵, 빙정핵 등이 있다. 발생원에서 보면 연소핵(燃燒核), 해염핵(海鹽核, sea salt nucleus) 등이 있다. 대기오염의 입장에서 보면 인체에 영향을 미치는 에어로졸은 에이트켄핵 중 비교적 큰 것 및 대핵, 거대핵이 있다.

에어로졸과 같이 빛의 파장에 비교해서 충분히 큰 입자에 빛이 닿는 경우의 산란을 미산란(Mie scattering)이라고 하는데, 그 특징은 입사광의 대부분이 진행방향으로 산란(전방산란이라 함)되는 일, 파장선택성이 그다지 없다는 것이다. 그래서 큰 화산분화의 뒤는 하늘, 특히 태양의 주변이 하얗게 보인다. 또 태양의 주위에 비숍의 고리(Bishop's ring)가 보이기도 하고, 아름다운 석양이 보이는가 하면, 통상은 적갈색으로 보이는 개기일식의 달이 어두워서 아무것도 보이지 않게 되는 것들도 성층권에 화산성 에어로졸이 떠 있을 때의 특징이다.

에어로졸에는

① 자연현상에서 발생하는 것
② 인위적으로 발생하는 것
③ 기체가 화학반응에 의해 입자화해서 발생하는 것

등이 있다.

①에는 토양입자(모래먼지가 바람에 의해 불려 올라간 것), 해염입자(해면의 거품이 파열해서 날린 것), 화산분연, 산림화재의 연기(연소에 의해 생성된 고형입자), 꽃가루, 박테리아 등이 있다. 또한 대기 중에서 발생하는 구름이나 안개, 뇌방전 등에 의해서 생기는 질소화합물 등 자연에서 발생하는 것들도 있다.

②에는 공장이나 자동차에서 나오는 매연 및 분진 등이 있다. 또 석유, 석탄의 연소와 탄화수소에서 발생하는 유기 에어로졸 등이 있다. 인공적으로 방출되는 미량 가스가 일사(태양빛) 등에 의해 에어로졸이 되는 것과 항공기의 배기가스 및 지구 밖에서 날아드는 유성진 등이 있다.

③에는 유황(황), 질소 또는 탄화수소의 화합물 입자가 있고, 황입자 또는 황산염입자가 대표적이다. 각종 기체에서 화학반응, 광화학반응 등에 의해 생긴 입자로 이들 기체에는 원래 대기 중에 존재하고 있던 것 이외에 인간의 활동에 수반되는 화석연료의 소비 등에 의해 발생된 것이 포함되어 있다. 이들은 소위 오염기체에서 에어로졸이 형성되는 과정의 대표적인 것으로, 황산(H_2SO_4), 황산암모니아($(NH_4)_2 SO_4$), 질산(HNO_3)과 질산염(NO_3^-, $NaNO_3$(질산나트륨))의 입자가 생긴다.

한편 에어로졸들은 충돌에 의한 병합과정으로 보다 작은 입자에서 큰 입자가 만들어지면서 다종다양한 조성의 **혼합핵**이 형성된다.

인위적인 기원을 갖는 에어로졸은 대부분이 하부대류권에 있다. 대류권의 에어로졸은 수증기의 응결에 필요한 응결핵으로서, 구름이 되고, 운립이나 강수에 잡혀서 평균적으로는 수 일 정도면 대기에서 제거된다. 그 결과 대류권 에어로졸은 멀리까지 수송되지 않고, 발생원(사막이나 공장지대 등) 가까이에서 농도가 높다.

발생원에서 대기 중으로 방출되었을 때 이미 입자상인 것을 **1차입자**라고 한다. 해염입자, 토양입자, 삼림화재, 화산, 공장·발전소·소각장 등에서 나온 입자가 이에 속한다. 대기 중에서의 기상반응 결과로 생긴 저비점물질의 증기가 대기 중에서 입자화(핵화)해서 생긴 것을 **2차입자**라고 한다. 여기에는 황화합물, 질소화합물, 탄산수소화합물 등이 있다.

한편 대규모의 화산활동으로 이산화황 등의 기체나 화산성의 입자가 중부성층권까지 도달해서 황산 또는 황산염 에어로졸이 되어 성층권에 체류하는 일이 있다. 고도 20 km을 중심으로 대입자 에어로졸의 많은 층이 지구 전체를 덮듯이 존재하고 있다. 이것을 **성층권 에어로졸층** 또는 발견자에 연유해서 융계층(Junge layer)이라고 한다. 성층권 에어로졸은 자연낙하가 아니면 제거되지 않고 체류시간도 수 개월에서 수 년이기 때문에 지구규모로 확산된다.

에어로졸 입자는 구름형성에 결정적인 역할을 수행하고 있다. 흡습성물질로 이루어진 반경 2×10^{-8} m의 입자는 1% 정도의 수증기 과포화의 것으로 운립을 형성한다. 따라서 에이트켄입자의 상당 부분이 구름핵으로서 구름의 형성에 관여한다. 구름입자의 크기 및 개수는 구름형성의 초기단계에서는 기본적으로 구름핵의 수에 좌우된다. 구름핵이 많은 대륙 상의 구름은 입자가 작고 개수가 많다(10^9개/m³ 정도). 한편 에이트켄입자수가 2×10^8개/m³으로 적은 해양대기에서 형성되는 운립의 개수는 10^3개/m^3 이하로 적고, 입경이 크다. 에어로졸입자가 구름핵으로 작용하기 위해서는 개개 입자의 화학성분(흡습성)과 입경 외에, 입자표면에서의 증기분자 취입이나 응결정수에도 좌우된다. 대기 에어로졸의 경우 응결정수의 값은 0.3 정도로 생각되고 있다.

(2) 응결핵

응결핵(凝結核, condensation nucleus)은 대기 중의 에어로졸 입자의 일종이다. 상대습도가 300% 정도까지의 공기 중에서 수증기가 응결해서 미수적(작은 물방울)을 만들 때 그 중심이 되는 액체 또는 고체의 입자이다. 그 크기는 다양해서 앞에서와 같이 3분류로 구분한다.

응결핵이 존재하지 않는 경우 수증기에서 미수적을 생성하는 데 400% 정도의 과포화가 필요하다. 자연의 대기 중에서는 무립(霧粒, 안개입자)이나 구름입자는 보통 상대습도 102% 이하에서 생성되고 있고, 이와 같이 낮은 과포화도에서 작용하는 흡습성에 비교적 큰 응결핵을 구름핵이라고 한다.

응결핵의 기원은 연소에 의해 생기는 연소핵, 대기 중의 미량 가스에서 광화학반응이나 액상의 화학반응을 통해서 생성된 2차입자, 토양입자, 해염입자 등이 있다. 응결핵의 수는 도시지역에서는 10만 개/cm^3(cc), 농촌지역에서는 1만 개/cm^3, 해양이나 산악지역에서는 수백 개/cm^3 정도이다. 육상 중에서도 특히 도시에 많은 것은 공장 등에서 다량으로 발생하기 때문이다.

물질의 입자는 물과의 친숙함에 따라서 다음의 3종류로 구분할 수 있다.

① 물에 녹지 않고, 더욱 젖지도 않는 것
② 물에 녹지 않지만, 젖는 것
③ 물에 녹는 것

융계(Junge)는 ①의 물에 녹지 않고, 젖지 않는 입자라도 큰 과포화 하에서는 응결핵으로 작용하는 것을 실험에 의해 증명했다. 따라서 모든 입자는 넓은 의미에서 응결핵이라고 말 할 수 있지만, 자연상태에서 응결핵으로서 유효할지는 별개의 문제이다. ②의 물에 녹지 않지만, 젖는 입자는 그 표면에 1(하나) 또는 수 분자층의 물을 흡착하고 있다. 따라서 이 입자는 응결에 관해서는 같은 크기의 수적(물방울)으로서 작용한다. ③의 물에 녹는 입자는 응결핵으로서 가장 능률 좋게 작용하지만, 그것은 다음에 언급하는 작용에 의한다. 일반적으로 염류나 산류의 수용액에는 포화증기압강하(飽和蒸氣壓降下)라고 하는 현상이 있다. 이것은 수용액의 농도가 높아질수록 포화증기압은 저하한다고 알려져 있다. 수용액의 경우는 이 효과와 켈빈(Kelvin)이 구한 곡률의 효과 쌍방이 작용한다.

예를 들어, 식염(소금, NaCl)을 용질로 하고, 그것을 일정량 포함하는 용액적이 평형상태(응결도 증발도 하지 않는 상태)를 유지하는 수증기압을 용액적 반경의 함수로 구하면 그림 4.2와 같이 된다. 세로축은 $(p/p_\infty) \times 100$을 취하고 있다(왼쪽). 여기서 p는 온도 T에 대한 반경 r의

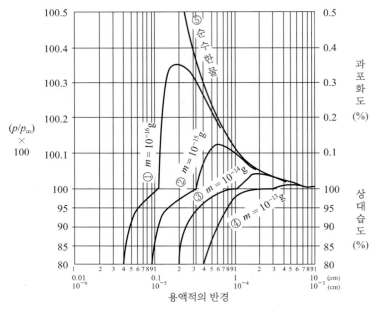

그림 4.2 **식염의 용액적의 포화수증기압과 반경과의 관계** 액적의 반경과 그것에 평형한 상대습도와 과포화도에 대한 관계이다. 곡선 ①~④는 식염(NaCl)의 각각 질량 m이 포함되어 있는 경우의 용액적이다. 액적의 반경이 커지면 농도가 낮아지므로 모든 곡선은 순수한 물의 경우로 접근한다. 상대습도 100%인 곳에서 곡선이 꺾여 있는 것은 종축의 눈금이 다르기 때문이다.

용액적에 대한 평형포화수증기압이고, p_∞는 같은 온도에 있어서 평탄한 액면에 대한 포화수증기압이다. $(p/p_\infty)\times100$의 의미는 평수면에 대한 상대습도를 100으로 해서, 수적(물방울)에 대한 포화압을 상대습도로 나타낸 것으로 이해해도 좋다. 가로축의 눈금은 100 이상의 과포화의 상태를 확장하고 있다. 또한 오른쪽의 가로축에는 이해를 돕기 위해서 과포화도와 상대습도로 표시했다.

그림 중에 ①~④까지의 일련번호와 함께 수치를 m으로 나타내고 있는 것은 용질량(g)이다. 그림 중에서 가장 위에 표시되어 있는 곡선 ⑤는 순수적(순수한 물)의 경우로, 수적이 작아질수록 p가 커지는 것을 나타내고 있다. 그 외의 다른 곡선 ① $m=10^{-16}$ g, ② $m=10^{-15}$ g, ③ $m=10^{-14}$ g, ④ $m=10^{-13}$ g의 각각의 용액적의 경우를 나타내고 있다. 용질량에 따라 다르지만, 공통점은 반경이 크고, 농도가 낮은 경우 순수적과 그다지 다르지 않지만, 반경이 작아지고 농도가 커지면 포화수증기압강하의 영향이 나타나서, p는 순수적에 대한 것보다 작아지게 되고, 수분을 잃어버리면 $(p/p_\infty)\times100$은 100 이하가 된다.

그림 4.2에 의해 다양한 크기의 입자가 응결에 의해 운립(평균반경$=10^{-3}$ cm 정도)으로 까지 성장할 수 있는지 판정할 수 있다. 용액적이 성장할 수 있는 조건은 대기 중의 수증기 과포화도가 용액적에 대한 포화수증기압보다 크다고 하는 것이다. 예를 들면, 대기 중의 습도가 100.1%이고, 순수적의 반경이 약 1.3×10^{-4} cm 이상이라면 운립(雲粒, 구름입자)으로 성장할 수 있지만,

그것보다 작은 순수적은 증발해서 소멸한다. 용액적은 $m = 10^{-13}$ g, $m = 10^{-14}$ g 등은 운립으로까지 성장할 수 있다. 그러나 $m = 10^{-15}$ g 이하의 것은 처음에 반경이 1.3×10^{-4} cm 이하라면 운립으로 성장할 수 없다.

더욱이 그림 4.2에 의하면 흡습성의 핵은 불포화의 대기 중에 있어서도 습도가 높을수록 큰 용액적으로 되어 있는 것을 알 수 있다. 이런 일에 의해서 대기 중에서 습도가 높아지면 대체로 시정이 나빠지는 것이다.

참고 4-2

그림 4.2의 상세 보기

식염(소금, NaCl)은 물에 잘 녹는다. 온도가 18 C일 때 순수한 수평면에 대한 포화수증기압은 20.6 hPa이다. 그런데 1 kg의 물에 0.1 kg의 식염이 용해된 용액의 포화수증기압은 19.6 hPa로 내려가고, 0.3 kg의 식염이 용해된 용액에서는 16.7 hPa이다. 순수(순수한 물) 1 kg은 0.357 kg의 식염을 용해시키면 포화된다. 그 이상의 식염을 용해시킬 수가 없다. 이 포화용액에 대한 포화수증기압은 15.6 hPa, 즉 순수의 76% 밖에는 되지 않는다. 따라서 상대습도가 76% 이상이면 식염덩어리의 일부는 수증기를 흡수하여 녹게 된다. 단 이것은 평면의 용액에 대한 것이다. 에어로졸이 용해해서 액적(용액적)이 되었을 때 포화수증기압을 생각하는 데에는 액적의 곡률(구면의 경우 곡률은 구의 반경과 같다) 영향을 고려해야 한다.

흡습성이 좋은 식염의 에어로졸이 용해된 액적에 대해서 식염 용액이라고 하는 영향과 액적의 곡률의 두(2) 영향을 표시한 것이 그림 4.2이다. 예를 들면, 곡선 ①에 의하면 질량 $m = 10^{-16}$ g의 식염입자(건조해 있을 때의 반경이면 0.022 μm)가 반경 0.05 μm의 수적에 용해되어 있다면, 그 용액적의 포화수증기압은 순수의 수평면에 대한 것의 90%이다. 다시 말해 건조할 때의 반경 0.022 μm의 식염분자를 상대습도 90%의 공기 중에 놓으면 입자는 용해해서 반경 0.05 μm의 액적으로서 평형상태를 유지한다. 공기의 과포화도가 0.2%일 때 반경 0.12 μm의 액적으로서 평형상태를 유지한다.

그러나 그림에 표시된 평형상태는 불안정해 어떤 원인으로 곧 증발해 버리는 상태였던 것에 대해서, 이번에는 액적의 반경이 0.2 μm보다 작은 안정한 평형상태이다. 결국 곡선 ①에 의하면 액적의 반경과 함께 상대습도는 증가한다. 따라서 과포화도가 0.2%였을 때 우연히 많은 물분자가 충돌해서 액적의 반경이 0.12 μm보다 켜졌다고 한다면, 그 새로운 반경에 대한 과포화도는 0.2%보다 크다. 그런데 공기 중에는 과포화도 0.2%에 대한 수증기량밖에는 포함되어 있지 않기 때문에 액적의 표면에서 증발이 일어나고, 액적의 반경은 원래의 0.12 μm로 되돌아가지 않으면 안 된다. 반대로 증발이 지나쳐서 반경이 0.12 μm보다 작아지면 수증기가 응결해서 원래의 크기까지 되돌아가려고 한다. 이 상태에 있는 수적 공기의 상대습도가 변화하지 않는 한 크지도 작지도 않은 상태를 유지한다. 이것이 연무(haze)의 상태이다.

다음에는 같은 곡선 ①의 정점의 위치에 있는 용액적을 생각해 보자. 즉, 0.36%의 과포화도로 반경 0.2 μm의 액적이다. 가령 이 액적에서 증발이 일어나 반경이 감소했다고 해도 전과 같은 이유로 원래의 반경으로 돌아간다. 그런데 반대로 반경이 조금 커졌다고 한다면 이번에는 그 반경에

(계속)

대한 과포화도는 0.36%보다 낮다. 따라서 수증기가 액적에 응결해서 액적의 반경은 더욱 증대된다. 이러한 의미에서 그림 각각의 곡선의 정점보다 오른쪽 부분에 있는 액적을 활동적인 액적이라고도 한다. 활동적인 수적은 다음에 기술하는 수증기의 응결로 급속히 성장하여 운립이 되기 때문이다. 이와 같이 반경이 크고 흡습성·용해성이 큰 에어로졸일수록 운립을 생성하는 응결핵으로 되기 쉽다.

② 운립의 성장

운립(雲粒, 구름입자, cloud droplets(particles))은 주로 미소수적(물방울)으로 되어 있고, 넓은 의미로는 운립과 빙정도 포함해서 운립자(雲粒子, cloud particles)라고 한다. 일반적으로 직경이 약 1~100 μm이다. 수립(액수입자)은 과냉각해 있는 경우도 있다. 운수량으로 본 중앙치는 약 15 μm이다. 대류성의 구름(적운이나 적란운 등)에서 운립은 비교적 커서 중앙치는 15~20 μm, 층상의 구름(고층운, 층적운, 층운 등)에서는 비교적 작아서 중앙치는 10~15 μm 정도이다. 공기의 단위체적 속 운립의 수는 보통 100~400개/cm^{3}이다. 운립과 우적(빗방울)과는 편의상 크기로 구별하고, 직경 200 μm를 경계로 하고 있다. 운립과 무립(안개 입자)은 크기로는 구별이 없다. 수립에 비교해서 빙정(얼음 결정)은 그 수가 아주 적다. 공기 1 L 속에 100~500개이다. 일반적으로 빙정운(권운, 권적운, 권층운)이 엷게 보이는 것은 이 때문이다.

운립의 크기와 수의 기준은 직경 10~20 μm의 공기 1 mL 중에 100~1,000개이다. 30~40 μm까지는 운핵을 중심으로 응결과정으로 성장하고, 그보다 큰 운립은 크기가 다른 운립의 충돌병합으로 생긴다. 직경 200 μm의 미수적은 낙하속도가 약 1 m/s로, 운립과 우적을 나누는 지표로 삼고 있다. 직경 200 μm 이하는 운립, 그 이상은 우적이다. 운립의 입도분포는 구름의 발생장소(해양 상/육지), 구름의 종류, 구름이 발생해서부터의 시간과 구름 속에서의 장소에 따라 달라진다. 운립의 측정에는 항공기탑재용의 광산란입자계(FSSP) 또는 비디오현미경(AVIOM) 및 텔레비전카메라를 탑재한 특수존데(HYVIS) 등이 이용되고 있다.

운수량(雲水量, water-content of clouds, cloud water content)은 단위체적의 공기 속에 있는 구름을 구성하는 수적 또는 얼음결정의 양이다(단위는 g/m^3). 물이 수적 등의 액체인 경우 액체수량(液体水量, liquid water content), 빙정 등의 빙립자인 경우 빙수량(氷水量, ice water content)이라 해서 구별한다. 구름 속의 물의 성질에 착안해서 강수량(降水量, precipitation water content)이라든가 우수량(雨水量, rain water content) 등이라고 하는 명명도 있다. 운수량은 비행기로 구름 속을 비행할 때 측정되지만, 정확한 양을 측정하는 것은 어려운 일이다. 지금까지 측정된 결과를 종합해 보면 층상운에 비해서 대류운 쪽이 대류운 속에서도 대류활동이 활발한 구름 등에서 운수량이 많다. 작은 적운에서는 0.1~0.2 g/m³ 정도이고, 1 g/m³을 넘는 일은 드물다. 웅대적운에서는 1 g/m³ 이상, 적란운에서는 5 g/m³ 정도로, 대류운에서는 보통 0.1~5 g/m³ 정도이다. 층상의 구름인 층상운(고층운, 층적운, 층운 등)에서는 0.05~0.5 g/m³ 정도이다.

(1) 확산과정에 의한 운립의 성장

대류 상에서는 비교적 반경이 작은 에어로졸이 다수 있는 데, 해양 상에서는 그 수는 적지만 큰 에어로졸(응결핵)이 있다고 앞에서 언급했다. 갓 만들어진 구름 속의 운립의 반경은 1~20 μm 정도이다. 이 공기덩어리가 계속 상승하면 공기는 계속 과포화상태에 있고, 운립은 확산과정(擴散過程, diffusion process)을 통해서 성장한다. 이 과정은 수증기로 과포화된 공기 속에서 수증기 분자가 수적을 향해서 확산해서 수적 위에 응결해 가는 과정이다. 수적의 질량을 M이라 했을 때 수증기의 확산과정에 의해 M이 단위시간당 증가하는 비율(dM/dt)은 그 수적의 반경(r)과 과포화도에 비례한다는 것이 알려져 있다. 이것을 수식으로 표현하면

$$\frac{dM}{dt} = 4\pi r D \rho_v \frac{e - e_s}{e_s} \tag{4.1}$$

가 된다. 여기서

D : 수증기 분자의 공기 중의 확산계수(diffusion coefficient)

ρ_v : 수증기의 밀도

e : 수증기압

e_s : 그 수적(또는 용액적)에 대한 포화수증기압

공기 중에서 수증기의 확산계수 D값은 압력과 온도에 따라 달라지지만, 1,000 hPa, 20 C에서 대략 2.4×10^{-5} m²/s 정도의 값을 가지며, 공간에 수증기의 밀도차가 있는 경우 얼마나 빨리 수증기가 확산하는지의 정도를 나타낸다. 액체의 밀도를 ρ_w라고 한다면 $M = (4/3)\pi r^3 \rho_w$ 이므로 식 (4.1)은

$$\frac{dr}{dt} = \frac{D}{r} \frac{\rho_v}{\rho_w} \frac{e - e_s}{e_s} \tag{4.2}$$

로 고쳐 쓸 수 있다. 즉, 과포화도 $(e - e_s)/e_s$가 일정하다면 반경이 작은 수적일수록 단위시간당 반경이 증대되는 비율은 크다.

수증기의 확산으로 수적이 얼마나 빨리 성장하는지 계산한 예가 표 4.1에 실려 있다. 예를 들면, 반경이 10 μm였던 수적이 10분이 지나도 직경이 14 μm 밖에 되지 않는다. 또 처음 25 μm 였던 수적의 반경은 10분이 지나도 약 28 μm 밖에는 되지 않는다. 그런데 실제로 내리는 우립(빗방울)의 반경은 1,000 μm의 자릿수이다. 그 크기의 차이는 너무 큰 것을 알 수가 있다. 예를 들어, 반경이 10 μm인 운립이 반경 1 mm의 우립으로 되기 위해서는 체적이 100만 배(10^6배)나 증가하지

표 4.1 수적과 빙립자의 확산과정에 의한 성장속도의 예

최초의 반경 (μm, cm)	종말속도 (m/s)	10분 간의 반경 증가(%)	
		수적의 성장	빙립자의 성장
0.5 μm	0.00003	1,900	13,900
1 μm	0.00012	910	6,900
2.5 μm	0.00075	310	2,700
5 μm	0.003	125	1,320
10 μm	0.012	41	615
25 μm	0.075	11	200
50 μm	0.30	2	73
100 μm	0.80	0.5	22
250 μm	2	0.08	4
500 μm	4	0.02	1
1,000 μm	7	0.005	0.25
2,500 μm	10	0.0008	0.04
0.5 cm 우박 1 μm	9	–	–
0.5 cm 우박 1 μm	16	–	–
2.5 cm 우박 1 μm	33	–	–
5 cm 우박 1 μm	59	–	–

* 계산에 사용한 가정은 기온 = − 10 C, 수평면에 대한 상대습도 = 100.25%

않으면 안 되는 것이다. 즉, 100만 개의 운립이 모여서 하나의 빗방울 우립을 만드는 것이다.

일반적으로 구름 속의 온도가 어디에서나 0 C보다 높고, 빙립(얼음 입자)을 포함하고 있지 않는 구름을 난운(暖雲, **따뜻한 구름**, warm cloud)이라 하고, 이와 같은 구름에서도 비는 잘 내린다. 이것을 난우(暖雨, **따뜻한 비**, warm rain)라고 하는데, 열대지방에서 자주 내린다. 거기다가 구름이 발생하고 나서 30분이나 1시간 후에 내리기 시작한다. 결국 확산과정에 의한 운립의 성장으로는 우립을 만드는 데 시간이 너무 많이 걸린다. 다수의 작은 수적만이 만들어지는 것이다. 난운 속에서 극히 수소의 운립만이 급속히 성장하여 우립이 되는 과정(병합과정)은 다음에 기술하고 있다.

(2) 병합과정에 의한 운립의 성장

병합과정(倂合過程, coalescence process)에 대해서 언급하기 전에 공기는 점성('소선섭·소은미, 2011: 역학대기과학, 교문사'의 제15장 점성유체 참조)을 갖고 있기 때문에, 수적이 공기 중을 낙하하는 속도는 수적의 크기에 따라 다르다는 것을 알아둘 필요가 있다. 일반적으로 반경 r인 구형의 물체가 점성을 가진 유체 속을 속도 v로 운동하고 있을 때, r 또는 v가 작을 때[레이놀즈수(Reynold number)가 작을 때, 필자의 일반기상학(교문사) 4.4 절 참조)], 유체의 점성 때문에 그 물체가 받는 저항력의 크기는 r과 v에 비례한다. 수식으로 표현하면

$$물체가\ 받는\ 저항력 = 6\pi\eta r v \tag{4.3}$$

이다. 이 비례상수 η(에타, 그리스 문자)는 유체의 **점성계수**(粘性係數, 또는 점도, coefficient of viscosity)라고 하는 양이고, 유체가 미끈미끈한지, 끈적끈적한지의 정도를 나타낸다(공기는 1기압, 20 C일 때, $\eta = 1.8 \times 10^{-5}$ Ns/m^2 정도이다).

지구 상의 모든 물체는 중력을 받고 있다. 공기 중에서 정지하고 있던 물체를 낙하시키면 처음에는 중력 때문에 끊임없이 가속되므로 낙하속도는 점점 증가한다. 그런데 식 (4.3)에 의하면 속도가 증가함에 따라 물체가 받는 저항력도 증가한다. 그래서 어떤 속도에 도달하면 그 물체에 작용하는 중력과 반대방향으로 작용하는 저항력이 평형을 이루어, 그 후 낙하속도는 일정하게 된다. 이때의 낙하속도를 **종말속도**(終末速度, terminal velocity ; 소선섭 외 3인, 2011 : 대기관측기기 및 관측실험. 교문사, Ⅲ-4 종말속도 참조)라고 한다. 이 값들이 표 4.1에 실려 있다. 물체의 질량을 m, 중력가속도를 g로 나타내면 이 물체에 작용하는 중력은 mg이다. 따라서 반경(r) 또는 속도(v)가 작을 때(조건부) 종말속도 V를 결정하는 식은

$$mg = 6\pi\eta r V \tag{4.4}$$

이다. 수적이 구형인 경우에는 $m = (4/3)\pi\rho_w r^3$이다. $\rho_w = $물(액수)의 밀도이다. 따라서

$$V = \frac{2\rho_w r^2 g}{9\eta} \tag{4.5}$$

가 된다. $g = 9.8$ m/s^{2}이므로 반경 $r = 10 \ \mu$m의 수적이 공기 중을 낙하할 때의 종말속도는 1.4 cm/s이다. 이것으로부터 화산분출에 의해 반경이 1 μm이나 그 이하의 화산재가 성층권에 살포되면 좀처럼 지상까지 낙하하지 않는다는 것을 알 수 있다.

구름 속에 이미 크기가 다른 운립이 다수 존재하고 있다고 가정하자. 큰 수적은 작은 수적보다 낙하속도가 빠르므로, 큰 수적은 작은 수적에 따라 붙어 **충돌병합**하여 커진다. 커지면 낙하속도도 커지므로, 더욱 빨리 다음의 작은 수적과 충돌하여 병합하므로써 한층 더 커진다. 이렇게 해서 **병합과정**에 의해 수적의 반경은 가속도적으로 커져가는 것이다.

③ 구름의 분류

구름의 형태를 운형(雲形) 또는 운급(雲級, cloud form)이라고 한다. 현재 구름의 분류(classification of cloud)는 1956년에 세계기상기관(WMO)에서 간행된 『국제운도장(International Cloud Atlas) 개정판)』에 의하고 있다. 운형의 과학적인 분류는 1803년 영국의 약제사이자 기상학자인 루크 하워드(Luke Howard, 1772~1864)에 의해 이루어졌다. 그의 기본적인 생각은,

- 어떤 높이에서 층상으로 퍼지는 층운(層雲, stratus)
- 밑(운저)이 평평하고 위로 솟아올라가는 적운(積雲, cumulus)

· 섬유상 또는 우모상의 **권운**(卷雲, cirrus)

등의 3형(type)으로 되어 있다. 구름의 연구가 진전됨에 따라서 1896년 WMO의 전신, 국제기상회의(IMO) 발행의 『국제운급도』에 의해 10의 기본형으로 분류되었다. 그 후 몇 번의 개정을 거쳐서 현재에 이르고 있다. 구름은 주로 형태적인 특징에서 **류**(類, genera), **종**(種, specia), **변종**(變種, varieties)으로 세분하고 있다(라틴어). 류는 10개가 있으며, 일반적으로 이 기본형을 10류운형(十類雲形) 또는 10류운급이라 한다. 표 4.2에 10류 운형을 정리하였다. 10개의 류는

① 층상의 구름인 **층상운**(層狀雲, stratiformis)
② 수직으로 발달한 구름인 **대류운**(對流雲, convective cloud)

으로 크게 구별한다. ①에서 층상의 구름은 막상과 단괴상으로 나누고, 구름의 출현고도에 따라 구분한다. 높이 약 6,000 m 이상에서 나타나는 **상층운**(上層雲, C_H)은 푸른 하늘이 비쳐 보일 정도로 얇고 무수한 줄무늬 또는 우모상(새털 모양)의 권운(견운), 막상의 권층운, 단괴상의 권적운이 있다. 상층의 구름보다 낮은 2,000 m 이상의 대기 중에 나타나는 구름은 **중층운**(中層雲, C_M)으로서 막상의 고층운, 단괴상의 고적운이 있다. 아래층에 나타나는 **하층운**(下層雲, C_L)은 막상의 층운, 막상도 단괴상으로도 연결되는 중간형의 층적운이 있고, 이 외에 난층운이 있다. 난층운은 소위 비구름으로 지상에서 쳐다보면 층운과 그다지 다른 점이 없지만, 층운은 통상 비를 내리지 않는다. 내려도 입자가 미세한 무우(霧雨, 안개비, drizzle)나 무설(霧雪, 가루눈, snow grains)이다. 비를 내리게 하는 데에는 구름이 두껍지 않으면 안 된다. 난층운의 상한은 높이 8,000 m 정도까지 퍼지는 일이 있다.

또한 구름이 나타나기 쉬운 높이에 의해 구분한 상층운, 중층운, 하층운의 명칭은 현재 공식적으로는 이용되고 있지 않다. ②의 수직으로 발달한 구름은 적운과 적란운으로, 모두 단괴상으로 구름의 밑(운저, cloud base)은 대체로 2,000 m 이하이지만, 구름의 두께는 수 1,000 m에 미치고, 적란운은 구름의 꼭대기가 10,000 m에도 미친다. 적운의 입자는 모두 수적(물방울)이지만 적란운은 하층은 수적, 상층이 빙정이다.

대부분의 류는 구름 외관의 특징이나 구름의 내부구조의 다름에 따라서 더욱 자세한 종으로 나눈다. 변종은 퍼진 구름 속에 있는 하나하나의 구름 조각, 구름 덩어리의 배열이나 구름의 투명도 차이에 의해 세분한다. 종, 변종 외에도 부변종이 있다. 부변종은 부분적으로 특징이 있는 구름과 부수로서 나타나는 구름들이다.

천기해석이나 천기예보(날씨예보)에는 운형만으로는 천기상태나 날씨의 변화 상태를 알 수가 없다. 그러기 때문에 구름의 조합, 구름의 증감, 구름의 변화상태에 의해 그때의 대기상태를 추정하려고 하는 것에 하늘의 구름상태가 단서가 된다. 관측점이 저기압, 전선 등의 요란대기의 밑에 있는지 요란역의 어느 위치에 있는지에 의해 특유의 구름이 나타나므로, 구름의 상태에서 그때의 대기 상태를 알 수가 있다.

표 4.2 구름의 기본운형 10류

류			국제부호	국제명	잘 나타나는 고도	우리 이름
층상운	상층운	권운	Ci	Cirrus	• 열대지방 : 6~18 km • 온대지방 : 5~13 km • 극지방 : 3~8 km	(새)털구름 털쌘구름 털층구름
		권적운	Cc	Cirrocumulus		
		권층운	Cs	Cirrostratus		
	중층운	고적운	Ac	Altocumulus	• 열대지방 : 2~8 km • 온대지방 : 2~7 km • 극지방 : 2~4 km	높쌘구름
		고층운	As	Altostratus	보통 중층에 나타나지만 상층까지 퍼져 있는 경우가 많다.	높층구름
	하층운	난층운	Ns	Nimbostratus	보통 중층에 나타나지만 상층에도 하층에도 퍼져있는 일이 많다.	비층구름
		층적운	Sc	Stratocumulus	• 열대지방 : 모두 • 온대지방 : 지면부근 • 극지방 : ~2 km	층쌘구름
		층운	St	Stratus		층구름
대류운	수직운	적운	Cu	Cumulus	운저는 보통 하층에 있으나 운정은 중층 및 상층까지 닿아 있는 경우가 많다.	쌘구름 쌘비구름
		적란운	Cb	Cumulonimbus		

더 자세한 내용은 필자의 『대기관측기기 및 관측(교문사)』의 '제10장 구름' 편을 참조하기 바란다.

3　비의 형성

① 우적의 크기

운립(雲粒 : 구름입자) 중 반경 약 100 μm(=0.1 mm) 이상의 큰 입자를 우적(雨滴 : 빗방울)이라고 한다. 단 반경 2~3 mm가 되면 우적은 분열하며 상한은 기껏해야 이 정도이다. 따라서 우적의 하한은 반경 100 μm, 상한은 2~3 mm가 된다. 낙하속도는 반경 100 μm에서 71 cm/s, 1 mm에서 647 cm/s, 2 mm에서 883 cm/s, 2.9 mm에서 917 cm/s이다.

현재까지 알려져 있는 가장 큰 우적의 크기는 직경이 7.3 mm였다. 이 정도 크기의 수적이 되면 그 낙하속도는 대략 10 m/s 이상이 되고, 공기의 저항도 증가한다. 이 경우 저항력은 수적의 하면 중앙에 가장 강하게 작용하고, 그것보다 주변으로 향해서 점차 약해지므로, 수적은 중앙이 움푹 들어간 형태가 되고, 더 심해지면 결국에는 분열해서 쪼개져 버리고 만다. 따라서 수적은 낙하속도가 커져서 강한 저항력을 받으면 물의 표면장력으로 견딜 수 있는 한계를 넘어서므로, 어느 한계 이상으로는 커질 수 없다. 따라서 앞에서 언급한 수적의 크기가 현재 우리가 볼 수 있는 최대 크기일 것이다.

일반적으로 운립의 직경은 10~20 μm 정도인데 반해서, 우적의 직경은 1~2 mm 정도이다. 비의 크기는 구름입자의 그것에 비해서 직경으로서는 100배, 체적으로서는 100만(10^6)배 정도의 크기를 갖는다. 또한 강우강도가 강해질수록 입경분포는 총체적으로 큰 입자 쪽으로 치우친다는 사실도 알려져 있다. 즉, 강한 비일수록 빗방울의 입자가 크다는 것이다.

물론 운립(가장 많은 것은 직경 15 μm 정도)도 근소하지만 낙하하는데, 상승기류가 그 이상이라면 낙하할 수 없다. 또 구름은 내외의 공기와 주고받음이 심하므로, 운립은 생기기도 하고(응결, 승화) 없어지기도(증발) 하지만, 바깥쪽에서 보고 있으면 변화가 없는 것같이 보인다. 보통의 운립은 대단히 가벼우므로 기류와 함께 흐르기 때문에, 서로는 좀처럼 병합을 일으키지 못하고 크게 성장되지 않는다.

② 우적의 생성원인

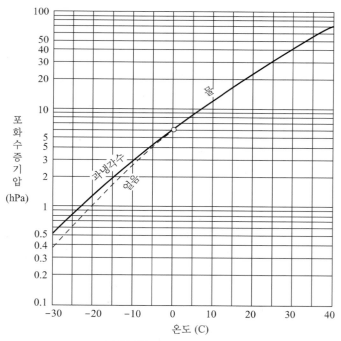

그림 4.3 포화수증기압과 온도

비는 반드시 구름에서 내리기 때문에 운립과 우적과의 사이에는 밀접한 관계가 있는 것이 틀림 없다. 그렇다면 우적은 어떻게 해서 생기는 것일까? 먼저 생각할 수 있는 것은 과냉각의 구름 속에서 운립에 수증기가 응결해서 큰 입자의 우적으로 발달해 간다고 하는 구조일 것이다. 그런데 이미 언급했듯이 우적은 체적으로 해서 운립의 100만 배나 되므로, 이 기구에 의해서는 우적으로 성장할 때까지는 아주 장시간을 요한다는 것이 계산상으로 표시되어 있다. 예를 들면, 기압 900 hPa, 기온 5 C, 상대습도 100.5%일 때 직경 10 μm 의 운립이 응결에 의해 직경 0.6 mm의 우적으로 성장하는 데 10시간을 요하고, 직경 2 mm의 우적으로 성장하는 데 50시간을 필요로 하는 것이다. 그러나 대기 중에서는 구름이 생기고 나서 빠를 때에는 20~30분 내에 비가 내리기 시작하므로, 응결에 의한 성장은 그 설명으로는 되지 않는다.

(1) 베르셰론의 빙정설

베르셰론(Bergeron, 1895~1977, 스웨덴의 기상학자로 노르웨이학파의 한 사람)은 온대지방의 구름이 많은 경우 과냉각의 수적에서 생겨 있는 것에 착안해서, 이와 같이 구름 속에 소수의 빙정이 섞여 존재하면 어떠한 변화가 일어날까를 고찰해서, 1935년에 유명한 강수이론을 발표하였다. 베르셰론이 주목했던 것은 과냉각의 수적에 대한 포화수증기압은 빙정에 대한 그것보다도 크다고 하는 사실이었다. 그림 4.3을 보면서 설명을 읽으면 이해할 수 있을 것이다.

이 일은 염두에 두고, 과냉각의 운립과 빙정이 공존하는 구름 속에서 일어날 것이라고 하는 변화를 생각해 보자. 발달하고 있는 구름은 운립에 대해서 약간 과냉각으로 되어 있으므로, 빙정에 대해서는 큰 과냉각이고, 이 단계에서는 운립도 빙정도 성장한다. 얼마 있다가 외부에서의 수증기 보급이 없으면 운립의 성장은 멈춘다. 그러나 그 상태는 빙정에 대해서는 과냉각이므로, 빙정은 의연하게 성장을 계속한다. 외부에서 수증기의 보급이 없으므로 그 결과는 구름 내의 습도는 과냉각의 수적에 대해서는 불포화이지만, 빙정에 대해서는 과포화상태가 된다. 이렇게 해서 최종적으로는 과냉각의 수적은 증발하고, 그 방출된 수증기에 의해 빙정이 성장하는 것이 된다. 자연의 구름 속에서는 운립의 수에 비교해서 빙정의 수가 적다. 따라서 빙정은 빠르게 성장해서 설편이 된다. 이렇게 해서 생긴 설편은 낙하해서 0 C 이상의 온도층에 도달하면 녹아서 우적이 되어 지상에 내려온다. 이것이 베르셰론의 강수기구이다.

이와 같은 빙정설에 의해 내리는 비를 냉우(冷雨, 차가운 비, cold rain)라고 한다. 이것을 이해하기 쉽도록 그림으로 표현한 것이 그림 4.4이다.

그 후 베게너(Alfred Lothar Wegener, 1880~1930, 독일의 지구물리학자, 기상학자, 대륙이동설의 제창자)가 1911년에 베르셰론과 완전히 같은 설을 발표한 것이 알려져, 베게너 · 베르셰론(Wegener-Bergeron)의 설이라고도 한다.

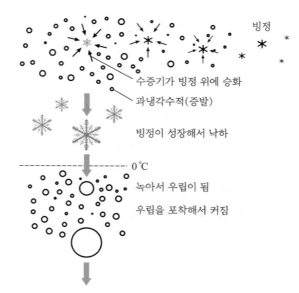

빙정

수증기가 빙정 위에 승화

과냉각수적(증발)

빙정이 성장해서 낙하

0 ℃

녹아서 우립이 됨

우립을 포착해서 커짐

그림 4.4 **빙정설에 의한 차가운 비의 원리와 구조** 이소노(磯野, 1968)에 의함

(2) 랭뮤어의 부착성장설

강수의 원리와 구조에 대한 또 하나의 고전적인 연구가 랭뮤어(Irving Langmuir, 1881~1957, 미국)에 의해 1948년에 이루어졌다. 그는 계면화학의 연구로 노벨상을 수상한 화학자이지만, 제2차 세계대전 중 연막으로 인공적으로 안개를 만드는 연구를 하던 중 점차로 강수기구에 흥미를 갖고, 결국에는 남보다 한 발 먼저 인공강우의 연구도 시작했다. 랭뮤어 이전에도 운립끼리의 부착에 의한 성장을 중시했던 사람들은 많이 있었지만, 성장속도를 정량적으로 구한 점은 그의 공적이었다.

한편 운립의 크기는 한결같지 않으므로 그 낙하속도도 각양각색이고, 큰 물방울은 작은 물방울에 따라붙어, 충돌하고, 병합한다. 이때 극히 작은 물방울은 대적이 낙하할 때 그 주변에 생긴 기류에 타서 대적을 피해서 통과하므로 포착되기 어렵다. 만일 이와 같은 기류의 영향이 없다고 가정한다면 단위시간에 어떤 큰 대적에 포착되는 어떤 크기의 소적의 수는, 대적과 소적의 반경의 합에 근거하는 단면적에 대적과 소적과의 상대속도를 곱한 원통 내에 존재하는 소적이 전부라고 하는 것이 된다. 기류의 영향이 있는 경우에 실제 포착되는 수와 이 가상된 포착수와의 비를 **포착률**(捕捉率, collision efficiency)로 정의해서, 랭뮤어는 대적과 소적이 여러 가지의 크기를 취하는 경우의 포착률을 처음으로 유체역학적 고찰에서 계산했다. 이 계산은 그 후 많은 연구자들에 의해 개량되었지만, 메이슨(Mason)은 그들을 총합해서 정리하였으며 표 4.3에 그 내용을 나타내었다. 포착률의 값으로서 현재 가장 신용할 수 있는 값이다.

포착률을 알았으므로 더욱 운립의 입경분포, 구름 속의 상승속도, 구름의 두께 등 구름의 상태가 주어진다면 우적성장을 계산할 수 있다. 메이슨에 의하면 두께 1 km 정도로 수 cm/s의 약한 상승속도를 갖는 구름에서는, 2시간 정도로 안개비 정도의 우적이 부착병합에 의해 생긴다. 더욱 두꺼운 구름이나 강한 상승기류가 있는 구름에서는 보다 큰 입자의 우적이 생길 것이라고 하는 것은 말할 필요도 없다.

호튼(Houghton)은 부착에 의한 우적의 성장속도와 빙정의 작용에 의한 우적의 성장속도를 이론적으로 계산해서 비교했다. 그 결과는 성장의 초기는 빙정의 작용에 의한 성장 쪽이 부착에 의한 성장보다도 훨씬 빠르지만, 안개비의 우적 정도가 된 단계에서는 두과정에 의한 성장속도는 거의 같아지고, 더욱 큰 우적이 되면 부착에 의한 성장속도 쪽이 커진다.

베르셰론(Bergeron)과 랭뮤어(Langmuir)의 강수이론이 발표된 이래, 많은 연구자들이 비행기를 이용하는 등으로 해서 구름에서 강수과정를 조사했는데, 고위도랑 온대의 강수는 대부분이 베르셰론의 원리와 구조에 의하지만, 위도가 낮아지고, 0 C 층의 위치가 높아짐에 따라서 부착성장기구에 의한 비가 는다. 특히 열대에서는 0 C에 도달하지 않은 구름에서 확실히 소나기가 내린다. 이와 같은 베르셰론 원리와 관계가 없는 구름에서 오는 비를 난우(暖雨, 따뜻한 비, warm rain)라고 하기도 한다.

표 4.3 반경 R 의 수적에 의한 반경 r 의 소수적의 포착률

R(μm)	r (μm)							
	2	3	4	6	8	10	15	20
15		0.003	0.004	0.006	0.010	0.012	0.007	–
20	0.002	0.002	0.004	0.007	0.015	0.023	0.026	–
25	–	–	–	0.010	0.026	0.054	0.130	0.06
30	+	+	+	0.016	0.058	0.17	0.485	0.54
40	+	+	–	0.19	0.35	0.45	0.60	0.65
60	+	+	0.05	0.22	0.42	0.56	0.73	0.80
80	–	–	0.18	0.35	0.50	0.62	0.78	0.85
100	0.03	0.07	0.17	0.41	0.58	0.69	0.82	0.88
150	0.07	0.13	0.27	0.48	0.65	0.73	0.84	0.91
200	0.10	0.20	0.34	0.58	0.70	0.78	0.88	0.92
300	0.15	0.31	0.44	0.65	0.75	0.83	0.96	0.91
400	0.17	0.37	0.50	0.70	0.81	0.87	0.93	0.96
600	0.17	0.40	0.54	0.72	0.83	0.88	0.94	0.98
1,000	0.15	0.37	0.52	0.74	0.82	0.88	0.94	0.98
1,400	0.11	0.34	0.49	0.71	0.83	0.88	0.94	0.95
1,800	0.08	0.29	0.45	0.68	0.80	0.86	0.96	0.94
2,400	0.04	0.22	0.39	0.62	0.75	0.83	0.92	0.96
3,000	0.02	0.16	0.33	0.55	0.71	0.81	0.90	0.94

주) 0 C, 900 hPa에 있어서의 값들
　　표 중의 '+'는 0.01 정도이지만, 정확한 값은 계산되어 있지 않은 것

③ 냉각의 원인은 상승

따뜻한 비나 차가운 비에서도, 대기가 냉각되어 과포화상태가 되어 구름이 생길 필요가 있다. 대기가 냉각되는 원인으로는 대기의 상승이 주요한 원인이 되고, 비는 상승의 원인에서 아래와 같이 분류된다.

(1) 대류성우

대류성우(對流性雨, 대류성의 비, convective rain)는 기층의 불안정에 의해 상하의 기류가 서로 혼합되는 것을 대류라고 하는데, 이 대류에 의해 발생한 구름에서의 비를 말한다.

(2) 지형성우

지형성우(地形性雨, 지형성의 비, 산악성 강우, orographic rain)는 산과 같은 지형의 기복에 의한 기류가 강제적으로 상승되어 구름이 생길 때 그것에서 오는 비를 말한다.

(3) 수렴성우

수렴성우(收斂性雨, 수렴성의 비, 수속성우, convergent rain)는 대기의 하층에서 기류가 모여드는 것을 수렴이라고 하는데, 공기는 상층을 향해서 들려올라간다. 이때 생긴 구름에서 오는 비이다. 예를 들면, 저기압에서는 주위에서 흘러들어가는 공기가 상층으로 달아나기 때문에 상승기류를 발생시켜 비를 내리게 한다.

4 눈의 형성

주로 온도가 낮을 때(영하) 발생하는 개개의 미소한 얼음의 결정인, 빙정으로 이루어진 고체의 강수입자를 눈[설(雪), snow]이라고 한다. −5 C 이상의 경우에는 몇 개의 결정이 모여서 설편(雪片, 눈송이, snow flake)이 된다.

정확하게 표현하면 내려오는 얼음의 결정은 **눈결정**(雪結晶, 눈 결정, snow crystal), 내려오는 현상은 **강설**(降雪, snowfall), 쌓인 눈은 **적설**(積雪, snow cover)로 구분해서 사용을 해야 한다.

① 빙정의 생성과 빙정핵

대기 중의 온도가 0 C 이하가 되고, 수증기의 양이 빙면에 대해서 과포화가 된다면 대기 중에 작은 얼음의 빙정이 생기게 된다. 이 경우 빙정생성의 과정은 수적의 생성과정과 본질적으로는 같다. 즉, 빙정의 싹(embryo)이라고 하는 것이 우연히 수증기 분자의 집합으로 만들어져도 그 크기가 어느 정도 이상의 크기가 아니면 불안정하여 분열해 버리고 만다.

실제 대기 중에서는 다음과 같은 다양한 과정들에 의해 빙정(氷晶, ice crystal)의 싹이 만들어 진다.

- 수적은 0 C 이하의 온도에서도 액체상태를 유지하고 있다(과냉각). 그러나 이물질의 미립자 를 포함하지 않은 순수한 과냉각된 수적은 온도가 −33 ∼ −41 C의 범위 내에서 자발적으로 동결한다. 반대로 말하면 온도가 약 −40 C 이하의 구름 속에서는 과냉각상태의 수적은 존 재하지 않고, 구름은 빙정으로만 구성되어 있다.
- 과냉각수적이 어떤 종류의 미립자와 접촉해서 동결하는 경우가 있다.
- 과냉각수적 속에 미립자가 포함되어 있으면 그것이 핵으로 작용해서 동결시키는 경우이다.
- 어떤 종류의 미립자는 직접 수증기가 승화해서 빙정의 싹을 만드는 경우이다.

이들의 어느 경우이거나 빙정의 생성을 재촉하는 미립자를 일반적으로 **빙정핵**(氷晶核, ice nucleus, ice - forming nucleus)이라고 한다.

이와 같이 한마디로 빙정핵이라고 했지만, 각각 다른 과정에서 빙정의 싹을 만들기 때문에 핵 으로서 유효하게 작용하는 온도는 핵에 따라 다르다. 또한 자연에 존재하는 빙정핵의 수도 장소 에 따라 다르다. 일반적으로 말해서 응결핵의 수보다 아주 적다. 예를 들면, −10 C에서 유효한 빙정핵의 수는 10개/m^3, −20 C에서 유효한 빙정핵의 수는 10^{3}개/m^{3}의 자릿수이다. 어떤 입자가 빙정핵으로 유효할까? 중국대륙의 토양입자를 구성하는 카올린나이트(kaolinite)나 일라이트 (illite) 등은 −9 C라고 하는 높은 온도에서 빙정핵으로서 작용하고, 황사는 −12 ∼ −15 C에서 유효하다. 화산재도 −13 C에서 유효한 빙정핵이다. 인공 빙정핵으로 알려진 요드화은(AgI)은 −수 C 정도에서 유효하게 된다.

세계 각지에서 다양한 구름에 대해서 측정한 결과를 종합해 보면, 운정(구름의 꼭대기)의 온도 가 0 ∼ −4 C인 구름은 거의 모두 과냉각수적으로 구성되어 있다. 과냉각수적은 불안정하기 때문 에, 예를 들면 항공기의 날개에 충돌하면 날개에 얼어붙어 항공기의 중량을 증가시키기도 하고, 착빙의 위험성으로 사고를 유발하기도 한다. 운정의 온도가 −10 C인 구름에서 빙정을 검출할 확률은 약 50%이다. 운정의 온도가 −20 C보다 낮은 구름에서는 빙정이 있을 확률이 95% 이상 이 된다.

그러면 구름 속에는 몇 개 정도의 빙정핵이 존재하고 있을까? 여러 측정결과를 종합해 보면 의외로 빙정의 수가 빙정핵의 수보다 많다. 운정의 온도가 −20~30℃인 구름에서 빙정은 빙정 핵보다 10^3~10^4배나 많다. 그 이유로는 빙정핵과 빙정수의 측정 자체가 기술적으로 곤란한 점이 있다고 말할 수 있지만, 그것만으로는 설명할 수 없고 빙정 자체가 자기증식작용을 하고 있다고 생각된다. 그 작용 중의 하나는 어떤 종류의 빙정은 부스러지기 쉬우므로 낙하도중에 많은 파편 으로 분열된다. 다른 또 하나는 구름 속에 존재하는 큰 과냉각수적이 동력할 때 얼음의 부서진 조각이 흩어져 이것이 빙정핵으로서 유효한 것으로 생각되고 있다.

② 빙립자의 성장

빙립자(氷粒子, 얼음입자, ice particle)는 다음의 3가지 과정을 통해서 성장한다.

(1) 수증기의 승화에 의한 성장

4.3.2항의 "우적의 생성원인"의 그림 4.3에서 설명했듯이 수면에 대한 포화수증기압은 빙면에 대한 것보다 높다. 그래서 과냉각수적과 빙립이 혼합되어 공존하고 있는 구름 속에서는, 과냉각 수적에 대해서 공기는 거의 포화된 상태에 있을 때 빙립에 대해서는 과포화상태이다. 예를 들면, −10℃에서 액체의 물에 대하여 포화인 공기는 얼음에 대해서는 10% 과포화이다. −20℃라면 21%로 과포화되어 있다. 실제 구름 속에서는 액수에 대해서는 1%를 넘는 과포화도는 거의 없는 것에 비교하면, 이것은 대단히 높은 과포화도라고 말할 수 있다. 따라서 과냉각수적과 빙립이 공존하고 있는 구름 속에서 빙립은 수적보다 훨씬 빨리 성장할 수 있다.

수증기가 직접 빙립으로 승화해서 빙립이 성장하는 속도는 근본적으로 확산에 의해 수적이 성장하는 식 (4.1)과 같다. 그러나 빙립은 여러 가지 형태를 하고 있어서 반드시 구형이라고만 말할 수는 없다. 또 빙립자의 표면에 붙은 물분자는 결정구조 속에 배열될 필요가 있으므로, 빙 립의 성장은 한층 복잡하게 된다.

(2) 과냉각 운립의 포착에 의한 성장

과냉각운립과 빙립자가 공존하고 있는 구름 속에서 과냉각수적이 빙립자에 충돌하면, 수적은 빙립자의 위에 얼어붙어 빙립자의 질량이 증가한다. 이 과정을 무빙(霧氷, riming)이라고 한다. 그 결과 생기는 빙립자의 형태는 실로 각양각색이다. 수적이 천천히 동결할 경우 물은 얼음 표면 에 엷게 퍼져서 언다. 동결이 빨라 얼음 표면에 퍼질 시간이 없을 때 수적은 표면에 둥근 빙립으 로 남는다. 어느 쪽이건 운립이 동결해서 빙립자의 질량이 증가하면, 그 낙하속도도 커지므로, 점점 많은 운립을 포착해서 싸락눈(pellets)이 된다.

무빙(霧氷, rime)

　　수목이나 지물에 백색 내지 반투명의 얼음층이 부착한 것으로, 무빙의 내부에 매몰되어 갇혀 있는 공동이 있으므로 백색으로 반투명하게 보이는 것이다. 백상과 혼돈하기 쉽다. 수상(樹霜, air hoar), 수빙(樹氷, soft rime), 조빙(粗氷, hard rime) 3종류가 있다.

싸락눈(pellets)

　　구름에서 낙하하는 백색 불투명·반투명 또는 투명한 직경 약 2~5 mm의 얼음입자 또는 그것에서 낙하하는 현상을 의미한다. 설산(雪霰, 싸락눈, snow pellets), 빙산(氷霰, 싸락우박, ice pellets) 및 동우(凍雨, ice pellets, 영문 술어는 싸락우박과 동일)의 총칭이다.

　　　　　　더 자세한 내용은 필자의 저서 『대기관측기기 및 관측(교문사)』 제4장 대기현상 편을 참조하기 바란다.

　　한편 발달한 수직운 속에는 강한 상승기류가 있으므로, 싸락눈은 지상에 낙하하지 않고 구름 속에 그대로 남게 되는 경우가 있다. 또 이와 같은 구름 속에는 과냉각수적의 수도 많은 것이 보통이다. 이렇게 해서 싸락눈이 더욱 발달한 것이 **우박**(雨雹, hail)이다. 우박의 직경은 1 cm 정도가 보통이지만, 직경 13 cm, 중량 0.5 kg의 대형 우박이 낙하하는 경우도 있다. 수적이 얼 때에는 잠열을 방출한다. 따라서 우박이 급격히 다수의 수적을 포착하면 우박의 표면온도가 0 C에 가깝게 올라가고, 포착된 수적의 일부는 얼지 않은 채로 있는 경우가 있다. 이렇게 해서 빙립 사이에 얼지 않은 물의 부분이 남아 부드러운 스펀지 모양을 나타낸다. 그렇지 않으면 우박은 단단한 얼음덩어리로 성장한다.

(3) 응집에 의한 성장

　　빙립자의 낙하속도가 다르면 빙립자끼리 충돌하고 부착해서 빙립자의 질량이 증가할 수 있다. 빙립자의 낙하속도는 그 형태나 크기에 따라 다르다. 예를 들면, 길이 1 mm 및 2 mm의 침상(바늘 모양)의 결정의 낙하속도는 각각 0.5 및 0.7 m/s이다. 한편 빙립자에 과냉각수적이 동결해서 직경이 1 mm 및 4 mm로 성장한 것은 각각 1~2.5 m/s 정도의 낙하속도를 갖는다. 또 빙립자 서로가 출동해서 부착하는 비율도 빙립자의 형태에 따라 다르다. 예를 들면, 수지상(나뭇가지 모양) 결정끼리라면 충돌할 때 가지 끝의 돌기끼리가 접합하는 경우도 있다. 한편 단단한 각판(각진 판자)끼리는 충돌하여도 튕겨나오고 만다. 서로 부착하는 비율도 온도에 따라 다르다. 온도가 높아짐에 따라 그 비율도 증대한다. 특히 -5 C보다 높은 온도에서는 부착하는 확률이 높아 설편[雪片, 함박눈＝모단설(牡丹雪)]이 된다.

이와 같은 과정들에 의해 여러 빙립자들이 모여서 응집(凝集, aggregation)하므로서 빙립자는 성장해 가는 것이다.

참고 4-4

> **함박눈 = 모단설(snow flake)**
>
> 다수의 눈결정이 서로 부착해서 큰 덩어리가 되어 내려오는 설편이다. 내리는 모양이 마치 모란의 꽃잎이 사뿐히 내려앉는 것 같다는 데에서 붙여진 이름이다. 눈결정끼리의 부착효율은 0 C 부근에서 커지기 때문에 비교적 따뜻한 지방에서 바람이 약할 때 자주 보인다. 수십 개에서 수천 개의 눈결정으로 되어 있어서 큰 것은 10 cm에 이르는 경우도 있다.

③ 눈의 결정

개개의 얼음결정은 0 C 이하에서 대기 중의 수증기가 직접 에어로졸 입자 위에 승화응결하기도 하고, 과냉각운립이 응결해서 생긴 작은 얼음의 입자에 수증기가 승화응결해서 성장한 것이다. 일반적으로 200 μm 이하의 얼음결정을 빙정, 그것보다 크게 성장한 것을 눈의 결정[설결정(雪結晶), snow crystal]이라고 한다.

소위 단결정의 결정이나 눈결정은 어는점 이하의 대기 중에 떠 있는 무수한 에어로졸에 직접 수증기가 승화응결하기도 하고(빙정핵에 의한 성장), 응결한 뒤에 동결해서 생긴(동결핵에 의한 성장) 작은 얼음입자에 더욱 수증기가 승화응결해서 빙정에서 눈결정으로 성장한다.

승화응결에 의해 성장한 빙정이나 눈결정의 기본형은 육각주(육각기둥)이다. 육각주의 밑면(밑바닥)의 크기(직경)를 a, 주면(기둥면)의 높이를 c로 했을 때, c/a의 값이 1보다 클 때($c/a > 1$)는 가늘고 긴 세장각주상(細長角柱狀)이 되지만, c/a의 값이 1보다 작을 때($c/a < 1$)는 각판상(角板狀)이 된다. 어떤 형태를 취하느냐는 온도에 따라 달라진다. 그림 4.5에서 보는 것과 같이 0 ~ -4 C에서는 각판상, -4 ~ -10 C에서는 각주상, -10 ~ -22 C에서는 각판상, -22 C 이하에서는 각주상의 결정으로 성장한다. 이와 같은 것을 정벽변화(晶癖變化)라고 한다.

한편 습도가 변화하면 저습도 쪽에서 표면적이 작고 속이 찬 깨끗한 결정형이 되고, 고습도 쪽에서는 표면적이 넓고 크게 속이 빈 것 또는 가는 가지가 뻗은 결정형이 된다. 이것을 성장의 형이라고 한다. 예를 들면, -4 ~ -10 C의 온도영역에서는 각주 → 해정각주(骸晶角柱: 뼈 결정모양의 각기둥) → 초상결정(鞘狀結晶: 칼집모양의 결정) · 침상결정(針狀結晶: 바늘모양의 결정)으로 변화한다.

자연계에서는 그림에서 표시된 기본적은 결정형을 조합한 각종 모양을 한 눈결정이 존재한다. 더욱이 눈결정은 내리는 도중에 다수의 과냉각운립을 포착해서 성장을 가속화하는 일이 많다.

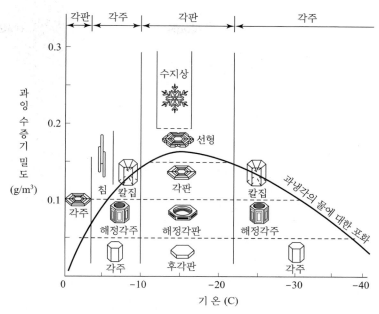

그림 4.5 **눈결정의 정벽과 성장의 형** 기온과 과잉수증기밀도에 표현되는 도표(diagram), 고바야시(1961, 1984)에 의함

승화응결이나 운립포착에 의해 성장한 눈결정이나 운립부눈결정이 내려오는 도중에 몇 개로 서로 뭉쳐 생긴 것도 자주 보인다. 이것이 설편이다. 보통 설편은 수십~수백 개의 눈결정으로 이루어지고, 크기는 10 cm에 이르는 것도 있다. 기온이 −5 C 이상이 되면 얼음의 표면이 달라 붙기 쉽게 되어 0~−5 C에서 큰 설편이 관측된다. 또 −15 C 부근은 수지상결정(나뭇가지 모양 결정)이 성장하는 온도이고, 그 선단은 복잡한 형상에 의해 결정형끼리 기계적으로 결합하기 쉬 우므로, −10~−15 C에서도 큰 설편이 관측된다. −25 C 이하에서는 특수한 모양을 한 눈결정 이 존재하는 것도 보고되고 있다. 또 최근에는 −30 C 이하의 저온영역에서도 각주결정의 설편 이 존재하는 것이 항공관측에 의해 확인되고 있다.

눈의 결정 종류는 동식물의 분류와는 본질적으로 다르므로 몇 종류라고 말할 수는 없지만, 1949년에는 41종으로 분류했었다. 그 후 1966년에는 80종으로 분류했으며, 앞으로도 계속 연구 가 진행되고 있으므로 더 많은 종류가 발견될 것으로 예상하고 있다. 그러나 기본적으로는 판상 인지, 주상인지 또는 이들의 조합한 것에 의한다고 하는 점에 주목한다면, 국제설빙학회에 의해 10종으로 대별된 실용분류로도 충분하다고 본다. 그림 4.6은 대표적인 눈결정의 현미경사진을 나타내었다.

좀 더 자세한 내용은 필자의 『대기관측기기 및 관측실험』(주)교문사의 제Ⅶ부 야외관측, Ⅶ- 2. 눈의 부분을 참조하면 도움이 될 것이다.

(a) 침   (b) 각주   (c) 각판

(d) 선상육화   (e) 광폭육화   (f) 수지상육화

그림 4.6 **대표적인 눈결정의 현미경사진** 소선섭 외 3인, 2011 : 대기관측기기 및 관측. 교문사, Ⅶ-2. 눈, 쪽 172-183에서

눈의 결정이 내려오는 도중에 많은 과냉각된 운립(과냉각운립)을 포착하고, 동결해서 크게 성장한 눈은 그 운립의 부착정도에 따라서 운립부결정(운립이 붙어 있는 결정)에서 농밀운립부(濃密雲粒付), 산상운(霰狀雲: 싸락눈 모양의 눈), 싸락눈으로 구별하지만, 기상관측법에서는 설산(싸락눈)으로서 싸락우박과 구별된다. 눈결정의 관측에는 일반적으로 현미경사진 촬영법이 이용되고 있지만, 결정이 광학적으로 단결정, 다결정인지를 판별하기 위해서는 편광현미경이 이용되고 있다.

5   강수현상들

강수(降水, precipitation)란 대기 중을 낙하해서 지표면에 도달하는 액체 또는 고체 물의 물질의 총칭이다. 안개, 이슬, 서리, 수빙 등은 대기 중을 낙하하지 않으므로 강수라고 하지 않는다. 강수의 형태에는 안개비, 비, 눈, 설산, 우박, 빙정, 동우 등이 있다. 비나 안개비가 내리는 비는 강우(降雨, rainfall)라 하고, 눈이나 싸락눈 등을 강설(降雪, snowfall)이라고 한다.

① 비

대기 중에서 수증기가 응결해서 물의 알갱이로 성장하고, 이것이 중력에 의해 낙하해서 지상·해상에 도착한 것이 비이다. 그 수적(물방울)이 우적(빗방울)이다. 수적의 직경이 약 0.5 mm(500 μm) 이상을 비라 세분하고, 이것에 대해, 직경 0.5~0.2 mm의 수적으로 내리는 강수를 안개비라고 한다. 총관의 목적으로는 비의 강함을 약(< 0.5 mm/h), 병(0.5~4 mm/h), 강(> 4 mm/h)으로 구분한다.

또한 강수입자에는 각양각색의 입경이 혼재해 있기 때문에 입경에 의한 구분은 그 강수의 대표적·평균적인 것을 의미하며, 수치 그 자체에 크게 구애될 필요는 없다. 비는 대류운에서 가져오는 소나기, 뇌우 등과 층상운에서 내리는 일반적인 연속성의 비로 구분된다.

일상생활에서 집중호우, 눈, 태풍 등의 재해와 농업·산업 등과의 관련을 포함해서 비는 인간의 사회생활에 깊은 관계를 가지고 있다. 또한 날씨예보(천기예보)에서도 강수는 중요한 기상요소 중의 하나이고, 이 천기예보 중에서도 수치예보는 또 그 중심에 서 있다.

② 눈과 착빙

눈(snow)에는 분설(가루눈)이나 모단설(모란 모양의 눈, 함박눈) 등으로 불리는 것들이 있다. 분설은 기온이 낮을 때 내리고, 모단설은 기온이 0 C에 가까울 때 내린다. 분설은 보통의 눈 결정 것인 많지만, 모단설은 많은 눈의 결정이 부착되어서 생긴 설편이다. 설편에는 수십~수천 개 정도가 부착하고 만들어지고 있다. 설편이 큰 것은 7 cm 정도인 것도 발견되는데, 독일에서는 12 cm인 것이 발견되었다는 보고도 있다. 그러나 보통은 1 cm 정도가 고작이다. −10~−15 C 정도일 때도 수지상결정의 가지가 서로 엉키어 설편을 이루고 있는 일도 있다. 저온에서 내리는 눈은 점착력이 없어 보송보송하지만, 기온이 0 C 부근에서 내리는 눈은 점착력이 있다. 방금 내린 눈의 밀도는 0.08 ~ 0.10 g/cm^3 정도이고, 추운 지방에서는 0.01 g/cm^3 이하가 되는 일도 있다.

착빙(着氷, icing, ice accretion)은 대기 중의 수증기가 물체에 승화하기도 하고, 수적이 물체에 부착동결해서 생긴 얼음 또는 그 현상을 의미한다. 무빙(수상·수빙·조빙)과 우빙에 이것에 상당한다(필자의 '『대기관측기기 및 관측』 (주)교문사, 제4장 대기현상'의 부분 참조). 이들의 특징은 기온, 풍속, 수적의 크기 등에 의해 정해진다.

물체에 따라서도 항공기착빙, 선체착빙, 전선착빙 등으로 나누어진다. 항공기의 착빙은 항공기의 양력이나 프로펠러의 효율을 줄이고, 그중에서도 투명 또는 투명에 가까운 얼음이 성장하는 투명착빙은 단단하고 부서지기 쉬워서 운항 상에 극히 위험하다. 북방해역의 어선들에 파보라가 얼어붙은 선체착빙은 배의 복원력을 저하시키므로 침몰의 위험을 초래하는 일이 있다. 송전선 등에 발생하는 전선착빙은 눈의 부착에 의해 전선착설과 함께 재해의 원인이 되기도 한다.

착빙은 기온이 0 C 전후에서 − 10 C 정도일 때 발생하기 쉽지만, − 40 C 부근에서도 발생하는 일이 있다. 착빙강도는 물체의 단위면적에 부착한 얼음의 실량(실제의 중량)과 물체가 대기 중에 노출된 시간의 비로 나타낸다.

③ 안개와 박무

안개(fog)는 직경 수 십 μm 이하의 미소한 수적(또는 빙정)이 대기 중에 떠 있는 것이 원인이 되어 지표면 부근에서 수평방향의 시정이 1 km 미만이 되는 현상이다. 미소수적인 무립(안개 입자)이 빛을 산란, 반사, 흡수하는 일로부터 시정이 나빠진다. 무립이 빙정에서 이루어지는 안개를 빙무(氷霧, 얼음안개, ice fog)라 한다. 시정이 나쁘지만 1 km 이상 되는 경우를 박무, 반대로 짙은 안개로 농무 주의보의 대상이 되는 것을 농무(濃霧)라고 한다. 무립의 직경이 100 μm 가깝게 되면 얼굴 등에 닿는 것을 느끼게 된다.

안개 속의 상대습도는 발달 중의 안개에서는 100%에 가깝지만, 발달한 장소에서 이동해 온 것과 같은 소산과정에 있는 안개는 작은 값이 관측된다. 또 대기오염물질 등 흡습성(습기를 빨아들이는 성질)의 응결핵이 많이 존재하는 환경에서는 낮은 습도에서도 응결이 일어나 시정이 나빠진다(스모그). 해발이 낮은 장소 등에서 아래에서 보는 구름에서도 높은 지대나 산간부에서 구름 속에 들어가 버리면 안개라고 하는 것이 되고, 안개와 층운은 같은 현상을 가리키는 일도 있다.

박무(薄霧, mist)는 극히 작은 수적 또는 습한 흡습성의 입자가 대기 중에 부유하고 있는 현상이다. '아지랑이'라는 말은 기상 전공에서는 사용하고 있지 않다. 기상청에서는 수평시정이 1 km 이상의 경우에 해당하고, 1 km 미만은 안개가 된다. 일반적으로 회색을 띠는 일이 많고, 박무 속의 습도는 안개 속보다 낮다. 사람들이 배출한 각종 미립자로 이루어진 연무(煙霧, haze)와는 구분하기 바란다.

④ 이슬과 서리

이슬[로(露), dew]은 공기 중의 수증기가 지물의 표면에 응결해서 생긴 수적(물방울)을 말한다. 예를 들면, 쾌청해서 무풍의 새벽녘, 옥외에 주차한 자동차 앞유리의 일면에 수적 또는 물의 막으로 덮여 있는 일이 있다. 이 현상은 야간의 방사냉각에 의해 자동차가 냉각되어 자동차의 표면에 접촉한 공기가 냉각되고, 수과포화에 도달해서 과포화분의 수증기가 응결해서 물(액수)로 변화한 것이다. 유리의 표면온도가 0 C 이하가 되면 그 수적은 동결하는 일이 있어 동로(凍露, 흰이슬, white dew)가 된다. 유리에 접한 공기가 수미포화로 빙과포화일 때는 승화응결과정으로 창상(窓霜: 창에 낀 서리)이 성장한다. 냉수를 넣은 컵의 표면에도 이슬은 맺힌다.

서리[상(霜), (hoar) frost]는 대기 중의 수증기가 지면이나 지물의 표면·설면 등에 승화해서 생긴 인상(비늘 모양)·침상(바늘모양)·우모상(깃털모양)·선상(부채모양) 등의 얼음의 결정이다. 때로는 부정형(모양이 정해지지 않은 것)의 것도 생긴다. 서리는 이슬이 생겼을 때와 같은 원인으로 지표면이 냉각될 때 온도가 0 C 이하에서 생긴다. 이와 같을 때의 기온은 3 C 이하가 되는 경우가 많다. 서리가 생길 것 같을 때는 식물의 잎 등의 세포조직이 동결이나 저온 때문에 손상되므로 농작물은 피해를 입는데, 이것을 상해(霜害)라 한다. 서리의 발생은 지형 등의 영향을 받아서 좁은 지역에 한정되는 일이 있고, 다른 지역에 비교해서 상해의 발생횟수가 많고 피해도 크다. 차가운 공기가 흐르는 것과 같은 길가를 따라서 상해가 좁고 길게 발생하는 지역을 상도, 냉기가 모여서 상해를 일으키기 쉬운 움푹 패인 땅을 상혈(霜穴)이라고 한다. 나무의 가지 등 지표에서 떨어진 높은 곳에 생기는 서리를 수상(樹霜), 창유리의 내면에 생기는 서리를 **창상**[窓霜, window frost, 상화(frost flowers)]이라고 한다. 또 적설 중에서 비교적 지면에 가까운 하층부에 보이는 **심부상**[深部霜, 설중상(雪中霜), depth hoar]도 서리의 일종이다. 더 자세한 내용은 필자의 '『대기관측기기 및 관측』 (주)교문사, 제4장 대기현상'의 부분을 참조하기 바란다.

6 레이더와 인공강우

1 레이더

레이더(radar : radio detection and ranging의 약자)는 전파를 지향성이 좋은 안테나에서 빔(beam : 빛이나 전자파 또는 입자 따위의 흐름) 상으로 발사해서, 목표물에서의 반사파를 수신함으로써 목표물의 방위, 거리 등을 측정하는 장치이다. 제2차 세계대전 중에 함선·항공기의 탐지를 목적으로 개발되었다. 목표물에서의 반사파를 에코(echo)라고 한다. 항공기·선박의 탐지용이나 기상용에는 주파수 3~30 GHz(파장으로 10~1 cm)의 전파, 즉 SHF 및 EHF가 이용된다. 이 주파수대는 마이크로파(microwave)로 통칭되는 대역의 일부에 상당하고 있다. 파장 10 cm 부근을 S밴드, 5 cm 부근을 C밴드, 3 cm 부근을 X밴드라고 하는 명칭도 있다.

통상은 전파의 발사와 수신을 같은 안테나를 사용하지만, 측적목적에 따라서는 떨어진 장소에 설치하는 경우도 있다. 전자를 모노스태틱(monostatic, 단상태) 방식, 후자를 바이스태틱(bistatic, 중상태) 방식이라고 한다. 기상레이더는 거의가 모노스태틱 방식이다.

목표까지의 거리측정을 하기 위해서 레이더는 펄스(pulse : 광선·음향 따위의 진동)적으로 전파를 발사한다. 발사부터 에코를 수신할 때까지의 시간에 광속을 곱하면 목표까지의 왕복거리가 구해진다. 연속파를 발사한 경우 목표까지의 거리는 측정할 수 없지만, 주파수를 주기적으로 변화시킨 소위 FM 전파를 발사하면 연속파라도 거리의 측정이 가능하다. 펄스파의 경우 순간적이기는 하지만 큰 전력이 발사된다. 그러나 연속파의 경우 연속적으로 발사되기 때문에 같은 감도를 유지하는 데 작은 전력으로 끝나는 이점이 있다.

② 인공강우

인공강우(人工降雨, artificial precipitation)란 구름에 운종파(구름씨뿌리기, cloud seeding)를 하는 등의 방식으로, 인공적으로 비 또는 눈을 내리게 하는 것이다. 자연의 강수를 늘리는 인공증우설이나 강수역을 이동시키는 것도 포함한다. (인공)기상조절 또는 (인공)기상개변이라고도 한다. 자연상태를 개변하려고 하는 인간의 시도를 가장 잘 표현한 대표적인 예이다. 비나 눈은 과냉각한 구름 속에 빙정이 발생하고 그것이 성장해서 생기든가(차가운 비), 빙정이 존재하지 않는 구름에서 대운립(큰 운립)이 운립포착에 의해 성장하든가(따뜻한 비)의 어느 쪽인가이다. 빙정이나 대운립을 포함하지 않는 구름에서 비나 눈은 내리기 어렵다. 내려도 소량이다. 그와 같은 구름 속에 드라이아이스(dry ice)나 요오드화은(AgI)을 뿌려서 빙정을 발생시키든가, 미수적이나 거대핵을 뿌려서 대운립을 발생시키면 인공적으로 비나 눈을 내리게 할 수가 있다.

구름씨뿌리기에 의해 평균적으로는 10~15%의 증우, 증설의 효과가 있다고 생각되지만, 자연의 강수가 시간적으로나 공간적으로 크게 변화하고 있기 때문에 통계적으로 인공강우의 효과를 실증할 수 없는 경우가 많았다. 그러나 최근 구름의 수치모델의 눈부신 발전에 의해 운종파를 하지 않을 때의 구름 행동을 충분한 정밀도로 예측하는 일이 가능하게 되었으므로, 앞으로 인공강우의 효과가 한층 더 정확하게 평가될 것으로 기대하고 있다.

7 기타 대기현상들

① 뇌우

적운이 적란운으로 발달해서 격심한 강우가 있을 경우에 구름과 구름 사이 또는 구름과 땅 사이에 방전현상을 수반하는 경우가 많아 이것을 뇌우(雷雨, thunderstorm)라고 한다. 뇌운(thundercloud)의 전기발생에 대해서는 여러 가지 설이 있지만, 뇌운 내의 심한 상승기류 내에 큰 입자의 우박이나 서리가 성장해서 낙하하는 일이 하전(전기를 띰)의 생성이나 분리를 일으키는 원인인 것은 틀림이 없다.

(1) 뇌우의 종류

뇌우는 원인에 따라서 다음과 같이 분류한다.

- **열뇌**(熱雷) : 국지적 가열에 의한 대류에 의해 일어난다.
- **지형성뇌우**(地形性雷雨) : 대류불안정한 대기가 사면을 기어올라가든가 사면이 가열되어 열뇌적 원인과 결합되어 일어난다.
- **계뇌**(界雷) : 한랭전선이 진행해서 대류불안정한 따뜻한 공기를 밀어올리는 경우 등 전선 부근에서 일어난다.
- **와뇌**(渦雷) : 저기압의 따뜻한 지역 내의 수렴기류에 동반되어 일어나다.

열뇌는 여름철 오후에 일어나는 가장 흔한 뇌[뇌명, 벽력, 천둥·번개, 벼락, thunderstorm]이고, 습윤공기가 지표면에서 열을 받아 적란운으로 발달하는 경우가 많다. 지형의 영향은 열뇌만이 아니라 계뇌나 와뇌에도 영향을 미치는 것으로 생각된다. 뇌의 발생지가 산지에 많은 일, 뇌를 수반하는 집중호우 등도 지형분포에 상당한 영향을 받고 있는 것으로부터 추찰할 수 있다.

(2) 뇌우의 생애

뇌우는 몇 개의 세포로 되어 있고, 또 시간적으로도 점차고 새로운 세포가 발생하는 경우가 종종 있다. 하나의 뇌운세포의 발달단계는

- 발달기, 성장기, 적운기
- 최성기, 성숙기
- 소멸기, 쇠약기

로 나누어서 생각할 수 있다. 뇌운성의 적운 중에서는 강한 상승기류가 있고, 20 m/s 가까운 상승 속도에 도달하는 일도 있다. 응결열 때문에 적운 내부의 기온은 주위보다 높고, 15분 정도로 직경 1~10 km 정도까지 발달하고, 높이도 10 km 정도까지 도달한다. 또 측면에서 구름 속으로 주위의 공기가 유입되어 발달을 억제하는 역할을 하고 있다. 이것을 **흡입**(entrainment, E)이라고 한다. 구름 속에서 우적이 점차 증가하고, 0 C 이상의 상공에서는 수적, 빙정 등이 혼재하고 있다.

최성기에는 그림 4.7에서 보는 것과 같이 하층은 수적의 구름, 중층은 수적과 빙정이 섞인 구름, 상층은 빙정운으로 되어 있다. 상층운이 빙정이 될 즈음해서 강우가 시작되고, 최초에 상승기류가 있던 부근의 지상에서 10 m/s 이상에도 미치는 하강기류가 일어나고, 그것이 주위로 퍼져 간다. 상승기류도 증대하고, 국지적으로는 30 m/s 이상에도 도달한다. 강우는 하강기류가 전역으로 퍼질 때까지 계속되고, 15~20분 정도면 비는 멈추어 버린다. 쇠약기에는 구름은 권계면 부근에서도 발달하고 있어 이 부근의 강한 바람 때문에 구름의 정상은 종종 수평류에 흘러서 모루구름(anvil cloud)이 된다.

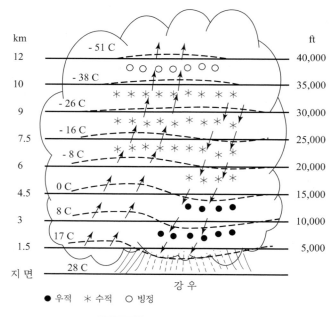

그림 4.7 뇌우세포의 최성기

② 무지개 · 무리

빛(light)은 파장에 비교해서 작은 입자에 닿으면 산란해 버리지만, 비교적 큰 우적이나 빙정에 닿으면 파장마다 굴절률이 다르기 때문에 무지개(rainbow)나 무리(halo)가 나타난다.

수적에 광선이 닿으면 그림 4.8과 같이 수적 내에서 1회만 반사하는 경우, 2회 또는 3회 반사해서 밖으로 나오는 경우가 있다. 수적 내에서 1회만 반사해서 생기는 무지개를 주무지개라 하고, 이것이 보통의 무지개이다. 주무지개는 바깥쪽에 빨강, 안쪽에 보라로, 평균 시반경은 약 42°이다. 또 주무지개보다도 바깥쪽의 색은 엷지만, 조금 더 대형의 무지개가 생기는 일이 있다. 이것은 광선이 수적 속에서 2회 반사해서 생기는 무지개로 부무지개라 하고, 주무지개와는 반대로 바깥쪽이 보라이고, 안쪽이 빨강이다. 평균시반경은 약 51°이다. 같이 해서 수적 속에서 3회 반사해서 생기는 제3의 무지개가 있지만, 태양 쪽에 있어서 보이지 않는다.

대기 중에 산재해 있는 빙정이나 권운, 권층운 등의 빙정운 속을 태양이나 달빛이 통과할 때 반사나 굴절에 의해 다양한 빛의 고리 · 호(arc) · 휘점(spot) · 기둥 등이 만들어진다. 이들을 총칭해서 무리[훈(暈), halo]라 한다. 이들 중 굴절에 의한 것은 굴절률이 빛의 파장에 따라 다르므로 분광되어 빛깔이 붙어 보이지만, 반사에 의한 것은 광원과 같은 색으로 밝게 보인다.

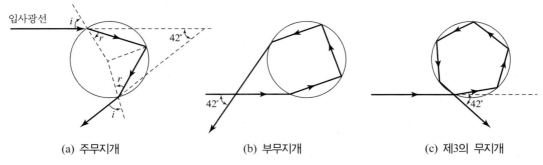

(a) 주무지개 (b) 부무지개 (c) 제3의 무지개

그림 4.8 무지개가 생길 때의 광선의 경로

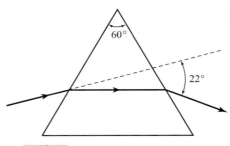

그림 4.9 무리가 생길 때의 광선의 경로

무지개와 같은 원리로 빙정에 의해 생기는 것이 무리로, 태양을 중심으로 시반경이 약 22°, 45° 인 것이 있다. 이것은 빙정의 형태에 의한 것으로 내각 60°, 90°, 120°인 면이 많고, 내각 60°의 면에서 굴절한 빛이 시반경 약 22°의 내훈(內暈, 안무리)을 만들고, 내각 90°의 면에서 굴절한 광선이 시반경 약 45°의 외훈(外暈, 바깥무리)을 만든다. 그림 4.9는 굴절의 모양을 나타내고 있다.

③ 광환

운립과 같이 미세한 수적이 공중에 떠 있을 때 그들의 틈 사이를 통과하는 빛은 회절현상에 의해 그림자 부분까지 도달한다. 이 경우 다양한 극간을 통과해 온 빛이 겹치기도 하고, 역위상이 되기도 해서 명암(밝고 어두움)의 둥근 호(줄무늬)를 만든다. 이 때문에 태양이나 달 주위에 1~5° 정도의 빛의 고리가 생긴다. 이것을 광환(光環, corona)이라고 한다. 또는 광관이라고도 한다.

이것은 운립이 아니고도, 예를 들면 비숍의 환(Bishop's ring)은 화산재에 의한 것으로 빛나는 광환을 만들고 있다. 광환과 같은 원리에 의한 것으로 고적운 등의 가장자리에 아름다운 색채를 띠는 현상이 있는데, 이것은 태양을 등지고 서 있을 때 앞면의 안개나 구름 등에 비치는 자기의 그림자 주위에 색을 띤 광윤이 나타나는 것으로, 무립에 의해 생기는 회절현상이다.

④ 신기루

무지개, 무리, 광환 등의 현상은 공기 중의 수적이나 빙정 등에 의해 빛의 굴절, 회절로서 일어나지만, 공기의 밀도차이에 의한 빛의 굴절현상에 의해 일어나는 것이 신기루(蜃氣樓, mirage)이다. 지면온도와 기온과의 차가 커서 지면 부근에 현저한 기온의 연직경도가 생기면 수평으로 나아가는 광선이 이상으로 굴절한다. 그렇기 때문에 상의 위치가 어긋나서 실존하지 않는 상(image)이 나타난다. 이와 같은 현상이 신기루이다.

지면이 가열되어 기온의 연직경도가 생기는 경우 전방의 지면이 웅덩이와 같이 보이지만, 거기에 가보면 아무것도 없고, 전방에 또 물구덩이가 보인다고 하는 것이 된다. 이것은 지경(地鏡, 땅거울)이라고 하는 현상이다. 이것과는 역으로 차가운 해면상에 난기가 흘러오면 해면 가까이에 현저한 기온 역전이 일어난다. 이와 같은 경우에는 전방의 배가 실제보다 높게 뻗어 보이기도 하고, 수축되어 보이기도 하고, 위치가 떠올라 보이기도 하고, 실제 위의 방향으로 도립상(inverted image : 볼록렌즈 초점의 밖에 있는 물체의 상처럼 상하좌우가 반대로 된 상)이 나타나기도 한다. 이와 같은 현상은 봄에서 여름에 걸쳐서 잘 일어난다.

연 습 문 제

01 그림 4.2를 보고 다음을 답하라. 상대습도 100.2% [과포화도 0.2%, $(p/p\infty) \times 100 = 100.2$] 의 공기 중에 반경 0.1 μm(10^{-5} cm)의 수적이 2개 있다. 제①의 수적은 10^{-16} g(10-19 kg) 이고, 제②의 수적은 10^{-15} g(10^{-18} kg)의 식염이 녹아 있다. 이들 수적은 그 후 성장할 수 있을까?

02 물의 상변화에 대해서 설명하라.

03 구름은 어떠한 과정을 통해서 형성되는지 그 과정을 기술하라.

04 구름의 입자인 운립이 형성되어서, 이것이 다시 빗방울로 형성되기까지의 과정에 대하여 논하라.

05 운립이 얼기만 하면 눈이 되는 단순한 과정이 아니다. 얼어서 눈이 되는 과정에 따라서 다양한 모양들이 이루어진다. 이들의 신비한 과정들을 약술하라.

06 강수현상들에는 어떠한 것들이 있는지 약술하라.

07 인공강우에 레이더는 어떻게 활용이 되는지 현황을 설명하라.

08 기타 대기현상들 뇌우, 무지개·무리, 광환, 신기루에 대하여 간단히 설명하라.

대기대순환

대기대순환(론)[大氣大循環(論), (theory of) the general circulation of the atmosphere, global-scale atmospheric circulation, atmospheric general circulation]이란 지구를 둘러싸고 있는 대기가 전지구적 규모로 전개되는 순환운동의 전체를 기술하고 설명하는 학문을 의미하며, 대기환류(大氣環流)라고도 한다. 관점을 바꾸면 대기대순환이란 태양방사에 대한 대기 감응의 종합적 결과라고도 할 수 있다.

대순환을 논하는 경우 보통은 기상장에 대해서 시간과 공간으로 적당히 평균해서 남는 운동을 대상으로 한다. 시간평균에서는 나날의 천기변화(날씨변화)에 수반되는 변동은 지우지만, 계절변동은 남도록 한다(목적에 따라서는 주기 약 10일 이상의 저주파진동도 남긴다). 또 연년변화를 논하는 경우도 있고, 평년치(정상값, 예를 들면 30년 평균치)를 보는 경우도 있다. 그 경우 대상 평균과 그것으로부터의 편차(정상파)로 나누어서 논한다.

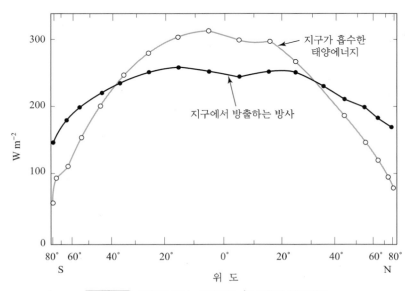

그림 5.1 지구가 흡수·방출하는 방사량의 위도분포

쉽게 설명하면, 평균적으로 태양빛을 많이 받는 저위도역에서 대기는 가열되어 기온이 높아지고, 반대로 기온이 낮은 고위도역에서 냉각되고 있다. 그림 5.1을 보면 1년 동안 위도 약 40°보다 저위도 지대에서는 지구가 받는 열량이 나가는 열량보다 크다. 그러나 고위도 지대에서는 그와 반대로 되어 있다. 그럼에도 불구하고 저위도대의 대기온도가 매년 일방적으로 높아지는 일도 없고, 고위도대의 온도가 낮아지는 일도 없다. 이것은 그림 5.2(a)에 나타낸 것과 같이 저위도대의 여분의 열량이 알맞게 고위도대로 운반되고 있기 때문이다.

그러면 각 위도권을 통해서 얼마만큼의 열이 어떤 수단으로 극을 향해서 수송되고 있을까? 그림 5.2(b)의 굵은 실선은 대기 밖에서의 방사에 의한 열수지의 측정으로, 각 위도에서 이것만큼의 열량이 대기 및 해양 중을 통해서 극방향으로 수송되고 있는 것이라고 믿어지는 양이다. 나머지 세 개의 선을 더하면 이 실선이 된다. 그림에서 흥미있는 것은 해양도 극방향의 열수송에 한 역할을 하고 있다는 점이다. 특히 저위도에서 그러하다. 바다 중에서도 고온의 해수가 극으로, 저온의 해수가 적도를 향해서 흐르고, 평균해 보면 열을 고위도로 수송하는 데 중요한 한 부분을 담당하고 있다.

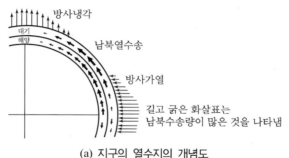

(a) 지구의 열수지의 개념도

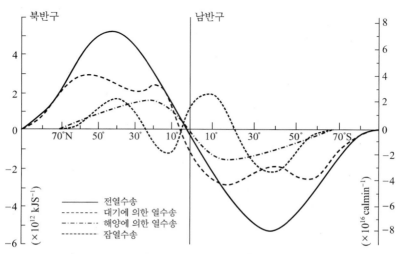

(b) 연평균한 대기와 해양계에서의 열의 남북수송량의 위도분포

그림 5.2 지구의 남북 열수송

그 결과 대기의 흐름이 생성·유지되고, 동시에 그것에 의해서 저위도역에서 고위도역으로 에너지가 수송되고 있어 현재의 지구기후가 유지되고 있다.

1 대순환의 양상

대기의 흐름은 대단히 복잡하지만 거기에는 어떤 특징적이면서 지속적인 흐름이 있는 것을 발견할 수 있다. 이것을 대기의 대순환이라고 할 수도 있다. 대기대순환의 양상을 한층 더 알기 쉽게 참고하기 위해 지구 상의 각지의 바람 관측결과를 상당히 긴 기간, 예를 들면 1개월 또는 한 계절에 대해서 평균해서 그것을 그림 상에 그려 보면 좋다. 또는 어떤 계절의 평균치를 몇 년간에 걸쳐서 평균해서 소위 평년치를 구해서 그림 위에 나타내면 각 계절에 대응되는 특징이 있는 분포도를 얻을 수 있다.

그림 5.3은 이와 같이 해서 얻은 평균도를 더욱 이상화하고, 모식도로 알기 쉽게 나타낸 것이다. 이 그림은 지표와 지상의 바람과 기압의 분포를 나타낸 것으로 물론 대기대순환의 양상 특징은 알 수 있지만, 하나의 가공에 지나지 않는다. 그렇게 말하는 이유는 어떤 순간의 기류 상황은 평균도를 근본으로 한 이 모형도와는 상당히 동떨어져 있다. 그렇게 말하면서도 각각의 흐름들을 종합해 보면 결과적으로 대세는 대순환으로 귀결되고 있는 것이다.

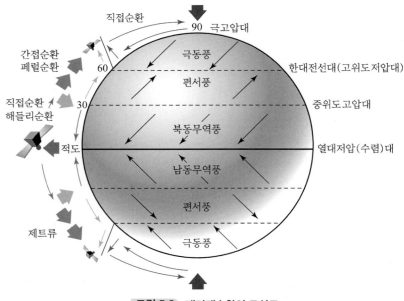

그림 5.3 대기대순환의 모식도

① 적도무풍대와 무역풍

그림의 모식도에서 지표의 바람과 기압의 장을 간단히 설명해 보자. 적도 부근에서 기압은 평균보다 낮고 하나의 값으로 일정해서, 날씨도 단조롭고 바람도 정온(0.2 m/s 이하, calm) 또는 약해서 변하기 쉽다. 단 때때로 진풍(陣風, squall, 스콜)이나 소나기, 뇌우 등이 일어난다. 이것이 적도무풍대(赤道無風帶)로, 범선시대에 항해자들을 괴롭힌 해역이다. 또한 적도무풍대는 가압 위주로 보는 경우 그림과 같이 적도저압대(赤道低壓帶)라고도 한다. 이 적도무풍대를 그림에서 보면 북반구의 북동무역풍(北東貿易風)과 남반구의 남동무역풍(南東貿易風)이 불어 들어가는 풍계의 경계가 되어 있다. 이런 의미로 양풍계의 분기점을 열대수렴대(熱帶收斂帶, ITCZ)라고 한다. 다만 열대수렴대는 반드시 적도 상에 있다고는 할 수 없어서 계절에 따라서 그 위도가 변하고, 경도에 따라서도 위치가 달라진다.

무역풍(trade winds)이란 아열대고압대에서 적도저압대를 향해서 부는 동쪽에서 불어오는 바람으로, 적도편동풍(赤度偏東風) 또는 열대편동풍(熱帶偏東風, tropical easterlies)이라고도 한다. 거의 정상적으로 불고 있고 범선시대의 무역에 이용된 데서 유래된 이름이지만, 근년의 관측에 의하면 변동이 크고, 엘니뇨(El Niño)나 라니냐(La Niña)의 직접적인 원인으로 거론되고 있다. 이 바람을 가져오는 공기는 침강역에서 생기므로, 무역풍대의 극쪽과 동쪽은 맑은 날이 되기 쉽다. 남북양반구의 위도 10~20°에서 바람은 정상성이 강하다. 무역풍대의 적도 쪽과 서쪽의 해양 상에 있는 지역은 습도가 증가하므로 구름이 많다. 소나기가 오기 쉬운 날씨가 된다.

열대수렴대는 말하자면 평균도 위에서의 양풍계의 경계이지만, 과연 나날의 기류의 충돌선으로서 존재할 것인가? 열대지방의 관측치가 부족하기 때문에 이 의문에 확실한 답을 할 수 없었지만, 근년 기상위성에 의해 구름의 화상이나 온도의 관측에서 비로소 그 나날의 존재가 확인되었다. 그러나 열대수렴대의 상세에 대해서는 아직도 그 정체를 다 파악하지 못하고 있다. 따라서 본격적인 연구는 지금부터이다. 요컨대 적도무풍대 지역은 양무역풍계의 수렴대이기 때문에 여기서 공기의 상승류(평균해서 1 mm/s 정도로 생각하고 있음)가 일어나고 있다는 것을 위해서 언급하고 앞으로 나아가기로 하자.

② 아열대고압대

위도 30° 주위에는 아열대고압대(亞熱帶高壓帶)가 있다. 여기서는 대기하층은 물론 발산역으로 하강기류가 있다. 양반구의 아열대고압대와 적도무풍대 사이의 바람은 대체로 일정해서 북반구에서는 북동에서, 남반구에서는 남동에서 분다. 이것이 소위 위에서 말한 무역풍이다.

아열대고압대에서는 바람은 약하고, 풍향도 변하기 쉽다. 아열대에서 고위도의 온대에서는 폭이 넓은 편서풍대가 있는 것이 두드러진 특징이다. 여기서는 고·저기압이 빈번히 오가고, 바람도 강해서 날씨의 변화양상도 심하다.

③ 아한대저압대

편서풍대에서 극에 가까운 곳이 아한대저압대(亞寒帶低壓帶)이다. 아한대의 저압역이 존재하는 이곳을 아한대고압대라고 하는 고유명사는 붙어 있지 않다. 긴 기간에 대해서 평균하는 이 부분이 저압을 나타낸다고 하는 것만으로, 아열대고압대와 같이 나날의 천기도에 정상적으로 저압대가 되어서 나타나고 있는 것은 아니다. 단 발달한 시도의 깊은 저기압이 빈번히 나타난다고 하는 것이다. 이곳도 폭풍우가 자주 일어나는 곳으로, 특히 위도 60° 부근은 대기하층에서는 극지방에서와 온대지방에서의 기류수렴이 일어나고 있고, 따라서 그로 인해서 상승류가 있다.

④ 극고기압

극에 가장 가까운 극고기압(極高氣壓)이 있다. 이 지역은 일반적으로 동풍이고 이것을 극편동풍이라고 하지만, 정상성이 없고, 년(해)에 따라서는 오히려 서풍 쪽이 탁월한 일도 있다.

이상 설명한 것을 개략해서 대기대순환의 특징을 정리하면

- 대기에는 3개의 주된 흐름이 있다. 적도에 가깝게 광대한 동풍의 지역, 온대의 편서풍의 지역, 극의 동풍 지역이 그것이다. 이와 같이 극을 둘러싸고 흐르는 대순환에 대해서 그 연직방향의 성분, 남북방향의 성분도 도외시해서 대상의 동서방향의 흐름만으로 착안했을 때 이것을 동서순환(東西循環)이라고 한다.
- 대기에는 2개씩의 상승·하강의 기류역이 있다. 적도에 가까운 상승유역, 아열대의 하강유역, 아한대의 상승유역 및 극의 하강역이다.

2 남북순환과 연직순환

앞 절에서는 주로 지표의 바람에 대해서 알아보았다. 그러면 이번에는 고층의 풍계는 어떻게 되어 있을까? 상층의 풍계를 그림 5.4 에 나타내었다. 그림 5.4는 반구를 둘러싸고 있는 동풍(E), 서풍(W), 동풍의 동서순환이 보이는데, 인상적인 것은 서풍역의 범위가 대단히 넓다는 것이다. 거기다 위도 30° 부근의 상공 200 hPa(mb, 약 12 km)에 현저한 서풍의 강풍역이 존재하고 있다. 이것은 제트기류를 나타내는 것으로, 이런 종의 평균도에서 이와 같은 형태로 나타나는 것이다.

편서풍대는 일상생활에서 인연이 깊은 지역이다. 여기서는 문자 그대로 평균 해서의 바람은 서풍이지만, 평균하지 않은 상태의 바람은 어떻게 되어 있을까를 개략해서 알아둘 필요가 있다. 편서

풍대 또는 일상어로 말하면 온대의 대기하층의 바람은 나날의 천기도에서 대면한다. 천기도에는 낮익은 저기압과 고기압이 수없이 나타나고 있고, 보통 서쪽에서 동쪽으로 이동하고 있다. 그런데 마찰층 내의 바람은 등압선과는 다소 어긋나 있지만, 바람은 대체로 등압선을 따라서 흐르고 있다고 본다면, 편서풍대의 대기하층은 와권의 장이라고도 할 수 있다. 즉, 고기압이 시계방향[반전(反轉, backing), clockwise]의 와권, 저기압이 반시계방향[순전(順轉, veering), counterclockwise]의 와권이다.

그러나 바퀴와 같이 닫힌 등압선으로 둘러싸인 저기압이나 고기압이 많이 보이는 것은 하층만이다. 약 700 hPa보다 고층에서는 저기압이나 고기압은 그 수가 적고, 등압선(또는 등고선)은 거의 동서로 달리고, 남북으로는 파동을 형성하고 있다. 따라서 바람은 서쪽에서의 바람이지만, 어떤 곳에서는 남풍의 성분을 갖고, 보다 하류에서는 북풍의 성분을 가지고 있는 모양이 있다.

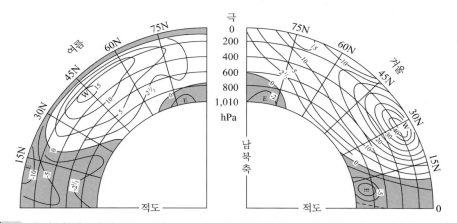

그림 5.4 동서순환의 풍속의 분포 단위 m/s, Mintz에 의함, 밝은 부분은 서풍(W), 그림자 부분은 동풍(E)

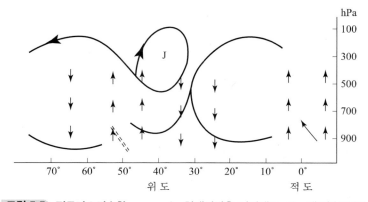

그림 5.5 평균자오면순환 ====는 한대전선을 나타내고, J는 제트기류이다.

한편 남북순환과 연직순환을 계산한 후 양자를 종합해서 만든 것이 그림 5.5이다. 이 그림은 극을 통해서 적도에 수직한 자오면으로 대기를 절단했을 때 거기에 나타나는 평균의 상태로 생각하면 된다. 이런 의미에서 **평균자오면순환**(平均子午面循環)이라고 한다. 이 그림을 보면 상당히 재미있는 것을 발견할 수 있다. 대기의 평균자오면순환은 대체로 3개의 세포(cell)로 나누어져 있음을 알 수가 있다.

이야기를 북반구로 한정해서 진전하려고 한다. 적도에서는 상승류, 상층에서는 북류, 아열대에서 하강류, 하층에서는 남류하는 세포가 하나 있다(해들리순환, Hadley circulation). 다음은 아열대에서 하강류, 하층은 북류, 중위도에서 상승하고, 고층에서 남류하는 세포가 있다(페렐순환, Ferrel circulation). 최후에는 중위도에서 상승류, 고위도에서 북류, 극의 부근에서 하강류, 하층에서 남류하는 세포이다(극순환, polar circulation).

즉, 평균자오면순환은 3개의 세포로 이루어져 있다. 그러나 그 순환의 방향은 전부 같지가 않다. 비교적 따뜻한 곳에서는 상승류이고, 차가운 곳에서 하강류가 되는 순환을 **직접순환**이라 하고, 이것에 대해서 비교적 따뜻한 곳에서 하강류, 차가운 곳에서 상승류인 것과 같은 순환은 **간접순환**이라고 하는데, 중위도에서는 간접순환이다. 그러나 그림에 표시한 것과 같이 제트기류의 중심은 거의 간접순환의 중심에 위치하고 있다.

이상은 평균풍에서 얻어진 결과이지만, 1951년에 핀란드의 기상학자 팔멘(E. Palmén)이 발표하고, 이후 빈번히 인용되고 있던 평균자오면순환의 모델도를 그림 5.6에 나타내었다. 이 그림은 해석결과에서 추정된 모델이다. 그러나 이 그림도 대단한 가공의 하나이다. 이 그림 또는 이것과 유사한 모델도가 기상학의 책들에 실려 있지만, 무비판적으로 해석해서 이와 같은 순환류가 정상적으로 흐르고 있는 것과 같은 착각을 일으키는 사람들이 많다. 이런 의문점에 대해서 평균자오면순환은 이미 언급한 것과 같이 어디까지나 평균의 결과를 나타낸 것으로, 각 순간순간에 각 장소에서 일어나고 있는 변동의 폭이 평균보다도 훨씬 크다고 하는 것을 잊어서는 안 된다.

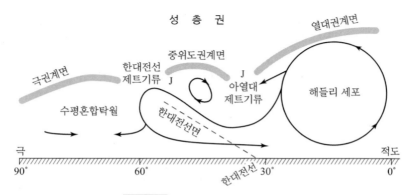

그림 5.6 평균자오면순환의 모델도

3 제트기류

그림 5.4에서 아열대의 상공 200 hPa의 고도에 강한 서풍역이 나타나고 있지만, 이와 같은 평균도 위에서만이 아니고, 나날의 대기 흐름에도 아주 강한 서풍지역이 관측된다. 이 강풍역은 좁은 대상으로 하고, 파동(물결)치면서 강의 흐름과 같이 지구를 둘러싸며 돌고 있으며, 풍속은 도처에서 30 m/s를 넘고, 장소에 따라서는 50 m/s 이상이 되는 곳도 있다. 이 고층의 강풍대가 제트기류(jet stream)이다.

관측망이 조밀하게 되고 관관측기기술이 진보됨에 따라서, 강풍의 대는 수십 km의 고공에 한정 되지 않고, 대류권하부에도 높이가 수 km 이하의 곳에도 생기는 것이 알려지게 되었고, 이것을 하층제트 등이라고 한다. 그러나 이와 같이 강풍의 좁은 대를 제트기류라고 하는 것은 혼란을 야기 할 수가 있었다. 그래서 세계기상기관(WMO ; World Meteorological Organization)은 제트기류로 서 다음과 같은 정의를 채용하게 되었다.

'제트기류는 권계면의 가까이에 있고 흐름의 방향은 수평으로, 관상이지만 평평한 기류이다. 그 축은 최대풍속의 위치에 있고, 풍속이 클 것과 축에 수직방향의 풍속의 전단(shear)이 큰 것 이 특징이다. 일반적으로 제트기류는 길이 수천 km, 폭은 수백 km, 두께는 수 km로, 그 풍속은 축상의 이르는 곳마다 적어도 30 m/s이다.'

그런데 하층제트는 별도로 하고, 성층권에서 대류권에 일상 보이는 강풍대는 4개 있다. 우선 제1의 것은 성층권제트기류(polar night jet stream)이다. 이것을 극야와를 휘감아서 흐르므로 극 야제트(기류)(polar night jet(stream))라고도 한다. 그러나 이것은 지상 30 km 정도의 높이에서 WMO에서 정의한 권계면 근처의 제트기류와는 별도로 하지 않으면 안 된다. 제2의 것은 저위도 의 높은 상공을 흐르는 동풍의 축이다. 이것도 고도는 대략 50 km이므로 WMO의 정의와는 별 도이다(저위도의 대류권에도 편동풍제트기류의 보고가 있지만, 국지적인 것이 아닌지 추측되고 있다). 다른 2개는 이전 절의 모델 그림 5.6에서 나타낸 아열대 상공의 강풍대와 중위도 상공의 강풍대에서 어느 쪽도 서풍으로, 그러나 고도는 권계면의 부근이다. 따라서 이 2개는 WMO의 정의에서 말하는 소위 제트기류이다.

한편 제트기류를 논할 때 우선 권계면에 대해서 설명하지 않으면 안 된다. 그림 5.6에서 보는 바와 같이 권계면은 3개로 나누어져 있는 경우가 많다. 즉, 열대권계면과 극권계면 사이에 또 하나의 권계면이 존재하고 있으며 이것이 중위도권계면이다. 이것은 또 한대전선권계면이라고도 한다. 이것은 평균자오면순환의 모델도에 같이 그려져 있다.

극야와 & 극야제트(기류)

극야와(極夜渦, polar night vortex) 또는 극성층권와(極成層圈渦, polar stratospheric vortex)라 고도 한다. 겨울철 태양방사가 닿지 않는 극지방의 성층권에서 나타나는 아주 발달한 저기압으로, 지구를 둘러싼 강한 편서풍을 가져온다. 극와에 의한 대류권의 편서풍은 겨울철에는 성측권에 있 어도 고도가 증가함에 따라서 더욱 강해져서 극야제트가 된다. 여름철에는 성층권으로 감에 따라 극역 상공에서의 오존층에 의한 가열 등으로 편서풍은 약해지고 점차 역방향의 바람이 된다.

극야제트(기류)[polar night jet(stream)]는 겨울철의 고위도 성층권에 나타나는 제트기류이다. 겨울철의 고위도 성층권의 편서풍은 상층권상부(약 50 km)까지 고도의 증가와 함께 강해져서, 평 균 150노트[knot ; 1시간에 1해리(=1,852 m를 나아가는 속도의 단위(kt)로, 2 kt ≒ 1 m/s 정도], 때로는 200노트를 넘어 350노트가 관측되는 일도 있다. 각 고도에서의 최대풍속대는 고도가 증가 함에 따라서 저위도 쪽으로 이동하고, 성층권상부의 최대풍속대는 위도 40~50°에 있다.

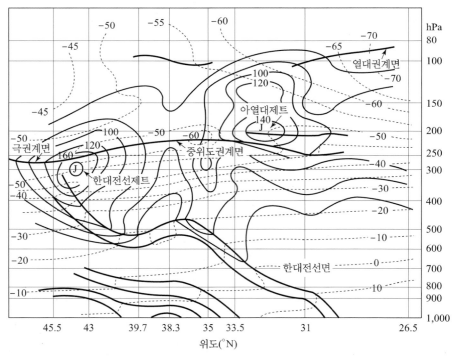

그림 5.7 **대략 위도 25~45°N에 걸쳐서 남북의 연직단면도** 1957년 2월 9일 12시(세계시)의 경도 대략 140° E를 따른 단면, 삼본에 의함, 실선은 등풍속선(단위는 kt), 점선은 등온선(단위는 C)

제트기류도 이 권계면의 상황에 따라서 2개가 구분된다. 하나는 열대권계면과 중위도권계면이 끊어진 근처에 있으며 이것을 아열대제트기류라고 한다. 또 다른 하나는 중위도권계면과 극권계면의 끊어진 부근에 있으며 한대전선제트기류라고 한다. 한대전선제트기류라고 하는 이유는 이 제트기류의 아래에 한대전선면이 있기 때문이다. 이 제트기류도 그림 5.6에 표시되어 있다. 그러나 모델도에는 실감이 나지 않으므로 실제의 해석 예를 그림 5.7에 나타내었다. 이와 같은 그림을 연직단면도라고 한다.

그림의 연직단면도를 보면 대략적으로 추정과 관찰을 할 수 있을 것이다. 제트기류와 직접 체험하고 있는 날씨와의 관련은 복잡하다. 지금 이 책을 읽고 있는 독자 머릿속에서 제트기류는 굉장한 속도로 흘러갈 것이다. 그런데 그림 5.7의 천기상태는 그렇게 변하지 않는 것이다. 요컨대 제트기류의 동향은 이후의 고·저기압의 발달을 크게 좌우하겠지만, 직접 하층의 천기와 연결되어 있는 것은 아니다 라고 느낄 것이다. 그러나 비행기는 얘기가 달라진다. 제1차 세계대전 때 독일의 한 비행선부대가 영국을 폭격하고 돌아오는 중, 7 km 상공에서 35 m/s의 북쪽에서 부는 바람을 만나 프랑스로 흘러들어가 수많은 비행선이 파괴되는 일을 당했다. 물론 당시는 제트기류에 대한 지식이 없었기 때문이었다. 현재는 이런 상황의 이야기가 정반대가 된다. 제트기류를 사용해서 돈을 벌 수가 있다. 즉, 제트기류의 위치, 강도, 그 방향 등을 관측한 지식으로, 제트비행기를 이 기류를 잘 이용해서 비행한다면, 바람의 힘으로 비행기를 장거리에 걸쳐서 운반할 수 있다. 즉 연료를 크게 절감할 수가 있는 것이다. 이것이 소위 비행기의 경제운항이다.

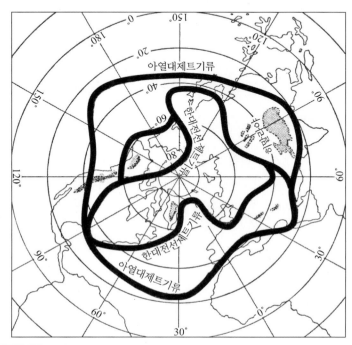

그림 5.8 제트기류 그림에 그려진 기류는 모두 서풍이다(1965년 2월 1일).

① 아열대제트기류

아열대제트기류는 거의 위도 30°의 상공을 흐르고 있지만, 날에 따라서 그 위치나 강도가 변동된다. 이것이 우리나라의 기상(날씨)에 대단히 큰 관계를 가지고 있는 것은 아시아대륙 위를 흐를 때 히말라야산맥(Himalayas) 때문에 남과 북의 흐름으로 분류되는 것이다. 이것을 그림 5.8에서 볼 수가 있다. 아열대제트기류는 대체로 북위 30°에 있지만, 여름에는 저위도의 직접순환이 북으로 이동함에 따라서 그 위치가 북위 40° 부근까지 북상한다. 그러나 풍속은 작아진다.

② 한대전선제트기류

한대전선제트기류는 한대전선에 수반되는 기류이며, 그 때문에 한대전선의 동향에 관계한다. 이는 한대전선 상에서 발생한 저기압의 이동, 발달, 쇠약에 따라서 그 위치나 강도가 변동하기 때문이다. 그렇기 때문에 전선계에 관계하지 않는 아열대제트기류와 비교해서 나날의 변동이 크다. 태평양상의 한대전선제트기류는 보통, 북일본의 동쪽해상을 동북동으로 뻗어서 아류산열도(Aleutian)의 남쪽을 통과해서 북아메리카대륙을 통과하고, 아메리카 동안에서 급히 남하해서 아열대제트기류와 합류한다.

지금도 언급했듯이 한대전선제트기류와 아열대제트기류는 어떤 곳에서는 합류하고, 어떤 곳에서는 분류하면서 지구를 둘러싸고 매일 변동하고 있다. 제트기류의 강함은 어느 곳이나 하나의 값으로 일정한 것은 아니지만, 극동지방의 상공 부근이 지구 상에서 가장 강한 장소 중의 하나이다. 양 제트기류의 합류와 분류의 대표적인 상황은 그림 5.8에서 보는 바와 같다. 양 제트기류의 분류는 봄가을의 계절에 특히 현저하다.

③ 제트기류의 생성원인

제트기류는 어떻게 해서 생기는 것일까? 그 생성 원인에 대해서 알아보자. 이 문제는 성층권의 발견에도 견줄 만한 것이다. 제2차 세계대전 후 최대의 발견이라고 할 수 있는 제트기류에 대해서 여러 기상학자들의 설이 있었지만, 오류도 상당히 있었다. 그만큼 어려운 문제라고 하는 의미가 된다.

(1) 한대전선제트기류

현재 한대전선제트기류에 대해서는 어느 정도 이해하고 있다. 그림 5.7을 다시 보자. 한대전선은 남쪽에서 따뜻한 공기가 북상하고, 북쪽에서 차가운 공기가 남하해서 양자가 충돌하는 곳이다. 그림의 등온선이 달리는 상태에서 알 수 있듯이 이곳에서 기온의 수평경도는 대류권의 여러 고도에서 대단히 크다. 따라서 온도풍(thermal wind)에서 알 수 있듯이 남북의 기온경도가 0이 되는 부근, 즉 권계면 부근에서 서풍이 최강이 될 것이다. 그리고 실제로도 그렇게 되어 있다.

이와 같이 한대전선제트기류는 온도풍의 이론에서 증명하는 것과 같이 보이지만, 그러면 왜 북쪽에서 한기가 남하하고, 남쪽에서 난기가 북상하는 것일까라고 하는 것은 따로 설명이 있다. 남쪽에서 난기가 북상하는 것은 열이 저위도에서 고위도로 운반되는 것을 의미하는 것은 당연하지만, 한기가 북쪽에서 남하하는 것도 부호를 역(반대)으로 해서 생각하면 열이 저위도에서 고위도로 수송되는 것과 같은 이치이다. 즉, 열이 고위도로 왜 수송될까를 설명하지 않으면 안 되지만, 그것은 대기대순환의 근본문제에 접하는 것이 된다.

(2) 아열대제트기류

아열대제트기류에 대해서는 어떠할까? 그림 5.7를 다시 보자. 아열대제트기류의 남쪽 300 hPa 부터 하층에서는 등온선이 거의 수평이고, 기온의 수평경도도 아주 작다. 따라서 한대전선제트기류의 이론과는 달리 아열대제트기류는 대류권의 사정에 의해 생기는 것은 아닌 듯싶다. 단 250 hPa보다도 상공에서 현저한 온도의 수평경도가 나타나고 있다. 이것은 마치 아열대제트기류의 격렬한 서풍에 사리에 맞추어서 온도풍의 이치를 만족시키려고 생긴 것 같은 느낌이 든다. 즉, 서풍이 강해지려 하고, 그것에 맞추어서 이 기온경도가 생겼다고 생각된다. 아열대제트기류가 생기는 이유는 다른 위도에서 아열대로 각운동량이 수송되기 때문이라고 되어 있다. 이 의미에 대해서는 뒤에 언급하겠지만, 아열대제트기류에 한정되지 않고 일반적인 편서풍대의 서풍이 왜 유지되고 있는가를 설명하는 데 각운동량의 수송을 생각하지 않으면 안 된다. 또한 이런 문제를 해결하는 데에는 뒤에 언급하는 유체역학의 회전수조의 실험에 초점이 맞추어져 있다.

4 고전대순환론

대기는 적도에 열원을 가지고 있고 극에 냉원을 가지고 있다. 또 연직방향에서 태양광선을 가장 잘 흡수하는 것은 지표이고, 물의 잠열이 방출되는 것도 대류권이기 때문에 하층이 열원이고, 상층이 냉원이다. 이와 같이 열원냉원의 분포에서 순환이 생긴다. 이와 더불어 지구자전 때문에 생기는 전향력의 효과를 넣어서 생각하면 하층의 바람은 단순히 남북방향이 아니고, 북반구에서는 북동풍, 남반구에서는 남동풍이 된다. 이것에 의해서 남북 양반구의 무역풍이 설명된다. 이 설은 1735년 영국의 해들리(G. Hadley)에 의해 발표된 것으로, 이런 종류의 순환을 해들리세포라 한다.

이 이론은 무역풍의 존재를 잘 설명하고, 적도에서 위도 30° 부근까지의 순환에 적용되는 것처럼 보인다. 그러나 해들리의 설로 곤란한 것은 저위도의 상층에서 극방향으로 향하는 바람이다. 전향력을 생각하면 당연히 서풍이 되지 않으면 안 된다. 그런데 저위도 상공은 강한 동풍이다. 그것보다도 더 곤란한 것은 위도 30° 부근에서 극까지이다. 그림 5.4에서도 본 것과 같이 중위도는 하층대기에서도 서풍이다. 이 편서풍대의 존재를 어떻게든 설명할 수 없을까?

이 문제를 풀 때 먼저 생각하지 않으면 안 되는 것은 대기는 지구와 함께 회전하고 있지만, 또한 자기 스스로도 자유롭게 움직인다는 점이다. 학문적으로 설명하면 공기덩어리는 지구의 주위를 돌 때 **각운동량**($mr^2\omega$; m은 질량, r은 반경, ω는 각속도)을 가지고 있어 공기덩어리가 어떤 위도에서 다른 위도로 옮겨갈 때, 이 각운동량도 수송되었다고 하는 것을 의미한다. 여기서 잠깐 각운동량에 대해서 알아보자.

참고 5-2

각운동량

뉴턴에 의해 도입된 운동량(momentum)이란 말 그대로 '운동의 양'이어서 물체의 속도 v와 질량 m의 곱인

$$운동량 = mv \tag{5.1}$$

로 정의되어 있다. 이것에 대해서 각운동량(angular momentum)은 소위 말하는 '회전의 양'을 말하며, 물체의 어떤 축 주위의 각속도(angular velocity) ω와 그 축에 관한 관성능률(moment of inertia) I와의 곱(적)

$$각운동량 = I\omega \tag{5.2}$$

로 정의된다. 관성능률은 그 물체의 질량(m), 회전축에서의 거리를 r로 한다면,

$$관성능률(I) = mr^2 \tag{5.3}$$

이다. 따라서 각운동량은

$$각운동량 = mr^2\omega \tag{5.4}$$

로도 쓸 수 있다.

그런데 물체에 힘이 더해져도 그 힘이 물체의 회전축에 관한 회전능률(rotatory moment)이 0이라면, 물체의 각운동량에는 변화가 일어나지 않는다. 이것이 소위 각운동량 보존의 법칙(law of conservation of angular moment)으로, 작게는 원자에서 크게는 우주까지, 대기현상을 통해서 모든 물체에 적용되는 근본법칙이다. 각운동량 보전의 법칙을 설명하는 데 물체를 실의 끝에 달아서 빙빙 돌리는 상태를 생각하면 이해하기 쉽다. 갑자기 실의 중간을 손으로 잡았다고 하자. 새롭게 잡은 곳을 중심으로 물체는 돌기 시작한다. 이때 회전축에서의 거리 r이 급격히 짧아졌는데, 각운동량 $mr^2\omega$는 변함이 없으므로 회전의 각속도 ω가 갑자기 커진다. 즉, 전보다도 빠르게 회전하기 시작한다. 이런 일을 일상생활의 경험에서 알고 있다. 이 예에서 보는 것과 같이 물체는 회전축으로부터의 거리가 변하면 각속도가 바뀐다. 이것은 고체만으로 한정되지 않는다. 물체를 공기덩어리로 교체해 놓아도 이 원리는 똑같이 적용되는 것이다.

지금 적도 상에 풍속 0인 공기가 있었다고 하자. 바꾸어 말하면 지구와 함께 지구의 자전각속도 Ω로 회전하고 있다고 하자. 이 공기덩어리가 해들리세포의 순환으로 고위도로 운반되었다고 하자. 그러면 지축에서의 거리는 당연 가까워지고(반경 r이 작아짐), 각운동량 보존의 법칙에서 공기덩어리의 지축 주위의 각속도 Ω보다 커지게 될 것이다. 따라서 지구 상의 관측자에게는 서풍이 될 이치이다. 이와 같이 저위도의 직접순환의 북쪽에 있는 서풍은 설명되는 것이 아닐까!

중위도에서는 서풍이지만 지표와의 마찰 때문에 풍속은 약해진다. 즉, 지축 주위의 각운동은 끊임없이 소비되고 있다.

따라서 각운동량은 주로 열대의 지표에서 생성되고, 무엇인가의 원인으로 극방향으로 운반되고 아열대 상공에서 모이게 되어 아열대제트기류를 생기게 하고, 중위도의 지표에서 소비되고 있는 원리이다. 만일 각운동량의 보급이 없으면 중위도의 편서풍은 약 10일 정도로 소멸되어 버린다고 생각되고 있다.

5 최근의 대순환론

고전대순환론은 개개의 공기덩어리가 각운동량을 일정하게 갖고 순환한다고 간결하고 직접적으로 설명했다. 그것이 불충분하기 때문에 각운동량의 생성, 수송, 소멸을 생각하지 않을 수 없게 되므로, 사태는 복잡해지고 어려워졌다. 하지만 그때 그 정도의 생각에서 그치지 않고 각운동량 수송에 대해 자세히 고민하고, 또 열을 저위도에서 고위도로 나르는 수송관계가 무엇일까도 알아냈어야 했다.

여기서 생각해 낸 것이 있다. 대기 중의 교란이 갖는 확산의 성질이다. 공기덩어리는 열·운동량·수증기·미립자 등을 가지고, 어떤 장소에서 다른 장소로 이동하면서 그 주위와 혼합한다. 이 수송의 생각을 대순환의 경우에 확대해서 생각하면 어떠할까? 단 교란 그 자체에 의한 수송은 물론 무엇인가의 역할을 할 것이라고 생각되지만, 대기대순환과 같은 대규모의 현상에는 자릿수(크기)가 너무 작다.

이론적인 취급에서 아직 충분히 고려되고 있지 않은 것이 대순환을 논할 때 간과해서는 안되는 2, 3의 인자에 대해서 살펴보자. 우선 대기 중의 수증기 문제이다. 수증기가 응결에 의해 방출하는 잠열의 양은 실로 방대해서, 방사 수열량의 지역적인 차이와 거의 같을 정도의 영향을 가지고 있다. 또 같이 중요한 인자로서 지형과 해륙분포를 들 수가 있다. 히말라야의 제트기류에 대한 영향은 앞에서도 접했지만, 가까이는 아시아의 계절풍이 있다. 계절풍은 말할 것도 없이 지형과 해륙분포의 관계에서 생기는 풍계로, 대순환의 하나의 큰 가지로 생각해도 좋다. 물론 국지적인 현상으로서 무시되는 처지인 것이 아니고, 전 지구적인 풍계에 있어서도 중요한 역할을 연출하고 있다. 또한 아열대고압대에 대해서도 주의를 요한다. 아열대고압대는 대순환의 이론에서도 주역이지만, 지금까지 지구를 한 바퀴 도는 벨트(belt)와 같이 취급해 온 것은 실은 공상이었다. 대륙 상에서는 꼭 확실한 고압대로서 나타나지 않고, 고압대로서 나타나는 것은 주로 해양상이었다. 그러나 남반구 쪽이 북반구보다도 현저했다.

이론적인 정면 작전은 대단히 어렵지만 측면공격을 걸어서 실험적인 대기대순환을 재편시키는 것은 가능하다. 그 하나는 실험실에서 모형실험을 수행하는 것이고, 또 다른 하나는 수학적은 모델에 의해 전자계산기를 사용해서 계산으로 구하는 방법이다. 양자 모두 성공을 거두고 있는데, 이것에 대해서는 뒤에서 언급하기로 한다.

단, 여기서는 대순환으로 각운동량의 수송계가 요란이라고 하는 점으로, 요란이라고 하는 것에 대해서 약간 언급하고 싶다. 기상학에서는 고·저기압도 요란이라 하고, 전선도 요란이고, 뇌우도 요란으로 취급하기도 한다. 그렇다면 요란이란 무엇을 의미하는 것일까? 요란은 평형상태를 교란하는 것으로, 그 규모가 크던지 작던지는 문제가 되지 않는다. 평형의 상태, 즉 2개 이상의 요인에 의한 세력의 균형이 취해져서 정상적으로, 시간과 함께 변동하지 않는 것과 같은 상태에 있을 때, 그것을 휘저어 교란하는 것이 요란이다. 예를 들면, 대기의 하층이 일사로 데워지고 있을 때 전체로서 성층상태가 유지되어 단지 하층의 기온만이 상승해서, 일양하게 팽창하고 있을 뿐이라면 요란은 아직 일어나고 있지 않다고 생각해도 좋다. 그러나 어딘가가 실과 같이 가는 상승기류가 생겨 그것이 성장해서 관과 같이 되고, 이윽고 기둥과 같이 되어서 상승한다면 요란이 발생한 것이다. 또 다른 예를 든다면 대기의 수평흐름이 층류였지만, 흐름의 빠르기가 증가함에 따라서 교란이 생긴다면 이것도 요란이 된다.

한편 문제는 대순환에 있어서의 각운동량 수송의 주역인 '고·저기압의 규모'의 요란이, 요란의 종자에서 발육하기 위해서 일반적인 불안정성이란 어떠한 것일까? 저기압론을 설명해야 하기 때문에 너무 깊이는 들어가지 않겠다. 그러나 대순환에 관계가 있는 경압불안정성에 대해서는 간단히 언급하자.

상층일수록 바람이 강해져서 소위 말하는 연직으로 바람의 전단(shear)이 생기는데, 그것이 어떤 한도를 넘었다고 하자. 또 남북방향으로 기온의 차가 있어, 즉 남북방향으로 수평기온경도가 있어 그것도 어떤 한도를 넘었다고 하자. 이와 같은 일반장이 형성되었을 때 거기에 요란의 종자가 주어지면, 요란 때문에 온도장과 기압장에 위상의 어긋남이 생긴다. 즉, 대기는 경압(등압면이 기울어짐)의 상태가 된다. 이것이 원인이 되어서 요란은 발달해 간다.

이와 같이 설명해도 의미가 통하지 않을 수도 있다. 확실한 의미를 알지 못해도 좋다. 요컨대 연직 바람의 전단과 남북방향의 수평기압경도가 어느 정도 커지면 대기는 경압불안정성을 갖는다는 사실을 기억해 두었다가, 다음 절에 이어지는 대순환 생성의 설명을 들으면 이해할 수 있을 것이다.

6 대순환의 생성과 에너지

대기대순환이 왜 그와 같은 양상으로 나타나는가를 설명할 단계에 들어 왔다. 우선 정온의 상태에서 어떠한 순서로 대순환이 형성되어 가는가를 살펴 참조로 한다.

① 요란

대기의 하층과 저위도에 열원을 놓고, 상층과 고위도에 냉원을 놓는다. 그렇게 하면 열대류에 의한 자오면순환이 일어난다. 즉, 그림 5.9과 같이 북반구에서 남쪽에 상승류, 북쪽에 하강류, 상층에서 남풍, 하층에서 북풍이 분다. 상층의 남풍은 전향력(deflecting force, 코리올리의 힘)으로 서풍이 되고, 하층의 북풍은 동풍으로 된다. 이와 같이 해서 해들리순환이 형성된다. 여기까지는 고전대순환론과 완전히 같은 것이 된다.

그러나 해들리순환이 유지되고 있는 사이에도 바람의 연직전단(vertical shear)은 증가해서, 남북의 기온경도는 커져가고 있다. 여기서 이런 의문이 든다. 기온경도가 어떤 한도에서 멈추어 버리는 것은 아닐까? 기온이 높아지면 그만큼 장파의 방사가 커져서 어떤 한도에서 저위도의 기온 상승은 정지할 것이라고 하는 것이다. 그런데 분명히 요란마저 생기지 않는다면 어떤 기온분포까지 도달해서 거기서 방사평형의 모습이 실현되는 것은 아닐까? 그러나 사실은 방사평형에 도달되기도 전에 이미 요란의 열수송이 시작되어 버리는 것이다.

바람의 연직전단과 남북의 온도경도가 커져감에 따라 요란이 발생해 간다. 요란이 점차로 발생함에 따라서 그 요란의 골의 전면에는 북쪽으로 향하는 기류가, 곡의 후면에는 남쪽으로 향하는 기류가 생긴다. 수많은 요란의 남풍과 북풍을 총평균해 보면 약하지만 상층에서 고위도로 향하는 북향의 성분이 남는다. 그렇게 해서 평균자오면순환은 강화되어 간다. 소위 요란 때문에 저위도의 열을 억지로 빼앗아 가져가므로, 방사평형의 상태까지 도달하지 않는 것이다.

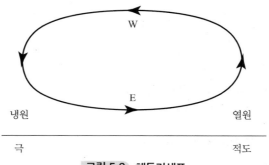

그림 5.9 해들리세포

② 각운동량

그런데 경압불안정성에 의해 생기는 요란은 단순히 열의 수송만을 하는 것이 아니다. 저위도의 상공에서 각운동량을 북쪽으로 운반해 낸다. 요란은 각운동량을 강제로 빼앗아 가기 위해서 저위도의 상공은 처음에 그림 5.9에서와 같이 서풍이었지만, 차차로 약해져서, 마침내는 풍속이 0이 된다. 즉, 지구자전과 같은 각속도로 회전한다. 그러나 더욱 요란에 의한 각운동량의 박탈은 계속된다. 종국에는 공기는 지구자전보다도 느린 각속도로 지축 주위를 돌게 된다.

결과는 동풍으로 바뀌는 것이다. 이렇게 해서 저위도에서는 상하층을 통해서 동풍역이 생긴다.

저위도의 동풍역과 같은 이치로 고위도의 동풍역도 생긴다. 고위도의 상층에서도 약하면서도 남쪽을 향하는 각운동량의 수평와 수송이 이루어진다. 처음에는 서풍이었던 고위도의 상층풍도 각운동의 박탈로 동풍으로 변하고, 고위도는 상하층을 통해서 동풍역이 된다.

각운동량의 수송과 함께 열수송도 수행되는 것은 앞에서 이야기한 대로이다. 고위도에서 한기가, 저위도에서는 난기가 수송되어 중위도에 한대전선이 형성된다. 여기서는 극도로 남북의 기온경도가 커져서 온도풍의 이론에 의해 상층에 강한 서풍이 분다. 이것이 **한대전선제트기류**(한대전선)이다. 한편 상층에서 고위도와 저위도에서 수송되어 온 각운동량은 아열대 상공에서 모여 쌓이게 되어 **아열대제트기류**를 형성한다.

이렇게 해서 중위도 상층의 서풍은 점점 더 그 강도를 높여가고 있는데, 그 영향은 **마찰**의 **효**과로 점점 아래쪽으로도 미칠 것이다. 따라서 중위도의 중층도 서풍이 될 것이다.

③ 간접순환

이것으로 대기순환의 윤곽도 상당히 그 모습을 드러내고 있는 셈이다. 아직 남아 있는 것은 무엇일까? 그렇다. 중위도의 간접순환의 설명과 중위도 하층의 서풍의 생성이다. 이것이 끝나면 대순환도 완성이 되지만, 이것은 또한 꽤 어려운 과제이다. 그렇다고 해서 도중에서 포기해서는 안 되는 일이다.

아열대제트기류의 바로 아래에는 격심한 남북의 기온경도가 존재한다. 이것은 아열대제트기류로의 심한 각운동량으로 모여 쌓이므로, 강한 서풍에 대해서 온도풍의 법칙을 만족하도록 억지로 만들어진 남북의 기온경도이다. 그러나 요란은 열수송에 의해 이와 같은 극도의 기온경도를 해소하려고 한다. 한편으로는 각운동량은 점점 집적되어 아열대제트기류는 점차로 강해지려고 한다. 따라서 무엇인가 남북의 기온경도를 유지하려고 하는 다른 원인이 없으면 온도풍의 이론이 성립하지 않는다. 양자가 성립하기 위해서 조정자의 역할이 되는 것이 아열대제트기류의 남쪽의 하강류이고, 그 북쪽의 상승류이다.

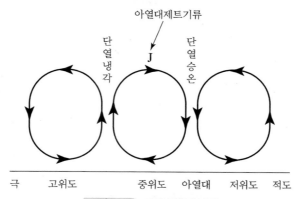

그림 5.10 간접순환의 생성

그림 5.10을 보면 아열대제트기류의 남쪽에는 하강류 때문에 단열승온이 일어날 것이다. 그 반대로 북쪽에서는 상승류 때문에 단열냉각이 일어나고 있을 것이다. 이렇게 해서 남북의 기온경도가 작아지는 것을 저지하려고 하는 것이다. 말하자면 요란이 가져와서 생긴 각운동량이 아열대 상공으로 모여 쌓이는 나쁜 습관의 결과를 어떻게 해서든지 고치기 위해서 제트기류의 양쪽 연직기류가 생기는 것이다.

이것으로 간접순환의 골격은 만들어졌다. 다음은 단숨에 중위도 상층의 서풍과 하층의 서풍을 실현시키면 된다.

그림 5.10에서와 같이 하강류·상승류가 생기면 당연 중위도의 상층에서는 그림에 표시했듯이 북쪽에서 남쪽으로 향하는 가속도가 생길 것이다. 이 가속도에 의해 일어나는 흐름의 방향은 전향력의 이론에 의해 동풍의 방향, 즉 편서풍대의 강한 서풍을 약하게 하려고 하는 방향이다. 그러나 아무리 해도 중위도 상층의 서풍 세력은 크고 강해서, 약한 가속도 정도로는 풍속을 낮출 수는 있을지 모르지만, 여전히 서풍이다. 그러나 하층에서는 사정이 다르다. 이미 언급한 대로 중위도 중층까지의 마찰 때문에 서풍이 내려와 있다. 동풍은 지표에 가까운 부분에 한정되고, 지표마찰 때문에 약해지고 있다. 거기서 그림 5.10과 같은 북향의 가속도가 더해진다. 북향의 가속도는 전향력에 의해 서풍을 일으키려고 한다. 이 효과가 연속적으로 지속되는 사이에 중위도의 하층도 결국 서풍이 된다.

이렇게 해서 대기대순환이 드디어 완성된 것이다. 지금까지 이루어진 중간과정에서의 설명들이 다 옳다고 주장하지는 않겠다. 그러나 어떠하든 이 정도의 질적 설명이 가능하게 된 것이야말로 대순환론의 최근의 발전 덕분이다. 대순환론의 발전을 보고 있으면 지금이야 말로 대기가 인류의 앞에 그 신비의 베일을 하나하나 벗기고 있는 것 같다.

④ 에너지

대순환에 있어서 에너지의 관계를 간단히 살펴보자. 대기 중에는 항상 공기의 운동이 일어나고 있다. 그러나 이 운동에너지(運動에너지, kinetic energy, K_E)는 지면마찰과 내부마찰 때문에 끊임없이 열에너지로 변환해 간다. 브런트(D. Brunt) 의 계산에 의하면 운동에너지의 보급이 없으면 대기의 전운동에너지(全運動에너지, total kinetic energy)는 약 6일간으로 현재의 1/100이 되어 버리고 만다. 단 여기서는 각운동량과 운동에너지를 혼동하지 않도록 주의할 필요가 있다. 눈에 보이지 않는 벽으로 공기를 쌓았을 때 벽을 통해서 각운동량의 출입이 없다면 내부의 전각운동량에는 변화가 없다. 그러나 운동에너지는 마찰 때문에 점점 줄어간다.

운동에너지는 한결같이 전위치에너지(全位置에너지, total potential energy)의 아주 소량이 변환됨으로써 보충되고 있는 것이다. 여기서 말하고 싶은 것은 대기대순환에 있어서 에너지의 수송에는 역할이 없다는 것이다. 십중팔구 평균자오면순환도 수송에는 한 역할을 감당하고는 있지만, 역시 요란이 수송의 주된 역할을 담당하고 있다고 생각된다.

7 ▸ 대순환의 모형실험

오스트리아의 기상학자 엑스너(Felix Maria Exner, 1876~1930)가 물을 사용해서 대순환의 모조품을 만들려고 했다. 항아리(대접) 속에 물을 넣고, 가장자리를 가열해서 적도를 본따고, 중앙을 차갑게 해서 극에 견주어서 항아리를 회전시키는 것이었다. 이 실험의 재생이 1946년 이후 미국의 시카고대학(University of Chicago)에서 시작되어 현재도 여러 곳에서 깊이 있는 연구가 수행되고 있다.

시카고대학에서 펄츠(D. Fultz)와 롱(R.R. Long) 등이 둥근 수조(물통)를 회전시켜서 수행한 실험을 디쉬펜(dishpan)의 실험이라고 한다. 수조의 크기는 직경 15 cm와 30 cm 등으로 다양하지만, 항아리의 바닥(밑)에는 2 cm의 깊이에 물을 넣고, 가장자리의 아래에서 전열 코일로 가열하고, 위에서 볼 때 반시계방향(저기압방향, 반전)으로 회전시켰다. 물에는 알루미늄(aluminum) 분말(가루)을 뿌려서 물의 흐름이 잘 보이게 한다(가시화). 또 수조와 같은 각속도로 회전하는 카메라로 사진을 촬영하면 수조에 대한 상대적인 물의 운동을 알 수 있게 된다.

디쉬펜

디쉬펜(dishpan)을 우리말로 풀이하면, '설거지통, 세숫대야'라는 의미가 된다. 물론 '설거지통'
이라고 하는 옛날의 골동품을 실험에 사용한 것은 아니지만, 실험에서 물을 넣은 그릇이 이것과
유사하다고 하는 데에서 유래되어 그렇게 부르는 것일 것이다.

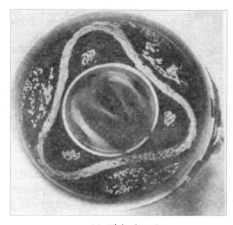
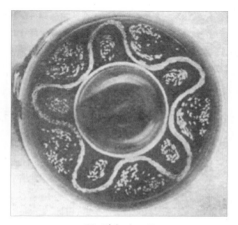

(a) 파수 $k = 3$ (b) 파수 $k = 5$

그림 5.11 회전수조 실험의 예 공주대학교 대기과학과 유체역학실험팀이 진행한 회전삼중수조실험의 한 예

수조의 회전이 비교적 늦은 때에는 서풍에 상당하는 물의 흐름이 전체에 생기지만, 제트기류
와 같은 날카로운 흐름은 나타나지 않는다. 그러나 회전이 빨라지면 중위도에 상당하는 곳에 민
첩한 제트류가 생기는데, 사행(蛇行, 뱀과 같이 구불구불함)하고 있다. 이 사행의 진폭과 파장의
비를 대기 중에 실제로 일어나는 제트기류의 진폭과 파장의 비에 비교하면 대체로 일치하고 있
음을 알 수가 있다.

또한 자세하게 알루미늄의 분말 운동을 사진으로 찍어서 조사해 보면, 각운동량이 수송은 대
기와 같이 북향이고, 대부분이 요란에 의한 소송인 것도 알 수가 있다.

그 외에도 여러 가지 점에서 대기의 대순환과 유사한 점이 발견되는데, 대순환과 다른 점도
발견되었다. 예를 들면, 고·저기압의 이동이 대기와 비교해서 너무 빠르기도 했다. 이 실험에서
는 각운동량이 생성되는 위도도 대기와 다르고, 권계면도 성층권도 없는데도 생긴 흐름의 양상이
대기의 대류권 내의 상황과 아주 비슷한 점은 흥미로운 일이다.

실험에서는 회전속도와 온도경도 외에도 여러 가지 조건을 바꾸어 가면서 조사해 보고 있고, 그것에 의해서 각운동량이나 열수송을 구해서 대순환이 어떻게 해서 유지되는가를 이론적 연구와 병행해서 조사할 수가 있다.

그림 5.11은 공주대학교 대기과학과 유체역학실험팀이 회전삼중수조의 실험대로 연구한 결과들 중의 한 예이다. 좀 더 자세한 내용은 '『역학대기과학』(소선섭·소은미 저) 제17장 회전유체, 교문사'의 서적을 참조할 수 있다.

8 대순환의 수치실험

우리는 대기를 지배하는 대기법칙을 알고 있을까? 완전하다고는 말할 수 없어도 상당한 부분을 알고 있다고 할 수 있을 것이다. 그렇다면 대기 중의 모든 변화를 야기시키는 **외부의 조건들**도 알고 있는 것일까? 이것도 불완전하기는 하지만 어느 정도 알고 있다.

참고 5-4

대기법칙, 외부의 조건

대기를 지배하는 대기법칙으로는 다음과 같은 것들을 들 수 있다.
- 점성유체의 운동을 나타내는 나비어·스토크스(Navier-Stokes) 방정식
- 열역학 제1법칙의 식
- 질량보존의 식
- 기체의 상태식
- 방사전달식

외부조건으로서는 주로 다음과 같은 것들을 들 수 있다.
- 지구의 크기
- 지구자전축의 기울기
- 지구의 회전속도
- 해류의 지리적 분포
- 산악지형
- 대기의 조성
- 태양의 치
- 일사강도 등

법칙도 알려지고, 외부조건도 대부분 알고 있다면, 왜 계산으로 대순환이 만들어지지 않는 것일까? 그와 같은 일은 대기과학의 다른 분야에서는 상식으로, 물체 내의 온도분포에서도 공간을 전달하는 전자파의 진행도 실제와 거의 다르지 않는 상태를 계산으로 만들어 내고 있지 않은가? 대순환에서도 진사물(진품과 유사한 물건)을 만들어 보지 않겠는가? 이 대순환의 진사물 만들기 또는 좀 더 고귀한 용어로 말한다면, 대기대순환을 실험적으로 재현하는 것을 모의(模擬, simulation)이라고 한다.

① 필립스의 수치실험의 시작

대순환의 수치실험에 의한 시뮬레이션을 처음으로 성공한 것은 미국의 기상학자 필립스(N. A. Phillips)로 1956년에 발표되었다. 당연히 그 성공도 사연 없이 완수된 것은 아니었다. 그 당시까지 중위도의 고·저기압 요란의 구조도, 또 그것의 대기대순환에 미치는 역할도 알려져 있었다. 또 뒤에 언급하는 수치예보의 경험도 축적되어 있었다. 수치예보에서 대기 중에 3차원의 격자점 망을 놓고, 각 격자점과 그것에 인접하는 격자점 사이에 대기법칙을 나타내는 미분방정식이 성립한다고 생각했다. 단 미분방정식은 미차방정식으로 바꾸어 놓지 않으면 안 된다. 이 미차방정식계를 전자계산기를 이용해서 수치적분함으로써, 격자점에서 격자점으로 시간적·공간적으로 영향이 전해져서, 각점의 장래의 기압·기온·바람 등의 기상요소가 예보되어 간다.

실험에서는 그의 수치예보의 방법을 적용하면 되는 것이다. 이들의 사정도 있지만, 무엇보다도 앞 절에서 언급한 디쉬펜(dishpan) 실험의 성공이 기반이 되었다. 모형실험에서는 대기에 비교했던 물을 고위도에서 냉각시키고, 저위도에서 가열해서 회전시키는 것만으로도 대순환의 특징적인 양상이 표현되었다. 상당히 거친 방법이었지만 그럼에도 불구하고 대순환의 진사물이 만들어졌다고 한다면, 수치실험에서는 더욱 그럴싸한 진사물이 생겨야 하는 것은 아닌가! 이러한 일들이 그의 수치실험의 배경에 깔려 있었던 것이다.

필립스의 수치실험에 대해서 그 요점을 정리해 보자. 우선 격자점을 공간에 입체적으로 놓는 대신에 평면적인 격자점의 망을 2개 놓는 것으로 사이를 맞춘다. 소위 철망을 몇 장이고 놓는 대신에 2장을 놓는다. 수치예보에서 말하는 이층모델이다. 기압과 바람을 연결해 주는 식으로는 준지형풍근사로 한다. 기압장과 온도장과의 사이에는 정역학의 식이 성립하는 것으로 한다. 그 외에 대기법칙도 외부의 조건도 본질을 상실하지 않는 한 가능한 한 간단한 모델을 상정해서 계산했다. 계산의 시작 상태로서는(초기조건) 대기를 정지해 있는 것으로 하고, 저위도에서 가열하고, 고위도에서 냉각하는 것으로 시작했다.

참고 5-5

준지형풍근사

준지형풍근사(準地衡風近似, quasi-geostrophic approximation)란 기압장과 바람의 관계를 기술하는 식으로, 몇 개의 항으로 이루어지는 복잡한 식이다. 그 식의 각항의 크기를 비교해서 일차의 크기 항만을 취하면 이미 언급한 지형풍(地衡風, geostrophic wind, 지균풍)의 관계를 나타내는 식이 되지만, 다음 크기의 항까지 취한 식을 준지형풍근사라고 한다.

계산의 결과는 당연한 일이지만 최초에 기온의 남북경도가 생긴다. 그러면 열원과 냉원 간의 순환에 대응해서 북반구에서는 남쪽이 상승하고, 북쪽에서 하강하는 해들리형의 자오면순환이 일어난다. 기압경도는 하층에서는 북쪽에서 남쪽으로 향하고, 상층에서는 남쪽에서 북쪽으로 향한다. 그러면 지형풍(지균풍)의 법칙을 만족하도록 지표에서는 동풍, 상층에서는 서풍이 생긴다. 그러나 대기 중에서는 기온의 남북경도가 있으므로, 온도풍의 법칙에 의해 풍속의 연직전단이 일어난다. 필립스의 실험에서는 정지대기에서 시작해서 130일 후에는 상층은 비교적 강한 20 m/s 정도의 서풍, 지표에서는 1 m/s 정도의 아주 약한 동풍, 자오면순환은 1세포로 마치 해들리 세포를 형성하고 있었다.

앞에서도 언급했듯이 남북의 기온경도가 크고 바람의 연직전단이 큰 것은 대기의 경압불안정성이지만, 그것이 작은 시간에는 요란을 부여해도 발달하지 않는다. 그러나 위에서 언급한 130일 후 정도가 되면 경압불안정성은 충분하다. 거기서 각 격자점에 무작위로 요란이 주어진다. 요란이 주어진다고 하는 의미는 각 격자점의 값을 어떤 순간에 있어서, 조금씩 임의로 바꾸어 준 이후 수치계산을 지속하는 것이다.

그렇게 하면 요란은 사라지지만, 어떤 요란은 발달한다. 요란에 의해 선택적으로 발달이 일어나는 것이다. 그러나 가장 발달하는 것은 경압장에서 다량의 에너지를 빼앗아서 운반할 수 있다는 요란으로, 소위 가장 능률이 좋은 안정화 작용이 일어난다. 이렇게 해서 생긴 요란은 실제로 관측되는 고·저기압과 같은 규모였다. 이 요란에 의한 에너지와 각운동량의 북향의 수송은 활발해지고, 중위도에는 간접순환이 나타나서 자오면순환은 3세포가 된다. 또 제트기류도 생겨 대기 대순환의 주된 양상은 재현되었다. 또 대기 중의 에너지의 각 형태 또는 각 형태 사이의 변환에 대해서 그 상황을 알 수가 있어 그 시간까지에 발달하고 있던 대순환 이론의 뒷받침이 되었다.

필립스의 수치실험은 자세한 점은 접어두고서라도 대순환을 부각시키듯이 모의한 점으로는 획기적이었다. 그러나 그의 수치실험은 약한 요란을 격자점에 주어지고 나서 약 1개월로 차단하지 않을 수가 없었다. 그것은 수치계산의 방법에 기인한다. 수치적분에 있어서 미분방정식을 미차방정식으로 고쳐서 계산을 수행하는데, 그때 무한소의 미분을 비록 작다고는 하지만 유한한 미차로 바꾸는 것이므로, 당연 오차가 생긴다. 그러나 미차의 크기 부여방법이나 적분하는 방법을 어떤 조건을 만족하도록 수행하지 않으면, 대기과학적으로 불합리한 해가 얻어진다. 요컨대 미차계산의 기술상의 결함이 원인으로 계산이 중단되었다. 현재에는 이 기법이 진보되어 300일 이상 안정한 계산을 지속할 수가 있다.

또 필립스의 대기모델에서는 준지형풍근사의 가정이 이용되었는데, 보다 일반적인 운동방정식을 사용해서 계산하는 것이 당연하다.

② 스마고린스키와 마나베의 수치실험

미국 기상청에서 스마고린스키(Smagorinsky), 마나베(鍋, Manabe) 등이 수행한 수치실험에서 밝혀진 것은 종래 대기에서 관측된 각종 에너지가 2주간의 주기로 준평형치 주위로 변동하고 있다고 하는 사실이다. 또 성층권의 운동이 대류권에서의 에너지 공급으로 유지되고 있는 것도 분명하게 되었다.

③ 민츠와 아라까와의 수치실험

미국 켈리포니아대학의 민츠(Y. Mintz)와 아라까와(荒川, A. Arakawa)가 수행한 수치실험에서의 계산은 300일까지 수행했는데, 말기의 30일간의 평균기압분포(기압의 해면경정치)를 나타낸 것이 그림 5.12이다. 이 그림과 실제의 1월의 평균기압분포를 나타내는 그림 5.13을 비교해 참조 바란다. 또 같은 30일 평균의 계산에 의한 동서순환의 그림 5.14의 대상풍의 분포도와 실측에 의한 그림 5.15를 비교해 보자. 기상학적으로 상당히 잘 모의되어 있는 것을 알 수 있다.

또 그림 5.12의 수치실험에는 겨울철의 시베리아 고기압이 확실하게 나와 있다. 사실 수치실험을 할 때 히말라야 산맥의 존재를 무시한 채로 시베리아 고기압이 나타나지 않았다. 시베리아 위의 방사냉각의 지역에는 인도양에서 수평 수송에 의해 열이 운반되므로, 이 고기압은 사라져 버렸다. 히말라야 산괴를 계산에 넣어서 수행하면 인도양에서의 열수송이 없어진다. 그러면 방사에 의한 냉각과 평형을 이루므로 대기의 침강운동에 수반되는 승온이 일어난다. 또 침강운동에 의한 하층의 공기의 발산에는 지표마찰이 균형을 이룬다. 이렇게 해서 지상에는 시베리아 고기압이 나타나는 것으로 설명된다.

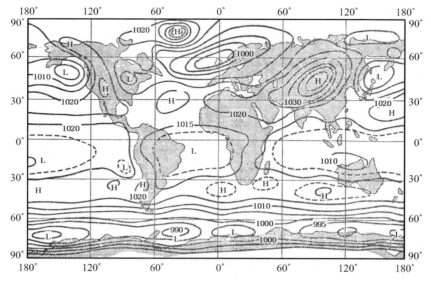

그림 5.12 30일평균 지상기압(수치실험) 수치실험에 의해 계산된 해면경정치의 분포도이다. 북반구는 겨울철, 남반구는 여름철의 상태로, 단위는 hPa 이다.

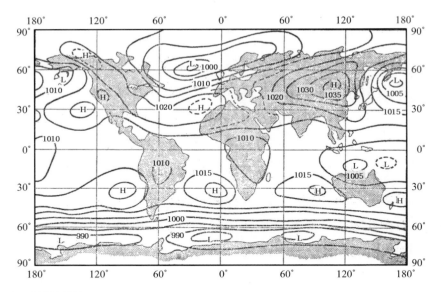

그림 5.13 **1월의 평균 해면기압 분포도(실측)** 그 외의 사항은 그림 5.10과 동일

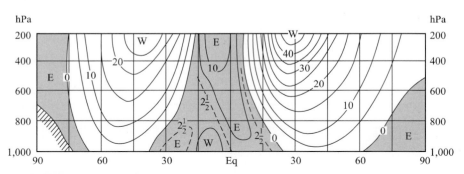

그림 5.14 **30일평균 대상풍(수치실험)** 수치실험에 의해 계산된 분포도이다. 북반구는 겨울철, 남반구는 여름철의 상태로, 단위는 m/s(W 는 서풍, E 는 동풍) 이다.

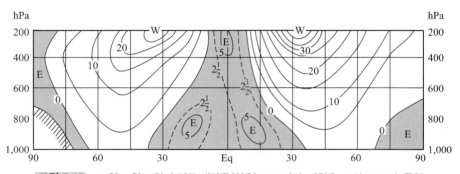

그림 5.15 **12월, 1월, 2월의 평균 대상풍(실측)** 그 외의 사항은 그림 5.12와 동일

④ 앞으로의 과제 : 장기예보 등

그러나 아직 대순환의 수치실험에는 갖추어지지 않는 점도 많다. 예를 들면, 열대지역의 특성, 성층권의 돌연승온, 해류의 영향 등이 충분히 삽입되어 있지 않다. 본래 이들 현상은 현상의 해명 그 자체가 아직 되어 있지 않은 현상으로, 수치실험 이전의 문제일지도 모른다.

어찌되었든, 수치실험에 의해 대순환을 모두 그대로 모의했다고 한다면 어떻게 될까? 그것은 지구 상의 기후가 생기는 과정을 정확하게 다루었다고 하는 것이 된다. 그렇다면 그 모델을 이용하면 장래의 기상상태를 계산할 수 있는 셈이다. 즉, **장기예보**(長期豫報, long-range forecast)가 가능하다. 이 경우 문제가 되는 것은 관측치에 포함되는 오차로, 어떤 순간에 있어서의 모든 대기의 상태를 관측치에서 구해 그것을 출발점으로 해서 수치계산을 진행했다고 하자. 그러면 관측치가 갖는 오차가 점점 확대되서 아무것도 결론을 내는 걱정이 없을까? 그런데 대순환의 수치실험에서 각양각색의 약한 요란을 부여했을 때 그것들 중에서 대순환에 적합한 것만이 선택적으로 발달해서, 결국은 대순환에 잘 맞도록 요란의 규모와 강도가 조절된다. 이렇게 해보면 단기의 예보에는 한도가 있는 듯하지만, 장기간의 평균장, 소위 기후상태는 모의된다. 바꾸어 말하면 장기예보는 크게 가능성이 있다.

⑤ 다른 행성에 적용

또 관점을 달리하면 수치실험에서 대기에 주어진 구속조건을 여러 가지로 바꾸어 가면서 실험한다면 어떠할까? 가상적인 다른 대기의 상태도 연출할 수 있다. 그렇다면 우주에는 이런 조건에 맞는 천체는 없을까? 지구를 떠나서 다른 천체로 눈을 돌려보자. 그중에서도 지구와 처지가 비슷하고, 가까이에 있는 다른 행성들을 보자. 이것이 다른 행성에 있어서의 대순환도 알아볼 수 있는 기회가 될 것이다. 이런 분야가 기상학의 연장선상에 있는 행성대기의 분야이다.

앞으로 여유가 있으면 이것에 관심을 가져 보자.

또한 지구의 과거 빙하시대의 기후상태도 만들어 낼지도 모른다. 하여튼 기후의 형성, 기후의 변동은 아직 인류의 손으로 제어하기는 어려운 일이라고 하더라도, 적어도 그 이해는 가능하다고 생각한다.

연 습 문 제

01 북반구에서 적도지방에 있던 와(와권)가 북상해서 위도 60° 지방으로 이동했다고 하자. 각운
    동량 보존의 법칙이 적용되는 것으로 새롭게 이동을 한 지방에서의 각속도는 원래 있었던 적도
    에서보다 몇 배의 빠르기가 될까?

02 대기대순환의 양상을 설명하라.

03 대순환의 남북순환과 연직순환을 분리해서 설명하라.

04 제트기류의 성인과 아열대제트기류와 한대제트기류의 차이를 기술하라.

05 고전대순환론과 최근의 대순환론의 주요요지는 무엇이고, 그 큰 차이점은 무엇인가?

06 대순환의 모형실험은 무엇이고, 국내의 어디에서 이와 같은 실험을 하고 있는지 찾아서 견학
    해 보자.

07 대순환의 수치실험은 어떻게 이루어지고 있는지 알아보라.

천기도[天氣圖, 일기도, meteorological(synoptic, weather) chart(map)] 상에서 닫힌 등압선이 그려지고, 그 중심의 기압이 주위의 기압보다 높은 경우 고기압[高氣壓, anticyclone, high (atmospheric pressure)]이라고 한다. 표준적인 지상기압인 1,013 hPa 이상을 고기압이라고 하는 것이 아니다. 고기압역 내의 지상 부근에서는 공기가 주위를 향해서 흘러나가고, 북반구에서는 시계방향, 남반구에서는 반시계방향의 순환을 가진 풍계가 생긴다.

저기압[低氣壓, cyclone, depression, low(atmospheric pressure)]은 고기압과 반대되는 개념이다. 주위에 비교해서 상대적으로 기압이 낮은 영역으로, 지상천기도에서 닫힌 등압선으로 둘러싸인 영역, 고층의 등압면으로 되어 있는 상층천기도에서는 닫힌 등고선으로 둘러싸인 고도가 낮은 영역으로 표시된다. 표준적인 지상기압인 1,013 hPa 이하를 저기압이라고 하지 않는 것에 주의하기 바란다.

저기압은 주위보다 기압이 낮으므로, 저기압역 내의 지상 부근에서는 사방에서 공기가 주위에서 모여 들어오고, 북반구에서는 반시계방향, 남반구에서는 시계방향의 순환을 가진 풍계이다. 이 순환을 저기압성순환이라고 한다. 지표 부근에서 저기압 내로 수렴한 공기는 상승해서, 상공에서 발산한다. 각 고도에서 공기의 수렴, 발산의 합이 지상의 기압변화를 나타내므로, 수렴한 공기량의 합보다 발산한 공기량의 합이 많으면 저기압은 깊어진다.

1   저기압

저기압은 출현하는 위도대, 지리적 분포, 발생하는 원인과 구조, 공간규모 등에 따라 다양한 이름으로 분류된다.

중위도의 편서풍대 속에서 탁월한 것을 온대저기압, 태풍, 허리케인(hurricane) 등 열대역에 기원을 갖고 있는 것을 열대저기압이라고 한다.

계절의 길이로 평균한 기압분포도에 나타나는 아이슬란드저기압, 알류샨저기압과 같은 기후학적 저기압도 있다. 통상의 온대저기압은 고기압과 같이 동서로 수천 km의 퍼짐을 갖고, 수 일 주기로 서쪽에서 동쪽으로 이동한다. 더욱이 공간규모가 천 km 정도로 국지적인 날씨를 지배하는 소저기압도 존재한다.

일반적으로 저기압이 악천후를 동반하는 것으로서, 천기예보에서 중요시되고 있는 것은 대기 하층의 수렴에 기인하는 상승류가 수증기의 응결을 통해서 구름의 발생이나 강수를 가져오기 때문이다.

① 온대저기압

열대 이외의 지역에서 발생하는 총관(종관) 규모의 저기압을 **온대저기압**(溫帶低氣壓, extra-tropical cyclone)이라고 한다. 중·고위도의 전선대에서 발생하는 이동성저기압을 의미한다(꼭 좋은 호칭은 아니다. 열대외의 저기압). 일반적으로 전선을 동반한다. 중위도의 편서풍대를 따라서 발생·발달하는 저기압이다. 계절적으로는 가을에서 봄에 걸쳐서 활발하고, 여름에는 약하다. 통상 고기압과 함께 동서방향으로 파동을 형성하고, 위도선을 따라 지구를 둘러싸고 파수 5~7 정도, 파장으로서는 수 1,000 km 의 퍼짐을 갖는다. 편서풍에 흘려지듯이 서쪽에서 동쪽으로 이동하고, 주기적인 악천후를 가져온다.

온대저기압(보다 일반적으로는 이동성고·저기압 파동)의 발생·발달은 대기의 경압성에 의한 것으로 생각된다. 즉, 태양방사를 받아들이는 방식이 위도에 따라 다르기 때문에, 고위도측이 저온저압, 저위도측이 고온고압이 되어, 그 중간의 위도대는 남북의 온도경도가 강해서 그것에 평형을 이루는 지형풍(온도풍)은 중위도 대류권상부에 강한 서풍(아열대제트)을 형성한다. 이 평균적인 동서대상류 속에 저위도측의 난기와 고위도측의 한기를 교환하는 것과 같은(바꾸어 말하면 극을 향하는 열수송을 담당하는 것과 같은) 대규모적인 대류로서 파동요란이 발달한다. 이 구조를 **경압불안정**(傾壓不安定)이라고 한다. 단, 주전자 속의 대류와는 다르게 수평(남북)의 온도차에 부가해서 지구의 자전 효과가 강하게 작용하고 있는 **와운동**이다. 이 와운동에 수반해서 저기압의 전면(동쪽)에는 남측에서의 난기가 불어 들어감에 의한 온난전선이, 또 후면에는 북측에서의 한기가 불어 내려감에 의한 한랭전선이 형성된다. 온난전선 상에서는 바람의 수렴이 상승류를 만들어내서 구름이나 강수가 생긴다.

(1) 온대저기압의 구조

온대저기압의 최성기에 가까운 상태가 그림 6.1에 나타나 있다. 그림 6.1(b)는 지표면 위의 평면도이다. 거의 축대칭의 형상을 갖는 열대저기압과는 대조적으로, 온대저기압은 중심에서 남

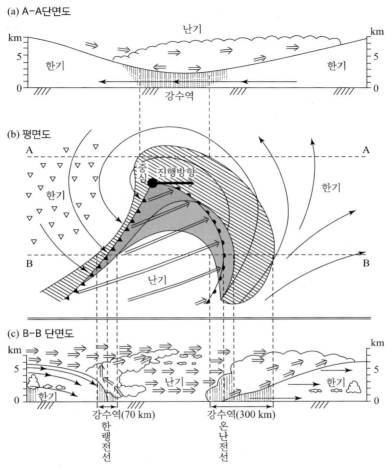

(a) A-A단면도

(b) 평면도

(c) B-B 단면도

그림 6.1 온대저기압의 구조 (a) A-A 단면도, (b) 평면도 : 사선(빗줄, ■)은 강수역, ▽은 취우역(소나기지역), 점상부(■)는 무역(안개비지역), (c) B-B 단면도(Bergeron, 1937년에 의함)

동으로 뻗는 온난전선과 남서로 연장되는 한랭전선에 의해 남쪽의 난역(따뜻한 지역)과 동, 북 및 서쪽의 한기가 갈라져 있다. 온대저기압은 한난양기단의 경계 상의 현상이다. 풍향은 반시계 방향(counter(anti)clockwise, 반전(backing))이지만(북반구), 남쪽의 난기는 그 전방의 온난전면 위를 활승하고, 한기는 한랭전선을 선두로 해서 하방에서 난기 내로 침입해서 온다. 양 전선을 따라서 강수역(비가 오는 지역)이 합성되어 저기압의 강수역이 된다.

이 상황은 그림 6.1(b)의 저기압 중심의 남측에 위치하는 직선 B-B를 따른 수직단면도인 그림 6.1(c)에서 볼 수가 있다. 한랭전선 부근에서는 상승하는 난기에 의해 연직으로 발달하는 구름과 그것에 수반되는 좁은 강수역이 존재한다. 한편 온난전선 부근에서 이 전선에 동반해서 활승하는 난기에 의한 층상운과 이것에 수반되는 넓은 강수역이 보인다.

그림 6.1(b)와 (c)에서 알 수 있듯이 난기의 범위는 고도가 증가함에 따라서 동쪽, 북쪽 및 서쪽으로 확대해 간다. 이와 같은 일은 저기압의 중심에서 북측에 위치하는 직선 A–A를 따르는 수직단면도인 그림 6.1(a)에서도 볼 수 있다. A–A에서 지표면은 양 전선과 교차하지 않으므로, 지표면 부근은 동쪽에서 서쪽을 향하는 차가운 기단이 점유하고 있다. 또 난역은 고도와 함께 펴지고 있으므로, 상공에서는 중심의 북쪽에서도 나타나 하층난역과 같이 따뜻한 기단이 남서에서 북동을 향하고 있다.

(2) 온대저기압의 일생

온대저기압은 한대기단과 열대기단의 경계상의 사상(관찰할 수 있는 형체로 나타나는 사물이나 현상)이고, 그것의 발생에서 소멸까지를 나타내고 있는 것이 그림 6.2이다. 그림에서 보듯이 양 기단간의 한대전면(전선) 상을 진행하는 파장 1,000~2,000 km의 파동으로 되어 있다. 이것을 정리하면 다음과 같다.

발생기 → 발달기 → 최성기

① 최초에 양기단은 정체전선에 의해 접촉하고 있고, 양기단 간에는 풍속(풍향)차가 존재하고 있다.

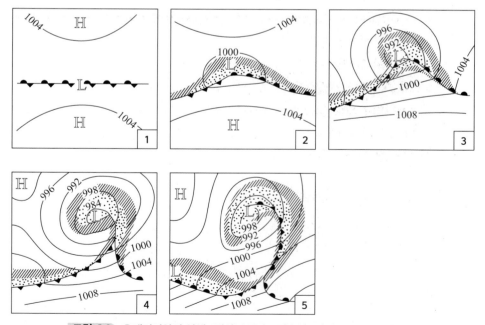

그림 6.2 온대저기압의 일생 점상부(▨)는 강수역, 사선부(▨)는 구름지역

② 전선 상에 작은 진폭의 파가 발생하기 시작하고, 정체전선은 남쪽의 난기의 전방에서는 온 난전선으로, 북쪽의 한기의 전방에는 한랭전선으로 변하고 있다. 중심과 주위의 기압차는 수 hPa 정도이다.

③ 파의 발달과 함께 진폭이 커지고, 그림 6.1에 표시되어 있는 상태가 된다.

④ 진폭이 더욱 증대함과 동시에 저기압의 중심 부근에서는 후방의 한랭전선이 전방의 온난전 선에 추격해서 폐색전선을 형성한다. 이 시기가 온대저기압의 최성기이고, 중심시도는 980 hPa 이하가 되는 일도 있다. 발달에서 최성기까지는 보통 2~3일이 걸린다.

⑤ 중심에서 시작된 폐색은 점차로 남쪽으로 미친다. 폐색전선은 그 양쪽의 기온 차가 그다지 크지 않으므로, 차차로 불명확하게 되어 이후 소멸해서 저기압도 그 일생을 마친다. 쇠약에 서 소멸까지는 3~7일을 요한다.

그림 6.3은 1979년 11월 10일~12일에 기상위성「히마와리(해바라기)」가 촬영한 구름(흰 부분)의 구름화상이다[그림의 6.3(c)만은 야간이기 때문에 적외선 화상이다]. 그 시각의 지표면 천기도를 겹친 것이다. 일본의 규슈 남동쪽의 바다에 있던 단계 ②의 저기압이 발달하면서 북동진하고, 단계 ③, ④, ⑤에 도달하는 것을 나타내는 이들의 그림에서 전선의 위치와 실제의 구름역의 관계를 볼 수가 있다.

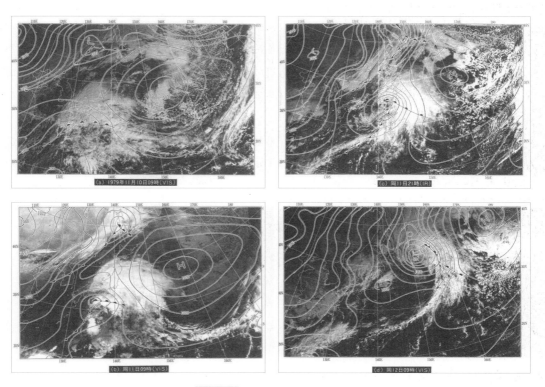

그림 6.3 온대저기압의 발달 예

그림 6.4 저기압가족

그림 6.4는 동일 전선 상을 30~50 km/hr 정도의 속도로 북동진하면서 점차로 발달해 가는 여러 개의 저기압을 나타내고 있다. 이와 같이 나란히 줄지어 있는 각 단계의 저기압군을 저기압가족이라고 한다.

(3) 편서풍대의 파동

북반구의 대기 중층에서는 저위도의 일부를 제외하고 편서풍(偏西風, westerlies)이 탁월하게 불고 있다. 매일의 상층천기도를 보면 흐름은 위도권과 거의 평행하지 않고, 동서방향으로 수천 km의 파장을 갖고 남북으로 크게 파동치고 있다. 이것이 편서풍대의 파동으로, 간단히 **편서풍파동**(偏西風波動, westerly wave)이라고 한다. 거기다 파동은 그 모양이 시간에 따라 변화하면서 대체로 서쪽에서 동쪽으로 이동하고 있다.

그림 6.5는 고도 약 12 km(200 hPa)의 높이에서 바람이 부는 대로 부유하도록 기구를 장치해 놓고, 그 위치를 추적한 결과를 보여주고 있다(1966년 3월 30일). 남북구의 뉴질랜드를 발진지로 하고 있다. 기구가 남북으로 크게 사행하면서 편서풍을 타고 10일 남짓 지구를 일주하고 있는 모양을 볼 수가 있다. 1개월의 평균천기도를 만들면 사행은 서로 상쇄되어 등고도선은 부드럽게, 극을 중심으로 하는 동심원에 가까운 형태가 된다.

편서풍의 파동에는 여러 파장의 파가 포함되어 있다. 가장 긴 파장은 10,000 km 이상이나 된다. 이와 같은 파를 **초장파**(超長波, ultralong wave), **로스비파**(Rossby wave), **행성파**(行星波, planetary wave) 등이라고 한다. 그러나 매일의 날씨 변화에 직접 관련하고 있는 것은 동서방향의 파장, 즉 기압골에서 다음 골까지의 거리가 수천 km 정도의 파동이다. 이것은 편서풍이 불안정하게 되어서 파동을 일으키고, 그 진폭이 시간에 따라 점점 발달해 가는 운동이다. 그리고 지상천기도에서 보는 온대저기압의 발생·발달은 편서풍대의 파의 발달을 반영하는 것에 지나지 않는다.

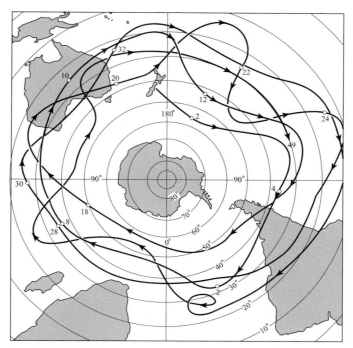

그림 6.5 **상공을 부유하도록 장치한 기구의 궤적** 궤적을 따라 쓰인 숫자는 방구 후의 일수를 나타낸다.

이 운동은 천기예보(날씨예보)에서는 가장 중요한 것이므로, 상세하게 알아보기 위해서 그림 6.6과 같은 기초의 개념을 이해하자. 그림의 왼쪽에 있는 회전방향이 서로 반대인 원형의 와동이 동서방향으로 줄지어 있다고 하자. 이들의 와가 중앙의 그림에 나타나 있는 것 같이 평행한 흐름에 타있다고 한다면, 결과적으로 흐름은 오른쪽의 그림과 같이 사행하는 것을 볼 수가 있다. 즉, 시계방향 또는 반시계방향(북반구에서는 고기압성 또는 저기압성의 회전)에 가 있을 때, 대류권 상층에서는 편서풍이 강하므로 흐름이 사행하고 있다고 해석해도 좋다. 이것과는 반대로 지표부근에서와 같이 평행한 흐름이 약할 때에 천기도에는 닫힌 등압선이 나타나게 되는 것이다.

한편 그림 6.7은 위에서 말한 편서풍대의 파동의 발달과 그 입체적인 구조를 모식적으로 나타내었다. 구조라고 하는 것은 파동에 수반된 바람이나 온도 또는 상승·하강기류가 어떻게 분포하고 있는가이다. 왼쪽 그림은 발달 초기의 단계이다. 500 hPa의 상층천기도에서는 편서풍이 이미

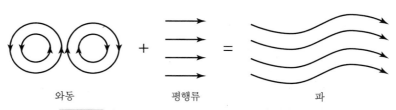

와동 평행류 파

그림 6.6 **평행류 밑에 와가 겹칠 때 나타나는 파동의 모식도**

파동치기 시작하고 기압골(기압이 국지적으로 극소인 점을 연결한 선)과 기압마루가 보인다. 바로 위에서 기술한 대로 기압골 부분에 저기압성의 와가, 기압마루 부분에 고기압성의 와가 있다고 생각해도 좋다. 중위도대의 500 hPa에서는 기후학적으로 항상 고위도측에서 기압은 낮고 온도도 낮다. 따라서 기압골의 동쪽에서는 남쪽으로부터의 바람과 함께 난기가 흘러 들어오고, 서쪽에서는 한기의 이류가 있다. 지상천기도에서 보면 약하면서도 온대저기압이 발생하고, 그 중심은 500 hPa 의 기압골에서 보면 약간 동쪽에 있다.

중앙의 그림은 발달기의 구조이다. 발생기에 있던 저기압성 및 고기압성의 와는 단순히 편서풍을 타고 동쪽으로 이동한 것뿐만이 아니고, 와의 강도도 증가하고, 파의 진폭(또는 사행의 정도)도 증대하고 있다. 기압골의 서쪽에서는 북서풍이 강해져서 한기의 이류가 있고, 동쪽에서는 난기의 이류가 있다. 지상천기도에서는 온대저기압이 발달하고, 한랭전선과 온난전선이 확실하게 인정할 수 있게 되었다. 이 2개의 전선에 낀 온도가 높은 부분은 기상학에서 **난역**(暖域, warm sector)이라고 한다. 지상천기도에서 온대저기압의 중심은 여전히 상층의 기압골의 동쪽에 있다. 즉, 지상의 저기압의 중심과 상층의 기압골을 연결한 선(이것을 **기압골의 축**이라고 하자)은 연직선에 대해서 서쪽으로 기울어져 있다. 이것은 그림 6.8을 보면 확실하게 알 수 있다. 이것은 쉽게 이해할 수가 있다. 즉 그림 6.7에 나타나 있는 것과 같이 기압골의 서쪽은 동쪽에 비교해서 온도가 낮아 공기의 밀도가 크다. 따라서 2개의 등압면은 조밀해서 고도차가 작아진다. 그러므로 각 고도에서 기압이 극소인 점을 연결해서 기압골의 축을 그리면, 그 축은 고도와 함께 서쪽으로 기울어질 것이다.

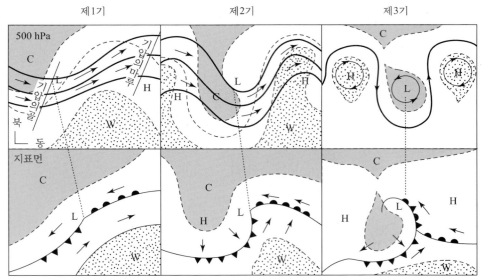

그림 6.7 온대저기압의 발달과 편서풍대 파동의 입체적인 구조의 모식도 상단은 500 hPa의 상층천기도, 하단은 지상천기도, 실선은 등고도선이고, 점선은 등온선, H와 L의 기호는 각각 고기압과 저기압의 중심을 의미한다. 제1기는 발달의 초기, 제2기는 급속히 발달 중, 제3기에서는 완전히 발달, 그 이후는 쇠퇴로 향한다.

그림 6.7의 오른쪽은 발달이 완료된 상태이다. 상층에서는 한기의 남단(남쪽의 끝)이 끊어져서 저기압을 둘러싸 버리고 만다. 이 상태의 상층의 저기압을 **절리한랭저기압**(切離寒冷低氣壓, cut-off cold low)이라고 한다. 단, 어떤 기압골도 이런 종류의 한랭저기압을 만든다고 하는 것은 아니다. 이 단계에서 지상의 저기압은 소위 폐색전선을 동반한다. 또 기압골의 축은 거의 연직으로 되어 버린다. 이 단계에서 저기압의 진행속도가 늦어지는 일이 많다. 저기압성의 회전을 갖는 와를 흐르게 하는 편서풍이 약해져 버렸기 때문이다.

행성파동(planetary wave motion)이 그 진폭을 차차로 증대해 가면서 그림 6.8과 같이 진행되며, 남쪽에 한랭저기압, 북쪽에 온난고기압이 생기는 일이 있다. 이것을 위에서 말한 **절리저기압**(cut-off low), **절리고기압**(cut-of high)이라고 한다. 이와 같이 행성파동의 진폭이 증대하면 단파의 진행이 멈추고, 이것에 대응해서 지표의 고 · 저기압의 움직임도 멈추어 때로는 서진하는 일이 있다. 이것을 **저색**(沮塞, 블로킹＝blocking : 미국의 미식축구에서 주자방해의 일인 블로킹에서 유래) 현상이라고 한다. 저색현상을 일으킨 행성파의 골에 해당하는 지역에서는 한파가 지속되고, 마루에 해당하는 지역은 난파가 지속된다. 광범위하게 나타나는 이상기상은 저색현상에 의해 일어나고 있다. 저위도 측에 절리된 한랭저기압은 드디어 온난해서 난기가 되고, 고위도 측에 절리된 온난고기압은 한랭화해서 한기로 변하면, 편서풍대는 정상적인 모양으로 되돌아간다(그림 6.8의 (e) → (a)). 즉, 저색현상은 열의 남북교환의 한 형식이라고 말할 수 있다.

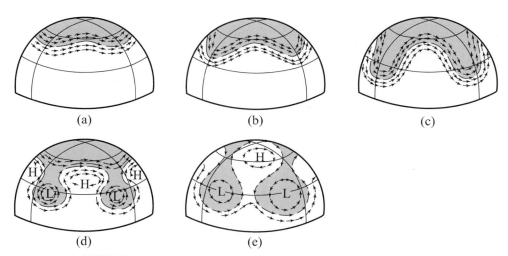

그림 6.8 편서풍파동과 제트기류의 사행단계(그림자 부분은 차가운 기단)

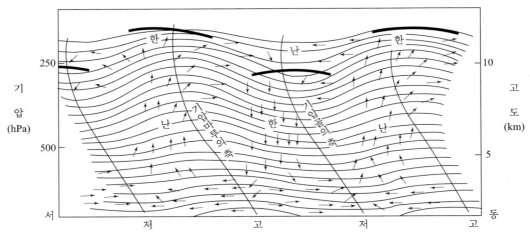

그림 6.9 발달된 편서풍파동의 동서 연직단면의 모식도 실선은 등압면을 나타낸다. 단, 등압면의 경사는 5배로 과장되어 있다. 굵은 실선은 대류권계면의 위치이고, 화살표는 연직운동 및 등압선을 가로지르는 흐름을 나타낸다. 오구라 요시미쓰(小倉義光, 1984)에 의함

그림 6.9에서 중요한 것은 기압골의 축의 동쪽, 지상천기도에서 보면 저기압의 중심에서 동쪽에 걸쳐서 상승기류가 있고, 기압골의 서쪽에는 하강기류가 있는 것이다. 그러므로 상층의 기압골이 접근하면 날씨가 나빠지고, 통과하면 천기가 회복된다. 또한 저기압(기압의 골), 고기압(기압의 마루)과 함께 정역학평형을 만족하도록 상층으로 갈수록 서쪽으로 기울어지고 있다. 그러나 현실에서 관측되고 있는 저기압의 3차원 구조는 전선에 수반되는 구름의 분포 등을 포함해서 보다 복잡하게 전개되고 있다.

(4) 전선의 종류

전선(前線, front)은 그것에 관련되어 있는 기단의 운동에 따라서 다음의 4가지로 분류한다. 전선의 기호는 그림 6.10과 같다. 천기도의 작성 등에 요긴하게 사용하기 바란다.

참고 6-1

기단

수평방향으로 기온, 습도 등의 기상요소가 거의 일정한 큰 공기덩어리를 기단(氣團, air mass)이라고 한다. 기단의 수평규모는 103 km, 수직범위는 10 km 정도이다. 기단의 발현지는 한대 또는 열대에 있어서 대륙 또는 해양 위이고, 공기덩어리가 이들의 지역에 비교적 장기간(월 정도) 체류함으로써, 거의 일정한 성질을 갖는 기단이 형성된다.

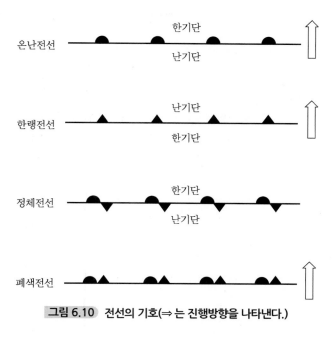

그림 6.10 전선의 기호(⇒ 는 진행방향을 나타낸다.)

① **온난전선**

한기단(차가운 기단)에 덮여 있던 지표면을 난기단(따뜻한 기단)이 진행해서 점차로 한기단을 치환해 가는 전선이 **온난전선**(溫暖前線, warm front)이다(그림 6.11 참조). 난기단의 진행속도 쪽이 빠르므로 밀도가 작은 난기단은 한기단 위를 활승(미끄러져 올라감)해서 구름을 형성하고, 강수를 가져온다. 전선의 경사는 1/100~1/200 정도이다. 형성된 구름은 층상의 것이 많다. 강수의 강도는 약하나, 범위가 넓으므로 긴 시간 지속된다. 온난전선의 통과 후에는 기온이 상승한다.

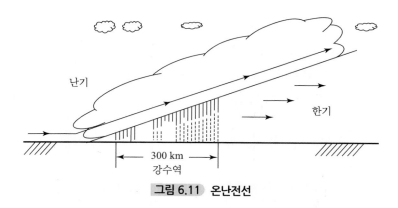

그림 6.11 온난전선

② 한랭전선

난기단이 한기단으로 치환되어 가는 전선을 **한랭전선**(寒冷前線, cold front)이라고 한다. 즉, 전선이 난기 쪽으로 진행된다. 한기단의 밀도 쪽이 크기 때문에 그림 6.12와 같이 난기단의 아래쪽으로 쐐기 모양으로 잠입하는 것과 같이 진행한다. 지표면 부근은 마찰에 의해 진행이 방해되어, 위쪽보다도 늦어지므로, 경사는 온난전선보다도 다소 커서 1/50∼1/100 정도이다. 한기의 침입에 의해 난기는 수직으로 상승하므로, 대류계의 수직으로 발달하는 구름이 형성된다. 따라서 강수강도는 크지만, 강수역(비가 내리는 지역)은 좁으므로 강수는 단시간으로 멈춘다. 한랭전선의 통과 후에는 기온이 내려간다.

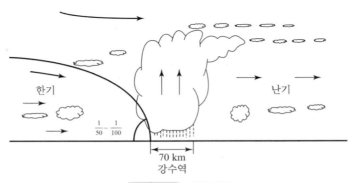

그림 6.12 한랭전선

③ 정체전선

한난 두 기단의 세력이 균형을 이루고 있는 경우로, 거의 움직이지 않는 전선을 **정체전선**(停滯前線, stationary front)이라고 한다. 이 전선의 단면도는 그림 6.11의 온난전선과 닮아 있다. 한기단

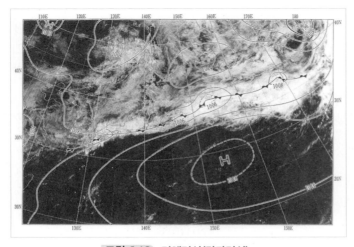

그림 6.13 정체전선(장마전선)

이 난기단 쪽으로 진행하기 시작하면 한랭전선이 된다. 속도가 늦은 한랭전선은 정체전선의 특징을 가지고 있는 일이 있다. 장마전선은 대표적인 정체전선이다. 그림 6.13은 기상위성에서 촬영한 구름화상이다. 지상천기도를 겹친 것이다. 장마전선(정체전선) 상의 구름 분포를 관찰할 수가 있다.

④ 폐색전선

전방에 온난전선, 후방에 한랭전선이 있는 경우 한랭전선의 진행속도 쪽이 온난전선보다도 빠르므로, 한랭전선은 온난전선을 따라붙어 추월한다. 이때 형성되는 양 기단 간의 전선을 **폐색전선**(閉塞前線, occluded front)이라 한다. 추월하는 방식에는 2가지 형식이 있다.

뒤쪽의 한기단 쪽이 저온인 경우는 그림 6.14(a)와 같이 후방의 한기단이 한랭전선 상으로 전방의 한기단 아래쪽으로 파고 들어간다. 이것을 **한랭형폐색**이라고 한다. 앞쪽의 한기단 쪽이 저온인 경우에는 그림 6.14(b)와 같은 온난형폐색이 된다. 우리나라에서는 대륙에서 신선한 한기가 공급되기 때문에, 전자인 한랭형폐색에 속하는 경우가 많다.

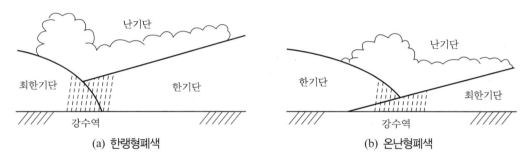

(a) 한랭형폐색   (b) 온난형폐색

그림 6.14 폐색전선 여기서 최한기단이란 상대적으로 더욱 차가운 기단이라는 뜻이다.

② 열대저기압

열대저기압(熱帶低氣壓, tropical cyclone)은 대체로 남북위도 8~25°의 지대에서 발생하고, 적도의 아주 가까이에서는 발생하지 않는다. 북반구에서는 남양제도(태평양 서부의 적도 이북의 섬들) 부근, 인도의 벵갈만(Bay of Bengal), 아라비아해(Arabian Sea), 멕시코의 동쪽의 멕시코만(Gulf of Mexico)에서 서인도제도(West Indies) 부근, 남반구에서는 오스트레일리아(Australia)의 북동해상 및 북서해상, 마다가스카르(Madagascar)의 동방해양상 등에서 주로 발생한다.

그중에서도 남양방면에서 발생해서 한국·일본·중국·필리핀 등을 내습하는 태풍(typhoon), 멕시코만 방향에서 발생해서 아메리카를 엄습하는 허리케인(hurricane), 벵갈만에서 발생해서 인도를 습격하는 사이클론(cyclone) 등이 유명하다. 북반구에서는 6~10월에 많고, 최성기는 9월이며, 남반구에서는 11~5월에 많고, 최성기는 2월이다.

열대저기압의 등압선은 거의 원형이고, 중심중위로 동심원을 그리고 있다. 기압경도는 온대저기압의 경우보다 일반적으로 크고, 특히 중심 부근에서는 급준으로 되어 있다. 따라서 중심의 기압은 현저하게 낮고, 풍속은 중심에 접근하면 대단히 강해진다. 또 최성기의 무렵까지는 대체로 전선을 동반하지 않는다.

열대저기압 내의 바람은 중심에 접근할수록 강해진다고 말했지만, 중심에서 반경 20 km 정도의 범위는 반대로 바람이 약해진다. 이 범위를 열대저기압(태풍 또는 허리케인)의 눈(eye)이라고 한다. 태풍의 눈이 생기는 이유는 중심에 가까워지면 바람은 선형풍(旋衡風, cyclostrophic wind, 다음에 논의)이 되기 때문이다. 즉, 중심에 가까이 갈수록 기압경도는 커지고, 동시에 원심력도 커져서 전향력과 마찰력은 무시할 수 있게 되며, 중심에서 어떤 거리는 기압경도력과 원심력이 평형을 이루어(이것이 선형풍), 기류는 등압선을 따라서 불게 된다. 즉, 외측에서 불어 들어온 기류는 중심에서 어떤 거리 이내에는 불어 들어갈 수 없게 되어, 빙빙 돌면서 상승하고, 이윽고 상공에서 발산해 간다. 이 거리 이내가 태풍눈이고, 그 반경은 10~30 km 정도가 된다.

(1) 열대저기압의 입체구조

그림 7.15는 발달된 열대저기압의 입체구조를 모식화한 것이다(Palmén & Newton). 그림 설명에서 언급한 것과 같이 열대저기압 내의 온도는 중심부의 상공을 향해서 높아져 있다. 그리고 기압이 중심을 향해서 저하되는 것에 맞추어서 열대저기압의 내부는 눈의 부분을 제외하고, 경압장으로 되어 있다. 이와 더불어 중앙부의 실선 내부는 눈이고, 깔때기처럼 위를 향해서 펴져 있다. 이 내부는 약한 하강기류로 되어 있다.

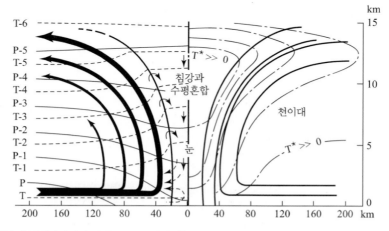

그림 6.15 모식화된 열대저기압의 입체구조 그림의 왼쪽부분의 실선은 등압면, 실선은 등온면, 화살표를 한 검은 선은 수직단면 내의 동경방향의 유선을 나타낸다. 그림 오른쪽 부분의 쇄선 T*는 역내온도의 표준적인 대기온도에서의 편차를 나타내고, 중심부가 상공을 향해서 높게 되어 있는 것을 나타낸다.

열대저기압 내의 구름 및 강수의 상태에 대해서 말하면, 눈에는 구름이 없거나 있어도 하층운이다. 눈의 바깥쪽에서 그림 7.15에서 2개의 실선으로 낀 부분은 하층을 수평으로 수렴해 온 기류가 가장 강하게 상승하는 부분이기 때문에, 눈을 둘러싸고 바퀴모양의 적란운의 벽으로 되어 있어 이곳이 강수강도가 가장 강하다. 이 부분을 천이대(transition zone)라고 한다. 천이대를 상승한 기류는 상층에서 발산류가 되는데, 이것에 수반되어 상층에서는 권층운이 바깥쪽으로 퍼진다. 또 천이대보다 바깥부분에서는 나선상(spiral)으로 적란운의 띠가 생겨서 이것에 수반된 비도 대상으로 내린다. 그림 6.16은 열대저기압의 강우역을 관측한 화상으로, 중심부에서 나선상의 강우역이 분포하고 있는 것을 볼 수 있을 것이다.

열대저기압의 내부가 경압장되는 이유는 상승기류역에 있어서 수증기의 응결에 의해 과다한 잠열이 방출되기 때문이다. 또한 그림 6.15에서 역내의 해면 상의 기온이 일정하다고 하는 것에 주목하기를 바란다. 하층을 유입하는 공기는 중심을 향해서 기압이 내려가므로 단열냉각을 일으킬 것이지만, 해면에서의 잠열, 현열의 보급이 그것을 보충해서 온도가 거의 일정하게 유지된다. 이 일은 상당온위(θ_e)는 중심에 가까워질수록 증대해 가는 것을 의미한다.

또 눈의 온도가 가장 높은 것은 상부대류권에서 기류의 침강에 수반되는 승온에 의한다. 단, 그림 6.15에도 표시되어 있듯이 다소 주위의 습한 차가운 공기와의 혼합이 있다.

그림 6.16 나선상의 강우역을 보이고 있는 열대저기압

(2) 열대저기압의 발생·발달·이동

① 발생에 대한 기후학적 조건

이미 언급했듯이 열대저기압은 적도에서 약간 떨어진 특정 해양 상에서만 발생한다. 그리고 발생 계절은 태양고도가 가장 높게 되는 무렵부터 3개월 정도의 사이이다. 발생에 대해서 이와

같은 기후학적 내지 통계적인 문제는 팔멘(Palmén)에 의해서 연구되었다.

열대저기압의 에너지는 상승기류 속에서 수증기가 응결해서 내는 잠열이 변형한 것이기 때문에, 팔멘은 열대대기의 역학적안정도가 계절에 따라 어떻게 변화하는가를 조사해 보았다. 예를 들어, 카리브해(Caribbean Sea) 스완(Swan)섬(17.5°N, 84°W)의 9월 및 2월의 평균기온의 수직분포를 단열도 상에 그리면, 그림 6.17과 같다. 안정도를 참조 위해서 지표에서 단열적으로 상승시킨 공기덩어리의 온도분포를 점선으로 표시했다. 이 경우 지표온도를 9월에는 28 C, 2월에는 25 C로 하고, 습도는 모두 85%로 가정했다. 그림에 의하면 9월의 상승공기는 170 hPa의 높이까지는 주위의 공기보다 따뜻하고, 해소할 수 있는 **불안정에너지**가 큰 데 비해서, 2월에는 상승공기와 주위의 공기는 거의 등온으로 불안정에너지는 없었다. 즉, 겨울철에 열대의 대기는 열역학적으로 안정하고, 요란은 발달하기 어렵다는 것을 알 수 있다.

참고 6-2

불안정에너지(instability energy, E_{is})

정역학적으로 불안정한 밀도성층의 경우 가령 작은 공기덩어리를 상승시키면 부력이 작용해서 운동에너지가 증가하고, 이 작은 공기덩어리는 가속된다. 이 에너지를 말한다. 안정성층의 경우 음 (−)의 값을 취한다. 더 자세한 내용은 필자의 '소선섭·소은미, 2011년 : 역학대기과학(교문사), 제6장 대기안정도'를 참조하기 바란다.

그림 6.17을 보면 상층의 기온은 9월이나 2월에 거의 같기 때문에 열역학적안정도는 주로 지표기온 또는 표면수온에 의해 결정된다. 팔멘은 이러한 견지에서 표면수온과 주요한 열대성저기압의 발생지와의 관계를 조사해서, 표면수온이 26~27 C 정도보다 낮은 지역에서 열대성저기압은 거의 발생하지 않는다고 분명하게 말하고 있다.

그러나 이것보다 수온이 높아도 적도지방에서는 태풍이 발생하지 않는다. 적도지방에서는 $2\,\Omega \sin\phi = 0$이기 때문에 와도방정식

$$\frac{d\zeta}{dt} = 0 \tag{6.1}$$

이 되고 이것은 와도의 변화가 없다는 것을 의미한다. 따라서 적도에서는 태풍과 같은 큰 와도의 집적은 일어나기 어렵다고 하는 이유가 된다.

실선과 긴 점선은 각각 2월, 9월의 상태곡선, 짧은 점선은 지표의 공기를 단열적으로 상승시킨 경우에 더듬어 거쳐 가는 온도분포이다.

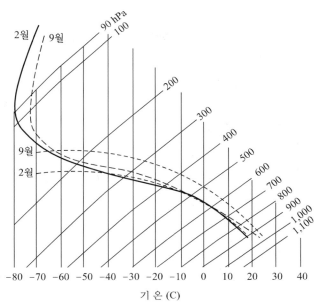

그림 6.17 **9월 및 2월의 평균기온의 수직분포 단열도** 카리브 해의 스완섬(17.5°N, 84°W)의 경우 팔멘이 사용한 단열도는 테피그램이지만, 그 본질은 에마그램과 변함은 없다(소선섭·소은미의 역학대기과학, 교문사, 제5장 단열도 참조).

② 열대저기압의 발생 및 발달의 기구

열대저기압은 해면온도가 높은 구역에서 발생하고, 그 발달을 촉진하는 에너지는 해면에서 보급되는 수증기의 잠열이라고 생각된다. 그러나 이와 같은 구역도 상시 태풍이 발생하는 것은 아니므로, 무엇인가 태풍의 발생을 독촉하는 실마리를 만드는 것이 있을 것이라는 상상을 할 수 있게 된다. 근래에 이와 같은 방아쇠작용이 열대상공의 편동풍의 요란에서 구할 수 있게 되어, 발생초기의 상태는 다음과 같이 되는 것을 알아내었다. 우선 발생 전 상공의 편동풍의 요란상태는 발생점의 동부 상공은 고압부가 되고, 서부 상공은 바람의 전단(shear)이 강한 상태로 되어 있다. 그래서 발생점 동부의 하부대류권은 저온부가 된다. 그러나 해석의 결과에 의하면 이 저온의 공기는 상승해서 다음의 단계에서는 상공의 전단선(shear line) 하부에 2차적인 고온의 저압부가 발생하고, 이것이 차차로 발달해서 그것에 수반해 저온의 핵은 소멸한다. 저온의 공기가 상승한다고 하는 이와 같은 과정은 열만의 작용으로서는 일어날 수 없는 일이지만, 운동에너지가 외부에서 주어져 그 강제력의 원천에서는 있을 수 있다. 그러나 관측의 부족으로 그 정확한 원인과 구조는 아직 다 알지 못하고 있다.

한편 이상의 과정에 의해 상층에 약한 고압부가 있고, 하층에 약한 저압부가 생기면 그 후의 발달 과정에 대해서는 팔멘(Palmén)과 뉴턴(Newton)에 의해 다음과 같이 모식화할 수 있다(그림 6.18 참조).

　제1단계 : 약한 저압부에 적운대류가 생겨 그 결과 서서히 역내 상공의 온도가 올라가고, 하층의 기압이 내려가서 주위에서 습윤공기가 유입되며, 대류운을 강하게 함과 동시에 상공에서 기류의 유출이 일어난다.

　제2단계 : 저층에서 저기압성의 순환이 강해져서 그것이 대류운에 의해 상층으로 운반되고, 상층의 중심부에도 저기압성의 와가 생긴다. 그래서 그 외측은 고압의 원형이 되고, 상층의 공기는 거기에서부터 발산한다. 잠열의 방출에 의한 온도의 상승은 중심부에서 상하로 퍼진다. 저기압성의 순환이 강해짐에 따라 절대각운동량보존의 법칙에 의해 저기압성 회전의 원형은 상부에서 퍼지고, 그 속도는 약해진다. 그 결과 상부의 중심부에서는 공기의 하강하기 시작한다.

　제3단계 : 잠열의 방출에 의한 내부의 가열이 보다 증가하고, 그것에 수반되어 원을 그리며, 상승하는 기류의 속도도 한층 강해져서 상층의 저기압성 원의 반경도 한층 커지고, 중심부에서는

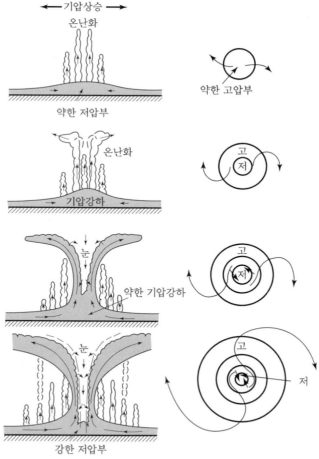

그림 6.18 **열대저기압 발달의 모식도**　왼쪽 그림은 수직분포, 오른쪽 그림은 대류권 상부의 기압과 바람의 표시

단열승온하는 하강류가 하층까지 도달해서 태풍의 눈이 형성된다. 그래서 하층은 주위에서 유입하는 공기가 윤을 그리며 상승하고, 상층에서 강하게 발산함으로써, 중심부의 기압은 급격히 저하한다.

제4단계 : 이것은 최종적인 준정성 상태에서 운동에너지의 산출과 소멸과의 균형 및 전에너지 및 각운동의 수지 평형에 의해 결정된다.

(3) 열대저기압의 불발생 지역

그림 6.19를 보면 열대저기압이 전혀 발생하지 않는 지역이 있음을 알 수 있다. 남대서양과 남태평양 동부인 아프리카의 북부 아열대지역인 동서의 해양이다. 언 뜻 참조에는 열대저기압의 발생 조건을 다 갖춘 것처럼 보이지만, 실제는 발생하고 있지 않다. 이곳의 바로 위인 적도를 낀 4~5°의 지대에서 발생하지 않는 이치는 앞에서 설명하였다.

열대해역의 대류권 하층 및 중층에는 파장 3,000~4,000 km를 갖고 서쪽으로 전파하는 파동이 **편동풍파동**(偏東風波動, easterly wave)임을 알고 있다. 열대저기압의 생성이 이 편동풍파동과 관련이 있다는 사실은 알고 있지만, 구체적으로 어떠한 기상상태일 때 태풍으로 발달하는가는 아직까지 확실하게 알지 못하고 있다. 통계적으로 조사한 바에 의하면 평균해서 최대풍속 20~25 m/s를 갖는 열대저기압은 연간 80~100개 정도가 발생한다. 그중 1/2~1/3은 최대풍속 33 m/s를 넘는 강도로 발달한다. 열대저기압이 많이 발생하는 곳은 이미 잘 알고 있다. 그런데 위에서 지적한 아프리카 북부의 동서 해양에서만은 발생하지 않아 아프리카인들이 열대저기압의 피해를 보았다.

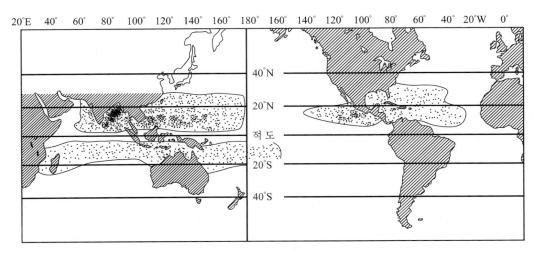

그림 6.19 열대저기압이 발생하는 지점 1958~1977년까지 20년간(W. M. Gray, Meteorology over the Tropical Oceans, D. B. Show ed., Roy. Meteor. Soc., 1979)

는 소식을 아직까지는 들은 적이 없다. 앞으로 이곳을 관심 있게 연구할 필요가 있을 것이다. 특히 회전수조의 유체역학 부분과 수치실험 쪽에서 좀 더 깊은 관심을 가져 주기를 바란다.

(4) 열대저기압의 분류

열대저기압은 지역에 따라서 또는 그 세기에 따라서 그 호칭이 다양하다. 국제적으로는 세계기상기관(WMO)에서 정한 명칭이 이용되고 있다. 이것을 표 6.1에 정리하였다.

태풍(typhoon)은 북서태평양에서 발생하여, 주로 극동지방에 영향을 준다. 우리나라도 여기에 속해 있어 태풍에 대한 관심이 많고, 또 그 피해도 많다. 따라서 그 피해를 줄이기 위해서 많은 노력을 하고 있다. 다음에 태풍에 대해서 자세하게 다룬다.

허리케인(hurricane)은 동부태평양, 대서양, 멕시코만, 카리브해에서 발생하고, 주로 아메리카에 영향을 많이 끼치는 것으로 알고 있다. 사이클론(cyclone)은 인도양, 벵갈만에서 발생하고, 트로피컬 사이클론(tropical cyclone)은 남서태평양에서 발생한다.

표 6.1 열대저기압의 분류와 각국의 관용명

WMO의 분류	최대풍속	한국, 일본	미국	인도	오스트레일리아
tropical depression (TD)	17 m/s(34노트) 미만, 풍력 7 이하	열대저기압	tropical depression	depression	tropical disturbance
tropical storm (TS)	17~24 m/s(34~47노트), 풍력 8~9	태풍	tropical storm	tropical cyclone[2]	tropical cyclone
severe tropical storm (STS)	25~33 m/s(48~63노트), 풍력 10~11				
typhoon / hurricane[1]	33 m/s (64노트) 이상, 풍력 12 이상		typhoon / hurricane		

1) 동부태평양(동경 180° 이동)이나 대서양의 열대저기압 중 최대풍속이 33 m/s 이상이 된 것은 허리케인이라고 한다.
2) 인도 부근의 강한 열대저기압을 사이클론이라고 하지만, 인도에서는 트로피컬 사이클론이라고 한다.

③ 태풍

태풍(颱風, 台風, typhoon)은 북태평양 서부(북반구의 동경 180°에서의 태평양)나 남지나해에 나타나는 열대저기압 중 최대풍속이 17.2 m/s 이상되는 것을 말한다. 태풍은 넓은 뜻으로는 열대저기압에 속하지만, 태풍의 강도에 도달하지 않은 것을 좁은 뜻에서 열대저기압이라고도 한다.

태풍은 공기의 거대한 와(vortex, eddy)이다. 공기는 기압이 낮은 중심부를 향해서 반시계방향으로 회전하면서 흘러 들어간다(북반구). 해상의 고온다습한 공기는 상승기류가 되어 상공으로 올라가고, 이때 수증기가 응결해 거대한 적란운이 형성되어, 격심한 비가 내린다. 또 수증기가 응결해서 운립될 때에 방출되는 에너지는 심한 폭풍을 만들어 와를 유지한다. 열대저기압이란 열대(이나 아열대)지방에서 발생하는 저기압이다. 온대저기압은 보통 전선을 동반하고 있지만, 열대저기압에서는 전선이 없고, 중심 부근의 상공에서는 따뜻한 **난핵**(warm core)형의 구조를 갖는다. 열대저기압은 북태평양 서부만이 아니고 다른 지역에서도 발생하며 각지에서 다양한 이름으로 한다. 뒤에 이들도 소개한다.

(1) 태풍의 발생·발달의 과정

태풍에 상당하는 열대저기압(풍속 17 m/s 이상)은 평균 연간 약 80~100개 정도 발생하고, 그중 30% 정도(약 28개)가 북태평양 서부에서 발생하는 태풍이다. 북태평양 동부의 멕시코 만에서 10 %정도가 발생한다. 대서양과 카리브 해의 해역, 남인도양역, 벵갈 만과 아리비아 해에서 인도양 북부에 걸쳐서의 해역, 오스트레일리아의 북서해상 역, 오스트레일리아의 북동해상에서 남태평양 서부에 해역에서의 발생이 각각 10% 정도이다. 북태평양 중부나 남태평양 동부, 남대서양에서는 발생하지 않는다.

무엇인가의 원인(주로 해서 대기의 대규모적인 흐름에 수반되는 상승류)에 의해 적란운이나 적운이 발생한다. 이들 대류운이 많이 모여 생긴 영역에서는 구름이 그다지 생기지 않는 영역 비교해서 온도가 상승해 밀도가 작아지고, 하층에서 기압이 하강한다. 하층에서는 기압의 수평경도에 의해 주위에서의 공가 유입이 중대된다. 유입하는 공기가 충분히 따뜻하고 많은 수증기를 포함하고 있으면 대류운이 다음에서 다음으로 계속 발생하게 된다. 개개의 대류운의 수명은 수십 분~1시간 정도이고, 태풍의 수명과 비교해서 훨씬 짧다. 대류운의 지속적인 발생은 태풍 발달의 필수조건이 된다.

하층에서 불어 들어오는 공기는 전향력 때문에 북반구에서는 반시계방향의 회전성분을 갖게 된다. 즉, 대류운이 계속해서 외부로부터의 불어들어옴이 지속함으로써 와가 강해져 간다. 이것이 태풍의 발생·발달이다. 단 와의 강해짐과 기압경도의 증대와는 경도풍평형(기압경도력, 전향력, 원심력의 평형)을 거의 만족하면서 일어나고 있다.

하층에서 취입된 공기는 대류운 속을 상승해서 상층에서 불어나간다. 지표 부근을 제외하면 공기의 절대각운동량(absolute angular momentum)은 거의 보존되므로, 하층에서 반시계방향(북반구에서)으로 회전하는 공기가 상승하면 상층에서도 반시계방향의 회전이 유지된다. 그러나 태풍의 중심에서 어느 정도 떨어지면 시계방향 회전으로 변한다. 이 일은 절대각운동량의 보존으로 이해할 수 있다. 절대각운동량을 M 이라 하고, 전향인자(轉向因子, deflecting factor)를 f, 태풍중심에서의 거리를 r, 풍속의 회전성분을 v(반시계방향을 +)로 하면

$$M = \frac{fr^2}{2} + rv \qquad\qquad (6.2)$$

로 정의된다. 이 양이 보존되기 위해서는 r이 커질 때 v는 음($-$)이 되지 않으면 안 된다. 따라서 태풍중심에서 어느 정도 떨어진 상층에서는 시계방향($v < 0$) 회전이 된다.

이렇게 해서 태풍의 눈의 부분을 제외하고 공기는 따뜻한 곳에서 상승해서 태풍의 주위에서 하강하는 순환이 형성되어 와가 유지된다.

(2) 태풍의 발달과 강도

태풍 발생초기의 중심기압은 1,000 hPa 정도이다. 발생 후 보통은 서쪽 내지는 북서방향으로 이동하면서 발달하는데, 발생 후 1~7일 후에는 가장 강한 상태, 소위 최성기를 맞이한다. 900 hPa 이하의 태풍은 전체의 5% 정도, 연평균 해서 약 1개 정도이다. 중심기압 900~929 hPa이 되는 태풍은 연간 4~5개이다. 950 hPa 이하까지 발달하는 태풍과 950 hPa 이하가 되지 않는

표 6.2 열대저기압의 국내분류

열대저기압	17 m/s 미만(34 노트 미만)
태 풍	17 m/s 이상(34 노트 이상)

표 6.3 태풍크기의 계급

계 급	풍속 15 m/s 이상의 반경
극소태풍(極小颱風)	200 m/s 미만
소형태풍(小型颱風)	200 km 이상 ~ 300 km 미만
중형태풍(中型颱風)	300 km 이상 ~ 500 km 미만
대형태풍(大型颱風)	500 km 이상 ~ 800 km 미만
초대형태풍(超大型颱風)	800 km 이상

표 6.4 태풍강도의 계급

계 급	최 대 풍 속
약한 태풍	17 m/s 이상 ~ 25 m/s 미만
보통 강도의 태풍	25 m/s 이상 ~ 33 m/s 미만
강한 태풍	33 m/s 이상 ~ 44 m/s 미만
아주 강한 태풍	44 m/s 이상 ~ 54 m/s 미만
맹렬한 태풍	54 m/s 이상

태풍은 거의 같은 수이다. 전향하는 태풍에서는 전향 후에 가장 강하게 되는 것은 적고, 최저기압은 전향 전에 실현되는 일이 많다. 중심기압이 900 hPa 이하라고 하는 것은 태풍이 북위 15~25°의 해상에 있을 때로 거의 한정되어 있다.

태풍정보에서는 태풍강도의 척도로서 중심기압과 중심 부근의 최대풍속을, 또 태풍의 크기의 규모로서 풍속 25 m/s 이상의 폭풍역의 크기와 15 m/s 이상의 강풍역의 크기를 알려주고 있다. 예를 들면, 대형으로 보통의 강도의 태풍이라고 하는 것과 같이 그 크기와 강하므로 표현하는 일이 많다. 보통 크기는 풍속 15 m/s 이상의 반경으로, 강도는 최대풍속으로 계급분류를 하고 있다.

표 6.2는 우리나라에서 사용되고 있는 명칭이다. 위의 표에서 알 수 있듯이 국제분류의 열대저기압 분류형태와 국내분류의 태풍과는 동일하지가 않다. 국내분류에서는 17 m/s 이상을 전부 모아서 태풍이라고 하고, 이것에 대소·강약으로 자세히 분류해서 표 6.3과 표 6.4와 같이 분류 하고 있다.

(3) 태풍의 이동경로

태풍의 대표적인 월별 경로를 그림 6.20에 나타내었다. 태풍의 발생지점은 같은 달에도 여러 가지가 있고, 발생지점이 같아도 그 경로에 큰 차가 있기도 해서 개개의 태풍에 대해서는 이 그림과 크게 다른 일도 많다. 또한 미주태풍(迷走颱風, zigzag typhoon : 불규칙한 경로를 취하는 태풍)이라고 하는 이상경로를 취하는 태풍도 있다.

그림 6.20를 보면서 월별의 태풍의 경로를 더듬어 보자.

6월의 태풍은 북위 10°~18°에서 발생해서 서북서로 진행하는데, 북위 20°~25°에서 전향(방향을 바꿈)하는 태풍이 절반 이상이다. 그중 대부분은 일본의 남해상을 동진해서 일본에 직접 영향을 미치는 일은 적지만, 장마전선을 활발하게 하는 역할을 한다. 전향하지 않고 필리핀 부근을 서북서진하는 태풍도 많다.

7월에는 대만의 동방해상이나 필리핀의 동방해상을 통과하는 태풍이 많다. 그대로 중국대륙 쪽으로 향하는 것과 동지나해를 북상하는 태풍으로 나누어진다. 우리나라의 서쪽 황해를 통과하는 일이 많다.

8월의 태풍경로는 가장 변동이 크다. 이것은 일반류가 약하기 때문이다. 우리나라의 먼 남방해상에서 발생해서 서일본에 상륙 또는 접근하는 형, 일본의 동해상으로 빗나가는 형 외에도, 그림에서는 표시되어 있지 않지만 7월이나 9월과 같이 전향하지 않고 대만방면으로 향하는 형 등이 대표적인 것이며 이상경로를 취하는 태풍도 많다.

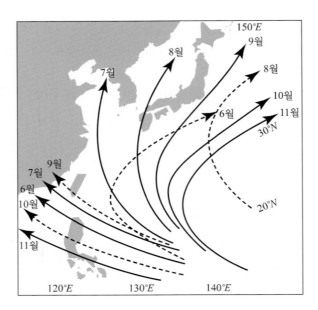

그림 6.20 **태풍의 월별 대표적 경로** 실선은 태풍의 주된 경로, 점선은 그것에 준하는 경로를 나타낸다.

9월이 되면 서일본보다 동일본으로 상륙 또는 접근하는 경향이 강해진다. 먼 남방해상에서 발생한 태풍은 일본에 접근하거나 대만 방면으로 향한다. 비교적 동쪽에서 발생하는 태풍은 일본의 남동해상을 북상 또는 동진하는 것이 많다. 북위 30°보다 북쪽에서 전향하는 태풍도 적지 않다.

10월이 되면 북위 20°~25°에서 전향해서 일본의 남동해상을 북동진하는 태풍이 많다.

11월이 되면 전향하는 태풍의 비율은 10월보다 적고, 전향의 위도도 낮아진다.

(4) 태풍의 수치실험

태풍의 전자계산 모의시험(computer simulation)은 1960년대부터 이루어졌다. 대기를 격자점으로 덮고, 각 격자점에서의 바람과 기압, 온도 등 대기량의 값의 시간변화를 유체역학과 열역학의 방정식 등과 전자계산기를 이용해서 구하는 것이다. 이와 같은 방법에 의해서 약한 와가 강한 태풍으로 성장해 가는 모양, 바람의 강도나 강우역의 분포, 태풍의 이동양상 등 실제 태풍의 특징을 재현하는 것이다. 이것에 의해, 예를 들면 해면의 온도나 대기의 상태가 태풍의 행동에 어떠한 영향을 미치고 있는 것일까 라는 태풍의 원리나 구조를 이해할 수 있고, 태풍의 수치예보의 정밀도를 향상시킬 수 있는 것이다.

태풍을 재현하기 위해서는 태풍을 지배하는 방정식(대기과학법칙)을 알고 있지 않으면 안 된다. 운동방정식, 열역학의 제1법칙, 질량의 보존칙 등이 기본방정식이지만, 그 외에도 태풍에서는 중요한 수증기량에 관한 식과 수증기의 응결, 증발 등도 고려하지 않으면 안 된다. 해면에서 대기로 주어지는 현열과 잠열의 양도 문제가 된다. 대기와 해면(지면) 사이의 마찰도 중요하다.

그러나 가장 어려운 문제는 컴퓨터의 한계(용량이나 연산속도) 등의 이유로 태풍에 있어서 가장 중요한 적란운 등의 대류운의 행동을 계산할 수 없다는 것이다. 개개의 적란운의 수평 크기는 기껏해야 수 km 정도이므로, 적란운을 표현하는 데에는 격자간격 1 km 정도의 조밀한 격자를 이용하지 않으면 안 되지만, 이것으로는 연산시간이 너무 많이 걸려 실용으로는 되지 않는다. 따라서 5~수십 km의 격자를 이용해서 계산한다. 이 경우 태풍의 에너지원을 제공하는 적란운이 방출하는 열은 어떤 방법으로는 넣지 않으면 안 된다. 어떻게 가정할까가 최대의 문제점으로 이 것은 대류의 **매개변수화**(媒介變數化, parameterization)의 문제라 하고, 태풍의 연구에 있어서 중 요한 하나의 테마가 되었다. 태풍의 재현(모의실험)이 성공할지 어떨지는 이 매개변수화의 타당 성에 강하게 의존하고 있다.

대류운에 의해 방출되는 열은 경계층(지표마찰의 영향을 받는 대기의 층을 말하고, 높이 약 1 km 이하)에 있어서 지표마찰에 의한 공기의 수렴에 의해 강하게 제어된다고 하는 생각이 1963년경에 나와, 이것을 이용한 모의시험은 태풍의 많은 특징을 잘 재현하는 데 성공했다. 지표 마찰의 존재는 경도풍평형을 깨뜨려서 공기를 태풍의 중심 쪽으로 유입시키는 역할을 한다. 유입 되는 공기가 따뜻하고 충분히 많은 수증기를 포함하고 있으면 대류운을 다음에서 다음으로 만들 어 태풍을 발달시킨다. 이와 같이 태풍이라고 하는 큰 규모의 순환이 대류운에 수증기라고 하는 형태로 에너지를 제공하고, 대류운이 방출하는 열은 태풍순환의 에너지원이 된다. 이러한 대류와 의 상호작용에 의해 태풍이 발달한다고 하는 불안정성은 **제2종 조건부불안정**(CISK, conditional instability of the second kind)이라고 한다.

지표마찰의 존재가 본질적인으로 이와 같은 CISK는 태풍의 눈의 벽운에 수반되는 순환을 설 명하는 데 성공한 것으로, 태풍발생 전의 약한 와의 강해짐이나, 태풍 내의 눈의 벽운보다 밖에 있는 그다지 바람이 강하지는 않는 곳의 강우대의 구름에 수반되는 순환을 설명한 것은 아니다. 이들의 경우에는 지표마찰은 본질적인 것은 아니고, 대류운에 동반된 비의 증발효과 등 종래에 고려되지 않았던 운대기과정이 중요한 역할을 다하고 있다고 생각된다. 이 일은 1970년대 중반 부터 지적되어 태풍의 구조나 발생·발달의 모의시험에서는 대류운의 역할을 확실하게 고려할 필요성이 분명하게 되었다.

(5) 태풍의 예보

태풍의 예보에는 중심위치의 이동(경로) 외에도 발달, 쇠약, 온대저기압화, 태풍에 수반되는 비의 양과 바람의 강도, 연안에 있어서의 만조 등이 문제가 된다. 비와 바람, 만조는 태풍의 경로, 위치와 밀접하게 관계되므로, 태풍의 진로예보는 가장 중요한 문제이면서 또 가장 어려운 문제이 기도 하다. 이미 언급했듯이 제1근사로서 태풍은 대규모적인 바람에 의해 흘러가지만, 관측된 바람의 장에서 태풍에 수반된 바람을 분리해서 태풍을 흐르게 하는 대규모적인 풍장을 구하는 것은 단순하지가 않다. 거기다 대규모적인 바람은 장소에 따라 일정하지 않다. 또 높이에 따라서도 다르고 시간적으로도 변화하고 있다. 이와 같이 대규모적인 바람의 중심에서 태풍의 이동은 원리적으로는 유체역학과 열역학의 법칙에 따르고 있는 이치이므로, 이들 방정식을 컴퓨터를 이용해서 풀고, 관측된 상태에서 시시각각 변화해 가는 모양을 볼 수 있다. 이것이 수치(기상)예보 [數値(氣象)豫報, numerical(weather) forecasting]이다. 앞에서 언급한 수치실험에서 이상화된 태풍의 취급에 의해 태풍의 원리와 구조를 이해하는 것이 목적이다. 이것에 대해서 수치예보에서는 가능한 한 정확하게 예보될 수 있도록 방정식과 초기상태(관측자료) 등을 고를 필요가 있다.

수치예보에 의한 태풍의 진로예보는 아직 불충분한데, 그 이유는

- 컴퓨터는 연산속도와 기억용량 등의 제약이 있으며, 이 제약 속에서 예보를 수행하기 위해서는 그것에 적용할 수 있는 태풍의 모델(방정식 등)을 만들 필요가 있는 일
- 태풍이동의 원리와 구조를 아직 잘 알고 있지 못한 일 등으로

어떠한 양을 관측하면 좋을지, 관측자료에서 어떠한 정보를 중시해서 초기상태를 만들면 좋을지, 태풍의 이동에는 각종 대기과정이 기여하는 데 이들을 어느 정도 확실하게 방정식에 도입하면 좋을지 등의 문제가 있다는 것에 의한다. 태풍모델의 개선, 태풍의 원리와 구조의 이해는 근년에 이르러 상당히 진보해 왔으므로, 수치예보에 의한 진로예보의 개선에는 어느 정도의 기대를 가질 수 있을 것이다.

태풍의 예보에는 수치예보 이외에 각종 방법이 개발되어 이용되고 있다. 예를 들면, 외삽법(보외법, 보법)과 같이, 과거 12시간이라든가 24시간의 이동속도와 가속도 등을 고려함으로써 예보가 잘 되는 경우도 많지만, 오히려 예보상 주요한 것은 급가속과 감속, 진행방향의 변화 등 이제까지의 이동에서 추측하기 어려운 것을 적절히 예측하는 것이다. 태풍이 대규모적인 바람으로 흐른다는 생각에 기초를 둔 예보는 과거에는 가장 많이 이용되었다. 관측된 바람(보통 높이 5.5 km의 바람)에서 원대칭으로 가정한 태풍의 바람을 제거하고 대규모의 풍장을 이끌어낸다. 이 바람으로 흘러가는 효과 외에 베타효과가 가미된다. 또 대규모 풍장의 시간변화를 예측해서 이것을 고려할 필요도 있다. 이와 같은 방법 외에 여러 가지의 경험칙을 고려하기도 하고, 이제까지의 경로가 유사한 과거의 태풍을 참조하는 일도 있었다. 더욱이 통계적 수법을 이용해서, 태풍의 현재 및 이제까지의 위치, 속도, 강도, 계절(월) 등을 부여하면 예측할 수 있는 식을 만들어 이것을 이용하는 방법도 있었다. 이 경우 수치예보 모델로 예측된 양을 예측식 속에 포함시키는 방법도 있다. 현재는 주로 해서 수치예보모델에서의 예측에 근거해서 예보를 하고 있다.

(6) 태풍에 의한 재해

태풍의 피해는 우리 모두의 관심사이다. 태풍에 수반되는 강한 바람은 풍해랑 파랑해를, 다량의 비는 수해를 일으킨다. 또 큰 기압강하와 바람의 효과는 고조(high tide: 조석으로 인하여 해면이 가장 높아진 상태)가 일어난다. 강한 바람에 의한 가옥 등의 도괴랑 파손, 수목과 농작물

등의 피해 외에 강풍과 푄(Föhn, foehn)에 의한 공기의 건조는 큰 화재의 원인이 된다. 비에 의한 재해 중에는 하천의 범람에 의한 홍수 외에도 산사태, 절벽이 무너짐 등 일반적으로 바람보다도 훨씬 큰 재해를 유발한다.

여름에는 강한 바람을 동반하는 풍태풍(바람 태풍), 가을에는 많은 비를 가져오는 우태풍(비태풍)이 많다. 비는 태풍 자체가 갖고 있는 특징에서 오는 비 외에도 전선이 있는 경우에는 태풍이 운반하는 남쪽에서의 따뜻하고 습한 공기가 전선의 활동을 활발하게 해서 큰비를 내리게 한다. 태풍이 아직 먼 남쪽에 있을 때도 우리나라 부근에 있는 전선(가을에는 추우전선)이 활발하게 되는 것은 일반적인 현상이다. 공기가 산악의 사면을 기어 올라갈 때 생기는 구름에서 다량의 비가 내린다. 즉, 지형은 우량을 증대시키는 효과를 가지고 있다.

만조에 의해 많은 사자·행방불명을 일으키는 태풍도 많다. 고조는 바람의 방향에 의한 큰 차가 남으로, 태풍이 만의 어느 쪽을 통과하느냐에 피해의 정도가 달라진다. 또 만조시와 겹치면 피해 상황은 확연하게 달라진다. 바람과 파랑에 의한 재해는 선박들의 침몰과 그에 따른 인명 등의 피해이다. 태풍의 재해는 어떤 면에 있어서는 막을 수 없는 면도 있지만, 상당 부분은 태풍에 대한 경계, 방재대책에 의해 피할 수가 있다.

④ 허리케인

(1) 허리케인의 현황

북대서양 서부의 카리브해와 멕시코만에서 발생하는 강한 열대저기압을 허리케인(hurricane)이라고 부르는 일이 많지만, 세계기상기구(WMO)에서는 동경 180° 이동의 태평양과 대서양에 있는 열대저기압 중 최대풍속이 33 m/s 이상의 것으로 정의하고 있다. 발생은 북반구로 한정되고, 연간 발생수는 태평양에서 평균 약 6개, 대서양에서 평균 약 5개 정도이다. 특히 대서양에서 발생하는 허리케인은 대폭풍우를 동반해서 서인도제도, 중앙아메리카, 북아메리카의 멕시코 만을 종종 내습해서, 넓은 지역에 걸쳐서 농작물과 건물에 큰 피해를 미치고 있다.

9월을 중심으로 해서 8~10월에 많이 발생하고, 7월에 발생하는 것은 서진하는 경우가 많고, 가을에 발생하는 것은 진로를 서쪽에서 향하다가 차차로 북동으로 바꾸어 플로리다반도(florida)를 향하는 것이 많다. 태평양에서 발생하는 허리케인도 9월을 중심으로 해서 8월, 10월에 많이 발생해서 계절에 따라 진로를 바꾼다. 그림 6.21은 허리케인의 대표적인 주된 경로와 다른 열대저기압들의 것도 같이 비교해 볼 수 있도록 나타내었다.

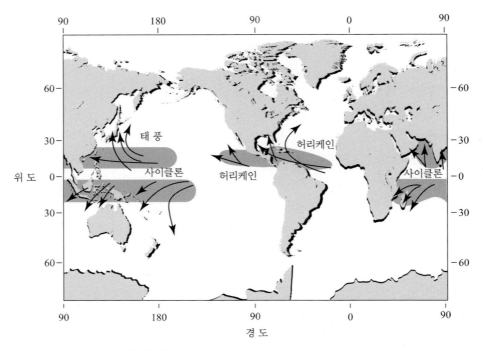

그림 6.21 허리케인과 그 외의 열대저기압들의 경로

미국은 1953년부터 허리케인 이름을 알파벳순으로 여성이름을 붙여 부르고 1979년부터는 남성이름과 여성이름을 번갈아 붙이고 있다. 허리케인(hurricane)은 스페인어의 우라칸(huracán)에서 유래했지만, 이것은 원래 카리브해 원주민의 '바람의 신'의 이름에서 나온 말이다.

(2) 허리케인의 인공변환

아메리카에서는 허리케인에 의한 재해를 경감시킬 목적으로 1961년부터 1971년에 4회에 걸쳐서 인공변환에 관한 실험을 수행하였다. 허리케인의 피해를 줄이기 위해서는 최대풍속을 약하게 하는 것이 가장 효과적이라고 생각해서, 눈의 벽운 바로 바깥쪽의 구름에 비행기로 요드화은(AgI)을 뿌려서 그 구름 성장 시 하층의 공기가 눈의 벽운 속에 도달하는 것을 통제함으로써 눈의 벽운 부근의 바람(최대풍속은 여기서 일어나고 있다)을 약하게 하는 것이었다. 즉, 대류운 속의 과냉각수적(0 C 이하라도 얼지 않고 있는 물방울)에 요오드화은 입자를 투하해 그것을 핵으로 동결시켜 수적(물방울)이 얼음이 될 때에 나오는 열(약 80 cal/g)에 의해 구름의 성장을 일으키려고 하는 것이었다. 실험에서는 최대풍속이 10~30% 감소했다고 보고되고 있지만, 이것이 요오드화은을 뿌렸기 때문인지를 판단하는 것은 어려웠다.

실험의 수가 적어서 통계적으로 유익한 결과는 얻지 못했다. 실험에는 많은 비용을 필요로 하고 실험의 근거가 확실하지 않고 실험에 의해 역으로 피해를 증대시켜 사회문제가 될 수 없다는 이유 등으로 근년에는 거의 계획하고 있지 않다. 한편 수치실험의 수법에 의한 연구는 1970년대 초에 수행되었다. 요오드화은을 뿌린 것에 의해 기대되는 여분의 열방출량을 모델에 도입하는 것이지만, 인공변환의 효과에 관한 올바른 결과를 얻기 위해서는 대류의 매개변수화의 문제와 운대기과정 등 기초적인 문제를 분명하게 할 필요가 있다.

⑤ 사이클론

(1) 저기압

천기도 위에서 중앙의 기압이 낮은 영역이 닫힌 등압선(거의 원형, 타원 또는 계란형을 함)에 둘러싸여 있는 계에 대한 총칭으로, 저기압성순환이 있고, 바람은 내부로 유입된다. 저기압으로도 알려져 있다. 열대역 외에서는 이러한 계를 종종 온대저기압 또는 상이한 기단이 걸리는 전선성저기압(前線性低氣壓, frontal cyclone)이라도 한다.

원래 사이클론은 고기압을 앤티사이클론(熱帶低氣壓, anticyclone)이라고 하는 것과 같이 일반적인 저기압의 총칭으로 한다. 즉, 저기압성으로 회전하는 풍계(북반구에서는 반시계방향의 회전, 남반구에서는 시계방향의 회전)를 수반하는 대기 중의 교란의 일을 의미하고, 널리 저기압을 일반적으로 가리키는 용어로도 사용한다.

(2) 열대저기압

인도양 · 아라비아해 · 벵갈만(Bay of Bengal) 등의 북인도양서 강한 **열대저기압**(熱帶低氣壓, cyclone)을 뜻하는 국지적인 이름이다. 최대풍속이 17 m/s(30~40 노트) 이상 도달한 것을 사이클론으로 취급한다. 성질은 태풍과 같다. 인도에서는 트로픽컬 사이클론(tropical cyclone)이라고 한다. 종종 만조를 일으키고, 저습 삼각주(delta) 지대에서는 큰 재해가 발생한다. 연간의 발생수는 약 10개 정도이다.

앞에서 알아본 것과 같이, '사이클론(cyclone)'이라고 하는 용어는 지역에 따라, 경우에 따라 다른 의미를 가지고 있어 좀 복잡하고 혼동이 된다.

⑥ 기타 열대저기압의 이름

윌리윌리(Willy-willy)는 오스트레일리아 북부해상에서 여름부터 가을까지 발생하는 열대저기압인 회오리바람(dust devil 또는 whirlwind)이다. 태풍, 허리케인보다 발생횟수가 적고, 규모도 작지만, 퀸즈랜드 연안지방에 막대한 피해를 준다. 또한 오스트레일리아 사막지방에 모래폭풍을 일으킨다. 윌리(willy)란 원주민의 말로 '우울' 또는 '공포'라는 뜻인데, 윌리윌리라고 거듭해서 부르는 것은 그 뜻을 강조하기 위해서이다.

바기오(Baguios)란 필리핀에서 부르는 열대저기압의 특유의 지역 명칭이다.

2 고기압

상대적으로 기압이 높은 영역을 고기압[高氣壓, anticyclone, high(atmospheric pressure)]이라고 한다. 천기도 상에서는 거의 원형 또는 타원형의 일련의 등압선으로 나타난다. 공기는 대류권의 상층에서 그 중심부로 하강하고, 고기압성순환(북반구에서 시계방향)의 불어나가는 원이 되어 있다. 일반적으로 대응하는 저기압계보다도 움직임이 느리고, 보다 지속성이 있다. 고기압은 통상 천천히 변화하는 정온(calm)한 날씨를 가져온다.

하강기류는 압축에 의해 데워지고, 습도는 감소하고, 점점 안정되어 종종 맑은 하늘로 구름이 없는 하늘을 가져온다. 그러나 이 때문에 온도는 밤에 급격히 강하해서 때로는 방사무를 발생시키는 경우가 있다. 이따금 역전이 나타나 그 밑에 딸려 들어간 습한 공기는 고기압성암암[고기압성흐림(어둠) : 잘 발달해서 움직임이 느린 고기압 내에서 시정이 나쁘고 밝기가 부족한 상태, anticyclonic gloom)] 상태를 만들어내는 경우도 있다.

① 고기압, 저기압의 정의

주위와 비교해서 기압이 낮은 부분이 저기압, 높은 부분이 고기압이 된다. 기압의 고저는 상대적인 것이기 때문에 몇 hPa 이상은 고기압, 몇 hPa 이하는 저기압이라고 하는 결정은 없다. 1,025 hPa의 저기압도 있는가 하면, 1,005 hPa의 고기압도 있을 수 있다.

북반구에서 고기압은 시계방향[(순전(veering), clockwise)]으로 돌아 주위로 불어나가는 풍계를 만들어내고, 저기압은 반시계방향[반전(backing), anti(counter)clockwise]으로 돌아 불어들어오는 풍계를 만들어낸다. 고기압에서 주위의 공기가 불어나가기 때문에 중심 가까이에는 공기량의 감소가 일어난다. 그것을 보충하도록 공기가 불어들어와서 공기량의 증대가 일어나고 있다(주위에서 취입하지 않아도 단순히 차갑고 무거운 공기가 이동해 온다고 해도 좋다). 상공의 공기량의 중대가 하층의 공기량의 감소를 상회하면 고기압은 발달하고, 하층의 결손이 상공의 증대를 상회하면 고기압은 쇠약해진다.

저기압에서는 고기압과는 반대로 하층에서는 주위에서 공기가 불어들어오기 때문에 공기량의 증대가 일어나고, 상승기류가 발생하고, 상공에서는 주위를 향해서 공기가 불어나가서 공기량의 감소가 일어난다. 상공의 공기량의 감소가 하층의 공기량의 증대를 상회하면 저기압은 발달하고,

하층의 공기량의 증대가 상공의 공기량의 감소를 상회하면 저기압은 쇠약해진다.

통상 고기압, 저기압이라고 하는 경우는 단순히 형식적인 기압분포만을 가리키는 것이 아니고, 위에서 언급한 것과 같은 풍계 그 유지기교의 전체를 포함해서 논하는 경우가 많다.

② 고기압의 종류

고기압을 크게 구별하면

- 정체성고기압
- 이동성고기압
- 지형성고기압

등이 있다. 정체성고기압은 북태평양고기압 등과 같이 대규모적인 지형이나 해륙분포에 대응해서 정상적으로 나타나는 것으로, 규모가 크다. 이동성고기압은 상층의 편서풍의 파동에 대응되는 것으로, 반경 1,000~1,500 km의 것들이 많다. 지형성고기압은 지형에서 생기는 열적요인으로 생기므로 일반적으로 수명은 짧다.

또 발생요인이 다르지만,

- 겨울철 대륙이 냉각되며 생기는 한랭고기압. 시베리아고기압 등 키가 작은 고기압이라고도 한다.
- 대기의 순환에 의해 역학적인 원인으로 생기는 온난고기압. 북태평양고기압 등 키가 큰 고기압이라고도 한다.

로 나눌 수가 있다.

고기압의 종류는 그 분류의 관점에 따라서 다르다. 그래서 다음에 구체적으로 각 종류를 논의한다.

③ 온난고기압, 한랭고기압

이것은 고기압의 연직구조(수직구조와는 엄밀히는 다름)에서 본 분류이다. 고기압권 내의 기온이 주위보다 높은고기압을 온난고기압[溫暖高氣壓, warm high(anticyclone)], 주위보다 기온이 낮은 것을 한랭고기압[寒冷高氣壓, cold high(anticyclone)]이라고 한다. 그림 6.22에서 보는 것과 같다. 상공의 어떤 면의 기압은 지표에서 그 면까지의 공기무게를 지상의 기압에서 큰 쪽에서 작은 쪽을 뺀 것이기 때문에, 온난고기압은 한랭고기압보다도 상공을 향해서 기압의 감소율이 적다.

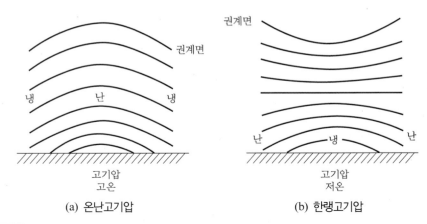

(a) 온난고기압   (b) 한랭고기압

그림 6.22 고기압의 단면도 모델 그림 속의 H는 고기압, L은 저기압, 난은 난기, 냉은 냉기를 뜻한다.

따라서 온난고기압은 상공으로 갈수록 고기압의 특징이 명료하게 된다. 한편 한랭고기압의 권내에서 기압은 상공을 향해서 급속하게 줄기 때문에, 고기압의 특징은 상공에서는 명료하지 않게 되어 어떤 높이(보통 3 km 정도)에서 그 위에서는 저기압 또는 기압골로 되어 있는 일이 많다. 즉, 온난고기압은 키가 큰 고기압이고, 한랭고기압은 키가 작은 고기압이다.

저기압도 같은 방법으로 온난저기압[warm low(cyclone)]과 한랭저기압[cold low(cyclone)]이 있지만, '키가 큰'은 고기압과는 반대로 온난저기압은 '키가 작은 저기압'이고, 한랭저기압은 '키가 큰 저기압'이다.

뒤에 언급하는 겨울철 시베리아고기압의 일부는 한랭고기압이고, 여름철 북태평양고기압은 온난고기압이다. 그러나 대부분의 고기압은 보통 온난고기압과 한랭고기압이 병합되어 있고, 고기압의 발달단계에 따라서는 이들의 조합양식이 달라진다.

④ 이동성고기압

중위도나 고위도에 있어서는 상공의 편서풍의 파동(wave motion)에 대응해서 저기압과 고기압이 교대해서 통과하는 일이 많다. 이 경우의 고기압을 특히 **이동성고기압**[移動性高氣壓, travelling (migratory) anticyclone]이라고 한다. 이동성의 고기압이나 저기압에 대응하는 상공의 **편서풍파(동)**[westerly wave(motion)]는 그림 6.23에 나타내었다. 지상의 고기압 동쪽 상공(지상의 저기압 서쪽 상공)에 기압의 골이 있다. 상공의 등압선과 등온선은 모두 함께 사행하고 있지만, 완전하게 병행하지 않고, 등온선의 골 쪽이 등압선의 골보다 조금 서쪽으로 치우쳐 있다.

지금 그림 6.23에 있어서, 등온선이 대기의 흐름에 의해 움직인다고 생각하면(작은 화살표) 지상고기압의 동쪽에서는 한기가 남하하고 서쪽에서는 난기가 북상하는 것이 된다. 한기는 무겁고 난기는 가벼우므로, 지상고기압의 동쪽에서는 기압이 상승하고, 서쪽에서는 기압이 강하한다.

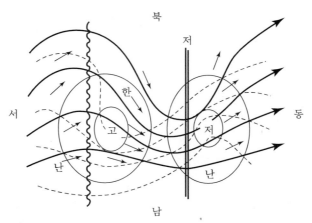

그림 6.23 **편서풍파동과 이동성고기압** 굵은 화살표(→)는 상공 5,000 m의 등압선 점선(----)은 지표에서 상공 5,000 m까지의 평균기온의 등온선, 실선(∪)은 지상의 등압선, 2실선(═)은 상공의 기압골, 점선(물결모양, ～～～)은 상공의 기압마루이다. 상공의 바람은 등압선에 평행하게 불기 때문에 상공의 등압선은 대기 흐름의 방향을 나타내는 유선으로 생각해도 좋다. 화살표는 흐름의 방향을 나타낸다.

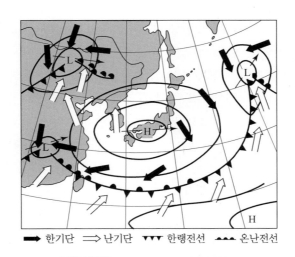

➡ 한기단 ⇨ 난기단 ▼▼▼ 한랭전선 ▲▲▲ 온난전선

그림 6.24 천기도 상의 이동성고기압

즉, 고기압은 동쪽으로 움직여서 '이동성'이 된다. 또 지상고기압의 상공에서는 대기의 흐름이 부채의 외측에서 사북(부채의 살을 한곳으로 모으기 위해 끼우는 못, 가장 중요한 곳, 요점)을 향하도록 수렴하고 있다. 이것은 공기가 주위에서 모여 오는 것을 나타낸 것으로, 상공에 있어서 이와 같은 공기량의 증대가 지상의 고기압을 발달시키는 것이다.

같은 방법으로 저기압의 이동, 발달에 대해서도 그림 6.23에 표시한 상공의 기압장·온도장에서 설명할 수 있다. 또한 고기압, 저기압 권내의 기압변화는 대단히 복잡해서 여기서 언급하는 것은 그 일부에 지나지 않는다.

그림 6.23에 표시한 고기압 상공의 양상에서 이동성고기압의 서쪽 반절은 온난고기압, 동쪽 절반은 한랭고기압으로 간주할 수 있다.

그림 6.24는 천기도 상에서 본 이동성고기압의 모습이다.

⑤ 시베리아고기압

한후기, 유라시아 대륙(유럽과 아시아를 하나로 묶어 부르는 이름, 즉 우랄산맥 및 캅카스 산맥 등으로 나누어 생각하고 있는 유럽과 아시아의 양 대륙을 하나로 간주하였을 경우의 명칭이다)에는 큰 고기압이 정체하는 일이 많아, 월평균 기압분포에서는 10~3월에 이 고기압이 명료하게 나타나고 있다. 특히 12, 1, 2월의 3개월간은 유라시아대륙의 대부분이 이 고기압으로 덮여 있다. 이 고기압의 평균적인 중심은 몽골에 있지만, 우리나라에서는 이것을 시베리아고기압[Siberian anticyclone(high)]이라고 한다. 평균천기도에서 확실하게 출현하고 있는 것은 이 고기압이 '정체성'이라는 것이다. 사실 나날의 천기도 상에서도 시베리아고기압은 비교적 장기간에 걸쳐서 안정해서 대륙 상에 정체하는 일이 많다. 그러나 그것은 문자 그대로 '정체', '안정'이 아니고, 그 세력(중심기압이나 범위)은 항상 변동하고 있고, 평균도에 나타나는 시베리아고기압의 권내를 저기압이 지나가는 일도 있다.

시베리아고기압의 생성원인으로 제일 먼저 들 수 있는 것은 겨울철의 대륙지표면(특히 중위도, 고위도)이 주위 해양과 비교해서 극도로 차가워지기 때문에, 지면에 접하는 공기도 차가워져서 밀도가 커지고, 그 무게만큼 주위보다 기압이 높아진다는 것이다. 종래에 시베리아고기압의 성인은 이것만으로 설명하고 있었다. 그러나 고층기상관측(상층기상관측)이 발달한 현재에는 위에서 말한 생성 원인 외에 다음에 진술하는 생성 원인이 겹쳐있는 것이 해명되고 있다.

시베리아고기압 상공 대략 5 km의 천기도를 보면, 상공의 편서풍은 그림 6.23에 표시한 이동성고기압의 상공과 같이 크게 사행해서 흐르고 있고, 편서풍파동이 일어나고 있다. 그래서 그 기압의 마루(ridge)는 시베리아고기압의 서반분의 상공, 즉 중앙아시아, 서시베리아, 80~100°E의 상공에 있고, 상공의 기압 골(trough)은 시베리아 동안 또는 일본 근해에 있는 일이 많다. 즉, 시베리아고기압에 대응하는 편서풍파동은 이동성고기압에 대응하는 것보다 훨씬 파장이 긴 '장파(long wave)'인 것을 알 수가 있다. 이 파의 마루의 동쪽, 골의 서쪽(즉, 시베리아고기압의 동반분의 상공)에서는 전항에서 언급한 이동성고기압과 같이 극방면에서 한기가 대규모로 남하해서, 지상기압을 높인다. 따라서 시베리아고기압의 한기에는 지표면 부근에 생긴 것 외에 이와 같은 상공 한기의 극방면에서 남하에 의한 것도 있어, 후자 쪽이 오히려 주체를 이루고 있는 것이다. 시베리아고기압에 대응하는 '장파'는 티베트·히말라야 산괴와 아시아대륙 동안의 해륙분포에 의해 생기는 강제파동이고, 원인은 지형이기 때문에 파도 정체성이다. 티베트·히말라야 산괴는 시베리아고기압의 형성에 또 하나의 역할을 연출하고 있다. 그것은 북극방면에서 남하하는 한기가 인도방면으로 남하

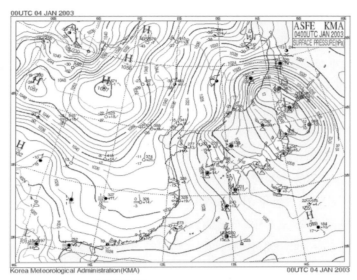

그림 6.25 시베리아고기압의 한 예

하는 것을 방해해서 40°N선 근처에서 동쪽으로 향하게 하는 것이다. 이 때문에 시베리아고기압은 동서방향으로 길게 큰고기압을 이루는 것이다.

위에서 언급한 시베리아고기압도 이동성고기압과 같이 동(북동) 반절의 한랭부분과 서(남서) 절반의 온난부분으로 나누어진다. 시베리아고기압을 형성하는 한기가 계절풍(겨울철의 북서 또는 북동계절풍)이 되어 동아시아의 근해에 유출해 버리면, 한랭부분의 기압이 내려가 시베리아고기압은 쇠약해진다. 그러나 이 경우에도 시베리아고기압의 온난부분은 세력을 유지하고 있어 새로운 한기가 북극방면에서 시베리아로 남하해 오면, 한랭부분의 기압이 올라가 온난부분과 합체해서 다시 대고기압으로 생장한다. 이와 같은 과정이 반복되어 시베리아고기압의 '소장'이라고 하는 것이다. 그림 6.25는 시베리아고기압의 한 예이다.

⑥ 북태평양고기압

시베리아고기압과 같이 정체성의 대고기압이지만, 그 성인은 현저하게 다른 **북태평양고기압**(北太平洋高氣壓, North Pacific high)이 있다. 북태평양의 아열대 해상에 존재하는 것으로, 여름철에 우세해서 그 범위도 북쪽으로도 펴지는데, 겨울철에도 존재한다. 동계는 시베리아고기압이 우세해서, 지상의 천기도에서는 북태평양의 남서부는 시베리아고기압의 권내에 들어간 형태가 되지만, 상층천기도를 보면 북태평양고기압의 순환이 존재한다. 북태평양고기압은 아열대고압대의 일환을 형성하고 있는 것이다. 아열대고압대의 생성원인은 적도의 상공에서 극을 향하는 대기대순환의 흐름(남풍)이 지구의 전향력에 의해 점차 오른쪽으로 굽어 북위 25~35° 부근에서 서풍이 되기 때문이며, 이 위도대의 상공에 공기의 퇴적이 일어나 그 무게가 지상기압의 증가로 나타나기 때문인 것으로 생각된다. 따라서 상공에서도 고기압은 명료하게 나타나는 '키가 큰', '따뜻한' 고기압이다. 하계 대류의 아열대는 지면 근처의 공기가 극도로 뜨거워지기 때문에 저압부(인도반도, 북아프리카 등)가 되지만, 상공에서는 아열대고기압이 존재한다.

표 6.5는 월평균 기압분포도에 나타난 북태평양고기압의 중심기압과 중심의 위도·경도를 나타내고 있다. 북위 29~37°N, 서경 133~151°W, 중심기압은 1,021~1,027 hPa의 범주 안에 있는 것을 알 수가 있다.

하계의 북태평양고기압은 월평균 기압분포에서는 단일의 큰 고기압으로서 나타나지만, 개개의 천기도에서는 3개 정도의 중심을 가지고 있다. 그 하나가 북태평양의 중부에 있고, 또 하나는 일본의 남쪽 또는 남동쪽의 오가사와라제도(소립원제도 : 일본 본토에서 남으로 약 1,000 km 떨어진 서태평양상에 있는 섬들)에 근해에 있고, 나머지 하나는 하와이제도(Hawaiian Islands)의 북쪽에 있는 일이 많다. 그래서 북태평양고기압은 '오가사와라고기압(소립원고기압)'이라든가 '하와이고기압(Hawaiian high)'이라고 부르는 경우도 있다. 같은 방법으로 북대서양의 아열대고기압은 아조레스 제도(Azores Islands) 부근에 있는 일이 많아 '아조레스고기압(Azores high)'이라고도 한다. 그림 6.26은 북태평양고기압의 한 예이다.

표 6.5 북태평양고기압의 월평균 위도·경도와 중심기압

월	1	2	3	4	5	6	7	8	9	10	11	12	년
북 위	31	31	32	31	32	34	37	37	37	32	32	29	34
서 경	134	135	134	151	148	144	150	145	144	138	134	133	141
중심기압(hPa)	1,021	1,022	1,023	1,021	1,023	1,023	1,027	1,027	1,024	1,022	1,022	1,021	1,023

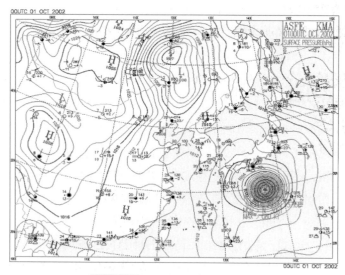

그림 6.26 북태평양고기압의 한 예

⑦ 오호츠크해고기압

6, 7월을 중심으로 난후기(3~10월)에는 때때로 오호츠크해(Okhotsk sea) 및 그 주변에 고기압이 발달해서 정체한다. 이 고기압을 **오호츠크해고기압**[Okhotsk sea high(atmospheric pressure) 또는 anticyclone]이라고 한다. 한겨울에는 그 수가 적지만, 나타나는 일이 있다. 이 고기압은 시베리아고기압이나 북태평양고기압과 같이 크지 않고, 정체기간도 시베리아고기압이나 오가사와라고기압 정도로 길지 않다. 또 해에 따라서 그 출현 양상의 변동이 커서 아주 강하게 장기간 정체하는 해도 있는가 하면, 거의 나타나지 않는 해도 있다. 따라서 오호츠크해고기압은 월평균 기압분포도에는 독립된 중심을 갖는 고기압으로는 표현되지 않고, 여름철의 북태평양고기압의 일부가 오호츠크해 방면을 덮고 있는 모습으로 나타난다. 그러나 오호츠크해고기압의 하층을 형성하는 기단은 북태평양고기압과 같이 무더운 열대성 해양기단이 아니고, 냉습한 해양성 한대(중위도)기단이다. 오호츠크해고기압 상공의 기류 모양을 보면 연해주 상공에 기압의 마루가 있고, 캄차카(Kamchatka) 주변에 기압의 골이 있어, 그림 6.23에 표시한 것과 같이, 서반분은 '따뜻한 키가 큰 고기압', 동반분은 '차갑고 키가 작은 고기압'으로 되는 경우가 많다. 오호츠크해고기압의 한기는 이와 같이 편서풍파동의 골을 향해서 극지방에서 남하한 것이다. 이와 같은 한기가 차가운 오호츠크해에 의해서 냉각되어서 해면 부근의 공기와 함께 되어서, 여름철에 주로 북일본에 북동풍이므로 흘러 내려와서 하계의 냉해를 일으키는 바람이 된다. 오호츠크해고기압은 해에 따라서 변동이 크므로, 이 고기압의 영향을 주로 받는 북일본, 동일본의 하계 기온도 변동이 커진다. 오가사와라고기압의 권내는 안정되고 무더운 반면, 오호츠크해고기압은 차가움의 서로 상반된 영향을 미친다.

⑧ 국지적고기압

지형 등의 관계로 국지적으로 작은 고기압이 생기는 일이 있다. 예를 들면, 내륙부의 분지에서는 어두운 밤, 접지대기가 냉각되면 무거워져 분지 내의 기압이 주위보다 높아지고, **국지적고기압**이 생긴다. 반대로 분지 내의 공기가 낮 동안 태양으로 가열되어 가벼워지면 **국지적저기압**이 생기는 일도 있다. 뇌우가 발생할 때 풍향급변, 기온급강, 기압상승 등의 변화가 일어나는데, 이 기압의 상승은 한기의 무게에 의해 일어나고 있으므로, 뇌우활동이 활발한 지역에서는 이 한기의 무게에 의해 국지적으로 뇌우고기압(thunderstorm high)이 생긴다. 이것도 국지적고기압의 일종이다.

⑨ 고 · 저기압의 풍속의 상위와 고기압성역전

경도풍의 항에서 배우겠지만 저기압권 내의 풍속과 기압경도는 원리적으로 얼마든지 커질 수가 있으며, 실제로도 열대저기압의 태풍이나 강한 저기압 권내에서는 대단히 강한 기압경도와 풍속이 관측되고 있다. 그런데 고기압권 내에서 풍속과 기압의 경도에는 일정 제약이 있어, 그 이상의 풍속을 갖는 유장(흐름의 장)은 안정하게 존재할 수가 없다. 이 제약은 고기압의 중심 부근에서 특히 크다. 사실 매일의 천기도 상에서 보는 고기압의 기압경도는 저기압에 비교하면 작고, 풍속도 작다. 특히 고기압 중심 부근이 그러하다. 즉, 저기압과 고기압의 풍속이 서로 다름을 알 수가 있다.

고기압의 바람은 주위를 향해서 불어나갈 뿐만 아니라 고기압의 중심 부근에서 바람이 약하고 주변으로 갈수록 불어나가는 바람이 강해진다. 따라서 고기압권 내의 하층에서는 넓은 범위에 걸쳐서 대기의 발산(divergence)이 일어나고, 그 보상류(compensation flow)로서의 하강기류가 탁월하다. 따라서 고기압권 내에서는 하강기류의 승온에 의해 상공의 어떤 높이에서는 침강성역전면이 생긴다. 이것이 고기압성역전(면)(anticyclonic inversion)이다. 아열대고기압의 고기압성역전면은 무역풍역전(하면의 높이 500~2,000 m, 두께 400~1,000 m)이라고도 한다.

연 습 문 제

01 고기압과 저기압의 정의가 절대적이 아니고, 상대적이라는 의미를 설명해 보라.

02 저기압에는 어떤 종류가 있고, 그 특징은 무엇인가?

03 편서풍파동과 온대저기압은 어떤 관계가 있는가?

04 전선은 온대저기압에는 있고, 열대저기압에는 없다 그 이유는 무엇인가?

05 열대저기압에는 어떤 종류가 있고, 지역에 따라 어떤 명칭을 가지고 있는가?

06 고기압의 관점에 따른 분류를 해 보라.

07 고기압 중에서 온난고기압, 한랭고기압, 이동성고기압, 시베리아고기압, 북태평양고기압, 오호츠크해고기압의 발생지역과 특성을 설명하라.

07 총관기상

근대기상학의 시조인 비야크네스(V. F. K. Bjerknes, 1862~1951, 노르웨이)는 대기현상 해명의 연구방침으로, 대기법칙을 나타내는 방정식을 직접 다루는 이론적 연구의 방침과 관측자료에서 만든 기상요소나 천기현상의 분포도－천기도를 근본으로 해서 넓은 지역의 대기의 상태를 해석하고, 종합해서 그 구조나 변화를 연구하는 총관적(總觀的, synoptic) 연구방향을 제시하였다. 비야크네스의 이 탁월한 의견은 이론적 수법이 아직 자라기 어려웠던 금세기 전반의 정황으로 아주 적합했고, 복잡한 기상현상의 해명에 있어서 총관적인 접근은 대단한 위력을 발휘해서 빛나는 성과를 올렸다.

기상과 같이 거대한 자연현상은 그대로 실험실 내에서 재현할 수 없으므로, 총관기상의 탁월한 역할은 대기과학의 실험의 대용이기고 하고, 무엇보다도 자연 그 자체를 가능한 한 합리적으로 관찰하려고 하는 과학적 수법의 기본과 합치되는 것이었다. 이 장에서는 이러한 총관기상학(總觀氣象學, synoptic meteorology)의 성과를 전망해 보고, 현 세기 후반에 들어서 급성장한 이론기상학으로 중개역할을 설명한다.

총관(總觀, 總; 통괄하다, synoptic)의 의미를 이와 유사하다고 생각하는 종관(綜觀, 綜; 모으다)이란 단어로도 사용하는데, 이는 비슷하지도 않고 의미도 다르다. 따라서 원래의 올바르고 정확한 '총관'이란 용어로 바로잡는다.

1 총관적 표현

대기현상의 대부분은 인간의 시야을 훨씬 상회하는 규모를 가지고 있다. 따라서 대기현상을 연구하기 위해서는 그것을 인간의 시야 범위 내로 줄여서 표현한 필요가 있다. 그 한 예가 천기도이다. 천기도(天氣圖)는 영어로 weather chart라고도 하지만, synoptic chart라고 부르는 경우가 많다. 프랑스어, 독일어, 러시아어 등에서도 이 synoptic에 상당하는 언어가 있어, 그 발음도 거의 같다. synoptic은 형용사로 명사는 synopsis이다. 그리스어에서는 '개관(概觀)'이라든가 '동시에 전망하다'라는 의미를 갖는 '시노푸티코스'에서 나온 언어이고, 동양에서는 '총관(總觀)', '동관(同觀)', '공관(共觀)'으로 번역했었다. 천기도는 **총관도**의 일종이다. 지형도도 넓은 범위의 현상을 전망하는 점에서는 총관도라고 말할 수 있지만, 변화가 격심한 기상현상에 비교하면 '동시에'라고 하는 제약이 약하므로, 총관도라고는 하지 않는다. 총관도에서는 '넓은 범위'와 '시각'이라는 2개의 큰 의미를 가지고 있다.

기상학에 있어서 이 synoptic이라고 하는 형용사는 상당히 넓은 의미로 사용되고 있다. 단순히 '총관'으로 번역한 것 외에도, '천기도의', '천기예보의', '천기의', '기상사업의' 등의 의미도 내포하고 있다. 대기과학에서 synoptic에 대한 용어를 몇 개 들어 보자.

① 총관기상학

총관기상학(總觀氣象學, synoptic meteorology)은 천기도 등의 총관도에 표시되어 있는 고·저기압, 기단, 전선, 그 외의 모든 기상요소의 분포나 와도 등의 대기량의 분포와 그 변화를 총관도에 의해 조사하는 학문이다. 직접적으로 천기예보에 관계가 있는 학문으로 천기예보학의 대부분을 차지하고 있다.

② 총관분석

총관분석(總觀分析, synoptic analysis)은 천기도 해석의 일이다. 천기도 상에 고·저기압, 기단, 전선, 그 외의 분포와 움직임을 나타내는 것이다. 천기도 해석에 있어서 거기에 기입되어 있는 기압, 기온 그 외의 모든 기상요소(운량, 운형, 기압변화, 강수의 형태－소나기, 지우 등)를 따로따로 생각하지 않고, 모두 총합해서 그 상호관련을 중요시하고, 천기현상의 실체나 구를 보는 것이 강조되어 있다. 이 경우에 synoptic의 '동시에 전망하다'의 의미는 단순히 넓은 공간을 전망한다는 것보다 더욱 높은 차원으로 올라가, 모든 기상요소를 '동시에 보다'라는 의미로 이용되고 있다.

③ 총관관측

총관관측(總觀觀測, synoptic observation)은 각국에서 천기도를 만드는 시각은 공통으로 정해져 있는데, 그때에 수행되는 기상관측이다. 보통 세계(그리니치) 시각의 0시, 3시, 6시⋯와 같이

3시간마다 또는 3시, 9시, 15시…와 같이 6시간마다 관측하며, 총관분석에 필요한 기상요소를 관측한다. 한국의 표준시는 그리니치 시각과 9시간의 차이가 있으므로, 우리나라에서는 천기도는 0시, 3시, 6시…이거나 3시, 9시, 15시…와 같이 3시간마다 또는 6시간마다 작성되고, 총관관측도 그 시각에 행해진다.

④ 총관오차

총관오차(總觀誤差, synoptic error)는 지형의 특성, 기상통신의 불비 그 외에 천기도 상에 나타나는 통계적인 기상관측의 오차를 말한다. 겨울철에는 A지점에서 항상 기압이 실제보다 높게 나타난다든가, B지점에서의 바람은 서고동저형이 되면 늘 일반 바람보다 북쪽으로 치우치기 쉽다는 등 각각의 관측소에 특유의 원인으로 알려져 있는 오차의 일이다.

③ 기타

synoptic code는 기상관측의 결과를 기상전보의 수열로 고치는 약호규칙이다. synoptic report는 기상전보(수열로 표시됨)이다. 이 외에도 synoptic의 형용사가 붙은 언어는 많이 있고, 각각 독특한 의미를 가지고 있다.

총관도에 나타난 기상요소는 시간와 장소의 함수이고, 수학적으로는 $f(x, y, z, t)$로 표현되며, 변수는 4개이다. 한편 총관도는 2차원적 표현밖에는 할 수 없으므로, 2개의 변수는 고정하지 않으면 안 된다. 지상천기도는 시각을 고정하고, 더욱이 z축을 지표로 한 것이다. z를 어떤 높이로 한다면 정고도의 상층천기도가 된다. 또 기압 $p = f_1(x, y, z, t)$이기 때문에 $z = f_2(x, y, p, t)$로 표현되고, 따라서 기상요소의 분포는 $f_2(x, y, p, t)$로 표현된다. 여기서 p와 t를 고정하면 정압면(등압면)천기도가 된다. 또 x 또는 y와 t를 고정한다면 대기의 수직단면도가 생긴다. 더욱이 x, y, z의 어느 하나와 t를 변수로 한다면 시간을 축으로 한 변화도를 얻고, 특정의 선 상에서 계속해서 일어나는 기상변화가 표현된다.

이제까지 언급해 온 대기의 총관적 표현은 19세기 후반에 각국에서 기상사업을 시작한 이래, 지금에 이르기까지 천기예보업무의 가장 기본적인 방법이며, 연구분야에서도 특히 대기의 대규모적인 운동에 관계하는 기상의 연구에도 널리 이용되고 있다. 그러나 근년에는 인간의 시야를 넘는 대규모적인 현상을 관측망에서 포착해 자료를 모아서 1장의 종이 위에 나타내는 종래의 '총관적 표현'과는 별도로 원격탐사에 의한 아주 능률적인 '총관적 표현'이 이루어지고 있다. 그 중 하나가 레이더이고, 다른 하나가 기상위성이다. 레이더는 반경 300~500 km 정도 범위의 강수역을 거의 순식간에 촬영하고, 또 기상위성은 지구 상의 광범위한 구름의 분포와 지표면이나 구름의 온도분포를 측정한다.

특히 정지기상위성에서의 관측은 지구의 거의 반구에 가까운 면적을 상시 관측하는 일이 가능하고, 촬영된 구름의 연속적인 움직임을 볼 수가 있어 저기압, 태풍, 전선 등의 생성, 이동, 발달, 소멸의 모양을 알 수가 있게 되었다. 이 구름화상의 관측결과를 천기예보의 작성에 정식으로 이용하게 된 것이, 총관적 표현의 역사로, 이때부터 완전히 새로운 시대에 들어섰다고 할 수 있다. 단, 레이더 기상위성도 총관의 대상이 되는 현상은 한정되어 있고, 종래의 천기도와 병용해서 비로소 그 위력이 한층 발휘된다. 이제까지의 총관도(천기도류)는 이후로도 계속해서 필요로 하게 될 것이다.

2 천기와 천기도

① 넓은 의미의 천기와 좁은 의미의 천기 및 천후

어떤 지점 또는 어떤 지역 내의, 어떤 시각 또는 어떤 기간(보통 2~3시간 이내)의 대기의 '총합적 상태'를 천기(天氣, 날씨, weather ; 일기日氣)는 태양의 공기로 잘못 사용된 용어이므로 사용하지 않도록 한다)라 한다. 천기는 기압, 기온, 습도, 풍향, 풍속, 강수량, 운량, 운형 등의 기상요소에 의해 표현된다. 이 경우에 중요한 것은 천기는 개개의 기상요소에 의해 따로따로 표현되는 것이 아니라는 점이다. 예를 들면 '더움', '추움'의 '총합적 상태'는 단순히 기온의 고저만으로 정해지는 것이 아니고, 습도, 풍속, 일조 등이 관계하고 있다.

또 일반용어로서의 '천기'는 예를 들면 '오늘은 천기다' 등이라고 할 때 쾌청이나 맑음을 가리키고, '천기기 좋다', '천기가 나쁘다' 등으로 애매하게 사용되는 일이 많다. 한편 기상관측에서 천기는 좁은 의미로 한정되고, 관측기기에 의해 수량적으로 얻어진 기상요소가 아니며, 맑음, 흐림, 비, 눈 등과 같이 목시(눈으로 봄)에 의한 대기현상과 구름에 의해 표 7.1에 나타내는 15종의 천기로 분류된다.

또한 기후나 천기의 중간개념으로 천후[天候, Witterung(독일어), long term weather]가 있다. 천후는 수 일에서 수 개월 정도의 천기상태의 총합을 의미한다. 즉, 어떤 지점 또는 어떤 지역에서 천기상태의 추이가 수일에 걸쳐서 거의 같은 상태를 지속하기도 하고, 같은 변동경향을 계속하고 있을 때 그것을 천후라고 해서 하나로 묶어서 생각할 수가 있다. 천후는 수 일간 이상의 기간에 걸쳐서 같은 특징을 나타내는 기압배치나 기단의 배치·동향에 의해 나타나는 것이므로, 공간적으로 상당히 넓은 범위의 천후가 서로 관계를 가지고 분포한다. 그와 같은 천후의 분포상태를 일괄해서 범천후(汎天候)라고 한다. 또 일반용어로서는 반순(半旬, 5일), 주(週, 7일), 순(旬,

10일), 월(月, 30일) 등의 기상요소의 평균치로 표현되는 경우도 많다.

여기서 우리말로 천후와 범천후를 영어로 표현하면, 천후 = cheunfu, 범천후 = beomcheunfu와 같이 표현한다.

② 천기도 해석

천기도는 넓은 범위의 대기의 총합적인 상태를 총관적으로 표현한 것이다. 즉, 백지도 위에 각 지점에서 관측된 기상요소나 천기를 숫자 또는 기호에 의해 기입하고, 그 위에 천기도 해석을 입힌 것이 천기도이다.

천기도에 기입되는 천기의 분류, 기호, 기입형식은 국제식을 사용하고 있다.

표 7.1 천기도기호

내 용		구역표시	기 호	색
지속성	이슬비	그늘칠	,	녹색
	비	그늘칠		녹색
	눈	그늘칠	＊	녹색
단속성	이슬비	빗금칠	,	녹색
	비	빗금칠		녹색
	눈	빗금칠	＊	녹색
소낙성	비		▽	녹색
	눈		＊▽	녹색
	우박		△	녹색(또는 적색)
뇌 전	뇌우, 뇌전		R R	적색
	번개		⟨	적색
안 개		그늘칠		황색
풍진, 풍사		그늘칠	S, S	감색
황 사		그늘칠	S	감색

전선종류	표시(단색)	진행방향	색
한랭전선	▲▲	↑	청색 실선
온난전선	●●	↑	적색 실선
정체전선	▼▲▼	↕	적청 교대
폐색전선	▲●▲	↑	자색

국제식은 전문적인 천기도를 만들기 위해서 세계기상기관이 정한 것으로, 100종의 현존천기와 10종의 과거천기가 분류되어 있다.

천기도해석이란 천기도 상에 등압선이나 등온선 그 외의 등대기량선을 그리고, 각각의 대기과학량의 분포를 분명하게 하고, 저기압, 고기압, 태풍 등의 위치를 정해 기단을 판별하고 전선을 이끌어내고, 과거의 천기도와 비교해서 각각의 움직임을 명확하게 하는 것을 말한다. 천기도해석의 결과는 천기도해석 기호로 표현된다. 천기도해석에는 등압선해석, 기단해석, 전선해석 등과 같은 통상의 해석과 유선해석, 등풍속선해석(isotach analysis), 구름해석 등의 특별한 해석이 있다.

③ 천기도의 종류

천기도는 그 범위에 따라서 국지천기도, 극동천기도, 아시아태평양천기도, 북반구천기도, 전구천기도 등으로 분류된다.

극동천기도 이상의 광역천기도에서는 보통의 고기압, 저기압, 전선이 해석된다. 이들 기압계 전선은 통상 1일에 1,000 km 정도의 거리를 이동하기 때문에, 극동천기도 범위의 천기도는 24~48시간예보를 하는 데 적합하다. 주간예보를 할 때는 북반구천기도가 필요하다. 아시아태평양천기도는 태풍의 추적이나 태평양 상의 선박에 대해서 해상경보를 수행하는 데 사용된다. 항공기가 고속화되고 항속거리가 길어지면 경제가 광역화, 국제화해서 외국의 천기가 국민경제나 생활에 관계하는 경우가 많아짐에 따라 광역천기도의 필요성이 더욱 증대하는 경향에 있다.

국지천기도는 한국, 충청지방, 세종시 주변 등과 같이 좁은 범위를 큰 지도로 자세하게 천기해석을 수행할 때 이용된다. 이 천기도에는 보통의 고기압, 저기압, 전선보다 훨씬 작은 수명의 짧은 중고기압, 중저기압, 국지전선, 불안정선 등이 그려져 집중호우, 뇌우, 대기오염기상 등의 단시간예보에 이용된다. 또 한국에 접근·상륙한 태풍의 상세한 움직임을 1시간마다 추적할 때도 국지천기도를 사용한다.

천기도에는 지상에서 행한 기상관측의 결과를 기입해서 해석하는 **지상천기도**와 라디오존데 등에 의한 고층관측의 결과를 기입하고 해석하는 **고층천기도**가 있다. 고층천기도로서는 보통 850, 700, 500, 300, 200, 100, 30, 10 hPa 등의 등압면천기도가 작성된다.

우량, 기압변화량 등 특별한 기상요소의 분포를 그려낸 그림도 넓은 뜻의 천기도이다. 근년에는 와도, 발산, 상승기류 등과 같이 종래에는 이것들을 계산하는 데 시간이 너무 걸려서 천기예보의 실용에 제공할 수 없었던 각종 대기과학량의 분포도가 전자계산기에 의해 작성되었고, 새로운 형의 천기도가 수없이 이용될 수 있게 되었다. 특별한 천기도에는 구름분포를 나타낸 구름해석도가 있고, 기상위성의 관측자료를 구름해석한 결과가 그려 나왔다. 장래의 기상요소랑 그외의 대기량의 분포를 묘출한 그림은 **예상천기도**(豫想天氣圖, prognostic chart)라 한다.

④ 등압면천기도

　기압이 같은 면을 **등압면**(等壓面, isobaric surface)이라 한다. 기압은 상공으로 갈수록 현저하게 낮아지는 한편, 수평방향으로는 그다지 큰 변화가 없다. 즉, 등압면은 근소하게 기복이 있으면서 수평방향으로 퍼져 있고, 연직방향으로는 여러 겹으로 겹쳐 있어 위 방향의 등압면일수록 기압이 낮다. 등압면은 고기압에서 상방으로 부풀어오르고, 저기압에서는 아래 방향으로 움푹 들어가 있다. 그림 7.1은 연직단면에 나타나는 등압면의 단면을 나타내고 있다.

　지상천기도의 등압선은 지표 부근의 등압면과 지표와의 절합선(잘려서 서로 만나는 선)이다. 고층천기도는 예를 들면, 3,000 m의 고도면과 그 부근의 등압면과의 절합선을 등압선이므로 그리면 그 고도의 기압분포가 그려질 것이지만, 현재 세계 각국의 기상관서에서 만들고 있는 고층천기도는 3,000 m 고도 부근에 있는 특정의 등압면을 선택해 그 등압면의 등고선을 그리고, 그것을 상공의 기압분포로 하고 있다. 이와 같이 천기도를 **등압면천기도**[等壓面天氣圖, constant pressure chart, contour chart, isobaric(weather) chart]라고 한다. 등압면천기도 상에 그려지는 등고선은 지도의 등고선과 같이 등압면의 지형을 나타내고 있다. 그래서 등압면에 들어간 부분(고도가 낮은 부분), 저기압이나 기압의 골, 등압면의 부풀어 올라온 부분(고도가 높은 부분)은 고기압이나 기압의 마루에 상당하기 때문에 등압면의 등고선은 정고도면(예를 들면, 3,000 m의 수평면)의 등압선과, 그 성질은 거의 같다.

　현재 자주 사용되고 있는 등압면천기도는 고도 약 1,500 m를 대표하는 850 hPa면, 3,000 m를 대표하는 700 hPa면, 5~6 km를 대표하는 500 hPa면, 9 km를 대표하는 300 hPa면의 천기도이다. 또 200 hPa 면천기도는 약 12 km 상공, 100 hPa 면천기도는 약 16 km 상공을 대표하고, 그보다 높은 고도의 등압면천기도도 만들고 있다. 등압면천기도에는 등고선 외에 등온선(등

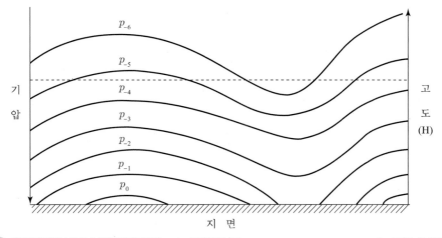

그림 7.1 **연직단면에 나타난 등압면의 단면** p는 기압치이고, $p_0 > p_{-1} > p_{-2} > p_{-3}\cdots$는 보통 고층천기도에서 높이 H의 기압분포를 그리는 대신에, p_{-5}와 같이 등압면의 기복을 나타내는 등고선을 그린다.

압면의 등온선은 등온위선으로도 있다)이 그려지고, 또 목적에 따라 와도, 상승류, 기온·노점차 등의 분포가 그려진다. 300 hPa이나 200 hPa면의 천기도에는 풍속이 같은 곳을 연결한 등풍속선이 그리는 일이 많다. 이와 같은 등풍속선 해석에 의해 제트기류의 위치가 분명하게 된다.

3 기압배치

지상천기도에서 천기분포의 짜임새나 변화를 잘 표현하고 있는 것은 기압분포이다. 지구 상의 대규모적인 풍계와 기압분포 사이에는 일정한 관계가 있기 때문에, 기압분포에 의해 수평방향의 대기의 흐름과 그것에 수반되는 상승기류, 하강기류를 정성적으로 추정할 수가 있다.

기압분포의 모양의 종류(등압면의 형식)와 각각에 대응하는 풍향을 그림 7.2에 나타내었다. 고기압이나 기압의 마루에서는 바람이 불어나가고 있어(발산기류), 그로 인해 하강기류가 탁월해서 맑은 하늘이 되기 쉽다. 한편 저기압이나 기압의 골에서는 바람이 불어들어오고 있어(수렴기류), 상승기류가 탁월하고, 광범위하게 구름이 생겨 비가 내리기 쉽다. 또 주위에서 취입해 오는 기류의 성질이 다를 경우 서로 접촉하는 곳에 전선이 생기기 쉽다. 한편 고기압이나 기압 마루에서는 비록 전선이 있어도 양쪽의 기단은 떨어져 가므로, 전선은 약해져 소멸하고 만다.

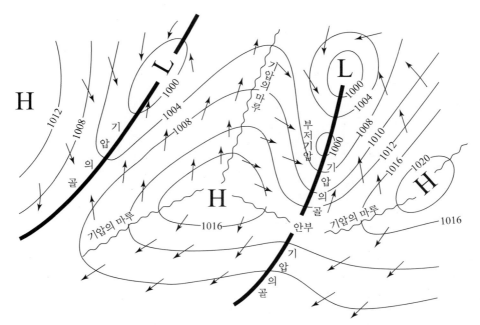

그림 7.2 **기압분포의 형과 기류의 움직임** 그림 속의 숫자는 기압(단위 hPa)

각 지역에는 계절에 따라 나타나기 쉬운 기압분포의 형이 있어 각각에 특유의 천기분포를 가져온다. 그래서 한국의 천기나 천후 또는 계절변화의 특징은 그와 같은 **기압배치**에 의해 설명되는 일이 많다. 우리나라 부근에 나타나는 기압배치의 형에 대해서 모델그림으로 간단하게 설명할 것이다.

① 서고동저형

한국의 서쪽대륙에 고기압이 있고, 동쪽의 태평양에 저기압이 있는 곳으로부터, 이 서고동저형(西高東低型)의 이름이 붙여졌다. 겨울에 잘 나타나고, 지속성이 있어 3～7일이나 지속되는 일이 있다. 우리나라 부근에서는 북서계절풍(대륙성한대기단)이 탁월하고, 동해 쪽의 지방에서는 비나 눈이 내리고, 태평양 쪽의 지방은 개인다. 한국에 한파를 가져오는 기압배치는 이 형이다.

가을의 서고동저형은 찬바람을 불게 하고, 봄의 서고동저형은 '찬기의 복구'로 차가운 북풍을 불게 하지만, 바로 이동성고기압형으로 변하므로, 강한 북풍도 한나절이나 하루 정도면 잔잔해지는 일이 많다(그림 7.3 참조).

② 남안저기압형

겨울철의 서고동저형일 때는 북서계절풍의 남쪽 가장자리의 한랭전선이 한국에서 먼 남쪽에 있지만, 봄이 되면 대륙고기압의 축소에 수반되어 이 전선대는 비교적 가까운 해상에 위치하는 일이 많다.

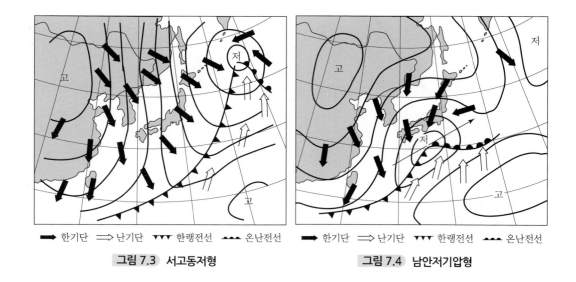

➡ 한기단　⇨ 난기단　▼▼▼ 한랭전선　▲▲▲ 온난전선　　➡ 한기단　⇨ 난기단　▼▼▼ 한랭전선　▲▲▲ 온난전선

그림 7.3 서고동저형　　　　　　　　**그림 7.4** 남안저기압형

이 전선 상에 발생한 저기압이 발달하면서 일본 남안을 따라서 북동으로 진행하는 것이 **남안저기압형**(南岸低氣壓型)으로, 저기압의 발생위치가 대만 부근일 때가 많기 때문에, 근년에는 **대만저기압**(臺灣低氣壓)이라든가, **동지나해저기압**(東支那海低氣壓)으로 말하고 있다. 이 저기압이 통과하면 겨울은 건조·청천이 지속되어 있던 태평양 쪽의 지방에는 비나 눈이 내린다. 대만저기압은 남안저기압의 전형이지만, 남안저기압 그 자체는 4계절을 통해서 나타나, 남안에 접근해서 통과할 때는 태평양 쪽 지방을 중심으로 강수를 가져온다(그림 7.4 참조).

③ 동해저기압형

한랭전선대가 더 북상하면 저기압이 동해에서 발달하면서 북동으로 진행하게 된다. 그래서 이 저기압에 유입하는 기온이 높은 남쪽에서의 기류가 일본열도를 빠져나간다. 봄이 되어 최초에 그와 같은 남풍이 불면 봄의 시작이다. 이런 종의 바람이 불면 동해 쪽에서는 푄(Föhn, foehn, 독) 현상이 일어나고, 다설지대에서는 눈사태, 융설홍수 등이 일어나기 쉽다. 동해저기압이 북동으로 나아감에 따라 이 저기압에서 남서로 뻗는 한랭전선이 서일본에서 동일본 쪽으로 움직여 간다. 전선이 통과하기 전은 따뜻한 남풍이 강해지고, 통과해서 지나가면 북쪽에서의 바람이 불어서 기온이 급강한다. 전선의 가까운 곳에서는 뇌전, 용권, 돌풍, 국지적 호우가 있고, 모래폭풍, 화재, 해난사고 등이 일어나기 쉽다(그림 7.5 참조).

④ 2구저기압형

남안저기압과 동해저기압이 동시에 통과하는 경우를 **2구저기압형**(二球低氣壓型)이라고 한다. 2구저기압(二球低氣壓型)에는 2가지 형태가 있다. 첫 번째 형태는 원래 발생지역이 다른 2개의 저기압 중, 하나가 동해저기압, 다른 하나가 남안저기압으로 통과하는 경우이다. 두 번째 형태는 동지나 해 방면에서 동해저기압의 과정으로 북진해 온 저기압이 한국의 남동쪽을 통과할 때쯤 폐색해서, 그 폐색점에 생긴 저기압이 남안저기압의 경로로 나아가는 경우이다. 두 번째 경우는 첫 번째 경우에 비교해서 다량의 비를 내리게 하고, 특히 폐색점(즉, 2구의 남쪽저기압의 중심) 부근에서는 돌풍, 뇌우, 용권, 집중호우 등이 일어나기 쉽다. 남안저기압, 동해저기압, 2구저기압이 일본의 동쪽해상으로 나아가면 기압배치는 서고동저형으로 되돌아간다(그림 7.6 참조).

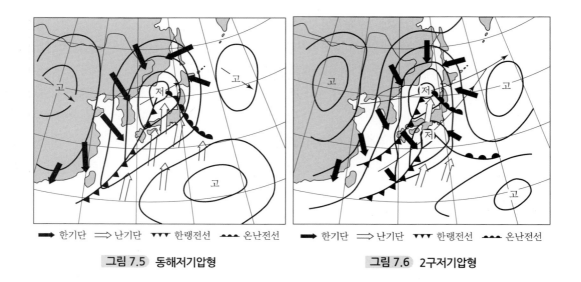

➡ 한기단 ⇨ 난기단 ▼▼▼ 한랭전선 ▲▲▲ 온난전선

그림 7.5 동해저기압형

➡ 한기단 ⇨ 난기단 ▼▼▼ 한랭전선 ▲▲▲ 온난전선

그림 7.6 2구저기압형

⑤ 이동성고기압형

겨울철에 대륙의 위에 정체해서 서고동저형의 '서고'로 되어 있던 대륙고기압은 봄이 되면 잘 움직이게 된다. 이것이 **이동성고기압형**(移動性高氣壓型)으로, 서쪽으로부터 이동해서 우리나라 부근을 통과한 다음 동쪽해상을 빠져나간다. 이동성고기압은 통상 동서방향으로 긴 장원형으로 동서폭이 3,000~4,000 km의 것이 많다. 이동성고기압의 동쪽에는 선행저기압이 있고, 서쪽에는 후속저기압이 있다. 선행저기압은 빨리 발생해서 바로 우리나라를 통과하면서 발달하고, 일본열

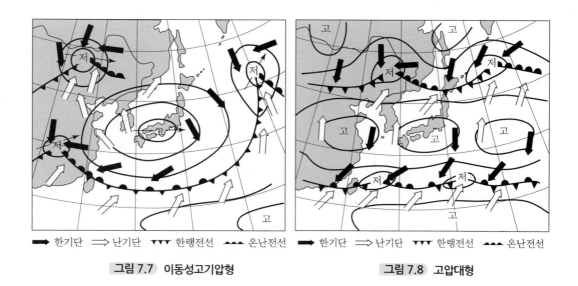

➡ 한기단 ⇨ 난기단 ▼▼▼ 한랭전선 ▲▲▲ 온난전선

그림 7.7 이동성고기압형

➡ 한기단 ⇨ 난기단 ▼▼▼ 한랭전선 ▲▲▲ 온난전선

그림 7.8 고압대형

도로 빠져나간다. 후속저기압은 막 발생한 터라 약한 것이 보통이다. 이동성고기압의 동쪽 반절
의 공기는 북쪽에서 유입해 온 것이므로 차갑고, 이것에 야간의 방사냉각이 더해지면 농작물 등
의 봄철 새싹이 동상해(얼음과 서리의 피해)를 받을 정도로 기온이 내려가지만, 서쪽의 절반에서
는 남쪽으로부터의 기류가 되므로 따뜻하다. 고기압의 중심이 통과한 다음부터 엷은 구름이 타나
나고, 태양이나 달이 '무리, 해무리, 달무리'를 쓰기도 하고, 희미한 달이 된다(그림 7.7 참조).

봄철의 주기적인 천기변화나 한난의 난입은 기압배치의 이와 같은 변화에 의한 것이다. 가을
철에도 이와 같은 변화가 자주 나타난다. 가을은 지속적인 서고동저형으로 이행된다.

6 고압대형

늦봄·초여름의 대표적인 기압배치가 **고압대형**(高壓帶型)이다. 고압대형은 그림 7.8에서 보는
것 같이 몇 개의 이동성고기압이 거의 동서로 나란히 고압대(high belt)가 되어 있고, 이동성고기
압 사이에 강한 저기압이 없다. 이들 고압대의 이동이 느린 일이 많으므로, 고압대의 권내에서는
맑은 날이 지속된다. 고압대는 동서로 길게 뻗는 것이 보통이지만, 때로는 북서에서 남동, 또는
남서에서 북동으로 뻗고, 극단인 경우는 남북으로 뻗는 고압대도 있을 수 있다.

그림 7.8에서 동서로 뻗는 고압대의 남쪽 가장자리에 동서로 뻗는 전선이 있다. 이것은 장마전
선으로, 북쪽의 고압대에 덮여 있는 곳은 상쾌한 청천이 지속되고 있을 때 남쪽에서는 이 전선의
영향으로 장마의 하늘이 된다. 고압대의 북쪽을 통과하는 저기압과 그것에 수반되는 전선은 2~
4월에 걸쳐서 '봄철의 폭풍우'를 일으킨 저기압의 활동역이 계절적으로 이 선까지 북상한 것으
로 생각할 수가 있다. 또한 5월에도 저기압이 급속하게 발달하는 일이 있어, '5월의 폭풍우(May
storm)'라고도 한다.

7 장마전기형

장마[Changma, 매우(梅雨, Baiu), rainy season]의 앞의 시기에 자주 나타나는 기압배치형을
그림 7.9에 나타내었다. 그림 7.8에서는 남쪽 태평양 상에 있던 장마전선이 제주 남쪽바다까지
북상해서, 그 남쪽의 아열대고기압도 크게 북쪽으로 펴져 있다. 한편 오호츠크해고기압이 일본의
북쪽에 있다. 또한 오호츠크해고기압이라고 해도 항상 오호츠크해에 출현한다고는 할 수 없다.
때로는 캄차카의 남쪽해상에 있기도 하고, 어떤 때는 동해의 북부에 있기도 한다. 또 오호츠크해
고기압이 존재하지 않고, 단지 장마전선만이 일본의 남안가에 뻗어 있는 경우도 있다. 장마전선
의 북쪽 300 km 정도까지가 비, 300~500 km에서는 흐린 곳에 따라 비, 500~800 km 정도는
흐림, 800 km보다 북쪽에서는 쾌청, 장마전선의 남쪽 100~200 km에서는 곳에 따라 집중호우
라고 말하는 것이 표준적인 천기분포이지만, 예외가 많다.

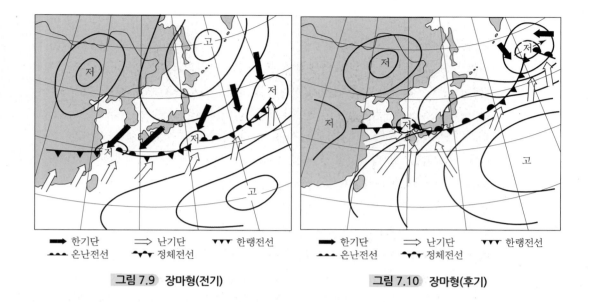

➡ 한기단	⟹ 난기단	▼▼▼ 한랭전선
▲▲▲ 온난전선	⌒⌒ 정체전선	

그림 7.9 장마형(전기)

➡ 한기단	⟹ 난기단	▼▼▼ 한랭전선
▲▲▲ 온난전선	⌒⌒ 정체전선	

그림 7.10 장마형(후기)

⑧ 장마후기형

장마 후기에 나타나기 쉬운 기압배치의 특징은 일본의 남쪽 또는 동쪽에 중심을 갖는 태평양 고기압(한여름의 천후를 가져오는 아열대고기압)이 강해져서 그 범위가 일본의 남안까지 퍼져 있는 것과 오호츠크해고기압이 약해져서 태평양고기압과 연결되는 것과 같은 모양이 되는 일, 장마전선이 한국 위를 통과하고 있는 점 등이다. 장마후기에는 집중호우가 내리기 쉽다(그림 7.10 참조).

⑨ 성하형

장마가 거친 후에 나타나는 전형적인 **성하형**(盛夏型, 한여름)의 기압배치를 그림 7.11에 나타 내었다. 한국의 북쪽에 거의 동서로 뻗어 있는 전선은 장마전선이 북상한 것이다. 일본을 덮고 있는 태평양고기압을 고래의 동체 하반분으로 견주어 보면, 한국 남쪽의 불룩한 부분은 꼬리에 해당하므로, 이 형을 '고래의 꼬리형' 이라고도 한다. 300 hPa 이상의 고층천기도(약 10 km 이 상의 천기도)의 꼬리 부분의 상공에는 독립된 중심을 갖는 고기압이 있고, 티베트 상공의 고기압 에 연결되어 있다.

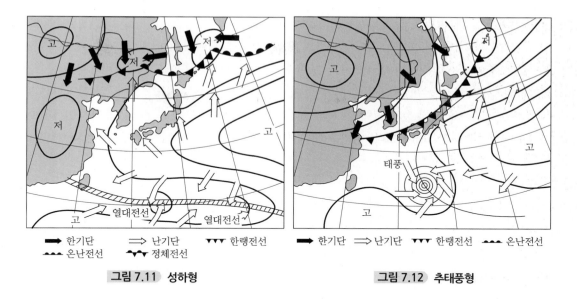

| ➡ 한기단 | ⇨ 난기단 | ▼▼▼ 한랭전선 |
| ▲▲▲ 온난전선 | ∿∿∿ 정체전선 | |

그림 7.11 성하형

| ➡ 한기단 | ⇨ 난기단 | ▼▼▼ 한랭전선 | ▲▲▲ 온난전선 |

그림 7.12 추태풍형

이 형이 나타나면 한여름의 몹시 더운 날씨가 지속되고, 가뭄이 되기 쉽다. 태평양고기압에서 한국 및 대륙으로 취입하는 남쪽에서의 바람이 남동계절풍이고, 겨울철의 북서계절풍에 대한 여름의 계절풍이다.

그림 7.11에서 화남, 대만 방향에서 남양제도 방면에 걸쳐서 열대수렴대가 그려져 있다. 이것은 아열대고기압(태평양고기압)의 남쪽 가장자리를 부는 북동무역풍과 그 남쪽의 남서몬순이 수렴하는 것으로, 태풍의 알인 '약한 열대저기압'은 이 수렴대에서 발생하는 일이 많다.

⑩ 추태풍형

가을이 되면 한여름의 태평양고기압은 남동쪽으로 후퇴하고, 북서방향에서 대륙고기압이 발달한다. 한국은 여름의 고기압과 가을의 고기압 골짜기 가운데에 해당하게 된다. 가을의 태풍은 이 기압의 곡간을 북상해서 육지에 상륙하는 일이 많다. 남양방면은 여름 사이의 태양에너지를 흡수해서 해수온도가 높은 구역이 북에 펴져 있는 위에 가을태풍(추태풍)은 여름에 비교해서 비교적 저위도대에서 발생하고, 따뜻한 열대해역을 크게 돌아오면서 발달해 대형태풍이 되기 쉽다. 이것이 **추태풍형**(秋颱風型)이다(그림 7.12 참조).

⑪ 대륙고기압북편형(추우전선형)

9월 중순경부터 10월 중순에는 대륙의 고기압이 북쪽으로 치우치면서 한국 부근으로 뻗어 나오고, 이 고기압과 남동에 후퇴했던 태평양고기압 사이의 전선이 남안을 따라서 동북동에서 서남

서로 뻗어서 거의 정체하고, 그 위를 저기압이 동북동으로 나아가는 일이 많다. 가을의 장마는 이 추우전선에 의해 야기된다. 추우전선은 기후학적으로는 장마가 걷힐 때 북쪽으로 전이했던 추우전선대가 가을이 되어서 한국으로 남하해 온 것으로 생각할 수 있고, 장마비와 가을장마는 한여름의 '소건조계'를 끼고 전선에 나타나는 한쌍의 우계로 취급할 수가 있다. 또 장마전선 호우가 있듯이 추우전선 호우가 있어 이따금 큰 재해를 일으킨다. 특히 추우전선에 태풍이 남쪽에서 접근하면 큰비가 내리기 쉽다. 이것을 대륙고기압북편형(大陸高氣壓北偏型) 또는 추우전선형(秋雨前線型)이라고 한다(그림 7.13 참조).

⑫ 대륙고기압남편형(추청형)

대륙고기압이 더욱 발달해서 남편(남쪽으로 치우침)해서 한국의 남쪽 부근으로 뻗어 나오고, 추우전선이 남쪽으로 내려가 멀어져 가면 맑은 가을(추청)의 계절이 시작된다. 추우전선형에서 추청형으로 전환의 계기를 만드는 것은, 일본 부근에서 발달하면서 북동진하는 저기압때문인 경우가 많다. 이 저기압이 통과할 때 평야에서는 차가운 비, 높은 산에서는 눈이 내리고, 저기압이 일본의 동쪽해상으로 나가면 기압배치는 일시적으로 서고동저형이 되어 '찬바람'의 북풍이 불고, 이어서 대륙고기압남편형(大陸高氣壓南偏型)이 된다. 일명 추청형(秋晴型, 맑은 가을)이라고도 한다(그림 7.14 참조). 따라서 그 후의 기압배치는 이동성고기압형에서 언급한 것과 같은 변화를 반복하면서 계절은 점차 안정되고 서고동저형의 겨울로 이행한다.

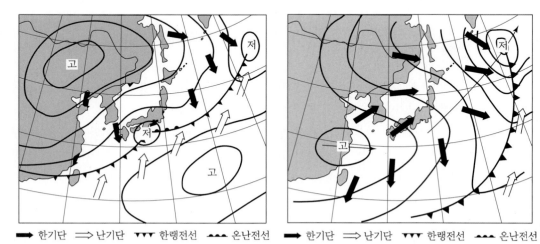

➡ 한기단 ⇨ 난기단 ▼▼▼ 한랭전선 ▲▲▲ 온난전선   ➡ 한기단 ⇨ 난기단 ▼▼▼ 한랭전선 ▲▲▲ 온난전선

그림 7.13 대륙고기압북편형(추우전선형)   **그림 7.14** 대륙고기압남편형(추청형)

4 기단과 전선

사람들이 무더위를 느끼는 것은 남쪽의 바다에서 기온이 높고 습기가 많은 공기가 유입될 때이다. 아주 춥게 느낄 때는 시베리아 공기가 유입될 때이다. 뜨거운 지면 위에 찬 공기가 유입되면 대기의 성층은 불안정이 되어 적운이나 적란운이 생긴다. 차가운 해면에 따뜻한 공기가 유입되면 대기의 성층은 안정이 되어 안개나 층운이 생긴다. 그래서 따뜻한 공기와 차가운 공기가 접근하면 '폭풍'이 된다. 많은 천기현상이 기단에 의해 운반되고, 전선에 의해 구현된다. 모든 천기는 한난 양 기류의 투쟁의 결과가 된다. 이 절에서는 이 천기의 운반자로서의 기단(氣團, air mass)과 그 구현자로서의 전선(前線, front)에 대해서 언급한다.

① 기단과 전선의 형성방법

넓은 범위에 걸쳐서 성질이 한결 같은 지표면(예를 들면, 겨울철의 차가운 대륙의 평야, 여름의 뜨거운 대사막, 대양상 등) 위에 공기가 장시간 정체하면, 그 지표면으로부터 영향(열이나 수증기의 수수에 의한 가열 또는 냉각, 습윤화 또는 건조)을 받아서 넓은 범위에 걸쳐서 성질이 거의 균일한 공기덩어리가 발생한다. 이것이 기단이다. 기단이 생기는 지역을 기단의 **발원지**(發源地)라고 한다. 대륙이나 해양은 그 위에 정체성의 고기압(시베리아고기압, 북태평양고기압 등)이 있을 때 기단의 발원지로 되기 쉽다. 고기압권 내에서는 바람이 약하기 때문이다. 또 고기압권 내의 하층에서는 기류가 발산해서 흐르고 있는 것도 기단의 형성에 어떤 역할을 하고 있다. 그림 7.15(a)와 같이 북서쪽에 차가운 고기압 A, 남동쪽에 따뜻한 고기압 B가 있고, 그 사이에 기압의 골이 북동에서 남서로 달리고 있는 경우를 어느 정도 이상화해서 생각해 보자. 등온선도

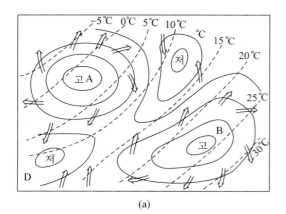
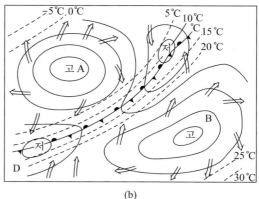

(a)   (b)

그림 7.15 기단과 전선의 형성방법

북동에서 남서로 달리고, 그 시도는 북서쪽이 낮고, 남동쪽이 높다. 그래서 처음은 등온선의 분포가 등간격인 것으로 한다. 양 고기압의 바람은 그림의 화살표와 같이 주위로 불어나옴으로써, 시간과 함께 등온선이 움직이고, 등온선의 분포는 그림 7.15(b)와 같이 될 것이다. 즉, 북서쪽의 A 고기압권 내는 0~5 C의 공기가 되고, 남동쪽의 B 고기압권 내는 20~25 C의 공기로 된다. 그리고 양 고기압 사이의 기압의 곡에는 양쪽에서 한기, 난기가 유입해서 전선이 생기고, 전선을 끼고 5 C, 10 C, 15 C, 20 C의 등온선이 밀집한다. 이와 같은 고기압권 내의 경계, 즉 전선이 생기기 쉽다. 단지 여름철의 아프리카, 남아시아 등에 생기는 큰 저기압 권내는 기압경도가 각각 커지지 않고, 지표면이 극도로 열을 받고 있어, 주위에서 성질이 다른 기단이 유입해도, 대륙 상에서 고온건조한 기단으로 변질되어 버린다. 저기압권 내가 기단의 발원지가 된다.

② 전선대와 작용중심

그림 7.15의 A 고기압을 시베리아고기압, B 고기압을 북태평양고기압, 북동방향의 C 저기압을 알류샨저기압, 남서방향의 D 저기압을 화남, 동남아시아 방면의 저압부로 적용하면, 한국을 포함한 동아시아 동안 일대는 그림 7.15(b)로 표시된 전선대가 형성된다. 그래서 A 고기압, B 고기압, C 저기압, D 저기압의 소장(쇠하여 사라짐과 성하여 자라남)에 의해 전선대의 위치가 변하고, 그것에 의해서 복잡한 천기변화와 다양한 계절변화가 일어난다. 그런 의미로 이들 고기압 저기압은 천기와 천후의 '작용중심'이라 한다. 세계 각지에는 정체성의 대고기압과 대저기압이 그림 7.15(b)와 같은 배치로 되는 곳이 있고, 그 사이에 전선대가 존재한다. 매일의 천기도에 나타나는 개개의 전선이 가장 잘 나타나기 쉬운 지대 또는 개개의 전선이 가장 강하게 되기 쉬운 지대, 또 개개의 저기압이 가장 통과하기 쉬운 지대가 있다. 이 전선대는 상공의 편서풍파동의 장파의 골 남동쪽에 위치하는 일이 많다.

③ 기단의 종류

발원지의 위도대에 의해 북(남)극기단[北(南)極氣團, arctic(antarctic) air mass], 한대기단(寒帶氣團, polar air mass), 열대기단(熱帶氣團, tropical air mass), 적도기단(赤道氣團, equatorial air mass)으로 분류된다. 이들 위도대의 구분은 다분히 조건적이고, 연구자에 의해 용어의 사용이 제각기 다르기도 하며, 계절에 따라서도 다르지만, 대체로 다음과 같이 분류한다. 또 발원지가 대륙 또는 해양에 의해서 대륙성기단(大陸性氣團, continental air mass)과 해양성기단(海洋性氣團, maritime air mass)으로 나누어진다. 또한 기단은 발원지의 이름을 붙여서 불리는 일도 있다.

(1) 북(남)극기단

북(남)극권[극권은 엄밀히 말하면 66° 32′N(S) 이북(남)을 말하지만, 기단의 경우에는 그 정도로 확실한 결정은 없다]에서 형성되는 것으로, 대단히 차가운 기단이다. 특히 겨울철 극권에서의 태양입사량이 적기 때문에 상당한 고층까지 차가운 기단이 생장하고, 상층천기도에서는 극을 둘러싸고 한랭와의 형태로 나타난다.

(2) 한대기단

겨울철은 대략 30°~60° N(S) 권을 점유하고, 여름철에는 40°~70° N(S) 권을 차지하는 기단이다. 이 기단을 영어로 'polar air mass'라 하고, 우리말로는 '한대기단'으로 번역한 것은 모두 적절하지가 않다(한대는 극권과 동의어로 이용되는 일이 있기 때문이다). 그래서 독일이나 러시아의 기상학자들은 '중위도기단(中緯度氣團)'이라 한다. 이 기단은 시베리아고기압과 캐나다고기압, 하계의 오호츠크해고기압(북태양고기압의 북쪽 가장자리) 등의 권내에서 형성된다.

(3) 열대기단

겨울철은 대략 5°~ 20° N(S), 여름철에는 15°~40° N(S) 대를 점유하는 기단이다. 우리나라의 여름은 보통 이 열대기단으로 덮인다. 그러나 25°~40° N(S) 에서 발생하는 기단을 열대기단으로 부르는 것은 적절하지 않다고 느끼는 기상학자들은 아열대기단(亞熱帶氣團)이라고 부르는 일이 많다.

(4) 적도기단

적도 부근에서 형성되므로, 통상은 해양기단이며, 심하게 습해 있다. 극동의 상공에서는 태풍의 내습 시나 장마기에 유입해서 호우를 일으키는 것으로 생각된다. 그러나 기상학자에 따라서는 이 적도기단(赤道氣團)이라고 하는 이름을 적도를 넘어서 다른 반구에서 유입해 온 기단(예를 들면, 동남아시아의 남서계절풍)에만 이용하는 경우도 있다.

(5) 대륙성기단, 해양성기단

대륙성기단(大陸性氣團)은 건조해 있고, 해양성기단(海洋性氣團)은 적어도 하층에서는 젖어 있는 것이 특징이다. 또 사막이나 이른 봄의 건조한 지면을 갖는 대륙 위에서 형성되는 대륙성기단은 대기 중에 모래와 먼지가 많다. 그래서 대기가 혼탁해 보이는 것이 특징이다. 해양성기단은 일반적으로 맑다.

(6) 난기단, 한기단

기단의 한(차가움), 난(따뜻함)의 구별은 상대적으로 전선이 양측 기단의 한, 난을 비교해서 말하는 경우가 보통이다. 그러나 기단론에 있어서 기단의 '한', '난'을 중요시하는 것은 다소 다른 의미가 있다. 기단론에 있어서는 기단이 발원지를 떠나서 이동할 때 그 기단에 특성적인 기온보다도 기온이 낮은 차가운 지표면(지면, 해면)으로 이동한 경우에, 그 기단을 난기단(暖氣團, warm air mass)이라 하고, 따뜻한 지표면으로 이동한 경우에는 한기단(寒氣團, cold air mass)이라고 한다. 기단의 발원지에 있어서 지표면 가까운 곳의 기온은 지표면의 온도와 거의 같아서 난기단도 한기단도 아니다.

한기단은 지표면에 의해 데워지므로, 안정도가 적어지고, 그 권내에서는 대류성의 구름이 생기기 쉽다. 비가 온다면 소나기성이 된다. 겨울철 대륙의 한기단이 따뜻한 해면으로 유출되면 이 현상이 일어난다.

한편 난기단은 지표면에 의해 차가워지므로, 안정도가 커지고, 그 권내에서는 층운의 구름이 생기기 쉽고, 이류무가 발생하기 쉽다. 비가 내리면 부슬부슬 내리는 지우형으로 된다. 여름철에 남쪽의 열대기단이 차가운 북쪽 해면으로 퍼지면 이류만개가 생긴다.

④ 기단의 변질

기단은 이동한 곳의 지표면의 영향을 받아서 덥혀지기도 하고 차가워지기도 한다. 또한 수증기의 공급을 받기도 해서 성질을 바꾸는 것을 기단의 변질이라고 한다. 이 변질이 완전히 이행되면 다른 기단으로 다시 태어난다. 예를 들면, 건조한 시베리아의 대륙성한대기단이 태평양으로 유출해서 습윤한 해양성열대기단으로 바뀌는 것과 같이 기단이 완전히 다시 태어나 버린다.

⑤ 극동지방의 기단

우리나라를 포함 극동지방에 출현해서 이곳들의 천기에 영향을 미치는 기단은 다음과 같다.

표 7.2 극동지방의 기단

명 칭	종 류	발현지	계 절	특 징
시베리아기단	대륙성한대기단	시베리아, 몽골, 중국동북구	주로 겨울, 봄, 가을도 많다.	북서계절풍, 취우, 취설, 태평양 쪽은 청천
양쯔강기단	대륙성열대기단 또는 대륙성한대기단이 변질 된 것	화북, 화중, 화남	봄, 가을	이동성고기압과 함께 건조한 청천, 서풍이 많다.
상공기단	상공기단	상공	1 년 중	상공에서 하강기류, 건조한 청천, 바람 약함
오호츠크해 기단	해양성한대기단	오호츠크해 부근	주로 장마기, 그 외에 봄, 가을	북동기류, 어두운 장마 천기
오가사와라 기단[1]	해양성열대기단	일본의 남동해상	주로 성하기, 기타 장마기와 봄, 가을	남동무역풍, 한여름의 염천, 아침 흐림 및 취우 많음
적도기단	해양성적도기단	남양, 벵갈만, 남지나해	장마기, 태풍 내습 시	취우성의 대우, 장마기 남서풍 유입

1) 오가사와라기단(소립원기단)을 북태평양기단이라고 하면 범위가 너무 넓다(일본의 남동해상).

⑥ 전선

기단과 기단과의 경계가 전선이라는 것은 잘 알려져 있다. 기단은 3차원의 공간을 점유하고 있기 때문에 그 경계는 선이 아니고 면이다. 이 면이 지표면(또는 상층의 어떤 고도면)과 교차하는 것이 전선(前線, front)이다. 전선 양측의 기단은 모두 같은 공기이기 때문에 물과 기름의 경계면과는 달라서 서로 혼합하게 된다. 사실 실제의 기단의 경계는 엄밀한 의미에서의 선이나 면은 아니다. 양 기단이 서로 섞여서 폭이 있는 전이층(轉移層, transitional layer)을 형성하고 있다. 단 그 폭이 기단의 퍼짐에 비교해서 좁으므로, 선 또는 면으로 생각할 수 있는 것이다. 전이층의 폭은 수직방면으로는 1~2 km 정도, 수평방향으로는 50~300 km 정도이다. 한편 전선 양측의 기단의 수평방향으로의 퍼짐은 1,000~3,000 km 정도의 폭을 가지고 있다.

한기단은 난기단보다 무거우므로, 난기단의 밑으로 유입하고, 지구 회전의 영향이 더해지므로, 전선면(전면)은 지표면에 대해서 경사지어 있다. 이 경사는 1/50~1/200 정도로 완만한 기울기이다. 또 온난전선이 한랭전선보다 경사가 느슨하다. 더 자세하게는 '소선섭·소은미, 2011 : 역학대기과학. 교문사, 제11장, 11.4절 전면과 전선'을 참조하기 바란다.

⑦ 불안정선

한랭전선과 아주 닮은 현상을 일으키는 것으로, **불안정선**(不安定線, instability line)이 있다. 전선은 기단과 기단의 경계이지만, 불안정선은 동일한 기단 내에서 생기는 것이다. 어떤 장소에서 대기의 성층이 특히 불안정해 강한 적란운이 발생해 큰 입자의 비가 내리면, 운저(구름 밑바닥) 부근에서 우적(빗방울)과 함께 하강기류가 지면 부근까지 내려온다. 보통 하강기류는 푄과 같이 고온이 되는데, 그것은 건조단열과정(100 m 하강마다 약 1 C 정도의 비율로 승온)으로 하강하는 경우로, 이 경우와 같이 우적과 함께 내려오는 하강기류는 습윤단열과정(100 m 하강마다 약 0.5 C 정도의 비율로 승온)으로 승온하기 때문에 같은 고도 주위의 기온과 비교해서 기온이 낮다(일반적으로 대류권 기온분포의 고도에 의한 변화율 γ는 건조단열감률보다 작고 습윤단열감률 보도는 크다. 즉, 1 C/100 m > γ > 0.5 > /100 m).

뇌우일 때 뇌운의 밑에서 주위로 취출(불어 나감)해 오는 바람이 공기이다. 이 한기가 더욱 주위의 난기를 상방으로 밀어 올려서 새로운 적란운을 만들고, 그 밑에 새로운 한기가 생긴다. 이와 같은 연쇄반응이 겹치면 원래는 같은 기단 내에 발생했던 대류활동역에 일시적으로 한기단이 생겨, 그것이 마치 한랭전선과 같은 행동을 하면서 이동하게 된다. 이것이 **불안정선**이다.

불안정선 가까이에는 번개(lighting), 천둥(thunder), 돌풍(gust), 취우(rain shower), 용권(spout), 모래폭풍[sand(dust) storm] 등의 현상이 있고, 이것이 통과할 때는 풍향 급변, 기온 급강, 기압상승이 일어난다. 이 기압의 상승은 한기의 무게에 의해 일어나므로 뇌우활동이 활발한 지역에서는 이 한기의 무게에 의해 국지적인 뇌우고기압이 생긴다.

한랭전선의 진행전방 100~400 km 부근에 한랭전선에 병행해서 이 불안정선이 생기고 한랭전선보다 빠른 속도를 움직이는 일이 있다. 이것을 **선구불안정선**(先驅不安定線, prefrontal instability (squall) line)이라 한다. 불안정선은 반나절 또는 1일 정도면 소멸되는 것이 일반적이다.

5 고기압

기압의 분포를 그려보면 주위보다도 기압이 높은 영역이 몇 개쯤은 나타난다. 이들을 고압역(高壓域)이라 총칭한다. 고기압이라고 하는 것은 다음과 같이 한정된 것을 가리킨다. 닫힌 등압선으로 둘러싸여 중심일수록 기압이 높은 영역에서는 하층대기의 기류가 주위를 향해서 유출된다. 이 기류는 전향력을 받으므로 북반구에서는 시계방향, 남반구에서는 반시계방향의 순환을 갖는 풍계가 형성된다. 이와 같이 어떤 크기의 조직적인 구조가 2~10일 이상 지속하는 것이 고기압[高氣壓, anticyclone, high(atmospheric pressure)]이다.

고기압은

- 정체성의 것
- 이동성의 것(이동성고기압)
- 국소적의 것

등 3종류로 나눌 수가 있다.

고기압의 이름과 같이 기압이 높은 상태를 유지하는 구조는 2개가 있다. 제1은 하층대기 내에 저온화가 일어나 밀도를 크게 한다. 이것에는 야간의 방사냉각, 차가운 해면이나 빙면에 접해서 밑에서부터 냉각되는 것, 낙하하는 빗방울의 증발에 잠열을 빼앗겨서 공기가 냉각하는 것 또는 한랭한 공기덩어리의 유입 등의 과정이 있다. 이 무거운 공기의 형성 또는 축적이 주요 원인이 되는 고기압은 하층이 한랭하므로 한랭고기압(寒冷高氣壓)이 된다. 저온의 기층 속에서는 높이에 따라 기압의 감소율이 크므로, 주위보다도 기압이 높은 상태는 상공에서 잃어버린다. 그래서 대부분의 경우, 3 km 이상에서는 고기압으로 인정되지 않고, 주위에 비교해서 기압이 낮아진다.

제2의 구조는 역학적이므로 상공에서 기류가 수렴해서 고기압에서 유출하는 기류를 보충하고 있다. 상층대기 속에서 남북으로 크게 흔들리는 파동이 있으면 파의 마루(기압이 높아 북쪽으로 밀어내고 있는 부분)에서 파의 골(기압이 낮아 남쪽으로 내려가고 있는 부분)의 사이에 기류가 수렴하고 있어 이 질량집적은 하강운동과 지표의 기압상승을 초래하고, 지구적인 대기대순환으로서 적도지대에서 상승한 공기는 상공에서 북쪽으로(남반구에서는 남쪽으로) 이동해서 북위 30°(남위 30°) 부근에서 공기가 모이고, 여기서도 침강류와 지표의 기압증가를 가져온다. 침강하는 기류는 단열압축으로 승온(온도가 올라감)되므로, 역학적 기구는 고기압의 상공을 주위보다 따뜻하게 하는 작용이 있어, 온난고기압(溫暖高氣壓)이라고도 하는 상태를 만든다. 따뜻한 기층 내에서는 높이에 따라 기압의 감소율이 작아, 온난고기압은 상공에서도 기압이 높은 상태를 유지하고 있다.

앞에서 말한 3종류의 고기압 중 정체성의 것, 이동성의 것은 열적·역학적 기구가 함께 작용하고 있다. 국소적인 것은 열적기구로 생기므로, 하층대기를 냉각시키는 작용이 없어지면 이 고기압은 바로 소멸한다. 그래서 그 수명은 일반적으로 짧고, 수평의 크기나 이동도 작다. 야간의 방사냉각으로 내륙지방에 냉기가 모여서 생기는 것은 지형성고기압(地形性高氣壓)이 된다. 이동성고기압은 상공의 파동에 대응하는 조직으로, 온대저기압의 후면에 나타난다. 이 고기압은 전반부에는 북쪽으로부터의 한랭한 공기로 이루어지고, 그 위에 상공의 공기가 계속 침강해서 겹쳐 있다. 이동성고기압의 후반부에는 상대적으로 온난한 공기로 이루어져 상공의 파동의 마루의 부분에 접속되어 있다(그림 7.16 참조). 크기는 반경으로서 1,000~1,500 km의 것이 일반적으로 많다.

실선은 지표의 등압선, 화살표가 붙은 점선은 상공의 파동상의 대기 흐름을 나타낸다. 이 파동의 마루와 골 사이에서 상공의 공기 집적이 있어 역학적 기구가 작용한다.

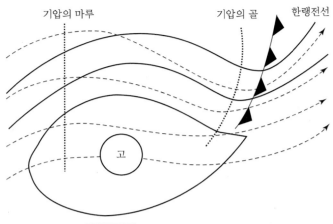

그림 7.16 이동성고기압의 모식도

정체성의 것은 가장 규모가 크다. 이것은 대규모적인 지형과 해륙분포에 대응해서 생기는 상공의 서풍 속의 정체성파동에 수반되는 고기압이다. 그 하층이 대류 위의 방사냉각으로 저온도의 공기로 이루어지는 것이다. 이것이 **대륙고기압**(大陸高氣壓)으로, 겨울철 시베리아고기압이나 북아메리카대륙의 고기압이 그 예이다. 이들의 고기압도 상공은 침강하는 따뜻한 기류에 덮여 있다.

앞에서 언급한 대순환에서 일어나는 위도 30° 부근의 지구적인 침강류와 정체성의 서풍의 파동의 마루 부분이 접속해서 아열대를 둘러싼 고기압대가 생긴다. 북태평양고기압, 아조레스고기압(Azores high)은 그 일부이다. 해면상의 기온의 계절변화는 대륙에 비교해서 작으므로, 연간 지속해서 이 해상에 큰 고기압이 생기고 있다. 아열대고기압에도 지상 2~3 km인 곳에 침강성의 고온으로 건조한 기층이 나타난다. 이것이 무역풍대의 역전층이라고도 한다. 이렇게 해서 역학적 기구로 생긴 고기압 하에서는 일반적으로 비가 적고 건조한 날씨가 형성된다. 세계의 건조지대는 이 아열대의 고압대와 관계가 깊다. 역학적 기구에 의한 또 하나의 특수한 현상으로서 저색고기압이 있다.

6 저기압

사람들이 '폭풍(storm)'이라고 하는 현상의 대부분은 저기압의 활동과 연계되어 있다. 저기압은 **열대저기압**(熱帶低氣壓, tropical cyclone)과 **열대외저기압**(熱帶外低氣壓, extra-tropical cyclone)으로 나누어진다. 후자는 통상 온대저기압(溫帶低氣壓)이라고도 하지만, 한대에서 발생하는 저기압도 포함하므로, 이 명명은 부적당하다. 그러나 이 책에서는 관례에 따라서 온대저기압의 용어를 사용하기로 한다. 열대저기압과 온대저기압은 저기압의 발생지에 따라서 분류되는 것이지만, 그 모양,

에너지원 등에 따라 뚜렷이 다르다. 이 다름을 비교하면 저기압이라고 하는 현상을 이해하기 쉬우므로 본 절에서는 우선 온대저기압과 열대저기압을 비교하고, 이어서 온대저기압의 주된 성질에 대해서 기술한다. 그리고 열대저기압에 대해서는 태풍을 예로 들어서 자세하게 설명한다.

① 온대저기압과 열대저기압의 상위

표 7.3에 온대저기압과 열대저기압의 차이를 나타내었다. 여기에 표시되어 있는 것은 단순히 비교로서의 의미만 있는 것이 아니고, 각각 현상의 대기과학적인 본질을 해명하는 열쇠도 되는 것이다.

표 7.3 열대저기압과 온대저기압의 상위

구 분	온대저기압	열대저기압(태풍, 허리케인 등)
발생지	온대, 한대의 해양, 대륙에서 발생한다. 발달은 바다 위에서가 많다.	주로 열대의 해양상에서 발생, 발달한다. 고온계(여름)에는 발생역은 온대의 해양으로 확대한다. 육지에서 발생·발달하지 않는 것이 큰 특징이다.
에너지원	한난기단을 갖는 위치에너지가 주요한 에너지원, 수증기의 에너지가 여기에 더해진다.	주로 수증기가 응결할 때 방출하는 잠열이 에너지원이 된다.
출 현 기	남북의 기온차가 큰 한여름에 활동이 왕성하게 된다.	적도전선이 고위도측에 변위하는 것에 대응해서, 난후기에 발생하는 경우가 많다.
모양과 크기	저기압을 둘러싼 등압선으로 형(모양)과 크기를 표현한다면, 장원형(타원형)으로 장경이 5,000 km 이상이 되는 일도 있다.	원형등압선이 특징이고, 온대저기압과 비교해서 작다. 직경이 200 km 정도인 것도 있다. 커도 직경은 1,500 km 정도.
전선의 유무	전선 상에서 발생한다. 한랭, 온난, 폐색 등의 전선에 동반된다.	전선을 동반하지 않는다. 온대에 와서 전선을 갖는 경우가 있지만, 명료하게 전선구조를 갖는 경우에는 온대저기압으로 성격을 바꾼 것으로 취급한다.
최저기압	중심기압은 맹렬하게 발달한 저기압에서 950 hPa대가 보통. 알류샨저기압에서는 중심기압이 926 hPa이라는 기록이 있다(1977년 10월 26일). 열대저기압과 비교하면 범위가 크고, 중심기압이 높으므로, 주위에서 중심을 향해서 기압의 감소방법이 완만한 냄비저형, 즉, 과저형이다.	900 hPa 이하가 되는 경우도 있다[최저기록은 오란다(Olanda) 선 사브루아 호의 886.8 hPa, 비행기 관측에서는 1958년 9월 24일, 일본의 남쪽 해상에서 관측한 877 hPa]. 온대저기압과 비교하면 범위가 작고 중심기압이 낮으므로, 주위에서 중심을 향해서 기압의 감소추세가 급변하여 깔때기 모양이다.
풍속	열대저기압과 비교하면 폭풍권은 훨씬 넓지만, 최대풍속은 25 m/s 정도인 것이 많다. 40 m/s가 되는 것은 그 수가 적다. 대저기압에서는 20 m/s 이상의 폭풍권 반경은 2,000 km에 달한다.	온대저기압과 비교하면 폭풍권이 작지만, 최대풍속은 극단적으로 강해서, 해상에서는 50 m/s 이상이 되는 것도 드물지 않다. 큰 태풍에서도 20 m/s 이상의 폭풍권은 반경 800 km 정도이다.

(계속)

구 분	온대저기압	열대저기압(태풍, 허리케인 등)
진행	거의 동북동 또는 북동으로 나아간다. 보통 30~50 km/h, 빠른 것은 80 km/h 정도이다.	북위 25° 이남(북반구의 경우)에서는 서북서로 진행하는 경우가 많다. 그보다도 고위도 측으로 오면 전향해서 북동 또는 동북동으로 나아간다. 서북서 진행은 20 km/h 정도이다. 전향 후에는 점차로 가속되어 온대저기압과 같이 움직인다.
폭풍 취주시간	범위가 크므로, 저기압이 통과 한 후에도 폭풍은 좀처럼 멈추지 않는다. 해상에서는 수일간이나 폭풍이 지속되는 경우가 있다.	범위가 좁으므로, 통과해 지나가면 폭풍은 바로 멈춘다. 한 지점에서 관측하는 폭풍취주시간은 수 시간이다.
눈	태풍안과 같은 명료한 현상은 없다. 단 발달한 대저기압의 중심 부근은 바람이 약한 경우가 있다.	태풍 눈의 현상이 있는 것이 보통이다.

② 온대저기압의 생애

온대저기압은 보통 열대기단과 한대기단의 경계인 한대전선 상에서 발생한다. 고위도지방에서는 한대기단과 북극기단의 경계인 북극전선 상에서 발달하는 경우가 많다.

저기압활동은 다른 많은 기상현상들과 같이 끊임없이 발생, 발달, 진행, 소멸의 과정을 반복하고 있고, 그 과정을 통해서 대기 대순환의 중심에서 하나의 역할을 연출하고 있다. 나날의 천기도 상에서 관측되는 저기압의 생애는 그림 7.17과 아래의 설명을 같이 보면, 이해하기 쉽다.

(1) 유년기

유년기는 그림 7.17(a) → (b) 에 해당한다. 한기단(찬 공기덩어리)과 난기단(따뜻한 공기덩어리)이 서로 마주하고 있는[그림 7.17(a)] 전선 상에 파가 생겨[그림 7.17(b)], 기류가 소용돌이 치고 있는 형태가 된다. 전선이 파동치면 저기압에 따뜻한 지역 차가운 지역에 생겨 온난전선, 한랭전선이 생긴다. 저기압은 점차 깊어지면서 난역의 기류와 대체로 같은 방향으로 진행한다.

(2) 청년기

청년기는 그림 7.17(c) → (d)에 해당한다. 전선파동의 진폭이 커져서 난기단은 난역 내에서 크게 북쪽으로 퍼지고, 한기단은 한랭전선의 뒤쪽에서 크게 남하한다. 난역 내를 북상한 난기단이 온난전선을 넘어서 한기단의 상공으로 퍼지는 것은 말할 것도 없다.

(3) 장년기

장년기는 그림 7.17(d) → (e)에 해당한다. 저기압 중심 부근에서 한랭전선이 온난전선에 접근해 폐색전선이 생기기 시작한다. 이때가 온대저기압의 최성기이다.

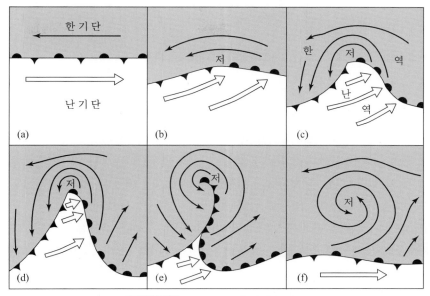

그림 7.17 온대저기압의 생애 모델도

(4) 노년기

노년기는 그림 7.17(e) → (f)에 해당한다. 폐색전선이 길어지고, 폐색전선이 확실하지 않게 되어 지표면에서 보는 한 저기압은 한기단만의 와권이 된다. 이윽고 중심기압은 점차 올라가고, 지상 한기의 와권은 태양이나 지면, 해면에 의해 덥혀져서 난기단으로 변질된다. 그래서 그림 7.17(f)의 남쪽에 있는 전선도 불명확하게 되어 북방에 새로운 한기단이 생겨 나오면, 이제까지의 한기가 난기로 되어 그림 7.17(a)의 관계로 되돌아가 새로운 저기압의 생애가 시작되는 것이다.

③ 온대저기압의 에너지원

앞 절에서 언급한 저기압의 생애를 통해서 대기 중에는

• 한기가 지표면을 따라서 남쪽으로 유출한다.
• 난기는 처음에는 난역 내를 북상하고, 그 후에는 상공에 폐색되어 북쪽으로 더 이동한다.
• 남하한 한기는 데워져서 난기로 바뀌고, 북상한 난기는 차가워져서 한기로 변한다.

라는 과정이 일어나고, 저기압을 중개로 해서 남북의 공기가 교환되어 열의 교환이 행하여지는 것이다.

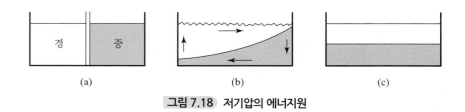

그림 7.18 저기압의 에너지원

그래서 저기압활동 전에 남북방향으로 줄지어 있던 한기단과 난기단은 발달 후에는 한기단이 하층에 난기단이 상층에 상하로 중첩되는 모양이 된다. 이 관계는 그림 7.18에 나타낸 모델적인 경우와 아주 닮아 있다. 그림 7.18(a)에는 가벼운 유체(난기에 해당)와 무거운 유체(한기에 해당)가 수조 속에 벽을 사이에 두고 옆으로 나열되어 있는 경우를 나타낸다. 만일 이 벽을 제거하면, 그림 7.18(b)와 같이 무거운 유체는 밑으로 깔리려고 하고, 가벼운 유체는 위쪽의 표면으로 펴지려고 해서 화살표로 표시된 것과 같은 운동이 일어날 것이다. 그래서 최후에는 운동이 마찰에 의해 멈추었을 때 그림 7.18(c)의 형태가 된다. 그림 7.18(a)와 그림 7.18(c)를 비교하면 유체 전체의 중심(무게의 중심)이 내려가 있는 것을 알 수가 있다. 운동은 수평으로 줄지어져 밀도가 다른 유체가 가지고 있던 위치에너지의 일부가 운동에너지로 전환한 것에 의해 일어났다고 할 수가 있다. 이것이 **유효위치에너지**(有效位置 ---, available potential energy: '소선섭·소은미 2011 : 역학대기과학. 교문사, 제2장, 2.12절. 유효위치에너지'를 참조)이다. 온대저기압'의 폭풍의 에너지도 이와 같은 위치에너지를 원천으로 하고 있는 것이다. 더욱이 저기압권 내의 상승기류에 의해 구름이 생길 때 방출되는 수증기의 열이 여기에 합세한다.

④ 온대저기압 상공의 온도장, 기압장

전선의 북측에 한기단, 남측에 난기단이 있으므로, 지상에서 5 km까지의 평균기온의 등온선을 그러면 그림 7.19의 점선과 같이 된다. 상공에서 어떤 고도의 기압은 지상의 기압에서 그 높이까지의 공기 무게를 뺀 것이므로, 상공의 기압은 밀도가 큰 한기측 일수록 낮아진다. 그 결과 상공의 기압은 그림 7.19의 가는 실선과 같이 평균기온의 등온선과 대체로 병행하는 형태가 된다. 상공의 기류는 등압선에 거의 병행해서 흐르기 때문에, 상공의 등압선은 대기의 유선(stream line)으로 생각해도 좋다. 그림 7.19에서 가는 실선에 화살표를 붙인 것은 상공의 대기 흐름을 표시한 것이다. 저기압의 상공에서는 서풍도 등온선도 남북으로 파를 치듯이 사행하고 있는 것을 알 수가 있다.

발달하는 저기압의 상공에 특징적인 것은 온도장과 기압장이 완전히 병행하지 않고, 그림 7.19에 나타내듯이 상공등온선과 상공등압선이 열십자로 교차하고 있는 것이다. 그러나 이 절합의 방법이 저기압의 서쪽에는 차가운 등온선이 상공의 흐름을 따라서 남하하듯이, 저기압의 동쪽에는 따뜻한 등온선이 북상하는 형태가 되어 있다. 차가운 공기가 남하하는 부분에는 한기의 무게로 지상의 기압이 올라간다. 또 난기가 북상하는 부분에는 난기가 가벼우므로 지상의 기압이 내려간다. 그림 7.19와 같은 경우에는 저기압의 서쪽에 기압이 올라가고, 동쪽에서 기압이 내려가는 것이 된다.

발생, 발달기에는 지상저기압의 중심이 기압강하역에 들어가 있지만, 최성기에는 지상저기압의 중심은 기압강하역에서 빗나가 있는 것에 주의하고, 또 기류의 발산·수렴에 의한 기압강하역과 온도변화에 의한 기압강하역은 지상저기압의 동쪽에 나타나고 있고, 저기압이 동으로 나아가는 것을 나타내고 있다.

즉, 지상저기압은 동쪽으로 움직이게 된다. 또 저기압의 중심 부근에서는 지상에서 저기압의 중심을 향해서 불어 들어가는 공기의 양보다 많은 공기가 상공에서 사방으로 펴지듯이 흐른다. 이 상공의 발산기류는 서풍 위에 겹쳐서 일어나므로, 저기압의 상공에서 서풍이 부채 모양으로 펴져서 흐르고 있다. 지상의 수렴보다도 상공의 발산이 크면, 지상의 기압이 내려가서 저기압이 발달하는 것이다. 그림 7.19의 하단에는 저기압권 내의 기압변화의 형태를 보여 주고 있다. 상단과 비교하면 저기압의 발달, 진행의 기교가 이해될 것으로 생각한다.

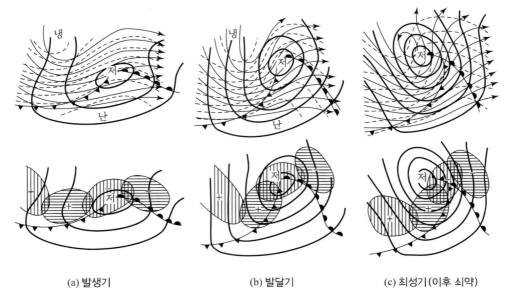

(a) 발생기 (b) 발달기 (c) 최성기(이후 쇠약)

— : 지상등압선   --- : 지상에서 5 km 상공까지의 평균기온   → : 5 km 상공의 등압선
▥ : 기류의 발산·수렴에 의한 지상의 기압변화가 큰 부분
▤ : 한기, 난기의 이류에 의한 지상의 기압변화가 큰 부분

그림 7.19 저기압 상공의 온도장과 기압장

⑤ 장파와 저기압가족

앞 절에서 논의한 저기압 상공에 사행하는 서풍의 파동은 편서풍파동의 단파이다. 단파는 장파의 골의 동쪽에서 저기압을 발생시키기 쉽다는 것은 장파의 골의 동쪽에서는 하층에서 대기가 수렴하고, 상층에서 대기가 발산하기 쉽기 때문이다. 계속해서 장파의 골의 동쪽에서 서쪽으로 도착하는 단파가 저기압을 발생, 발달시키므로, 그림 7.20과 같이 노년기, 장년기, 청년기, 유년기의 저기압이 줄지어서, '저기압가족'을 형성한다.

한편 장파의 골의 서쪽에서는 큰 고기압이 생긴다. 북반구에서 가장 저기압활동이 왕성한 지대는 일본 부근에서 알류샨열도를 연결하는 선과 북미동안에서 아이슬란드를 연결하는 축으로 해 분포하고 있다. 이것은 북반구 저기압가족의 두 개의 발생장소의 존재를 나타내는 것으로, 저기압은 이들 지대의 남서단에서 발생, 발달하면서 북동쪽으로 나아가고, 알류샨이나 아이슬란드 방면에서 대저기압이 된다. 그래서 편서풍 장파의 골은 아시아대륙의 동안과 북미동안의 상공에 나타나기 쉬운 것이다.

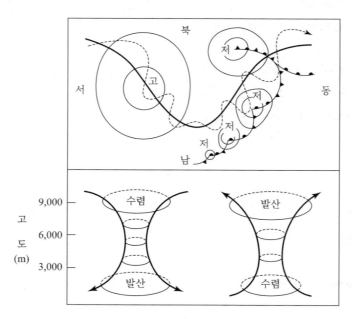

그림 7.20 장파, 단파, 저기압가족의 관계

7   태풍

태풍(颱風, 台風, typhoon)은 우리의 생활과 국민경제에 지대한 영향을 미치는 기상현상 중의 하나이다. 또 한국의 기후 특징도 태풍에 의해 형성되고 있는 면이 많다. 태풍의 격렬한 천기는 돌연 몹시 난폭하게 다가와서 단시간에 사라진다. 그러나 그 단시간의 천기가 우리나라의 기후에 민감하게 투영되고 있어 각지의 최대풍속, 최대우량 등의 기록은 거의 태풍에 의해 초래되고 있다. 태풍의 비는 지역이나 해에 따라 다르지만, 연간 강수량의 10~35%를 차지하고 있다. 또 우리나라 풍수해의 피해액의 많은 부분이 태풍에 의해 초래되고 있다. 이 절에서는 이 격렬한 열대성의 폭풍우 성질에 대해서 언급한다.

① 열대저기압으로서의 태풍

태풍은 열대저기압의 일종임을 이미 배웠다. 열대저기압과 온대저기압의 차이에 대해서는 앞 절에서 논의했다. 일반 명사로서의 태풍은 남양방면에서 발생하는 열대저기압에 의한 폭풍우를 가리키지만, 기상청에서 천기예보나 경보 등의 기상정보에 이용할 때는 180°E 기준으로 서쪽의 북태평양과 남지나해에서 발생한 열대저기압 중 권 내의 최대풍속이 17 m/s 이상으로 발달한 것을 말한다. 17 m/s 미만의 경우는 '약한 열대저기압'이라고 하고, 태풍과 구별하는 것으로 되어 있다. 태풍과 동종의 열대저기압으로 허리케인(hurricane, 북대서양의 카리브해나 멕시코만, 남태평양, 180°E 이동의 북태평양)과 사이클론(인도양)이 있지만, 태풍은 발생수, 규모 등에서 다른 열대저기압을 압도하고 있다(표 7.4 참조).

제2차 세계대전 후 한참 동안은 열대성저기압이라는 말을 사용하였다. 이것은 최대풍속이 17~32 m/s의 열대저기압에 사용했던 것으로, 이 경우에 태풍은 33 m/s 이상에 대해서 사용했다. 현재는 예전의 열대성저기압과 태풍을 모두 태풍이라고 한다. 단 현재에도 기상청이 영문으로 기

표 7.4 세계의 열대저기압 (평균 발생수/년)

열대저기압의 종류	개 수	통계기간(년)
태풍(180°E 이서의 북태평양, 남지나해)	28	1940~1959
허리케인(북대서양, 카리브해)	8	1886~1961
허리케인(북태평양, 180°E 이동)	6	10년간
사이클론(벵갈만)	5(13)	1948~1960
사이클론(아라비아해)	1(2)	1890~1950
허리케인(남태평양)	11	1951~1961
사이클론(남인도양)	4~5	1886~1935

* ( ) 내는 약한 열대저기압을 포함한 수

상정보를 발표할 때는 열대성저기압에 해당하는 언어를 사용하고 있다. 또한 열대저기압은 지역이나 강도에 관계없이 열대에서 발생하는 저기압에 대해서 이용되는 총칭이다.

기상청에서는 태풍에 대해서 해마다 태풍에 대하여 확인한 날짜순으로 번호를 붙여, 태풍 제○○호라고 한다. 특히 재해가 컸던 태풍에는 앞으로 유사한 태풍의 피해가 없도록 태풍 이름의 퇴출을 결정하였다. 태풍의 이름은 1999년까지 미국태풍합동경보센터에서 정한 이름을 사용하였지만, 2000년부터 태풍위원회에서 아시아 – 태평양지역 회원국의 고유한 이름들로 변경하여 사용해 오고 있다.

② 태풍의 발생조건

태풍이 발생하기 위해서는 다음의 3가지 조건이 필요하다.

- 고온다습한 대기
- 하층기류의 수렴과 상공의 발산
- 지구회전의 영향

태풍을 포함한 열대저기압의 주된 에너지원이 수증기라는 사실은 관측과 이론에 의해서 이미 확실하게 확인되었다. 수증기가 응결해서 잠열을 방출하기 위해서는 상승기류가 필요하다. 상승기류가 일어나기 위해서는 하층 주위에서 공기가 모여들던가, 상공에서 공기가 사방으로 유출하는 작용이 필요하다. 또한 와권이 생기기 위해서는 지구회전의 영향이 필요하다.

③ 태풍의 발생지역

태풍을 포함해서 세계 열대저기압의 발생지역은 다음과 같은 공통점이 있다.

- 주된 발생역은 해면 부근의 월평균 기온이 27 C 이상인 구역과 대체로 일치하고 있다. 연안해역의 발생은 적고, 육상에서는 거의 발생하지 않는다. 이것은 열대저기압의 발생에 고온다습의 공기가 필요하기 때문이다.
- 적도 부근(5°N~5°S)에서는 발생하지 않는다. 적도 부근에서는 대기의 수평운동에 대한 지구회전의 영향이 극히 작기 때문이다.
- 남대서양에서는 거의 발생하지 않는다. 해수온도가 낮기 때문이다.

- 열대의 바다 서부(북태평양에서는 남양, 북대서양에서는 카리브해 등)에서는 발생수가 많고, 세력도 강하다. 편동풍이 탁월한 열대의 해상에서는 서부일수록 대기는 고온다습하게 되기 때문이다.

다음에 언급하듯이 열대 바다의 서부에서 하층대기는 수렴, 상층대기는 발산이 일어나기 쉽다. 태풍은 위의 모든 조건을 만족하는 $5°N \sim 20°N$, $130°E \sim 160°E$의 해역에서 주로 발생한다.

④ 편동풍파동과 적도전선

열대해양상의 대기가 습해 있는 것은 하층뿐이며 상공은 대단히 말라 있다. 이것은 아열대고기압권 내의 상공에서는 하강기류가 탁월하기 때문이다. 그래서 하층의 습한 공기와 상층의 건조한 공기 사이에는 **무역풍역전층**(貿易風逆轉層)이라고 하는 기온 역전층이 생기게 된다. 열대저기압이 발생·발달하기 위해서는 하층의 습한 대기가 이 무역풍역전층을 돌파해서 상승할 정도로 강한 상승기류가 필요하다.

하층이 습하고 상층이 메마른 대기가 전체로서 상승하면 하층의 대기는 빨리 응결해서 구름을 만들고, 이후는 습윤단열감률(약 0.5 C/100 m)로 기온이 내려가는 데 대해서 상층의 대기는 좀처럼 응결하지 않으므로, 건조단열감률(약 1 C/100 m)로 기온이 내려가며, 상하의 기온차가 점점 증대해서 대기 성층이 불안정해지고, 나중에는 상하가 크게 뒤집어져서 맹렬한 상승기류가 일어나게 된다. 이와 같은 대기의 성층상태를 **대류불안정**(對流不安定, convective instability)이라고 한다.

상승기류의 발생을 독촉하는 것은 물론 하층대기의 수렴과 상층대기의 발산이지만, 이것을 일으키는 것으로 **편동풍파동**(偏東風波動, easterly wave)과 **적도전선**(赤道戰線, equatorial front)이 주목받고 있다. 중위도의 편서풍이 남북으로 사행서 흐르듯이 열대상공의 편동풍도 남북으로 사행해서 흐르고 있다. 편동풍의 경우에는 편서풍파동과는 반대로 흐름이 북쪽으로 돌출해 있는 부분이 기압의 골이고, 남쪽으로 돌출해 있는 부분이 기압의 마루이다. 편동풍파동은 서쪽으로 이동한다. 편동풍파동의 기압의 골의 부분에서는 하층의 수렴과 상층의 발산이 일어나고 있지만, 그 상호의 관계위치에 의해 파동이 서진 중에 지폭이 증대하는 일이 있다. 그래서 마지막에는 편동풍파동의 기압의 곡 부분에 와권을 만들어 태풍으로 성장하는 것이다. 이것이, 태풍을 포함하는 열대저기압이 열대해상의 서부에서 발생하기 쉬운 이유 중의 하나이다.

⑤ 태풍의 구조

태풍은 200~2,000 km의 직경을 가진 대기의 와권이다. 이 와권 속에는 막대한 양의 수증기가 응결을 일으키고 중간 정도의 태풍은 권내에서 하루 밤낮에 방출하는 수증기의 잠열은 대형 수소폭탄 400개분의 에너지에 상당한다. 이 중 운동에너지로 전환해서 폭풍을 일으키는 것은 고작 3% 뿐이다.

태풍의 중심역에는 눈(eye)이 있다. 그 주위에 높이 15~17 km에도 잘하는 적란운이 무리지어 발생해서 마치 원통과 같은 눈을 둘러싸고 있다. 눈과 적란운의 원통의 부분의 기온은 주위에 비교해서 기온이 대단히 높아 온난핵을 이루고 있다. 온난핵은 주위의 한랭한 공기보다 가볍다. 그 무게의 서로 다름이 태풍의 중심 부근과 외측과의 기압 차가 되어 나타나는 것이다. 온난핵의 기온이 주위보다 5~6 C 정도 높으면 중심기압은 980 hPa 대, 8~10 C 정도라면 940 hPa 대이다. 예를 들어, 권내의 약 2 km 상공에서 30 C의 고온을 관측한 일이 있었다. 또 약 10 km 상공에서 주위보다 17~19 C나 기온이 높은 관측 예도 있었다. 태풍의 유지, 발달은 이와 같이 온난핵의 유지, 발달에 지나지 않는다.

태풍의 하층에서는 주위에서 비교적 차가운 공기가 유입되는 데도 불구하고, 온난핵이 유지·발달하는 것은 적란운의 벽 속에서 방출되는 수증기의 잠열 때문이다. 그런 점에서 '눈'의 주변의 적란운 무리는 태풍이라고 하는 열기관의 엔진이라고 할 수 있다. 적란운 활동이 가장 활발한 부분은 태풍의 진행방향의 오른쪽에 위치하고 있는 것이 통상적이다.

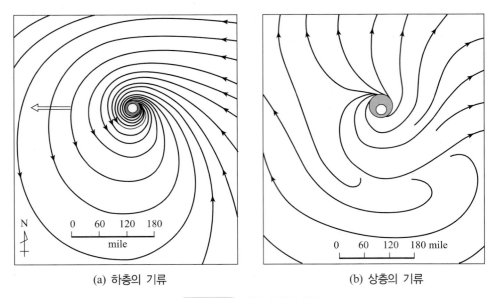

(a) 하층의 기류   (b) 상층의 기류

그림 7.21 태풍의 상하기류

대류권 상부에서는 그림 7.21과 같이 공기는 주위를 향해서 취출(불어 나감)되는 곳이 있고, 더욱이 외측에서는 시계방향으로 취출하고 있다. 태풍의 발달은 하층에서 취입(불어 들어옴)하는 공기량보다도 상공에서 취출되는 공기량 쪽이 큰 것에 의해 일어나고 있다. 하층에서 수렴하는 젖은 공기는 적란운 속에서 잠열을 방출하면서 급속하게 상승하고, 그리고 나서 위에서 주위로 불어 나간다. 태풍의 기압하강량의 2/3는 400 hPa(7,500 m) 이상으로 불어 올라가서 발산하는 습윤기류에 의한 것으로 견적되고 있다.

위에서 언급한 것처럼 태풍의 발생, 유지, 발달에는 '눈'의 주위의 적란운의 벽이 중요한 역할을 하고 있다는 사실을 알 수 있었다. 장차, 태풍에 대해서 인간이 무엇인가 역할을 할 수 있다면 십중팔구 바로 이 부분일 것이라고 미루어 짐작할 수 있다.

⑥ 태풍의 운동

강물의 와권이 흐름을 따라서 움직이듯이 태풍도 그것이 발생한 지대를 부는 대규모적인 흐름 (일반류 또는 지향류라고 함)을 따라서 움직인다. 또 북반구에서는 태풍과 같은 시계방향의 와권은 지구회전의 영향에 의해 북쪽으로 나아가는 성질이 있다(고기압과 같이 시계방향의 와권은 남쪽으로 진행하는 성질이 있다).

태풍은 처음 열대상공의 편동풍으로 흘러가서 서북서로 진행하고, 아열대고기압의 축(고기압의 중심을 통해서 동서로 뻗는 기압의 마루)을 지나쳐서 중위도편서풍대로 들어가면 전향해서 동북동 또는 북동으로 나아가는 것이 많다. 중위도편서풍대를 북동진하는 태풍은 제트기류에 접근하면서 속도를 높인다. 또 여름철 일반류가 약한 지역에서 발생한 태풍은 불규칙한 운동을 한다.

연 습 문 제

01 총관기상이란 어떤 의미를 포함하고 있는지 설명하고, 또 총관적 표현의 예를 들어 보라.

02 등압면천기도(isobaric surface)란 무엇인가?

03 기압배치의 여러 가지 형태를 나열하고, 그 의미를 설명하라.

04 기단과 전선의 서로의 연관성을 기술하라.

05 기단의 분류 원칙과 그 종류들을 알아보라.

06 우리나라를 포함해서 극동지방에 영향을 주는 기단을 열거하라.

07 고기압의 종류를 알아보고, 설명하라.

08 온대저기압과 열대저기압의 차이를 설명하라.

09 온대저기압의 생애와 그 에너지원을 기술하라.

10 태풍의 발생조건과 편동풍파동, 적도전선과의 관계를 설명하라.

11 와권은 무엇이고, 태풍은 무엇을 따라 이동하고 있는가?

08 미기상

미기상학(微氣象學, micrometeorology)이란 대기최하층에 있어서 대기현상의 상세함을 연구하는 대기과학의 한 분야로 정의할 수 있다. 지구 상의 생명은 그 대부분이 지표의 아주 엷은 공기층과 물속으로 한정되어 있다. 미기상학은 대기의 최하층을 취급하는 기상학의 분야로, 이런 의미로는 인간생활과 가장 관계가 깊은 것이라고 할 수가 있다. 미기상학은 총관기상학과는 다른 독특한 재미가 있다. 우리들이 생존하면서 생활을 영위하는 것은 이들의 영역 내이고, 대부분의 식료품은 그 속에서 만들어지므로, 기상학의 이 특수한 분야에 대해서 상당히 상세하게 소개하도록 하겠다.

한편 미기상에서 취급하는 범위는 어떠한 크기로, 그것에는 어떠한 현상이 있는 것일까? 기상학자들이 '미기상'이라고 말하는 경우에는 지상 100 m까지의 대기를 생각하고 있으며, 경우에 따라서는 개미나 모종의 세계, 즉 지상 1 cm 정도의 공기층의 기상을 생각하는 일도 있다. 즉, 미기상에서 취급하는 것은 지표면의 영향이 결정적으로 크고, 전향력의 영향이 거의 듣지 않는, 공기의 운동은 국부적인 기압경도에 지배되는 경우로, 이 기압경도도 총관기상학자가 관심을 갖는 일반기압경도와는 거의 관계를 하지 않는 국지적인 조건으로 결정되는 것과 같은 대기 하층의 기상인 것이다. 그래서 바람에 대해서도 미기상학자들이 관심을 가지고 있는 것은 바람의 크기나 방향이 아니고, 교란(난류)인 것이다.

1 지표 근방에 있어서의 기류의 성질

지상 약 500 m를 넘는 고도에서 수평의 대기운동은 대규모의 지형풍적인 행동을 가지고 진행한다. 그와 같은 운동은 본질적으로는 마찰에 의해 감속되지 않으므로, 일반적으로는 완만해서 교란을 동반하지 않는다. 그러나 500 m 이하(행성경계층, 즉 마찰층의 상한 이하)에서는 지표면에 의해 대기운동에 작용하는 마찰저항에 의한 다른 영향 — 예를 들면, 마찰층의 상단과 밑과의 사이에서 관측되는 평균풍속의 점진적인 감속 — 과 함께 교란이 대단히 현저하다. 고도 50 m 정도부터 지표 사이의 풍속(풍속 500 m와 50 m 사이에는 상대적으로 조금밖에는 감소하지 않는다)은 고도가 낮아짐에 따라서 점점 급속하게 0을 향해서 감쇠한다. 이 세분영역을 종종 접지(경계)층[接地(境界)層, surface(boundary) layer]이라고 한다.

이 영역 내에서 바람의 특수한 성질은 밑에 가로놓인 지표의 대기과학적인 성질로 대부분 결정되지만, 그것만이 아니고 온도의 연직기울기의 크기 및 그 부호에 의해서도 결정된다. 500 m와 50 m 사이의 영역은 자유대기 중의 평활한 지형풍적 흐름과 지표 부근의 본질적으로 교란된 성질을 가지고 있는 기류 사이의 실질적인 전이대(轉移帶, transitional zone)이다.

① 일정한 수평면상의 풍속

풍속계를 충분히 광대하게 한결같은 모양으로 수평면 상의 몇 개 장소의 고도에 연직으로 배치하고, 관측한 평균풍속 $u(z)$를 z에 대해서 찍어서 구해지는 바람의 단면분포는 그림 8.1에 나타난 것과 같은 모양이 되는 것을 알 수가 있다. 즉, 연직풍 전단은 지표의 바로 근방에서 가장 크고, 위로 감에 따라서 차차로 감소하는 것을 알 수 있다. 더욱이 바람이 기온의 연직구배에 대해서 반대로 작용할 만큼 충분히 강하면 $1/z$에 대해서 작성한 $\partial u/\partial z$는 직선관계를 이룬다.

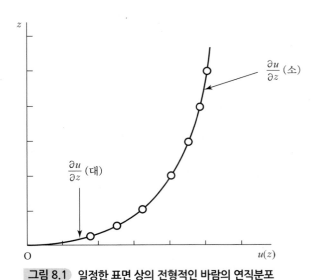

그림 8.1 일정한 표면 상의 전형적인 바람의 연직분포

그러므로 일반적인 식으로 표현하면,

$$\frac{\partial u}{\partial z} = A \cdot \frac{1}{z} \qquad (8.1)$$

이 된다. 여기서 매개변수 A는 z에 의존하지 않는 풍속이나 문제로 하고 있는 지표면 성질의 함수이다. 식 (8.1)을 적분해서

$$u(z) = A \ln z + B \qquad (8.2)$$

가 된다. 여기서 B는 적분상수이다.

이 관계는 실험실에 있어서 충분히 발달시킨 **난류경계층**(亂流境界層, turbulent boundary layer)의 바람의 연직단면 모양을 기술할 수 있는 형식인 것이다. 그래서 지표면에 밀착한 기류의 성질 및 특성은 제어된 실험실 내의 실험에서 충분히 확인되는 경계층이론에 의해 기술, 설명할 수 있다. 이하의 항은 약간 지나친 단순화일지는 모르지만, 적어도 완전한 형태로의 대수분포법칙의 식 (8.2)를 솜씨 좋게 이끌어내기에 충분할 정도로 난류경계층이론을 간단히 소개하고자 한다.

② 유체경계층 내의 흐름

수평면상을 운동하는 유체는 그 면상에 대해서 수평의 힘을 유체의 운동방향으로 미친다. 이와 같은 힘은 보통 면의 단위체적당 접선응력 τ로 표현된다. 반대로 표면은 유체에 대해서 같은 역방향의 감속시키는 힘을 미친다. 이 힘은 유체의 대부분에는 작용하지 않고(적어도 최초에는), 그 하부경계와 그 바로 상방의 유체경계층으로 알려지는 거의 한정된 범위에만 작용한다. 이와 같은 층내의 흐름은 비록 광대한 자연표면상에서 발견되었다고 해도 아주 드물게 밖에는 보여지지 않는 완전한 층류 또는 표면 자체에 밀접한 층류저층을 갖는 본질적인 난류이다.

그림 8.2에서 유체의 흐름에 의해 표면에 주어진 **전단응력**(剪斷應力, shearing stress)은 경계층 내에서 발생하고, **운동량유속**(運動量流束, momentum flux : 유속이란 단위시간당 단위면적을 통해서 대기량이 수송되는 비율)이 모양으로 표면에 전달된다. 전단응력의 차원은 단위면적당의 힘, MLT^{-2}/L^2 또는 단위면적·단위시간당의 운동량 MLT^{-1}/L^2T로 표현된다(M : 무게, L : 길이, T : 시간).

이 흐름과 같이 하향의 운동량유속은 경계층 내의 흐름에 전단을 만드는 성질에서 발생하고, 이 전단과 유체 간의 교란(연직의) 운동 사이에 있어서 상호작용에 의해 전달된다. 층류저층 내에서는 이들의 확산하는 운동과 그 기원, 특성 및 규모와 함께 한결같은 분자운동이다. 이것에 대해서 난류층에서는 확산운동은 적어도 크기가 육안으로 보일 정도로 분리된 유체의 덩어리로, 주변 유체로 병합되기 전에는 혼합거리 l(대체로 분자의 평균자유행로에 유사하다)로 알려져 있는 특유한 거리를 만드는 난류작용에 의해 변위하고 있다.

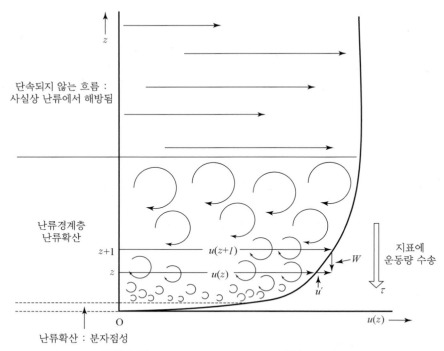

그림 8.2 평활한 표면 상에서의 난류경계층의 흐름

③ 혼합거리의 개념에서 전단응력까지

그림 8.2에서 처음 고도면 $(z + l)$에 있고, 적당한 평균속도 $u(z + l)$을 가지고 있는 한 덩어리의 유체가 난류의 작용에 의해 고도면 z로 변위된다고 가정한다. z에 있어서 순간속도는 $u(z + l) - u(z)$에 의해 주어지는 u'만큼 평균치를 넘는다. 즉, 제1근사로서

$$u' = l \frac{\partial u}{\partial z} \tag{8.3}$$

가 된다. 이 유체의 덩어리와 그 주위와의 연속적인 병합은 고도면 z에 있어서 흐름에 기여하는 단위체적당의 운동량이 되어 마친다. 더욱이 그 유체의 덩어리에 분여되는 순간적인 연직속도의 크기가 w'이라고 하면, 그와 같은 운동에 의한 운동량이 단위수평면적을 통해서 아래로 전달되는 비율은 $\rho u' w'$이 되는 것은 틀림 없다. 이 크기의 일정 운동량속이 같은 과정으로 층류저층의 상단으로 전달되어 거기서부터는 분자에 의해 표면으로 전달된다고 가정하면 다음과 같이 고쳐 쓸 수가 있다.

$$\tau = \rho u' w' \tag{8.4}$$

④ 마찰속도 u_*

그렇지만 전단응력을 마찰속도로 표현하는 쪽이 편리하므로 그것은

$$\tau = \rho \, u_*{}^2 \tag{8.5}$$

로, 여기서 u_* 는 곱 $u'\,w'$ 와 같은 모양이고, 일정운동량속 또는 전단응력 τ 의 영역을 통해 일정하다. u' 과 w' 을 단순히 크기만을 비교할 수 있다고 가정한다면, u_* 가 난류경계층의 흐름에 있어서 속도변동의 크기를 대표한다는 것을 이끌어낼 수 있다. 그러면서 u' 과 w' 이 같다고 가정하는 것은 정당하다고 인정되므로(이와 같은 난류를 **일양등방성난류**(一樣等方性亂流) 또는 **등방성난류**(等方性亂流)라고 한다),

$$u' = w' = u_* \tag{8.6}$$

그래서 u_* 를 식 (8.3)의 u' 으로 바꾸어 놓는다. 식 (8.3)에서 혼합거리 l 을 표현하는 일이 남아 있다.

⑤ 혼합거리 개념의 해석

난류경계층 내에 확실하게 혼돈된 유체의 운동은 대단히 많은 와(소용돌이)가 거기에 서로 겹쳐 있는 평활한 평균류로 볼 수 있다. 각각의 와는 평균유속 $u(z)$ 로 운동하고, 유속성분 u' 과 w' (그러므로 u_* 로도 표현되고, u_* 는 때때로 와속도라고도 불린다)으로 표현되는 그 자신의 내부운동은 임의의 점에 있어서 순간의 속도를 평균유속으로 주어지듯이 첨가한다. 혼합거리는 이들의 개개의 와의 규모와 동일하게 간주할 수 있다. 직관적으로 이 규모는 경계층을 통해 표면 자신의 곳에서 모든 난류운동이 정지할 때까지 아래쪽을 향해서 감소해서 $l = 0$ 이 되는 것을 기대한다.

전문적인 입장에서는 모든 와운동은 층류저층의 상단에서 끝마치고, 그 이전에서 l 은 사실상 분자의 평균자유행정이 된다. 이 추론에서 가장 단순하게 유도할 수 있는 것은 l 이 표면에서의 거리에 비례한다는 것이다. 그래서 이것은 실험에 의해 확인되고 있다. 그러므로

$$l = k \, z \tag{8.7}$$

이 된다. 더욱이 비례상수 k 는 밑에 있는 표면의 성질에 관계하지 않는다는 것을 알 수 있다. 역사적인 이유에서 k 가 **카르만상수**(Kármán constant)로 알려져 있고, 그 값은 $k = 0.40$ 이다.

6 완전한 모양에서 풍속의 연직분포를 주어지는 식

식 (8.3), 식 (8.6), 식 (8.7)에서 식 (8.1)의 매개변수 A는 u_*/k와 같은 것으로 취급할 수 있다. 즉,

$$\frac{\partial u}{\partial z} = \frac{u_*}{k z} \tag{8.8}$$

그리고 식 (8.2) 대신에

$$u(z) = \frac{u_*}{k} \ln z + B \tag{8.9}$$

를 사용한다.

식 (8.9)는 층류저층의 고도면 아래로 흐르는 난류경계층 사이의 바람의 단면 모양을 기술하지만, 층류저층의 영역 간에는 대기과학적으로 기술하는 것이 불가능하다. 이 식이 $z = 0$에서 주어지는 풍속, 즉 $u(0) = -\infty$가 되는 것이 증거이다. 거기서 식 (11.9)는 실용상의 모양으로서

$$u(z) = \frac{u_*}{k} \ln\left(\frac{z}{z_0}\right) \tag{8.10}$$

을 취하고, 이 속에서 z_0는 B에 의해 이미 주어져 있는 적분상수의 역할도 포함하고 있다. 그러나 길이 z_0는 다음 절에서 보듯이 일정의 대기과학적 의미를 가지고 있다.

2 바람에 대한 지면 조도의 영향

1 역학대기과학적 의미로서의 조도

길이 z_0의 크기는 측정이 이루어지는 표면 상의 조도(粗度, 거칠기, roughness, 표면의 거친 정도, 난류의 상태, 풍속의 연직분포 등은 지면으로부터 거칠기에 따라 달라지며, 거칠기는 거칠기길이로 나타냄)에 의존하고 있음을 알 수 있다. 이 관계에서 지각이나 촉각에서 얻어지는 개개의 표면성질에 대해서 가지고 있는 우리들 자신의 감각적인 개념과는 다소 달라서, 역학대기과학적인 개념에서 조도가 의미하는 것을 이해할 필요가 있다. 예를 들면, 온화한 바다는 역학대기과학적으로 축구장과 같은 평탄한 지역이다. 더욱이 감각적으로 기복이 많은 표면은 층류저층의 두께(u_*의 감쇠함수)가 그 상방의 난류에서 표면의 조도성분을 격절(사이가 서로 동떨어져 연락이 끊어짐)하는데 충분할 정도라면, 역학대기과학적으로 평활하게 될 것이다. 역학대기과학적

표 8.1 각종 표면의 조도상수

표면의 상태	전형적인 조도상수 z_0 (mm)
평활한 진흙의 평탄지 또는 얼음	0.01
평활한 설면, 짧은 풀만	0.05
바람으로 운반된 모래	0.5
바람으로 운반된 눈	1.0
깎은 잔디	1.0
짧은 풀만	5
거치른 목초	10
관목이 있는 황야	25
긴 풀만이나 가장 키가 큰 밭작물	50~100
삼림	약 500

으로 평활한 여러 표면에 대해서 z_0는 100 mm의 크기와 같은 작은 값을 갖는다. 실제로는 층류 저층의 두께보다 수백 배나 작다.

그러나 자연에서 대부분의 표면은 역학대기과학적으로 평탄하지 않다. 즉, 풀의 잎과 같이 개개의 난류성분은 표면에 작용하는 전단응력이 전부를 덮어 감추는 층류저층 상에 작용하기보다 오히려 그들 개개의 풀잎에 작용하는 역학대기과학적 저항력에서 형성되는 것이 보증될 정도로 충분히 난류영력 내에 들어가 있다. 그와 같은 역학대기과학적으로 평탄하지 않은 표면에서 z_0의 크기는 개개의 표면요소 특성에 완전히 의존하고 있다. 크기만이 아니고, 그들의 형상이나 분포상태에도 의존한다. 조도상수 z_0의 전형적인 값을 표 8.1에 나타내었다.

② 전단응력 및 평균풍속과 조도

z_0에서 명시된 표면의 조도가 클수록 u_*로 나타내는 특유한 전단응력이 생기는 데 필요한 풍속은 약하다. 역으로 말하면 특유한 바람에 의해 발생하는 전단응력은 보다 커진다. 이들의 결론은 이하의 방법에서 그림으로 가장 잘 표현된다. 식 (8.10)은 다음 식으로로 쓸 수 있다.

$$\ln z = \frac{k}{u_*}\, u(z) + \ln z_0 \tag{8.11}$$

이 식은 가로좌표로서 $u(z)$가 세로좌표 $\ln z$에 대해서 찍힐 때 구배 k/u_*의 직선이 구해지는 것을 표시하고, k/u_*의 직선은 $\ln z = \ln z_0$의 점에서 $\ln z$축$[u(z) = 0]$과 교차한다. 그림 8.3(a)는 조도상수 0.1, 1.0, 10 및 100 mm의 표면 상에 마찰속도 0.5 m/s에 대응하는 바람의 대수형 연직분포를 나타내고 $z = 2$ m에서 표시된 풍속은 $z_0 = 0.1$ mm에서 12.3 m/s, $z_0 = 100$ mm에서 3.7 m/s까지 감소한다. 한편 그림 8.3(b)는 $z = 2$ m에 있어서 7.5 m/s의 일정풍속에 대응하고, 전단응력이 $z_0 = 0.1$ mm의 표면상에 있어서 0.1 Nm^{-2}($u_* = 0.3$ m/s)에서 $z_0 = 100$ mm

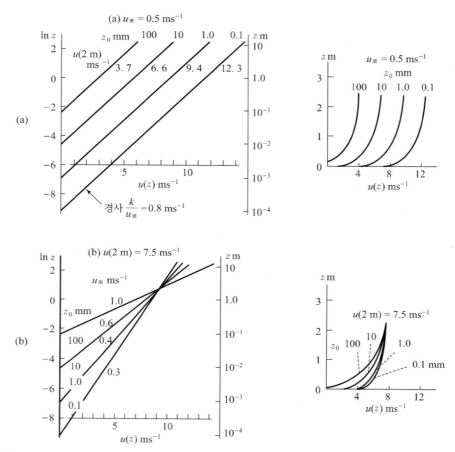

그림 8.3 여러 종류의 z_0 값에 대한 대수칙적 및 실제 바람의 연직분포 (a) $u_* = $ 일정 $= 0.5$ m/s (b) $u(2 \text{ m}) = $ 일정 $= 7.5$ m/s

의 표면상에 있어서의 $1.2 \text{ Nm}^{-2}(u_* = 1.0$ m/s)까지 증대하고 있는 것을 나타낸다. 그림 8.3(a) 와 (b)에는 실제 바람의 연직분포의 약도를 맞추어서 게재해 놓았는데, 이들의 그림은 대수 표시 보다는 사실적으로 실제의 상태를 나타내고 있다.

더욱이 관련되는 약간의 문제점이 그림 8.3(b)에서 유도된다. 즉, 표면의 요철(凹凸 : 오목함과 볼록함)이 커지면 커질수록 부근의 평균풍속은 일반적으로 느려진다. 교란 또는 풍식(u_*로 표 시됨)은 커지겠지만 일정의 등압면간격(즉, 일정의 지형풍)에 대해서 해상 10 m(z_0가 0.1 내지 1.0 mm)의 풍속이 육상과 같은 고도(z_0가 10 내지 100 mm)의 그것의 평균 약 2배라고 하는 것을 의미하고 있다. 같은 방법으로 고립되어 있는 장해물에 미치는 바람의 파괴력이 대략 풍속 의 2승에 비례하므로, 이 결론은 비록 그것이 개발이라고 하는 이름으로 이미 송두리째 뿌리가 뽑혀버린 산울타리이나 수림(나무숲)의 재식림(재조림 : 다시 나무를 심에 수풀을 만듦)을 의미 한다 해도, 바람의 감쇄에 공헌하는 시골의 여러 조도를 유지하는 데 필요한 것을 강조하고 있다.

③ 저항계수 C_D

이제까지 매개변수 z_0에 의해 표면조도의 특성이 주어졌다. 그러나 조도는 주어진 바람의 강함에 의해 발생하는 전단응력(즉, 단위수평면적당의 저항력)의 크기에 관련시키는 쪽이 오히려 바람직했고, 그 관계를 가장 잘 표현하는 것이 다음의 식에서 정의되는 표면의 저항계수[抵抗係數, resistance(drag) coefficient, friction factor] C_D이다.

$$\tau = \rho\, u^2(z)\, C_D(z) \tag{8.12}$$

(분명히 주어진 바람의 강도는 그 측정하는 고도에 관계하므로, C_D도 z의 함수가 되지 않으면 안 된다. 실제로 C_D는 통상 2 m 또는 10 m의 표준고도에서 구해진다.) 식 (8.12)와 식 (8.5)를 비교함으로써 단순한 관계가 얻어진다. 즉,

$$C_D(z) = \left(\frac{u_*}{u(z)}\right)^2 \tag{8.13}$$

이다.

자연의 거친 표면(초목)의 많은 저항력은 개개의 표면성분(잎이나 줄기)에 첨가되는 압력의 작용에 의하고, 그와 같은 힘은 (풍속)²으로 변화하므로, 특유한 표면상의 C_D값은 풍속에 무관계가 아니면 안 된다고 하는 것이 식 (8.12)의 모양에서 유도된다(이것은 풍속이 유선을 발생시킬 정도로 충분히 빠를 때에는 옳지 않다. 또 아주 약한 풍속의 경우에도 점성효과 때문에 전혀 성립하지 않는다). 그와 같은 표면상 임의의 특정고도에 있어서 마찰속도와 평균유속과의 비율은 풍속에 무관계여야 한다는 것이 식 (8.13)에서 이끌어진다. 한편, 식 (8.10)에서 일정의 저항계수가 일정의 조도상수를 의미한다는 것이 결론지어진다. 따라서 특유한 표면에 대해서 적당한 풍속으로 구한 C_D(또는 z_0)값은 그 표면에 대한 유일한 값으로 간주될 수 있으므로, 임의의 다른 풍속에 있어서 그 표면상의 저항을 계산하는 데 이용할 수 있다.

④ 수송계수로서의 C_D

미기상학자에 의해 계수 C_D는 단순한 역학대기과학적 저항계수라하기보다도 그보다 큰 값은 보다 큰 표면조도를 의미하고, 그 역도 성립한다는 것이다. 그것은 난류경계층이 가로지르고, 하방 표면상으로 하향으로 운동량이 수송되는 유효성의 척도를 부여하는 큰 계수가 된다(주어진 풍속에 대해서 큰 저항계수는 식 (8.12)에서 큰 전단응력을 의미하고, 큰 전단응력은 큰 운동량의 하향 유속이 있는 것을 의미한다고 하는 것에 주의하기 바란다). C_D는 전체로서 어떤 의미로 경계층의 전기전도율(전기저항의 역수, conductance), 난류의 확산작용에 대부분이 기인하는 전

기전도율과 관계하는 것임에 틀림없는 난류의 이 중요한 성질은 9.3절에서 취급하도록 한다.

⑤ 표면조도의 변화효과

최후에 어떤 감지할 수 있는 두께 전체에 걸쳐서 특유한 표면조도에 순응하는 기류에서는 현저한 하향 흐름의 거리가 필요하게 되는 것이 강조되지 않으면 안 된다. 그림 8.4(a)는 조도상수 z_{01}(점 A를 넘어서 무한히 풍상으로 퍼지는 것으로 가정됨) 표면에서 불고 있는 바람이 O점에서 풍하측(바람이 불어 나가는 쪽)으로 퍼져가고 있는 그것보다 확실하게 요철이 큰 표면($z_0 = z_{02}$) 위를 적어도 B점까지 불어보내고 있는 곳을 나타내고 있다. 제1의 표면상의 바람의 연직분포특성과 O점에서 제2의 표면상으로 유입(흘러 들어옴)하는 바람의 연직분포특성은, z에 무관계한 마찰속도(u_{*1})의 분포와 함께 그림 8.4(b)에 표시한다. 이것은 O점에서는 경계층을 통해서 응력(τ_1)이 제1의 표면상의 그것에 동등한 일정전단응력이 되어 있는 것을 표시하고 있다. 그림 8.4(a)의 곡선 OD는 그 영역 내에 유입하는 바람의 연직분포의 형태가 표면조도의 변화에 의해 변형되는 영역의 상부경계를 나타내고, 곡선 OC는 유입기류의 연직분포가 이 변화에 충분히 순응하고 있는 보다 한정된 연직방향의 범위를 표시하고 있다. 즉, 공통선형영역 DOC는 전이층으로 간주하지 않으면 안 된다.

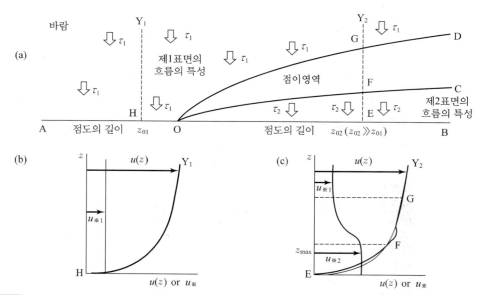

그림 8.4 지표조도가 z_{01}에서 z_{02}로 **변화할 때의 효과,** $z_{01} \gg z_{02}$ (a) 신지표조도의 영향의 범위 (b) 새로운 지표상으로 유입하는 바람 및 마찰속도의 연직분포 (c) 조도변화지점에서 하류에 있어서의 바람 및 마찰속도의 연직분포

이상 언급해 온 것은 표면조도의 변화지점에서 약간의 거리풍하측의 P점에 있어서 전형적인 연직분포를 나타내고 있는 그림 8.4(c)에서 보다 알기 쉽게 표시되어 있다. 유입기류의 연직분포도 u_*로 표현되는 전단응력의 연직분포와 함께 표시되어 있다(주의 : 흐름의 질량이 보존되기 위해서는 풍속을 나타내는 곡선과 종축 사이의 영역이 같은 것을 필요로 한다. 그러므로 G 밑에서의 흐름에 국부적 가속이 있다). 분명히 전이대는 그 범위 내에서 전단응력이 그 초기치에서 새로운 표면조도의 특성값(τ_2)으로 변형되는 영역이다(이 예에서는 마찰속도 전이대의 하부에 나타나는 상대적으로 큰 바람의 전단에 의해 u_{*1}에서 u_{*2}로 증대된다).

밑에 누워 있는 표면의 특성에 의해 변형되는 바람의 연직분포의 두께(EF)는 조도의 변화지점에서 풍하측으로 거리와 함께 천천히 증대한다. 자연에 있어서 일정한 표면은 제한된 범위가 되므로, 이것은 종종 실제상 중요한 문제이다. 경험칙으로서 표면조도의 변화지점에서 풍하의 거리 x에 있어서 바람의 연직분포는 다음 식으로 주어지는 고도까지 표면의 특성이 되고, 그 이상에는 미치지 않는다.

$$z_{\max} = \frac{x}{40} \tag{8.14}$$

조도상수의 측정을 위해서는 어떠한 야외실험계획에서도, 예를 들면 풍속계의 위치는 $z_{\max}$ 이하의 조도의 영향을 받은 기류가 충분히 발달하고 있는 영역 내로 한정하지 않으면 안 된다.

3 난류에 의한 연직수송

"미기상학자들이 가장 의식하고 있는 지표풍의 특징은 그 강도나 풍향이 아니고, 교란이다. 교란의 주된 역할은 물질이나 열, 운동량의 확산을 강하게 하는 원인이 된다."

어떠한 유체의 교란에서도 분자의 제멋대로의 운동에 의해 일어나는 확산작용보다 효과적인 몇 자릿수나 더 큰 확산작용을 가지고 있다. 예를 들면, 시험관의 물(실온의) 밑에 주의 깊게 주입한 액체염료는 비커 내 전체로 일양하게 확산하는 데 수간을 요하지만, 그것에 대해서 같은 결과가 휘저으므로써 근소한 수초 간에 얻어진다. 대기현상의 규모는 분자확산으로 완전히 이루어지기에는 부족하다. 실제 행성경계층 내의 교란에 의해 생긴 혼합작용이 없다면 지구표면이나 그 근방에 있어서의 상태는 정통(어떤 사물에 깊고 자세히 통합)하고 있는 상태에서 비극적으로 다른 것이 될 것이다.

인구의 밀집지대나 공업지대에서 현재 뿜어내고 있는 연기는 지금과 같이 대기 중으로 완전히 혼합되지 않고, 대기 중에서 비에 의해 씻겨 흘러버릴 것이다. 그뿐만 아니라 그와 같은 오염질은 지표에 근접해서 좁은 층 내 모일 것이고, 해양에서의 증발(그 자신은 난류교환의 산물)이 실제로는 정지할 것이므로, 오염질을 씻어 흘려버릴 때 효과적인 비도 오지 않을 것이다. 필연적으로 오염질은 무한히 축적될 것이다(현재 대기 내에 있는 고체오염질의 총질량은 1,000만 톤 = 10^7 ton으로 추정된다). 여기에 박무, 안개 또는 스모그에 영구적으로 덮여 있지 않는 고체지구의 어느 부분도 효과적인 열수송기구의 제거 때문에, 십중팔구 대단히 큰 기온의 변화를 가져올 것이다.

① 흐름의 식 ; 전기와의 유사를 이용해서

전기에 있어서 옴의 법칙(Ohm's law : 전류의 세기는 두 점 사이의 전위차에 비례하고, 전기 저항에 반비례한다는 법칙)은 (균일한 물질로 된) 도선에 일정의 정상전류가 흐를 때 그 저항, 그것을 통하는 전류 및 그 양단간의 전위차와의 사이에는

$$저항 = \frac{전위차}{전류} \tag{8.15}$$

라는 관계가 성립한다는 것이다. 옴의 법칙 자신은 열의 흐름의 유추로서 나왔다. 그 역사과정을 거슬러올라갈 수가 있다. 만일 옴의 법칙을

$$전기저항 = \frac{전위차}{전하의\ 흐름의\ 비율} \tag{8.16}$$

로 쓴다면, 그것에 해당하는 열의 식은

$$열저항 = \frac{온도차}{열류의\ 비율} \tag{8.17}$$

또는

$$열저항 = \frac{온도차}{열류속} \tag{8.18}$$

가 된다.

여기서 그 유사는 분명하고, 이런 종류의 식을 적당한 양을 전위차나 흐름이 비율로 치환함으로써 많은 다른 흐름의 경우로 확대할 수가 있다. 흐름의 비율이 단위면적을 가로지르는 흐름의 비율을 의미할 때 그것을 유속이라고 하자. 유사식은

$$전기저항 = \frac{전위차}{유속} \tag{8.19}$$

이다.

식 (8.19)는 적당한 퍼텐셜 — 즉, 단위체적당 양인 관계특성량농도— 을 이용함으로써 그 이상 변형하지 않고, 경계층의 흐름 영역을 (연직방향으로) 가로지르는 임의의 특성량의 난류 속을 포

함하고 있는 문제에 적용할 수 있다(그와 같은 유속의 방향은 고농도의 영역에서 저농도의 영역으로 향한다). 난류저항은 제(＝고농도÷유속)로 정의된다. 이것은 (단위체적당의 양의 차)÷(단위면적, 단위시간당의 양) 과 같기 때문에 수송되는 어떠한 특성량의 차원도, 예를 들면 그것을 Q로 한다면 난류저항의 차원은 $(QL^{-3}) \div (QL^{-2}T^{-1})$, 즉 TL^{-1} 또는 (속도)$^{-1}$이다.

충분히 발달한 경계층 내의 난류에 직접 연결하는 것은 크기 τ 의 운동량의 하향 유속이다 (8.1.2항 참조). 어떤 적당한 고도 z와 지표와의 사이에 이 유속을 이끌어내는 퍼텐셜의 차는 단위체적당 운동량에 대응하는 차 즉 $\rho u(z) - \rho u_0$ 또는 지표 자신의 풍속 u_0가 어디에서나 0으로 간단하게 $\rho u(z)$와 같다. $r_D(z)$로 나타낸 z와 지표 사이의 운동량수송에 대한 저항은 $\rho u(z)/\tau$로 주어진다. 그러나 식 (8.5)에서 $\tau = \rho u_*{}^2$이므로

$$r_D(z) = \frac{u(z)}{u_*{}^2} \tag{8.20}$$

이다.

8.2.4절에서 제안한 운동량수송계수 $C_D(z)$와 대응하는 경계층의 전도율과의 관계에 대해서 엄밀한 식은 식 (8.20)과 식 (8.13)을 조합하므로써 다음 식이 주어진다.

$$r_D(z) = \frac{1}{u(z)\, C_D(z)} \tag{8.21}$$

따라서 z와 지표 간 (운동량에 관한) 경계층의 전도율 $1/r_D(z)$는 $u(z)$와 계수 $C_D(z)$의 곱과 같다.

열의 대류수송에 대해 적당한 퍼텐셜은 단위체적당의 열용량, 즉 $\rho C_p T$이다(C_p는 정압비열). 그러므로 평균온도가 T_0의 지표와 평균기온 $T(z)$의 고도 z 사이의 열유속 크기 H에 가해지는 저항은

$$r_H(z) = \frac{\rho C_p \{T_0 - T(z)\}}{H} \tag{8.22}$$

로 주어지지 않으면 안 된다.

수증기유속 E에 대한 유사한 표현은

$$r_V(z) = \frac{\rho}{\frac{8}{5} p} \cdot \frac{e_0 - e(z)}{E} \tag{8.23}$$

으로 퍼텐셜 ρ_V는 수증기압으로 표현된다.

상기의 식에서 정의되었듯이 저항 $r_H(z)$ 및 $r_V(z)$는 각각 유속의 크기 및 그것에 대응하는 퍼텐셜의 차의 지식에서 어떠한 환경 하에서도 계산할 수가 있다. 한편 유속 자체를 결정하기

위해서 이들의 식을 사용하기 위해서는 $r_H(z)$ 또는 $r_V(z)$값을 구하는 것이 필요하다. 그래서 저항 $r_D(z)$는 $r_H(z)$나 $r_V(z)$로 치환되는 것이지만, 이것은 지표면 자체에 있어서 수송과정이 다르기 때문에 종종 나쁜 근사가 된다. 특히 지표가 공기역학적으로 거친 경우[이와 같은 표면, 표면으로의 운동량수송에 작용하는 마찰저항력은 주로 해서 개개의 조도성분에 작용하는 압력에 의하지만, 한편 물질이나 열은 각 성분을 포용하고 있는 층류경계층을 넘는데 분자확산에 의하지 않으면 안 되므로, $r_H(z)$와 $r_V(z)$는 이따금 보다 상당히 커진다], 이 결과로 식물이 심어져 있는 지표면 상의 기온이나 수증기압의 평균상태를 측정(또는 정의하는 것도)하는 것이 곤란하므로, 열이나 수증기 유속의 식은 보통 다음 형태로 표현된다.

$$H = \frac{\rho \, C_p \left\{ T(z_1) - T(z_2) \right\}}{r_H(z_1, \ z_2)} \tag{8.24}$$

및

$$E = \frac{\rho}{\frac{8}{5}p} \cdot \frac{e(z_1) - e(z_2)}{r_V(z_1, \ z_2)} \tag{8.25}$$

z_1과 z_2는 2고도에서 z_1은 지표에 가까운 고도이고, $r(z_1, \ z_2)$는 각각 z_1과 z_2 사이의 수송에 대응하는 저항이다. 지표 자체에 있는 경우를 제외하고, 어느 것인가 하나의 특성량, 예를 들면 수증기의 연직수송은 운동량과 같은 다른 어떤 양의 연직수송도 동시에 일으킬 수 있는 완전히 동일한 난류운동에 의해 일어날 수가 있다. 그러므로 각 특성량은 같은 난류저항을 받지 않으면 안 되므로

$$r_H(z_1, \ z_2) = r_V(z_1, \ z_2) = r_D(z_1, \ z_2) \tag{8.26}$$

여기서 식 (8.20)에서

$$r_D(z_1, \ z_2) = \frac{u(z_2) - u(z_1)}{u_*^2} \tag{8.27}$$

이 된다.

② 열유속 및 기타의 계산

표 11. 2에 인용한 평균풍속, 기온 및 수증기압의 관측이 충분히 발달한 경계층류 내(즉, 가장 가까운 소장해물 또는 지표조도의 현저한 변화지점에서 적어도 풍하측 100 m)에서 이루어져, 그들의 관측치가 자유대류의 효과(11.3.3절 참조)에 의해 그다지 영향을 받지 않는다고 가정하자.

현열과 수증기를 조합한 연직방향의 유속은 아래와 같이 해서 결정한다.

- 적당한 난류저항을 식 (8.27)에서 유도하기 전에 u_* 의 값을 우선 구하지 않으면 안 된다. 식 (8.10)에서

$$\frac{u(z_1)}{u_*} = \frac{1}{k} \ln\left(\frac{z_1}{z_0}\right) \tag{8.28}$$

및

$$\frac{u(z_2)}{u_*} = \frac{1}{k} \ln\left(\frac{z_2}{z_0}\right) \tag{8.29}$$

이기 때문에

$$u_* = \frac{k\{u(z_2) - u(z_1)\}}{\ln\left(\dfrac{z_2}{z_1}\right)} \tag{8.30}$$

이고, 그리고 표 8.2에 의하면 $k = 0.40$을 대입하면

$$u_* = 0.46 \, \text{m/s} \tag{8.31}$$

- 식 (8.27)에서

$$r_D(z_1, \, z_2) = 3.8 \, \text{s/m} \tag{8.32}$$

- 이 저항치를 $\rho = 1.2 \, \text{kg/m}^3$, $C_p = 10^3 \, \text{J/kg}$과 함께 식 (8.26)을 거쳐서 식 (8.24)에 넣어서 현열유속을 구하면

$$H = 0.22 \, \text{kW/m}^2 \tag{8.33}$$

- 그래서 $p = 1,000 \, \text{hPa}$과 함께 식 (8.25)에 대입하면 수증기유속 또는 증발률은

$$E = 1.2 \times 10^{-4} \, (\text{kg/m}^2 \cdot \text{s}) \tag{8.34}$$

실용단위로 이 최후의 값은 1시간당 0.43 mm의 물의 증발률 비율과 같고, 그것에 포함되는 잠열에서는

$$L_v E = 0.30 \, \text{kW/m}^2 \tag{8.35}$$

의 에너지유속과 같다.

난류교환의 기구에 의해 지표에서 방출되는 에너지의 총유속은 H와 $L_v E$의 합계, 즉 0.52 kW/m²와 같다. 이것은 또한 분자전도에 의한 지표로의 에너지에 상당하는 유속이 무시 가능한

표 8.2 평균풍속·기온·수증기압의 고도분포

고 도 z(m)	평균풍속 $u(z)$ m/s	기 온(C)	수증기압 $e(z)$ hPa
2	4.8	19.8	18.7
1	4.0	20.5	19.3

것으로(그래서 평균상태도 본질적으로 정상이라고 하는 조건 하에서), 그때의 지표에 입사하는 방사에너지의 순유속 R_{net}과 같다고 생각할 수 있다.

지표에서 방출되는 현열(sensible heat)과 잠열(latent heat)의 유속비율은 보우엔비(Bowen ratio) B로 알려져 있어

$$B = \frac{H}{L_v E} \tag{8.36}$$

에 의해 주어지는데, 그 값은 0.73이 된다. 이것은 식물이 번성하고 있는 지표에서 전형치이다. 그것에 대해서 수면에서는 현열이나 잠열의 R_{net} 배분은 아주 불균등하다. B값은 통상 거의 0.1이다(B는 $R_{net} = 0$일 때 수면에서 -1의 값을 갖지만, 큰 정($+$)의 값은 건조한 사막지대의 전형치이다).

지표면 형태의 어느 정도의 확인은 그 조도상수 z_0를 계산함으로써 구할 수 있다. 이 계산은 $z = z_1$으로서 식 (8.30)으로 식 (8.10)을 나누어서 비율을 구하는 것이 가장 형편이 좋아

$$x = \frac{u(z_1)}{u(z_2) - u(z_1)} = \frac{\ln\left(\dfrac{z_1}{z_0}\right)}{\ln\left(\dfrac{z_2}{z_1}\right)} \tag{8.37}$$

이 된다. 표 8.2에서 $x = 5$, 그러므로 다음의 관계

$$z_o = \frac{z_1}{\left(\dfrac{z_2}{z_1}\right)^x} \tag{8.38}$$

로 주어지는 z_0는 33 mm이다. 이것은 보통의 풀만 있는 곳에서의 전형치이다.

마지막에 지표면 자신에 있어서 평균기온과 수증기의 제1근사는 아래와 같이 식 (8.22)와 식 (8.23)의 $r_H(z)$ 및 $r_V(z)$를 $r_D(z)$로 치환함으로써 구해진다. 저항 $r_D(z_1)$는 $u_* = 0.46$ m/s로 식 (8.20)에서

$$r_D(z_1) = 19.0 \text{ s/m} \tag{8.39}$$

가 되고, 식 (8.22)에서 $H = 220$ W/m^{2}과 $T(z_1) = 20.5℃$에서 그것은

$$T_0 = 24.0℃ \tag{8.40}$$

로 주어진다.

그리고 식 (8.23)에서 $E = 1.2 \times 10^{-4}$ (kg/m$^2 \cdot$s), $e(z_1) = 19.3$ hPa(mb)에서는

$$e_0 = 22.3 \text{ hPa} \tag{8.41}$$

이 된다. 4 K 자릿수의 상대적으로 큰 온도차에 주의하기 바란다. 이것은 지표 자체와 1~2 m의 영역 사이에서 유지된다. 이것은 연간 대부분 맑은 낮 중에 나타나는 전형적인 상태이지만, 봄의 생장기간에서 지표영역의 미기후에 특히 유익하다.

③ 난류교환과 연직방향의 온도경도

바람의 연직분포에 관한 대수칙의 식 (8.10)과 그로부터 유도되는 식 (8.30)과 같은 관계는 안정도가 중립상태일 때만(이론적 입장에서) 엄밀하게 적용된다. 더욱이 큰 기온감률 또는 역전의 조건 하에서 식 (8.10)은 관측된 바람의 연직분포의 형태를 기술하기에 불충분하고, 식 (8.26)에서 표현한 등식관계도 그와 같은 조건 하에서는 같은 모양으로 성립하지 않는다. 그러므로 식 (8.10)과 식 (8.26)의 사용이 헛수고가 되는 것과 같은 시도를 하지 말고, 요컨대 안정도가 중립의 조건 하에서 경계층의 흐름에 수반되는 난류교환의 단순한 구조에 상당히 변경을 일으키는 시도를 하지 말고, 엄밀한 중립상태에서 실제로 확장해서 사용할 수 있는 범위를 확립하는 것이 이 항에서 주된 목적이다.

그림 8.5는 기온이 높이와 함께 저하하고 있는 난류경계층 내에서 풍속, 기온 및 밀도의 전형적인 연직분포를 나타낸다. 관계하는 2고 (z_1과 z_2)가 이 경계층 내에서 $z_2 = z_1 + l$과 같이 선택한다. 여기서 l은 국부혼합거리(局部混合距離)이다.

체적 V의 덩어리 유체를 생각해 보자. 그 총운동에너지는 독립된 2성분으로 되어 있다. 1성분은 평균류의 부분으로서 그 수평운동에서 유도된다. 한편 다른 1성분은 그 경계층 내에 존재하는 강제적인 교란 부분으로서, 그 자신의 불규칙 운동으로 연결되어 있다. 따라서 이 유체덩어리의 연직방향만의 운동으로 수반되는 운동에너지(K_E)는 곱 $(1/2)\,\rho\,V w'^2$으로 표현된다. 따라서 식 (8.6) 및 식 (8.3)에서 $w' = u' = l \cdot \partial u / \partial z$이기 때문에 이 교란의 '자연($n$)'의 운동에너지

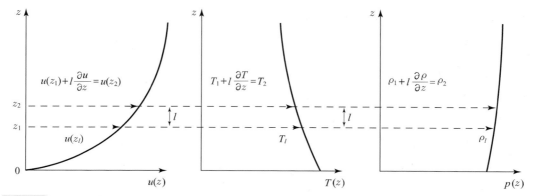

그림 8.5 **난류경계층 내의 풍속, 기온 및 밀도의 연직분포** 각 특성의 난류교환은 같은 특성거리, 즉 혼합거리 l을 통해서 일어난다.

$(K_E)_n$의 연직성분은 다음의 형태로 쓸 수 있다.

$$(K_E)_n = \frac{1}{2}\, \rho \, V \, l^2 \left(\frac{\partial u}{\partial z}\right)^2 \tag{8.42}$$

한편 그와 같은 유체덩어리가 초기에는 고도 z_1에서 그 높이에 상당하는 밀도 ρ_1을 가졌고, 난류교환의 과정에 있어서 주위가 밀도 ρ_2의 고도 z_2로 바뀌었다고 하자. 따라서 이 후자의 고도에서 유체괴는 $g\,(\rho_2 - \rho_1)\, V = F$ 크기의 정(+)의 부력을 받는다. z_1에서 z_2로 그 운동기간 중 유체괴의 부력이 z_1에 있어서 0에서 z_2에 있어서의 F까지(z_1에서의 고도와 함께) 일양하게 증대한다고 가정하면(z_1, z_2 사이의 국부적인 기온의 연직분포 변화를 직선 상으로 가정하는 것과 같다), 이 운동과정에 있어서 부력(浮力, buoyance, b)의 작용에 의해 이루어지는 일(W_B)은 힘 $1/2 \cdot F$와 거리 $(z_2 - z_1)$의 곱과 같다. 즉

$$W_b = \frac{1}{2}\, g\,(\rho_2 - \rho_1)\,(z_2 - z_1)\, V \tag{8.43}$$

가 된다.

이 일양은 양 $(K_E)_b$에 의해 공기덩어리 상향 운동에너지 $(K_E)_n$과 같아질 때까지 직접적으로 증대하는 데 사용되고, 이것은 후자 $(K_E)_b$와 같다고 취급할 수 있다. 이상에서

$$(K_E)_b = \frac{1}{2}\, g\,(\rho_2 - \rho_1)\,(z_2 - z_1)\, V \tag{8.44}$$

이고, 그래서 $(z_2 - z_1)$에 대해서는 l, $(\rho_2 - \rho_1)$에 대해서는 $l\,\partial\rho/\partial z$로 치환하고, 최후에 ($\rho = p/R\,T$를 미분함으로써) $\partial\rho/\partial z$에 대해서 $-(\rho/T \cdot \partial T/\partial z)$로 바꾸어 주면, 이 식은 당면의 해석에 가장 좋은 형으로 쓸 수 있다.

$$(K_E)_b = -\frac{1}{2}\, \rho \, V \, l^2 \cdot \frac{g}{T} \cdot \frac{\partial T}{\partial z} \tag{8.45}$$

분명히 비 $(K_E)_b / (K_E)_n$의 크기는 유체경계층의 구조(풍속의 연직분포형, 교란의 성질 등)를 결정할 때 자유대류와 강제대류의 상대적인 중요도에 관계하고 있다. 실제 매개변수 $(K_E)_b / (K_E)_n$는 리차드슨수(Richardson number) Ri로서 알려져, 경계층영역에 있어서 불안정 또는 안정의 가늠으로써 이용된다. 식 (8.42)와 식 (8.45)에서

$$Ri = \frac{g}{T} \cdot \frac{\dfrac{\partial T}{\partial z}}{\left(\dfrac{\partial u}{\partial z}\right)^2} \tag{8.46}$$

이 된다. 따라서 감률상태에서 Ri는 (-), 역전상태에서는 (+)가 된다.

Ri 가 $+1$의 값을 넘는 영역에서는 자연발생의 난류운동이 불가능하다는 것을 추론할 수 있을 것이다. 똑같이 그와 같은 영역에 어디에서 침입해 온 와운동이라도 급속하게 소멸하지 않으면 안 된다. 실제 정의 리차드슨수가, 예를 들면 $+0.04$와 같이 1보다 아주 작은 값일 때도 지표의 경계층에 있어서 교란을 널리 약하게 할 충분한 능력이 있고, 본질적으로 층상상태의 흐름을 형성한다. 거기서 맑게 갠 하늘 아래의 지표의 방사냉각에 의해 형성되는 것과 같이 기온역전의 존재에 의해 난류교환은 강하게 억제된다고 하는 일에 주목해 두자.

이와는 정반대의 극단의 경우, 예를 들면 Ri 가 -1 보다 대수적(代數的, algebraic)으로 작은 영역에서는, 자유대류가 유력한 수송기구로써 강제대류로 치환하기 위해서 강한 체감상태의 특성인 대단히 높아진 난류수송을 발생한다. Ri 가 -0.1 정도인 경우에도 그것에 수반되는 기온감률의 영향은 이미 경계층 내에 있는 교란을 주목할 가치가 있을 정도로 증대시킬 정도가 되고, 그 결과 바람의 연직분포 대수(對數, logarithm, 로그)분포형을 변화시킬 정도가 된다.

식 (8.10) 및 식 (8.26)을 올바르게 적용시키면 생각되고 있는 리차드슨수의 범위는 작다. 즉,

$$-0.03 < Ri < 0.01 \tag{8.47}$$

이다. 이 범위 이외에서는 평균풍속의 연직분포형에 대한 부력효과가 계산되지 않으면 안 되고, 운동량이나 질량이 난류경계층을 가로 질러서 수송되는 상대적인 비율에 대한 부력효과를 계산하지 않으면 안 된다.

표 8.2에서 이용한 관측치가 자유대류의 효과에 의해 주목할만 한 가치가 있을 정도로 영향을 미치지 않고 있다는 추측을 검토해 보자. 식 (8.46)에서 g는 10 m^{-2}과 같고, T를 288 K 로 놓으므로써 우선 간단화되고, 차분형식으로 다음과 같이 쓸 수 있다.

$$Ri \fallingdotseq 0.035 \frac{\Delta T \cdot \Delta z}{(\Delta u)^2} \tag{8.48}$$

표 11.2에서 $\Delta T = -0.7$ K, $\Delta z = 1.0$ m 및 $\Delta u = 0.8$ m/s 이므로, $Ri = -0.04$가 되고, 식 (11.47)에서 설정된 임계치와 충분히 일치하고 있다.

연 습 문 제

01 광대한 초원 위의 $z_1 = 2\,\text{m}$, $z_2 = 10\,\text{m}$에서 측정한 풍속은 $u(z_1) = 4.5\,\text{m/s}$ 및 $u(z_2) = 6.5\,\text{m/s}$이다. 지표의 조도상수를 그림으로 표시하거나 기타의 방법으로 결정하라.

02 $C_D(z) = k^2 / \{\ln(z/z_0)\}^2$이 되는 것을 보이고, 앞의 문제에 대해서 $C_D(z_2)$ 및 τ를 구하라. 어떤 때 $u(z_2) = 4.2\,\text{m/s}$였다고 한다면 그때의 τ는 얼마인가?

03 문제 1번과 같은 초원 위에서 강풍기간의 풍속이 $u(z_1) = 15\,\text{m/s}$ 및 $u(z_2) = 20\,\text{m/s}$이다. 풀잎의 유선이 그와 같은 강풍 시에 생기지 않으면 안 되는 것을 보여라. 또 전단응력 τ를 구하라.

04 식물이 생장하고 있는 상당히 넓은 지표면 상에서 다음과 같은 관측치(관측값)를 얻었다.

고 도	$z\,\text{m}$	$u(z)$ m/s	$T(z)$ C	$e(z)$ hPa	CO_2 농도 mg/m^3
z_2	2	5.8	19.3	14.4	540
z_1	1	4.9	19.9	15.3	530

z_0, u_* 및 τ를 계산하기 전에 Ri가 식 (8.47)에서 분명히 기록된 임계치 내에 있는 것을 확인하라. 현열의 유속(H) 및 수증기의 유속(E)를 결정하라. E를 1시간당 mm 단위로의 물의 증발(정확하게는 증산)률로 나타내고, E에 수반되는 잠열의 유속 및 대응하는 보우엔비(Bowen ratio) B의 값을 계산하라. 식물이 지표면의 1 m^2 1시간당 10.8 g의 비율로 CO_2를 동화(서로 다른 것이 닮아서 같게 됨)해 있는 것을 보여라. 최후에 기온, 수증기압, 상대습도 및 CO_2 농도의 평균지표의 값을 추정하라.

05 층류경계층 내의 전단응력은 편의상 $\tau = \rho\,\nu\,(\partial u/\partial z)$로 써서 표현된다. 여기서 ν (nu, 누)는 운동량의 분자확산율(또는 운동점성율)이라고 한다. 이 전단응력은 위치(z)와 관계없이 $1.5 \times 10^{-5}\,\text{m}^2\text{/s}$와 같다.
난류전단응력이 그의 유사형이어서 $\tau = \rho\,K_M(z)\,(\partial u/\partial z)$로 표현되는 것을 보여라. 여기서 $K_M(z)$는 운동량의 난류확산율 또는 와점성)으로, 적(곱) $k\,u_*\,z$로 주어진다[여기서 $K_M(z)$는 z와 함께 증대한다]. 앞 문제의 예의 적절한 자료를 이용하고, 고도 10 m에 있어서 난류확산율이 분자확산율의 약 5자릿수나 큰 것을 보여라. 전기와의 유사에 의해 식 (8.3.1) $K_M^{-1}(z)$가 저항력의 차원을 갖는 것을 보여라. $r_D(z_1, z_2)$가 주어지기 위해서 z_1과 z_2의 2고도 사이에서 $K_M^{-1}(z)\,dz$를 적분함으로써 이것을 확인하라.

06 식 (8.26)이 적용된다고 한다면 풍속, 기온 및 습도의 연직분포형이 모양이 서로 비슷하지 않으면 안 되는 것을 식 (8.24), 식 (8.25) 및 식 (8.27)에서 증명하라.

Part

III

운동과
방정식

09 역학대기

역학대기(力學大氣, dynamic atmosphere)는 역학대기과학(力學大氣科學, dynamic atmospheric science)의 준말로, 지구대기를 연속유체로 간주하고, 대기 중에 일어나는 다양한 운동을 유체역학 및 열역학의 모든 법칙에 입각해서 연구한 대기과학(기상학)의 한 분야이다.

기상역학(氣象力學, dynamic meteorology)이라는 명칭을 사용해 왔으나, 이것이 주인은 대기과학이므로 앞으로는 역학대기과학으로 부르는 것이 옳다고 생각한다. 또한 영명도 'dynamic meteorology' 이지 'meteorological dynamics'가 아니다. 따라서 앞으로는 이 분야의 정확한 명칭을 '역학대기과학'으로, 영명도 dynamic atmospheric science를 간단하게 'dynamic atmoscience'로 부르기를 권장한다.

1 정역학

① 이상기체의 상태방정식

이상기체(理想氣体, ideal gas)란 보일-샤를의 법칙에 엄밀히 따르는 가상의 기체로, 완전기체라고도 한다. 이상기체는 다음과 같은 조건을 충족시키는 기체이다.

- 분자간 상호작용이 없다.
- 1원자분자이다.
- 유한 크기의 분자를 함유하지 않는다.
- 내부에너지가 밀도와는 관계없는 온도만의 함수이다.

실제의 기체는 이 조건에서 다소 벗어나지만, 이른바 영구기체는 고온·저밀도 조건에서 이상기체와의 차이가 매우 작아지게 된다. 이와 같은 기체를 이상기체라 한다. 이러한 가정 하에서 다음을 전개한다.

일반적으로 기체의 압력, 온도, 밀도는 서로 무관한 것이 아니고, 보일의 법칙(Boyle's law)과 샤를의 법칙(Charle's law)을 결합한 상태방정식이라고 하는 관계식으로 연결되어 있다. 여러 가지 기체에 대해서 다양한 조건 하에서 측정한 실험결과에 의하면, 체적 V를 갖는 기체에 대해서 그 질량을 M, 압력을 p, 온도를 T라 하면,

$$p\,V = \frac{M}{m}\,R^*\,T = n\,R^*\,T \tag{9.1}$$

라는 관계가 있다. 이 식을 이상기체의 **상태방정식**(狀態方程式, equation of state)이라고 한다. 여기서 m은 생각하고 있는 기체의 분자량, $n(=M/m)$은 체적 v에 포함되어 있는 그 기체의 몰(mole =gram molecule)수이다. 1몰의 기체라는 것은 그 기체의 질량과 같은 g 수의 기체를 의미한다. 또 R^*는 지금 생각하고 있는 기체 고유의 기체상수(氣體常數, gas constant)로, 보편기체상수(普遍氣体常數, universal gas constant, 1몰의 기체상수) 또는 절대기체상수(絶對氣体常數, absolute gas constant)라고도 한다. 그 값은 $R^* = 8.314 \times 107$ erg/(mol·K) = 8.314 J/(mol·K) 이다.

단위질량($M=1$)에 대한 기체의 체적을 v라고 하면 $v = V/M$이므로, 상태방정식 (9.1)은

$$p\,v = \frac{R^*}{m}\,T \tag{9.2}$$

가 된다. 또 단위체적($V=1$)의 기체 질량(=밀도)을 ρ라고 하면 기체의 밀도(ρ)는 $\rho = M/V$이므로, 식 (9.1)은

$$p = \frac{R^*}{m}\,\rho\,T \tag{9.3}$$

이 된다. 대기과학(기상학)에서 단위질량의 기체를 생각할 때는 식 (9.2)를, 단위체적의 기체를 생각할 때는 식 (9.3)의 표현을 이용하는 일이 많다.

(1) 건조공기의 상태방정식

이상은 단일기체를 생각하는 경우이지만, 공기와 같이 2종 이상의 혼합기체에 대해서도 같은 관계를 이끌어낼 수 있다. 예를 들어, 산소와 질소로 이루어지는 건조공기의 상태방정식을 구해보자. 산소에 관한 양에는 1, 질소에 관계되는 양을 2의 아래첨자(subscript)를 붙여서 나타낸다고 하자. 각 성분은 각각의 상태방정식을 만족하므로, 식 (9.3)에 의해

$$p_1 = \frac{R^*}{m_1}\rho_1\,T \ , \ p_2 = \frac{R^*}{m_2}\rho_2\,T \tag{9.4}$$

가 된다. 돌턴의 법칙(Dalton's law)에 의하면 혼합기체의 압력은 각 성분의 분압의 합과 같으므로, 건조공기의 압력 p_d는

$$p_d = p_1 + p_2 \tag{9.5}$$

가 된다. 또 건조공기의 밀도 ρ_d로 한다면

$$\rho_d = \rho_1 + \rho_2 \tag{9.6}$$

이다. 식 (9.5)에 식 (9.4)를 대입해서

$$\frac{\rho_d}{m_d} = \frac{\rho_1}{m_1} + \frac{\rho_2}{m_2} \tag{9.7}$$

에 의해 정의되는 새로운 건조공기의 분자량 m_d(아래첨자 d는 건조공기의 의미)을 도입하면 식 (9.5)는

$$p_d = \frac{R^*}{m_d} \rho_d T \tag{9.8}$$

가 되고, 혼합기체의 상태방정식은 단일기체의 경우와 같은 모양이 된다. 이 m_d를 건조공기의 겉보기의 분자량이라고 한다. $m_1 = 32$, $m_2 = 28$, ……, $\rho_1/\rho_d = 0.231$, $\rho_2/\rho_d = 0.769$, … 이기 때문에 $m_d = 28.9$가 된다.

참고 9-1

평균분자량

식 (4.4)를 좀 더 일반화한 식으로 전개해서 혼합기체를 구성하고 있는 성분기체에 일련번호를 붙여서, 그 일반화된 i 번째의 성분기체를 생각한다. 그 분자량을 m_i, 체적 V 속에 있는 성분기체의 질량을 M_i라 하면 일반화된 식 (9.4)는

$$p_i = \frac{R^*}{m_i} \rho_i T, \ \rho_i = \frac{M_i}{V} \tag{9.9}$$

가 된다. 이것을 정리해서 $\sum$(총합, summation)을 취하면

$$p_i = \frac{R^* T}{V} \frac{M_i}{m_i}, \ \sum_i p_i = p = \frac{R^* T}{V} \sum_i \frac{M_i}{m_i} \tag{9.10}$$

가 된다. 혼합기체의 질량은 $\sum M_i$이므로, 이것의 비적은 $\alpha = V / \sum M_i$이다. 따라서 위 식은

$$p \, \alpha = \frac{\sum_i \dfrac{M_i}{m_i}}{\sum_i M_i} R^* T \tag{9.11}$$

(계속)

이 된다. 혼합기체의 평균분자량을 $\overline{m}$, 1 kg($M=1$)의 혼합기체의 기체상수를 $\overline{R}$라고 하고,

$$\overline{m} = \frac{\sum_i M_i}{\sum_i \dfrac{M_i}{m_i}}, \quad \overline{R} = \frac{R^*}{\overline{m}} \tag{9.12}$$

로 정의한다면, 혼합기체에 대한 상태방정식은

$$p\,\alpha = \overline{R}\,T, \quad p\,V = M\overline{R}\,T = 1 \cdot \overline{R}\,T = \overline{R}\,T \tag{9.13}$$

가 되어 일반적인 상태방정식과 같은 형태를 갖추고 있다.

예 위의 내용으로 건조공기의 평균분자량과 고유의 기체상수를 구해본다. 식 (9.12)를 이용해서 $\overline{m} \rightarrow m_d$, 분자인 $\sum M_i = M = 1$로 놓고, 표 3.1의 중량비에서 3번째인 질소분자·산소분자·아르곤까지를 넣어서 건조공기의 분자량(m_d)을 구하면

$$m_d = \frac{1}{\dfrac{0.755}{28} + \dfrac{0.231}{32} + \dfrac{0.013}{40}} = 28.96 \tag{9.14}$$

이 된다. 또 1 kg의 건조공기 고유 기체상수는 $\overline{R} \rightarrow R_d$로 놓고,

$$R_d = \frac{R^*}{m_d} = 287\, JK^{-1}\,\mathrm{kg}^{-1} = 287\,\mathrm{m}^2\,\mathrm{s}^{-2}\,\mathrm{K}^{-1} \tag{9.15}$$

가 된다.

대기과학에서 주로 취급하는 공기는 이러한 혼합기체이기 때문에, 여기서 R^*/m_d을 우리의 고유상수로 간단히 $R_d(=R^*/m_d)$로 표기하도록 하자. 그러면 기상의 건조공기의 상태방정식으로서 기상상태방정식,

$$p_d = R_d\,\rho_d\,T \tag{9.16}$$

를 정의하도록 하자. 새롭게 정의된 R_d는 건조공기 고유의 기체상수라한다. 그 값은

$$R_d = 2.8704 \times 10^6\,\mathrm{cm}^2/(\mathrm{s}^2 \cdot \deg) \fallingdotseq 287\,\mathrm{m}^2\,\mathrm{s}^{-2}\,\mathrm{K}^{-1}$$
$$\fallingdotseq 2.87 \times 10^6\,\mathrm{erg} \cdot \mathrm{g}^{-1} \cdot \mathrm{K}^{-1} = 287\,\mathrm{J}\,\mathrm{kg}^{-1}\,\deg^{-1} \tag{9.17}$$

이 된다.

(2) 습윤공기의 상태방정식

수증기를 포함하는 공기를 습윤공기[濕潤空氣, wet(moist) air]라 하고, 그 상태방정식을 구해보자. 습윤공기의 전압력 p, 전밀도 ρ 로 하고, 그것으로부터 수증기를 제외한 건조공기의 밀도를 ρ_d, 그 겉보기의 분자량(건조공기)을 m_d, 수증기의 분압을 e(p_v라고 하지 않고 습관상 e 라 함), 그의 밀도를 ρ_v, 분자량을 m_v라고 하면, 건조공기의 상태방정식은 식 (9.8)에서 $p_d = p - e$ 이므로

$$p - e = \frac{R^*}{m_d} \rho_d \, T \tag{9.18}$$

이고, 수증기의 상태방정식은

$$e = \frac{R^*}{m_v} \rho_v \, T \tag{9.19}$$

가 되고,

$$\rho = \rho_d + \rho_v = \frac{(p-e)\,m_d + e\,m_v}{R^*\,T} \tag{9.20}$$

가 되는데, $\varepsilon = m_v/m_d = 18/28.9 \fallingdotseq 0.622 \fallingdotseq 5/8$, $1 - \varepsilon = 0.387$을 생각해서 위 식을 정리하면, 습윤공기의 상태방정식은

$$p = \frac{R^*\,\rho\,T}{m_d\left(1 - 0.378\,\dfrac{e}{p}\right)} = \frac{R\,\rho\,T}{1 - 0.378\,\dfrac{e}{p}} \tag{9.21}$$

가 된다. 이 식은 건조공기에 분자량이 작은 수증기가 첨가되었기 때문에, 겉보기의 분자량이 m_d에서 $m_d(1 - 0.378\,e/p)$로 감소한 것을 의미한다. 그러나 편의상 다음과 같이 해석해도 좋다. 즉, 수증기가 부가되어도 겉보기의 분자량은 변하지 않는 것으로 하고, 그 대신 온도에 수증기의 영향을 포함해서 습윤공기의 온도로서 다음의 식으로 정의되는 T_v를 이용하고 있다. 즉,

$$T_v = \frac{T}{1 - 0.378\,\dfrac{e}{p}} \tag{9.22}$$

이 T_v를 가온도(假溫度, virtual temperature)라 한다(소선섭·소은미, 2011 : 역학대기과학. 교문사, 1.3.3. ㅂ 참조). 그러면 습윤공기의 상태방정식은,

$$p = \frac{R^*}{m_d}\,\rho\,T_v = R_d\,\rho\,T_v \tag{9.23}$$

가 되고, 형식적으로는 건조공기의 경우와 같은 형이 된다. 대기과학에서는 건조공기뿐만 아니라 수증기도 이상기체로 취급한다.

② 기온, 기압, 습도

(1) 기온

기온(氣溫, air(atmospheric) temperature)이란 대기의 온도를 의미한다. 기상관측에서는 지상기온과 고층의 기온을 관측하는데, 지상기온은 지표면에서 1.5 m의 높이에서 관측한 기온을 뜻한다.

온도(溫度, temperature, temp.)는 물질의 따뜻함, 차가움의 정도를 객관적으로 계량화한 개념이다. 열역학에서 상태량의 하나로, 열평형을 특징지어주는 척도이다. 기체분자 운동론에서 온도는 분자의 병진운동의 에너지와 비례관계에 있다. 이때 개개의 기체분자의 운동을 열운동이라 하고, 온도는 열운동의 격렬함의 평균적인 상태를 나타낸다. 온도를 측정하는 관측기기가 온도계(溫度計, thermometer)이다. 옛날에는 한난계라고 했다.

① 섭씨온도(攝氏, Celsius, centigrade, C)

이것은 스웨덴의 셀시우스(Anders Celsius, 1701~1744)가 고안한 온도눈금이다. 그는 온도계를 2 정점에서 눈금을 매기는 방법이 보급되기 시작했을 때는, 물의 빙점(어는점)을 100, 비점(끓는 점)을 0 으로 했다. 현재의 섭씨눈금(Celsius scale)과는 반대의 온도눈금을 고안했다(1742년). 이것이 현재의 섭씨눈금의 기원이 되었다. 현재와 같은 온도눈금을 고안한 것은 프랑스의 의사 크리스틴(M. Christin)으로, 1740년대에 제안하였다. 현재의 섭씨 눈금은 1기압에서 얼음(ice)의 융점(녹는점)을 0 C, 물의 비점을 100 C로 정해 그 위와 아래로 외삽한 것이다. 이 섭씨는 일반인들에게 널리 사용되고 있고, 우리나라에서도 이 온도의 눈금을 이용하고 있다.

② 화씨온도(華氏, Fahrenheit, F)

화씨는 네덜란드의 학자 파렌하이트(Gabriel Daniel Fahrenheit, 1686~1736)에 의해 고안되었다. 그는 온도계 등 관측기기의 수리·제조를 하면서 연구했다. 주로 네덜란드와 영국에서 생활을 하면서 1724년에는 영국왕립협회의 회원이 되었다. 그는 물과 다른 여러 종류의 액체의 빙점, 비점을 측정하면서 1724년 비점이 기압에 따라서 변화하는 것을 발견했다. 또 과냉각의 현상도 온도측정법의 연구에서 발견했다. 영미국가들에서 이용되고 있는 화씨눈금(Fahrenheit scale)을 그가 고안한 것이지만, 액수와 얼음, 염화암모늄(NH_4Cl)의 혼합물에서 얻어지는 가장 엄밀한 한냉을 0 F, 얼음의 융해점을 32 F, 노사(염화암모늄) 속의 온도를 96 F로 한 것이었다.

이것은 물의 빙점(ice point과 동일)을 32 F, 비점을 212 F로 나타내며, 현재 미국에서 사용되고는 있지만, 일반적으로 사용되지는 못하고 있다.

③ **절대온도**(絕對溫度, absolute temperature, K)

켈빈온도눈금(Kelvin temperature scale)은 이론적으로 생각할 수 있는 가장 낮은 온도를 0으로 한 온도이다. 임의의 물질 분자가 최소에너지를 갖는 이론상의 온도를 **절대영도**(絕對零度, absolute zero)라 한다. 여러 가지의 분자운동이 정지하고, 완전기체의 체적이 0이 된다. 이것이 켈빈온도눈금의 영점이 되고, −273.15 C에 해당한다. 이상기체의 상태방정식은

$$p\,\alpha = R\,T \tag{9.24}$$

로 쓸 수가 있다. 여기서 p는 기압, α는 비적(1/밀도), R은 기체상수, T는 온도이다. $T=0$ K에서 이상기체의 체적(비적 α)이 0이 되는 온도이다.

열역학적으로 온도를 취급하는 경우 절대온도를 사용한다. 일정압력 하에서 기체의 체적은 온도에 비례하는 것부터 온도의 척도를 결정할 수가 있어서, 1기압 하에서 물의 비점과 빙점 사이의 온도를 100 C로 하고, 빙점을 273.15 C(순수한 물이 삼중점)로 정한 것을 절대온도 한다. 이 온도는 열역학적으로 정한 켈빈온도(Kelvin temperature)와도 일치해서, 단위는 K(켈빈)로 표시하고 있다. 0 K는 섭씨온도로 −273.15 C이고, 절대온도의 눈금 폭은 섭씨온도와 같으므로 (K = 1 C), 섭씨온도와 절대온도의 환산은 273.15의 가감산으로 간단히 수행할 수 있다. 이 절대온도를 역학적온도라고도 한다.

④ **관계**

대기과학(기상학)에서 사용하는 위의 3종류의 온도눈금 환산을 생각해보자. 섭씨온도의 단위를 'C'로 하고, 화씨온도의 눈금을 'F'로, 절대온도의 눈금을 'K'로 하면, 이들의 관계에서 온도(T)는 다음과 같다.

$$T(F) = \frac{5}{9}(T-32) = (T-32)\left(\frac{1}{2} + \frac{1}{20} + \frac{1}{200} + \cdots\right)(C) \tag{9.25}$$

$$T(C) = \frac{9}{5}T + 32 = \left\{\left(2T - \frac{2}{10}T\right) + 32\right\}(F) \tag{9.26}$$

$$T(C) = T + 273.15\,(K) \tag{9.27}$$

온도의 단위에 붙어 있는 도(°, degree)는 옛날 초창기의 습관에서 내려온 것으로, 현재에는 여러 단위가 있고 또 다른 기상요소와의 형평을 고려해 볼 때 사족(필요 없음)에 불과하다. 따라서 앞으로는 '°'를 붙이지 않고 C, F, K를 온도의 단위로 사용하도록 하자.

(2) 기압

기압(氣壓, atmospheric pressure)이란 일반적으로 기체의 압력, 즉 기체 중의 단위면적에 가해지는 힘을 의미한다. 대기과학 분야에서는 대기의 압력, 즉 **대기압**(大氣壓)이다. 어떤 점의 대기압은 그 점을 중심으로 하는 단위면적을 저면을 한 연직기주에 작용하는 무게(중력)와 같다.

물속에 잠기면 물의 무게에 의해 몸에 수압이 작용하듯이 지상에 있는 우리들에게는 대기의 무게에 의한 대기압이 걸려 있다. 그 압력은 깊이 약 10 m의 물속에서 받는 수압과 같다. 또 수심이 얕을수록 수압이 감소하듯이 상공으로 갈수록 기압도 낮아지고, 높은 산정이 지상보다 기압이 낮다. 상공 5,500 km에서는 지상의 약 절반 정도의 기압이 된다.

기압의 단위는 대기과학에서는 mb(밀리바, dyne/cm²)를 사용했다. 1 mb의 압력이란 1 cm² 면적에 1,000 dyne(다인, g·cm/s²)의 힘이 작용하는 압력과 같다. 1 mb의 10배가 1 cb(센치바), 100배가 1 db(데시바), 1,000배가 1 bar(바)이다. mb 이외에는 mmHg(수은주 mm)라고 하는 단위도 사용한다. 1 mmHg의 압력은 표준중력(980.665 cm/s²)하에서 온도 0 C, 1 mm 높이의 수은주가 그 저면에 미치는 압력이다. 따라서

$$p\,(1\,\mathrm{mmHg}) = 0.1\,\mathrm{cm} \times 13.5951\,\mathrm{g/cm^3} \times 980.665\,\mathrm{cm/s^2}$$
$$= 1.333223874 \times 10^3\,\mathrm{dyne/cm^2}$$
$$= 1.3332\,\mathrm{mb} \fallingdotseq \frac{4}{3}\,\mathrm{mb} \tag{9.28}$$

이다. 그런데 국제단위계에서는 **파스칼(Pa: Pascal)**이라고 하는 단위를 사용한다. $\mathrm{Pa} = \mathrm{N \cdot m^{-2}} = \mathrm{kg \cdot m^{-1} \cdot s^{-2}}$이고, 여기서 N(뉴턴, Newton = m·kg·s⁻²)은 힘의 단위이다.

$$1\,\mathrm{mb} = 100\,\mathrm{Pa} \tag{9.29}$$

이고, 100 Pa = hPa(헥토파스칼, heto-Pascal)로 고치면 1,000 mb가 100,000 Pa이 되어 십만 단위가 되나, hPa로 고치면 1,000 mb = 1,000 hPa이 되어 mb와 hPa의 단위가 같아져 편리하다. 즉,

$$1\,\mathrm{mb} = 1\,\mathrm{hPa} \tag{9.30}$$

이 된다. 또 1기압[atm, atmospheric(barometric) pressure], 즉 760 mmHg 의 압력은

$$1\,\mathrm{atm} = 760 \times 1.333223874\,\mathrm{hPa(mb)} \fallingdotseq 1013.25\,\mathrm{hPa(mb)} \tag{9.31}$$

이고, 반대로

$$1,000\,\mathrm{hPa(mb)} = 50\,\mathrm{mmHg} \tag{9.32}$$

가 된다. 약산을 할 경우에는, mmHg에서 hPa이나 mb로 고치는 데 대략 4/3를, 반대의 경우는 3/4을 곱하면 된다.

인치(inch)의 경우 1 in = 25.4 mm이므로 1 inHg, 즉 수은주 1인치의 압력은

$$1\,\mathrm{inHg} = 25.4 \times 1.3332\,\mathrm{hPa(mb)} \fallingdotseq 33.86\,\mathrm{hPa(mb)} \tag{9.33}$$

이다(소선섭·소은미, 2011 : 역학대기과학. 교문사, 제2쇄, 1.3절 참조).

(3) 습 도

습도[濕(溼)度, (air) humidity]란 공기가 포함하는 수증기의 많고 적음을 양적으로 나타내는 개념이다. 습도에 관계되는 표현은 2가지 뜻을 가지고 있다. 첫째는 수증기의 양을 나타내는 경우로 수증기압, 노점온도(露点溫度, 이슬점온도), 비습, 혼합비, 비장, 절대습도, 가강수량 등이 있다. 둘째는 공기의 건습의 정도를 나타내는 경우로, 상대습도, 포차, 실효습도 등이 있다. 일반적으로 습도는 상대습도를 가리킨다.

이 책의 내용보다도 더 자세히 알고 싶을 때에는, '소선섭·소은미의 역학대기과학(교문사), 1.3.3 항'을 참조하기 바란다.

참고 9-2

포차

포차(飽差, saturation deficit, vapour pressure defict)란 습한 공기의 수증기압과 그 공기의 온도에 대한 포화수증기압과의 차를 말한다. 공기의 젖음 정도를 나타내는 지표의 하나이다.

- 수증기압[水蒸氣壓, water vapo(u)r pressure, 수증기장력]은 밀폐된 용기 속에 물을 넣어 두면 물 표면에서 수증기가 증발하여 용기 안에는 수증기량이 증가하게 된다. 수증기량이 많아지면 압력도 높아지는데, 이때의 압력을 수증기압이라 한다. 즉, 수증기가 나타내는 압력을 말한다.
- 포화수증기압(飽和水蒸氣壓, saturation water vapor pressure, SVP)은 수증기와 얼음 또는 물의 평탄한 표면과의 사이에서 평형이 존재할 때의 증기압이다. 증발의 비율과 응결의 비율이 같다. 즉, 각각의 상에 출입하는 분자의 수가 같다. 포화수증기압은 기온에만 의존한다.

① 상대습도

상대습도(相對濕度, RH, relative humidity)는 공기의 건습정도를 가늠하기 위해서 현재의 수증기량(압, e)과 그 기온에서의 포화수증기량(압, E) 비의 백분율(%)로 나타낸다. 일반적으로 습도하면 상대습도를 의미한다.

$$RH = \frac{e}{E} \times 100\,(\%) \tag{9.34}$$

또 공기의 건습정도로 이용하는 습수(濕數, dew-point depression)가 있다. 이것은 기온과 노점온도(이슬점온도)의 차로 어느 정도 공기를 등압적으로 냉각시켜야만 포화할 것인가를 의미한다. 상층천기도에서 노점온도 대신에 기입되게 되었다. 비슷한 개념으로 포차가 있다.

② 절대습도

절대습도(絕對濕度, absolute humidity, a)는 단위체적(1 m³)의 습윤공기 속에 포함되어 있는 수증기의 질량으로 정의된다. 즉, 수증기의 밀도를 뜻한다. 단위는 g/m³(또는, kg/m³)을 사용한다.

$$a ≒ 217 \frac{e}{T} \ (\text{g/m}^3) \tag{9.35}$$

이고, 여기서 e는 hPa, T는 K(deg)의 단위이다. 수증기압과 온도를 알면 위 식에서 구할 수 있다.

③ 비습

비습(比濕, specific humidity, s)은 수증기밀도(ρ_v)의 습윤공기밀도(ρ)에 대한 비(ρ_v/ρ)를 나타내고, 무차원이지만 보통 g/kg(또는 kg/kg)의 단위로 나타낸다.

$$s = \frac{\rho_v}{\rho} = \frac{622\,e}{p - 0.378\,e} \ (\text{g/kg}) \tag{9.36}$$

압력 p와 수증기압 e를 알고 있을 때 비습(s)을 구하는 식이다. 이것은 전체 1 kg의 습윤공기 속에 s g의 수증기가 들어 있고, 나머지 $(1 - 0.00\,s)$ kg이 건조공기가 되는 경우이다.

④ 혼합비

혼합비(混合比, mixing ratio, x)는 수증기밀도(ρ_v)의 건조공기밀도(ρ_d)에 대한 비(ρ_v/ρ_d)를 나타내고, 역시 무차원이지만 보통 g/kg(또는 kg/kg)의 단위로 나타낸다.

$$x = \frac{\rho_v}{\rho_d} = \frac{622\,e}{p - e} \ (\text{g/kg}) \tag{9.37}$$

이 된다. 기압 p와 수증기압 e가 알려졌을 때 혼합비 x를 구하는 식이 된다. $(1 + 0.00x)$ kg의 습윤공기를 생각해서 xg이 수증기라고 하면 건조공기는 1 kg이 된다.

⑤ 비장

앞에서 비습과 혼합비는 별개의 것처럼 정의했지만, 실제로 이들의 값은 거의 같아서 실질적으로 이용하는 데는 같은 값으로 취급해도 무방하다. 따라서 이 둘의 값을 같은 값으로 해서 근사식으로 만든 것이 비장(比張, bijang, specific tension, b)이다. 실제로 이 비장을 사용하면 둘을 구별할 필요 없이 편리할 때가 많다. 그래서 'bijang(비장)'이 세계의 공통 용어가 되기를 희망한다.

비습의 식 (9.36)과 혼합비의 식 (9.37)을 다시 쓰면,

$$s = \frac{622\frac{e}{p}}{1 + 0.378\frac{e}{p}}, \quad x = \frac{622\frac{e}{p}}{1 - \frac{e}{p}} \tag{9.38}$$

이 된다. 따라서 이 두 식의 어느 쪽도 수증기압과 기압비만의 함수이다. 이 비는 습윤공기의 체적변화 및 온도변화에는 무관하다. 즉, 습윤공기의 압력을 일정하게 해놓고, 체적을 변화시키기도 하고, 열을 가감해서 가열하거나, 냉각시켜도 비습 및 혼합비의 값은 변하지 않는다. 이와 같은 성질을 보존성이 있다고 한다. 이것은 중요한 성질이다.

더욱이 e/p는 0.04를 넘는 일이 없으므로 식 (9.38)의 분모를 1로 놓아도 수량적으로는 큰 차가 없다. 즉,

$$s \approx x \approx \frac{622\,e}{p} = b \ \ (\text{g/kg}) \tag{9.39}$$

로 놓을 수 있다. 이는 비장(比張, bijang, b)의 새로운 개념이다. 앞으로 이 신개념이 널리 이용되기를 바란다.

⑥ 실효습도

화재예방을 목적으로 수일 전부터 상대습도에 경과시간에 의한 가중치를 주어서 산출한 목재 등의 건조도를 나타내는 지수이다. 공기의 건습정도를 나타내는 것으로, 목재나 섬유질 등의 함수량정도는 화재발생에 밀접한 관계를 가지고 있기 때문에 화재발생의 위험성 척도로 이용되는 것이 실효습도(實效濕度, effective humidity, He)이다. 건조도를 나타내는 시수 He는

$$He = (1-r)(H_0 + r\,H_1 + r^2\,H_2 + r^3\,H_3 \cdots + r^n\,H_n) \tag{4.40}$$

이고, 여기서 H_0는 당일의 평균습도, H_n은 n일전의 평균습도, r은 상수(보통은 0.7, 장시간의 습도에 의존하는 임야 화재에서는 0.5)이다.

더 자세한 계산 예는 '소선섭 외 3인 : 대기관측기기 및 관측. 교문사, 21.2절'을 참조하기 바란다.

③ 열역학법칙

열역학(熱力學, thermodynamics)이란 열에 관한 과학 중에서 열에서 에너지로, 에너지에서 열로의 교환을 취급하는 분야이다. 구체적으로는 물체의 압력, 체적, 온도, 내부에너지 등의 거시적인 대기과학량을 이용해서 하나의 형태에서 다른 형태로의 에너지 교환, 열흐름의 방향, 일을 하기 위해서 에너지의 유효성 등 열과 일의 관계를 논한다. 열역학은 4개의 경험적인 법칙을 기초로 하고 있다.

대기에 관계하는 열역학을 대기열역학이라 하고, 기상학의 한 분야로 되어 있다. 대기를 이상기체로서 근사하고, 준정적 단열변화를 생각하는 것이 특징적이다. 열역학도(단열도)을 사용해서 기온변화랑 대기성층의 안정성 등을 논한다.

(1) 열역학 제0법칙

2개의 물체가 어느 쪽도 제3의 물체와 서로 열평형에 있다고 한다면, 이들 3개의 물체 중 어느 2개가 서로 평형에 있다고 하는 법칙으로, 온도를 정의하기 위해서 필요한 경험사실이다.

열평형(熱平衡, thermal equilibrium)이란 열교환이 가능하도록 연락된 개개의 물체나 장 또는 그들의 각부분간에 열의 이동이 일어나지 않고, 더 물질의 상변화가 나타나지 않는 경우에, 이들은 서로 열평형에 있다, 또는 열적 균형에 있다고 말하고, 그때의 물체나 장으로 이루어지는 계 또는 각 부분은 **열평형상태**(熱平衡狀態)에 있다고 한다. 일반적으로 고립계는 일정조건 하에서 충분히 긴 시간 방치해 두면 열평형에 도달한다. 또 A와 B가 열평형에 있고, B와 C가 열평형에 있다고 한다면, A와 C를 직접 접촉시킬 때 반드시 열평형이 된다는 사실이다. 이것을 **열역학 제0법칙**(zeroth law of thermodynamics)이라고 한다. 즉, 이 법칙은 열평형에 관한 법칙이다. 이 사실에서 온도의 개념 성립이 증명되고, 열평형의 조건을 온도의 상등성으로 나타낼 수가 있다.

(2) 열역학 제1법칙

열역학 제1법칙(first law of thermodynamics)은 열역학의 기본법칙 중의 하나로, 에너지 보존에 관한 것으로 물체의 내부에너지 변화는 계로의 물질 가감, 열의 전달, 혹은 일에 의해 일어나고, 열이나 일 등을 포함한 전에너지는 보존된다고 하는 것이다. 즉, 열에너지를 포함한 **에너지 보존칙**이다.

열역학적인 계에 외부에서 일 ΔW, 열량 ΔQ가 주어지고, 계가 1의 평형상태에서 2의 평형상태로 옮겼을 때 그 과정에서 외력이 계에 이루는 역학적인 일 ΔW와 외계에서 흡수하는 열량 ΔQ는 상태변화 도중의 과정에 의해 변화하지만, 그 합 $\Delta W + \Delta Q$는 도중의 과정에 의하지 않고 최초와 최후의 상태만으로 결정된다고 주장하고 있다. 즉, 계의 상태만으로 정해지는 에너지라는 양이 있어 계에 부여한 일과 열의 총합이 이 에너지의 상태 1과 2의 차에 의해 표현된다. 즉, 평형상태 1, 2에 있어서 계의 에너지를 E_1, E_2라고 한다면,

$$\Delta E = E_2 - E_1 = \Delta Q - \Delta W \tag{9.41}$$

이다.

외력 중에서 계의 전체로서의 운동만을 바꾸는 부분이 있는 경우 일 ΔW에서 그것에 대응하는 부분을 제외하고, 에너지 E 대신에 내부에너지 U를 생각하는 것이 보통이다. 즉, $E \rightarrow U$로 바꾸면 다음과 같이 된다.

$$\Delta U = U_2 - U_1 = \Delta Q - \Delta W \tag{9.42}$$

이 보존칙이 나온 배경은 주어지는 열량(ΔQ)은 일(ΔW)만하는 것이 아니고, 내부에너지

(ΔU)의 변화(온도변화, ΔT)를 넣어서 생각해야 보존칙이 성립한다는 것이다.

외부에서 에너지를 공급하지 않고 영구히 일을 하는 열기관을 '제1종의 영구기관'이라 하는데, 열역학 제1법칙은 '제1종의 영구기관을 만드는 것은 불가능하다'라고 표현하는 일도 있다.

건조단열감률

대기과학에서는 기온변화 등을 생각할 때 기본이 되는 법칙이다. 공기덩어리의 온도변화 dT는

$$C_p \, dT = \Delta Q + \alpha \, dp \tag{9.42}$$

로 주어진다(소선섭·소은미, 2011 : 역학대기과학. 교문사, 제2쇄, 2.5절 식 (2.26) 참조). 여기서 C_p는 정압비열, α는 비적(비용), dp는 기압변화, ΔQ는 외부에서 주어지는 열량으로, 방사과정이나 수증기의 응결에 의해 해방된 잠열 등이 생각된다. 여기서 $\Delta Q = 0$으로 하고, dp를 정역학평형을 사용해서 고도로 변환하면 건조단열감률(乾燥斷熱減率)이 얻어진다.

(3) 열역학 제2법칙

모든 과정이 위의 법칙을 따르지만 이들에 따르는 모든 과정이 모두 일어나는 것은 아니다. 자연의 대부분은 비가역(非可逆, irreversible : 변화를 일으킨 물질이 원래의 상태로 돌아갈 수 없는 일)이고, 이 과정이 어느 쪽의 방향으로 일어날 것인가? 이것이 **열역학 제2법칙**(second law of thermodynamics)의 주제이다.

이 법칙은 "다른 효과를 가져오지 않고 열을 차가운 것에서부터 따뜻한 것으로 이동할 수는 없다", "닫힌 계(system)의 엔트로피(entropy, $\Delta \phi = \Delta Q / T$)는 시간적으로 증가한다" 와 같이 다양한 형태로 표현되고 있다. 여기서 나타나는 엔트로피는 에너지가 일에 사용되는가를 나타낸다. 또는 사용될 수 없는 정도를 나타내는 척도이다.

제2법칙은 엔트로피의 변화에 관한 것으로, 비가역과정이 일어나는 방향을 결정하는 것이고, 제3법칙은 엔트로피의 절대적인 값에 관한 것이다. 열역학 제2법칙은 거시적인 동적현상이 일반적으로 불가역변화라는 것을 주장하고 있다. 서로 동등한 여러 가지 표현들이 있다.

클라우시우스(Clausius, Rudolf Julius Emmanuel, 독일, 1822~1888)는 열이 고온부의 물체에서 저온부의 물체로 다른 무엇인가의 변화를 남기지 않고 이동하는 과정은 불가역(클라우시우스의 원리)이라 주장했고, 켈빈 경[Lord Kelvin, 영국, 1824~1907, 본명은 윌리엄 톰슨(William Thomson)]은 일이 열로 변하는 현상은 그것 이외에 다른 변화도 없다고 한다면 불가역(톰슨의 원리, Thomson's principle)이라고 언급했다. 또 제2종 영구기관을 만드는 것은 불가능하다고 주

장했다. 또 카라띠오도리(C. Carathéodory, 독일, 1873~1950)도 열적으로 균일한 계의 임의의 열평형상태의 임의의 근방에서 그 상태에서 단열변화에 의해서는 도달할 수 없는 다른 상태가 반드시 존재한다(카라띠오도리의 원리)라고 주장했다.

이들이 주장은 서로 동등하고, 수학적으로는 엔트로피함수(entropy function)의 존재와 단열변화에서는 엔트로피가 결코 감소하지 않는다는 형태로 정식화되었다. 엔트로피의 개념을 이용하면 열역학 제2법칙의 내용은 '고립계의 엔트로피는 불가역 변화에 의해 항상 증대한다(엔트로피 증대의 원리, principle of increase of entropy)'라고도 표현된다.

(4) 열역학 제3법칙

열역학 제3법칙(third law of thermodynamics)은 절대영도 0 K에 있어서 엔트로피에 관한 법칙으로, 네른스트(Nernst, Hermann Walter, 독일, 1864~1941)의 열정리 또는 네른스트의 정리라고도 한다. 네른스트는 다수의 실험 사실에서의 귀납으로써 동일물질의 다른 상 사이에서의 전이가 등온변화로 일어날 때, 그 엔트로피의 변화를 $\Delta\phi$라고 하면, 절대온도 $T \to 0$의 극한에서 $\Delta\phi \to 0$이 되는 것을 일반법칙으로 해서 주장했는데(1906년), 프랑크(Planck, Max Karl Ernst Ludwig, 독일, 1858~1947)는 더욱 진전시켜 열평형상태에 있는 물질이나 장으로 이루어지는 계의 엔트로피 ϕ의 값을 $T=0$에 있어서 항상 0이 된다고 가정했다. 이것은 유한회수의 과정에서 절대영도 0 K의 상태에 도달할 수 없다는 것을 나타내는 것도 가능하다. 절대 0 K에 접근함에 따라서 비열이나 열팽창이 0에 접근하는 일 등은 이 법칙에서 열역학적으로 유도된다. 또 화학반응 등의 평형상수를 열역학적으로 결정하는 것도 이 법칙에 의해 가능하게 된다(화학상수).

④ 정역학평형

공기를 몇 개의 층으로 구분해서 각 층의 공기에 작용하는 중력과 연직방향의 기압경도력(기압차에서 생기는 힘)이 균형을 이루어서 평형상태에 있는 조건을 생각한다. 그림 9.1과 같은 단위면적($s=1$) 위의 고도와 기압과의 관계를 생각한다. 기압은 공기의 무게에 의해 생긴다. 따라서 어떤 고도의 기압은 그 점보다 위의 상방에 있는 공기량에 비례한다. 고도 z와 $z+\Delta z$에 있어서의 기압을 각각 p와 $p+\Delta p$로 하면, 두 점 사이의 기압차 Δp는 두 점 사이에 있는 공기층의 중력[질량(M)×중력가속도(g), 하향]과 같다. 즉,

$$중력 = Mg = \rho V(= s \cdot \Delta z)g = \rho(s=1)\Delta z\, g = g\rho\Delta z = -\Delta p \qquad (9.43)$$

이다. 여기서 ρ는 공기밀도이고, 기압은 상공으로 갈수록 작아지므로 Δp는 음수가 되어 (−)가 붙는다. Δp와 Δz는 p와 z의 변화를 나타내는 기호이다. Δ는 그리스 문자의 델타(delta)의 대분자이다.

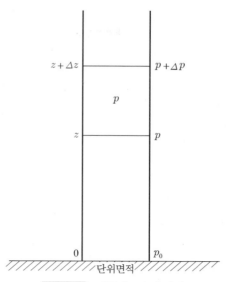

그림 9.1 기압과 고도의 관계

위의 식을 미분기호로 고쳐 쓰면(Δ : 변화하는 작은 양, d : 무한히 0으로 접근하는 양),

$$\Delta p = -g\rho\Delta z, \ dp = -g\rho dz \tag{9.44}$$

가 된다. 이것을 정역학적 평형관계에서 얻어진 **정역학방정식**(靜力學方程式, hydrostatic equation)이라 한다. 기압은 높이와 함께 감소하고 있는 것을 알 수 있다. 즉, 중력에 의한 하향의 힘이 연직방향의 기압경도와 평형을 이루고 있다. 적운, 적란운 등의 심한 대류 이외의 대기층에서는 **정역학적평형**(靜力學的平衡) 상태가 유지된다. 이 정역학방정식은 약방의 감초처럼 널리 이용되고 있다.

위 식 (9.44)를 상태방정식($p = R\rho T$)으로 변변 나누어 주면

$$\frac{dp}{p} = -\frac{g}{R}\frac{dz}{T} \tag{9.45}$$

가 된다. 이 식의 양변을 지상($p = p_0, \ z = 0$)에서 고도 $z(p = p)$까지 적분하면 다음과 같이 된다.

$$\ln\frac{p_0}{p} = \frac{g}{R}\int_0^z\frac{dz}{T}, \ p = p_0\exp\left(-\frac{g}{R}\int_0^z\frac{dz}{T}\right) \tag{9.46}$$

이 된다. 여기서 기온 T가 고도 z의 함수로 알려져 있다면, 우변도 적분되어 기압과 고도와의 관계가 일의적으로 결정될 것이다.

(1) 등온대기

등온대기(等溫大氣, isothermal atmosphere)는 온도 $T =$ 상수(const.)인 경우로, 식 (9.46)에서 T가 상수이므로 앞으로 내놓고 적분하면

$$p = p_0 \exp\left(-\frac{g}{R}\frac{dz}{T}\right), \quad z = \frac{R\,T}{g} \ln \frac{p_0}{p} \tag{9.47}$$

가 된다.

(2) 다방대기

다방대기(多方大氣, ploytropic atmosphere)는 기온감률 $\Gamma(=dT/dz)$가 일정한 대기를 말한다. 이 경우에는 $T = T_0 - \Gamma z$이므로, 이것을 식 (9.46)에 대입하면

$$p = p_0 \left(\frac{T_0 - \Gamma z}{T_0}\right)^{\frac{g}{R\Gamma}} \tag{9.48}$$

가 된다.

(3) 등밀대기

등밀대기(等密大氣, homogeneous atmosphere)는 고도에 따라 밀도가 변하지 않고 일정한 대기를 뜻한다. 밀도와 높이와의 관계를 유도하기 위해서는 식 (9.48)에 상태방정식($p = R\rho\,T$, $p_0 = R\rho_0\,T_0$)을 이용해서 p, p_0를 소거하면 쉽게 다음과 같이 구할 수 있다.

$$\rho = \rho_0 \left(\frac{T_0 - \Gamma z}{T_0}\right)^{\frac{g}{R\Gamma}-1} \tag{9.49}$$

여기서

$$\Gamma = \frac{g}{R} = 3.416 \, \mathrm{C}/100\,\mathrm{m} \tag{9.50}$$

인 경우에는 $\rho = \rho_0$기 되어 밀도가 고도에 따라 변하지 않는다. 이와 같은 대기는 현실에서는 없지만, 이론적인 연구에는 중요해서 등밀대기라고 한다.

일반적으로 식 (9.48)에서 $z = T_0/\Gamma$에서 $p = 0$이며, 또한 $\rho = 0$이다. 이 높이를 **다방대기의 높이**(height of polytropic atmosphere) 또는 **등밀대기의 높이**(height of homogeneous atmosphere)라 한다. 이 높이를 z_ρ하면

$$z_\rho = \frac{T_0}{\Gamma} = \frac{T_0\,R}{g} = \frac{p_0}{g\,\rho_0} = \frac{R\,\rho_0\,T_0}{g\,\rho_0} = \frac{R}{g}\,T_0 \tag{9.51}$$

로 주어진다. 이것이 대기의 상한으로 생각되며 등밀대기의 높이는 지상기온(T_0)만의 함수이다.

(4) 표준대기

기온분포가 주어지는 경우 기압과 높이와의 관계는 일의적인 관계에 있다. 따라서 공합기압계의 눈금판에 기압 대신 높이를 새겨 놓으면 고도로 알려진다. 기압고도계는 이와 같은 원리에 근거한 것이다. 이 경우 기온분포는 실제 대기의 평균상태에 근접한 것으로 가정한다. 이와 같은 대기를 표준대기(標準大氣, standard atmosphere)라 한다. 표준대기의 예를 표 9.1에 나타내었다.

정역학평형에 있는 대기 중에서 해면의 기압과 기온의 고도분포를 알고 있다면, 고도와 그 높이에 있어서 기압과는 일의적이어서 1대 1의 관계에 있다. 보통 항공기에 달려 있는 고도계는 기압계이다. 지표면에서의 기압을 측정해서 고도계의 0점을 결정하고, 비행 중 기압을 측정해서 고도를 계산한다. 그러기 위해서는 대기 중의 온도분포에 대해서 표준적인 것을 결정해 놓으면 편리하다.

표 9.2는 국제민간항공기관(international civil aviation organization, ICAO)이 채택하고 있는 국제표준대기(international standard atmosphere)로, 일반적으로 이용되고 있다. 이들의 기온·기압·밀도·음속·중력가속도의 고도분포를 나타내고 있다. 단 고도는 해면에서의 고도 z 대신 고위(高位, geopotential, 지오퍼텐셜)라는 양을 사용하고 있다. 이것은 중력가속도를 g로 할 때 gz로 주어진다. $z = 1$ km의 고도차에 해당하는 고위차는 0.98 dyn·km 이므로, z 그 자신의 값에 아주 가까운 값을 가지고 있다.

표 9.1 각종 표준대기

종류 (상수)	국제표준대기	일본표준대기	U.S. 표준대기
지상기압	1013.2 hPa	760 mmHg	760 mmHg = 1013.25 hPa
기상기온	15 C	15 C	15 C
대류권의 기온감률	0.65 C/100 m	0.65 C/100 m	0.65 C/100 m
권계면의 높이	11,000 m	11,000 m	11,000 m
권계면 및 성층권의 온도	−56.5 C	−56.5 C	−55 C
중력가속도	980.62 cm/s^2	980 cm/s^2	980.665 cm/s^2

표 9.2 국제표준대기(ICAO)

고위 (dyn · km)	기온 (C)	기압 (hPa)	밀도 (ρ, kg/m³)	ρ/ρ_0 (지상밀도)	음속 (m/s)	중력가속도 (m/s²)
0	15.00	1013.25	1.2250	1.0000	340.1	9.8066
0.5	11.75	954.61	1.1673	0.9529	338.4	9.8051
1.0	8.50	898.75	1.1116	0.9075	336.4	9.8036
1.5	5.25	845.56	1.0581	0.8637	334.5	9.8020
2.0	2.00	794.95	1.0065	0.8216	332.5	9.8005
3	−4.5	701.09	0.9091	0.7421	328.6	9.7974
4	−11.0	616.40	0.8191	0.6687	324.6	9.7943
5	−17.5	540.20	0.7361	0.6009	320.5	9.7912
6	−24.0	471.81	0.6597	0.5385	316.4	9.7881
7	−30.5	410.61	0.5895	0.4812	312.3	9.7851
8	−37.0	356.00	0.5252	0.4287	308.1	9.7820
9	−43.5	307.42	0.4664	0.3807	303.8	9.7789
10	−50.0	264.36	0.4127	0.3369	299.5	9.7758
11	−56.5	226.32	0.3639	0.2971	295.1	9.7727
12	−56.5	193.30	0.3108	0.2537	295.1	9.7697
13	−56.5	165.10	0.2655	0.2167	295.1	9.7666
14	−56.5	141.02	0.2268	0.1851	295.1	9.7635
15	−56.5	120.45	0.1937	0.1581	295.1	9.7604
16	−56.5	102.87	0.1655	0.1350	295.1	9.7573
17	−56.5	87.87	0.1413	0.1153	295.1	9.7543
18	−56.5	75.05	0.1207	0.0985	295.1	9.7512
19	−56.5	74.10	0.1031	0.0841	295.1	9.7481
20	−56.5	54.75	0.0880	0.0719	295.1	9.7450
21	−55.5	46.78	0.0749	0.0611	295.8	9.7420
22	−54.5	40.00	0.0637	0.0520	296.4	9.7387
23	−53.5	34.22	0.0543	0.0443	297.1	9.7358
24	−52.5	29.30	0.0463	0.0378	297.8	9.7327
25	−51.5	25.11	0.0395	0.0322	298.5	9.7297
26	−50.5	21.53	0.0337	0.0275	299.1	9.7266
27	−49.5	18.47	0.0288	0.0235	299.8	9.7235
28	−48.5	15.86	0.0246	0.0201	300.5	9.7204
29	−47.5	13.63	0.0210	0.0172	301.1	9.7174
30	−46.5	11.72	0.0180	0.0147	301.8	9.7143

* 소선섭 · 소은미, 2011 : 역학대기과학. 교문사, 1.2절, 15쪽 표 1.5

(5) 해면경정

해면경정(海面更正, reduction to mean sea level)이란 기압은 고도에 따라 다른 값을 나타내기 때문에, 각지의 기압값을 서로 비교하기 위해서는 동일고도(평균해수면)의 기압치로 환산하지 않으면 안 된다. 이것에는 기압을 측정한 지점의 직상하에 해면을 가상대기로 상정해서, 그 평균해면 상에서의 기압값으로 환산하는 일을 말한다. 즉, 현지기압에서 해면기압을 구하는 것이다.

이 가상대기의 무게를 구하기 위해서는 가상대기의 온도와 습도에서 밀도를 알 필요가 있다. 이 온도와 습도에는 표준적인 대기의 습도와 기온에서 감률을 이용하고 있다.

식 (9.44)의 정역학방정식의 밀도 ρ에 상태방정식($p = R_d \rho T$)을 대입하면

$$\Delta p = -\frac{p\,g}{R_d\,T}\Delta z \tag{9.52}$$

가 된다. 이 Δp가 현지기압과 해면기압의 차이가 되며, 여기에 현지기압을 더하면 해면기압이 된다.

이것을 미적분을 적용해서 구해 보자. 위 식을 미분형식으로 고쳐 쓰면

$$\frac{dp}{p} = -\frac{g}{R_d}\frac{dz}{T} \tag{9.53}$$

이 된다. 높이 0과 z_1에서의 기압을 각각 p_0, p_1로 하고, 위 식을 적분해서

$$\ln\frac{p_1}{p_0} = -\frac{g}{R_d}\int_0^{z_1}\frac{dz}{T} \tag{9.54}$$

가 된다. 기온이 높이에 비례해서 감소하는 다방대기의 경우 기온의 고도분포가 $T_0 - \Gamma z$로 표현할 수 있다. 여기서 T_0는 $z = 0$에서의 T의 값이다. 이것을 대입해서 적분하면

$$\ln\frac{p_1}{p_0} = -\frac{g}{R_d}\int_0^{z_1}\frac{dz}{T_0 - \Gamma z} = \frac{g}{R_d\,\Gamma}\ln\frac{T_0 - \Gamma z_1}{T_0} \tag{9.55}$$

따라서

$$p_1 = p_0\left(\frac{T_0 - \Gamma z_1}{T_0}\right)^{\frac{g}{R_d\,T}} \tag{9.56}$$

이 된다. 여기서 p_1이 해면경정을 한 평균해수면의 해면기압이 된다.

2 건조공기

건조공기(乾燥空氣, dry air)의 원래 의미는 수증기를 전혀 포함하지 않는 공기를 의미한다. 그러나 일반적으로 습도가 낮은 공기를 건조공기로 취급하는 일도 있다. 총관기상학에서는 상대습도가 낮은 공기로, 60% 이하로 정의되는 일도 있다.

　　실제로 이들을 정확하게 해 두기 위해서 다음과 같은 두 가지를 정의한다. 그 하나는 **이론정의**로 수증기가 전혀 없는 말 그대로 상대습도가 0%인 경우를 뜻한다. 그러나 실제로 이와 같은 경우는 극히 드물며 절대온도 0 K(−273.15 C)나 있을 법한 일이다. 따라서 실용정의에서는 포화되기 전까지의 공기를 건조공기로 보고 있다. 즉, 상대습도가 100% 미만인 경우를 의미한다. 이 두가지의 정의는 대기과학의 이론을 전개할 때 소용이 있기 때문에 공존하고 있다.

① 건조공기의 단열변화

　　열역학 제1법칙인 식 (9.42)를 미분형식으로 고쳐 쓰면

$$dU = dQ - A\, dW \tag{9.57}$$

가 된다. 여기서 A는 변수와는 무관한 단위를 맞추어 주는 조정자 역할을 한다. A를 **일의 열당량**(熱當量)이라 하고, $A = 2.389 \times 10^{-8}$ cal/erg이다. 단위질량에 대해서 모든 양을 소문자로 쓰도록 하면 이 열역학 제1법칙은

$$du = dq - A\, dw \tag{9.58}$$

이 된다.

　　단위질량의 건조공기(온도를 T, 기압은 p, 체적은 v)가 dq의 열을 받아서 온도가 dT만큼 상승하고, 체적은 dv만큼 팽창했다고 하자. 그 변화를 제1법칙에 의해 표현해 보자. 정적비열을 C_v라고 하면 내부에너지의 증가 du는

$$du = C_v\, dT \tag{9.59}$$

로 주어진다. 또 체적이 dv만큼 늘면 그 공기덩어리는 외부에 대해서 pdv만큼 일을 하는데, 제1법칙에서 요청되는 외부에서 이루어지는 일이라는 견지에서 보면

$$dw = p\, dv \tag{9.60}$$

가 된다. 따라서 식 (9.59), (9.60)을 식 (9.58)에 대입하면

$$dq = C_v\, dT + A\, p\, dv \tag{9.61}$$

을 얻는다. 한편 단위질량의 건조공기 상태방정식은

$$p\, v = RT \tag{9.62}$$

이 되고, 이것을 미분해서

$$p\, dv + v\, dp = R\, dT \tag{9.63}$$

을 얻는다. 또 공기의 정압비열을 C_p로 하면,

$$C_p - C_v = A\,R \tag{9.64}$$

의 관계가 된다. 식 (9.63), (9.64)를 이용해서 식 (9.61)을 고쳐 쓰면,

$$dq = C_p\,dT - A\,R\,T\frac{dp}{p} \tag{9.65}$$

가 된다.

한편 외부와 열의 출입이 없는 변화를 **단열변화**(斷熱變化, adiabatic change)라 한다.

② 온위

대기의 경우 일사를 흡수하기도 하고, 적외방사의 전달에 의한 열의 출입이 있으므로, 엄밀하게는 단열변화를 하고 있지 않지만, 그들의 작용은 짧은 시간에 대해서 보면 미약하므로, 예를 들어 공기덩어리가 상승해서 팽창하는 것과 같은 경우에는 근사적으로 단열변화를 하는 것으로 보아도 좋다. 이와 같은 경우에 $dq = 0$이므로, 식 (9.65)는

$$C_p\,\frac{dT}{T} - A\,R\,\frac{dp}{p} = 0 \tag{9.66}$$

이 되고, 이것을 적분해서

$$\frac{T^{C_p}}{p^{AR}} = const \tag{9.67}$$

를 얻는다. 이것은 건조공기가 단열변화를 하는 경우의 기압과 기온과의 관계를 주어지는 식이다. 지금 기압이 어떤 표준치 p_0(예를 들면 1,000 hPa)가 되었을 때 그 공기의 온도를 θ라고 하면 식 (4.67)에 의해

$$\theta = T\left(\frac{p_0}{p}\right)^{\frac{AR}{C_p}} \tag{9.68}$$

이 된다. 이 θ를 그 공기의 **온위**(溫位, potential temperature)라 하고, 그 공기가 단열변화를 하고 있는 한 일정한 값을 취하게 되므로, 그 공기를 감식하는 데 있어서 지문과 같은 역할을 하는 양이다. 이것에 대해서 공기의 온도 T는 원래부터 그 공기의 특성을 나타내는 중요한 양이기는 하지만, 상승, 하강에 의해 기압이 변하면 온도도 변하므로, 공기의 신원을 조사하기 위해서는 θ쪽이 우수하고 편리하다.

A, R의 값은 이미 주어져 있고, 건조공기의 정압비열은 $C_p = 0.2396\ cal/(g \cdot K)$이기 때문에 $A\,R/C_p = 0.288$이 된다.

③ 건조단열감률

공기덩어리(air parcel)가 단열상승 또는 하강할 때 기온과 높이와의 관계를 알아보자. 단열변화의 식 (9.66)에 정역학의 기본식 (9.44)인 $dp = -g \rho dz$를 대입하고, 상태방정식($p = R \rho T$)를 고려하면

$$\frac{dT}{dz} = -\frac{Ag}{C_p} \equiv -\Gamma_d \qquad (9.69)$$

가 된다. 이 Γ_d를 건조단열감률(乾燥斷熱減率, dry adiabatic lapse rate)이라 하고, $\Gamma_d = 0.0000976$ C/cm $= 0.00976$ C/m $= 0.976$ C/100 m가 된다. 이것은 대략 100 m 상승하면 기온이 1 C 저하하는 것을 의미한다.

3　습윤공기

습윤공기(濕潤空氣, moist(wet) air)란 건조공기와 임의의 양의 수증기와의 혼합물이다. 특히 공존하고 있는 수증기의 압력이 미포화상태가 아니고, 그 온도에서 포화수증기압과 같은 경우를 포화공기(飽和空氣, 습윤공기)라 한다.

부연하면 습윤공기(습윤대기)는 건조공기(대기)에서 정의한 것의 공기에 해당한다. 즉, 건조공기와 임의의 수증기와의 혼합물이므로 이론정의에서는 수증기를 포함해서 상대습도가 0%보다 크면 모두 습윤공기가 되는 것이다. 그러나 실제로는 거의 대부분의 공기가 절대온도 0 K (-273.15 C)가 아닌 이상 아무리 소량이라도 수증기를 포함하므로 습윤공기기 되는 것이다. 따라서 실용정의에서는 포화된 후의 포화공기를 습윤공기라 한다. 즉, 상대습도가 100% 이상인 경우를 의미한다. 이 두 가지의 정의 역시 대기과학의 이론을 전개할 때는 필요하기 때문에 공존하고 있다.

일반에서 통상 이야기할 때는 상대습도가 큰 공기를 습윤공기, 작은 공기를 건조공기라로 간단히 말하는 경우도 있다.

① 습윤공기의 단열변화

습윤공기가 단열변화를 하는 경우, 즉 습윤단열변화(moist(wet) adiabatic change)는 냉각에 의한 물의 상변화가 수반되므로, 건조공기는 다르게 복잡하게 된다. 습윤공기가 상승하면 단열팽창에 의해 냉각되어 어느 단계에서 그 공기덩어리에 포함된 수증기는 포화에 도달하게 된다. 상

승을 계속하면 수증기의 일부는 응결해서 운립(구름입자)을 형성하지만, 응결열의 방출에 의해 건조공기가 단열팽창에 의한 냉각보다는 다소 완화된다. 0 C가 되면 이번은 운립이 빙결(얼음)을 시작하지만, 이때 빙결열을 방출하므로, 모든 수적(물방울)이 다 결빙해 없어지기까지 기온은 0 C보다 내려가지 않고 유지된다. 전부의 수적이 다 빙결되더라도 상승을 계속한다면 기온은 빙점 이하로 저하한다. 그래서 습윤공기의 상승에 동반되는 변화는 몇 개의 단계로 나누어서 생각하는 것이 편리하다.

(1) 건조급

건조급(乾燥級, dry stage)은 습윤공기(이론정의)가 상승해서 포화에 도달하기 이전의 불포화의 단계를 이르는 말이다. 이 경우 습윤공기의 비열이 건조공기와는 다소 다르지만, 그 영향은 극히 작아 실제로는 건조공기의 변화와 동일하게 간주해도 좋다. 따라서 그 단열감률도 건조단열 감률 Γ_d로 해도 무방하다. 즉, 실용정의의 건조공기로 취급하면 된다.

(2) 성우급

습윤공기가 포화에 도달한 후 더욱 냉각해서 0 C가 될 때까지를 성우급(成雨級, rain stage)이라 한다. 성우급에서는 수증기의 응결이 일어나고, 그것에 수반되어 응결열이 방출되므로 팽창에 의한 냉각은 건조공기의 경우보다 적어진다. 포화공기의 단열감률을 습윤단열감률(濕潤斷熱減率, moist adiabatic lapse rate)이라 한다.

포화수증기압은 온도의 함수로 온도와 함께 급격히 증가한다. 따라서 같은 단열팽창에 의한 냉각에 대해서도 고온일 때는 포화수증기압의 차가 크므로, 응결량 및 그것에 수반되는 잠열의 방출은 많고, 저온일 때 잠열의 방출량은 적다. 이렇게 해서 습윤단열감률은 온도의 함수가 되는 것을 예상할 수 있다.

(3) 성박급

성박급(成雹級, hail stage)은 기온이 0 C에 도달해서 빙결이 시작되고 나서 수적이 전부 얼어서 없어질 때까지의 단계를 말하고, 기온은 0 C에 머물러 있다.

(4) 성설급

수적이 전부 빙결하고 나서도 더욱 상승하면 이번에는 팽창에 의한 냉각에 의해 수증기가 직접 얼음의 결정이 된다. 이것을 승화(昇華, sublimation)라 하고, 이 단계가 성설급(成雪級, snow stage)이다. 이 경우 수증기의 양은 극히 작고, 승화에 의한 잠열의 방출량도 근소하므로, 그 온도감률은 건조단열감률에 가깝다.

2 습윤단열과정(4단계)

습윤공기의 상승에 의한 이상의 4단계 변화를 모식화해서 표시한 것이 그림 9.2(a)이다. 위의 변화에 있어서는 물방울이나 얼음 결정은 낙하하는 일 없이 상승하는 공기 중에 공존하는 것으로 생각한다. 즉, 가역변화를 가정한다. 이와 같이 단열로 가역적인 과정을 습윤단열변화[濕潤斷熱變化, moist(wet) adiabatic change]라 한다. 이 경우 공기덩어리가 어떤 높이에서 상승을 멈추고, 그곳에서부터 하강하면 이번에는 위에서 언급한 단계를 역으로 거슬러서 완전히 원래 상태로 복귀하는 것이 된다(가역과정).

즉, 가역과정에서는 응결 생성물도 포화공기의 온도변화에 참가하고, 단열승온할 때는 수물질이 증발해서 단열팽창에 수반해 응결해서 유리된 열과 같은 양이 소비된다. 즉, 습윤단열과정에서 건조공기와 포화수증기와 수물질의 전엔트로피(total entropy)가 보존되고, 그들의 초기조건으로 결정된다. 이와 같은 과정이 습윤단열과정[濕潤段熱過程, moist(wet) adiabatic process]의 4단계이다.

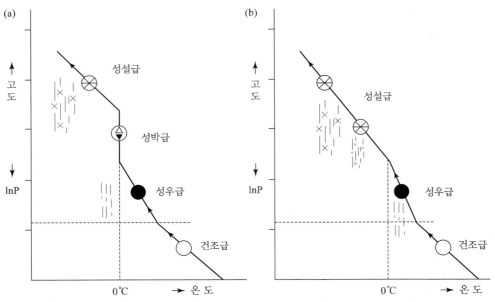

그림 9.2 습윤단열과정과 위단열과정의 비교 (a) 습윤단열과정(4단계) (b) 위단열과정(3단계)

3 위단열과정(3단계)

그러나 실제의 대기 중에서는 앞에서 언급한 가역과정이 아니고, 응결에 의해 생긴 름 입자의 일부는 계에서 비 또는 눈이 되어 낙하한다. 응결생성물이 즉시 낙하해서 포화습윤공기와 액체의 물과 얼음 사이에 열교환이 없는 과정을 생각하면, 습윤공기의 온도변화는 앞의 가역과정의 경우와 다르다.

이와 같이 실제로 일어나는 경우를 취급하는 것은, 수적의 이탈비율이 알려져 있지 않으므로 어려워서, 다른 극단의 경우에는 상승 도중에서 응결한 수분은 즉시 낙하한다고 가정한 경우에 대해서 연구되어 있다. 이와 같은 변화를 위단열변화(僞斷熱變化, pseudo‒adiabatic change)라 한다. 위단열변화에 있어서 수적은 존재하지 않으므로 성박급은 없다(그림 9.2(b) 참조).

다른 급의 변화양상은 공기덩어리가 상승할 때 위에서 언급한 단열가역변화의 경우와 근사적으로 같다. 위단열변화의 특징인 비가역변화의 영향은 일단 상승한 공기가 하강하는 경우에 나타난다. 즉, 상승할 때는 그림 9.2(a)와 닮은 변화를 더듬어 가는 것에 대해서, 하강할 때에는 증발해야만 할 수적이 포함되어 있지 않으므로, 건조단열적으로 변화하지 않을 수 없게 되는 것이다. 그 결과 원래의 높이에 복귀했을 때 공기덩어리는 출발했을 때보다 고온이 된다. 이것이 위단열과정의 3단계이다.

위단열변화는 가역과정이 아니지만 그 상태변화의 계산에는 전엔트로피의 보존(conservation of total entropy)을 가정해서 취급해도 실용상으로는 충분하다.

또 하나 주의해야 할 점은 실제의 대기 중에서 수적은 쉽게 빙결하지 않고, −20 C 정도까지는 과냉각의 수적으로써 존재하는 일이 많다. 그와 같은 경우에는 빙정이 섞여 있는 경우도 많다. 따라서 실제 대기 중에 성박급은 확실하게 그 존재를 인정하기 어려운 경우가 많고, 성설급으로도 좀처럼 진입하지 않는다.

④ 습윤단열감률

습윤단열감률[濕潤斷熱減率, moist(wet) adiabatic lapse rate]이란 포화공기의 단열팽창에 수반되는 온도의 감소율을 뜻한다. 그 값은 수증기응결의 잠열 해리를 동반하므로, 건조단열감률보다 작고, 기압과 기온에 의해 변화한다.

포화한 공기덩어리를 생각해서 그 속에는 1 kg의 건조공기와 포화혼합비 x로 주어지는 수증기와 약간의 이미 응결한 물방울이 포함되어 있는 것으로 한다. 이 공기덩어리에 외부에서 dq의 열을 부여하면 그 일부는 공기덩어리의 온도를 높여서 체적을 팽창시키는 것에 사용되고, 일부분은 수적의 일부를 증발시키기 위해서 사용될 것이다. 증발의 잠열을 L이라 하면 후자는 $L\,dx$가 된다. 따라서 식 (9.65)를 참조하면

$$dq = C_p\,dT - A\,R\,T\frac{dp}{p} + L\,dx \qquad (9.70)$$

이 된다. 단, 습윤공기 속에 포함되는 수증기나 수적의 승온(온도가 올라감) 영향은 작은 것으로 해서 생략하고 있다. 포화수증기압을 E로 하면 식 (9.39)에서 $x = 622E/p = x_s$(포화혼합비) 이

기 때문에

$$dx = \frac{622}{p} \frac{dE}{dT} \, dT - \frac{622}{p^2} \, dp = \frac{x}{E} \frac{dE}{dT} \, dT - \frac{x}{p} \, dp \qquad (9.71)$$

가 된다. 따라서 단열변화의 경우 식 (9.70) $dq = 0$으로 해서 식 (9.71) 및 식 (9.45)를 참조하면,

$$\left(C_p + \frac{L\,x}{E} \frac{dE}{dT} \right) dT = \left(A\,R\,\frac{T}{p} + \frac{L\,x}{p} \right) dp = -\left(A\,g + \frac{L\,x\,g}{R\,T} \right) dz \qquad (9.72)$$

또는

$$-\frac{dT}{dz} = \frac{A\,g}{C_p} \frac{1 + \dfrac{L\,x}{A\,R\,T}}{1 + \dfrac{L\,x}{C_p\,E} \dfrac{dE}{dT}} \qquad (9.73)$$

이 된다. 온도가 높아지면 위 식의 분모 dE/dT가 커지므로, 습윤단열감률은 작아지는 것이다. 습윤단열감률은 보통 0.5 C/100 m 정도이지만, 여름철 고온일 때는 0.3 C/100 m 정도로 작은 값이 되고, 겨울철 저온일 때는 건조단열감률에 가까운 값을 취한다.

위 식을 다시 정리하면

$$-\frac{dT}{dz} = \Gamma_d \frac{1 + \dfrac{L\,x}{R_d\,T}}{1 + \dfrac{L\,x}{C_p\,E} \dfrac{dE}{dT}} = \Gamma_m \qquad (9.74)$$

이 된다. 단 $A\,g/C_p = \Gamma_d$는 건조단열감률이고, A는 일의 열당량으로 변수가 아니고 단위와 값에만 관계하므로 생략했다. $R \rightarrow R_d$로 치환했다. 여기서 Γ_m이 습윤단열감률 또는 포화단열감률(飽和斷熱減率, saturated adiabatic lapse rate, SLR)이라고도 한다.

⑤ 습윤공기온도

온위는 건조단열변화에 대해서 불변하는 양이 된다. 습윤단열감률에 대해서도 불변량이 존재한다. 건조공기에는 항상 물이 포함되어 있다. 이 물이 대기 중에서는 그 양이 변화하고, 3상의 변화를 하면서 각종 기상현상을 야기시키고 있다. 이 물에 의한 에너지를 건조공기에 넣는다고 생각하면 전에너지는 보존량이 된다. 이것을 취급하기 위해서 습윤공기온도(濕潤空氣溫度, moist (wet) air temperature)라고 하는 항목을 신설했다. 즉, 물이 포함되는 온도를 지금부터 기술할 것이다.

물

　물(수분, water)이라고 하면 보통은 액체의 물을 생각하기 쉽다. 그러나 대기과학(기상학)에서의 물은 기체인 수증기[vapo(u)r, 기상(氣相)], 액수[liquid water, 액체의 물, 액상(液相)], 얼음[ice, 고상(固相)] 등 3종류의 상을 모두 포함하는 용어로 사용하고 있다.

(1) 가온도

　가온도(假溫度, virtual temperature)에 대해서는 이미 앞의 9.1.2. 습윤공기의 상태방정식에서 언급한 바 있다. 건조공기는 이상기체로 간주할 수가 있어 위에서 말한 것과 같이 기체의 상태방정식 $p = R_d \rho T$ 로 표현할 수 있다. 미포화한 습윤공기도 이상기체로 취급할 수 있으므로, 건조공기의 기체상수를 이용해서 상태방정식을 적용하면 $p = R_d \rho T_v$ 가 된다. 이때 T_v 가 가온도가 된다. 가온도를 식 (9.22)에서와 같이

$$T_v = \frac{T}{1 - 0.378 \frac{e}{p}} = \frac{1 + \frac{x}{\varepsilon}}{1 + x} T$$

$$\fallingdotseq (1 + 0.608\, s)\, T = (1 + 0.608\, x)\, T = (1 + 0.608\, b)\, T \tag{9.75}$$

로 표현할 수가 있다. 여기서 $\varepsilon = 0.622$, s는 비습, x는 혼합비, b는 비장이다.

　가온도 T_v는 같은 압력 하에서 습윤공기가 건조공기와 같은 밀도를 갖는다고 가정했을 때의 온도이다. 수증기의 밀도는 건조공기의 밀도보다 작으므로, 습윤공기가 건조공기와 같은 밀도를 갖기 위해서는 온도가 높고 가벼운 건조공기로 간주하고 있는 것에 상당한다. 즉, 수증기를 포함하는 습윤공기를 그것과 동압력으로 동밀도의 건조공기로 치환했을 때 건조공기가 가져야 할 온도를 뜻한다. 같은 온도, 같은 기압의 습윤공기와 건조공기의 밀도를 비교하면 가벼운 수증기를 포함한 만큼의 습윤공기의 밀도 쪽이 작다. 따라서 습윤공기를 같은 기압, 같은 밀도의 건조공기로 치환하는 데에는 건조공기의 온도를 높여서 밀도를 가볍게 해야 한다.

　가온도를 사용해서 이로운 장점들을 열거하면 다음과 같다.

- 대기의 안정도나 부력은 공기덩어리를 치켜올렸을 때 주위 공기와의 밀도차로 결정되는데, 밀도차 대신에 관측하기 쉬운 온도차를 사용하는 일이 많다. 그러나 수증기가 많은 경우 올바르게는 가온도(차)를 사용하지 않으면 안 된다.

• 건조공기의 상태방정식과 이것을 사용해서 도출된 층후나 음속의 식을 습윤공기에 적용할 때, 온도를 가온도로 치환하는 것으로 족하다. 그 이유는 다음과 같다. 상태방정식 $p = R\rho T$ 에서 건조공기의 경우는 $R = R_d$로 일정치, 습윤공기의 경우는 $R = R_d(1 + 0.608\,s)$로 수 증기가 증가할수록 R_d보다 커진다. 결국 상태방정식은 건조공기에서는 $p = R_d \rho T$, 습윤공 기에서는 $p = R_d(1 + 0.608\,s)\rho T = R_d \rho T_v$가 되어, 양자는 T를 T_v로 치환한 것만큼의 차이만 있을 뿐이다.

(2) 노점온도

수증기를 포함하고 있는 공기의 온도가 내려가서 그 수증기의 밀도를 포화수증기밀도로 하는 온도에 도달하면 공기는 포화되어 이슬(수적, 운립, 박무)이 맺힌다. 이 온도를 **노점온도**(露点溫 度, dew-point temperature, T_d, 이슬점온도) 또는 간단히 **노점**(dew‐point)이라고 한다. 노점 온도가 높을수록 공기 중의 수증기 양이 많고, 또 어떤 온도에 대해서는 노점온도가 높을수록 상대습도가 높다. 기온이 영하로 내려가 이슬 대신에 승화로 서리[상(霜), frost, 빙정]가 생길 경 우에는 **상점온도**(霜点溫度, frost-point temperature), 또는 간단히 **상점**(frost-point)이라 한다.

노점온도를 측정하는 할 때, 잘 닦은 금속면을 냉각해서 표면에 이슬이 생겨, 흐릴 때의 면 온도를 측정하는 방법이 옛날부터 전통적으로 행해지고 있다. 이외에 노점계(露点計, dew-point thermometer)로서는 염화리튬(lithium chloride) 수용액을 가열해서 공기 중의 증기압과 평형상 태가 될 때의 온도를 측정해서 이것에서 노점을 구하는 방법이 있다. 또는 간접적인 방법으로는 습구·건구온도계의 독취(읽은 눈금의 값)에서 측정되기도 한다.

온도를 T로 하고, 노점을 T_d로 했을 때, $T \geq T_d$이고, $T = T_d$는 초기상태로 이미 포화하고 있는 것을 의미한다. 또한 $T - T_d$를 **기온노점차**(氣溫露点差)라고 한다. 이것을 **습수**(濕數)라고 한다. $T - T_d$가 작으면 공기는 포화에 가깝고, 크면 공기는 건조되어 있다(상대습도가 낮다)는 것을 의미한다.

(3) 습구온도(위)

상대습도를 측정하는 관측기기의 하나가 건습구온도계이다. 두 개의 수은온도계 중 하나는 자 연 그대로 공기의 온도인 기온을 측정하는 것이 건구온도계이고, 또 다른 하나의 온도계에는 구 부를 젖은 가제[gaze(독), 거즈(gauze, 영) 또는 엷은 물이나 얼음의 막]로 싸서 직사광선이 닿지 않도록 공기 중에 노출시켜 바람에 닿게 해서, 물이 충분히 증발된 다음 읽은 값이 **습구온도**(濕球 溫度, wet-bulb temperature)가 된다. 공기가 건조할수록 가제에서 물이 많이 증발해서 건구와 습구의 온도차는 커진다. 습구온도(T_w)는 노점온도(T_d)와 비슷하지만 분명히 양자는 다르다. 기온(건구)을 T로 하면 $T \geq T_w \geq T_d$의 관계가 있다.

다르게 표현(대기과학적인 이론)하면 공기덩어리에 물을 가해서 계속 증발시켜 단열적으로 일정한 기압 하에서 변화시키면, 공기덩어리는 잠열(lantent heat, 기화열, 증발열)을 빼앗겨서 냉각한다. 이 과정에서 포화에 도달했을 때 공기가 가져야 할 온도이다. 이것은 건습계의 습구온도계나 통풍건습계의 습구온도계에서 측정한 온도와 같다.

임의의 고도의 공기덩어리를 단열변화로 포화시켜 거기에서부터 포화단열감률로 표준기압 1,000 hPa까지 이동시켰을 때 공기덩어리가 가질 온도가 습구온위(濕球溫位, wet-bulb potential temperature, θ_w)이다. 습구온위는 응결, 증발, 건조 및 포화기온변화에서 보존되므로(즉 변화하지 않는다), 대단히 중요한 양이다. 특정 기단의 추적자로서 이용할 수 있다.

참고 9-5

습구온도

T =기온, T_w =습구온도, x =공기의 혼합비, x' = T_w에 있어서의 포화혼합비

L = T_w에 있어서의 증발의 잠열, 즉 기화열 또는 증발열

C_p =0.240 cal/g·deg : 건조공기의 정압비열, C_p' =0.455 cal/g·deg : 수증기의 정압비열 이라고 한다.

습구면에 닿은 공기는 습구온도로 포화에 도달한다. 이때의 현상을 보다 자세하게 진술하면 다음과 같다. 정상(시간적으로 무변화)상태에 있는 습구면에 $(1+x)g$의 습윤공기가 닿으면 거기서 일어나고 있는 증발에 의해 T에서 T_w로 냉각된다. 증발량을 $(x'-x)g$으로 하면 습구면을 떠나가는 공기는 온도 T_w의 $(1+x')g$의 포화공기가 된다. 거기서 습구면에 접촉된 공기가 잃어버리는 열량과 그 원인이 된 증발의 잠열은 같은 값이 되므로,

$$L(x'-x) = (C_p + x\,C_p')(T - T_w) \tag{9.76}$$

이 된다. 그런데 $C_p' ≒ 2\,C_p$이고, x는 대기 주에서는 0.025를 넘는 일이 그다지 없기 때문에 C_p에 대해서 C_p'은 생략해도 좋다. 그러면

$$T_w = T - \frac{L}{C_p}(x'-x) \tag{9.77}$$

을 얻는다. 이것이 습구온도 T_w를 구하는 식이다. 위 식에 식 (9.39)를 단위를 고쳐서 g/kg → kg/kg으로 바꾸면 1/1,000을 곱해 주어서 $x = 0.622\,e/p = b$로 대입해 주면

$$e = E(T_w) - \frac{C_p}{0.622\,L}\,p(T - T_w) \tag{9.78}$$

이 되고, 이것이 습도계방정식(濕度計方程式, psychrometer equation) 또는 검습계공식(檢濕計公式, psychrometric formula)이 된다. 단 여기서 $E(T_w) = E_w$는 T_w에 있어서의 포화수증기압이고, $L = 596$ cal/g이다. 위 식은 건구와 습구의 온도차에서 수증기장력과 습도를 구하는 데 긴요하게 사용되는 식이다.

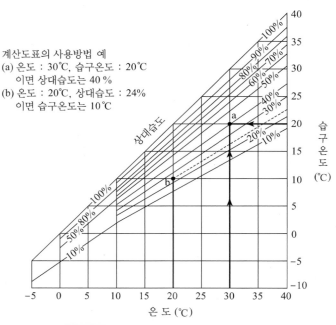

계산도표의 사용방법 예
(a) 온도 : 30℃, 습구온도 : 20℃
   이면 상대습도는 40 %
(b) 온도 : 20℃, 상대습도 : 24%
   이면 습구온도는 10℃

그림 9.3 온도·습구온도·상대습도의 도표

보통 수영 후 물에서 나오면 차갑게 느껴진다. 이것은 피부에 묻은 물이 증발하므로, 피부의 온도가 습구온도까지 내려가기 때문이다. 또 더울 때에는 땀을 흘리는데 이 땀이 증발하면서 차갑게 느껴진다. 그러나 공기의 습구온도가 체온(약 37 C) 보다 높을 경우 땀을 흘려도 차갑게 느끼지 못할 것이다. 다행히도 지표 상에서는 습구온도가 37 C 이상이 되는 일은 좀처럼 없다. 기온이 40 C를 넘어도 습도가 낮으므로 습구온도는 37 C보다 상당히 낮다.

그림 9.3은 온도·습구온도·상대습도의 상호관계를 나타내는 도표(圖表, nomogram)이다. 이 계산도표를 사용하는 방법은 3가지의 기상요소 중에서 2개를 알면 두 요소의 값의 직선의 교점을 구해서 그 점을 통과하는 다른 3번째의 요소값을 읽으면 된다.

(4) 상당온도(위)

일정 기압 하에서 습윤공기덩어리 속의 수증기가 모두 응결해서 그 잠열로 공기덩어리를 데웠다고 했을 때의 온도가 **상당온도**(相當溫度, equivalent temperature)이다. 수증기를 많이 포함하고 있는 공기일수록 기온에 비교해서 상당온도가 커진다.

상당온도에는 등압상당온도(等壓相當溫度, isobaric equivalent temperature)와 단열상당온도(斷熱相當溫度, adiabatic equivalent temperature) 두 가지가 있다. 전자는 공기덩어리의 수증기가 일정압력 하에서 전부 응결했을 때 방출되는 잠열이 모두 그 공기덩어리를 데우는 데 사용된 경우의 온도이다. 후자는 건조단열팽창으로 포화에 도달한 후 위단열팽창으로 모두의 수증기를 잃어버리고, 그 후 건조단열변화로 원래의 기압까지 변화했을 때의 온도이다.

습윤공기덩어리가 건조단열적으로 상승해서 치올림응결고도에서 포화에 도달한 후, 응결한 수분을 떨어뜨리면서(위단열변화) 수증기가 없어질 때까지 상승을 계속하며, 그 후 건조단열변화로 기준기압(1,000 hPa)까지 돌아왔을 때의 온도를 **상당온위**(相當溫位, equivalent potential temperature, θ_e)라 한다. 위단열변화를 포함하므로 위상당온위(θ_{se})라고 한다. 공기덩어리가 주위 공기와 열의 교환(수수)을 하지 않고 단열변화를 할 때는 응결이 일어나지 않는 한 온위가 보존되지만, 상당온위 쪽은 응결이 있어도 보존된다. 상당온위는 대기안정도를 조사하기도 하고, 그 보존성을 이용해서 기단의 해석 등에 사용된다.

참고 9-6

상당온도(위)

식 (4.77)을 고쳐 쓰면,

$$T + \frac{Lx}{C_p} = T_w + \frac{Lx'}{C_p} \tag{9.79}$$

가 된다. 여기서 Lx는 주어진 공기에 포함된 수증기를 온도 T 하에서 전부 응결시켰을 때 방출되는 열량이다. Lx/C_p는 그것을 온도의 척도로 나타낸 것으로, 그 열량에 의해 그 공기가 얼마나 승온했는가를 나타낸다. 그래서

$$T_e \equiv T + \frac{Lx}{C_p} = T_w + \frac{Lx'}{C_p} \tag{9.80}$$

에 의해 정의되는 온도 T_e가 상당온도가 된다. 그 의미는 이미 알고 있다고 생각하지만, 주어진 공기에 포함된 수증기가 응결할 때의 승온을 견적에 넣은 온도이다. 위 식에서 알 수 있듯이 T_e와 T_w는 일의적인 관계에 있다.

미적분의 연산으로 상당온위(θ_e)를 구해 보자. 식 (4.42) $C_p dT = \triangle Q + \alpha \, dp$에서 습한 공기덩어리에 dQ만큼의 열량을 가하였을 때(기압변화는 없음, $dp = 0$),

$$dQ = C_p \, dT \tag{9.81}$$

가 되고, 이로 인해 공기덩어리의 온위가 $d\theta$만큼 상승했다고 하면 식 (9.68)에서

$$\theta = T \left(\frac{p_0}{p} \right)^{\frac{AR}{C_p}} \rightarrow d\theta = dT \left(\frac{p_0}{p} \right)^{\frac{AR}{C_p}}$$

$$\rightarrow dT = \frac{1}{\left(\frac{p_0}{p} \right)^{\frac{AR}{C_p}}} d\theta = \frac{1}{\frac{\theta}{T}} d\theta = \frac{T}{\theta} d\theta \tag{9.82}$$

(계속)

가 된다. 위 식을 식 (9.81)에 대입하면

$$dQ = C_p\, dT = C_p\, \frac{T}{\theta}\, d\theta \;\rightarrow\; \frac{dQ}{T} = C_p\, \frac{d\theta}{\theta} \tag{9.83}$$

이라고 하는 관계를 얻을 수 있다. 지금 포화하고 있는 공기덩어리가 조금 상승하여 공기덩어리의 온도가 dT만큼 변화하고, 그로 인하여 포화혼합비가 dx_s만큼 변화(위단열변화로 하면 계를 빠져 나감)했으므로 $dQ = -L\, dx_s$이다. 따라서

$$-\frac{L}{C_p\, T}\, dx_s = \frac{d\theta}{\theta} \tag{9.84}$$

인데, $\dfrac{dx_s}{x_s} \gg \dfrac{dT}{T}$의 관계는 대류권 내에서는 일반적으로 성립하고, $\dfrac{L}{C_p}$는 온도에 따라 그다지 변화하지 않는 양이므로,

$$\frac{L}{C_p\, T}\, dx_s \approx d\!\left(\frac{L\, x_s}{C_p\, T}\right) \tag{9.85}$$

라는 근사치를 얻을 수 있다. 이 근사식을 식 (4.84)에 대입해서 적분하면

$$-\frac{L\, x_s}{C_p\, T} = \ln\theta + 적분상수 \tag{9.86}$$

가 된다. 적분상수로서 상층에서 온도가 낮은 공기에 대해서 $x_s \rightarrow 0$일 때의 θ의 값을 θ_e로 쓰기로 하면,

$$-\frac{L\, x_s}{C_p\, T} = \ln\frac{\theta}{\theta_e}\,,\quad \theta_e = \theta\exp\!\left(\frac{L\, x_s}{C_p\, T}\right) \tag{9.87}$$

가 된다. 공기덩어리가 수증기를 포함하고 있지만 포화해 있지 않을 경우, 우선 공기덩어리를 포화에 도달할 때까지 건조단열적으로 상승시킨다. 그 고도에서 공기덩어리가 갖는 온도 T와 그 T에 상당하는 θ와 x_s를 식 (4.87)의 상당온위의 식에 대입해서 계산한 것이 그 공기덩어리가 갖는 상당온위이다.

(5) 위상당온도(위)

로스비(Rossby)는 위단열변화를 준거로 해서 위에서 말한 상당온도와 다소 다른 양을 도입했다. 즉, 공기덩어리를 위단열적으로 대기의 최상단까지 상승시켜 수증기를 전부 탈락시키고 공기덩어리를 하강시킨다. 그러면 그것은 건조단열적으로 승온되면서 하강하므로, 원래의 층까지 돌아왔을 때 최초의 온도보다 고온이 된다. 로스비는 이 온도를 그 공기덩어리의 상당온도로 정의했다. 이것은 식 (9.80)에서 정의된 상당온도와는 다소 다르다. 이 상위점(서로 다른 점)은 식 (9.80)의 경우 응결이 일어나는 온도는 T였는데 반해서, 로스비의 정의에서 주어진 공기덩어리의 응결층 이상의 각층의 온도로 응결이 행하여지기 때문이다. 그래서 로스비의 정의에 의한 것을 위상당온도(僞相當溫度, pseudo-equivalent temperature, T_{se}) 라 하여 구별하고 있다. 그러나

L은 온도에 의해 그다지 다르지 않기 때문에 T_{se}와 T_e는 근사적으로 같다.

위상당온도 T_{se}의 공기덩어리를 더욱 건조단열적으로 표준기압(1,000 hPa)까지 하강시켰을 때 공기덩어리가 갖는 온도를 위상당온위(僞相當溫位, pseudo-equivalent potential temperature, θ_{se})라 한다.

(6) 위습구온도(위)

로스비류의 습구온도의 정의는 다음과 같다. 그것은 공기덩어리를 건조단열적으로 응결층까지 들어올려 거기에서 습윤단열적으로 원래의 층까지 하강시켰을 때 공기덩어리가 갖는 온도이다. 이것을 보통의 습구온도와 구별하기 위해서 위습구온도(僞濕球溫度, pseudo-wet-bulb temperature, T_{sw})라 한다. 이것도 근사적으로는 T_w와 같다.

위습구온도 T_{sw}의 공기덩어리를 습윤단열적으로 표준기압까지 하강시켰을 때 갖는 온도를 위습구온위(僞濕球溫位, pseudo-wet-bulb potential temperature, θ_{sw})라 한다. 부연하면, 공기덩어리의 기압을 낮춤에 따라서 포화에 도달할 때까지 단열적으로 냉각된 후에, 습윤(포화)단열과정에 의해 기준기압(1,000 hPa)까지 가져왔을 때의 온도가 위습구온위가 된다(간단히 습구온위라고 부르는 일이 많다). 그 값은 습구온위에서 근소하게 어긋나지만, 그 차는 실용상 무시할 수 있다. 이들의 양(습구온위, 위습구온위)은 건조단열과정, 습윤단열과정을 묻지 않고 가역단열과정에 대해서 보존된다.

(7) 상당흑체온도

위성에 의해 상공에서 지구 상 물체(구름이나 지표면 등)의 방사량을 측정할 때 물체가 흑체방사를 하고 있다고 가정해서, 측정한 방사량에서 환산해서 구한 가정의 온도를 상당흑체온도(相當黑体溫度, equivalent blackbody temperature)라 한다. 기상위성에 의한 적외화상으로 표시되는 구름의 온도는 상당흑체온도이다.

진실의 온도와의 차이는 구름이나 지표면에 의한 방사가 어느 정도 흑체방사에 가까운지 또 도중의 대기에 의한 흡수가 많은지 적은지 등으로 결정된다. 기상위성의 적외화상에서 이용되는 파장 부근(11~12 μm)의 방사에 대해서는 비교적 좋은 근사를 보이고 있다.

(8) 종합

이상의 여러 가지 온도와 온위들을 종합해서 다음의 그림 9.4와 같이 정리해 두자. 이것은 새롭게 정의된 모든 온도와 온위들의 관계를 나타내 주고 있다. 기압 p, 온도 T일 때 공기덩어리의 혼합비를 x라 하자. 일반적으로 포화혼합비(x_s)는 온도와 기압의 함수이므로, x를 포화혼합비로 하는 선을 이 그림 속에서 그릴 수가 있다. 이것이 그림의 등(포화)혼합비선이다. 처음 기압 p, 기온 T에 있던 불포화된 공기덩어리를 단열적으로 상승시키면 이온이 내려가고, 상대습도는 증대해서 결국 포화에 도달한다. 이 점은 건조단열선과 등혼합비선의 교점으로 주어진다. 이 고도를(치올림, lifting) 응결고도(凝結高度, condensation level)라고 한다. 이것이 운저(cloud base)가 된다. 이 높이를 지나 공기덩어리를 더욱 상승시키면 이제는 습윤단열감률(습윤단열선, 포화단열선)를 따라 상승하면서 온도가 내려가게 된다.

또한 그림에는 노점(T_d), 위습구온도(T_{sw}), 습구온도(T_w), 온도(T), 상당온도(T_e), 위상당온도(T_{se})와 이들의 위(位, potential)가 그려져 있다. 이들은 이미 본문에서 설명한 것들이다. θ_{se}와 θ_{sw}는 공기덩어리가 건조단열변화를 해도, 습윤단열변화를 해도, 그 공기덩어리에 있어서는 일정불변의 양이다. 따라서 이들의 양은 온위나 혼합비보다도 한층 보존성이 높고, 그런 의미에서 대기를 식별하는 데 한층 유용한 양들이다.

지금까지 언급해온 대기의 열역학적 특성들을 나타내는 모든 양들의 단열변화할 때의 거동을 간추려서 정리하면 표 9.3과 같이 된다. 여기서 불변량이라고 해도 공기덩어리가 상승 중 주위의 공기와 혼합해서 열의 출입이 있기도 하고, 방사의 효과가 큰 경우 등 주위와의 단열조건이 성립하지 않는 경우에는 불변일수가 없는 것도 당연한 사실이다.

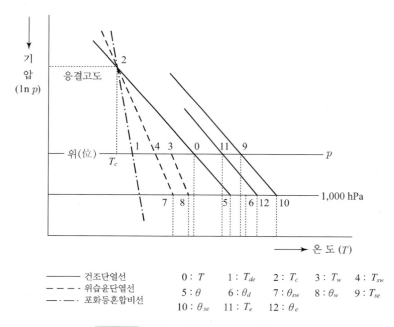

그림 9.4 새롭게 정의된 모든 온도들의 관계

표 9.3 변화량과 불변량

습도온도의 종류	부 호	건조단열변화	습윤단열변화
온도	T	변화	변화
가온도	T_v	변화	변화
수증기압	e	변화	변화
상대습도	RH	변화	불변(100 %)
노점온도	T_d	변화	변화
비습, 혼합비	s , x	불변	변화
습구온도, 위습구온도	T_w , T_{sw}	변화	변화
상당온도, 위상당온도	T_e , T_{se}	변화	변화
온위	θ	불변	변화
위습구온위	θ_{sw}	불변	불변
위상당온위	θ_{se}	불변	불변

4 대기안정도

날씨는 대기안정도(大氣安定度, atmospheric stability)를 지배하는 일이 많다. 안정한 대기에서는 공기의 수직운동이 억압되므로 천기는 좋지만, 불안정한 대기에서는 안정한 상태로 가라앉으려고 해서 공기의 상하운동, 즉 대류가 일어나기도 하고, 상승기류의 부분에 적운이나 적란운이 생기고, 소나기가 오기도 하고, 천둥번개가 발생하기도 한다.

어떤 기층이 안정인지, 불안정인지를 조사하기 위해서는 그 기층의 공기덩어리에 수직방향으로 작은 변위를 부여해 본다. 변위된 공기덩어리가 원래의 층으로 되돌아오려고 하는 경향을 갖는다면, 그 기층은 **안정한 평형의 상태**(stable state of equilibrium)에 있다. 또는 안정한 성층 (stable stratification)을 이루고 있다고 한다. 변위된 공기덩어리가 원래의 층에서 멀어져 가는 경향을 갖는다면 그 기층은 **불안정**(不安定, unstable)한 평형의 상태에 있다고 하고, 변위된 공기덩어리가 그 위치에 머물러 있다면 그 기층은 중립(neutral)의 평형상태에 있다고 한다.

1 불포화대기

대기의 안정도판정은 상층관측의 결과를 기입하면 대기의 상태를 하나의 곡선으로 그릴 수 있다. 이것을 **상태곡선**(狀態曲線, ascent curve)이라고 한다. 관측된 상태곡선이 그림 9.5의 1로 주어져 있고, 생각하고 있는 점 P를 통하는 건조단열선은 점선 2라고 하자. 지금 P점의 공기를 위쪽으로 변위시켰다고 하자. 그러면 이 공기는 건조단열선 2를 따라서 변화하므로 변위된 위치에서는 곡선 1로 표시된 주위의 공기보다 저온이 되고, 밀도가 커지기 때문에 그 공기덩어리는

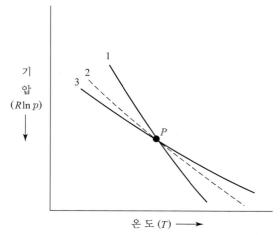

그림 9.5 **불포화대기의 안정도** 1(실선) : 안정한 대기의 상태곡선, 2(점선) : 건조단열선, 3(실선) : 불안정한 대기의 상태곡선

원래의 위치로 돌아가려고 한다. 그러므로 정의에 의해 상태곡선 1로 표시되는 성층은 **안정**(安定, stable)이 된다.

상태곡선이 3으로 주어진 경우에 P점의 공기를 상방으로 변위시키면 새로운 위치에서는 주위보다 온도가 높고, 밀도가 작으므로, 이 공기덩어리는 부력을 받아서 상승을 계속한다. 따라서 3으로 표시되는 성층은 **불안정**(unstable)이 된다. 상태곡선이 건조단열선 2와 일치하는 경우는 같은 모양의 추론에 의해 성층은 **중립**(neutral)이 되는 것을 알 수가 있다. 이 경우는 어느 쪽의 변위를 주더라도 그 위치에서 정지해서 움직이지 않는 것이다. 공기덩어리를 아래쪽으로 변위시켜도 같은 결과가 얻어지는 것은 독자들의 검증에 맡긴다.

상태곡선 1과 3의 차이는 기온감률 Γ가 건조단열감률 Γ_d보다 작은지, 클지이다. 그러므로 불포화대기의 안정도 판별의 기준은 다음과 같이 정리된다.

$$\Gamma < \Gamma_d \text{이면 안정}$$
$$\Gamma = \Gamma_d \text{이면 중립} \qquad (9.88)$$
$$\Gamma > \Gamma_d \text{이면 불안정}$$

② 포화대기

이 경우는 안정도판정을 위해서 공기덩어리를 변위시키면 습윤단열선을 따라서 변위하므로, 습윤단열감률을 Γ_m으로 하면 앞과 동양의 논의에 의해 포화공기의 안정도판정의 기준은 다음과 같이 된다.

$$\Gamma \; < \; \Gamma_m \text{이면 안정}$$
$$\Gamma \; = \; \Gamma_m \text{이면 중립} \tag{9.89}$$
$$\Gamma \; > \; \Gamma_m \text{이면 불안정}$$

③ 조건부불안정

$\Gamma_d > \Gamma_m$ 이기 때문에 위에서 언급한 결과를 총괄하면 $\Gamma < \Gamma_m$ 이라면 대기는 포화, 불포화에 관계없이 안정이다. 이 경우를 절대안정(絶對安定, absolute stable)이라고 한다. 또 $\Gamma > \Gamma_d$ 이면 대기는 포화, 불포화를 막론하고 불안이므로, 이 경우를 절대불안정(絶對不安定, absolute unstable)이라고 한다. 이것에 대해서 $\Gamma_d > \Gamma > \Gamma_m$ 의 경우는 대기가 불포화라면 안정이지만, 포화해 있으면 불안정이 된다. 그러나 이 불포화의 경우도 대기에 외력이 가해지면 불안정화하는 일도 있어서 안정이라고 단정지을 수는 없는 일이다.

그래서 $\Gamma_d > \Gamma > \Gamma_m$ 의 경우를 조건부불안정(도)[條件附不安定(度), conditionally unstable (instability)]이라고 한다. 이와 같은 경우를 그림 9.6에 나타내고 있다.

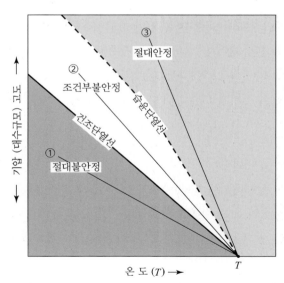

그림 9.6 **대기의 안정도의 종류** ①의 상태곡선의 경우 : 절대불안정 영역, ②의 상태곡선의 경우 : 조건부불안정 영역, ③의 상태곡선의 경우 : 절대안정 영역

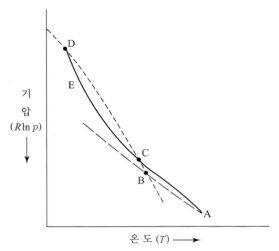

그림 9.7 조건부불안정 실선은 조건부불안정인 경우의 상태곡선, 점점선(·····,)은 건조단열선, 점선(– – –,)은 습윤단열선

 그림 9.7에서 상태곡선이 ACED를 관통하는 실선으로 주어졌다. 점 A 부근에서는 $\Gamma_d > \Gamma > \Gamma_m$이다. 지금 점 A의 공기가 불포화된 것으로 해서, 그 응결층을 점 B로 한다면, 이 공기를 그 이상 상승시키면 습윤단열선 BCD를 따라서 변화한다. 한편 점 A의 공기덩어리를 상방을 향해서 주어진 변위가 C층 이하인 경우는, 변위된 공기덩어리는 주위보다 저온으로 원래의 위치로 복귀하려고 하기 때문에 안정이다. 그러나 점 A의 공기덩어리에 외력이 작용해서 C층 이상의 변위가 주어지면, 그 공기덩어리의 온도는 주위보다 고온이 되어 더욱 상승을 계속하게 되어 불안정이 된다. 즉, 이 기층은 부가된 외력이 작은 경우는 안정이지만, 큰 외력이 첨가되면 불안정이 된다.

④ 대류불안정

 대기가 현재 그대로의 상태에서는 안정이지만, 어떤 층의 기층 전체가 들려올려져서 그 속에서 응결이 일어나면 불안정이 되는 경우가 종종 있다. 이 경우 들려올려진 기층이 안정한 상태로 머무를지, 그렇지 않으면 불안정이 될지는 기층 내의 수증기의 분포상태에 의해 정해진다. 이것을 나타내기 위해서 그림 9.8의 (a), (b)로 표시된 2개의 예를 생각해 보자. (a), (b)의 양 그림에서는 최초상태의 기층 내의 온도분포를 a b로 하면, 그 기온감률은 습윤단열감률보다 작으므로, (a), (b) 어느 쪽의 경우에 있어서도 기층은 그대로의 상태에서는 안정한 상태를 유지하고 있다.

 그러나 (a) 그림의 경우는 기층의 하부에 수증기가 많이 포함되어 있고, 상부는 보다 건조해 있다고 하자. 이 기층전체가 들려 올려지면 우선 점 a의 공기가 포화해서 그 후는 습윤단열선을 따라 냉각한다. 더욱 기층이 들려올려지면 b의 공기도 응결층 b′에 도달하고, 기층전체가 포화한다. 이때 기층의 온도분포는 a′b′이 되어 그 기온감률은 습윤단열감률보다 크므로 기층 a′b′는

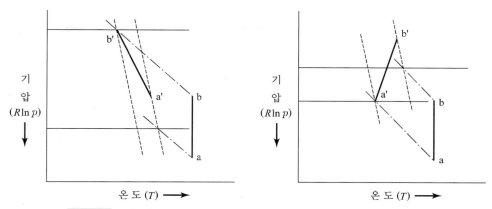

그림 9.8 대류불안정과 대류안정 (a) 대류불안정의 경우, (b) 대류안정의 경우

불안정이 된다.

그림 (b)의 경우는 기층의 하부 쪽이 상부보다 건조해 있는 것으로 하자. 이번에는 기층전체가 들려올려지면, b의 공기가 응결층에 도달하고, 더욱더 들려올려지면 a의 공기도 응결층에 도달하고 기층전체가 포화하지만, 이때의 상태곡선은 a′b′이 되고, 이것은 그림에서 분명하듯이 최초의 상태보다 한층 안정이 되고 만다.

그림 (a)의 경우 기층 a b는 대류불안정[對流不安定, convective unstable(instability)]의 상태에 있다고 하고, 그림 (b)의 경우는 대류안정[對流安定, convective stable(stability)]의 상태에 있다고 말한다.

그림 (a)과 (b)의 차이는 그림 (a)에 있어서 기층전체가 포화에 도달했을 때 상층의 점 b′에 대한 습윤단열선이 하층의 점 a′에 대한 습윤단열선(포화단열선)의 왼쪽에 있는 데 대해서, 그림 (b)의 경우는 그 반대인 것을 말할 수 있다. 또한 앞에서 말한 위습구온위을 이용하면 그림 (a)의 경우는 점 a의 공기의 θ_{sw}는 점 b의 공기의 θ_{sw}보다 큰 것을 알 수가 있다. 따라서 대류불안정도의 판정기준은

$$\frac{d\theta_{sw}}{dz} < 0 \text{이면 대류불안정}$$

$$\frac{d\theta_{sw}}{dz} = 0 \text{이면 대류중립} \tag{9.90}$$

$$\frac{d\theta_{sw}}{dz} > 0 \text{이면 대류안정}$$

이 된다.

기층전체가 들려올려져서 대류안정도가 문제가 되는 것은 기류가 산맥에 달아붙어 불려가는 경우, 불연속면을 따라서 활승하는 경우, 또는 수렴기류가 있는 경우 등이며, 대류불안정의 경우는 그들의 작용에 의해 불안정이 해소되면 바람이나 비가 동반된다.

연 습 문 제

01 금성대기는 체적비로 CO_2가 95%, N_2가 5%를 차지하고 있는 것으로 하고, 금성대기의 평균 분자량 및 1 kg 속의 금성대기의 기체상수를 구하라. 단 C, O, N의 원자량은 각각 12, 16, 14 로 한다.

02 체적 0.01 m^3까지 견딜 수 있는 기구에 질량 0.01 kg의 건조공기를 채워서 고도 5 km 인 곳에 놓아두면 기구는 파열되는가? 이 고도의 기압은 540 hPa(mb), 기온은 −17 C로 한다.

03 기압이 1,000 hPa, 기온이 20 C, 상대습도가 50%일 때의 비장을 구하라. 단, 기온 20 C에서의 포화수증기압은 23.37 hPa 이다.

04 지표면에서의 기압을 1,000 mb(hPa)라 하고, 다음 두 지점에서의 기압이 900 hPa(mb)이 되는 각각의 높이를 구하라. 제1지점에서는 기온이 높아 밀도가 1.1 kg/m^3이고, 제2지점은 기온이 낮아 밀도는 1.3 kg/m^3이라고 한다. 단, 중력가속도는 표 9.2에 의해 $g = 9.81$ m/s^2으로 한다.

05 기상기온 T_0가 2 C일 때 등온대기의 높이 z_p를 구하라.

06 해발 500 m의 기상관서에서 관측한 기압이 940 hPa, 기온이 15 C 였다고 하자. 이 지점에서 해면경정을 해보라. 단, 기온감률은 0.65 C/100 m이다. 식 (9.52)와 식 (9.56)에서 각각 해면기압을 구해서 비교해 보고, 어떤 차이가 있으며, 그 원인은 무엇인지를 생각해 보라.

07 건조단열변화를 하고 있는 공기덩어리에서 온위가 보존됨을 증명하라.

08 기압이 1,000 hPa, 기온이 20 C에서 포화하고 있는 공기덩어리의 습윤단열감률(Γ_m)을 구하라. 먼저 건조단열감률(Γ_d)을 계산하고, 이것과 함께 Γ_m을 계산해 보라. 단, 물의 포화수증기압은 20 C에서 23.37 hPa, 19 C에서 21.96 hPa이다.

09 해수욕장에서 아래 두 날 중 어느 날이 더 차갑게 느껴질까를 그림 9.3에서 습구온도를 구해서 비교해 보라. 또 어린아이가 바다에서 나와서 더운 날씨임에도 불구하고, 추워에 떨며 입술이 파랗게 되는 이유와 그 처방을 말해보라.

☼ 해뜬날 : 기온(T) 40 C, 상대습도(RH) 10%
☂ 흐린날 : 기온(T) 25 C, 상대습도(RH) 80%

10 대기의 운동

대기(공기)의 운동으로 가장 보편적인 것은 바람[풍(風), wind, breeze]이라고 부르는 공기의 수평방향 운동이지만, 연직방향으로도 움직인다. 이것을 상승기류 또는 하강기류 한다. 더욱이 굴뚝에서 나오는 연기를 보아도 알 수 있듯이, 바람은 비교적 짧은 시간 내에도 강도나 방향이 변한다. 이것을 기류의 교란이라고 한다. 또 바람이 강해지기도 하고 약해지기도 하는 것을 바람의 숨, 풍식(風息, gustiness, gust)이라고 한다.

1 대기운동의 규모

대기 운동을 이해하려고 할 때 가장 중요한 것은, 대기의 운동에는 여러 가지의 수평의 퍼짐과 시간의 규모를 가진 운동이 포함되어 있다는 것이다. 예를 들면, 호청적운의 수평방향 크기는 100 m~1 km 정도이고, 거대뇌우의 크기는 10 km 정도이다. 태풍의 강풍역 반경은 100 km의 자릿수이고, 천기도 상에서 온대저기압의 닫힌 등압선의 크기는 1,000 km의 자릿수이다. 계절풍계의 수평방향의 퍼짐은 수 천 km 이상에도 미친다.

시간규모에 대해서 생각해 보면 개개의 적운이 발생해서 소멸해 버릴 때까지의 수명시간은 30분 정도이고, 거대뇌우는 보통 수 시간 정도이다. 태풍의 수명은 1주일 정도이다. 어떤 한 지점에서 관측하고 있을 때 우리나라의 봄과 같이 날씨의 변화가 빠를 때에는 2~3일로 온대저기압이 통과해 간다. 한편 계절풍계 등은 반년(6개월)이라고 하는 긴 시간규모로 변화하고 있다.

그래서 관측에서 알려져 있는 대기의 운동과 그것에 수반되어 일어나는 천기현상에 대해서 특징적인 것 또는 대표적인 공간적 펴짐(수평규모)과 시간규모라고 하는 것을 정의할 수가 있다. 물론 엄밀한 정의는 곤란하지만 **수평규모**(水平規模, horizontal scale)로서는

- 적운이나 뇌우와 같이 독립한 현상이라면 그 수평의 크기
- 온대저기압이나 이동성고기압과 같이 유사한 현상이 서로 줄지어 있을 때에는 인근에 있는 것끼리의 거리

로 정의해도 좋을 것이다. 뒤에 언급하는 편서풍대의 파동 등에서는 규모로서 파장을 취할 수가 있다.

시간규모(time scale)로서는

- 발생에서 소멸까지의 수명시간
- 반복해서 발생하거나 강약을 바꾸기도 하는 경우에 그 주기
- 형태나 강도가 그다지 변화되지 않고 이동하고 있는 현상에서는 그 현상이 어떤 지점을 통과하는 데 요하는 시간

등으로 정의할 수가 있을 것이다.

이들을 정리한 것이 그림 10.1이다. 그림 10.1에는 이 책에서 아직 설명하지 않는 현상이 있을 수 있지만, 여기서는 그런 현상이 존재한다는 사실만을 인지하고 넘어가도 좋고, 궁금하면 뒷부분이나 고학년의 '역학대기과학' 등의 교재를 찾아보면 해결할 수가 있을 것이다. 이 그림에서

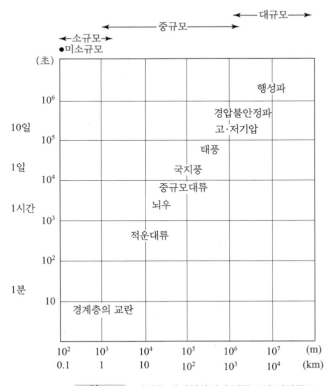

그림 10.1 다양한 대기현상의 수평규모와 시간규모

흥미로운 것은 수평규모와 시간규모는 거의 비례하고 있다는 사실이다. 즉, 수평규모가 큰 것일수록 시간규모가 길다. 예를 들면, 수평규모가 1,000 km 이상이면 시간규모가 10^5초(1일) 이상의 운동에 대응된다. 이와 같은 운동을 대규모(large scale)적인 운동이라고 하자.

2 대규모의 운동

대기과학의 운동 중 가장 기본적인 것이 **대규모운동**(大規模運動, large scale motion)이다. 이 중에서는 지구 전체를 둘러싼 운동에서부터~파장 1,000 km 정도의 파동까지 포함된다. 대단히 계략적인 이야기라고 느낄수도 있지만, 실은 이것이 대기과학의 독자적인 특징이다. 그 이유는 대기운동의 모든 운동에너지의 주요한 부분이 이 규모에 집중되어 있으면서, 이 규모 내의 운동들이 서로 밀접하게 관련되어 있기 때문이다. 대규모운동을 크게 구별하면 **행성규모**(行星規模, 10,000 km의 규모)와 **총관규모**(수 천 km)로 나눌 수가 있다.

지구를 둘러싸고 있는 대기가 전지구적 규모로 펼치는 순환운동을 통계적인 평균으로 표시한 것이 **대기대순환**(大氣大循環, general circulation)이다. 지구 상 각지의 기후 특징이나 사막이 존재하는 이유 등은 대기대순환이 정확하게 이해되야 비로소 이해할 수 있는 것으로 생각된다. 이 대기대순환도 대규모의 운동에 속하지만, 이미 제5장에서 자세하게 취급하였으므로 5장을 참조하기 바라며, 여기에서는 생략하도록 한다.

참고 10-1

운동·현상·파동·요란

대기과학의 경우 위의 뜻들은 상당히 넓은 의미로 혼용되고 있으므로 그다지 신경질적이 될 필요는 없다. 굳이 구별을 해둔다면 운동은 일반적인 용어로 정지하지 않은 대기의 상태, 현상은 구체적인 기상의 발현, 파동은 천기도 상 등에서 보이는 기압이나 기온의 파상 운동, 요란은 파 등과 거의 같은 뜻이지만, 평균상태나 대상류에서의 어긋남의 의미를 포함하고 있다.

1 행성규모의 운동

행성규모(行星規模, planetary scale)는 행성의 반경과 같은 정도의 자릿수를 가지고 있는 아주 대규모적인 대기현상에 적용되는 용어이다. 예를 들면, 대기대순환, 행성파 및 폭풍규모(storm scale)가 있다.

지구를 둘러싸고 있는 편서풍(제트류)이나 초장파(전지구 상에서 파수 1~3의 파)가 행성규모의 운동으로, 지구라는 행성의 크기에 필적할 수 있는 크기를 갖는 것을 의미한다. 또 이들의 초장파를 **행성파**(行星波, planetary wave)라고도 한다. 행성규모의 현상은 히말라야나 럭키 등의 대규모 산악계나 대륙－해양의 열적 대비(contrast)와 관계가 깊고, 지구 전체의 열수지에 의해 생기고 있다.

(1) 제트기류

옛날부터 대기대순환의 연구결과 중위도지방의 상공에서는 편서풍이 탁월해 있다고 하는 것이 추측되어 왔다. 또 권운의 움직임에서도 상공의 강한 서풍의 존재가 관측되고 있었다. 라디오존데의 발명에 의해 그 존재가 확인되었고, 제2차 세계대전 후 수평분포가 조사되어, 강의 급류와 같은 구조가 규명되었다. 이 해명에 중심적인 역할을 한 것이 로스비(Rossby)가 인솔하는 시카고대학의 대순환 연구그룹으로, **제트기류**(jet stream)라고 명명되었다. 제2차 세계대전 중, 일본을 공습한 B29의 조종사도 이 서풍에 고통 받았고, 같은 무렵 일본군이 놓아준 풍선폭탄도 이 서풍을 이용한 것으로, 제트기류 발견의 배경을 이루는 과학사상의 에피소드들로 되어 있다.

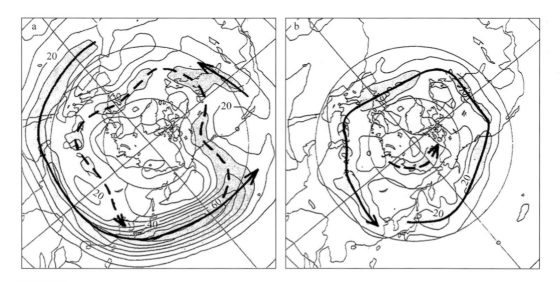

그림 10.2 **300 hPa의 풍속분포의 한 예** a : 1월 하순, b : 7월 하순(1993년), 등치선 간격 : 10 m/s, 굵은 선 : 아열대제트의 축, 물결선: 한대제트의 축

1930년대 후반부터 고층대기관측이 치밀하게 행해진 결과, 이전에는 단편적으로밖에 알지 못했던 상층대기운동의 실태가 분명하게 되었다. 제트기류는 편서풍대 속에서 특히 풍속이 큰 부분으로, 그림 10.2와 같이 한대제트(polar jet)와 아열대제트(subtropical jet stream)가 있다. 한대제트는 남북으로 크게 사행하고, 장소와 시기에 의해 2개가 되는 일도 있다. 아열대제트와 비교해서 변동이 크므로 평균도나 대상평균도 등에서는 나타내기 어렵다(이 책의 5.3절 참조 ; 또 '소선섭·소은미, 2011 : 역학대기과학(2쇄). 교문사, 제8.3절'과 연결).

기후학적으로는 대상편서풍의 극대지역을 제트기류라고 한다. 또한 국소적으로 상층 기압의 골에 부수된 강풍역을 가리키는 일도 있다. 대기대순환의 지식이 증가함에 따라 편동풍대에도 강풍역의 존재가 확인되어 **편동풍제트**(easterly jet)라고 부르게 되었다. 더욱이 기상학에 있어서의 제트기류의 정의는 확대되고, 최근에는 850 hPa면 등에서 집중호우일 때 보이는 강풍을 **하층제트**(lower jet)라고도 한다.

한대전선 제트기류의 수직단면도를 보면 폭이 수백 km, 두께가 수 km에 미치고, 한대전선과 같은 몸체의 구조를 가지고 있는 것을 알았다(그림 10.3 참조). 제트기류를 따라서 웅대한 권운의 방사상의 흐름이 지상에서도 보이는 일이 많다. 또 제트기류 근처에서 종종 청천난(기)류(clear air turbulence, CAT)라고 하는 난기류가 관측되고, 항공기의 운항상의 문제가 되는 일도 있다(더 자세한 내용은 '소선섭·소은미, 2011 : 역학대기과학(2쇄). 교문사, 제8.3절'을 참조).

제트기류의 존재 이유는 다음과 같다. 제트기류는 대기대순환의 일환으로써 존재하고 있다. 직접적으로 한랭전선제트기류는 한랭전선 부근의 강한 **남북기온경도**에 대응한 온도풍으로서 존재하고 있다. 아열대제트기류는 저위도에서 수송되어 온 각운동량이 모이는 **수렴대**로서 존재하고 있다.

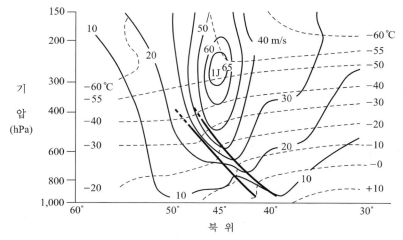

그림 10.3 **제트기류의 서경 80 °W를 따른 수직단면도** 실선 : 등풍속선, 점선 : 등온선, 굵은 실선 : 한대전선, J : 제트기류의 축

(2) 초장파와 장파

① 초장파

초장파(ultra long wave)란 상층대기 중에서 보이는 가장 파장이 긴 대기파[meteorological (atmospheric) wave]로, 파장 9,000~10,000 km 이상, 파수 1~3, 4의 것을 가리킨다. 주기도 1주간 이상이다. 정상 천기도나 월평균 천기도에 나타나는 파나 고도장·바람장 등의 스펙트럼(파수)분석에서 검출되는 파를 뜻한다.

초장파의 전모가 다 규명된 것은 아니지만, 우선 다음과 같이 정리해 둔다.

- 준정상파(準定常波, stationary(standing) wave)
  - 강제파(强制波, forced wave) : 대규모 산악계나 대륙·해양분포의 역학적·열적 효과에 의함
  - 자유파(自由波, free wave) : 경압적인 구조를 갖지만, 성인을 하나가 안이다.
- 이동파(移動波, translation wave)
  - 자유파 : 순압적인 구조를 갖지만, 성인은 하나가 아니다.
  - 주 : 성층권의 초장파는 주로 해서 대류권에서 운동에너지의 연직전파에 의해 여기되는 것으로 생각된다.

그림 10.4는 초장파를 재현하는 회전3중수조의 실내실험의 한 예이다(소선섭·소은미, 2011 : 역학대기과학(2쇄). 교문사, 제17장 회전유체의 그림 17.21에서 인용). 파수가 3과 5의 초장파가 극을 축으로 해서 지구 전체를 천천히 돌고 있는 것을 실험한 것이다. 이 파동에 의해서 극쪽의 찬 공기(골)와 남쪽의 더운 공기(마루)가 교대로 지나가면서 지상의 천기변화를 상공에서 주도하고 있는 과정을 이해할 수가 있을 것이다. 이것이 일종의 날씨의 장기예보를 암시하고 있는 것이다.

(a) 파수 $k = 3$ (b) 파수 $k = 5$

그림 10.4 초장파의 회전수조 실내실험의 한 예(정상파동)

천기와 초장파와의 관계는 초장파는 1주일 이상에 걸쳐서 날씨의 기본을 결정한다고 생각된다. 만일 초장파의 골이 정체하면 그 장소에서는 궂은 날이 지속되기 쉽다. 반대로 마루 부분에서는 맑은 하늘이 계속된다. 저색(沮塞, blocking)현상도 이것의 하나이다. 또 특별히 두드러진 초장파가 없으면 천기는 변하기 쉽다. 적도지방에서는 특히 준2년 주기의 진동이 탁월하게 눈이 띠지만, 그 원인으로서 위에서 표시한 2개의 초장파 작용이 고려되고 있다. 초장파는 주기가 길고, 직접 천기현상을 일으키지는 않지만, 이와 같은 배경에 있어서 천기를 제어하고 있다.

② 장파

장파(長波, long wave)는 상층대기에서 보이는 파장이 긴 기상파로, 파장 5,000~6,000 km 정도, 파수 5~8, 9 정도, 주기 2~3일의 것을 가리킨다. 매일의 고층천기도에서 보이고, 또 기압장(고도장)·바람장 등의 파수분석에서도 검출된다.

장파의 종류와 성인으로는 통상 이동성의 자유파만이지만, 다음의 2종류로 나누어진다.

- 경압파(傾壓波, baroclinic wave) : 경압불안정성에 의해 여기되는 것
- 순압파(順壓波, barotropic wave) : 순압불안정성에 의해 여기되는 것

그러나 이외에도 초장파·장파·단파 사이의 비선형 상호작용의 결과로 생긴 것도 있다고 생각된다.

장파는 대류권에서 초장파와 같은 정도의 진폭을 가지고 있다. 다음에 나오는 총관규모의 요란인 고·저기압도 실은 장파와 동체의 것이다. 즉, 그림 8.5에 표시되어 있는 것과 같이 상층기압의 골(trough)과 마루(ridge)에 대응해서 지표면의 저기압과 고기압이 있고, 기온의 편의와 연직속도의 분포가 유효위치에너지를 운동에너지로 변화하도록 조합해서 경압적인 요란의 입체구조를 가지고 있다. 순압파는 저위도지방에서 보인다.

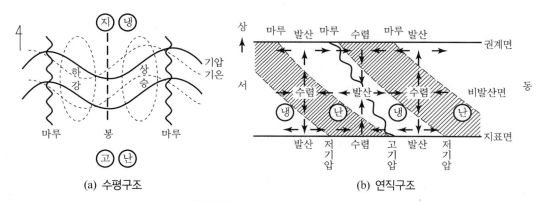

(a) 수평구조   (b) 연직구조

그림 10.5 장파(경압파)의 모식도

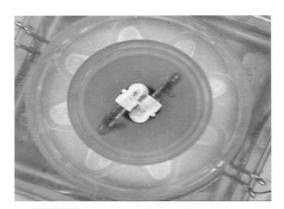

그림 10.6 회전유체의 실험에 의한 장파의 재현

날씨와의 관계는 중·고위도의 천기현상을 직접 지배하고 있지만, 경압적인 장파이다. 기초로서 초장파에 중첩되어 장파가 동진하고, 그것에 따라서 천기가 변화한다. 온난전선과 한랭전선도 이것에 수반되어 통과한다. 기초로서 초장파의 골이 정체해 있는 경우 저기압이 발달하기 쉽고, 전선대도 정체하기 쉬우며, 결과적으로 악천이 지속된다. 반대로 초장파의 마루가 정체하면 저기압의 활동은 역학적으로 약해지고, 천기는 크게 무너지지 않는다.

그림 10.6은 공주대학교 대기과학과의 유체역학실험실에서 실험하는 삼중회전수조의 실험결과의 한 예이다. 가운데의 수조는 극을 상정해서 냉각했고, 가장자리의 둘레는 열대지방으로 가열했다. 가운데가 작업유체로 회전대에 올려져서 지구와 같이 자전한다. 작업유체는 물로 가시화를 위해서 동분이나 은분 등을 사용하고 있다. 가장자리에서 가열된 물은 극 쪽의 차가운 쪽으로 이동하지만, 회전으로 인해서 직접 가지 못하고, 회전속도에 따라서 파동현상이 일어나며, 그 속도의 차이에 의해서 다양한 형태의 파동이 재현된다. 이들 실험은 지구 상공의 초장파·장파 등의 움직임을 다양히 나타내고 기상예보에도 활용이 된다. 더 자세한 내용은 '소선섭·소은미, 2011 : 역학대기과학(2쇄). 교문사, 제17장 회전유체'를 참조하기 바란다.

② 종(종)관규모의 운동

총관규모[總觀規模, 종관규모(綜觀規模), synoptic scale]란 일반적으로 천기도 또는 총관도[synoptic map(chart)]에서 보는 요란의 규모(수천 km)를 의미한다. 대규모요란(大規模擾亂)이라고도 한다. 지상천기도에서 보이는 온대저기압이나 이동성고기압, 이것에 대응해서 고층천기도에서 보이는 기압의 마루나 골 등 현상으로, 대규모현상의 일부와 중간규모현상을 총칭해서 한다. 행성규모와 중간규모현상의 중간 규모로, 수평거리 250~2,000 km, 대륙 또는 대양규모, (이동성)고기압, 저기압(온대저기압, 열대저기압), 편서풍대의 파동, 기단, 전선 등이 포함된다. 총관규모로서 파장 1,000~4,000 km라든가 수평규모 3,000~5,000 km, 연직규모가 대류권 전역인 약 10 km, 시간규모가 3~5일 정도의 현상을 말한다. 중위도의 전선대는 동서로는 길지만, 남북 폭이 좁으므로, 총관규모 요란으로는 하지 않는 경우도 있다.

매일의 천기변화는 기본적으로 총관규모현상에 의해 지배되기 때문에, 천기예보을 수행하는 입장에서는 이 현상을 추적하고, 동향을 파악하는 것이 특히 중요하다. 금일의 고층기상관측망은 비교적 자료가 많은 곳에서는 대략 300 km 사방으로 1점 정도의 관측점을 가지고 있고, 이 관측 자료를 기본으로 만들어지는 천기도에서는 총관규모현상을 파악하는 것이 된다.

(1) 기 단

기온이나 습도 등의 공기성질이 수평방향으로 넓은 범위에 걸쳐서 거의 일정한 공기의 덩어리 를 기단(氣團, air mass)이라고 한다. 수평방향의 퍼짐은 수백 km에서 때로는 수천 km에도 미친 다. 기단은 고위도지방이나 저위도지방에서 지표면의 상태가 일정한 넓은 대륙 위나 해양 상, 바람이 약한 정체성의 고기압권 내, 공기가 오랫동안에 걸쳐서 거의 정체해 있으면 지표면과 공 기와의 사이에서 온도와 습도 따위가 평형상태가 되는 것으로 형성된다. 중위도지방에서는 편서 풍이 강한 저기압이나 고기압이 연속해서 통과하므로 공기가 서로 섞여 기단이 생기기가 어렵다.

기단이라는 생각은 19세기 경부터 나왔지만, 기단의 개념이 발달한 것은 1928년 베르셰론 (Tor Harold Percival Bergeron, 1895~1977, 스웨덴)의 '기단과 전선에 의한 천기분석'에 대한 논문이 발표되고서부터이다. 제2차 세계대전 후에는 제트기류 개념에 근거해서 3차원적인 기단 분류가 도입되었다.

지상의 관측치만으로 천후의 변화를 설명하기도 하고, 대기의 구조를 진단해서 천기예보를 수 행하는 데 기단의 해석은 간단한 방법으로 유영했다. 그러나 기단의 정의에는 명확한 것이 없는 것 또 일반적으로 바람은 고도와 함께 변하므로, 어떤 지점에 있어서의 공기는 높이와 함께 다양 한 방향에서 흘러들어오고 있고, 기단만으로 대기의 구조를 진단할 수는 없다는 불비한 점도 있 다. 또한 나날의 천기도 상에서는 기단의 개념이 모든 경우에 적용될 수 있는 것은 아니므로, 이용에 임해서는 기단에 너무 의지하지 말아야 할 주의도 필요하다.

기단의 분류는 우선 발원지의 특징에 의해 분류된다. 발원지가 저위도인지 그렇지 않으면 고위 도인지, 즉 기온이 높은지 낮은지에 의해 열대기단과 한대기단으로 분류한다. 기단 발원지의 지표 면의 상태, 특히 습도의 고저에 의해서 해양성기단과 대륙성기단으로 분류한다. 기온이 낮은 기단 에는 한대기단과는 별도로 대류권의 중층이나 상층의 기온도 낮은 점에 주목해서 북극기단과 남 극기단으로 정의되어 있다. 아열대고기압의 권내에서 하강류에 의해 대류권의 중층이나 상층이 건조해 있는 열대기단 외에 하층에서 상층까지 습윤으로 불안정한 열대수렴대에서 발생하는 기단 을 적도기단으로 정의하는 경우도 있다. 이들을 정리하면 표 10.1과 같다.

표 10.1 기단의 분류

기단명	영문명	기호
북극대륙성기단(北極大陸性氣團)	Arctic Continental Air Mass	cA
북극해양성기단(北極海洋性氣團)	Arctic Maritime Air Mass	mA
한대대륙성기단(寒帶大陸性氣團)	Polar Continental Air Mass	cP
한대해양성기단(寒帶海洋性氣團)	Polar Maritime Air Mass	mP
열대대륙성기단(熱帶大陸性氣團)	Tropical Continental Air Mass	cT
열대해양성기단(熱帶海洋性氣團)	Tropical Maritime Air Mass	mT
적도대륙성기단(赤道大陸性氣團)	Equatorial Continental Air Mass	cE
적도해양성기단(赤道海洋性氣團)	Equatorial Maritime Air Mass	mE
남극대륙성기단(南極大陸性氣團)	Antarctic Continental Air Mass	cAn

발원지에서 떨어져서 흘러온 기단에 대해서는 지표면의 온도와 기단온도와의 온도차를 고려한 분류도 있다. 기단보다 높은 온도의 지표면을 이동하는 기단을 한기단(寒氣團)이라 부른다. 한기단은 아래에서부터 덥혀지므로 기단의 성층은 불안정하게 되고, 대류성의 구름이 생기기 쉽다. 반대로 기단보다 낮은 기온의 지표면을 이동하는 기단은 난기단(暖氣團)이라 한다. 난기단은 지표면에서 냉각되므로 성층은 안정화를 맞아 발생하는 구름도 층운계가 된다.

대기대순환의 연직구조 중 자오면(남북)순환의 3세포모델 관점에서 기단 분류도 있다. 이 분류에 의하면 아열대제트기류(아열대전선)의 저위도 측 해들리 세포(셀)를 구성하는 공기덩어리를 열대기단(熱帶氣團)이라 한다. 아열대제트기류와 한대제트기류(한대전선)의 사이의 페렐 세포에 상당하는 공기덩어리가 중위도기단(中緯度氣團)이다. 한대제트기류의 고위도 측 공기덩어리를 한대기단(寒帶氣團)이라 한다. 열대기단과 중위도기단의 경계에서는 대류권 하부에 있어서 대기의 발산 때문에 현저한 기단의 차이는 보이지 않는다.

표 10.2는 우리나라 부근에서 주로 영향을 미치는 기단들을 열거한 것이다. 북반구에서 겨울철 기단의 주된 발원지 한대대륙성기단이 생기는 시베리아와 캐나다 북부 북극대륙성기단의 북극지방이다. 이러한 지역의 지표면은 눈과 얼음으로 덮여 있으므로, 이들 기단의 온도는 낮고 건조하다. 방사냉각에 의해 지표면 부근의 기온이 현저하게 저하되어 뚜렷한 접지역전을 수반한다. 이들 중 시베리아기단이 우리에게 영향을 주어 가을에서부터 봄까지 주로 겨울철에 한랭건조한 혹독한 추위를 몰고 오는 계절풍이다.

표 10.2 우리나라 부근의 기단들

명칭	종류	발원지	출현시기	기후의 특징
시베리아기단	한대대륙성기단	시베리아	가을·겨울·봄	한랭건조, 겨울 계절풍
오호츠크해기단	한대해양성기단	오호츠크해	장마기, 가을비	저온다습, 냉해
양쯔강기단	열대대륙성기단	중국 남부 화중	봄·가을	온난건조, 상쾌한 청천
북태평양기단(오가사와라기단)	열대해양성기단	일본의 남동해상	봄·여름·가을	고온다습, 무더운 청천

오호츠크해기단은 한대해양성기단으로 오호츠크해(Sea of Okhotsk)에서 발생한다. 우리나라에는 봄과 가을에 영향을 주고, 장마기와 가을철에 가을비를 내리게 하며, 저온다습한 성질로 냉해를 가져온다. 양쯔강기단[장강(長江, 6,300 km)이 옳은 표현]은 열대대륙성기단으로 중국의 화중지방에서 생기고, 우리나라에는 봄가을로 온난건조하고 상쾌한 청천인 맑은 하늘을 제공한다.

북태평양기단은 북태평양 전지역에서 발생하는 것을 의미하는 것은 아니고, 주된 발원지는 일본의 오가사와라제도[소립원제도(小笠原諸島) : 일본 본토에서 남으로 약 1,000∼2,000 km 떨어진 태평양상에 있는 대소 30여 개의 섬들로, 보닌 제도(Bonin Is.)라고도 함. 면적 106 km², 북위 20∼27N, 동경 136∼153E에 위치]이다. 따라서 '북태평양기단'이라고 애매하게 표현하기보다 '오가사와라기단'이라고 표현하는 것이 옳다고 생각한다. 열대해양성기단으로 우리나라에는 봄·여름·가을에 영향을 미치고, 고온다습한 성질이며, 여름철의 무더운 청천의 날씨를 제공한다.

기단은 발원지에서 떨어져서 지표면의 상태가 다른 지역으로 이동하면, 기단이 가지고 있던 본래의 성질을 잃어버리면서 변화하게 된다. 이것을 기단변질(氣團變質, air mass modification)이라고 한다. 이렇게 변질되면서 완전히 그 성질을 잃어버리면 결국은 소멸하게 된다. 저온의 지표면에서 고온의 지표면으로 이동한 기단은 밑에서부터 덥혀져서 성층상태가 불안정하게 된다. 해면 상을 이동하면 수증기를 보급 받아 대류성의 구름이 생기기 쉽다. 이와는 반대로 고온에서 저온의 지표면으로 이동한 기단은 밑에서부터 냉각되므로 대기의 성층은 안정화로 향하고, 하층에 역전층이 생긴다. 냉각이 진행되면 지표면 부근의 공기는 포화해서 안개나 층운이 발생하기 쉬워진다.

산의 풍하측(바람이 불어나가는 쪽)이나 고기압의 권내 등이 기류의 발산에 수반되어 발생하는 하강기류는, 단열변화로 기온이 올라가서 대기의 성층상태는 안정화되고 건조하게 되므로, 구름은 적어지고 맑은 하늘로 가게 된다.

저기압 중심 부근 등의 기류의 수렴(수속)이나 산을 넘는 것과 같은 기류, 전선을 따라서의 따뜻한 공기의 활승 등이 원인이 되어 생기는 상승기류는, 기온이 내려가서 대기의 성층은 불안정되고 동시에 습도가 높아지므로, 구름이 많아지고, 비가 내리는 일도 있다. 상승기류는 하층에서 기단변질된 공기를 위쪽으로 운반하는 것이 되므로, 기단의 성질을 급속하게 바꾸는 역할도 한다.

(2) 전선

밀도가 다른 2개의 기단 사이에는 경계가 유지될 때, 즉 기상요소가 어떤 면을 경계로 해서 급격하게 변화하고 있을 때 이 경계의 불연속면(surface of discontinuity)을 전선면(前線面, frontal surface, 간단히 전면)이라고 한다. 그리고 이 면이 지면과 만나서 이루는 불연속선(line of discontinuity)을 전선(前線, front)이라 한다. 그러나 전면이라는 말은 그다지 사용하지 않고, '전선'이라는 용어로 대신해서 앞에서 정의한 전면과 전선 양쪽을 가리키는 일이 많다. 물론 이 경우 어느 쪽을 지칭하는가는 전후의 문맥을 통해서 추정할 수 있다.

입체적으로 본다면 이 경계는 면(전선면)을 이루고, 전선면과 지표면이 교차해서 잘린 선이 지표면에서의 전선이다. 전선이나 전선면이라고는 하지만, 기하학적 의미의 선과 면이 아니고, 수평방향으로 100 km, 수직방향으로 1 km 정도의 두께를 갖는 천이층(점차 바뀌어 가는 층)을 이루고 있고, 이 천이층 내에서 기온이랑 습도가 급격하게 변한다. 이 천이층의 폭이 수백 km나 되는 경우 한쪽 기단에서 다른 쪽 기단으로 점차 성질이 변화해 가는 것이 천기도 상에서 알 수가 있으므로, 전선이라고는 말하지 않지만 천이층의 폭이 수 십 km 이하라면, 보통의 천기도 상에서는 기단의 성질이 불연속적으로 바뀌는 것으로 간주되기 때문에, 전선이라고 한다.

전선의 종류별로는 기단의 경계로서 전선을 나타내는 경우, 극기단과 한대기단의 경계에서 생기는 극전선(極前線, arctic front, 북극전선), 한대기단과 중위도기단 사이에서 생기는 **한대전선**(寒帶前線, polar front), 중위도기단과 열대기단 사이에서 생기는 **아열대전선**(亞熱帶前線, subtropical front)이 있다.

온대저기압은 준정체성의 전선 상에서 발생하고, 발달한다. 이 온대저기압의 일생기(life cycle)를 표현할 때 전선도 포함해서 나타낸다. 전선은 그 이동의 방향이나 구조상의 차이에서 온난전선, 한랭전선, 폐색전선, 정체전선으로 나누어진다. 이 부분은 다음에 자세하게 설명한다. 이 외에도 지형의 영향으로 형성되는 규모가 작은 전선을 국지전선이라고 하지만, 대규모적인 전선과 같이 취급할 수는 없다.

다음에는 전선을 형성하는 기단의 운동에 근거해서 분류하면 다음과 같이 4개로 구분할 수 있다.

① 온난전선

전선은 온도가 다른 기단의 경계에서 형성되지만, 난기측에서 한기측 방향으로 이동해서 난기가 한기 위로 눌러 올라가는 것과 같은 경계의 면을 온난전선면(溫暖前線面, 溫暖前面, warm front surface), 그 면에 지표면과의 교차선을 온난전선(溫暖前線, warm front)이라고 한다. 온대저기압에 수반되는 전선은 저기압의 발생에서 발달 초기에는, 진행전면 측이 난기가 한기 위로 밀며 올라가는 온난전선, 후면 측의 한기가 난기를 밀어젖히는 한랭전선이 된다. 온난전선에서 난기는 한기의 위를 전선면을 따라서 상승해서 주로 전선의 한기측에 광범위하게 흐르거나 비가 오는 날씨가 출현한다. 많은 경우 구름은 층상으로 안개도 나타나기 쉽고 약학 강수가 연속되는 지우가 되는 일이 많지만, 대기의 층상상태가 불안정한 경우에는 대류운도 발생해서 단속적인 강수가 된다. 전선면의 경사는 한랭전선에 비교해 완만해서 1/200~1/300 정도이다. 전선통과 시 기압은 급하강에서 완만한 하강 또는 일정하게 되고, 기온, 노점온도가 불연속으로 상승한다. 풍향변화는 북반구에서는 시계방향으로 동쪽으로 치우친다. 남쪽으로 기울기가 변화하고, 전선 통과 후에는 강수는 멈추든가 약해지고, 푸른 하늘이 단속적으로 펼쳐지는 일이 많다. 폐색한 저기압에서는 폐색점에서 남동방향으로 뻗는 온난전선은 차차로 활동이 약해지고, 천기변화도 불확실하게 되는 일이 종종 일어난다.

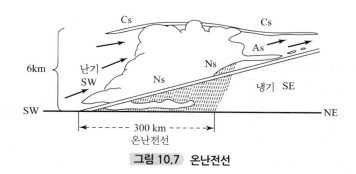

그림 10.7 온난전선

그림 10.7의 온난전선이 가까이 다가오면 권운(Ci)이 처음에 나타나서 권층운(Cs)이 되고, 난기가 불안정할 때는 권적운(Cc)도 출현한다. 더욱 가까이 오면 고층운(As), 고적운(Ac)이 되고, 최후에는 층적운(Sc), 난층운(Ns), 층운(St)이 된다. 때로는 적란운(Cb)이 되는 일도 있다. 종종 냉기단 중에도 난기에서 낙하하는 빗방울의 증발에 의해 구름이 생긴다. 난기 중의 구름은 수증기나 안정도에 의해 격렬한 현상이 일어날지 아닐지가 정해진다. 온난전선이 근접함과 동시에 구름, 강우, 습도가 증가한다. 온도는 다소 올라가는 느낌으로 전선의 통과와 함께 상승한다. 통과 후에는 구름이 줄고 때로는 쾌청(아주 맑음)하게 되는 일도 있다.

② 한랭전선

한기측에서 난기측의 방향으로 이동해서 설형(쐐기모양)으로 잠입하는 전면이 한냉전(선)면(cold-front surface)이고, 지표와의 절선이 **한랭전선**(寒冷前線, cold front)이다. 이들 두 명칭은 한랭전선으로 대표하는 것이 일반적이다. 온대저기압의 후방 부분에 나타나고, 난기를 눌러 한기로 바꾸는 운동이 있는 전선이라고 할 수 있다. 전면의 경사는 온난전선보다는 커서 1/50～1/100 정도로 급하고, 한기는 난기 밑을 파고들어 가듯이 난기를 밀어올려, 전선의 난기측에 비교적 폭이 좁은 악천역을 만든다. 그렇기 때문에 전선의 통과 시 풍향은 남향에서 북서향으로 급변해서 적란운(Cb)이나 적운(Cu)이 나타나고, 소나기, 뇌우), 돌풍 등을 수반하는 경우가 많다. 통과 후에는 기온이나 노점온도가 급하강하고, 기압은 상승한다. 또 한랭전선은 저기압 중심에서 상당한 원방까지 활발한 천기현상을 동반하는 일이 많다.

한랭전선은 난기와 한기의 상대적인 움직임에서 **활승전선형**(滑昇前線型, anafrontal type)과 **활강전선형**(滑降前線型, katafrontal type)으로 크게 구별된다. 활승전선형은 한랭전선면의 위쪽 공기가 상승운동을 동반하는 경우이고, 상승기류 때문에 키가 큰 대류성의 구름이나 강한 강수를 수반하는 일이 많다(그림 10.8 (a)). 활강전선형은 전선면 위에서의 난기가 이 면을 따라서 하강하고 있는 것과 같은 전선으로, 구름의 발생은 불활성으로 활동적이 아니어서 강수를 동반하는 일이 적다(그림 10.8 (b)). 그림 8.7의 한랭전선의 모식도에서 이들을 보여주고 있다.

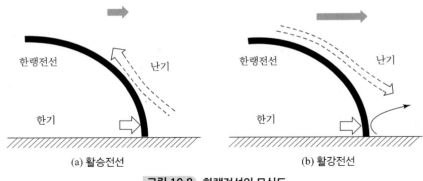

(a) 활승전선   (b) 활강전선

그림 10.8 한랭전선의 모식도

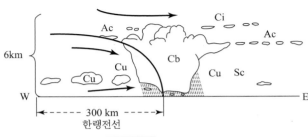

그림 10.9 한랭전선

한랭전면의 경사는 급준하고, 그 진행에 의해 전면의 난기를 급격하게 밀어올린다. 이것에 수반되어 구름은 두꺼운 적란운이 발생한다. 전선의 통과 전에는 바람은 남풍(S) 또는 남동(SE)풍이 강화되고, 구름은 낮아지고, 풍식도 거칠어져서 소나기가 내리기 시작한다. 전선의 통과 후에는 서풍(W) 또는 북서(NW)풍 정도로 변화하고, 기온은 저하한다. 보통 비는 비교적 빨리 그치고 구름도 사라진다. 구름의 상태는 난기의 습도나 안정도에 관계한다. 그림 10.9는 이 한랭전선을 나타낸다.

③ 폐색전선

온대저기압에 수반된 한랭전선은 일반적으로 온난전선보다 빠르게 이동한다. 그렇기 때문에, 저기압의 발달과 함께 한랭전선이 온난전선을 따라잡아서 난기가 지상에서 모습을 감추게 된다. 이것을 폐색(閉塞, occlusion)이라 하고, 지상에 남은 전선을 폐색전선(閉塞前線, occluded front)이라고 부른다. 한랭전선과 온난전선이 교차하고, 폐색전선으로 이행하는 점을 폐색점이라고 한다.

한랭전선 후면의 추적한 공기덩어리의 한기가 온난전선 전면의 한기보다 차가운 경우에는 온난전선이 기어올라가서 지상에는 한랭전선이 남는다. 이 경우를 **한랭형폐색전선**(寒冷型閉塞前線)이라 한다(그림 10.10(a)). 역으로 온난전선전면의 한기 쪽이 차가운 경우 지상에 온난전선이 남아 이것을 **온난형폐색전선**(溫暖型閉塞前線)이라고 한다(그림 10.10(b)). 온난전선전면과 한랭전선

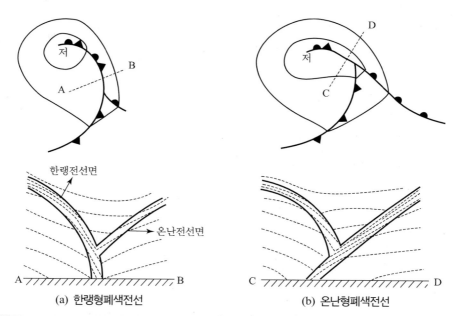

그림 10.10 한랭형폐색전선(a)과 온난형폐색전선(b)의 모식도 위 : 지상기압분포, 아래 : 단면도, 점선은 등온위선

전면의 온도차가 없다면 **중립형폐색전선**(中立型閉塞前線)이 된다. 우리나라 부근에서는 한랭형폐색전선이 많지만, 난후기에는 중립형이나 온난형도 보인다. 한랭전면의 진행전면은 두꺼운 구름 지역이 전개되고, 강한 비나 바람을 동반하는 일이 많다. 통과 후에는 한기장 내에 형성되는 적운 등이 발생하는 데 청공이 펼쳐진다.

폐색점(閉塞点, point of occlusion)이란, 천기도 상에서 폐색전선, 한랭전선, 온난전선이 교차하는 점을 가리킨다. 폐색점 부근에서는 강한 비를 동반하는 일이 많다. 상공의 기압골의 근방에서 여기에 새로운 저기압이 발생하기 쉽다(그림 10.11 참조).

④ 정체전선

전선은 이동하는 방향에 따라서 난기측에서 한기측으로 나아가는 전선을 온난전선, 한기 측에서 난기 측으로 전진하는 전선을 한랭전선이라 한다. 이에 비해서 어느 쪽으로도 움직이지 않고 정체해 있는 전선이 이론상으로는 **정체전선**(停滯前線, stationary front)이 된다.

그러나 실무에 있어서는 완전히 정체해 있지 않고, 거의 정체해 있는 전선, 즉 아주 느린 상태의 전선을 **준정체전선**(準停滯前線, quasi-stationary front)이라고 한다. 관례에 따라서 5노트(kt, 2 kt ≒ 1 m/s) 이하의 움직임을 갖는 전선에 적용된다. 총관기상(학)에서는 3시간 또는 6시간 전의 천기도 상의 위치에서 확실한 변화가 인정되지 않는 전선을 의미한다. 이 느린 수평이동은 난기의 강한 연직운동과 연결되어 때때로 극단의 많은 양이 된다. 이로 인해 지속적인 강수를 가져오고, 때로는 홍수, 큰 눈이나 우빙성 악천의 원인이 되기도 한다.

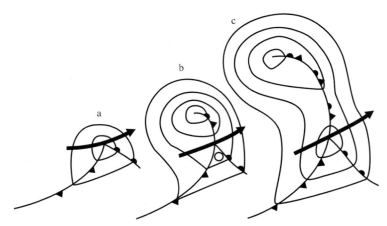

그림 10.11 폐색점에 새로운 저기압 발생의 모식도 굵은 화살표는 제트기류의 위치(O : 폐색점, a : 폐색 전(前), b : 폐색된 저기압, c : 폐색점에 새로운 저기압의 발생

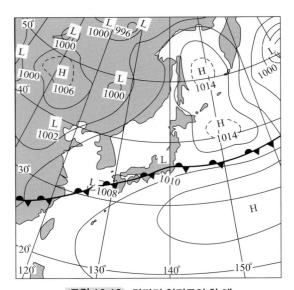

그림 10.12 장마기 천기도의 한 예

상공의 편서풍 풍향이 전선의 주행과 병행해서 평행하게 불고 있는 경우 전선은 정체하기 쉽지만, 상층의 편서풍이 사행하면 기압골의 접근에 수반되어 정체전선 상에 저기압성회전이 생기고 저기압이 발생하면 온난전선과 한랭전선이 형성된다.

정체전선은 어느 계절에도 나타나지만, 우리나라 부근에서는 장마전선, 추우전선이 대규모의 대표적인 전선의 예이고, 특히 장마기의 전반에 정체하는 일이 많다. 장마기의 대표적인 지상천기도(그림 10.12 참조)를 보면 오호츠크해의 고기압과 먼 남쪽 태평양 상의 고기압과의 사이에 형성되는 전선대가 동서로 길게 뻗어 있고, 이 기압배치가 일단 형성되면 안정해서 지속되는 일이 많다.

(3) 저기압과 고기압

저기압과 고기압에 대한 자세한 내용은 6장에서 자세하게 언급하였으므로, 여기서는 규모면에서 보도록 하겠다.

① 저기압

저기압(低氣壓, depression, low)은 닫힌 등압선으로 특징지어지는 기압의 낮은 영역이다. 바람은 저기압성순환이고, 나선상으로 주심을 향하는 수렴(수속)이다. cyclone이라고도 한다. 'depression' 이라는 용어는 통상 상이한 기단과 전선에 관계하는 열대 외의 요란계(=disturbance system, 온대저기압)에 대해서 이용된다. 그러면서도 지형성저기압, 한기내저기압, 열적저기압과 같이 전선에 관계하지 않는 것에도 이용된다. 열대저압부(tropical depression)는 열대저기압 일생의 초기 또는 최종기에 있어서 강도가 약한 것을 가리킨다.

전형적인 중위도저기압의 일생 3개의 단계를 거친다. 우선 한대전선 상의 파동이 파동저기압(wave cyclone(depression, 약한 쪽))으로서 발생한다. 그 후 한랭전선, 온난전선 및 난역이 명료하게 되어 난역저기압이 된다. 그 사이에 중심시도가 깊어져서 순환이 강화된다. 최종적으로는 한랭전선이 온난전선을 추격해서 따라 잡으므로서 폐색저기압이 되고, 중심시도가 얕아져서 소멸한다. 최성기의 저기압의 직경은 2,000~4,000 km이다. 전체적으로 대상류가 존재하고 있으므로, 저기압은 서쪽에서 동쪽으로 이동하는 경향이 있다. 이동속도는 90 km/s(50 knot)까지 이른다. 중심에는 다양한 방향으로 움직이는 저기압도 있다. 큰 저기압계는 수일간 움직이지 않는 일도 있다.

저기압은 대기대순환에 있어서 아주 중요한 역할을 하는 형태이다. 즉, 저기압은 아열대와 고위도의 대기를 교환하고, 아열대에서 고위도로 열을 수송하는 주된 수단이기 때문이다.

② 고기압

고기압(高氣壓, anticyclone, high)은 상대적으로 기압이 높은 지역이다. 천기도 상에서는 닫힌, 거의 원형 또는 타원형의 일련의 등압선으로 나타난다. 공기는 대류권의 상층에서 그 중심부로 하강하고, 고기압성순환의 불어나감의 근원으로 되어 있다. 일반적으로는 대응하는 저기압계(cyclones, depressions, lows)보다도 움직임이 느리고, 보다 지속성이 있다. 고기압은 통상 천천히 변화하는 정온(calm)의 천기를 가져온다.

하강기류는 압축에 의해 데워져서 습도가 감소하고, 점점 안정되어 종종 맑은 하늘로 구름이 없는 하늘이 만들어진다. 그러나 그로 인해서 온도는 야간에는 급속하게 강하해서, 때로는 방사무를 발생시키기도 한다. 이따금 역전이 나타나고, 그 밑에 갇혀 들어간 습한 공기는 고기압성암암(高氣壓性暗闇, anticyclonic gloom : 잘 발달되어서 움직임이 느린 고기압 내에서 보이는 시정이 나쁜 흐린 상태) 상태를 만들어낸다.

고기압에는 따뜻한 것과 차가운 것 2개의 형태가 존재한다. 따뜻한 고기압은 반영속적인 아열대 고기압역(아열대고기압)이 전형적이며, 키가 크고, 대류권 전체에 걸쳐서 따뜻한 온도(때로는 극히 지면 부근을 제외하고)로 되어 있다. 또 고기압 위의 대류권계면은 높고, 성층권은 차갑게 되어 있다. 고기압은 천천히 이동해서 종종 영향을 기압의 마루로 퍼진다. 고위도의 저색(blocking)고기압도 이 형태이다.

차가운 고기압은 온도가 낮고, 낮은 권계면과 따뜻한 성층권을 동반하고, 키가 작게 되어 있다. 따뜻한 것보다 수명이 짧고, 보다 이동하기 쉽게 되어 있다. 반영속적인 차가운 고기압은 겨울철 대륙 위, 특히 시베리아에서 발생한다. 지금까지 기록된 최대기압은 1,083.3 hPa로, 1968년 12월 31일에 아가타(Agata, 러시아, 67 °N, 93 °E, 해발고도 261 m)에서 관측되어 있다.

(4) 편동풍파동

편동풍(偏東風, easterly winds)은 동쪽에서 서쪽을 향해 부는 바람을 뜻한다. 적도를 끼고 대략 남북 30° 이내의 대류권하층에서 아열대고압대에서 적도로 분다. 지구의 자전 효과로 동풍이 된다(편동풍의 의미). 무역풍(貿易風, trade wind)이라고도 한다. 또 극역의 대류권하층에 존재하는 약한 동풍을 부르는 경우도 있다.

편동풍파동(偏東風波動, easterly wave)이란 규모가 큰 얇은 기압의 골에서 지상보다는 상층에서 현저하게 열대편동풍(무역풍)대를 동에서 서로 이동하고, 현저한 구름을 증대시켜 강한 소나기를 만든다. 열대저기압 발생의 전조이다. 열대파동(熱帶波動, tropical wave)이라고도 한다.

열대역의 대류권에서 편동풍 속을 서진하는 파동의 요란으로서, 편동풍파동은 옛날부터 열대 서부태평양이나 카리브해에서 발견되어 그 후 열대 중부태평양, 아프리카 서부, 열대대서양, 벵갈만에서 발견되었다. 이와 같이 특정 지역에 한정된 파로 지역차가 있지만, 아래와 같은 공통된 성질을 가지고 있다. 주기는 3~6일이고, 파장은 2,500~4,000 km이다. 남북풍의 최대진폭은 700 hPa 부근에 있고, 하층과 위상이 반대의 큰 바람의 변동이 200 hPa 부근에 있다. 편동풍파동은 ITCZ(Intertropical Convergence Zone, 열대수렴대) 부근이나 저압부 해역에 존재하고, 그 중 어떤 것은 태풍이나 허리케인으로 발전하기도 한다.

편동풍파동의 생성기구(메커니즘=mechanism)로는 아프리카에서는 순압불안정이, 열대태평양에서는 적운대류가 중요한 것으로 생각되고 있지만, 아직 불분명한 점이 많다.

(5) 저색(블로킹)

저색(沮塞, blocking＝블로킹)이란 편서풍이 심하게 사행할 때 통상의 온대저기압과 이동성고기압의 동진이 방해받는 현상 또는 상태를 뜻한다. 사행이 대단히 증폭되어 마루가 편서풍대에서 분리되어 정체성의 고기압이 된 것을 저색고기압(沮塞高氣壓, blocking anticyclone(high))이라 한다. 이 고기압도 온대저기압의 동진을 막는다.

상층의 장파가 강하게 발달하면 절리고기압(切離高氣壓, cut-off high : 고위도 쪽으로 절리된 키가 큰 고기압), 절리저기압(切離低氣壓, cut-off low : 한대기단에서 떨어져 나온 저기압)이 만들어진다. 절리고기압이 북쪽에, 절리저기압이 그 남동 또는 남서에 배치되는 기압배치가 되면, 그 상태는 정체, 지속된다. 그렇기 때문에 이동성고·저기압은 진로를 방해받아 정체하기도 하고, 그 북쪽을 크게 우회해서 나아간다. 이것이 저색현상(沮塞現象, blocking phenomenon)이다. 이때의 상층 흐름의 변화를 보면 그림 10.13과 같이 처음에는 동서류가 탁월한 상태(그림 10.13(a))에서, 차차로 파동현상이 두드러지게 되고[그림 10.13 (b)], 파의 진폭이 증대되고, 결국에는 대규모적인 남북교환현상이 일어나서 고위도에 따뜻한 고기압(절리고기압), 그 남쪽에는 차가운 저기압(절리저기압)이 절리된다[그림 10.13(c)]. 강풍대는 고기압의 북쪽과 남쪽으로 나누어진다.

저색에 관한 통계는 그것을 어떻게 정의하느냐에 따라서 다소 차이가 있지만, 저색의 다발지역은 고위도(60~70 °N)의 태평양 및 대서양 동부(40~0 °W, 180~120 °W)이고, 다른 지역에서는 적다. 계절적으로는 12~6월 사이 특히 봄에 많고, 여름에서 가을에는 적다. 지형이나 냉열원 등의 강제력으로 편서풍대 속에서 만들어지는 준정상적인 기압의 마루 부근에 저색고기압이 만들어지기 쉽다고 생각된다. 고·저기압의 절리에 동반되어 남북에 한기, 난기의 대규모적인 교환이 있고, 북향의 큰 열수송이 행하여진다. 이 현상은 장기간 지속되기 때문에 장기예보에 있어서 중요하다. 절리고기압은 키가 크고, 성층권하부에도 영향을 미치기 때문에 성층권 돌연승온(突然昇溫)과의 관련이 주목되고 있다. 남반구에서도 저색현상은 보인다.

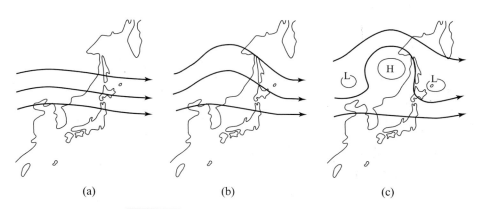

(a)   (b)   (c)

그림 10.13 한반도 부근의 저색이 일어나는 모델

3 중규모의 운동

중규모운동(mesoscale motion)에는 대규모(수평규모 2,000 km 이상)와 소규모(1 km 이하) 사이의 수평규모 2,000∼1 km를 중규모(中規模, mesoscale)라 한다. 또는 중(간)규모요란[meso-{intermediate(medium)} scale disturbance]이라고도 한다. 보통의 온대저기압이나 이동성고기압 등보다 작은 규모를 갖는 요란을 중간규모요란으로 총칭해서 말하고 있다. 장마전선 상에 종종 출현하는 소저기압이나, 겨울철에 중·고위도 해양 상에서 보이는 극저기압(polar low) 등이 그 예이다. 중간규모요란은 대류권 하층에 진폭의 최대치를 갖는 대기요란으로, 수명도 1일 정도로 그다지 발달하지 않지만, 상층의 장파나 단파와 결합하면 현저하게 발달하는 전선대의 파동성 저기압의 일종이 되기도 한다. 태풍이나 전선을 포함하는 경우도 있다. 구체적으로는 메소(meso-) 고·저기압, 호우·호설, 하층제트, 해륙풍과 산곡풍, 푄, 구름무리, 불안정선(스콜선) 등이 포함된다.

오란스키(I. Orlanski)에 의하면 이들을 다음과 같이 세밀하게 분류하고 있다.

- 메소 α 스케일 : 2,000∼200 km
- 메소 β 스케일 : 200∼20 km
- 메소 γ 스케일 : 20∼2 km

이중 메소 α 스케일(규모, scale)을 중간규모, 메소 β와 γ 스케일을 합해서 메소(중)규모라고도 한다. 중규모현상이 발현되는 기구에 대해서는 습윤대기 중의 비단열과정이 중요한 역할을 하고 있다. 이 요란은 대규모장의 특정 대기과학적 조건 하에서 발달하지만, 대규모요란과 중규모(및 중간규모)요란의 상호의존형 상호작용도 중요해서 대규모요란 중에서 중규모적 미세구조가 보이는 경우도 많다.

① 호우·호설

(1) 호우(대우)

짧은 시간에 대량으로 내리는 큰 비를 호우(豪雨, heavy rain(fall), torrential rain)라 한다. 평년치에 비교해서 강우량이 많은 비나, 재해가 발생할 정도로 강우량이 많은 비를 대우 또는 호우라 한다. 대우의 기상학적 용어는 아니지만, 기상청에서는 대우경보 등 방재의 관점에서 각지의 대우(호우)의 우량기준치를 정해 놓고 있다.

호우(대우)가 발생하기 쉬운 기상조건은 대기 중의 수증기가 많을 것, 주위에서 고습의 기류가 집중할 것(수증기 수렴이 있을 것), 응결을 가져오는 상승류가 있을 것 등이다.

대우를 만드는 상승류에는 태풍·저기압의 습한 기류가 산지에 불어닥쳐 생기는 지형성상승류, 태풍·저기압·전선 등의 요란에 수반되는 상승류 및 대기의 연직불안정에서 생기는 적운대류의 상승류가 있고, 그들이 겹치면 대량의 강수가 야기된다.

태풍에 수반되는 지형성상승류가 일으키는 대우는 비교적 광범위하게 미치지만, 장마전선이나 장마전선의 중규모요란 또는 적란운에 의해 만들어지는 호우는 좁은 지역에만 그것도 단시간 내에 집중된다. 이와 같은 대우를 **집중호우**(集中豪雨, local heavy rainfall)라 한다.

(2) 호설(대설)

교통장해나 건조물 파손 등 사회적으로 큰 영향을 미쳐서 경보를 낼 정도로 많이 내리는 눈을 **대설**(大雪) 또는 **호설**[豪雪, heavy snow(fall)]이라고 한다. 역시 대기과학적으로 호설의 정의는 없지만, 기상청 호설경보(대설경보) 등에서는 방재의 관점에서 각 지역의 호설(대설) 강설량기준치를 정해 놓고 있다.

호설이 발생하기 위한 조건은 눈이 되도록 저온(지상기온 2~0 C 이하)으로, 거기에 공기 중에 충분한 수증기가 있을 것(너무 저온이면 오히려 수증기량이 감소한다), 대량의 수증기 응결을 가져오는 상승운동이 일어나는 등이다.

극동의 태평양 쪽이나 북아메리카 동안에서는 온대저기압이 호설(대설)을 가져온다. 또 대륙성극기단이 따뜻한 해상으로 흘러나가서 기단변질이 일어나면, 적운대류가 발생해서 호설을 가져온다. 동해 연안지역이나 북아메리카 오대호의 풍하(바람이 불어나가는 것)지역 호설은 그 대표적인 예이다. 일반적으로 대규모 산맥의 풍상측(바람이 불어오는 쪽) 사면에서는 지형성 상승 때문에 강설량이 많다.

② 하층제트

대류권하부의 좁은 영역에 부는 강풍을 **하층제트**(low level jet, LLJ)라 한다. 이것을 크게 구분하면 기후학적으로 장소가 정해져 있는 LLJ와 요란에 수반되어 발생하는 LLJ가 있다.

제1의 기후학적으로 장소가 결정되어 있는 LLJ로서, 미국 중서부의 야간제트(nocturnal jet)와 아프리카 대륙 동안의 소마리제트(Somali jet)가 유명하다. 미국 중서부의 야간제트는 럭키산맥 동쪽의 사면에서 밤중에 높이 500 m 부근에서 보이고, 20 m/s를 넘는 남풍이 분다(그림 10.14(a) 참조). LLJ는 미국 중서부로 남쪽에서 수증기를 가져와 뇌운의 폭풍을 발생·발달시키기도 한다. LLJ의 발달에는 사면의 가열·냉각의 일변화에 의한 경계층의 발달이 중요하다. 수치실험에 의하면 낮 동안의 경계층은 높이 2 km 이상에 미치고, 그중에서는 서쪽이 온도가 높은 구조로 되어 있다(그림 10.14(b) 참조). 그런데 일몰과 함께 지금까지 난류혼합으로 억제되

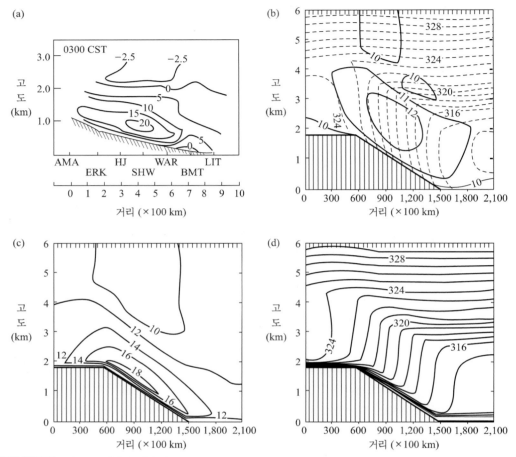

그림 10.14 **미국 중서부의 야간제트** (a) 미국 텍사스주(State of Texas) 애머릴로(Amarillo)에서 아칸소주
(Arkansas) 리틀록(Little Rock)까지의 측풍기구(파이발(pibal = pilot balloon)관측으로 구한 03 지방
시에 있어서의 사면 위의 남북류분포(Hoecker, 1963년), (b)~(d) : 수치실험으로 모의한 온위와 남북
류의 분포(McNider & Pielke, 1981년), (b) : 15 지방시에 있어서의 남북류(실선)과 온위(점선) 분포,
(c) : 2230 지방시에 있어서의 남북류분포, (d) : 2230 지방시에 있어서의 온위분포

어 있던 남풍이 지형풍이 되려고 해서 과도응답(過渡應答, overshoot)되어, 초지형풍의 강풍이 된
다. 또 밤이 되면 사면이 차가워져서 사면 가까이에서는 동서의 온도경도는 그 위와는 역전되어
버린다[그림 10.14(c) 참조]. 온도풍의 관계에서 온도경도가 역전되는 높이 부근에 강풍역이 생
긴다[그림 10.14(d) 참조]. 이렇게 해서 야간 LLJ가 발현된다. 한편 소마리제트는 몬순기에 높이
850 hPa 부근에 남반구의 인도양에서 아프리카 대륙 동안에서 적도를 넘어서 인도까지 달하는
15 m/s 이상의 제트이다. 이 형성에는 인도 부근의 몬순에 의한 흡입과 아프리카 고원의 존재가
중요한 것으로 생각된다.

제2의 요란에 수반되어 발생하는 것으로 장마전선 부근의 호우 시에 발현하는 LLJ가 잘 알려
져 있다. 그림 10.15(a)는 일본 구주지방의 북서부에서 보였던 강우대(降雨帶, 雨帶, rain band)에

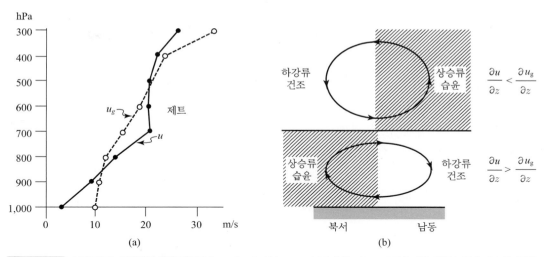

그림 10.15 강우대에 수반되는 하층제트(Ninomiya & Akiyama, 1974년) (a) 1970년 7월 7일의 하층제트축 근방의 풍속과 지형풍의 연직분포, (b) 습도분포와 연직순환의 모델 그림

동반되는 LLJ(u)와 지형풍(ug)의 연직분포이다. 20 m/s를 넘는 초지형풍의 강풍이 700 hPa 부근에서 보인다. 이 초지형풍과 그 주위에 종종 관측되는 얼룩무늬의 습도분포에서 LLJ는 격렬한 대류활동에 의한 운동량의 혼합에 의해 형성되고, 그 주위에 그림 10.15(b)와 같은 연직방향으로 2중의 순환을 만든다고 생각하고 있다. 또 LLJ 발달의 다른 기구(메커니즘=mechanism)로서 대류역의 열원이나 전선에서의 합류·전단에 의해 자오면순환이 일어나서, 전향력으로 가속된다는 기구도 있다. 상층제트류의 출구 하층에서 보이는 LLJ는 상층과 연계해서 발달한다고 한다. 또 LLJ의 발달이 대류혼합이 열원에 의하는 경우 호우 쪽이 LLJ에 선행하는 것이 되지만, LLJ가 호우에 선행한다는 보고도 있어 우직 몇 개의 LLJ 발달의 기구가 있는 것 같다.

③ 국지풍

그 지역의 지형이나 수륙분포 등의 영향을 받아 발현하는 그 지역의 독특한 바람을 **국지풍**(局地風, local winds)이라고 한다. 그러나 국지풍은 특정 대규모장의 상황 하에서 발현하는 일이 많고, 또 대규모장과도 밀접한 관계를 가지고 있다.

(1) 해륙풍

해륙풍(海陸風, land and sea breeze)이란 해안이나 해안 부근의 지역에서 일사의 흡수와 야간의 방사 차이에서 생기는 온도차에 대응해서 생긴 기압차가 원동력이 되어 부는 국지풍이다. 비열의 차로 육상의 공기가 가열이 되어 밀도가 작아진다. 그 결과 바다와 육지 사이에

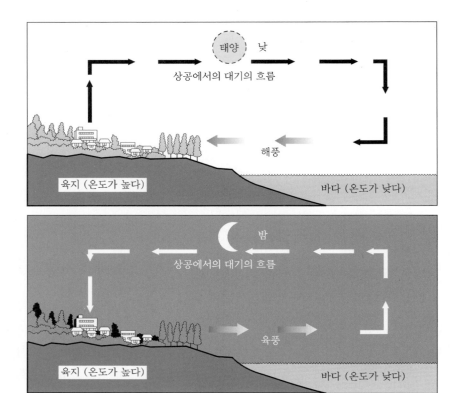

그림 10.16 해륙풍의 연직구조

기압차가 생겨 지표 부근에서는 낮 동안은 바다에서 육지 쪽으로 해풍(海風, sea breeze)이, 야간에는 육지에서 바다 쪽으로 육풍(陸風, land breeze)이 분다. 그림 10.16에서 보듯이, 이들은 순환계를 형성하는 대류이기 때문에 상공에서는 반대방향의 바람이 불고 있다.

호안에서 낮 동안에 호수에서 부는 바람을 호풍(湖風, lake breeze)이라고 한다. 일반적으로 해풍의 두께는 200~1,000 m, 풍속은 5~6 m/s 정도, 육풍의 두께는 100 m 전후, 풍속은 2~3 m/s 정도이다. 일반대기의 풍속과 비교해서 그다지 강하지 않으므로, 보통 바람이 강할 때나, 흐리거나 비가 오는 날에는 관측이 잘 되지 않는다. 해풍의 진입거리는 20~50 km로 생각되고 그 선단은 지상의 바람의 수렴선을 형성하고, 적운을 만드는 일도 있다. 이것을 해풍전선(海風前線, sea breeze front)이라고 한다. 육풍에 대해서도 비슷한 상황이 있지만, 현상이 약하다. 양자를 총칭해서 해륙풍전선이라고 한다. 또 해상과 육상에 있던 공기덩어리의 경계로서 해륙풍전선이라 한다.

해륙풍은 지형의 영향을 크게 받는다. 그래서 그 형태는 개개의 지형에 의해 상당한 차이가 있다. 또 복잡한 지형에서는 해륙풍 이외의 국지적인 고·저기압에 의한 바람(일반풍) 등의 현상과 겹쳐서 관측되는 것이 보통이다. 기상현상으로서의 위치 매김은 국지순환 중 사면풍, 산곡풍과 함께 열적원인에 의한 순환이다. 최근에는 광화학 스모그 등 대기오염과의 관계가 주목되고 있다.

(2) 산곡풍

산곡풍[山谷風, mountain and valley breeze{wind(s)}]이란 낮 동안 태양광에 의한 가열과 야간의 방사냉각의 국지적인 차이에 의해 산악지방과 주변에 나타나는 일변화의 명료한 국지풍이다. 낮 동안 평야에서 산지를 향해서 산등성이를 올라가는 바람을 **곡풍**(谷風, valley breeze), 밤부터 이른 아침에 걸쳐서 계곡을 내려오는 바람을 **산풍**(山風, mountain breeze)이라 한다. 산곡풍은 해륙풍이나 호풍 등과 동등한 국지풍의 하나이고, 고·저기압에 의한 일반풍이 약한 청천일(맑게 게인 날)에 발달하기 쉽다.

낮 동안의 곡풍을 자세하게 들여다보면 골짜기의 양측에는 사면을 불어올라가는 **사면풍**(斜面風, slope wind)이 있고, 그것을 보충하는 형태로 골의 중앙부 상공에는 하강풍이 생긴다. 이 사면풍 순환과 합체한 모양으로 등성이의 지면에서 상공까지 평지에서 골짜기를 향하는 바람이 일어난다.

야간에 일어나는 산풍은 곡풍보다도 층이 얇고, 사면을 따라서 흘러내려오는 경향이 있다. 소규모의 산풍은 **냉기류**(冷氣流, drainage flow, 배출류)라고 한다. 야간의 방사냉각에 의해 생기는 사면하강류나 산풍의 기온은 지표면 온도보다 고온이다.

(3) 산월기류

총관규모보다는 작은 규모의 산지공기를 기류가 통과함에 따라서 발생하는 특징 있는 기류의 상태를 **산월기류**(山越氣流, airflow over mountains : 산을 넘는 공기의 흐름)라고 총칭한다. 산월기류는 산맥을 상승하는 기류, 산맥 상공의 기류 및 산맥을 하강하는 기류로 나뉘지만, 일반적으로 후자의 2개를 산월기류라고 하는 일이 많다. 산맥을 넘는 흐름은 산맥의 영향으로 발생하는 산악파로 불리는 내부중력파에 의해 특징지어진다. 산악파의 성질은 대기의 연직안정도, 산맥의 형태 및 풍속의 연직분포에 의해 결정된다.

산맥 풍하의 기류는 사면풍이라 한다. 건조해서 고온인 '푄'형 및 한랭한 '보라'형(하강풍)의 사면풍으로 분류하는 경우도 있다. 하강풍은 산악파나 수력도약(水力跳躍, hydraulic jump : 대륙사면을 떨어져서 해역의 따뜻한 공기덩어리와 강렬하게 부딪치면 위쪽으로 치올라온다. 도수현상이라고도 하고, 우리 주변에서는 용수로)의 둑을 넘는 강물이 하류에서 용솟음치는 것과 같다는 관계해서 아주 강한 국지풍을 가져오는 일이 있다.

(4) 푄과 보라

푄(Föhn, foehn, 독)이란 산맥 풍하사면에 있어서 공기의 건조단열 하강에 의해 초래되는 고온으로 건조한 기류를 의미한다. 원래는 알프스 산맥에서의 현상에 대해서 부른 명칭이었지만, 현재는 일반적으로 널리 사용되게 되었다.

산맥을 따라서 상승하는 기류는 포화하면 습윤단열감률(포함할 수 있는 수증기의 양으로 기온에 따라 다르지만, 약 0.6~0.7 C/100 m)로 기온이 하강하지만, 산맥을 넘어서 하강하는 경우 건조단열감률(약 1.0 C/100 m)의 비율로 기온이 상승해서, 상대습도는 현저하게 감소한다. 겨울철 계절풍의 경우에는 승온되어도 원래가 한기이므로, 차가운 건조한 계절풍으로 느껴지는 일도 있다.

보라(bora)는 원래 구 유고슬라비아의 아드리아(Adria)해 연안지방에서 겨울철에 부는 한후계의 한랭한 국지풍의 고유의 명칭이다. 고위도에서 남하해서 쌓인 한기가 협곡부분에서 낮은 지대로 불어나올 때 풍속을 증가시켜 강풍해를 초래하게 된다. 하류에 이르러 약간의 단열승온이 있지만, 당초 저온이었으므로, 한랭하다. 이와 유사한 상황으로 일어나는 한랭·강풍의 국지풍에 대해서도 '보라'라고 부르게 되었다.

이로부터 넓은 뜻으로는 산맥 풍상측에서 찬공기의 체유가 명료하지 않아도, 산기슭에서의 승온을 동반하지 않는 한랭한 하강풍을 일반적으로 보라로 총칭하는 경우도 생겼다.

④ 운군(구름무리)

운군(雲群, 구름무리, cloud cluster)이란 적운대류에 의한 적란운이 개별적으로 발생해서 시간·공간적으로 존재하는 일도 있지만, 종종 몇 개 이상의 적운대류가 모여서 하나의 군(cluster)을 이루어서 조직화되는 일이 많다. 이와 같은 때 기상인공위성으로 구름화상을 보면 인접한 적란운 상부의 모루구름(anvil cloud)이 연결되는 등 하나의 큰 구름의 덩어리로 보인다. 이것을 운군이라 한다. 보통 수평규모 수십~수백 km의 크기로 조직화해서 계 전체가 장시간(약 하루 이상)에 걸쳐서 지속된다. 이와 같이 조직화된 적운대류를 일반적으로 일컫는 말이다. 운군은 적운의 역학적 효과에 의해 순환계도 형성하고, 그 순환계에 의해 적운대류가 점차 발생되고, 또 계전체로부터 지속된다. 열대, 특히 열대수렴대에서 열대운군이 발생한다. 중위도에서도 장마전선 등에 수반되어 운군이 발생하고, 대우(호우)를 내리게 한다. 운군의 내부를 기상레이더 등으로 보면 다양한 형태의 중대류계로 이루어져 있는 것을 알 수 있다. 아메리카 대륙상의 운군을 **중규모운집합체**(中規模雲集合体, MCC=mesoscale convective complex)라고 한다.

⑤ 진풍선

　진풍(陣風, 스콜＝squall)은 풍속이 돌연 격심하게 증가해서 수 분 정도 지속하다 멈추는 것이다. 세계기상기관(WMO)의 기술적인 정의에서는 적어도 8 m/s의 증가로 최저로11 m/s에 도달하는 일, 덧붙여서 1분을 넘어서 지속되는 것으로 하고 있다. 뷰포트(Beaufort) 풍력계급에서는 적어도 풍력 3의 증가가 있어 풍력 6 또는 그 이상에 도달한 것이다. 이 용어는 그와 같은 바람을 가져오는 적란운(Cb) 세포 또는 뇌우 및 그것들에 부수한 격렬한 강수, 천둥 및 번개에 대해서도 이용된다.

　진풍선(陣風線, 스콜선＝squall line)은 한랭전선에 대한 옛 용어이다. 전선성이 아닌 선상 또는 대상의 격렬한 대류활동의 일로 이따금 심한 뇌우를 동반한다. 즉, 현저한 불안정선이다. 종종 한랭전선에 선행해서 광범위하게 미치는 층상의 구름과 동급 강도의 강수를 동반한다.

4　소규모운동

　통상 소규모의 운동(小規模- 運動, microscale motion)은 적란운, 용권, 난기류 등을 가리킨다. 오란스키(I. Orlanski)의 분류에 의하면 소규모운동을 다음과 같이 세분해서 분류하고 있다.

- 마이크로 α 스케일 : 2 km~200 m
- 마이크로 β 스케일 : 2,00~20 m
- 마이크로 γ 스케일 : 20 m 이하

로 구분하고 있다. 그러나 미국의 분류에서는 2 km 이하로 마이크로스케일(microscale)을 정의하고 있고 우리나라가 속해있는 동남아시아 및 극동지방 그중에서 일본의 분류는 20 km 이하의 운동을 소규모운동으로 정의하고 있다. 즉, 중규모의 메소 γ 스케일이 겹쳐 있다는 것을 알 수 있다. 즉, 대기현상은 연속적이고 상호관련을 지어서 존재한다. 따라서 이와 같이 대기현상 규모의 분류도 고정적이 아니어서 명백하게 구분되지 않는 것 역시 특징이라고 할 수 있다.

　또한 세계기상기관(WMO)에서는 아래와 같은 분류를 이용하고 있다. 소규모(100 km 이하), 중규모(100~1,000 km), 대규모(1,000~5,000 km), 행성 규모(5,000 km 이상). 대기현상 규모의 분류는 일의적이 아니라는 데 그 독특한 묘미가 있다.

1 산악파

산악파[山岳波, mountain wave(s)]란 산의 영향으로 대기의 흐름 속에 발생하는 정상적인 파로, 풍하파의 일종이다. 산악파는 바람의 연직분포와 안정도에 의해 특유한 형이 있고, 산맥의 풍하 수 백km에까지 달하는 경우도 있다. 항공기에 의해 운항상 중요한 난기류의 원인 중 하나이다. 산악파에 수반되는 입운, 조운, 권축상운이 나타나는 일이 있다.

그림 10.17은 훼르히트곳트에 의한 산악파의 발달과정이다. 정상파가 생기기 위해서는 바람의 연직분포에 특유한 형이 있어 산정에서 대류권 상부에 걸쳐서 풍속의 값이 점차로 증대해 있든지, 아니면 일정하게 되어 있는 것이 필요하다. 파는 하나 또는 그 이상으로 어떤 경우에는 닫힌 순환이 생기는 경우가 있고, 여기서는 대단히 강한 난기류가 있다.

참고 10-2

입운, 조운, 권축상운

- 입운(笠雲, cap(collar) cloud, 삿갓구름)은 높은 산에서와 같이 고봉에 강제상승의 기류가 일어나면, 산정 부근에 삿갓을 쓴 것과 같은 구름이 발생하는 경우가 있다. 일반적으로 이때는 상공의 바람이 강하고, 기층은 어느 정도 안정하고 있다. 이때의 산의 풍하에서 난기류가 일어나는 경우도 있다. 구름이 전체적으로 움직이지 않는 것과 같이 보이는 것은 계속해서 풍상(바람이 불어들어오는 위쪽)에서 구름이 발생해서 풍하에서 증발해서 사라지기 때문이다. 시칠리아섬(Sicilia Island)의 에트나(Etna)산에는 '바람의 백작부인(contessa del vento)'이라는 이름의 입운이 생긴다.
- 조운(吊雲 = 弔雲, 매달린 구름)은 산악이 있을 때 여기에 강한 기류가 부딪치면 기층이 어느 정도 안정일 때 산악파가 발생한다. 이 속에서 렌즈상으로 구름이 생기면 마치 공중에서 매달린 것과 같이 보이므로 이런 이름이 붙여졌다. 입운과 같이 풍상에서는 구름이 생기고, 풍하에서 증발해서 사라지므로, 형태는 전체적으로 멈추어 있는 것과 같다. 기류의 흐름이 확실하게 되어 있으므로 인공강우의 효과를 보는 데에는 좋다. 독일 남동부의 산악지대에서 출현하는 권운성의 조운은 모아싸고틀(Moazagotl)이라 한다.
- 권축상운[卷軸狀雲, 권축운(卷軸雲), 롤(상)운], 두루마리(모양)구름, 회전(상)운[roll(rotor) cloud]은 하층의 풍향이 상층풍향과 반대방향으로 되어 있을 때, 그 사이에서 발생하는 조운은 수평의 회전상으로 되어 회전한다. 이와 같은 바람에 전단이 있을 때 권축상운이 이따금 발생한다.

풍하파(風下波, lee wave)는 산맥과 같은 장해물의 상공 또는 풍하에 형성되는 하나 또는 일련의 파이다. 다소 안정도가 작은 상층과 하층에 낀 안정한 층에 발생하는 정지한(정상적인) 중력파이다. 그 진폭은 장해물의 높이와 풍속의 강도에 크게 의존하고, 보통은 어떤 중간 높이에서 감소한다. 경우에 따라서는 일련의 파는 풍하의 수백km에까지 뻗어 있어서, 조건이 변하지 않을

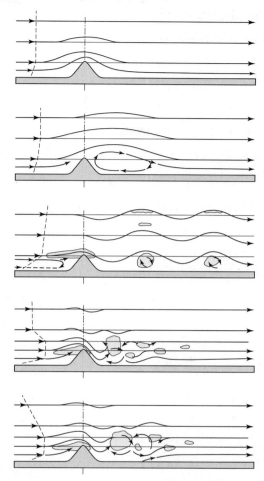

그림 10.17 **산악파의 형** 왼쪽의 점선은 풍속의 연직분포를 나타낸다(훼르히트곳트에 의함).

때에는 지속성이 대단히 강하고, 장애물의 후방에서 처음에 생기는 파의 하향 운동은 종종 대단히 크고, 이 때문에 상공의 공기가 지표 부근에 가져와서 푄현상을 발생시킨다. 파의 마루에는 종종 렌즈구름, 고적운과 같은 파상운이 보인다. 산악파와 같은 의미이다.

② 적운대류(매개변수화)

(1) 적운대류

적운대류(積雲對流, cumulus convection)는 수증기를 포함한 조건부불안정 성층대기가 지표 부근에서 국지적으로 가열되든가 또는 강제력이 작용해서 공기 덩어리가 자유대류고도(自由對流高度, LFC)까지 상승하면, 그 후는 수증기의 응결에 의한 잠열 방출 때문에 주위보다 온도가 높아져서, 부력을 받아 상승이 가속되어, 어떤 높이까지 도달해 부력을 잃음과 동시에 감속을 시작해서 수평방향으로 흘러나간다. 한편 주위의 공기는 보상류로서 하강하고, 그 일부는 상승역에서 발생한 적운의 측면에서 구름 속으로 유입해서 상승류와 혼합하고, 상승류의 부력을 감소시킨다. 이와 같은 수증기의 응결을 수반하는 대류를 적운대류라 한다.

(2) 적운대류의 매개변수화

적운대류의 매개변수화(媒介變數化, parameterization)는 수치모델로 표현할 수 있는 분해능보다 작은 규모의 적운대류(적란운을 포함함)가 수치모델 격자의 대기과학량(대기량)에 미치는 영향을 매개변수화하는 일이다. 적운의 수평규모는 수 km 정도이므로, 수평분해능이 10 km보다 거칠은 수치모델에서는 적운을 직접 취급하는 것은 불가능하고, 또 적운의 집단이 격자의 대기량에 미치는 영향은 극히 크므로, 매개변수화는 대단히 중요하다.

매개변수화할 때 중요한 과장은 우선 격자의 대기량(기온·수증기 등)이 적운활동을 어떻게 결정할까(조정) 정하는 일, 적운활동이 격자의 대기량에 어떻게 영향을 미칠까(되먹임)이다. 이 2개의 과정 사이에 무엇인가 통계적인 관계가 존재한다면 격자의 대기량에서 격자의 대기량으로의 영향이 계산할 수 있어, 매개변수화가 완결된다. 조정과 되먹임에 무엇을 이용하느냐에 따라서 매개변수화에는 많은 종류가 고안되어 있다. 제어에 관해서는, 수증기의 수렴량(쿠오방식 등), 연직안정도(습윤대류 조절 등), 격자규모에서의 불안정화 외력[아라까와·슈버트(Schubert)] 등이 이용되고 있다. 한편 되먹임에 관해서는 쿠오방식이나 습윤대류조절에서는 대기과학적인 뒷받침이 없는 방식이 이용되고 있지만, 아라까와·슈버트 방식에 대표되는 적운질량수송에 근거한 방법에서는, 적운에 의한 위쪽으로의 질량수송과 그것에 대응하는 보상하강류에 의한 대기량의 수송에 근거해서, 격자의 대기량으로 영향이 계산된다.

적운대류는 수평규모는 적은 것, 방사대류평형모델이 대기의 기온연직구조를 기본적으로 결정하는 일로부터 알 수 있듯이, 대류권의 구조를 결정하는 데 극히 중요한 과정이다. 개개의 현상에 대해서도 집중호우, 태풍, 적도계절내진동에서 엔소(ENSO)에 이르기까지, 적운의 매개변수화의 방식은 이들이 예보나 모의에 큰 영향을 부여하고 있다. 따라서 적운대류의 매개변수화는 모델링 기술개발의 큰 과제이다. 한편 대규모장과 적운대류와의 상호작용을 해명하는 일 자체도 역학대기의 중요한 과제이다.

③ 적란운·뇌우

(1) 적란운

적란운(積亂雲, cumulonimbus, Cb)은 구름분류의 기본형 10류의 하나이다. 원명은 적운(積雲, cumulus)과 우운(雨雲, nimbus)의 의미에서 파생했다. 연직으로 크게 부풀어올라 산이나 탑과 같이 보이는 묵직하고 농밀한 구름이다. 구름의 꼭대기 일부는 통상 평평하고 부드럽게 되어 있 든지, 접은 줄이나 털 모양의 조직이 보이고, 그 부분은 종종 모루구름(anvil)의 모양이나 거대한 깃털의 형상으로 퍼진다. 운저(구름의 바닥)는 지표 부근에서 2,000 m 높이까지 있지만, 운정(구 름 꼭대기)은 종종 10,000 km 이상에 달한다. 구름의 대부분은 물방울의 집합체이지만, 운정 부 근은 빙정으로 이루어져 있다.

(2) 뇌우

뇌우(雷雨, thunderstorm)는 적란운 등의 구름에서 벼락(우뢰, 벽력, 천둥번개, 뇌전)을 동반해 서 심하게 내리는 비이다. 여름철 강한 일사차에 의해 생기는 **열뇌**(熱雷), 한랭전선 등의 전선 부근에 발생하는 **계뇌**(界雷), 태풍이나 저기압에 수반되는 **와뇌**(渦雷) 등 발생의 원인은 다르지만, 어느 쪽의 경우도 발달한 적란운에서 기인한다. 단일의 적란운에 의한 경우와 집합된 적란운에 의한 것이 있다. 적란운을 멀리에서 보면 상공으로 힘차게 상승하는 희고 빛나는 구름으로, 꼭대 기 부분은 어느 정도 평탄하게 되어 있고, 섬유상의 구조도 있으며, 때로는 모루구름으로 되어 있는 경우도 있다. 구름에 접근해서 운저 밑에 들어가면 저녁 때와 같이 어두워지고 심한 비(강 수)와 벼락이 치며 때로는 우박이 내린다. 호우와 벼락 외에 강한 하강기류에 의해 지표 부근에 돌풍이 발생하기도 하고, 드물게는 용권이 발생해 피해가 생긴다.

뇌우의 범위와 지속시간은 적란운의 크기에 의해 특징지어지고, **단일형**의 적란운의 경우는 보 통 20 km 정도의 범위로 약 1시간, 거대세포형(巨大細胞型, supercell type) 적란운은 30~50km 의 범위에서 수 시간은 지속된다. 무리를 이루고 발생하는 경우 범위는 더욱 넓어지고 지속시간 도 길어진다. 강한 상승기류에 의해 물의 응결이 활발하게 일어나고 있는 구름에서는 운수량이 많아지고, 강수강도도 강하다. 구름의 상부에서는 싸라기눈과 우박이 점점 생기고 이것이 커져서 낙하하고 있다. 보통은 0 C 이상의 따뜻한 대기층에서 녹아서 큰 입자의 비가 내리지만, 때로는 아직 녹지 못해서 우박이 그대로 지상에 떨어지기도 한다.

적란운이 여러 개의 강수세포로 구성되어 있는 것을 **다세포형**(多細胞型, multicell type)이라고 한다. 이 경우 발달단계에 서로 다른 세포의 위치에 규칙성이 발견되는 경우를 **조직화된 다세포 형**, 규칙성이 없는 경우를 **불규칙한 다세포형**이라고 한다. 이 불규칙한 다세포형 적란운의 경우는 이것을 하나의 적란운으로 간주하는 경우도 있고, 적란운의 군(무리, group) 적란운군으로 보는

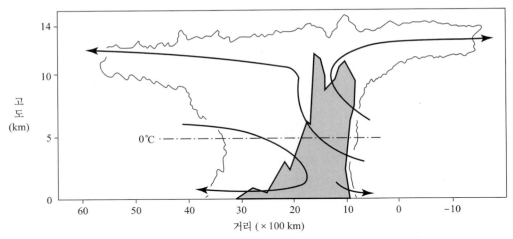

그림 10.18 최성기 뇌운의 단면도(일본의 기상연구소 기술보고 제27호에 의함)

경우도 있다. 규칙적인 다세포형의 적란운에 있어서 구성하고 있는 세포가 형성되는 위치나 시간
적인 간격이 규칙적이다.

뇌우의 발생상황에는 계절변화가 있어 일반적으로는 6월부터 한여름에 많고, 10월경부터는
급격하게 그 수가 감소하고 있다. 단 동해에서는 가을에서 겨울에 제2의 뇌우발생기간이 있다.
고온다습한 여름철 기단이 관계하는 것, 차가운 계절풍 밑의 따뜻한 동해상에서 발생하는 등이
많다. 어느 쪽도 대기의 불안정에 의해 일어난다. 그림 10.18에 뇌우의 단면도의 한 예를 보여주
고 있다. 도플러레이더(Doppler radar)를 이용해서 관측한 예이다. 점무늬의 영역은 강수강도가
가장 강한 영역이고, 지상에서는 대립의 격심한 비와 벼락이 있다. 내부 기류의 모습이 굵은 실
선으로 표시되어 있다.

④ 용권 · 토네이도

용권(spout)의 용(龍)은 상상의 새로 단순히 '오름'의 상징이고, 권(卷)은 소용돌이의 와를 의
미한다. 용권의 모든 실체가 모두 밝혀진 것은 아니지만, 용권의 생명은 권(소용돌이)에 있다.
이 소용돌이에 의해 속에 저압부가 생기고, 그 결과 상승부분이 생겨 보이게 되는 것이다. 따라
서 용권을 '용오름'이라 하는 것은 아마추어적으로 대기과학적인 이론을 모르고 하는 말이다. 따
라서 앞으로 올바르게 '용권'으로 호칭하기를 권한다.

용권은 강하게 집중된 공기의 와권(渦卷)으로, 지상까지 깔때기형의 구름을 동반한다. 와의 직
경은 10~100 m로, 발달한 적란운에 수반되어 발생한다. 토네이도(tornado)는 용권에 대응하는
영어이지만, 아메리카 중서부에서 발생하는 토네이도는 용권보다 훨씬 강한 것이 포함되어 있다.
따라서 용권과 토네이도는 정확하게는 일대일로 대응되는 용어는 아니다.

(1) 용권

용권(龍卷, spout)은 격심한 공기의 와권으로, 큰 적란운 밑에서 깔때기 모양 또는 기둥 모양으로 수직으로 내려뜨려진 구름으로, 육상에서는 감아올라가는 모래와 먼지, 해상에서는 물기둥을 동반하는 것이다. 그 직경은 10~100 m 정도로 다양하고, 용권 속의 공기는 저기압성의 회전인 것이 많다. 중심 부근에서는 격심한 상승기류(예를 들면, 50 m/s)가 있고, 용권에 수반되는 바람은 파괴상황에서 100 m/s를 넘는 경우도 있다고 추정된다. 또 이동속도는 10~20 m/s인 것이 많다. 그림 10.19는 용권의 모습이다.

용권은 국지적인 규모로서는 가장 파괴적인 기상현상 중의 하나이다. 권 또는 와의 순환이 지상에 도달한 것을 **용권**, 롤상운(roll cloud)이 보이지만, 와가 지상에 도달되지 않은 것을 **공중용권**(空中龍卷)이라고 한다. 육상에서 생긴 것을 **육상용권**(陸上龍卷, land spout), 물 위에서 생긴 것을 **수상용권**(水上龍卷, water spout)이라고 한다.

용권이 발생하는 기상상태는 크게 태풍 접근 시 저기압이나 전선의 접근 시, 기타로 분류된다. 그 비율은 각각 28%, 57%, 15%다. 한편 상륙한 태풍의 약 40%가 용권을 동반하고 있지만, 그 용권의 수는 태풍에 따라 큰 변화를 보이고 있다. 일반적으로 용권의 발생위치는 거의 태풍 중심의 북동상한에 있고, 중심에서 150~300 km의 거리 범위에 집중하고 있다.

저기압이나 전선에 수반되는 용권의 일반적인 특징을 기술하는 것은 어렵다. 용권의 내습으로 열차가 전복되고, 건물의 붕괴 등 심한 피해를 가져온 용권의 예를 들어 보자. 천기도 상에서 발달 중의 저기압이 있고, 그것에 수반되는 온난전선이 선행하고, 그것을 쫓는 한랭전선의 전면에 용권이 발생하고 있다. 또 이 부근에 뇌우 활동이 활발하고, 레이더에 의해 구상에코[鉤狀--, =hook(shaped) echo, 갈고리 모양의 에코]가 관측되고 있다. 풍속기록에서 52 m/s 이상의 순간적인 돌풍이 있었던 일, 용권의 진행속도가 거의 25 m/s 이였던 경우도 있다.

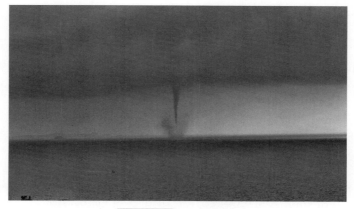

그림 10.19 **용권의 모습**

(2) 토네이도

미국 중남부에 생기는 대기의 격렬한 와권인 큰 용권을 토네이도(tornado)라 한다. 용권은 육상·해상의 것을 다 포함하지만, 이것은 육상의 것에만 한정되어 이용되고 있다. 1956~1985년 30년간 평균해서 연간 771개의 토네이도가 발생하고 있고, 사망자도 연평균 90명에 달하고 있으며, 허리케인에 의한 사망자수의 3배 정도에 달하고 있다. 중앙 평원의 텍사스주 중부에서 오클라호마·캔자스주를 거쳐 네브라스카·아이오와주에서 토네이도의 발생이 많아, 이 지역을 토네이도대(tornado belt)라고 한다. 5월에 발생수가 가장 많지만, 강렬한 것은 4월에 발생하기 쉽다. 토네이도의 수명은 수 분~10분 정도이고, 평균적인 피해 길이는 7 km 정도이지만, 수 시간의 수명을 갖고, 수백 km 이상 이동하는 것도 있다. 직경은 작은 것은 10 m 정도지만, 대부분은 100~600 m 정도의 범위에 있고, 1,600 m에 미치는 것도 있다. 풍속은 중심부의 풍속이 강한 최대풍속 반경에서의 실측치는 자료가 없지만, 피해에서 추정된 값으로는 110 m/s를 넘는 것도 있다.

강렬한 토네이도는 그 속에 직경 10 m 정도의 작은 규모의 흡입와(吸込渦, suction vortex)가 포함되어 있다. 피해 상황에서 토네이도의 강도를 평가할 수 있는 것으로, 후지타 규모(F scale, (藤田哲也, Fujita), F0~F5)가 있다(소선섭·소은미, 2011 : 역학대기과학. 교문사, 9.2.4항 참조). 1950~1980년까지 발생한 토네이도의 2/3는 F0 또는 F1이고, F3 이상은 2%에 지나지 않는다. 그러나 이 2%로 사망자의 2/3가 생기고 있다.

토네이도의 발생 기구(mechanism)에 대해서는 완전히는 해명되지 않지만, 대기의 불안정, 높은 습도, 기류가 회전하고 있는 것과 하층에 있어서 강하게 수렴하는 것이 필요하다. 아메리카 중남부에 있어서 토네이도는 격렬한 뇌우를 동반하는 적란운(다세포형과 거대세포형이 있다)에서 발생하지만, 이와 같은 적란운은 일반장의 바람의 전단(shear)이 강할 때 발생한다.

⑤ 하강돌연풍

하강돌연풍(下降突然風, downburst)은 적운이나 적란운에서 생기는 냉각되어 무거워진 강렬한 하강기류를 의미한다. 지면에 도달 후 심하게 발산하고, 돌풍이 되어 주위로 불어나간다. 돌풍의 풍속은 10 m/s부터 강한 것은 75 m/s에도 도달한다. 취출의 수평적인 퍼짐은 수 km 이하로 작고, 수명은 10분 정도 이하로 짧은 일이 많다. 퍼짐이 4 km 미만의 소형의 하강돌연풍을 소(하강)돌연풍(microburst)이라 하고, 4 km 이상의 대형 하강돌연풍을 대(하강)돌연풍[大(下降)突然風, macroburst]이라 한다(藤田哲也, Fujita, 1981).

항공계에서는 고도 91 m(300 ft)에서 3.6 m/s(12 ft/s) 이상의 하강기류를 하강돌연풍이라고 하는 기준으로 하는 일이 있다. 이것은 착륙 시 항공기의 강하속도와 거의 같고, 미국의 뇌우 프로젝트에서 얻어진 같은 고도에서의 평균적인 하강기류 속도의 10배에 달하는 값이다.

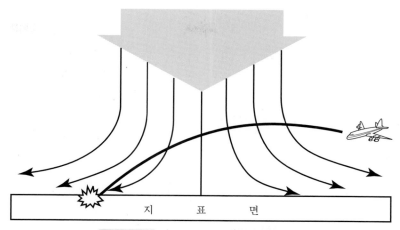

그림 10.20 항공기사고를 부른 하강돌연풍

그림 10.20은 항공기사고를 유발하게 된 하강돌연풍의 예이다. 그림의 왼쪽에서 예정진로를 따라서 착륙하려고 하는 항공기는 우선 바람을 맞아서 양력이 높아지게 되고, 기수(비행기의 앞부분)가 올라가서 속도가 떨어진다. 그러면 조종사는 추력(물체를 운동방향으로 미는 힘)을 떨어뜨려서 기수를 낮추어 속도를 회복하려고 한다. 그런데 이번에는 쫓아오는 바람을 만나게 되어 양력이 떨어지고, 기체가 지면에 접촉해서 충돌하고 만다.

5 미소규모의 운동

미소규모운동(微小規模運動, minute-scale motion)은 소규모운동보다 작은 규모의 운동이어야 하므로 20 m 이하 크기의 운동을 취급해야하지만, 대기운동의 규모에서도 이에 관해서는 다루지 않고 있다. 따라서 정확한 규모의 개념을 정의하기는 어려워서 제일 작은 크기의 운동을 취급하는 정도로 이해해 두기를 바란다.

① 대기경계층

지구의 대류권을 대기 운동의 특징이라는 관점에서 보면 그 연직구조를 그림 10.21과 같이 3개의 부분으로 나눌 수 있다. 지면 가까이에 이르면 지면과의 마찰 때문에 공기의 움직임이 억제되어 풍속이 작아진다. 그 바람은 또 그 위의 공기의 움직임을 억제하여 풍속을 작게 한다. 이와 같이 지표면의 마찰 영향은 위쪽으로 미치게 된다. 더욱이 마찰의 영향은 공기를 심하게

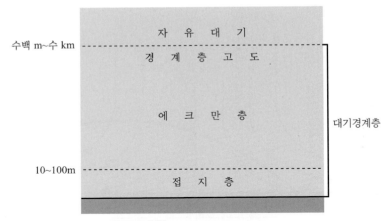

그림 10.21 지구대류권의 연직구조

상하로 혼합시켜 바람의 교란을 일으킨다. 즉 혼합층(混合層, mixing layer)이 존재하게 된다. 교란이 생기지 않으면 지면마찰이 미치는 고도, 즉, 경계층고도는 2 m 정도가 될 것이지만, 교란이 생기면 수백 m~수 km에 미치게 된다. 이 대기층을 **대기경계층**(大氣境界層, atmospheric boundary layer) 또는 **행성경계층**(行星境界層, planetary boundary layer, PBL)이라 한다. 마찰층(摩擦層, friction layer)으로도 알려져 있다.

대기의 경계층 중 지표면에 접하는 수 m의 기층은 **접지(경계)층**[接地(境界)層, surface (boundary) layer]이라 하고, 열이나 운동량의 유속(flux)이 고도에 의하지 않고 일정하다고 간주되고 풍속의 연직분포는 대수법칙(로그)으로 근사할 수 있다. 접지층 바로 위의 기층은 통상 **에크만층**(Ekman layer)이라 한다. 에크만층의 성질을 조사해 보자. 대기경계층을 지배하는 방정식은 z축을 연직방향으로 취하면 다음과 같이 쓸 수 있다.

$$\frac{dU}{dt} = f(V - V_g) + \frac{\partial}{\partial z}(-\overline{uw}) \tag{10.1}$$

$$\frac{dV}{dt} = -f(U - U_g) + \frac{\partial}{\partial z}(-\overline{vw}) \tag{10.2}$$

여기서 (U, V)는 평균풍속, (U_g, V_g)는 지형풍이고, f는 전향력의 연직성분이다. 지금 현상이 정상상태이고, 수평방향의 마찰응력$(-\overline{uw}, -\overline{vw})$을 확산계수 K를 사용해서 다음과 같이 표현한다.

$$-\overline{uw} = K\frac{dU}{dz}, \quad -\overline{vw} = K\frac{dV}{dz} \tag{10.3}$$

여기서 K가 높이에 관계없이 일정한 것으로 하고, 지표($z = 0$)에서 평균풍속 0($U = V = 0$), 고도가 높아지면($z \to \infty$) 평균풍속은 지형풍과 같아($U = U_g$, $V = V_g$)지는 것으로 해서 방정식을 풀면 그림 10.22와 같다. 이것을 에크만나선(Ekman spiral)이라 한다. 이것은 스웨덴의 해

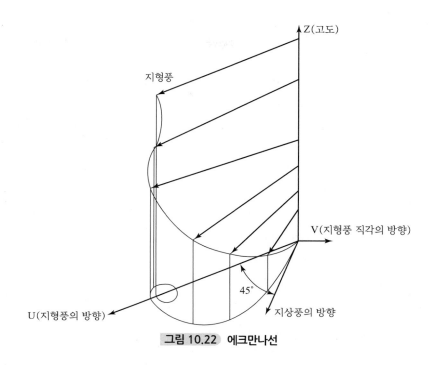

그림 10.22 에크만나선

양학자 에크만(V. W. Ekman)이 1905년에 처음으로 해류의 운동을 설명하기 위해서 제안한 것이다. 지표면 가까이에서는 지형풍의 풍향과는 약 45°의 차가 생기고 있지만, 실제는 지표면의 거칠음, 성층의 안정도 및 f값에 따라 좌우되는 것으로부터, 45°보다 작은 값을 나타내고 있다. 대기경계층 위에는 마찰의 영향을 받지 않는 **자유대기**(自由大氣, free atmosphere)가 존재하게 된다.

이 대기경계층 중에는 전지구대기의 약 10%의 질량이 포함되어 있기 때문에, 지구대기의 에너지를 논의하는 경우, 특히 중요하다. 더욱이 인간이 생활하고 있는 것은 거의 이 경계층 속에 있고, 대기오염, 건물풍, 지형성난기류 등에도 크게 관계하고 있다.

② 대기난류

대기난류(大氣亂流, atmospheric turbulence)란 대기 중에서 일어나는 난류현상을 의미한다. 난류는 유체의 불규칙한 운동으로, 시간적·공간적 변동이 복잡해서 재현성이 없다. 난류는 와운동으로 간주할 수도 있다. 대기의 운동은 대부분의 경우 **난류**(亂流, turbulence, turbulent flow)이지만, 특히 대기경계층에서는 이 난류가 탁월하다. 대기난류는 건물 등의 구조물에 응력을 미쳐서 진동 등을 발생시킨다. 또 상이한 농도나 물질을 혼합해서 물질이나 에너지를 수송하기도 하고, 공간적·시간적인 굴절률의 변화를 가져와서 전자파와 음파를 산란한다. 대기난류의 시간적·공간적인 범위의 폭은 크다.

　유체역학[hydrodynamics, fluid dynamics(mechanics)]에서 취급하는 흐름에 대해서는 일반류에 불규칙한 변화가 없는 경우를 **층류**(層流, laminar flow), 불규칙한 변동이 존재하는 경우를 **난류**(turbulence, turbulent flow)로 쉽게 구별할 수 있다. 그러나 대기 중의 흐름은 대부분의 경우 일반류 그 자체보다 대규모 흐름의 영향을 받아서 변동하기 때문에 난류를 정의하는 것은 용이하지 않다. 운동의 인과관계를 충분히 설명하기 위해서 필요한 자료의 양이 많아 그들을 얻는 것이 거의 불가능한 경우 그와 같은 흐름을 난류로 정의하고, **통계적으로 취급**하는 것이 중요하다. 이와 같이 생각하면, 적어도 대기경계층은 **난류상태**에 있고, 경계층의 높이 정도보다 작은 규모의 운동에 대해서는 난류로 취급하는 것이 가능하다.

　난류연구는 19세기 말기에 레이놀즈(O. Reynolds)로 거슬러 올라가지만, 대기난류에 대해서 최초에 연구한 것은 테일러(G. I. Taylor)였다. 대기난류의 특징은 기계적인 난류와 열대류가 공존하는 일, 많은 경우 지구회전의 영향을 받는 것 등이 있다.

　난류에 대한 수송의 연구는 분자확산에서 유추에 의한 상수의 와확산(교환)계수 K를 도입하는 것으로 시작되었다. 이와 같이 K를 이용하는 이론을 K이론이라 한다. 대기 중의 확산은 대기난류에 의해 일어나지만, 1930년대에는 삿톤(O. G. Sutton) 등이 확산실험을 수행해 확산의 실용적인 취급방법을 나타내었다. 1940년대에는 구소련의 과학자가 활약해서 난류스펙트럼에 관한 콜모고로프(A. N. Kolmogorov)의 이론과 접지경계층에 있어서 모닝·오부코프의 상사칙(similarity law of Monin－Obukhov)이라고 하는 기계적인 난류, 열적인 난류 이론을 연결시키는 상사칙을 발전시켰다. 1950년대~1960년대에는 대기난류나 대기경계층에 관한 대규모의 야외실험도 이루어지게 되었다. 특히 1960년대에는 빠른 응답속도를 갖는 기상관측기기가 개발되어 난류스펙트럼에 관한 실험적인 연구가 이루어지게 되었다. 1970년대에는 오스트레일리아, 구소련, 북아메리카 각지에서 평탄지상에서의 대기경계층 전체의 관측적 연구가 이루어지고, 디어도르프(J. W. Deardorff)는 혼합층에 규모분석을 도입해서 야간 대기경계층의 현상을 설명했다. 1970년대 이후는 해류경계면, 중력류, 구륙지대 등의 복잡 지형지에서의 대기난류 연구가 왕성하게 이루어졌다. 이론적인 연구에서는 1970년대 이후 폐쇄모델이라고 하는 수법으로 대기난류의 표현이 성행해서 수행되었다. 또 1980년대 이후는 대형와모사(large-eddy simulation)라는 수법으로 대기난류를 직접 계산기 상에서 재현하는 일도 시도되고 있다.

　대기난류에 대한 더 자세한 내용은 '소선섭·소은미, 2011년 : 역학대기과학. 교문사, 9.3.2항과 제14장 대기난류'에 구체적인 내용이 있으니, 참고하기 바란다.

③ 확산현상

확산(擴散, diffusion)이란 당초 떨어져 있던 2종류의 기체 또는 액체가 분자운동에 의해 혼합하는 과정이다. 난류에 의한 혼합에 비교해서 극히 비효율적으로 느린 과정이지만, 상부 대기에서는 본질적으로 중요하다. 이에 비해서 난류에 의한 혼합을 와확산(渦擴散, eddy diffusion)이라고 한다.

대기의 난류운동은 열량과 수증기, 운동량의 교환 또는 혼합을 일으키고, 그들의 특성이 퍼져나간다. 이것을 확산으로 총칭하는 일이 많다. 대기 중의 다양한 특성의 분포, 예를 들면 풍속, 기온, 수증기 등의 분포를 난류에 의한 확산으로 연결시키는 시도가 실시되어 왔다. 도시에 있어서 각양각색의 티끌과 먼지, 오염물질, 가스상의 대기 중 혼합물의 행동에는 기류에 의해 흘러가는 일 외에 난류에 의한 확산도 소중하다. 이 외에 꽃가루나 화산재 등의 흩어지는 방식도 난류에 의한 확산이다. 대기 내 이들 물질의 농도분포는 확산에 의한 경우 근사적으로 발생원에서의 거리의 2승에 역비례해서 감소하는 것으로 보고 있다.

확산의 생각을 확장해서 다양한 규모의 평균류가 갖는 특성은 평균류에서의 어긋남 부분(교란)이 가상적인 난류수송 역할을 연출해서 수송 또는 교환되는 것으로 간주할 수 있다. 이 경우 가상적인 확산계수 K의 크기는 규모(L)에 따라 변한다는 것이 중요하다. 규모가 작은 교란은 규모가 큰 교란에 대해서 와점성(渦粘性, eddy viscosity : 층류상태의 기체의 흐름에 있어서 운동량수송은 분자의 열운동에 의해 일어나기 때문에, 점성계수라 하는 유체고유의 물질상수에 의해 정해짐)으로 작용하는 것으로 된다. 리차드슨(Richardson)은 이 관계를 $K = 0.2 \, L4/3$ 로 나타냈다. 예를 들면, 고·저기압과 같은 $L = 10^8 \sim 10^9$ cm 규모의 현상을 확산으로 간주하면 $K = 10^{10} \sim 10^{11}$ cm²/s의 자릿수이고, 화산회의 확산에서는 $L = 10^6$ cm의 규모로서 $K = 10^7$ cm²/s의 자릿수, 극기단의 해상에서의 변질을 와동열전도로 취급하면 $L = 10^5$ cm로 $K = 10^6$ cm²/s의 크기이다.

④ 건물풍

도시나 시가지에 주위보다 우뚝 솟은 높은 건물을 세우면 그 건물의 주변에는 이상적으로 강한 바람이 부는데, 이것을 건물풍[建物風, 빌딩풍, wind around buildings, building wind, pedestrian level wind(s)]이라고 한다. 건물풍의 발생기구는 시가지 바람의 구조에서 개략 설명할 수 있다.

시가지 연직방향의 평균풍속의 분포는 그림 10.23에 표시한 것과 같이 지수칙으로 표현할 수 있다. 지수 α는 시가지의 건물이 밀도에 의해 달라지는데, 대략 0.3~0.5 정도의 값을 갖는다. 따라서 시가지에서는 지상 150 m 점의 평균풍속은 지상 5 m 점의 평균풍속의 3~6배의 값을 취한다.

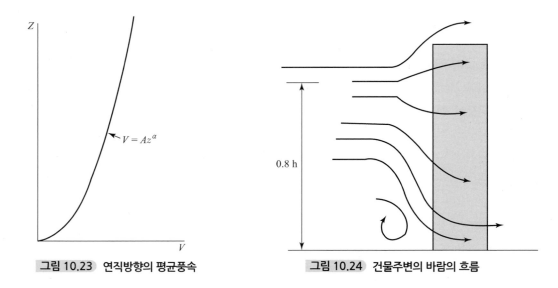

그림 10.23 연직방향의 평균풍속

그림 10.24 건물주변의 바람의 흐름

시가지에 단 하나의 고층건물이 세워진 경우를 생각해 보자. 건물 전면에 닿은 바람은 그림 10.24에 표시되어 있는 것과 같이 일부는 상승류가 되고, 일부는 하강한다. 분기점의 높이는 건물높이의 80% 정도이다. 바람은 결국 건물측면으로 빠져나가지만, 착안해야 할 것은 **하향류**(下向流)이다. 하향류는 건물전면을 따라서 계속 하강해서 측면으로 빠지지만, 지표면 가까이까지 높은 위치에서의 바람을 이끌어내는 결과가 된다. 바람이 측면으로 회전할 때는 가속됨과 동시에 강한 교란(난류)이 생긴다. 이것에 의해 지표면 부근에서는 그림 10.25에 표시된 것과 같은 위치에 강한 풍속역=**강풍역**(強風域)이 발생하는 것이 된다.

이와 같이 건물풍의 주요원인은 높은 위치에 있어서 강한 바람이 지표 부근까지 유도되는 일에 있고, 이 건물풍을 생기지 않게 하는 것은 어렵다. 건물풍은 도시의 발전단계에 있어서 과

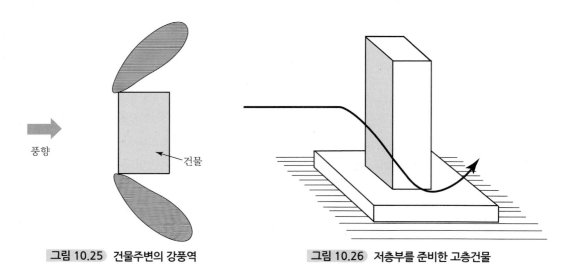

풍향

건물

그림 10.25 건물주변의 강풍역

그림 10.26 저층부를 준비한 고층건물

도적인 현상이고, 전체가 고층화한다면 그다지 문제가 되지 않는 것이 될 수도 있지만, 현실에서는 그 완화대책을 독촉하고 있다. 하나의 대책은 **방풍림**(防風林, windbreak forest) 내지는 방풍망(防風網, windbreak net)을 설치하는 방법이다. 그러나 높은 위치에서의 풍속·풍량은 상당히 큰 것이기 때문에, 소규모의 식수 정도로는 근본적인 해결책이 되기 어렵다. 보다 효과적인 방법은 그림 10.26에 표시한 대로 저층부를 설치해 하향류의 지표면으로의 접근을 막아 저층부에서의 반사확산을 꾀하는 방법일 것이다.

연 습 문 제

01 대기운동의 수평규모와 시간규모 사이에는 어떤 관계가 있는가? 또 이것을 수치예보에는 어떻게 이용할 수가 있는가?

02 대규모의 운동은 어떤 크기이고, 여기에 속하는 대기현상에는 어떤 종류가 있는가?

03 중규모의 운동규모와 종류에 대해서 개략적으로 설명해 보라.

04 소규모의 운동은 어떤 크기이고, 여기에 속하는 대기현상에는 어떤 것이 있는가?

05 미소규모의 운동은 어떤 크기이고, 여기에 속하는 대기현상에는 어떤 것이 있는가?

11 운동방정식

운동이라고 하면 뉴턴의 '운동의 제2법칙'을 연상하게 되지만, 대기의 **운동방정식**(運動方程式, equation of motion)은 그리 간단하지가 않다. 왜냐하면 대기는 연속체이므로 대기의 각 부분은 각각 따로 운동하기 때문이다. 또 공기와 같은 유체의 운동방정식은 복잡한 형태를 취하고 있으므로, 풀기 쉽게 하기 위해서는 문제에 맞춰 근사식으로 취급하는 일이 많다. 어떠한 근사식이 좋을까를 조사하기 위해서는 규모분석(scale analysis)을 행한다. 예를 들면, 밀도성층유체에서는 장소에 따라 관성질량이 다르지만, 근사적으로 관성질량이 일정하다고 취급한다.

1 물체의 운동과 법칙

① 뉴턴의 운동의 법칙

물체의 운동에 관한 기본법칙이 뉴턴의 운동의 법칙들(Newton's laws of motion)이다. 뉴턴의 운동의 법칙이 성립하는 좌표계를 관성계라 한다. 바로 뒤에서 설명하겠지만 지구에 고정된 좌표계는 관성계가 아니다. 관성계와 지구에 고정된 좌표계의 관계에 대한 상세한 설명은 뒤에서 언급하겠다. 당면한 것은 일상의 경험에 근거해서 뉴턴의 운동의 법칙을 이해하는 것이다.

(1) 제1법칙

물체는 힘이 작용하지 않으면 정지상태를 유지하든가 등속직선운동을 계속한다.

제1법칙의 전반 기술은 일상의 경험에 합치한다. 후반은 어떠할까? 지면 부근에서 운동하는 물체는 마찰(저항)이 작용하므로 움직이게 하는 힘이 없으면 반드시 정지한다. 실은 마찰도 운동을 멈추게 작용하는 힘(마찰력)이다. 아주 부드러운 수평면상의 운동은 긴 거리를 지속하므로, 이 극한으로서 마찰이 없는 운동을 생각하면 후반도 납득할 듯하다. 단순히 빠르기가 변하지 않는 것뿐만이 아니고, 직선운동이 지속되는 일에도 주의하기를 바란다. 정지도 운동의 한 형태이다.

(2) 제2법칙

물체에 작용하는 힘은 물체의 질량과 운동의 가속도의 곱과 같다.

제1법칙은 힘이 작용하지 않는 경우의 운동을 설명한다. 이것을 뒤집어서 속도가 변환하면, 즉 정지해 있던 물체가 움직이기 시작하든가, 빠르기가 변하든가 방향이 바뀌든가 또는 양자 모두가 달라진다면 물체에 힘이 작용하고 있는 것을 의미한다.

물체의 질량을 m, 가속도를 $\vec{a}$, 힘을 $\vec{F}$ 로 하면, 제2법칙에서

$$m \times \vec{a} = \vec{F} \tag{11.1}$$

로 나타난다. 힘도 가속도도 벡터이고, 가속도와 힘은 같은 방향이다.

가속도란, 속도의 시간변화의 비율로, 시간 Δt 사이의 속도변화를 $\Delta \vec{V}$ 로 하면

$$\vec{a} = \frac{\Delta \vec{V}}{\Delta t} \tag{11.2}$$

속도와 질량의 곱은 운동량(momentum)이라 하고, 이것을 이용하면 식 (11.1)은

$$\frac{\Delta (m \vec{V})}{\Delta t} = \vec{F} \tag{11.3}$$

이 되고, 제2법칙은 운동량의 시간변화는 힘과 같다고도 할 수 있다.

일정한 힘을 가했을 때 질량이 작은(가벼운) 물체는 속도변화가 빠르게 일어나고(가속도가 크다), 질량이 큰(무거운) 물체는 좀처럼 속도가 변하지 않는다(가속도가 작다). 이것이 제2법칙으로 일상의 경험과도 합치한다. 또 식 (11.1) 또는 식 (11.3)에서 단위질량에 작용하는 힘과 가속도는 그 수치가 같아진다. 이 조건은 기상학에서 자주 사용한다.

곡선운동에서 운동의 방향이 변하기 때문에 속도가 일정하더라도 가속도가 있다. 일상적으로 속도의 변화를 가속도로 잡아도 방향의 변화를 가속도로 간주하는 것에는 익숙해 있지 않기 때문에 주의하기를 바란다.

(3) 제3법칙

2개의 물체(물체 1과 2)가 있고, 물체 1이 물체 2에 힘을 미칠 때 물체 2는 반드시 크기가 같고 방향이 반대인 힘을 물체 1에 미친다. 딱딱한 벽에 충돌하면, 반대로 자기가 튕겨나오는 느낌을 받는 것으로 경험할 수 있을 것이다.

② 시간변화의 2가지 표현방법

(1) 개별변화와 국소변화

공기와 같은 유체에서 시간변화의 표현방법은 2종류가 있다. 예를 들면, 바람의 풍속 ($\vec{V}$)과 기온(T)은 장소가 고정된 풍속계, 온도계로 측정한다. 관측기기에 접하는 공기덩어리(공기괴)는 끊임없이 변화한다. 이때 기온과 바람의 시간변화를 각각 $\partial T/\partial t$, $\partial \vec{V}/\partial t$로 나타내고 **국소미분**(局所微分, 국소변화, 편미분)이라 한다.

한편 특정 공기덩어리를 추적했을 때 기온과 바람의 풍속의 시간변화를 각각 기호 dT/dt, $d\vec{V}/dt$로 나타내고, **개별미분**(전미분)이라 한다. $\partial \vec{V}/\partial t$, $d\vec{V}/dt$는 각각 **국소가속도**(局所加速度), **개별가속도**(個別加速度)이다.

국소변화와 개별변화는 바람이나 기온만이 아니고, 수증기량이나 밀도 등 모든 기상요소의 시간변화로 구별해서 이용되고 있다.

(2) z좌표계와 p좌표계

기상학에서는 통상 수평면 상에서 동쪽과 북쪽을 각각 x축, y축의 정(+)의 방향, 연직상향을 z축의 (+)의 방향으로 하고, 풍속 $\vec{V}$의 x, y, z성분을 각각 u, v, w로 한다. 여기서도 이 기호를 이용한다. 즉,

$$\vec{V} = \vec{i}\,u + \vec{j}\,v + \vec{k}\,w \tag{11.4}$$

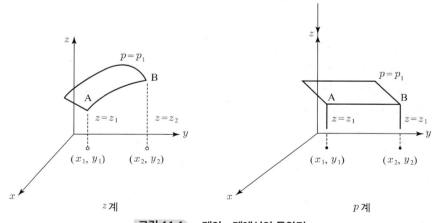

그림 11.1 z계와 p계에서의 등압면

정역학평형에서 언급했지만, 기상학에서는 고도 z 대신 기압 p를 연직좌표로 하는 p좌표계도 사용한다. x, y, p의 국소직교좌표계에서 p는 연직하향으로 증가한다. 연직속도는 z계에서는 $w = dz/dt$로 나타내고, 상승류는 $w > 0$이지만, p계에서는 $\omega = dp/dt$로 나타내고, 상승류로 $\omega < 0$이다. p계를 이용할 때는 p면이 마치 수평이라고 간주해서 연산하고 있는 것에 상당한다 (그림 11.1 참조).

③ 자유낙하운동

질량이 m인 물체의 낙하운동을 생각한다. 연직상향을 z축의 정방향(+), 연직방향의 속도를 $\vec{w}$로 하면 가속도는 $\Delta \vec{w} / \Delta t$ 이다. 중력가속도를 $\vec{g}$로 하면 물체에 작용하는 힘은 식 (11.1)에서 $- m \vec{g}$이다. 따라서

$$\frac{m \, \Delta w}{\Delta t} = - m g, \; \Delta w = - g \, \Delta t \tag{11.5}$$

이다. $\vec{w} = w \, \vec{k}$, $\vec{g} = g \, \vec{k}$로 표기하면 양변의 $\vec{k}$를 소거할 수 있으므로, 하나의 방향 성분의 식은 스칼라량(scalar quantity)으로 고쳐 쓸 수가 있다.

질량 m은 양변에서 생략할 수 있으므로, 공기의 마찰이 없다면, 낙하운동은 물체의 질량에 관계하지 않는다. 가속도가 일정하므로, 낙하속도는 시간에 비례해서 증가를 계속한다. 예를 들면, 정지상태에서 낙하하면 10초(s) 후와 100초 후의 낙하속도와 낙하거리는 각각 98 m/s, 980 m/s 및 490 m, 49,000 m가 된다.

대기 중에서는 공기의 마찰이 있고, 물체의 질량이랑 형상의 다름에 의해서 각양각색의 낙하운동이 생긴다. 예를 들면, 빗물은 낙하 도중 공기의 마찰력과 중력이 평형을 이루어 가속도가 0이 되고, 우적의 크기(질량)에 의해 결정되는 일정의 **종말속도**(終末速度, terminal velocity ; 소선섭 외 3인, 2011 : 대기축기 및 관측 실험. 교문사, Ⅲ – 4 종말속도. 참조)로 낙하한다. 강수과정에서 상세하게 기술되지만, 직경 5 mm의 우적의 종말속도는 대략 9 m/s 정도이다. 이것과 진공 중 물체의 낙하속도를 비교하면 공기의 마찰의 영향의 크기를 알 수 있다.

운동에너지와 위치에너지

운동에너지와 위치에너지 및 이들 2개의 에너지와 일 관계를 설명한다. 위치에너지에서 운동에너지로의 변환은 저기압이 발달하는 원리이다. 어렵게 느껴지는 독자는 정성적인 의미로 생각해 보면 이해가 쉬울 것이다.

물체의 질량을 m, 속도를 $\vec{V}$로 했을 때

$$K_E = \frac{1}{2} m V^2 \tag{11.6}$$

를 운동에너지(kinetic energy, K_E)라 한다. 물체가 기준면에서 높이 h에 있을 때

$$P_E = m g h \tag{11.7}$$

를 기준면에서 측정한 위치에너지(potential energy, P_E)라 한다. 여기서 g는 중력가속도이다. 사람이 힘을 가해서 질량 m의 물체를 높이 h까지 갖고 올라가는 데에는 중력에 거슬러서 상향으로 mg의 힘으로 들어올리지 않으면 안 되므로, 힘이 하는 일은 mgh이다. 힘이 물체에 대해서 mgh의 일을 한 결과 물체의 위치에너지가 mgh 증가했다(그림 11.2 참조).

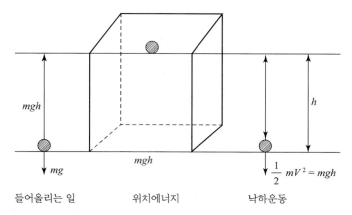

그림 11.2 **위치에너지와 운동에너지** 질량 m의 물체를 높이 h까지 들어올리는 일은 힘$(mg) \times$거리$(h)=$ mgh(왼쪽). 높이 h에 있는 질량 m의 물체가 갖는 위치에너지는 mgh(가운데). 물체 m이 높이 h를 자유낙하했을 때의 운동에너지는 $(1/2)m V2 = mgh$(오른쪽).

진공 중 자유낙하운동(自由落下運動)의 10초 후의 운동에너지는 단위질량당 $0.5 \times 98 \times 98 = 4,802$ (J)이다. 중력이 물체를 하향의 힘으로 끌어내려서 일을 한 결과, 물체의 운동에너지가 증가했다.

10초 후의 물체의 위치를 기준으로 한다면 처음의 위치에너지는 $9.8 \times 490 = 4,802$ (J)이다. 정지해 있을 때 물체의 위치에너지로 낙하한 운동에너지의 크기와 같다. 위치에너지가 없어져서 운동에너지로 변환된 것을 나타내고 있다. 중력이 일을 해서 운동에너지가 생성되지만, 운동에너지와 위치에너지의 합은 변하지 않는다.

④ 등속원운동

끈의 선단에 고정된 질량 m의 물체가 일정의 각속도(角速度, angular velocity) ω로 회전하고 있는 것으로 한다. 각속도란 단위시간에 회전하는 각도를 라디안[radian, 호도법(弧度法), rad]으로 표시한 것이다(360° $=2\pi$ 라디안). 원주를 따른 속도가 일정하므로, 운동이 제1법칙에 의해 운동방향으로 힘이 작용하고 있지 않다. 그러나 속도벡터의 방향이 변하므로 가속도가 있다.

원의 반경을 r, 원운동의 속도를 $\vec{V}$로 한다(그림 11.3 참조). 물체가 원주를 한 바퀴 도는 시간을 T로 하면 $2\pi r = VT$, $2\pi = \omega T$에서

$$V = \omega r \tag{11.8}$$

의 관계가 얻어진다. 그림 11.3과 같이 원주 상에 미소각도 $\Delta\theta$만큼 떨어진 2점 A, B를 취한다. 속도는 항상 원의 접선방향으로 향하기 때문에 점 A에서의 속도를 점 B로 이동시키면 2개의 속도벡터 사이의 각도도 $\Delta\theta$이다. 점 A의 속도가 $\Delta\vec{V}$ 변화해서 점 B의 속도가 되었다면($\vec{V}(B) = \vec{V}(A) + \Delta\vec{V}$),

$$\Delta V = V\Delta\theta = \omega r\Delta\theta \tag{11.9}$$

가 된다.

점 A의 속도 $\vec{V}$가 각도 $\Delta\theta$만큼 회전해서 점 B에 왔을 때 운동방향의 각도차 $\Delta\theta$와의 속도차 $\Delta\vec{V}$(구심가속도)의 관계이다.

가속도(acceleration, a)의 크기는 $a = \Delta V/\Delta t = \omega r(\Delta\theta/\Delta t)$, 각속도의 정의에서 $\Delta\theta/\Delta t = \omega$이므로,

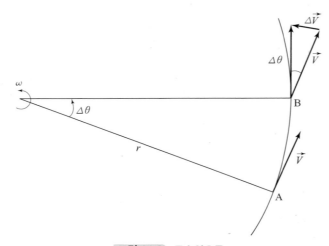

그림 11.3 등속원운동

$$a = \frac{\Delta V}{\Delta t} = \omega^2 r \tag{11.10}$$

이 된다. $\Delta\theta$가 작으면 $\Delta \vec{V}$는 원의 중심방향을 향한다(그림 11.3 참조). 각속도 ω로 회전하는 등속원운동의 가속도는 원의 중심방향을 향하고, 크기는 $\omega^2 r$이다. 이것을 **구심가속도**(求心加速度, 법선가속도, centripetal acceleration)라 한다. 등속원운동의 구심가속도의 크기 C_a는

$$C_a = \omega^2 r = \frac{V^2}{r} = \omega V \tag{11.11}$$

이다. 구심가속도는 접선속도 $\vec{V}$의 방향이 각속도 ω로 변하는 것으로 생기는 가속도이다. 구심 가속도는 구심력에 의해 생긴다.

등속원운동을 하고 있는 물체는 반드시 구심력이 작용하고 있다. 지금 사례에서는 구심력은 끈이 물체를 중심방향으로 끄는 힘으로 생기고 있다. 힘이 없어지면 물체는 그 점에서 원의 접선으로 등속직선운동을 계속한다(제1법칙).

⑤ 원심력

등속원운동을 하고 있는 원반 상에서 정지하고 있는 공과 같이 회전하는 좌표계를 생각한다 (그림 11.4 참조). 이 좌표계에서 공은 정지하고 있으므로 가속도는 없다. 그러나 공에는 구심력이 작용하고 있으므로, 회전하는 좌표계에서 뉴턴의 운동의 법칙이 성립하기 위해서는 구심력과 같은 크기로 반대방향으로 향하는 힘을 도입하지 않으면 안 된다. 이 힘을 **원심력**(centrifugal force, F_c)이라 한다. 원심력은 관성계(慣性系, inertial reference frame)에 대해서 회전하고 있는 좌표계에서 뉴턴의 운동의 법칙을 적용하기 위해서 필요한 힘으로, '겉보기의 힘(apparent force, 가상의 힘)'이라 한다.

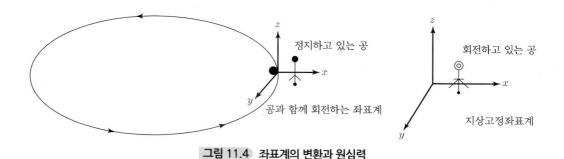

그림 11.4 좌표계의 변환과 원심력

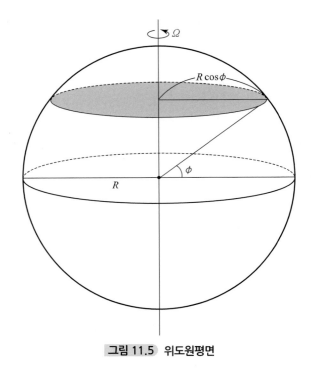

그림 11.5 위도원평면

　지면에 대해서 등속원운동을 하고 있는 원반 상에서 정지하고 있는 공은 지면에 정지하고 있는 관찰자에서 보면 등속원운동을 하고 있지만, 원반에 고정한 좌표계에 있는 관찰자에 대해서는 정지하고 있다.

　지구자전에 의한 원심력을 생각해 보자. 지구의 반경을 R, 지구의 자전각속도를 Ω로 한다면 위도 ϕ에 있는 어떤 지점이 관성계에서 보면 반경 $R\cos\phi$, 각속도 Ω의 등속원운동을 하고 있다(그림 11.5 참조). 이것에 의한 구심가속도 C_a는 식 (11.11)에 의해 그 크기가

$$C_a = \Omega^2 R \cos\phi \tag{11.12}$$

로, 위도 ϕ의 위도원평면(위도 ϕ의 각점을 통하는 평면으로 지축에 수직) 내에 있다.

　위도 ϕ의 위도원평면은 위도 ϕ의 각점을 통하는 반경 $R\cos\phi$의 원으로 지축에 수직인 면이다.

　g는 지구의 인력 g_a와 지구자전의 원심력 $\Omega^2 R \cos\phi$의 합력이다. 지구의 표면은 원이 아니고, 중력에 수직한 면인 지오이드이다.

　지구좌표계에서 지구 상의 물체에 자전에 의한 구심가속도를 상쇄할 수 있는 원심력(F_c)을 도입하지 않으면 안 된다. 지구 상의 물체에서 지구의 중심으로 향하는 지구의 인력[만유인력(universal gravitation), g_a]도 작용하고 있으므로, 인력과 원심력의 합력이 작용한다(그림 11.6 참조). 이 합력이 **중력**(重力, g)이 된다. 원심력은 지구의 인력에 비교해서 대단히 작기 때문에, 중력은 거의 지구의 중심을 향하고 있다.

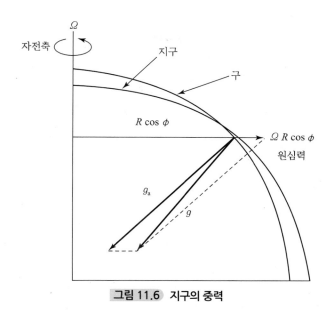

그림 11.6 지구의 중력

지구표면은 중력에 수직인 모양, 즉 지오이드(geoid : 등중력면인 평균해수면을 육지까지 연장한 지구의 모양)로 변형하고 있다. 원심력은 적도상에서 가장 크고 극에서는 0이므로, 지오이드 면은 적도반경이 극방향의 반경보다 약 21 km 길다. 지오이드면에 평행한 면이 해수면이다. 중력에는 만유인력만이 아니고 지구자전에 의한 원심력의 효과도 자동적으로 포함되어, 원심력을 분리해서 취급할 필요는 없다. 중력이라는 용어는 이것까지도 이미 포함해서 사용되어 왔다.

2　전향력

전향력[轉向力, defecting force, 코리올리힘(Coriolis force)]에 대해서는 제1장의 1.5.2에서 언급하였다. 하지만 다소 복잡하고 번거롭다고 생각되는 독자를 위해서 본격적인 운동방정식을 다루기에 앞서 좀 더 확실하게 이해해 둘 필요가 있다고 생각되어 여기서 한번 더 취급하기로 한다.

① 지구좌표계와 관성계에서의 운동

지구가 자전하고 있는 영향으로 지구 상에서 운동하고 있는 물체의 가속도는 지구좌표계에서 나타내는 경우와 관성계에서 나타내는 경우가 다르다. 먼저 하나의 예로서 정성적으로 조사해 보도록 하자.

　　물체가 지구의 위도선을 따라 북향으로 등속으로 운동하고 있는 예를 생각해 보자(그림 11.7 참조). 물체가 위도선을 따라 북향으로 점 A에서 점 B까지 이동하는 사이에 지구의 자전으로 점 A는 점 A'으로, 점 B는 점 B'으로 이동한다. 지구좌표계에서 물체는 경도선을 따라 점 A에서 점 B(점 A'에서 점 B')로 직선적으로 등속운동을 하고 있는 것으로 보이지만, 관성계에서는 점 A에서 점 B'으로 곡선으로 운동하고 있다(그림 11.7의 점선). 점 A에서 위도선을 따라 남쪽으로 운동하는 경우도 같다.

　　이 예에서 보듯이 지구 상에서 운동하고 있는 물체 겉보기의 가속도는 관성계의 가속도와는 다르다. 지구좌표계에서 뉴턴의 운동의 법칙을 적용하려고 한다면 지구자전의 영향으로 생기는 가속도에 대응하는 힘을 도입하지 않으면 안 된다. 이것이 '겉보기의 힘(apparent force)'이다.

　　겉보기의 힘을 구하기 위해서는 지구좌표계에서 등속운동을 가정했을 때 지구자전의 영향으로 관성계에서 생기는 가속도를 조사해야 한다. 지구좌표계에서 운동이 등속직선운동에서 다음의 2가지 이유로 관성계에서 보면 가속도가 생기고 있는 것이 나타난다.

- 지구 상의 다른 2점은 관성계에 대해서 속도가 다르기 때문에, 물체가 다른 지점으로 이동한 결과로서 관성계에 대해서 가속도가 생긴다.
- 지구좌표계에서는 등속직선운동이라도 지구좌표계가 관성계에 대해서 회전운동을 하고 있으므로, 관성계에 대해서는 가속도운동이 된다.

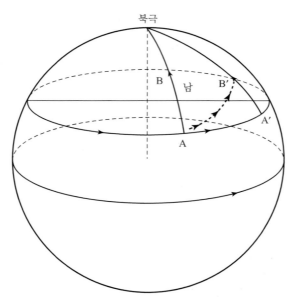

그림 11.7 **지구 상의 경로와 관성계에서의 궤적** 지구 상에서 위도선을 따라 점 A에서 점 B(점 A'에서 점 B')까지 이동하는 경로를 관성계에서 보았을 때의 궤적(점 A에서 점 A'으로의 점선)

② 위도원평면 내의 운동

위도 ϕ에 있는 물체가 등속으로 속도 u로 동쪽으로 또는 속도 v로 북쪽으로 운동하고 있는 것으로 하자. 동향의 운동은 위도 ϕ의 위도원을 따라서 운동한다. 북향의 운동은 자전축에 평행한 성분 $v\cos\phi$와 위도원평면에 평행한 성분 $v\sin\phi$으로 분해할 수 있다(그림 11.8 참조). 자전축에 평행한 속도성분은 관성계에 대해서 회전하고 있지 않으므로 겉보기의 힘에 관계하지 않는다. 겉보기의 힘을 검토할 때 위도원평면에 평행한 성분 u와 $v\sin\phi$만을 생각하면 된다. 이하 지구의 반경을 R, 자전각속도를 Ω로 나타낸다.

(1) 속도 v로 북향으로 운동하는 경우

위도원평면 내의 물체 운동은 속도 $v\sin\phi$의 등속직선운동으로 간주할 수 있다. 시간 t에 원반 상의 점 A에 있는 물체는 미소시간 Δt 후에 점 A에서 중심을 향해서 거리 $v\sin\phi\,\Delta t$만큼 나아간 점 B에 도달한다. 위도원평면은 Δt시간 사이에 관성계에 대해서 $\Omega\,\Delta t$만큼 회전하고, 점 A와 점 B는 각각 관성계에 대해서 점 A_1과 점 B_1로 이동한다. 물체는 점 B_1로 이동해서 중심 O을 향해서 속도 $v\sin\phi$로 운동하고 있다(그림 11.9 참조).

여기에서 생기는 가속도에는 2가지의 이유가 존재한다.

먼저, 처음의 이유에서 생긴 가속도를 구해 보자. 점 A와 점 B의 자전축, O에서의 거리는 각각 $R\cos\phi$ 및 $R\cos\phi - \Delta t\,v\sin\phi$이기 때문에, 물체가 점 A에서 점 B로 이동함에 따라서 관성계에 대한 속도차는

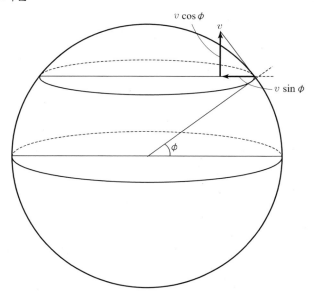

그림 11.8 위도선을 따른 운동을 직교성분으로 분해 위도 ϕ의 지점에서 경도선을 따라 북향으로 나아가는 속도 v와 지축에 평행한 성분 $v\cos\phi$와 위도원평면에 평행한 성분 $v\sin\phi$로 분해됨

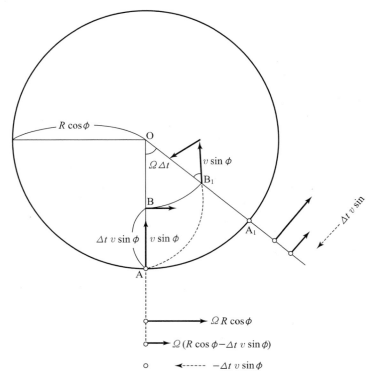

그림 11.9 **위도원평면 내와 관성계에서 본 운동의 관계** 물체가 점 A에서 점 B까지(점 A_1에서 B_1까지) 이동하면 점 A와 점 B는 관성계에 대해서 속도가 다르므로, 이동한 결과 가속도가 생긴다. 더욱이 속도 $v\sin\phi$의 방향이 점 A와 점 B_1에서 관성계에 대해서 $\Omega\,\Delta t$만큼 회전하므로 가속도가 생긴다.

$$\Omega\,(R\cos\phi - \Delta t\,v\sin\phi) - \Omega\,R\cos\phi = -\,\Omega\,\Delta Et\,v\sin\phi \qquad (11.13)$$

이 된다. 물체가 점 A에서 점 B까지 등속직선운동을 하면, 관성계에서는 $-\,\Omega\,v\sin\phi$의 가속도가 생기고, 그 방향은 속도벡터 $v\sin\phi$에 수직좌향이다.

2번째의 이유에서 생긴 가속도를 조사해 보자. 물체는 점 A에서 점 B까지 등속직선운동으로 나아가지만, 관성계에서 보면 점 A에서 점 B_1까지 곡선으로 나아간다(그림 11.9의 점선). 이 사이에 속도벡터 $v\sin\phi$는 방향이 각도 $\Omega\,\Delta t$만큼 회전하므로, 크기가

$$\Omega\,\Delta t\,v\sin\phi \qquad (11.14)$$

만큼 변한다. 따라서 이것에 의해 가속도$=\Omega\,v\sin\phi$이다. Δt를 작게 했을 때의 가속도의 방향은 속도 $v\sin\phi$의 방향에 대해서 수직좌향이 된다. 그림 11.9에 점선으로 표시되어 있는 관성계에서의 물체 궤적을 보면 물체의 진행방향 왼쪽에 가속도가 작용하고 있는 것이 직감적으로 이해될 것이다.

위의 2가지 이유에 의한 가속도가 같기 때문에 물체가 위도 ϕ의 위도원평면에서 지축방향에 속도 $v\sin\phi$로 등속직선운동하면 관성계에서는 그 크기가

$$가속도의\ 크기 = 2\,\Omega\,v\sin\phi \tag{11.15}$$

로 방향이 운동방향에 대해서 수직좌향의 가속도가 생긴다.

경도선을 따라 남쪽을 운동하는 경우 가속도의 방향이 같은 방향이라는 것은 쉽게 확인될 수 있다. 이 경우도, 가속도는 운동방향에 대해서 수직좌향으로 향한다.

(2) 위도원을 따라 등속 u로 동쪽으로 운동하는 경우

물체는 시간 t로 위도원평면의 점 A에 있고, 관성계에 대해서 속도 $\Omega R\cos\phi + u$로 운동하고 있다(그림 11.10). 미소시간 Δt 후에 위도원평면은 $\Omega\,\Delta t$만큼 회전하고, 점 A관성계에서 볼 때 점 A_1으로 이동한다. 물체는 이 점에서 위도원을 따라 더욱 $u\,\Delta t$만큼 나아간 점 A_2에 도달하고 있다. $u\,\Delta t$가 지구좌표계에 대한 물체의 이동이고, 호 $A_1 O A_2$가 지축에 쓰는 각도 $\Delta\theta$ 는,

$$\Delta\theta = \frac{u\,\Delta t}{R\cos\phi} \tag{11.16}$$

이다.

먼저 처음의 이유에 의한 가속도를 알아보자. 점 A_1과 A_2의 위치 차이에서 오는 관성계에 대한 속도차는

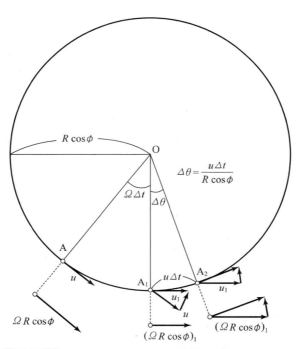

그림 11.10 속도 u의 운동에 대한 지구좌표계와 관성계의 관계

$$\Omega\,R\cos\phi\,(\Delta\theta)=\Omega\,R\cos\phi\left(\frac{u\,\Delta t}{R\cos\phi}\right)=\Omega\,u\,\Delta t \qquad (11.17)$$

이다. 이것에 의한 가속도의 크기는 $\Omega\,u$로 지축방향을 향한다.

Δt 시간 후에 물체는 점 A에서 점 A_2에 도달하고, 원래의 점 A는 점 A_1로 이동하고 있다. 점 A와 점 A_1에서 u의 방향이 다르므로 관성계에 대한 가속도가 생긴다. 점 A와 점 A_1, 점 A_1에서 점 A_2까지 운동하면 관성계에 대한 속도가 상이하므로 가속도가 생긴다.

2번째 이유에 의한 가속도를 조사해 보자. 관성계에 대한 물체의 운동을 점 A → 점 A_1과 점 A_1 → 점 A_2로 나눈다. 전자의 운동에 의한 벡터 u가 각도 $\Omega\,\Delta t$ 만큼 회전하므로 u의 속도 차는 $\Omega\,u\,\Delta t$ 이고, 크기 $\Omega\,u$의 구심가속도가 생긴다. 후자의 운동에 의한 벡터 u의 방향 변화는 $u\,\Delta t\,/\,R\cos\phi$ 이기 때문에 속도벡터 u의 차는 $u\,(u\,\Delta t\,/\,R\cos\phi)$이며 이것에 의한 구심가속도의 크기는

$$C_a = \frac{u^2}{R\cos\phi} \qquad (11.18)$$

이다.

이 2개의 가속도를 합계하면 물체가 위도원을 따라 등속 u로 운동하는 경우 관성계에 대한 가속도의 크기

$$\text{가속도의 크기} = 2\,\Omega\,u + \frac{u^2}{R\cos\phi} \qquad (11.19)$$

의 구심가속도로, 운동방향에 수직좌측으로 향한다. 가속도 $u^2/R\cos\phi$는 Ω에 관계하지 않으므로 겉보기의 힘에는 관계없다. 물체가 구면을 위에서 운동하는 것으로 생기는 원심력이다. 경도선을 따라 운동하는 경우도 구면상에서 검토하면 이것과 유사한 가속도가 나타난다. 이후 이 항은 작으므로 무시한다.

위도원을 따라 서쪽으로 운동하는 경우 가속도는 운동방향에 수직좌향으로, 크기가 $2\,\Omega u$가 되는 것은 각자 확인하기를 바란다.

③ 지구좌표계의 평면 내의 운동

지구좌표계의 평면 내의 운동을 보면 속도 v로 북향으로 운동하는 경우, 지구의 자전에 의한 관성계에 생기는 가속도는, 운동방향의 수직좌측을 향하는 가속도는 지구표면의 접평면 내에 있는 한편, 속도 u로 위도원을 따라 운동하고 있을 때 관성계에 대한 가속도는, 지축 쪽을 향하고 있는 지구표면의 접평면 내에는 없다. 가속도 $2\,\Omega\,u$를 위도 ϕ의 지구좌표계의 수평성분과 연직성분으로 나눈다(그림 11.11 참조). 수평성분은 북향으로 $2\,\Omega\,u\sin\phi$, 연직성분은 지구의 중심 방향으로 $2\,\Omega\,u\cos\phi$가 된다. 정리하면

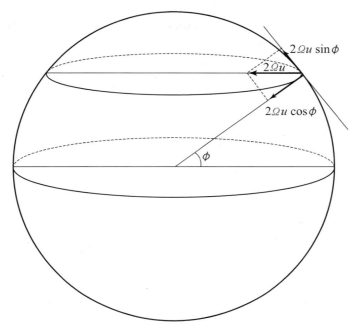

그림 11.11 위도원평면에서 지축방향으로 향하는 가속도의 직교성분으로 분해

가속도 $2\Omega u$의

$$수평성분 : 2\Omega u \sin\phi$$
$$연직성분 : 2\Omega u \cos\phi \qquad (9.20)$$

이 된다.

구심가속도 $2\Omega u$는 위도 $\varnothing$ 의 접평면 내에 평행한 성분 $2\Omega u \sin\phi$와 접평면에 수직한 성분 $2\Omega u \cos\phi$으로 분해된다.

지구 상의 물체의 운동은 지구좌표계에서 볼 때 가속도가 없는 운동도 관성계에서는 앞 절에서 구한 가속도가 생기는 것을 알았다. 지구좌표계에서 뉴턴의 운동의 법칙을 적용할 때 이 가속도를 소거하기 위해서 이것과 반대방향의 겉보기의 힘을 도입할 필요가 있다.

앞에서 구한 것을 정리하면 지구 상에서 속도 $V(u, v)$로 운동하고 있는 물체에는 단위질량당, 운동방향의 수직우향으로 $2\Omega v \sin\phi$, 연직상향으로 $2\Omega u \cos\phi$의 겉보기의 힘이 필요하다. 이것을 **전향력**[轉向力, defecting force, 코리올리힘(Coriolis force)]이라 한다.

수평방향의 전향력을 좌표계에서 표현하면 단위질량당

$$x방향의 \ 전향력 \ 2\Omega v \sin\phi$$
$$y방향의 \ 전향력 \ -2\Omega u \cos\phi \qquad (9.21)$$

이다. $f = 2\Omega \sin\phi$를 **전향인자**[轉向因子, deflecting(Coriolis) factor(parameter)]라 한다.

④ 공기덩어리의 운동방정식

뉴턴의 운동의 법칙과 겉보기의 힘인 전향력을 배웠으므로, 지구좌표에서 공기덩어리의 운동을 식으로 나타내자. 공기덩어리의 수평속도를 $V(u, v)$로 하면 x방향, y방향의 가속도를 각각 du/dt, dv/dt로 표현된다. 공기덩어리에 작용하는 힘은 기압경도력과 전향력의 2개이다. 기압경도력은 등압면의 고도를 z로써 $-g\,\Delta z/\Delta x$, $-g\,\Delta z/\Delta y$ 로 표현된다. 전향력은 식 (11.21)로서 앞에 나타내었다. 뉴턴의 운동의 제1법칙[식 (11.1) : 질량×가속도=힘]에 따라 지금 설명한 가속도와 힘을 식으로 정리하면 공기덩어리의 단위질량에 대해서 운동방정식은 다음과 같이된다.

$$\underset{\text{개별가속도}}{\frac{du}{dt}} \quad = \quad \underset{\text{기압경도력}}{-g\frac{\Delta z}{\Delta x}} \quad + \quad \underset{\text{전향력}}{fv}$$

$$\underset{\text{개별가속도}}{\frac{dv}{dt}} \quad = \quad \underset{\text{기압경도력}}{-g\frac{\Delta z}{\Delta y}} \quad - \quad \underset{\text{전향력}}{fu} \qquad (11.22)$$

$$\frac{\Delta p}{\Delta z} = -\rho g$$

$$f = 2\,\Omega \sin\phi$$

정역학평형에서 설명한 것과 같이 천기도에서와 같은 대규모적인 운동에서는 연직방향으로는 정역학근사가 성립해서 가속도가 0이다. 그러나 연직방향의 속도는 있다.

전향력을 천기도 상에서 보면 전향력이라고 하는 겉보기의 힘을 도입하면 지구 상에 고정된 좌표계에서, 뉴턴의 운동의 법칙을 적용할 수 있다. 이것은 바람이 등고선을 따라 거의 평행하게 불고 있으므로, 전향력은 바람의 방향에 대해서 직각 오른쪽 방향, 즉 저압측에서 고압측으로 향한다. 이것은 기압경도력과 반대의 방향이다. 실은 중·고위도의 대규모운동에서 기압경도력과 전향력의 크기는 거의 같고, 방향이 반대가 되도록 바람이 부는 것이다.

남극 위에서 보면 지구의 회전은 북반구와 반대로 시계방향이고, 전향력은 운동방향에 수직에서 왼쪽으로 작용한다. 따라서 남반구에서는 바람을 등에 받고 서 있으면 오른쪽이 저기압이고, 저기압에서는 바람이 시계방향으로 불고, 고기압의 바람은 반시계방향이다. 남반구는 북반구와는 반대이니 주의하기 바란다.

3 ┃ 대기운동의 기본상태

천기도에서 보이는 대기운동은 복잡하게 보이지만, 기압분포와 바람의 관계는 근사적으로 단순한 힘의 균형으로 이해된다. 지상천기도에서는 닫힌 등압선으로 둘러싸인 고기압이나 저기압이 있고, 고층천기도에서는 등고선이 파동치고 마루(ridge)와 골(trough)의 형태가 보인다. 곡이나 봉은 각각 직선의 등고선과 저기압 및 고기압이 중첩한 것으로 보인다. 대기운동의 기본상태로서 직선의 흐름과 원형 흐름의 특성을 등압면(기압) 좌표($x,\ y,\ p$)로 조사한다.

기압분포와 흐름의 관계를 정성적으로 이해하기 위해서 흐름의 상태가 시간과 함께 변화하지 않는 정상의 장을 생각한다. 정상의 흐름에서 공기덩어리의 이동경로를 나타내는 유적선(流跡線, trajectory, path line)과 유선(streamline)이 일치한다. 유선이란 그 접선이 풍향과 일치하는 선이다. 운동방정식을 풀지 않고 정성적으로 이해하기 위해서는 자연좌표계를 이용하면 편리하다. 자연좌표계는 흐름의 각 점에서 흐름의 방향에 대응해서 정의되는 국소직교좌표계(局所直交座標系, local rectangular coordinate system, local orthogonal coordinates)에서, 흐름의 방향 변화에 잡히지 않고 각 점에서 가속도와 힘의 관계를 고찰할 수 있으므로 편리하다.

자연좌표계는 바람이 불고 있는 방향을 정(양, +)으로 하는 단위벡터 $\vec{t}$ 와 $\vec{t}$ 에 수직 왼쪽 방향을 정(+)으로 하는 단위벡터 $\vec{n}$ 으로 정의된다. 유선은 $\vec{t}$ 에 평행하고, 속도 V는 항상 정이다.

대류권 중층에서 바람은 등고선에 거의 평행하므로, 여기서도 유선과 등고선이 평행한 것으로 한다. 이 경우 유선방향에 기압경도력이 작용하지 않으므로, 유선 V가 일정하게 된다. 또 하나의 조건으로서 흐름에 수직한 방향의 기압경도력이 장소에 의하지 않고 일정한 것으로 한다. 이 조건의 근원에서는 흐름에 수직한 방향의 구심가속도와 힘의 관계는 다음 식으로 표현된다.

$$\frac{V^2}{R}\ =\ -\ \frac{g\,\Delta z}{\Delta n}\ -\ f\,V \qquad (11.23)$$

구심가속도   기압경도력   전향력

여기서도 f는 전향인자, R은 흐름의 곡률반경, 곡률의 중심이 $\vec{n}$ 의 정방향(+)에 있을 때, 즉 저기압이나 골에 수반되는 흐름의 경우 $R > 0$, 반대의 경우, 즉 고기압이나 마루의 경우는 $R < 0$로 정의한다. 이하 식 (11.23)을 만족하는 바람의 특성을 조사한다.

자연좌표계

자연좌표계(自然座標系, natural coordinate system) 및 흐름의 곡률 등의 기본적인 사항을 설명한다. 그림 11.12는 등압면상의 평면적인 흐름의 모식도로, 굵은 실선은 유선, 점선은 등고선이다. 운동의 방향을 화살표로 나타낸다. 그림에서 우향을 동쪽(위가 북)으로 한다. 상층에 대규모의 흐름이 있고, 등압면고도가 남쪽에서 북쪽을 향해서 낮아지도록 경사지고, 그림은 편서풍의 봉과 곡 부근의 흐름으로 생각할 수 있다.

• 흐름의 곡률(곡률반경)과 운동 : 곡선적인 흐름에서는, 흐름이 굽는 정도를 나타내는 데에 곡률(K)나 곡률반경(R)을 사용한다. 원의 곡률반경은 원의 반경 그 자체이다. 원의 반경이 커지면 원주의 굽는 정도가 작아지므로, 곡률은 $K = 1/R$로 정의된다. 곡선적인 흐름의 각 점에서 그림 11.12와 같은 흐름에 접하는 원(곡률원)을 그리고, 곡률원의 반경을 그 점의 흐름의 곡률반경으로 정의한다. 곡률원의 중심을 곡률중심이라 한다. 흐름의 각 점에서 속도가 V, 곡률반경을 R로 하면, 흐름은 국소적으로 반경 R, 속도 V의 원운동을 하고 있는 것으로 간주할 수 있다.

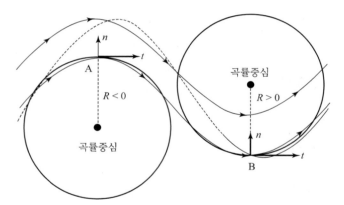

그림 11.12 **자연좌표계의 설명도** 굵은 실선은 유선, 점선은 등고선이다. 임의의 흐름의 점에서 흐름에 접하는 곡률원(곡률반경 R)을 그리고, 그 점의 흐름 방향으로 향하는 단위벡터 $\vec{t}$ 와 $\vec{t}$ 에 수직좌향의 법선방향의 단위벡터를 $\vec{n}$ 으로 한다. 곡률의 중심이 $\vec{n}$ 과 반대쪽(고기압성 곡률)이라면 $R < 0$, $\vec{n}$ 과 같은 쪽(저기압성 곡률)이라면 $R > 0$으로 정의한다.

• 정상인 흐름과 자연좌표계 : 대기운동의 시간변화를 정량적으로 구하는 데 지구좌표계의 운동방정식을 이용한다. 흐름이 특성을 정성적으로 조사하는 데에는 흐름의 각 점에서 흐름의 방향에 대응해서 정의되는 직교좌표계를 이용하면 편리하다. 이것이 자연좌표계이다. 간단히 하기 위해서 흐름을 정상인 것으로 한다. 자연좌표계는 유선의 각 점에서 유선에 접해서 흐름의 방향을 정(+)으로 하는 좌표(단위벡터 $\vec{t}$)와 $\vec{t}$ 에 대해서 수직좌향을 정(+)으로 하는 좌표(단위벡터 $\vec{n}$)를 정의한다. $\vec{t}$ 와 $\vec{n}$ 는 직교좌표계를 구성하고, 정의에 의해 유선은 $\vec{t}$ 에 평행하고, 흐름의 속도 V는 항상 정이다.

(계속)

그림 11.12의 점 A(마루)에서 곡률중심은 유선을 끼고 n 의 반대쪽에 있고, 점 B(골)에서는 곡률중심은 $\vec{n}$ 과 같은 쪽에 있다. 고기압성곡률의 곳에서 곡률반경 R은 부(−), 저기압성곡률의 곳에서 곡률반경 R은 정(+)으로 정의한다.

그림 11.12의 점 A와 점 B에서 $\vec{n}$ 방향과 $\vec{t}$ 방향으로 나누고, 공기덩어리의 가속도와 공기덩어리에 작용하는 힘을 조사해 보자. 먼저 $\vec{n}$ 방향을 생각해 보자. 원운동의 가속도는 구심가속도로 원의 중심방향으로 향한다. 구심가속도는 점 A에서는 $\vec{n}$ 와 반대의 방향, 점 B에서는 $\vec{n}$ 과 같은 방향이다. 전향력은 흐름에 수직우향으로 작용하기 때문에 점 B에서도 점 B에서도 $\vec{n}$ 과 반대쪽으로 향한다. $\vec{n}$ 방향의 기압경도력은 $-g\,\Delta z/\Delta n$이기 때문에 공기덩어리의 단위질량에 대한 운동방정식은

$$\frac{V^2}{R} = -\frac{g\,\Delta z}{\Delta n} - f\,V \tag{11.24}$$

가 된다. 점 A(마루)에서 구심가속도는 $\vec{n}$ 의 부방향(−)을 향하고 있지만, R이 부(−)이므로 V^2/R은 $\vec{n}$ 의 정방향(+)을 향한다.

접선방향을 검토해 보자. 접선방향으로 작용하는 힘은 기압경도력 $-g\,\Delta z/\Delta s$뿐이다. 속도 V의 가속도를 기호 dV/dt로 표현하면

$$\underset{\text{개별가속도}}{\frac{dV}{dt}} = \underset{\text{기압경도력}}{-\frac{g\,\Delta z}{\Delta s}} \tag{11.25}$$

가 된다. 여기서 s는 공기덩어리 운동방향(유선을 따른 방향)의 거리로 한다. 자연좌표계는 흐름의 방향변화에 의존하지 않고, 힘과 가속도의 관계를 고찰할 수 있으므로 편리하다.

그림 11.12에서는 유선(굵은 실선)과 등고선(점선)이 일치하지 않으므로, 유선방향에 기압경도력이 있다. 유선과 등고선이 평행하다면 $\Delta z/\Delta s = 0$이 되어, 풍속의 시간변화가 없는 흐름으로 식 (11.25)가 필요 없게 되고, 식 (11.24)에서 공기덩어리의 구심가속도의 크기와 공기덩어리에 작용하는 힘의 관계를 간단히 고찰할 수 있다.

① 지형풍

직선의 등고선은 곡률반경이 무한대($R \rightarrow \infty$)의 경우로 생각되기 때문에 식 (9.23)의 좌변을 0으로 놓으면

$$V_g = -\frac{g}{f}\,\frac{\Delta z}{\Delta n} \tag{11.26}$$

가 된다. 이 좌표계에서는 풍속은 정(+)으로 하고 $\Delta z/\Delta n < 0$이 되지 않으면 안 된다. 이 경우 바람 V_g를 **지형풍**(地衡風, geostrophic wind, 지균풍)이라 하고, 기압경도력과 전향력의 힘이 평형을 이룬다. 그림 11.13(a)에 나타냈듯이, 지형풍의 풍하(바람이 불어나가는 쪽)로 향하면 등

압면고도의 낮은 쪽이 왼쪽이 된다. 유선 s의 방향을 x축 및 y축에 평행한 방향으로 회전하면 x방향 및 y방향의 풍속성분에 대한 표현이 얻어진다[그림 11.13(b)].

식 (11.22)에서 가속도를 0으로 놓으면

$$u_g = -\frac{g}{f}\frac{\Delta z}{\Delta y}, \quad v_g = \frac{g}{f}\frac{\Delta z}{\Delta x} \tag{11.27}$$

이 된다. 등고선의 경도가 크면 풍속이 강하고, 등고선의 간격이 같을 때 저위도 일수록 풍속이 강하다(f). 대류권 중·상층의 대규모의 직선적 흐름은 거의 다 이 지형풍으로 설명할 수 있다. 천기도에서 식 (11.26) 또는 식 (11.27)에서 계선한 풍속을 **지형풍속**(地衡風速, geostrophic wind velocity, V_g)이라 한다.

식 (11.27)에서 알 수 있듯이 등고선의 간격이 같다면 어느 등압면에서도 같은 강도의 바람이 불고, 서로 다른 기압면의 풍속 비교가 용이할 수 있다. 이는 등압면천기도를 이용하는 장점이다.

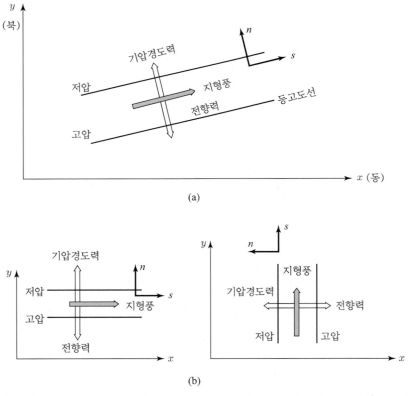

그림 11.13 지형풍 기압경도력과 전향력이 평형을 이루는 경우로 가속도가 없고, 속도와 방향도 일정하다. (a) 직선의 등고선에 평행하게 부는 지형풍의 힘의 평형, (b) 동향과 북향의 지형풍의 평형

② 경도풍

식 (11.23)에서 좌변의 가속도항을 우변으로 이행하면,

$$0 = - \frac{g\,\Delta z}{\Delta n} - f\,V_{gr} - \frac{V_{gr}^2}{R} \qquad (11.23)'$$

$$\underbrace{\phantom{- \frac{g\,\Delta z}{\Delta n}}}_{\text{기압경도력}} \quad \underbrace{\phantom{f\,V_{gr}}}_{\text{전향력}} \quad \underbrace{\phantom{\frac{V_{gr}^2}{R}}}_{\text{원심력}}$$

이 된다. 식 (11.23)′은 우변의 3개의 힘이 평형을 이루어 가속도가 0이 되는 모습이다. 이것은 다음과 같이 해석할 수 있다. 지구좌표계에서 공기덩어리에 작용하는 수평방향의 힘은 기압경도력과 전향력 2개이다. 한편 공기덩어리와 함께 움직이는 자연좌표계에서 보면 n축 방향에 공기덩어리는 운동하지 않으므로, 힘이 평형을 이루지 않으면 안 된다. 거기서 구심가속도와 같은 크기로 방향이 반대의 겉보기의 힘을 더한다. 이것이 식 (11.23)′의 $-\,V_{gr}^2/R$로, 지구좌표계에 대해서 계속 회전해서 이동하는 자연좌표계에서 운동을 생각하기 위해서 도입되는 원심력이다. 식 (11.23)′을 이용하면 자연좌표계에서 힘의 평형으로 운동을 생각할 수 있다.

등고선이 원형으로 기압경도력, 원심력, 전향력이 평형을 이룰 때의 바람을 **경도풍**(傾度風, gradient wind, V_{gr})이라고 한다. 식 (11.23)′에서 R을 원의 반경으로 한 것이 경도풍의 관계이다. 저기압의 경우 기압경도력이 원의 중심으로 향한다. 반시계방향의 흐름($R > 0$) 이 되고, n이 중심방향을 향하고, 중심으로 향하는 기압경도력과 바깥쪽으로 향하는 원심력과 전향력의 합이 평형을 이룬다(그림 11.14(a)). 고기압의 경우 기압경도력이 중심에서 외측으로 향하고, 시계방향의 흐름($R < 0$) 이 된다. n이 외향으로 외향의 기압경도력과 원심력의 합이 중심으로 향하는 전향력과 평형을 이룬다(그림 11.14(b) 참조).

구심가속도는 저기압과 고기압에서도 원의 중심을 향한다. 구심가속도에 (-)를 붙여서 원심력으로 간주하면 기압경도력, 전향력, 원심력이 평형을 이루는 것으로 생각할 수 있다.

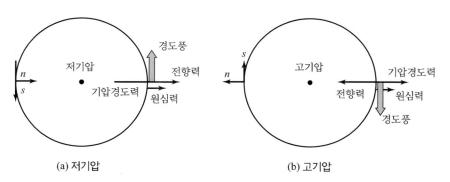

(a) 저기압   (b) 고기압

그림 11.14 경도풍의 힘의 평형

식 (11.23)′에서 기압경도력을 지형풍의 관계로 치환하면

$$\frac{V_{gr}^2}{R} + f\,V_{gr} = f\,V_g \tag{11.28}$$

가 된다. 이것에서

$$\frac{V_{gr}^2}{R} = f\,(V_g - V_{gr}) \tag{11.29}$$

이 된다.

천기도에서 식 (11.23)의 관계에서 계산한 풍속을 **경도풍속**(傾度風速, gradient wind velocity)이라 한다. 식 (11.29)에 의하면 지형풍속은 저기압성곡률($R > 0$)의 곳에서 경도풍속보다 크고, 고기압성곡률($R < 0$)의 곳에서 경도풍속보다 작다. 곡률의 효과가 넣어져 있으므로, 경도풍속은 지형풍속보다 실측풍의 좋은 근사이고, 풍속이 강하고, 곡률이 큰 골이나 마루에서 지형풍속은 오차가 큰 것을 안다.

그림 11.14(a), (b)에서 알 수 있듯이 저기압에서 기압경도력이 커지면 전향력과 원심력도 커져서 기압경도력과 평형을 이루므로, 기압경도력의 크기에 제한은 없다. 한편 고기압 중심 부근에서 기압경도력이 커지면, 원심력(V^2/R)도 대단히 커져서, 기압경도력과 원심력의 합이 전향력과 평형을 이룰 수 없다. 식 (11.23)′을 V에 대해서 풀면 해가 실수일 조건에서 고기압의 기압경도력의 크기는 다음 식의 제한이 있다.

$$-g\,\frac{\Delta z}{\Delta n} < -R\,\frac{f^2}{4} \tag{11.30}$$

위 식에서 고기압은 R이 작으면 기압경도력은 0에 근접하지 않으면 안 된다. 고기압에 덮이면 바람이 약한 것이 위의 관계에서 이해될 수 있다.

③ 선형풍

식 (11.23)′에서 반경 R이 아주 작아지면 원심력에 대해서 전향력이 무시될 수 있어 원심력과 기압경도력이 평형을 이루는 것으로 볼 수 있다. 즉,

$$-\frac{g\,\Delta z}{\Delta n} - \frac{V_c^2}{R} = 0 \tag{11.31}$$

이때 바람 V_c를 **선형풍**(旋衡風, cyclostrophic wind)이라고 한다. 고기압에서는 시계방향의 바람($R < 0$, $\Delta z/\Delta n < 0$)도 반시계방향의 바람($R > 0$, $\Delta z/\Delta n > 0$)도 위 식을 만족하지 않으므로, 선형풍은 존재하지 않는다.

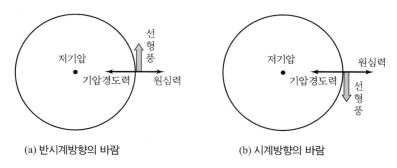

(a) 반시계방향의 바람   (b) 시계방향의 바람

그림 11.15 저기압에서 선형풍의 힘의 평형

한편 저기압에서는 시계방향의 바람($R < 0$, $\Delta z / \Delta n > 0$)도 반시계방향의 바람($R > 0$, $\Delta z / \Delta n < 0$)도 이론적으로는 동등하게 존재할 수 있으므로, 어느 쪽의 경우도 중심을 향하는 기압경도력과 바깥쪽을 향하는 원심력이 평형을 이룬다[그림 11.15(a), (b) 참조]. 따라서 선형풍은 회전방향에 관계없이 중심부는 저기압으로 되어 있다. 위 식을 저기압에만 적용하는 식으로 고쳐 쓰면,

$$\text{(저기압에서)} \quad \frac{V_c{}^2}{R} = \frac{g \, \Delta z}{\Delta n} \tag{11.32}$$

가 된다.

용권(spout)은 공간규모가 작아서(반경 1 km 이하), 바람은 선형풍으로 설명된다. 용권에는 반시계방향의 바람이 분 예가 사례로서 압도적으로 많다. 전체의 약 85% 정도이다. 이 이유는 용권이 반시계방향(저기압성)의 회전에 안성맞춤의 환경장에서 발생하기 때문으로 생각된다.

표 11.1은 풍속 10 m/s, 30 m/s, 50 m/s의 경우에 대해서, 위도 30°로 해서 원심력과 전향력의 크기를 비교하고 있다. 중심에서 반경 30 km의 경우 풍속이 30 m/s를 넘으면 선형풍(전향력을 무시)이 좋은 근사로 성립하고 있다는 것을 표에서 알 수 있다. 강한 태풍에서는 눈의 벽운의 바로 외측의 최대풍속역에서 선형풍의 근사가 성립한다.

표 11.1 원심력과 전향력의 크기 비교

풍속(m/s) \ 반경(km)	원심력 $V^2/R\,(\times 10^{-3})$							전향력 $f V$ $(\times 10^{-3})$
	1	3	5	8	10	20	30	
10	100	33.0	20	12.5	10	5	3.3	0.73
30	900	300	180	113	90	45	30	2.19
50	2,500	830	500	310	250	125	80	3.65

4 지형풍의 고도변화

앞 절에서 하나의 등압면을 상정해서 운동의 특성을 조사했는데, 풍속 풍향도 고도와 함께 변화한다. 지형풍의 고도변화 규칙성을 조사해 보자.

① 층후

(1) 층후와 기온

어떤 점 2개의 등압면(기압 p_1, $p_2(p_2 < p_1)$)의 등압면고도를 z_1, $z_2(z_2 > z_1)$로 하고, 기압차를 $\Delta p(= p_1 - p_2 > 0)$로 한다. 고도차를 $\Delta z(= z_2 - z_1)$로 놓으면 정역학의 관계에서(식 (9.45) 참조)

$$\Delta z = \Delta p \frac{R\,T_m}{g\,p_m} \tag{11.33}$$

이다. 여기서 p_m은 기압 p_1과 p_2의 평균기압, T_m은 등압면 p_1과 p_2 사이의 평균기온이고, R은 기체상수이다.

식 (11.33)의 Δz를 2개의 등압면 사이의 **층후**(層厚, thickness)라고 부른다. 2개의 등압면을 결정하면 우변에 T_m 이외는 일정값이 되므로, 층후는 2개 등압면의 사이의 **평균기온에 비례**한다. 즉, 기온이 높은 곳에서는 층후도 두껍다.

(2) 층후와 등압면고도

고층관측에서 기온의 연직분포를 알면 식 (11.33)을 이용해서 등압면의 고도분포를 구할 수 있다. 최초에 지상의 기압과 기온에서 1,000 hPa 면의 고도를 구하고, 그 후는 식 (11.33)을 이용해서 순차적으로 위의 등압면 고도를 구한다.

큰 검은색 화살표는 지형풍(V_g)이다. 기온은 x방향(동쪽)으로 증가하고, 등온선(점선)은 y축(북향)에 평행이다. 층후(Δz)는 등압면 사이의 평균기온에 비례하기 때문에 등압면의 경사는 고도와 함께 커져서 지형풍은 고도와 함께 증대한다.

② 온도풍

하층의 등압면($p = p_1$)에서 북향의 지형풍이 불고, 등압면상의 등온선이 직선으로 서쪽에서 동쪽을 향해 기온이 높아져 있는 것으로 한다(그림 11.16 참조). 층후는 동쪽일수록 크므로,

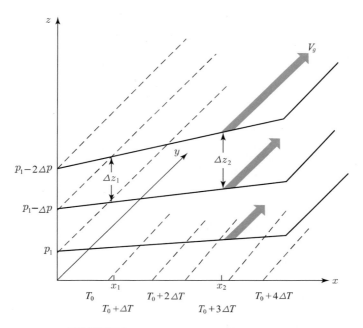

그림 11.16 지형풍 고도변화와 기온의 수평경도

p_1 보다 위 $(p_1 - \Delta p,\ p_1 - 2\Delta p)$ 에서는 등압면의 경사 $\Delta z / \Delta x$ 가 커지고, 북향의 지형풍이 강해진다. 2개의 등압면 지형풍의 차를 온도풍(溫度風, thermal wind)이라 하고, 기호는 $V_T(u_t, v_t)$ 로 표기한다. 그림 11.16에서 온도풍은 등온선에 평행해서 저온측이 왼쪽이 되는 방향이다. 하층의 지형풍이 서풍이고, 등온선이 x 축에 평행인 직선에서 북쪽이 저온의 경우에도, 온도풍과 등온선의 관계는 그림 11.16과 같고, 고도와 함께 서풍이 강해진다.

층후는 2개의 등압면 사이의 평균기온에 비례하므로 식 (11.33), 일반적으로 온도풍은 2개의 등압면 사이의 평균기온의 등치선에 평행하고, 온도풍의 풍하를 향하면 저온 측이 왼쪽이 된다.

③ 온도풍과 기온변화

온도풍은 대기상태의 진단에 대단히 유효한 개념이다. 하나의 지점에서 2개의 고도의 지형풍의 풍향과 풍속 및 온도풍을 그림으로 표시한다(그림 11.17 참조). 이 그림에서는 하층과 상층의 지형풍을 각각 V_{g0} 와 V_{g1} 으로 표시한다. 평균기온의 등치선은 온도풍에 평행하기 때문에 하층에서 상층을 향해서 지형풍의 방향이 반시계방향으로 변화할 때는(그림 11.17(a) 참조), 한기측에서 난기측으로 지형풍이 불어 한기이류가 되고, 기온이 저하한다.

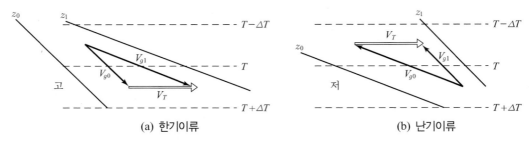

(a) 한기이류   (b) 난기이류

그림 11.17 **지형풍의 고도변화와 온도이류의 관계** V_{g0}와 V_{g1}은 각각 하층과 상층의 지형풍이다. 지형풍의 방향이 고도와 함께 반시계방향으로 변화하는 경우는 한기이류(a), 지형풍의 방향이 고도와 함께 시계방향으로 변하는 경우는 난기이류(b)이다.

시계방향으로 변화할 때 난기 측에서 한기 측을 향해서 지형풍이 불고 난기이류가 되어 기온이 상승한다(그림 11.17(b) 참조). 그림에서 V_{g0}, V_{g1}에 대응하는 등고선도 그려져 있다. 저기압전면에서 난기이류, 고기압전면에서 한기이류인 것도 알 수 있다.

남반구에서 온도풍의 방향과 평균기온의 수평경도와의 관계는 북반구와 반대로 되어, 온도풍의 방향으로 향하면 평균기온의 따뜻한 쪽이 왼쪽으로 된다.

참고 11-3

순압대기와 경압대기

밀도가 기압만으로 정해지는 대기를 순압대기(順壓大氣, barotrophic atmosphere)라고 한 상태방정식에 의해 순압대기에서는 기온도 기압만으로 결정된다. 따라서 등압면상에서 기온이 일양하므로, 등온선이 존재하지 않고, 지형풍의 고도변화(온도풍)가 없어 등압면의 형태도 고도에 의해 변하지 않는다. 등압면 상에서 등온선이 존재하는 대기를 경압대기(傾壓大氣, baroclinic atmosphere)라고 한다. 저위도에서는 중·고위도에 비교해서 수평방향의 기온변화가 상대적으로 작으므로, 순압적이다.

등압면 상에서 온도선의 간격이 좁으면(기온경도가 큼) 그 상하에서 등압면의 기울기 변화가 크므로 온도풍이 커지며, 이와 같은 상태를 경압성이 강하다고 한다.

④ 온도풍과 상층의 바람

(1) 등온선과 풍향

온도풍은 층후의 평균기온의 등치선에 평행하므로, 하층에서 상층에 걸쳐서 기온장이 변하지 않는다면 상층 바람의 방향은 점차 등온선을 따라가게 된다. 상층의 바람은 지형풍 또는 경도풍으로 근사되고, 등고선에 거의 평행하게 불기 때문에 등온선과 등고선이 교차하는 각도가 작아진다.

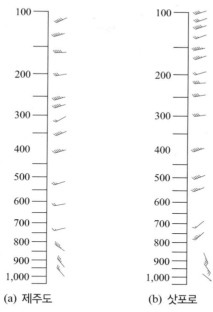

(a) 제주도   (b) 삿포로

그림 11.18 바람의 고도변화

(2) 풍향의 고도변화와 온도이류

그림 11.18은 2010년 3월 20일 21시의 한국의 제주도(남쪽)와 일본의 삿포로(북쪽)의 바람의 고도분포이다.

제주도의 풍향은 고도와 함께 반시계방향(저기압성 방향)으로 변하고, 삿포로의 풍향은 고도와 함께 시계방향(고기압성 방향)으로 바뀌고 있다. 제주도에서는 한기이류이고, 삿포로에서는 난기이류에 해당한다.

5   대기운동의 기본개념

1 이류

어떤 장소에서 기온이 높은(낮은) 쪽에서 바람이 불면 기온의 높은 공기가 이동해 오므로, 기온이 상승(저하)한다. 이 기온변화는 이류(移流, advection)라는 개념을 이용해서 다음과 같은 양적으로 구할 수 있다.

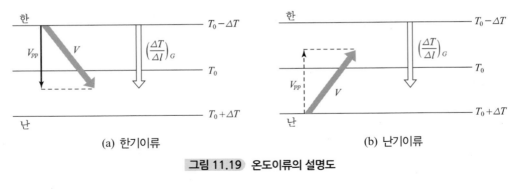

(a) 한기이류   (b) 난기이류

그림 11.19 온도이류의 설명도

$$\frac{\partial T}{\partial t} \qquad = \qquad V_{pp} \qquad \left(\frac{\Delta T}{\Delta l}\right)_G \qquad (11.34)$$

기온의 국소변화율   등온선에 지교하는 풍속성분   기온경도

좌변은 기온의 국소변화율이다. 우변이 온도이류이며 풍속 V_{pp} 는 등온선에 수직한 풍속성분, l 은 거리이고, 기온경도 G 는 기온이 낮은 쪽에서 높은 쪽으로 등온선에 수직으로 잰 공간변화의 크기를 의미한다. 부호는 V_{pp} 와 $(\Delta T/\Delta t)_G$ 가 같은 방향일 때 우변이 부(-), 반대 방향일 때는 우변이 정(+)로 정의한다. 그림 11.19(a)는 같은 방향으로 우변이 부(-)가 되어 한기이류, 그림 11.19(b)는 2개가 역의 방향으로 우변이 정(+)이 되어 난기이류가 된다.

큰 검정 화살표 V 는 바람벡터, 가는 화살표 V_{pp} 는 바람벡터의 등온선에 수직한 성분이다. 흰색바탕 화살표 $(\Delta T/\Delta t)_G$ 는 등온선에 수직으로 한기 측에서 난기 측을 향하는 기온경도이다. (a)는 V_{pp} 와 $(\Delta T/\Delta t)_G$ 가 같은 방향으로 한기이류이고, (b)는 2개가 반대방향으로 난기이류이다.

② 발산과 수렴

(1) 연속방정식

공간에 고정된 공기기둥으로 공기의 유출입을 생각할 수 있다. 유입이 유출보다 많을 때는 공기주의 질량은 증가하고, **질량수렴**(質量收斂, mass convergence)이 있다고 말한다. 유출이 유입보다 많을 때는 질량이 감소하고, **질량발산**(質量發散, mass divergence)이 있다고 말한다. 이것을 식으로 표현하면 다음과 같다.

변의 길이를 Δx, Δy, Δz 의 직육면체로 생각해 보자(그림 9.20 참조). x 방향으로 수직한 단위면적의 공기량의 흐름(질량유속)이 ρu, Δx 만큼 떨어진 면에서 공기량의 흐름이 $\rho u + \Delta(\rho u)$ 라 하면, x 방향으로 수직한 면을 통해서 공기량의 유입은

$$x\text{방향} : \left[\rho\,u - \{ \rho\,u + \Delta\,(\rho\,u) \} \right] \Delta y\,\Delta z = -\,\Delta\,(\rho\,u)\,\Delta y\,\Delta z$$

$$= -\,\frac{\Delta\,(\rho\,u)}{\Delta\,x}\,\Delta x\,\Delta y\,\Delta z \tag{11.35}$$

가 된다. y방향, z방향도 같은 양식을 생각해서 정리하면

$$y\text{방향} : = -\,\frac{\Delta\,(\rho\,v)}{\Delta\,y}\,\Delta x\,\Delta y\,\Delta z$$

$$z\text{방향} : = -\,\frac{\Delta\,(\rho\,w)}{\Delta\,z}\,\Delta x\,\Delta y\,\Delta z \tag{11.36}$$

가 되고, 이들 3개의 질량들의 출입을 합계하면 직방체의 단위체적당 질량의 시간변화 ($\partial\rho/\partial t \cdot \Delta x\,\Delta y\,\Delta z$)는 3개의 면을 통해서 유입, 유출을 체적 $\Delta x\,\Delta y\,\Delta z$으로 나누어서

$$\frac{\partial\,\rho}{\partial\,t} = -\left\{ \frac{\Delta\,(\rho\,u)}{\Delta\,x} + \frac{\Delta\,(\rho\,v)}{\Delta\,y} + \frac{\Delta\,(\rho\,w)}{\Delta\,z} \right\} \tag{11.37}$$

밀도의 국소변화율	x방향의 질량유속차	y방향의 질량유속차	z방향의 질량유속차

이 얻어진다. 위 식의 우변이 부(정)일 때는 질량발산(질량수렴)으로, 공기주의 질량이 감소(증대)한다. 또 위 식은 공기질량의 생성·소멸이 없다고 하는 질량보존의 법칙을 나타내고 있어 기상학에서는 **연속방정식**(連續方程式, equation of continuity, continuity equation, 연속의 식)이라고 한다.

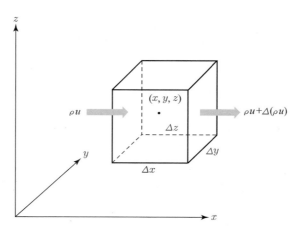

그림 11.20 **공기의 유출입** 공간에 고정된 공기주로의 공기의 유출입으로 x방향만을 표시하고 있다. 나머지 y방향, z방향도 같은 방법이다.

(2) p계의 연속방정식

공기덩어리의 연직속도는 공기덩어리의 연직좌표의 개별시간변화이고, z좌표(z계)에서 $w = dz/dt$, p계에서는 $\omega = dp/dt$로 기록한다. ω는 공기덩어리의 연직방향의 위치 시간변화를 기압으로 표시한 양으로, 보통 hPa/1 h(시간)으로 표현되고, **연직기압속도**(鉛直氣壓(p)速度, vertical p–velocity)라 한다. p계를 이용해서 위의 연속방정식 (11.35)를 표현하면

$$\frac{\Delta u}{\Delta x} \quad + \quad \frac{\Delta v}{\Delta y} \quad + \quad \frac{\Delta \omega}{\Delta p} \quad = \quad 0 \qquad (11.38)$$

x방향의 y방향의   연직방향의 연직 p
속도변화율   속도변화율   속도변화율

이 되고, 밀도의 시간변화율을 눈에 보이는 곳에 포함하지 않는 간단한 식이 된다. 이 식의 유도는 생략하지만, ω는 기압의 시간변화이고, 기압은 그것보다 위에 있는 공기의 무게이기 때문에 식 (11.38)의 좌변 3항에 공기질량의 시간변화가 속에 포함되어 있다. 연속방정식이 간단하게 되는 것도 등압면천기도와 p계를 이용하는 장점 중의 하나이다.

식 (11.38)의 좌변 2개의 항을 우변으로 이항하면

$$\frac{\Delta \omega}{\Delta p} = -\left(\frac{\Delta u}{\Delta x} + \frac{\Delta v}{\Delta y} \right) \qquad (11.39)$$

가 된다. 이 식의 우변을 **수평발산**(水平發散, horizontal divergence)이라 하고, 이후 Div($\nabla \cdot$)라는 기호로 표현한다. 발산항이 정(+)이라면 그 면에서는 공기가 유출되고, **발산**(發散, divergence)이라고 한다. 부(−)이면 공기는 유입되고 **수렴**(收斂, convergence, 수속)이라고 한다. 우변을 계산해서 지표면에서 Δp마다 더해 합하면, 임의의 고도 p의 연직속도 ω를 구할 수 있다.

(3) 수평발산·수렴과 기주의 수축·신장

그림 11.20에서 공간에 고정된 직육면체를 상정했었다. 직방체를 같은 공기로 구성해서 그 모양을 바꾸어 가면서(변형) 이동하는 공기덩어리를 생각하면, 식 (11.39)의 우변은, 공기덩어리의 x방향과 y방향 옆면의 속도차를 단위길이당(단위장당)으로 표현한 값이므로, 등압면에서의 면적변화의 비율로 간주할 수 있다. 같은 방법으로 좌변은 공기덩어리의 연직방향 길이의 변화비율로 간주된다.

공기덩어리가 수평방향으로 커지면(수평발산), 연직방향으로 수축(收縮, 연직수렴)한다(그림 11.21(a) 참조). 그러나 이와는 반대로 그림 11.21(b)처럼 공기덩어리가 수평방향으로 작아지면(수평수렴), 연직방향으로 신장(伸張, 연직발산)한다.

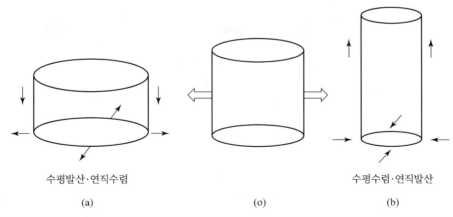

수평발산·연직수렴   수평수렴·연직발산
(a)   (o)   (b)

그림 11.21 **수렴·발산과 공기덩어리의 변형** 공기덩어리 (o) 가 수평방향으로 퍼지면(수평발산) 연직방향으로 수축하고(연직수렴, a), 수평방향으로 줄어들면(수평수렴) 연직방향으로 뻗는다(연직발산, b).

(4) 지형풍의 발산·수렴

전향인자의 위도에 따른 차이는 일반적으로 풍속의 공간변화에 비교하면 대단히 작으므로, f =일정을 해서 식 (11.27)에서 지형풍의 발산을 구하면

$$\frac{\Delta(u_g)}{\Delta x} + \frac{\Delta(v_g)}{\Delta y} = \frac{g}{f}\left\{-\frac{\Delta\left(\frac{\Delta z}{\Delta y}\right)}{\Delta x}\right\} + \frac{\Delta\left(\frac{\Delta z}{\Delta x}\right)}{\Delta y} = 0 \qquad (11.40)$$

이 된다. 위 식은 x방향에서 유입(유출)이 있다면 y방향에서 같은 크기의 유출(유입)이 있다. 또는 공기덩어리의 수평단면이 x방향으로 신장(수축)한다면 y방향에 같은 크기만큼 수축(신장)하는 것을 의미한다. 대규모의 운동에서는 지형풍의 근사가 상당히 좋은 정밀도로 성립한다. 위 식 (11.40)에서 대규모운동은 수평수렴·발산이 작다고 하는 중요한 특성도 갖는다.

지형풍과 경도풍도 등고선에 평행하다. 발산이 0이라고 하는 것은 2개의 등고선에 긴 공기량이 변화하지 않는다는 것을 의미한다. 역으로 바람이 등고선을 가로지르는 성분을 갖고 있다면 수렴·발산이 있다는 뜻이다.

(5) 대규모운동의 연직속도

지표면에서 수평수렴 또는 발산이 있다면 거기에는 반드시 상승류 또는 하강류가 있다. 그보다 위의 연직속도는 수평수렴, 발산을 구하고 식 (11.39)를 이용해서 계산한다. 단 식 (11.39)는 질량불변의 법칙을 나타내는 연속방정식으로, 수평발산이나 수렴이 생기는 원인을 나타내고 있지는 않다. 대규모장의 상승류나 하강류가 어떠한 기구로 생기는가는 다른 곳에서 설명한다.

대규모운동에서는 등압면고도와 풍속 사이에 근사적으로 지형풍적(경도풍적)인 관계가 성립한다. 지형풍(경도풍)의 수평수렴, 발산은 대단히 작기 때문에, 대규모운동의 연직속도는 통상 수 cm/s 정도의 크기를 가지며 보통의 관측기기에서는 측정되지 않으므로 계산의 의해서 구한다.

③ 순환과 와도

순환(循環, circulation)은 기상학에서 2종류의 분류로 사용되고 있다. 하나는 조직적인 공기흐름의 전체를 가리키는 경우로, 예를 들면 대기대순환, 태풍 내의 순환, 중규모계에 있어서 순환이라고 하는 정리된 운동계를 의미한다. 또 하나는 역학대기과학에서 정의되는 순환 C에서 유체 내의 폐곡선을 따라서 유체가 평균 어느 정도의 속도로 회전운동을 하는가를 나타내는 양으로, 폐곡선의 모든 길이와 그 평균속도를 곱한 것이다.

유체 중의 어떤 미소체적의 운동은 일반적으로 미소체적 전체의 병진운동에 더해져서 어떤 축의 방향으로 신장운동과 어떤 축 주위의 회전운동으로 이루어진다. 이 회전운동의 각속도의 2배를 와도(渦度, vorticity)라 한다.

(1) 순환과 와도의 관계

강체의 회전운동을 취급 할 때는 각운동량보존칙이 이용된다. 유체의 회전정도와 그 변화를 취급하는 데에는 순환과 와도가 이용된다. 다음에 나타내는 것과 같이 순환은 각운동량과는 달리 회전의 중심을 정의하지 않고 계산할 수 있으므로, 각속도가 명료하지 않아도 유체 임의의 장에서 이용되고 있다.

참고 11-4

각운동량보존칙

각운동량보존칙(角運動量保存則, 각운동량보존의 법칙, conservation law of angular momentum)은 각속도 ω로 회전운동을 하고 있는 물체는 속도방향으로 힘을 더하지 않는 한 물체의 질량(m), 회전속도(v), 회전중심에서의 거리(r)의 곱인 $mvr = mr^2\omega$은 불변이다. 끈을 달아서 회전시킨 추의 끈을 짧게(길게) 하면 회전속도가 커(작아)지는 것은 이 원리의 표현인 것이다.

대기 중에 임의의 폐곡선을 잡고 폐곡선을 따라 속도성분(V_s)과 곡선의 미소선소 Δs와의 곱 $V_s \Delta s$를 한 바퀴에 대해서 더한 양을 순환이라 하고, C로 표시한다. 한 바퀴의 합산의 기호

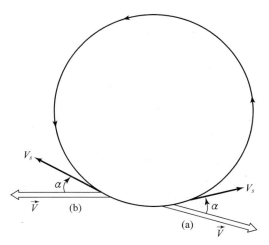

그림 11.22 폐곡선을 따른 순환 V 는 폐곡선 상의 임의의 점 속도벡터, V_s 는 속도벡터 곡선의 접선방향으로의 성분, (a)는 순환이 (+), (b)는 순환이 (−)

$$C = \oint V_s \, \Delta s \qquad (11.41)$$

로 나타낸다. 이때 반시계방향으로 일주해서 계산한 값이 정(+)이면 순환이 정(+)이라고 한다. 속도 V_s 가 Δs 와 같은 방향인지(+) 반대 방향인지(−)로 V_s 를 정, 부로 한다(그림 11.22 참조). 폐곡선이 둘러싸는 면적으로 순환을 나누고, 면적을 작게 한 경우 극한의 값을 와도라 하고, ζ(제타, zeta)로 표현한다.

하나의 간단한 예를 들어보자. 대기가 반경 R, 각속도 ω 로 반시계방향으로 도는 강체회전을 하는 경우 속도와 순환은

$$V = \omega R, \quad C = \oint V_s \, \Delta s = \omega R \, (2 \pi R) = 2 \pi R^2 \omega \qquad (11.42)$$

이다. 따라서

$$\zeta = \frac{2 \pi R^2 \omega}{\pi R^2} = 2 \omega \qquad (11.43)$$

이 되어 와도는 각속도의 2배가 된다. 와도도 순환과 같이 반시계방향의 회전(북반구에서는 저기압성회전, 남반구에서는 고기압성회전)을 정(+)으로 하고, 시계방향의 회전을 부(−)로 한다.

일반적으로는 와도 ζ 는 x, y 방향의 속도성분 u, v 를 이용해서

$$\zeta = \frac{\Delta v}{\Delta x} - \frac{\Delta u}{\Delta y} \qquad (11.44)$$

로 나타낸다(순환에서 유도하는 식의 설명은 생략).

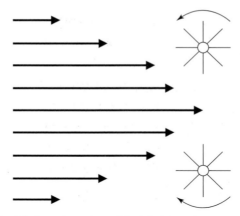

그림 11.23 **바람의 수평전단에 의한 와도** 강풍축의 풍하를 향해서 왼쪽에는 저기압성전단인 정와도(＋), 오른쪽에는 고기압성전단인 부와도(－)가 자리잡고 있다.

정의에서 알 수 있듯이 순환은 거시적인 회전을 나타내고, 와도는 미시적인 회전을 나타낸다. 식 (11.44) 수평방향의 풍속전단(단순히 바람의 전단이라고 말하면 2지점 간의 바람의 벡터차를 말한다)의 크기로서, 회전과는 관계없는 것같이 보이지만, 수평면에서 풍속전단이 있는 흐름 속에 놓여진 모식적 풍차의 회전(그림 11.23 참조)을 보면 바람의 전단(shear)이 미시적회전이라고 하는 것이 이해될 것이다.

그림 11.23에서는 흐름의 중앙에서 풍속이 강하다(임시로 강풍축이라 하자). 풍차의 모식도에서 알 수 있듯이 풍하(바람이 불어나가는 쪽)를 향해서 서 있으면 강풍축의 왼쪽에서는 저기압성의 회전으로 정와도(＋의 와도), 오른쪽에서는 고기압성의 회전으로 부와도(－의 와도)로 된다. 대규모장의 바람은 풍하를 향해서 서면 왼쪽의 등압면고도가 낮으므로(기압이 낮다), 강풍축의 저압측이 정와도, 고압측은 부와도가 된다(그림 11.25 참조).

식 (11.44)는 속도의 x성분과 y성분으로 정의되어 있다. 그림 11.23에서는 모식적 풍차의 축은 xy평면에 수직한 연직축 주위를 회전하는 것으로 간주된다. 같은 방법으로 xz평면에 수직한 수평축 주위의 회전축을 갖는 와도와 yz평면에 수직한 수평축의 주위의 회전축을 갖는 와도도 정의된다. 실제 와도는 위에서 표시한 3개의 성분을 갖는 3차원 벡터이고, 와도 ζ는 3차원 벡터의 연직성분으로, 엄밀히는 와도의 연직성분이라 불러야 한다. 그러나 대규모운동에서는 수평의 운동이 탁월하므로, 와도의 연직성분이 중요해서 금후는 단순히 와도라고 말하면 연직성분을 가리킨다.

(2) 절대와도와 상대와도

지구좌표계에서 운동을 취급할 때 지구자전의 영향으로 생기는 겉보기의 힘, 전향력을 도입하지 않으면 안 되는 것을 배웠다. 와도를 다루는 경우 지구에 상대적인 운동에 의한 와도인 상대

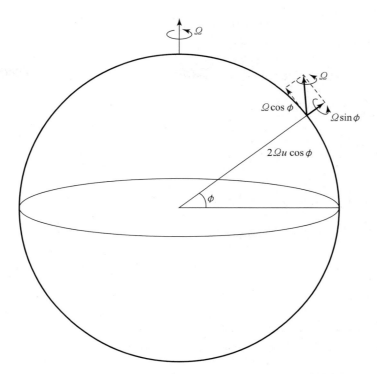

그림 11.24 **임의의 지점에서 지구자전각속도** 위도 ϕ의 지점에서 지구자전각속도 연직방향의 성분은 $\Omega \sin\phi$이다.

와도와 지구자전의 와도인 행성와도를 취급하지 않으면 안 된다.

지구는 지축의 주위를 각도 Ω로 자전하고 있으므로, 위도 ϕ지점의 연직축 주위의 각속도는 $\Omega \sin\phi$가 된다(그림 11.24 참조). 이 회전에 의한 와도는 식 (11.43)에서

$$f = 2\,\Omega \sin\phi \tag{11.45}$$

는 전향인자 f는 행성와도이기도 하다.

행성와도와 상대와도의 합

$$Z = f + \zeta \tag{11.46}$$

을 **절대와도**(絶對渦度, absolute vorticity)라고 한다. 식 (11.44)에서 정의한 와도 ζ는 지표면에 상대적인 바람의 와도임으로 **상대와도**(相對渦度, relative vorticity)라 한다. 단 단순히 와도라고 말할 때는 상대와도를 지칭한다.

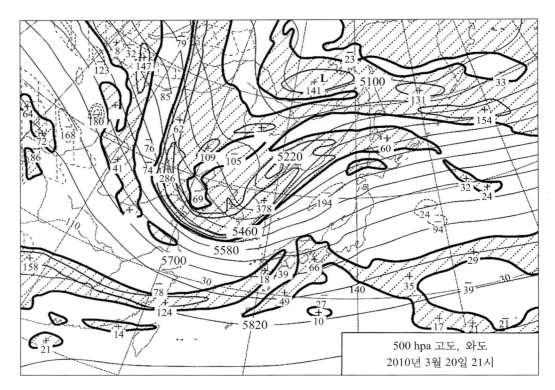

500 hpa 고도, 와도
2010년 3월 20일 21시

그림 11.25 천기도와 와도 실선은 등치선(60 m), 점선은 등와선(80×10^{-6}/s), 종선역은 정와도역, 골과 마루에는
각각 괴상의 정와도역, 부와도역이 있고, 강풍축의 한기 측을 따라 가늘고 긴 큰 정와도역, 난기 측에는
부와도역이 있다. 2010년 3월 20일 21시의 500 hPa의 천기도

(3) 천기도와 와도분포

그림 11.25는 500 hPa의 등고선에 와도분포를 겹친 것이다. 와도의 등치선은 80×10^{-6}/s 마다
그려져 있다. 이제까지 설명했듯이 골 부근에는 덩어리 모양의 정와도(+), 마루 부근에는 괴상
의 부와도(−)가 자리잡고 있다. 또 그림 11.23에서 설명했듯이 강풍축의 한기측은 가늘고 긴
정와도, 난기측에는 부와도가 된다. 이 그림에서 구주에서 화남을 통해서 서쪽으로 뻗는 대상의
정와도역이 있고, 그 남쪽으로는 가는 부와도역이 있다. 대상의 정와도역과 부와도역 사이가 강
풍축으로 되어 있는 것을 알 수 있다. 또 한반도 부근에 있는 골지역 정와도는 남쪽의 가장자리
에서 등치선의 간격이 아주 좁고, 그 고압측에 가늘고 긴 부와도역이 있다. 이것도 바람의 전단
이 영향을 미치고 있다.

④ 와도의 시간변화

공기덩어리의 와도는 대규모장의 운동에서 큰 역할을 담당하고 있다. 와도의 시간변화를 나타내는 식 각항의 크기를 견적해 보면, 천기도에서 보이는 것과 같은 규모의 큰 운동에서는 와도가 생성되기도 하고, 마찰에 의해 소멸하는 효과는 공간의 어떤 장소에 집중해서 강해지기도 하고, 펴져서 약해지기도 하는 효과에 비교해서 상대적으로 작은 것을 알 수 있다(식의 설명 생략). 규모가 큰 운동에서 와도의 시간변화는 다음의 식으로 근사된다.

$$\frac{d(f+\zeta)}{dt} = -(f+\zeta)\ Div \tag{11.47}$$

절대와도의   절대와도 발산
개별시간변화

좌변의 기호 d/dt는 이미 설명한 것과 같고(전미분의 기호), 공기덩어리 와도의 개별시간변화를 나타낸다. 이 식에서 와도 변화과정의 의미를 고찰해 보자.

(1) 상대와도의 행성와도의 변환(절대와도의 보존)

공기덩어리가 남(북)쪽으로 이동하면 전향인자가 작아(커)진다. 행성와도는 공기덩어리의 남북운동만으로 변한다. 수렴·발산이 없는 경우 식 (11.47)의 좌변 공기덩어리의 절대와도는 보존되고, 공기덩어리가 남(북)쪽으로 이동하면 공기덩어리의 상대와도가 커(작아)진다. 이것은 행성와도와 상대와도 사이의 변환이다.

(2) 수렴·발산에 의한 와도의 변화

식 (11.47)의 우변은 수평수렴(발산)이 있으면 와도가 집중해서 강해(확산에 의해 약해)지는 효과를 나타낸다. 정의에 의해 수평수렴이라면 $-Div > 0$이다.

식 (11.47)에서 위도 일정($f = f_0$)에서 처음은 상대와도(ζ_0)가 0이었다고 하자.

$$\frac{d(f_0+\zeta)}{dt} = -(f_0+\zeta_0)Div \ \Rightarrow \ \frac{d(\zeta)}{dt} = -f_0 Div \tag{11.48}$$

처음에는 상대와도가 없어도 수렴(수속)이 있으면 반드시 정(+)의 상대와도가 생기고, 발산이 있으면 꼭 부(−)의 상대와도가 생긴다. 전향인자가 0인 경우 처음에 상대와도가 0이면 우변이 0이므로, 비록 수평수렴·발산이 있다고 해도 상대와도가 생기는 일은 없다. 와도의 변화에는 전향인자(행성와도)가 중요하다는 것을 알 수 있다.

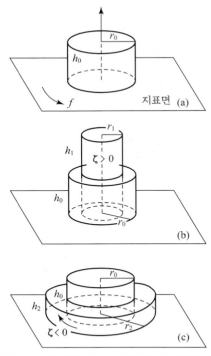

그림 11.26 정와도와 부와도의 생성 (a) : 원기둥은 처음 지표면에 상대적인 회전이 없고($\zeta = 0$), 전향인자 f 크기의 행성와도가 있다. (b) : 수평수렴(반경 감소, 높이 증대)에 의해 정와도(+, $\zeta > 0$)가 생기고, 이것은 상승류가 생기고 저기압성순환이 된다. (c) : 수평발산(반경 증대, 높이 감소)으로 부와도(-, $\zeta < 0$)가 생긴다. 이것은 하강류가 생기고 고기압성순환이 된다.

(3) 고·저기압의 발생

북(남)반구에서는 절대와도가 부(정)가 되면 역학적으로 불안정하므로, 절대와도가 -(+)가 되는 일은 없다고 간주된다. 따라서 위도일정으로 하면 식 (11.47)에서 북반구에서는 수렴이 있다면 반드시 상대와도가 증가하고, 발산이 있으면 반드시 상대와도가 감소한다. 또 와도가 크면 같은 수렴량에서도 와도의 증가비율이 크다. 이것은 대기 중의 저기압이나 고기압을 발생시키는 중요한 구조이다. 원리는 이미 앞에서 다루었지만, 그림을 이용해서 알기 쉽게 설명하기로 한다 (그림 11.26 참조).

높이 h_0, 반경 r_0의 공기기둥의 아랫면이 지표면에 있고, 회전하고 있지 않은 것으로 한다. 즉, 와도 ζ는 0이다. 위도 ϕ에서는 행성와도 f가 있다[그림 11.26(a)].

상승류에 수반되는 수평수렴에 의해 높이가 h_1로 증대해서 반경이 r_1으로 감소했다고 하자. 수평수렴에 의해 와도 $\zeta > 0$가 생긴다. 와도가 정이기 때문에, 반시계방향의 회전으로 경도풍의 관계(그림 11.14)에서 저기압이 된다[그림 11.26(b) 참조].

하강류가 있으면 공기기둥의 높이는 h_2로 감소하고 반경은 r_2로 증대한다. 하층에서의 수평발산에 의해 부와도$(-)\ \zeta < 0$가 생성된다. 경도풍의 관계에서 시계방향의 바람으로 고기압이 된다(그림 11.26(c) 참조).

상승류가 있으면 하층수렴으로 정와도(저기압)가 생성되고, 하강류에 의해 하층발산으로 부와도(고기압)가 생성된다. 천기도에서 보는 저기압이나 고기압은 깨끗하고 완전한 원형은 아니지만, 와도의 발생, 증대, 감소의 원리는 그림 11.26으로 설명된다. 이것으로 대기 중의 대규모적인 저기압이나 고기압의 와가 있는 것을 설명할 수 있지만, 연직류가 생기는 구조의 설명은 미해결로 이후의 과제로 남는다.

그림 11.26의 원기둥운동을 각운동량보존법칙으로 생각해 보자. 관성계에 대한 지구회전의 각속도는 위도 30°에서는 $f_0/2$(그림 11.24)이므로, 원주의 반경을 r_0로 한다면 지구회전에 의한 원주의 회전속도는 $(f_0/2)\,r_0$이 되고, 상대운동의 회전속도는

$$\omega\,r_0 = \frac{\zeta}{2}\,r_0 \tag{11.49}$$

가 된다. 회전방향으로 힘이 작용하지 않는다면 지구자전에서 생기는 각운동량과 상대운동의 각운동량을 합한 절대각운동량을 보존한다. 따라서

$$\frac{(f_0 + \zeta)\,r^2}{2} = 일정 \tag{11.50}$$

이 된다. f_0을 일정하게 하면 수평수렴에서는 공기덩어리의 r이 작아지므로 상대와도가 생기지 않으면 안 된다. 발산에서 중심에서 외측으로 향하는 흐름에서는 r이 커지므로 부의 상대와도가 생기고, 고기압성의 회전이 된다. 순환이나 와도의 시간변화와 각운동량보존은 같은 원리에 근거하고 있다는 사실을 알 수 있다.

⑤ 와와 파

어떤 점 또는 선에서 주위이 회전운동이 탁월한 흐름을 와(渦, vortex, eddy)라고 한다. 강한 와는 동심원상으로 닫힌 유선으로 특징지어져 있다. 온대저기압, 태풍, 용권 등은 대기 중의 대표적인 와의 예이다.

고층천기도(예를 들면, 500 hPa면)에서는 등고도선의 골이나 마루에 있어서 파(波, wave)와 닮은 모양을 하고 있다. 그러나 바다에서 보이는 파와는 크게 다르다. 바다에서 해수입자는 거의 같은 위치에서 상하운동을 하고 있고, 수평으로는 거의 이동하지 않는다. 상하운동의 위상차가 파로써 전파하고, 먼바다에서 해변가로 부딪쳐 온다. 대기의 경우 상공에서 강한 바람이 불고 있어 공기덩어리는 골이나 마루에서 등고도선을 따라서 계속 운동하고 있다. 골이나 마루를 빠져

나가서 이동해 가는 경우가 많다.

지상천기도의 저기압이나 태풍은 와의 형태가 명료하다. 상공에서 저기압이나 골(＋와도) 및 고기압이나 마루(－와도)의 와(도)가 존재하고 있는 것은 이미 설명했다.

대규모운동에서 와도가 중요한 역할을 수행하고 있다. 천기도의 진단에서는 바람의 장을 관찰하는 일의 중요성을 지적했다. 풍장은 와도분포에서 표현되지만, 와도는 바람에 흐르는 수렴이나 발산으로 변화하고, 저기압이나 고기압의 발생·발달에 관계한다. 이것들의 조직을 이해하는 데에는 우선 사전에 배워야 할 일이 있다. 그래서 이 책에서는 운동에 수반되는 공기덩어리의 온도 변화와 구름이나 강수의 생성 등을 이미 배웠다.

연 습 문 제

01   뉴턴의 운동의 법칙들을 설명하라.

02   종말속도를 유도하고, 설명하라.

03   각도(˚)의 단위로서 자연과학에서는 호도법(rad)을 사용하는데, 각도와의 관계식과 이유 및
      편리함을 설명하라.

04   구심가속도와 원심력은 어떠한 관계에 있는지 설명하라.

05   전향력이 겉보기의 힘인 것을 입증하라.

06   지형풍, 경도풍, 선형풍, 온도풍의 식을 유도하고 설명하라.

07   수렴과 발산은 무엇이며, 이들은 관계 어떠한 관계에 있는가?

08   순환과 와도는 무엇이며, 이들은 어떠한 관계에 있는가?

09   절대와도와 상대와도를 설명하라.

10   와와 파에 대해서 설명하라.

12 천기도와 천기예보

날씨(weather)를 일기(日氣)로 번역한 것은 오류이다. 일은 날(day)이나 태양(sun, solar)이라고 하는 의미가 있다. 그러니 '태양의 공기'가 되어 다른 뜻이 된다. 올바른 날씨의 용어는 천기이다. 앞으로 날씨에 대한 바른 용어로 천기를 사용하기를 바란다.

천기도[天氣圖, weather(synoptic) chart(map)]는 특정의 시점에서 대기의 상태를 나타내기 위해서 필요한 영역의 기상요소의 분포를 기호나 등치선 등을 이용해서 나타낸 그림이다. 1820년 독일의 브란데스(H. W. Brandes)에 의해 처음으로 천기도가 그려졌다. 이것은 1점 관측에 의한 기상요소의 변동을 관찰하고 있던 시대에서 2차원의 분포를 관찰하는 시대로의 전환을 의미하고, 그 후의 대기 중에 있어서의 조직적인 요란의 발견으로의 단서가 되었다.

천기예보[天氣豫報, weather forecast(forecasting, cast, prediction)]는 대기의 현재상황의 파악과 그 장래의 상황의 예측에 근거해서, 특정의 영역에서 장래 일어날 수 있는 대기현상이나 천기를 예측하고, 방재와 생활상의 정보로서 일반사회에 제공하는 것이다.

1 천기도 그리는 법

1 천기도

최근에는 매일의 신문이나 텔레비전을 통해서 천기도를 보는 기회가 많아지고 있다. 본 책에서 배운 초보적인 기상지식을 정리하기 위해서도 천기도를 그리는 일은 무의미한 일이 아니고 값진 것이다.

천기도는 국제적으로 정해진 방식에 의해, 세계각지에서 보내져 온 관측자료를 세계 공통의 기호를 이용해서 흰 종이 위에 기입하고, 그것에 근거해서 등압선, 등온선, 등풍속선 등을 그리는

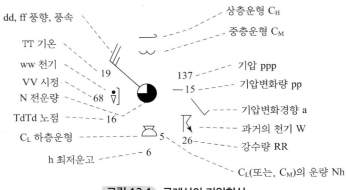

그림 12.1 국제식의 기입형식

것이다. 이것에는 지표면뿐만이 아니고, 850 hPa, 700 hPa, 500 hPa, 300 hPa, 250 hPa, 200 hPa, 100 hPa, … 등과 같이 고층천기도[upper air(level) (weather) chart, 상층천기도]도 포함된다. 이 방식은 주로 기상관서에서 이용되고 있다.

천기예보에 기초자료로 이용하기 위해서 설정된 기입형식이 있지만, 이용목적에 따라서는 이것들을 가장 적합한 요소를 기입해서 필요한 요란이 표현될 수 있는 형식을 이용하면 된다. 이 기입형식에 대해서는 세계기상기관(WMO)의 기술규칙에서 국제적인 기준이 정해져 있어서, 이것에 준거해서 우리나라에서도 천기도기입지침에 의해서 천기기호 · 기입형식 및 해석기호가 정해져 있다. 풍속의 단위는 국제식에서는 노트(knot, kt)를 이용하고 있지만, 한국식에서는 m/s로 표시한다. 2 m/s는 대략 1 kt를 나타낸다.

② 자료의 기입

(1) 풍향과 풍속

풍향과 풍속은 화살깃으로 나타낸다. **풍향**(風向, wind direction)은 그림 12.2를 이용해서 관측지점 상의 원에 향하는 화살을 이용해서 기입한다. 풍향은 바람이 불어오는 방위를 가지고 나타내므로(풍상측), 남쪽에서 북쪽으로 향하는 바람은 남풍이 된다. 일반적인 풍향은 이 그림과 같이 정해져 있다. 보다 상세하게 나타내는 경우에는 360 방위(북 : 360, 동 : 90, 남 : 180, 서 : 270)를 이용한다. 풍향을 모르는 경우에는 바람 기입을 생략한다.

풍속(風速, wind speed)은 바람의 강도를 말한다. 풍속은 원에서 보아 오른쪽이 되도록, 풍향의 화살의 대의 날개의 수로 나타낸다. 풍력과 풍속의 관계는 뷰포트 풍력계급표(Beaufort)에 표시되어 있다(소선섭 외 3인, 2009 : 대기관측법. 부록 7, 교문사. 참조). 풍속을 나타내는 날개에 대해서는 긴 날개는 10 kt(5 m/s), 짧은 날개는 5 kt(2.5 m/s)로 표현하며, 긴 삼각형으로 나타내는 것은 50 kt(25 m/s) 이다(그림 12.3). 무풍은 지점을 나타내는 원 주위에 약간 큰 원을 그리고,

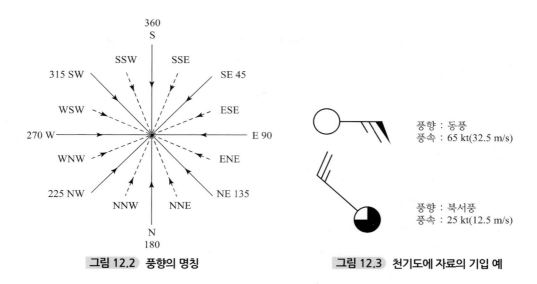

그림 12.2　풍향의 명칭　　　　　그림 12.3　천기도에 자료의 기입 예

풍향 : 동풍
풍속 : 65 kt(32.5 m/s)

풍향 : 북서풍
풍속 : 25 kt(12.5 m/s)

풍속이 아주 약한 경우에는 풍향만 나타낸다. 풍속을 모르는 경우에는 풍향선의 끝에 X를 표시한다.

(2) 기압

기압은 해면기압을 나타내며, 0.1 hPa 단위로 소수점 1자리까지 소수점 없이 세 자리로 기입한다. 동쪽에서의 바람의 경우에는 화살깃과 겹침으로 상하로 이동시키면 된다. 1000 hPa 이상에서는 천과 백의 자리가 생략되며, 999 hPa 이하에는 4자리모두 표현 가능하다.

(3) 기온과 노점온도

기온과 노점온도는 왼쪽에 기입한다. 소수점 1자리까지 소수점 없이 기입하며, 0 C 미만일 때는 앞에 (-)를 붙인다.

이상의 자료기입은 등압선을 그릴 때에 연필을 사용하므로, 지워지지 않도록 검정잉크를 사용한다.

③ 등압선 그리는 방법

등압선(等壓線, isobar)은 익숙하지 않은 동안은 단 한 번에 완성하기 어려우므로, 지우개를 사용하면서 연필을 이용해서 그린다. 자료가 많은 육지 부근에서부터 그리기 시작하는 것이 좋다. 등압선은 1,000 hPa을 중심으로 해서 4 hPa마다 그리는 것인데, 다음과 같은 등압선과의 관계 사항을 참조로 해서 그리면 편리하다.

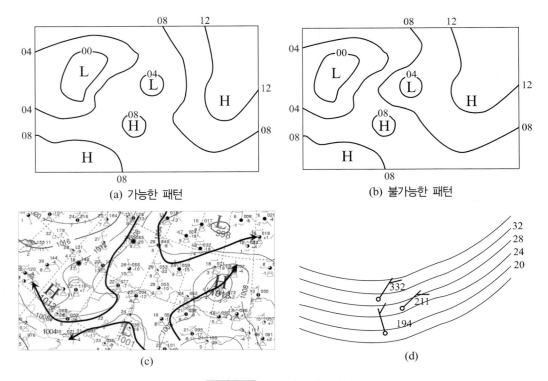

(a) 가능한 패턴　　　　　(b) 불가능한 패턴

(c)　　　　　(d)

그림 12.4 등압선 그리는 방법

- 풍향과의 관계 : 바람은 등압선을 가로질러 저압부로 향한다. 등압선을 가로지르는 각도는 마찰력이 클수록 커진다. 또 북반구에서는 왼쪽 앞 방향에 저압부가 있다.
- 풍속과의 관계 : 등압선의 간격이 좁을수록 풍속이 크다.
- 전선과의 관계 : 전선에 있어서 등압선은 저압부를 둘러싸듯이 꺾여서 구부러진다.

  등압선을 그리는 경우에는 이하의 점을 주의할 필요가 있다.

- 등압선은 폐곡선이 되던가, 일기도 연변에서 끝난다[그림 12.4(a)].
- 등압선은 서로 교차하지 않고, 이중으로 겹치거나, 또는 없어지는 일은 없다.
- 도중에 두 갈래로 갈라지지도, 두 등압선이 합쳐지지도 않는다.
- 등압선을 경계로 한쪽은 높은 기압, 다른 쪽은 낮은 기압이 분포한다. 예를 들면, 1,004 hPa 의 등압선은 1,005와 1,007 hPa의 사이, 1,000과 1,002 hPa의 사이를 통과하지 않는다(그림 12.4(b)).
- 대규모적인 운동을 나타내므로 너무 굴곡이 심해도 안 되지만 그렇다고 기압계의 특성이 무시될 정도도 단순화해도 안 된다.
- 대칭적인 두 고기압이나 두 저기압 사이에는 두 등압선이 마주보지만(안장부) 흐름은 서로 반대방향이다[그림 12.4(c)].

- 특별히 풍속차이가 없는 한 두 등압선의 간격은 가급적 일정하게, 간격은 풍속에 반비례하게 그린다[그림 12.4(d)].
- 등압선과 바람과 이루는 각은 육상에서는 지형의 영향 때문에 억지로 맞출 필요는 없다(육상 : 30~45°, 해상 : 15~30°).

지금까지 나와 있는 천기도의 예들을 많이 보고, 이를 참조하기 바란다. 또 어느 정도 수많은 천기도를 그림으로써, 자기자신이 요령을 체득하는 것이 능숙하게 되는 지름길이라고 생각한다.

④ 예상천기도의 작성

실황이 파악되었다면, 기압계의 이동을 발달·쇠약 등을 고려해서 예측한다. 현재로서는 각종 대기량을 계산해서 수치예보에 의한 예상천기도(豫想天氣圖, 그림 12.5 참조)가 만들어지므로, 실황의 변화에 대응시켜서 이것을 보정한 예상천기도(그림 12.6 참조)를 작성한다. 수치예보에서는 기압계의 발달 등 충분히 표현되지 않기도 하고, 시간적으로 늦음이 생기므로, 실황에서의 추이에 따라서 보정하고 추가하지 않으면 안 된다. 이 수정에는 수치계산법의 특성이나, 수치예보의 결과의 버릇 등을 이해해 둘 필요가 있다.

실황의 단계에 착안한, 고·저기압을 주로 그림 12.5를 보자. 우선, 저기압(그림의 중앙 상부) A는 북북동으로 나아가고, 발달해서 오호츠크해 북부에 도달하고 있다. 수치예보에 의한 예상에

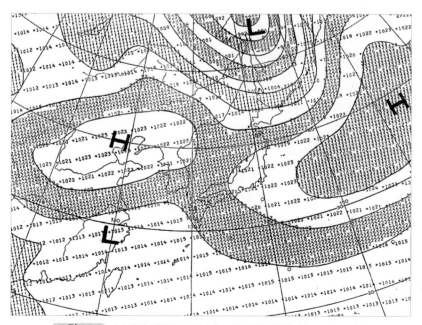

그림 12.5 **24시간 예상도** 수치예보에 의함, 등압선은 4 hPa 간격

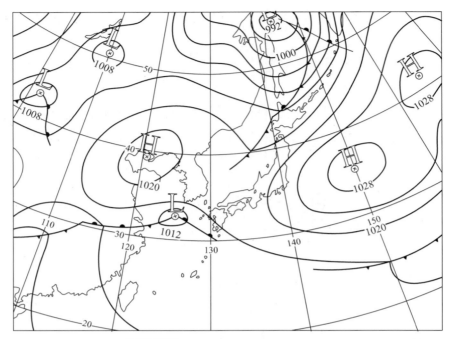

그림 12.6 예상천기도(등압선 4 hPa 간격)

서는 전선은 표현되어 있지 않다. 실황에서의 진단과 같은 경향을 나타내고 있고, 이 저기압의 수정은 필요하지 않을 것이다. 전선은 850 hPa의 온도장의 예상이나, 고기압 *C*의 서쪽으로의 뻗어나가는 모양으로 보아서, 동해를 남하하는 경향은 약하고, 실황에서 생각한 선과 같으므로 그림 12.6과 같이 정했다. 다음에 저기압(그림의 왼쪽 아래) *B*는 동지나해에 약한 기압의 골로 서 표현되어 있는 정도이지만, 실황의 추이를 생각해서, 동지나해 북부에 저기압을 발생시켰다. 이것에 동반해서 전선도 일본 규슈에 접근해 북상시켰다.

여기서는 수치예보에 의한 예상도는 지상기압 패턴밖에는 표시하지 않았지만, 각 층의 고도나 온도의 예상패턴은 물론, 수증기분포, 상승류분포·와도분포 등의 예상도가 있고, 이들의 자료를 종합적으로 판단한 결과로 예상천기도가 완성된다.

2 천기예보의 역사

① 관천망기와 천기속담의 시대

고대의 사람들의 생활은 천후에 지배되는 일이 많았으므로, 구름이나 대기 중의 모든 현상을 보고 천기예보를 해 왔다. 이러한 관천망기에 의한 천기예보를 기억하기 쉬운 격언이나 속담으로 전해져 왔다. 이들 중에는 천기의 징조를 긴 기간의 관측에서 알아낸 옳은 것이 있는가 하면, 인과관계를 오인하기도 하고, 점성술적 미신과 뒤섞인 것도 많았다.

관천망기(觀天望氣)는 구름, 바람, 광학 등의 특성에 주목해, 국지적인 천기를 경험에 근거해서 예상하는 것이다. 과학적인 천기예보의 기술이 진보함에 따라서, 사회적 중요성은 희석되었지만, 수 시간 앞의 국지예보에 도움이 되므로 천기예보와 병용하면 유효하다. 관천망기는 전선이나 기압계의 이동을 잘 포착한 경험칙으로, 과학적인 근거가 있는 것도 있다. 예를 들면, 「산이 삿갓을 쓰면 비」, 「햇무리, 달무리는 비의 징조」, 「비행기운이 사라지면 맑음, 사라지지 않고 퍼지면 비」, 「아침노을은 비」, 「멀리서 울리는 기차나 전차 등의 소리가 가깝게 들리면 비」, 「아침무지개는 비, 저녁무지개는 맑음」 등은 전선이 접근했을 때의 현상을 포착한 것이다. 「겨울철 서쪽에서 천둥소리가 있으면 눈이 내린다」는 한파에 동반되는 적란운의 발달을 감지한 것으로, 「벼락이 있으며 눈이 많고」, 「겨울철의 천둥번개는 눈을 일으키고, 봄의 벼락은 눈을 멈추게 한다」 등이 있다. 또 「별빛이 반짝반짝 비치면 다음 날 바람」은 상공의 바람이 강하고, 한기가 들어오기 때문에 일어나는 대기의 요란을 포착하고 있다. 「가루눈은 긴 눈으로 쌓이지만, 함박눈은 바로 멈춘다」는, 한파의 강도와 지속시간을 감지하고 있다. 장기의 예보에 관한 것도 있다. 근거는 모르지만 「사마귀의 집이 높으면 대설, 낮으면 소설」의 적중률은 높아 실용적이라고 말하는 조사도 있다.

천기속담(天氣俗談, werther proverb)은 천기나 천후의 예측에 관한 옛날부터 전해내려오는 날씨에 관한 속담이다. 천공(끝없이 열린 하늘)의 상황, 구름의 형태나 움직임, 바람이 부는 방법, 공기의 한난, 건습, 소리나 빛의 전달방법, 몸의 상태, 동식물이 생태 등과 천기의 징조와의 관계를 경험적인 법칙으로 정리한 것이다. 관천망기적인 것과, 물류의 징후를 언급한 것으로 분류할 수 있다. 그중에는 미신적, 점치는 것과 같은 것도 있지만, 기상학적으로 의미가 있고, 생활에 소용이 되는 것도 적지 않다.

천기속담은 옛날부터 있었고, 기원전 300년경에 그리스의 테오프라스토스(Theophrastus)가 200여 개의 속담을 모아서 책을 냈다. 천기속담에는 세계 공통의 것, 전국적인 것, 지역적인 것이 있다. 예를 들면, 「눈이 많이 오는 해는 풍작」은 한국, 일본, 중국, 영국, 프랑스, 독일, 이탈리아, 러시아, 포르투갈 등에 공통이다. 또 「아침무지개는 비, 저녁무지개는 맑음」은 한국, 일본, 중국, 스페인, 영국 등에 있다.

일반적으로 속담에 의한 예상은 과학적인 천기예보보다 정밀도가 낮으므로 이용가치는 적다고 하겠지만, 도움이 되는 일도 있다. 예를 들면, 천기예보가 이용자에게 도착하기까지는 기상관측을 한 시각에서 통상 3시간 정도 걸려 시간적으로 간격이 생기는 일과, 천기예보는 국지적인 지형의 영향을 받는 특정지역에 대해서는 언급하지 않는 일 등으로부터, 수명시간의 짧은 돌풍, 소나기, 뇌우 등의 국지적인 현상에는 천기예보를 이용하는 보조수단으로서 천기속담을 이용하면 유효한 일도 있다.

천기속담 중 관천망기에 필적할 만한 것을 대별하면 ① 전선, ② 저기압, ③ 고기압, ④ 대기의 안정도, ⑤ 대기환류 등의 특성을 잘 포착한 것으로 나눌 수가 있다.

천기속담 중에는 토지에 특유한 것과, 또 관천망기 이외에 동식물의 행동이나 상태에 관한 것도 있다. 여기에 일반성이 있는 것들을 게재한다.

(1) 하늘의 색에 관한 속담

- 달이 무리를 쓰면 비
- 광환(corona)도 비 올 징조
- 아침무지개는 비, 저녁무지개는 맑음
- 저녁노을은 청천(맑게 갠 하늘)의 징조
- 별빛이 흔들리면 큰 바람의 조짐

(2) 소리와 관계있는 속담

- 종소리가 확실하게 들리면 비 올 징조
- 물건의 울림이 가깝게 들리면 비 올 징조
- 해명(파도가 해안에 부딪쳐서 나는 소리가 지면을 통해서 들리는 메아리)은 폭풍우의 징조

(3) 연기에 관한 속담

- 연기가 곧게 올라가면 맑음, 옆으로 쏠리면 비
- 높은 산의 연기가 서쪽으로 흐르면 비

(4) 운형에 관한 속담

- 권운(새털구름)은 비의 징조
- 고적운(양떼구름)은 비의 징조
- 적운은 맑을 징조

(5) 바람에 관한 속담

- 서풍은 해질녘까지
- 남풍은 그칠 줄을 모른다.
- 남풍이 올라와도(육상으로 바람이 불어들어옴) 비는 내리지 않는다.
- 동풍에서는 천기가 나빠진다.

(6) 동물에 관한 속담

- 청개구리가 울면 비
- 물고기가 수면에 입을 내놓고 호흡할 때는 비가 가까움
- 제비가 지면을 살짝 스쳐서 날면 비가 가까움

(7) 기타 여러 가지 현상에 관한 속담

- 변소나 하수구의 냄새가 강해지는 것은 비 올 징조
- 밥알(밥풀)이 밥그릇에 달라붙으면 맑음, 깨끗하게 떨어지면 비

이상은 천기속담에 대한 약간의 예에 지나지 않고, 아직 많이 남아 있지만, 그중에는 엉터리도 꽤 많다. 현재에도 관천망기의 법은 한 지방의 단기의 천기를 미리 살피는 데에 도움이 된다. 그러나 그것은 현재의 기상학의 지식에 근거한 것이 아니면 안 된다.

② 천기도시대

1820년 독일의 브란데스(Brandes)는 유럽 각지의 관측을 모아서, 처음으로 천기도를 만들었다. 천기예보가 한 지점의 천기변화만으로 행하여졌던 시대에서, 각지의 관측치를 모아서, 그 천기분포를 이용한다고 하는 새로운 시대의 시작이었다.

그래서, 크림전쟁(Crimean War, 1853~1856) 중인 1854년 11월 14일, 세바스트폴(Sebastpol) 앞바다에 배가 목적지가 아닌 항구나 바다에 임시로 머물고 있던 프랑스의 전함 앙리(Henri) 4세호가 폭풍우에 의해 침몰한 것이 계기가 되어, 1856년 프랑스는 폭풍우 경보업무를 시작해서, 기상의 관측망과 통신망의 정비에 착수했다. 이 속에는 1833년 독일의 가우스(Gauss)와 웨버(Weber)에 의해 전신기가 발명되는 등, 통신수단의 발달이 있었다.

관측이나 통신망은 프랑스에서 유럽 전역으로 퍼졌다. 1863년에 프랑스가 국가사업으로 매일 정상적으로 천기도를 발행하게 된 이래, 19세기 후반에는 각국에서 천기도가 만들어지게 되었다. 동양에서는 이웃나라 일본에서 매일의 천기도가 만들어지게 된 것이 1883년이었다.

등압선을 그려 보면, 등압선의 모양과 천기와의 관계가 있다고 하는 것을 알 수가 있어, 기압배치의 형에서 예보로 연결되는 방법이 행하여지게 되었다. 이러한 기압배치에 의존한 흐름 속에서, 1922년 노르웨이의 비야크네스(Bjerknes ; 소선섭·소은미 : 2011 : 역학대기과학. 교문사, 276쪽의 '그림 8.23. 비야크네스의 저기압 모델'을 참조) 들에 의해 저기압모델이 완성되어, 새로운 천기도해석의 기초가 쌓아졌다. 이 모델은 상층관측이 없는 시대였지만, 많은 점에서 우수해서 현재에도 의연하게 예보, 해석의 분야에서 이용되고 있다.

1920년대에는 각국에서 라디오존데(radiosonde)의 발명과 개량이 있어, 이것을 사용한 고층 관측의 범위도 점차로 확대되고 있었다. 그래서 고층천기도(상층천기도)가 그려져서, 대기의 3차원적 해석이 진행됨에 따라서, 저기압의 발생·발달은 역학적으로 해석되게 되었고, 천기예보는 과학으로서의 형태를 정비하게 되었다. 이어 역학적인 예보가 시작되는데, 수치예보가 발달하기까지는 요란의 발달과 이동의 예상의 주력은 보법이었다. 기타 유사법 등도 있지만, 어느 쪽도 요란 속의 천기분포를 조사하는 것에 주력을 두고 있다.

참고 12-1

보법

보법(補法, polation)에는 내삽법(內揷法, interpolation, 보간법, 삽입법)과 외삽법(外揷法, extrapolation, 보외법)이 있다.
- 내삽법은 두 점 사이의 관측에서 사이의 값을 비례배분법으로 구한다.
- 외삽법은 두 점 밖의 값을 이들 값의 비례로 연장해서 구한다.

③ 수치예보의 발달

유체역학의 운동방정식을 풀어서 장래의 기압과 바람장의 예측을 행한다고 하는 생각은 비야크네스에 의해 지적되었고, 1922년 영국의 리차드슨(L. F. Richardson, 1881~1953)에 의해 시험되었지만, 실패로 끝났다. 그 후, 상층의 흐름의 해명이 진행됨에 따라서, 대기현상의 규모의 개념이 확립되어, 운동방정식에 대한 이해가 깊어졌다. 그래서 1940년대가 되어서 전자계산기의 발달에 따라 수치계산이 용이하게 되고, 1946년 미국의 노이만(Neuman) 등은 전자계산기를 이용한 수치예보의 프로젝트를 시작했다. 1955년이 되어서 미국에서 기상국·공군·해군의 협력으로 수치예보를 현업화했고, 일본에서도 1959년부터 수치예보가 현업화되었다.

또 원격탐사 기술의 발달에 따라 기상레이더, 기상위성 등에 의해 천기의 현상파악이 한층 정밀화된 것이, 천기예보의 기술에 공헌했다. 예를 들면 1941년에 영국에서 레이더에 의해 뇌우관측을 한 이래, 레이더기상학이 발전했다. 또 1960년에는 기상위성 타이로스(TIROS) 1호가 미국에서 쏘아올려져, 사진과 적외방사온도계에 의해, 몇 개의 새로운 사실이 발견되었다. 1977년에는 일본에서도 정지기상위성 히마와리(GMS)가 발사되어서, 일본을 중심으로 한 한반도에서도 넓은 지역의 천기변화를 시시각각으로 알 수 있게 되었다.

현재에는 고성능의 전자계산기에 의해, 다층의 수치예보모델에서, 각종의 대기과학량이 계산되고, 이들의 대기량을 근거로 강수량과 기온·바람 등의 양적인 예보도 수행되고 있다. 또 국내 각지의 비와 바람의 관측치는 지역기상관측망을 통해서 즉시 입수할 수 있게 되었고, 국지성의 강한 현상에도 대응할 수 있도록 노력하고 있다. 그러나 예보정밀도의 향상과, 예상결과의 천기로의 번역, 아주 작은 예보 등은 지금부터의 과제이기도 하다.

3 천기예보의 방법과 종류

천기예보를 한마디로 말해도, 수 시간 앞을 예측하는 단시간예보에서 내일 모래 정도까지 예측하는 단기예보, 1주간 전후의 예측을 하는 연장예보, 더욱 그 이상의 기간의 예측을 하는 장기예보까지, 예관측기기간이 다양하다. 또 예측의 수법에 대해서도, 경험적예보법, 종관예보법, 통계적예보법, 수치예보법 등 다양하다. 예관측기기간의 다름은 예보목적의 차이라고도 말 할 수 있고, 사회의 요청도 보다 정확하게 보다 아주 상세한 예보를 요구해서 한층 엄격하다. 이것들에 응답하기 위해서 예측수법의 개발에도 힘을 기울이고 있고, 다채로운 예측수법도 차차로 종합적인 계(system)로 정리되어 이론적 근거도 명료하게 주어지도록 되어 왔지만, 장기예보와 같이 미개척분야도 아직 남아 있다. 여기서는 단기예보, 장기예보, 수치예보에 중점을 두고 제1선의 상황을 전망해 보기로 하자.

① 천기예보의 방법과 발달

천기예보는 기상학의 가장 중요한 응용이고, 이제까지 언급해 온 기상학의 지식에 근거해서 행하여진다고 하는 것은 말할 것도 없다. 그러나 기상학은 최근 장족의 진보를 성취하고 있다고 말할 수는 있지만, 아직 불명료한 점이나 정성적인 부분이 많아, 겨우 정밀과학으로 일보를 막 내디딘 상태이므로, 천기예보는 동시에 경험에 의지하지 않으면 안 되는 점이 분명히 있다.

천기예보 발전의 발자취를 위에서와 같이 더듬어 전체를 걸쳐서 한번 훑어보면, 관측망기시대, 관측기기시대, 천기도시대로 크게 구별할 수가 있다.

1643년 이탈리아의 토리첼리(Toricelli, 1606~1649)에 의해 기압계가 발명되어, 기압이라고 하는 새로운 기상요소가 측정될 수 있게 되었다. 기압이 높으면 날씨가 좋고, 낮으면 천기가 나쁘다는 것도 알려지게 되었다. 그 후 1660년 독일의 게리케(Guericke, 1602~1685) 는 기압의 오르내림이 천기와 관계가 있다는 것을 알게 되어, 이 기압계의 시도가 현저하게 하강하는 것을 보고 폭풍우을 예상했다고 전해지고 있다. 이러한 기압계는 천기를 예지하는 관측기기로 이용되게 되었다. 기압계 이외에도 습도계·풍력계·풍신기 등도 천기예지에 이용하게 되어서 관측기기시대가 되었다. 그러나 이러한 기압계나 온도계, 습도계 등의 발명에 의해 천기변화와 기상요소의 변화의 관계에서 천기예보를 수행하게 되었는데, 아직 한 지점의 관측치만을 이용한 것이었다. 한 지점만의 기상관측에 의해서는 천기예보는 도저히 만족하게 수행할 수 없다는 것이 점차로 명확하게 되어, 드디어 지금의 천기도시대에 들어가게 된 것이다.

천기도에 의한 예보의 방법에도 변천이 있어, 1940년에 출판된 Petterssen의 『Weather Analysis and Forecasting』에서 언급되어 있는 방법은 소위 운동학적 해석이라고 일컬어지고, 고·저기압의 중심, 기압의 골이나 마루 등의 특정점에 주목해서, 과거 및 현재의 천기도에서 그 속도나 가속도·발달·쇠약 등을 완전히 운동학적으로(즉, 운동의 원인을 생각하는 일 없이) 구해서 장래를 예측하는 방법이다. 이것은 본질적으로는 외삽법이지만, 그 이전의 기압배치의 예상법이 아주 정성적인 것이었기 때문에, 대단히 환영을 받았다.

단, Petterssen의 예보법은 오로지 지상의 기압배치를 예보하는 데 대해서, Starr에 의해 1942년에 진술된 방법과, 1948년에 출판된 쉐르하크(Scherhag)의 『Wetter – Analyse und Wetter – Prognose』에 수록되어 있는 방법에서는 고층천기도의 중요성을 인식해서 넣고 있는 점에서 훨씬 근대적이라 할 수 있다. Starr는 예보의 순서로

- 고층의 운동상태를 예보한다.
- 독립적으로 지상의 운동상태를 예보한다.
- 양자를 정역학적 관계로 검사한다.
- 예보된 운동상태를 천기로 번역한다.

를 들고 있다. 또 쉐르하크는 지상의 천기도, 지상 24시간의 기압변화도 외에도, 500 hPa 면의 고도분포도, 1,000~500 hPa 간의 층고분포도를 이용해서 하는 예보법을 진술하고 있는데, 그의 방법은 주로 지상도에 의해, 그것에 일부 상층의 영향도 고려해서, 우선 지상의 예상천기도를 만들고, 다음에 그것과 상층의 상태에서 상층의 예상천기도를 만든다고 하는 수법이다.

이것에 대해서, 최근의 예보법은 더욱 일단과 상층을 중시한다. 즉 우선 상층의 예상천기도를 만들고, 다음에 그것에 근거해서 지상의 예상천기도를 만들고, 최후에 그것을 천기로 번역하는 것이다. 단 상층이라고 해도 기층 전체에 대해서 해석하는 것은 제한된 시간에는 곤란하므로, 보통 500 hPa면이 이용된다. 또 제트기류의 발견에 의해, 한층 높은 300 내지 200 hPa면도 조사하게 되었다.

② 천기예보의 종류

어떤 지점 또는 어떤 지역의 상공의 기상상태를 예측해서 발표하는 것을 천기예보라고 할 수 있을 것이다. 예보란 예측을 발표하는 것이고, 단순히 예측하는 것만이 아니다. 예측결과를 발표해서 사람들이나 관계자 기관, 모든 산업관계자에게 알려줌으로써, 거기에 정보가치가 태어나지 않으면 안 되는 것이다.

천기예보는 예측대상기간에 의해 단시간예보(短時間豫報, 6시간 정도 앞까지), 단기예보(短期豫報, 24~48시간 정도 앞까지, 오늘, 내일, 모레의 예보), 연장예보(延長豫報, 3~10일 앞까지, 주간예보, 순일예보 등, 중기예보라고도 한다), 장기예보(長期豫報, 연장예보보다 예보기간이 긴 예보, 1개월 예보, 3개월 예보, 계절 예보 등)로 나누어진다.

또 예상대상에 의한 바람예보, 기온예보, 강수예보 등으로 분류되고, 예측결과가 기상요소의 수치로써 발표되는 경우를 특히 양적예보라고 하는 일이 있다.

천기예보는 용도에 따라 일반예보와 특수예보로 나눌 수 있다. 일반예보는 불특정의 공중의 이용에 적합한 형태로 발표되는 것이고, 특수예보는 철도기상통보, 전력기상통보, 항공기상예보, 농업기상예보, 해상기상예보 등의 특정사업 또는 산업의 이용에 적합한 형태로 발표되는 것이다.

천기예보는 예측의 방법에 의해, 경험적예보, 총관예보, 통계적예보, 객관예보, 수치예보 등으로 분류된다.

천기예보의 대부분은 예측해야 할 현상 그 자체 또는 그것에 아주 밀접한 관계가 있는 다른 현상의 일어남을 관측에 의해 발견하고, 그것을 무엇인가의 방법으로 추적하고, 발달, 쇠약을 예상함으로써 수행되고 있는 것이다. 따라서 각 현상의 「예측가능성」은 그 현상의 공간적 규모, 시간적 규모에 의해 달라지고 있다. 예를 들면 수명이 수 시간 정도의 현상은 단시간예보의 대상에는 들어 갈 수 있어도, 단기예보 이상의 긴 예보의 대상에는 들어가기 어렵다.

4 단기예보

1 단시간예보

뇌우, 집중호우 등의 현상은 수평폭이 10 km 이하의 현상으로, 그것이 조직적으로 모여진 것이라고 해도 수평폭이 100 km 정도이고, 그 구조의 상세함은 총관규모의 천기도에서는 그려낼 수가 없다. 또 그의 수명도 수 시간 정도이므로, 천기도상에서 추적하는 것도 곤란하다. 통상의 천기도에 근거한 총관예보나 총관규모의 현상을 대상으로 하는 수치예보에서는 이들의 중·소규모의 현상의 일어남의 가능성에 대해서는 1 일 정도 앞에 퍼텐셜 예보는 가능하지만, 그 발생장소나 시각을 예보하는 것은 극히 곤란하다. 이 경우의 가능성 예보란, 어떤 넓은 범위의 어딘가에서, 상당히 긴 시간대 속의 어떤 시각에 뇌우나 집중호우가 일어날 수 있다고 하는 잠재가능성을 예보하는 것이다. 실제로 일어나는 것은 그중의 극히 좁은 범위이고, 극히 단시간이지만, 퍼텐셜 예보에서는 그와 같은 구체적인 장소나 시각은 명시되지 않고, 그들을 포함하는 넓은 범위와 긴 시간대가 예보된다.

장소와 시각을 구체적으로 명시한 예보는 레이더나 자동기상관측(自動氣象觀測系, Automatic Weather System, AWS)에 의해 현상의 발생을 조기에 발견하고, 그 이동을 추적함으로써, 0~6시간 전에 행하여진다. 단시간예보를 수행하기 위해서는, 세밀한 관측망의 관측결과를 즉시적으로 모아서 처리할 필요가 있다. 지역기상관측계는 기상청이 집중호우의 감시를 위해서 전국에 전개한 세밀한 자동기상관측망으로, 관측자료는 컴퓨터 처리해서 온라인으로 모아 보내게 된다. 단시간예보는 실황방송에 가깝고, 그것이 정보가치를 갖기 위해서는 이용자로의 신속한 전달과 그것에 따른 이용자측의 정확, 신속한 대응행동이 필요하다. 항공기나 고속전철 등 고속, 과밀한 교통기관의 안전운항, 집중호우, 용권과 같은 격렬한 게릴라적 기상현상의 방재에는 정확한 단시간예보와 그 유효이용을 필요로 하고 있다. 아메리카에서는 퍼텐셜 예보와 단시간예보의 조합에 의해 토네이도 경보를 수행하기 시작해서, 토네이도에 의한 사망자수가 반감했다고 하는 실적이 얻어지고 있다.

② 단기예보

오늘, 내일, 모레 정도의 「맑음」, 「흐림」, 「비」, 「폭풍우」 등의 예보(단기예보)는 극동천기도, 아시아태평양천기도 상에서 그려내는 고기압이나 저기압, 전선, 또는 고층천기도에 그려지는 편서풍파동의 추적과 그들의 발생, 발달, 쇠약의 예상에 의해 행하여진다. 이들의 모든 현상은 수평폭 1,000~3,000 km 정도의 크기를 가지고 있기 때문에, 사무실 책상 정도의 넓이의 극동 또는 아시아태평양천기도에 적당한 크기로 그려서 나타내면 된다. 그러나 그 수명은 수 일 이상으로 진행속도는 1,000 km/일 정도이다. 따라서 1일 1회 또는 수 회 작성되는 천기도 상에서 추적하고, 그 움직임을 경험적으로 보법(외삽법)으로 보외하는 것만으로도, 24시간 또는 48시간 앞의 기압배치의 대략적인 특징은 예측할 수 있다. 그래서 그의 예상기압배치에서 천기분포를 예측해서 천기예보가 행하여진다. 예상기압배치에서 천기분포를 예측하는 작업은 『천기로의 번역』이라고 부른다.

총관예보를 목적으로 나날의 천기도를 적성하는 일은 각국 모두 19세기의 후반에 시작되고 있었지만, 기상학 미발전의 시대에 천기예보사업이 개시된 것은 대기 중에서 위에서 언급한 것과 같이 총관규모의 현상이 존재하고 있기 때문이었다.

총관예보는 「예상천기도의 작성」과 「천기로의 번역」의 2개 부분으로 나누어지는데, 이 각각에 **경험적수법**과 **이론적수법**이 있다. 경험적수법에는 예상천기도는 기압계의 움직임의 운동학적 외삽법에 의해 작성되고, 「천기로의 번역」은 과거의 천기도에 의해 얻어진 기압배치의 형과 천기분포와의 경험적인 대응관계를 이용해서 수행된다. 이론적수법에서는 예상천기도는 뒤에서 언급하는 수치예보의 방법에 의해 작성된다. 또 「천기로의 번역」은 이제까지 축적된 수치예보의 예측치와 그때의 천기의 실황치와의 통계적 관계를 이용해서 행하여진다. 이와 같은 「천기로의 번역법」

을 MOS수법(Model Out Statistic)이라고 한다.

③ 연장예보

단기예보에서 이용하는 천기도보다 광역의 북반구천기도에서 기압계(고기압과 저기압, 편서풍파동의 골과 마루 등)를 장기간에 걸쳐서 추적함으로써 수행된다. 예보의 방법으로는 단기예보를 연장한 것이라고 말할 수가 있는데, 이와 같은 방법에 의한 예보가능기간의 한계는 2주간 정도라고 생각되어지고 있다. 기압계의 추적을 위해서는 연속도(continuity chart)와 골마루도(trough - ridge diagram) 등 각종의 총관적 표현이 이용된다. 연속도는 시간적으로 연속한 천기도에서 고·저기압의 중심, 전선, 기압의 골, 특정등압선 특정등온선 그 외의 각종 대기량의 특정등치선 등을 선택해, 1장의 천기도 상에 기입하고 그 움직임을 일목요연하게 한 추적도이다.

또 골마루도는 편서풍파동의 골(though)과 마루(ridge)의 위치와 움직임, 강도의 변화를 보기 위해서 연구된 그림이다. 그림 12.7과 같이 세로축의 하향에 날짜를, 가로축에 경도를 잡아, 특정의 위도를 따라 등압면천기도의 고도를 기입해서 등고선을 그린 것이다. 극대역의 주행은 마루의 움직임, 극소역의 주행은 골의 움직임을 나타내기 때문에, 그것을 연장함으로써 특정일의 골, 마루의 경도를 예측할 수 있다. 또 고도의 변화에 의해 골, 마루의 발달, 쇠약의 모습을 알 수 있다.

기압계의 추적 외에, 특정의 위도권의 등압면고도의 조화해석에 의한 편서풍파동의 분석, 동서지수나 제트기류의 동향에서 얻어지는 지수순환(指數循環, index cycle) 등이 이용된다. 또 수치예보의 방법도 시도되고 있다.

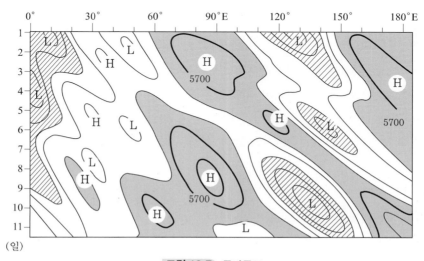

그림 12.7 골마루도

5 　장기예보

　먼 앞날의 날씨예상이 가능하다면 경제활동이나 방재대책 상 중요한 정보를 제공하는 것이 될 것이다. 예를 들면 서늘한 여름인지, 몹시 더운 가뭄인지에 따라서 대응하는 농작물은 물론, 전력, 수도, 각종 생산계획이나 레저산업까지 큰 영향을 받는다. 또 예상되는 자연재해도 추운 겨울의 해는 방한대책만이 아니고, 대설, 강풍, 눈사태, 어선의 조난 등, 따뜻한 겨울에는 질적으로 달라 있다. 여기서는 천후와 대순환의 특성, 예보법과 그 문제점, 장래 전망에 대해 다루기로 한다.

① 천후의 시간경과의 특징

　매년 같은 사계 각 철의 날씨경과와 계절변화에도 다음과 같은 특징이 보인다.

(1) 천후의 지속성

　일반적으로 봄·가을은 천기변화가 심하지만, 겨울이나 여름은 지속성이 크다. 이 경우, 한파나 가뭄이 어느 정도 지속될까가 문제가 된다. 또 해에 따라서는 고온이나 큰 비가 두드러진 해도 있어, "해의 버릇" 이라고 말하는 일이 있다. 바우르(Baur, 1936)는 범천후(汎天候, grosswetterlage) 라고 하는 개념을 도입했다. 거시적, 공간적 평균의 천후를 의미하고 있고, 5일 평균이나 1개월 평균 천기도의 환류에도 그 특징이 나타난다.

(2) 천후의 주기성

　천후의 또 하나의 중요한 특성은 주기성이다. 지속성과 친밀한 현상으로, 그림 12.8에서 보는 예는 지속적인 악천기와 온난기 사이에 40일 정도의 장주기가 탁월하다. 단주기의 진폭은 작고, 장주기는 큰 경향이 있다. 장기예보에서 문제가 되는 20일, 40일, 72일, 3개월 정도의 변동은 정확한 주기적 변화라기보다는 한난기의 남북교환의 리듬으로 생각되어지고 있다.

(3) 계절변화

　우리나라의 자연계절은 겨울·봄·장마기·한여름·가을비 시기·가을의 6개로 대별하고, 종종 계절의 이행은 불연속으로 변한다. 자연계절의 첫날은 천기의 특이일(特異日, singularity)의 하나로, 특정의 기압배치의 출현확률이 크다.

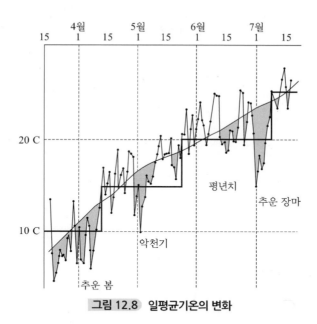

그림 12.8 일평균기온의 변화

한편, 연년의 계절변화는 결코 일정하지 않고, 장마에 들어가는 것이 빠른 해와 늦은 해와는 1개월 정도의 차이가 난다. 이것이 계절변화의 동태이다. 그림 12.8의 기온경과를 보면, 평년치의 상승에 대해 실제의 변화는 계단적으로 변화하고, 일정의 기단에 지배되지만, 계단이 바뀌는 과정에서는 광역의 순환장도 바뀐다. 이 현상은 계절의 **계단적변화**라고 일컬어진다.

(4) 천후의 경년변화

계절변화에 덧붙여서, 연년의 변화에도 계절에 따라서는 특징이 있다. 예를 들면 1930~1940년대에는 겨울이 몹시 추워서 천후가 추운 겨울이 많았지만, 전후 1950년대에는 따뜻한 겨울이 두드러졌고, 북쪽에서도 이런 경향이 있었다. 이것을 천후의 **장기경향**(長期傾向, trend)이라고 한다. 그 예측은 기후변동 그 자체의 예측이지만, 눈앞의 1 개월 예보에 직시 적용하는 것은 적당하지 않다.

경년변화(經年變化, secular trend)는 관측된 어떤 특정의 변수가 단기적 변동의 효과를 제거했을 때에, 지속적인 증가 또는 감소 경향을 갖는 것이다. 예를 들면, 대기 중의 이산화탄소의 농도 증가는 이와 같은 경향의 한 예이다.

(5) 장기예보의 대상으로서의 천후

장기예보에서는 기온의 높고 낮음이나 강수량의 많고 적음, 그것을 가져오는 환류형에 대해서 예보하는 것은 당연하지만, 계절의 특성에 대해서도 고려할 필요가 있다. 중요한 계절현상을 표 12.1에 나타내었다.

표 12.1 각 계절현상

계 절	천후현상
겨 울	따뜻한 겨울, 추운 겨울, 초겨울의 천후, 폭설
봄	계절의 지속, 늦서리, 건조, 긴 비
장 마	입·출 장마, 장마의 성격, 큰 비
여 름	더운 여름, 추운 여름, 냉해, 가뭄, 태풍
가 을	한풀 꺾여 남은 더위, 추운 가을, 가을비, 태풍

천후현상의 표현은 5계급구분이 이용되고 있다. 정규분포에 따르는 현상은 표준편차 $\sigma \times 0.52$의 범위가 평년수준(발생확률 4/10)이고, $\sigma \times 1.28$배(발생확률 1/10)를 넘으면 상당히 이상천후로 생각해도 좋다.

② 천후를 지배하는 환류의 특성

(1) 단기예보와 장기예보

근대기상학과 그것을 배경으로 하는 예보기술은 다양한 현상을 분석해서, 특유한 역학체계를 세워 온 것이 큰 성과로 되어 있다. 수치예보 및 단기예보는 총관규모의 예보이지만, 또한 집중호우 등 단시간의 요란이 커다란 어려운 문제가 되어 있다. 주간예보는 총관규모의 연장예보가 주이다. 이것에 대해서 장기예보는 시간규모가 큰 광역규모의 예보가 대상이지만, 초장파의 불안정화이론은 아직 확립되어 있지 않다. 그러나 적운대류가 국지적인 온도차를 해소하는 작용과 동등하게, 초장파의 발달도 반구규모의 온도차를 해소하는 과정으로 이해되고 있다.

(2) 천후를 지배하는 환류

어떤 지역의 천후는 제1의 적으로는 대류권의 대기의 흐름에 지배되고 있다. 그림 12.9는 환류와 기온과 강수분포의 대표 예이다.

- 기온분포[그림 12.9 (a)] : 동서류가 강한 경우로, 제트기류의 남쪽에서는 고온, 북쪽에서는 저온이 된다. 또 기압 골의 경우는 그 동쪽에서 고온, 골의 속에서 저온이 된다.
- 강수분포[그림 12.9 (b)] : 저색(blocking)형에서 제트기류 부근, 특히 합류하는 영역에서 많고, 사계절을 통해서 원칙적으로 성립한다.

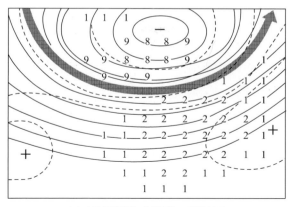

(a) 동서류형에 수반되는 기온분포
(2 : 꽤 높다, 1 : 다소 높다, 9 : 다소 낮다, 8 : 꽤 낮다.)

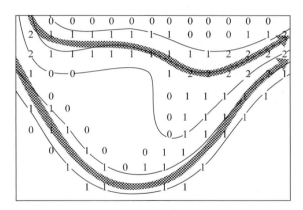

(b) 저색형에 수반되는 강수분포
(2 : 꽤 많다, 1 : 다소 많다, 0 : 보통, 그 외 적다.)

그림 12.9 환류와 천후

(3) 환류의 2가지 기본형

그림 12.9에서 보는 것과 같이 환류형의 가장 기본적인 형식은 동서류형과 남북류형이다. 이 환류형(環流型)을 나타내는 지표인 동서지수(zonal index)는 500 hPa 고도편차의 40 °N과 60 °N의 위도평균치의 차로 나타내고, 동서지수편차를 의미하고 있다. 동서지수는 당연 50 °N의 지형풍 동서성분에 비례하므로, 동서류는 고지수형순환(高指數型循環, high index pattern), 남북류는 저지수형순환(低指數型循環, low index pattern)이라고도 말한다.

(4) 저색현상의 한 과정

그림 12.10은 환류변화과정의 모식도이다. 이 대기변동은 반구적인 남북의 열분포의 불균형에 유래하고, 운동학적 양이나 열역학적 양, 에너지변환 등도 변한다.

- 동서류형(東西流型) : 편서풍이 강하고, 남북의 온도경도를 나타내는 유효위치에너지(available potential energy) A_{PE}가 증대하는 과정이다. 운동량 $u'v'$의 북쪽을 향하는 수송이 늘고 제트기류가 나타나 있다.

- 남북류형(南北流型) : 편서풍의 사행이 커지고, 한기와 난기의 남북교환이 시작된다. 평균장의 운동에너지 K_E는 감소하고, 요란(disturbance)의 운동에너지 K_{ED}가 급증한다. 현열수송 $T'V'$도 증대된다.

- 저색형(沮塞型) : 저색고기압(blocking high)이나 절리저기압(cut-off low)이 나타나고, 이상천후가 일어난다. 요란의 남북류에너지 $\overline{V'^2}$는 최대가 되고, 편서풍은 남북으로 분류한다. 저색활동의 최성기가 지나면 대상류를 강화하는 방향으로 요란에서 평균장으로 운동에너지가 변환된다.

이것은 대기대순환의 변동의 양상 그 자체이고, 장기예보의 대순환적 배경이다. 즉 장기예보는 무엇인가의 방법으로 이 단계를 예상하는 것이다.

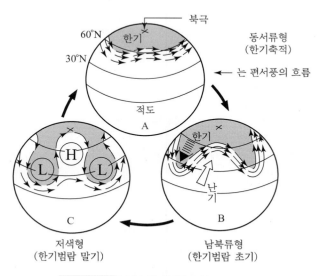

그림 12.10 대순환의 변동모델

(5) 극와의 동향과 천후

그림 12.11은 1월 평년의 500 hPa 천기도를 나타낸다. 고위도에서는 극을 둘러싸고 주극류가 보이고, 중심의 가장 한랭한 극와(極渦, polar vortex)는 서반구에 있다. 라수루(La Seur, 1954)는 주극류의 편의(치우침, 기울어져 있음)와 천후에 대해서 논의했는데, 극와의 위치와 강도는 대순환의 특징을 나타내는 또 하나의 지표이다.

고지수기에는 하나로 몽쳐서 강하고, 저지수기에는 분열해서 남하한다. 1월에는 캐나다 상공에 있지만, 5월에는 동반구에 접근해서 타이미르(Taimyr, 러시아 북부) 상공에 나타난다. 겨울에 현저하게 극동쪽으로 기울면 추운 겨울이 된다. 여름에 서반구에 있을 때는 극동의 아열대고기압의 강한 것에 대응한다. 극동 부근의 서곡순환이나 동곡순환도 주극류의 편의에 관계하고 있다.

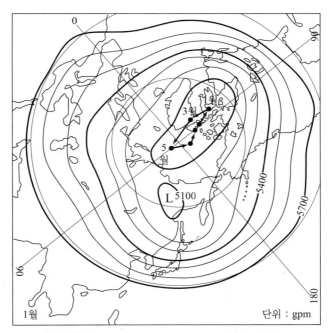

그림 12.11 1 월의 500 hPa 천기도와 극와의 계절변화

③ 장기예보법

(1) 작용중심의 개념과 합성도 해석

옛날에 태스란·도·보르(L. Teisserence de Bort, 1881)는 유럽의 겨울의 천후를 논하면서 대기활동의 작용중심(作用中心, action center)의 개념을 도입했다. 우리나라 겨울철의 천후는 서시

베리아의 마루와 우리나라 부근의 장파의 골과 알래스카 방면의 저색활동이 관계하고 있다. 여름은 오호츠크해고기압과 아열대고기압이 관계하고, 극와의 동향은 사계절을 통해서 관여한다.

한 예로서 그림 12.12에 2가지 형태의 7월의 차가운 여름에 선행하는 5월의 순환의 합성도를 표시하자.

- **오호츠크해고기압형** : 고위도는 (+)편차로 덮이고, 극와는 시베리아로 남하하고 있다. 태평양 고기압은 전반적으로 약하다. 이에 이어서 장마기에는 저지수순환이 나타나고, 오호츠크해고 기압이 활발한 차가운 여름이 되었다. 장마전선의 활동은 남안이다.
- **북냉서서형** : 극와는 타이미르(Taimyr) 상공에 있어서 극단으로 발달하고, 한편 태평양고기 압도 강하다. 장마기에는 서시베리아에 마루가 발달하고, 북쪽은 북서류의 한기장, 장마전선 이 활동하는 곳은 동해 쪽이다. 대조적인 차가운 여름의 2개의 형이지만, 어느 쪽도 5월 말 에 더욱 시베리아 상공(500 hPa)에는 −40 C의 한기가 관측되고 있다.

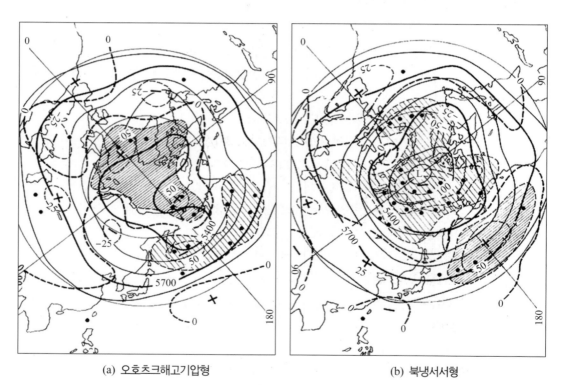

(a) 오호츠크해고기압형　　　　　(b) 북냉서서형

그림 12.12 차가운 여름에 선행하는 5월의 500 hPa 합성도

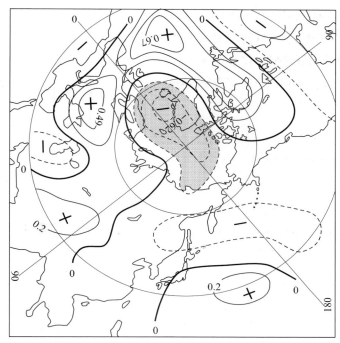

그림 12.13 북쪽의 12월 기온과 10월의 500 hPa 고도와의 과거의 상관분포도 1946~1965년, 숫자는 상관계수를 나타낸다.

(2) 상관도해석과 총관적 해석

기온이나 강수량에 관계하는 환류의 작용중심은 500 hPa 고도와의 상관분포도에 의해 알 수 있다. 더욱이 과거의 상관분포도가 작성된다고 하면 징조가 되는 작용중심과 그 후의 총관과정을 더듬어 올라갈 수 있다. 이것을 총관통계법(總觀統計法, synoptic statistical method)이라고 한다. 그림 12.13은 북쪽의 12월의 기온과 10월의 500 hPa 고도와의 과거의 상관도이다. 아이슬란드 부근의 높은 (–)의 상관역이 주목을 끈다. 극와가 이 방면에 정착하는 사이에는 한파의 징조는 없다. 역으로 고지수기에서 저지수기로 옮기는 과정에서, 우선 대서양의 저색(blocking)과 유럽의 한파가 시작되고, 극와는 분열한다. 이어서 서시베리아의 마루가 발달하면 극동의 한파가 시작된다. 경험칙에 의하면, 이 과정은 대충 1개월을 필요로 한다.

(3) 유사천기도의 이용

당월의 평균천기도와 과거의 천기도에서 상관율을 계산해서 유사천기도를 그려서 나타낸다. 몇 개의 유사년 속에서 더욱 극와나 아열대고기압의 특징, 과거의 천후의 경과를 고려해서 유사년을 2~3년으로 좁히고, 환류형이나 천후를 예상한다. 유사년은 이상천후의 잠재를 고려할 때에 특히 중요하다. 유사천기도는 각층에 대해서, 또 변화경향 등 다방면으로 검토된다.

(4) 주기적 변화의 외삽

작용중심이나 천후의 경과에 주기적 규칙성이 발견된다고 한다면 효과적으로 이용될 수 있을 것이다. 그림 12.14는 1972년의 예이다. 여름의 한기의 남하 시에는 종종 큰 비가 된다. 어떤 지역의 대기층 온도의 층후편차는 20일 정도의 변화이다. 그러나 고지수기와 저지수기의 양쪽에 대응하고 있다. 7월 중순이나 8월 하순의 대우는 파수 2의 초장파가 탁월하고, 극와의 발달기에는 경압성을 강화하고, 서곡순환으로 일어나고 있다. 이것에 대해서 8월 초나 9월 중반은 저색에 수반되는 저온이다. 대기의 변동은 40일 주기로 보는 것이 좋다.

실무상은 조화해석에 의해 외삽되지만, 동서지수의 대응 등 총관적 검토를 첨가하면서 이용할 필요가 있다.

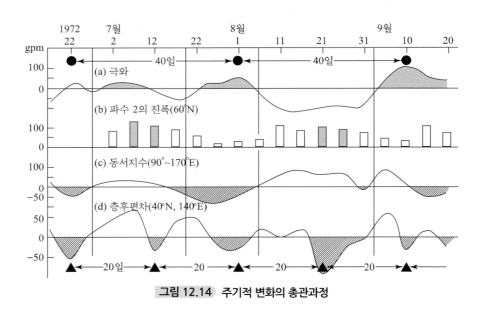

그림 12.14 주기적 변화의 총관과정

(5) 초장파, 성층권천기도

환류나 천후는 초장파의 행동에 의해 특징지어지지만 예상은 용이하지 않다. 대기의 수직구조는 일종의 여과의 특성을 갖고, 고층에서는 초장파가 탁월하다. 이것은 주목해야 할 특성으로, 여름은 100 hPa, 겨울에는 30 hPa이 이용된다.

- 그림 12.15(a)는 7월의 100 hPa 평년도이다. 그림에서는 6월에서 7월에 걸쳐서의 고도변화가 점선으로 표시되어 있다. 6월에서 7월에 걸쳐서 티베트고기압이 뻗어나오고, 동해에서 편동풍으로 변화하면 장마가 걷힌다. 한편 알래스카 방면에서 마루가 발달해서 극와가 동반구로 편위하면 지상의 한랭전선이 남하한다.

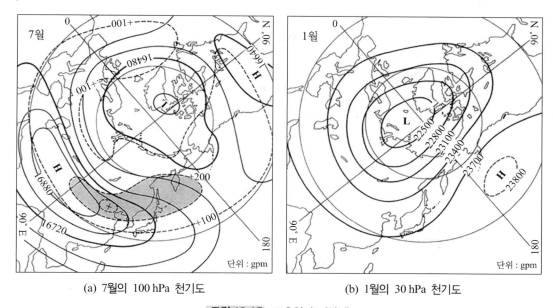

(a) 7월의 100 hPa 천기도   (b) 1월의 30 hPa 천기도

그림 12.15 고층천기도(평년)

- 그림 12.15(b)에서 보는 것과 같이, 겨울의 30 hPa 천기도에서는 극야와(極夜渦, polar night vortex)와 알류샨고기압이라고 하는 단순한 작용중심이 두드러져 온다. 극야와가 타이미르 (Taimyr) 상공에 있는 사이에는 대규모의 한파는 없다. 와가 동서반구로 신장하고, 알류샨고기 압이 서진해서 먼 동해 쪽으로 접근하면, 대류권의 대규모의 남북교환이 시작된다. 이때 시베리 아 상공에서는 극적인 돌연승온현상(突然昇溫現象, sudden warming)이 관측되는 일이 있다.

극동의 천후가 북반구의 원격의 땅의 중심작용에 관계하는 것을 **원격작용**(遠隔作用, teleconnection)이라고 하지만, 초장파나 성층권의 연구가 진전되면 원격작용의 총관적 인상이 한층 분 명하게 될 것이다.

④ 장기예보의 현상과 장래전망

(1) 장기예보의 현상

장기예보의 예보기술은 앞에서 언급한 것과 같이 천후와 순환과의 상관관계나 유사천기도, 주 기적인 변동을 이용해서 대기의 대규모적인 과정을 총관적으로 이해해서 장래의 천후를 예보하 려고 하는 것이다. 실제로는 각종 예보법의 결과를 총합해서, 동서지수나 환류형을 예상하고, 예 상천기도를 만들어서 천후를 예보하는 방식이 취해지고 있다. 그러나 많은 문제를 내포하고 있는 것 또한 부정할 수 없다. 이것은 배경으로서의 대기의 대순환론 그 자체가 진전 도중에 있기 때 문이다.

(2) 장래전망

대순환의 모습을 포착하기 위해서 대류권, 성층권의 입체해석이 추진되어 왔지만, 아열대고기압이나 태풍의 예상은 남북양반구나 열대순환과의 상호작용이 중요해서 자료의 정비가 진행되고 있다. 역학적 방법의 모델에는 약간의 발자취가 있다. 현재의 수치예보의 연장방식에는 열수지가 문제로, 예보의 가능성이 논의되고(Lorentz, 1964 ; Smagorinsky, 1969), 약 2주간이 한계로 되어 있다.

6 ◢ 수치예보

최근의 천기예보의 핵심을 이루고 있는 것은 상층의 예보이지만, 수치예보는 그 논리적인 해결을 겨냥하고 있다. 운동방정식에서 출발하는 방법도 고안되고 있다. 절대와도(absolute vorticity)를 $Z(=\zeta+f)$ 라고 한다면, 와도방정식은 오일러(Euler) 흐름의 표현으로 한다면

$$\frac{\partial Z}{\partial t} = -\left(u\,\frac{\partial Z}{\partial x} + v\,\frac{\partial Z}{\partial y}\right) \qquad (12.1)$$

이 된다.

지표마찰의 영향을 받지 않는 상층의 대기의 운동은 이 식에 의해 나타내어지는 것으로 생각되므로, 이것을 주어진 초기조건의 근본으로 해서 풀면 장래의 상태가 알려진다. 그러나 이 식은 소위 비선형의 미분방정식이기 때문에, 이것을 해석적으로 푸는 것은 곤란하다. 따라서 수치해법에 의하지 않으면 안 된다. 이것이 수치예보(數値豫報, numerical weather prediction)라고 불리고 있는 까닭이다.

우선 $t=t_0$에 있어서 식 (12.1)의 우변 $-\{u\,(\partial Z/\partial x) + v\,(\partial Z/\partial y)\}$가 주어졌다고 하자. 그러면 식 (12.1)에 의해 $t=t_0$에 있어서의 $\partial Z/\partial t$가 주어진다. 거기서 근사적으로,

$$Z_{t=t_0+\Delta t} = Z_{t=t_0} + \left(\frac{\partial Z}{\partial t}\right)_{t=t_0}\Delta t \qquad (12.2)$$

를 풀면, $t=t_0+\Delta t$에 있어서의 $Z\equiv f+\zeta$, 또는 ζ를 알 수 있다. 이 새로운 ζ에서 역으로 u, v를 구한다면, $t=t_0+\Delta t$에 있어서 $(u,\,v)$의 값이 $t=t_0$에 있어서 $(u,\,v)$의 함수로 구해진다. 이와 같은 조작을 N회 반복하면, $t=t_0+N\Delta t$에 있어서의 $(u,\,v)$의 값이 수식적으로 예보할 수 있는 것이 된다.

그런데 여기서 또 하나, 초기치의 부여방식에 관해서 중요한 문제가 있다. 대기의 운동에는 장파와 같이 대규모적인 것이 있는가 하면, 음파나 불연속면의 중력파와 같이 소규모적인 것도 있는데, 와도방정식은 그의 어느 쪽도 해로 포함하고 있다. 그런데 지금 우리들이 요구하고 있는 것은 대규모적인 운동만이다. 그렇기 때문에 음파와 같이 당면의 문제에 무의미한 짧은 파는 사전에 해로 포함되지 않도록 와도방정식을 변형할 수 있다면, 그쪽이 대단히 형편이 좋은 것이다. 이 일을 다른 말로 표현한다면, 와도방정식을 수치적으로 푸는 경우에는 초기치로 주어지는 $-\{u\,(\partial Z/\partial x)+v\,(\partial Z/\partial y)\}$의 값으로 실제의 상황에 가능한 한 가깝고, 정확한 것을 이용해도 반드시 좋은 결과가 기대할 수 없는 것이 되는 것이다. 왜냐하면, 그 경우에는 음파나 중력파와 같이 규모는 작지만 큰 속도를 갖는 현상이 수치계산의 결과로 파괴적인 악영향을 미칠 가능성이 있기 때문이다.

챠니(Charney)는 실제의 풍속을 이용하는 대신에, 정상상태에 있는 것으로 평활화된 지형풍속과 정역학의 기본식을 와도방정식에 넣어서 변형된 와도방정식을 만들면, 중력파나 음파와 같은 작은 요란을 해로 포함하지 않은 미분방정식이 얻어지는 것을 보였다. 이것을 지형풍근사(地衡風近似, geostrophic wind approximation)라 하고, 그것에 의해 변형된 와도방정식을 예보방정식(豫報方程式, prognostic equation)이라고 부르는 사람도 있다.

지형풍속을 u_g, v_g로 한다면,

$$u_g = -\frac{1}{f\,\rho}\,\frac{\partial p}{\partial y},\ v_g = \frac{1}{f\,\rho}\,\frac{\partial p}{\partial x} \tag{12.3}$$

로 주어진다. 그런데 고층천기도를 그릴 경우에는 기압 p 대신에 등압면고도 z를 이용하는 것이 관습으로 되어 있고 편리하므로, p를 z로 표현하는 것을 생각해 보자. 등압면의 xz단면을 따라서는 기압의 변화는 없으므로

$$\delta p = \frac{\partial p}{\partial x}\,\delta x + \frac{\partial p}{\partial z}\,\delta z = 0 \tag{12.4}$$

가 성립한다. 이것에 정역학의 기본식

$$\frac{\partial p}{\partial z} = -\rho\,g \tag{12.5}$$

를 대입하면,

$$\frac{1}{\rho}\,\frac{\partial p}{\partial x} = g\,\frac{\partial z}{\partial x} \tag{12.6}$$

를 얻고, 같은 방법으로 등압면의 단면 yz에 대한 고찰에서,

$$\frac{1}{\rho}\,\frac{\partial p}{\partial y} = g\,\frac{\partial z}{\partial y} \tag{12.7}$$

를 얻는다. 이 등압면고도 z를 이용하면 식 (12.3)의 지형풍은

$$u_g = -\frac{g}{f}\frac{\partial z}{\partial y}, \ v_g = \frac{g}{f}\frac{\partial z}{\partial x} \tag{12.8}$$

이 된다[식 (9.27)을 참조].

그리고 식 (12.8)을 사용하면, 와도 ζ는,

$$\zeta = \frac{\partial v_g}{\partial x} - \frac{\partial u_g}{\partial y} = \frac{g}{f}\left(\frac{\partial^2 z}{\partial x^2} + \frac{\partial^2 z}{\partial y^2}\right) \equiv \frac{g}{f}\nabla^2 z \tag{12.9}$$

가 되고, 절대와도 Z는

$$Z = f + \frac{g}{f}\nabla^2 z \tag{12.10}$$

가 된다. 식 (12.8), 식 (12.9), 식 (12.10)에 의해 고층천기도, 즉 등압면의 고도분포도에서 지형풍속이나 지형풍근사의 와도가 구해지는 것이 되었다. 그래서 와도방정식 (12.1)은 지형풍근사를 이용하면,

$$\frac{\partial Z}{\partial t} = -\left(u\frac{\partial Z}{\partial x} + v\frac{\partial Z}{\partial y}\right) = \frac{g}{f}\left(\frac{\partial Z}{\partial x}\frac{\partial z}{\partial y} - \frac{\partial Z}{\partial y}\frac{\partial z}{\partial x}\right) \equiv \frac{g}{f}\frac{\partial(Z, z)}{\partial(x, y)} \tag{12.11}$$

가 된다. $\partial(Z, z)/\partial(x, y)$는 Z, z의 야코비안(Jacobian) 이다[소선섭 외 3인, 2012 : 역학대기과학 주해. 공주대학교 대기과학과 출간, 제5장 단열도, 식 (5.1) 69쪽 참조].

식 (12.10), 식 (12.11)이 수치예보의 기본이 되는 식이다. 실제의 수치예보의 수속은 여기서는 언급하지 않지만, 챠니 등은 수치계산을 전자계산기에 의해 수행해서 실제 상층의 모양 예보에 상당하는 성공을 이루었다.

좀 더 자세하게는 『소선섭·소은미, 2011 : 역학대기과학. 교문사, 제Ⅴ부 예지의 제18장 수치예보』를 참조하기 바란다.

7 천기예보의 해석과 활용

① 천기도의 해석

천기도의 해석은 관측된 자료를 근거로 목적에 적합한 대기 중의 요란을 표현하는 것, 또는 대기의 상태를 파악하기 위해서 필요한 기상요소의 분포상황을 그림으로 나타내는 것이다. 일반 예보에 이용되는 천기도에서 그림을 그리는 요소는 그림을 원칙으로 기상요소의 등치선을 이용해서 나타낸다. 해석을 위해서 필요한 지식은 관측치의 신뢰를 아는 것과 요란의 대기과학적 구

조에 대해서의 지식과 견문이다.

　관측치의 확신은 관측관측기기의 정밀도와 관측수법, 경우에 따라서는 관측치의 전송수법에 의존한다. 요란의 일반적 구조에 관한 지견은 그려지는 기상요소와 다른 요소와의 대기과학적 관계를 만족하도록 그리기 위해서의 기초지식으로 중요하다. 해석의 순서로는 전후의 시간적 연속성을 유지하기 위해서(이 경우, 요란의 수명을 고려할 필요가 있다), 가장 최근의 천기도에 근거해서 요란의 이동과 발달경향을 생각해서, 해석하는 시각에서의 요란의 예상위치를 표시해 둔다. 그 위에 관측치에 근거해서 등치선을 그린다. 이것은 단순한 비례배분이 아니고, 대기과학적 구조가 명확하게 되도록 다른 요소도 보면서 그리지 않으면 안 된다.

　특히 중요한 것은 고·저기압의 중심이나 전선과 같은 특이점·특이선의 해석이다. 고·저기압은 원칙으로 기압중심과 바람의 특이점이 일치하지만, 전선의 경우는 온도경도의 급변하는 선과 바람의 수렴선과는 꼭 일치하지는 않는다. 전선위치의 결정 때, 이것을 어느 정도 고려할까 등 세심함은 해석의 목적이나 그림의 크기에 의존한다. 요소의 등치선의 묘화에 있어서 그림의 목적으로 하는 이상의 세부의 표현에 구애되면 요란이나 대기구조의 파악이 곤란하게 된다.

　계산기를 이용한 객관해석에서는 해석시각에 가장 근접한 예보결과를 제1차근사로서 이용하고, 주위의 관측결과도 고려해서 대기과학적 구조를 정리해서 묘화가 수행된다. 예보결과를 이용하는 것에 의해, 필요 이상의 미세한 요란은 잡음으로 버리게 된다.

② 천기예보의 원리

　천기를 예측하는 방법도 시대와 함께 변하고, 또 경우에 따라서도 달라진다. 옛날에 천기는 서쪽에서 동쪽으로 이동한다고 하는 경험칙과 등압선형에 의해 천기예보가 수행되었다. 현재에는 우선 장래의 지상, 고층의 기압배치를 외삽 또는 수치예보방식(數値豫報方式)으로 예상하고, 그리고 나서 천기를 판단한다고 하는 방침을 취하고 있다. 이것은 일반적으로 기압배치는 규모가 크고, 변화가 규칙 정연하므로 예상하기 쉽지만, 천기는 규모가 작고, 지형 등의 영향을 크게 받아서 변하기 쉽고, 장시간 앞의 예측이 어렵기 때문에 기압배치와 각지의 천기와의 관련에서 천기를 예측하려고 하는 것이다. 예상된 기압배치에서 각지의 천기를 판단하기 위해서는 주로 기압배치의 경우의 천기의 분포상황을 조사해 둘 필요가 있다. 이것을 천기도형(天氣圖型)이라고 하고 있다.

　겨울철에 대부분 서고동저형 또는 겨울형, 여름철에는 주로 남고북저형 또는 여름형, 장마에는 주로 장마형, 봄이나 가을 경에는 주로 이동성고기압형, 춘삼월 등에는 주로 동지나해저기압형, 가을에는 북동기류형 등이 그 예이다.

　또한 예상천기도에서 천기를 판단하는 경우에는 사전에 과거의 관측을 통계적으로 분석하고, 관계식을 만들어 놓아서 그것에 의해서 판단하는 일도 있다. 이것을 객관적예보(客觀的豫報)라고 한다. 또 천기예보는 보통 「북쪽의 풍청, 기온은 높음」이라고 하는 것과 같이, 정성적인 표현을 하는 일도 많았지만, 풍속은 매초 몇 m, 기온은 몇 C, 습도는 몇 %라고 하는 것과 같이 정량적으로 예측하는 일도 있어, 이것을 **양적예보**(量的豫報)라고 말하고 있다. 수량적이므로, 목적에 따라서는 이용가치가 크다.

천기의 예측에는 고층천기도도 중요하다. 천기나 저기압 등은 고층대기의 큰 흐름을 타고 이동하는 경향이 있어, 이것을 **지향**(指向: 지정한 방향을 나아감, 또는 그 방향, steering)이라고 한다. 이 지향이 이용되어 500 hPa 의 고층천기도 등이 이용되고 있다.

또한, 예보의 기간에 의해 천기예보의 방법도 달라진다. 장기예보에서는 5일 평균, 1개월 평균의 천기도가 이용되고 있고, 주기성을 이용하는 방법, 통계적인 방법 등이 주로 이용된다.

③ 천기예보의 이용과 적중률

천기예보는 여러 가지 계획을 참고로 해서 내는 것이므로, 기상관서에서 만들어진 예보문을 가능한 한 빨리 알리는 것이 필요하다. 옛날에는 천기예보의 깃발을 내 건다든가, 신문에 의해 알리는 방법 외에는 없었지만, 그 후는 라디오 방송이 시작되어 천기예보도 방송되게 되었으므로 단기간에 넓은 범위에 도달하게 되어 그 가치가 커지게 되었다. 더욱이 그 뒤에는 텔레비전 방송이 시작되어 천기도 등도 최근의 것을 볼 수 있게 되었다. 천기예보는 적중률이 높은 것이 바람직하지만, 완전히 적중하는 예보를 내는 것은 불가능해서 천기예보를 이용하는 경우에는 이를 염두에 둘 필요가 있다.

예보의 성적은 기후적인 적중률, 예를 들면 여름철에는 맑은 날이 많다든가, 겨울철의 동해쪽은 눈이 오는 날이 지속된다고 하는 자연적인 적중률 차이를 내는 방법, 또 사회가 받아들일 느낌을 참조해서, 맑으므로 예보해서 맑음이라면 100점, 흐림이라면 60점, 비라면 0점이라고 하는 것과 같은 기준을 근거로 자세한 채점표를 만들어, 예보와 실황을 비교하는 채점표 등이 있다. 단기예보의 성적은 여름과 겨울은 좋고, 봄과 가을은 비교적 나쁘다. 특히 장마철은 전선대의 강약이나 위치의 근소한 어긋남으로 전혀 천기가 다른 일이 있어 성적이 나쁘다. 현상에서는 채점표에서 월평균 85점 이상의 성적을 항상 유지하는 것이 어렵다.

천기예보의 가치는 적중률만으로 결정되는 것이 아니고, 이용의 형태도 크게 관여한다. 선박이 태풍을 피하는 경우, 배를 피하는 것은 그다지 경비가 들지 않으므로, 태풍예보의 적중률이 높지 않아도 예보에 따라서 배를 피하면 조난을 피할 수가 있어 큰 이익이 된다. 그러나 태풍의 피해를 막는 데에 큰 비용을 필요로 하는 경우 예보가 빗나가면 쓸데없는 비용을 지출하는 것이 되므로, 적중률이 낮을 때에는 예보를 이용하면 도리어 해가 된다. 즉, 천기예보를 이용하는 경우의 조건에 따라서, 같은 적중률의 천기예보에서도 이용하는 쪽이 이익이 되는 경우와 손해가 되는 경우가 있다. 1 mm 이상의 강수가 일어나는 확률을 표현한 강수확률예보가 있는 것도 이 때문이다.

태풍의 진로예보의 오차는 예상진로의 범위를 2개의 선으로 표시하고 있다. 예를 들면 12시간 후라든가 24시간 후에 도달하는 위치를 호상(활등처럼 굽은 모양)의 선으로 나타내고 있었지만, 일정의 시간 후에는 태풍중심의 도달이 예상되는 범위를 원으로 표시하도록 되었다. 이것을 **예보원**(豫報圓)이라고 한다. 더욱이, 예보원의 주위에 **폭풍경계역**(暴風警戒域)을 실선의 원으로 표시하고, 예보원은 점선의 원으로 나타내게 되었다. 폭풍경계역이란 태풍의 중심이 예보원 내에 나아갔을 때 폭풍역(평균풍속으로 대략 25 m/s 이상의 바람이 불고 있다고 생각되어지는 범위)에 들어갈 가능성이 있는 범위를 말한다. 또한 예보원은 오차의 정도를 나타내는 것으로, 이 원 내에는 태풍이 들어갈 확률은 약 70%, 즉 3회에 1회 정도는 태풍의 중심이 원 밖으로 나가는 것도 있다.

천기예보의 내용은 이용하는 목적에 따라서 달라지는 것으로 일반으로의 천기예보는 기상관서가 내지만, 특수한 목적에 따른 천기예보는 민간 기상회사가 위탁에 의해 낼 수가 있다.

연 습 문 제

01 천기도란 무엇이고, 어떻게 만들어지는지 설명하라.

02 천기예보의 종류, 역할, 이용가치 등을 설명하라.

03 예상천기도란 무엇인가?

04 수치예보의 출현과 발달, 그리고 그 역할과 현재 천기예보에서 차지하고 있는 비중을 기술하라.

05 단기예보의 종류와 그들의 내용을 설명하라.

06 장기예보의 기간과 그의 중요성을 말하라.

07 천기예보의 이용가치와 그의 적중률을 설명하라.

13 응용기상

기상학은 그 자체가 실제로 소용이 되는 학문의 경향을 가지고 발전해 왔지만, **응용기상학**(應用氣象學, applied meteorology)도 그와 같은 시점에서 본다면 별반 다르지 않다. 이것은 대단히 넓은 분야를 가지고 있으므로, 이 장에서는 그중에서 몇 개의 중요한 부분을 뽑아서 그중 중요한 분야의 예를 들면 생활기상이나 생기상학 등을 소개하고 싶다.

인간과 기상과의 관계는 수동적인 것과 능동적인 것으로 크게 구별할 수 있다. 순화는 전자로, 일상생활에 천기예보의 이용이나 적지적작을 위한 기후자료의 참조 등은 이것에 포함된다. 후자는 인공강우나 태풍제어와 같이, 인간이 대기에 제동을 걸어 이것을 바꾸어 고치려고 하는 것이므로, 이것에 도전하는 것은 특히 자연의 숭고함에 대해 존중하는 태도를 잊어서는 안 될 것이다.

1 응용기상의 총론

1 응용기상의 정의

응용기상이란 무엇일까? 어떻게 정의해야 할 것인가에 대해서는 지금까지도 다양한 목소리가 있었지만, 『응용을 목적으로 한 기상』 또는 『기상의 지식을 응용하다』라고 하는 것이 대체적으로 일치하는 견해인 것으로 생각된다.

이들의 설에 이의를 달 생각은 없지만, 너무나 간단하고 추상적이어서 여기서는 조금 실제적인 면에서 응용기상에 대해 고찰해 보려고 한다.

대기현상과 관련된 분야는 정말 많은 기술에 걸쳐 있어서, 인간생활의 거의 모든 분야는 그것이 산업이든, 생활이든, 기술이든, 각각 다소라도 기상의 영향을 받고 있다. 기상이란 거의 관계없는 것처럼 보이는 경제활동도 기상의 영향을 받고 있어서, 날이 개고 비가 옴에 따라서 매월의 매출이 영향을 받을 뿐만 아니라, 주가의 변동도 계절에 따라, 기상의 이상에 따라서 크게 변화하고 있다. 인간의 사고활동도 기상에 의해 좌우될 뿐만 아니라, 안개 등에 의해 차단된 환경 하에서는 정상적인 사고를 기대할 수 없는 일이 많다.

이와 같이 기상이 영향을 미치는 분야는 많고, 그 분야에는 모두 『기상을 응용한다』라고 하는 것이 가능하고, 이런 의미에서 응용기상도 확대된다. 우리들은 단지 그중에서 농업이라든가 항공이라든가, 비교적 직접 기상과의 관련이 깊은 분야를 가지고 일단 응용기상의 범위로 하고 있는 것에 지나지 않는다.

기상과의 관련을 과학적 방법에 의해 규명하려고 한다면 거기에 학적인 체계가 태어나므로, 예를 들면 항공기상학과 같이, 「학」의 이름을 가지고 불리게 된다. 이 경우, 항공기상학이란, 「항공에 필요한 기상의 지식」이 아니다. 항공과 기상과의 관련의 분야를 대상으로 한 하나의 학문의 분야이어서, 단지 「기상」의 지식의 범위에 멈추는 것이 아니다.

오히려 항공기상학이란, 어떻게 하면 안전한 항공기의 운항이 가능할까, 혹은 경계적인 운항을 할 수 있을까라고 하는 운항상의 명제를 따라서 기상을 이용하는 것이 항공기상학의 목적이 된다.

이것은 다른 경우, 예를 들면 농업기상학에서도 마찬가지이다. 농업의 생산을 높이는 데에는, 어떻게 기상을 이용하면 좋을까가 그의 목적이 된다.

그것은 항공 혹은 농업에 필요한 기상의 지식이라고 하는 것에 머물지 않는다. 양자의 관계를 규명함에 의해서 항공 또는 농업상의 목적에 따른 새로운 분야가 전개되는 것이다. 기상지식에 대한 조예가 아무리 깊어도, 그것만으로는 항공기상이든 산업기상에 조예가 깊다고는 말할 수 없다. 항공이나 농업의 분야를 알고, 그들과 기상과의 서로의 관련성을 깊이 앎으로써, 비로소 응용기상의 분야가 열리는 것이다.

이상과 같은 의미로, 응용기상의 분야로 하나의 통합을 가진 것은 산업의 면에서는 농업기상, 공업기상, 전력기상, 상업기상, 수산기상이 있고, 교통의 면에서는 항공기상, 해상기상, 도로기상 등이 있다. 그 외에 의료의 면에서는 위생기상, 수문관계에서는 수문 또는 수리기상이 있고, 더욱이 생활의 면에서는 생활기상이 있고, 최근 환경의 분야에서도, 환경기상 등의 말이 사용되어 왔다.

응용기상의 분야는 분명히 기상지식이 응용분야라고 하는 견해는 확실하지만, 그의 목적은 기상을 떠나서 응용되는 분야의 목적에 합치되어야 한다. 기상의 지식을 농업에 응용함으로써 농업기상이라고 하는 새로운 분야가 태어나는 것이지만, 농업기상의 목적은 「농업」의 생산을 높이는 것이어서 「기상」에서 떨어져버리고 마는 것이다.

이와 같이 생각해 보면, 응용기상의 대상이 되는 분야는 학문의 체계 속에서는 자연과학이라고 하기보다는 응용과학의 분야가 주된 것이라고 하는 것이 분명하게 된다. 응용과학이라고 일컬어지고 있는 농학, 공학, 의학 등과 기상과는 대단히 친숙하기 쉽다. 이런 의미에서 생각하면, 응용기상의 「응용」은 응용과학의 「응용」이고, 응용과학과 대기과학과의 연결된 것이 응용기상이라고 하는 정의도 성립하는 것같이 생각된다.

응용기상 속에는, 기후학, 천기예보론, 계절학을 넣는 일도 있지만, 그들은 오히려 기상학과 동일한 범위에 넣어야 할 것으로, 위에서 말한 의미의 「응용」과는 의미가 다른 것으로 생각할 수도 있다.

② 응용기상의 목적

기상이 산업이라든가 교통이라든가 하는 것들과 연관되어서 응용기상의 분야가 생긴 것이라고 해도, 그 연결방법은 각양각색이다. 예를 들면 농업기상이라고 해도, 작물기상의 분야에서는 농작물의 생산성을 높이는 일을 목적으로 하고 있어 냉해, 상해(서리의 피해), 한해(가뭄의 피해) 등의 농업기상재해의 분야에서는 농작물을 재해에서 보호한다고 하는 방재를 목적으로 한 분야도 있다. 교통산업, 예를 들면 항공 또는 해운과 기상과의 연관성은 교통의 안정성의 향상을 목적으로 할 뿐만 아니고, 운항의 효율화도 하나의 큰 목적으로 기상과 관련되어 있다. 큰 전쟁 후의 항공기의 운항은 제트기류를 이용하는 것에 의해 운항의 효율화를 도모함과 동시에, 경제성의 향상에도 기상이 크게 이용되어 왔다.

이상과 같이 응용기상이 이루어내는 역할은 기능별로 보면 생산성, 안전성, 경제성, 방재효과, 효율 등의 향상이나 증진에 응용기상이 이용되고 있는 것을 알 수가 있다.

기상의 효용이라고 하면, 바로 천기예보가 떠오르지만, 거기에 덧붙여서 각 부문에서 응용기상이 담당하고 있는 이들의 역할은 사회, 경제, 문화 등에 큰 기여를 하고 있다고 말 할 수가 있다.

기상청의 행정기능은 기상업무법이라고 하는 법률에 의해 정해져 있다. 그 제1조에 기상업무의 목적이 강조되어 있지만, 그것에는 재해의 방재, 교통의 안전확보, 산업의 성장 등 공공의 복지의 증진에 기여하는 것이, 기상업무의 목적으로 되어 있다. 이 일은 말할 것도 없이, 응용기상이 지향하고 있는 목적과 일치하고 있다.

기상학의 목적은 기상의 법칙을 발견한다고 하는 순학문적인 일이지만, 실사회와의 관련에 있어서의 응용학으로서의 기상의 목적은 마치 응용기상이 지향하고 있는 바로 그것이다.

③ 응용기상의 미래

응용기상은 기상과 관련되는 응용과학이 진보하면 할수록 그 서로의 관련성도 깊고 복잡하게 되어 간다. 항공을 예로 든다면, 큰 전쟁 전과 후에는 항공기상학에는 완전히 큰 격차가 있다. 그것은 주로 항공기의 진보에 수반되는 것이다. 옛날에는 성층권을 나는 비행기는 없었고, 그 항공거리도 현재와 비교하면 비교가 되지 않을 정도로 짧았다. 현재 항공기상대에서는 각 고층의 천기도를 몇 장이든 그려서 대기의 **입체구조**를 해석하고, 또 제트기류의 입체적인 위치를 추적해서 항공기의 운항 편을 도모하고 있다. 음속기가 취항한다면 더욱 높은 고도의 기상을 해석하는 일이 필요하게 될지도 모르는 일이고, 또 공기의 충격파 등의 예지대책(豫知對策)이 기상상의 문제가 되는 것도 생각할 수 있다.

또 이 「응용기상」의 최후에 언급된 「천후의 제어」 등은 인류의 큰 꿈이고, 응용기상의 마지막 목적일지도 모른다. 대기대순환의 모의가 진행되고 그 원인이 규명된다면, 대기의 순환계에 인위적인 변화를 부여하는 것도 꿈으로 사려져 버릴지도 모른다. 아프리카나 인도 등의 큰 가뭄도, 고위도지대의 냉해도 언젠가는 완화될 수 있는 방책이 발견될지도 모른다.

2 수문기상

수문기상학(水文氣象學, hydrometeorology)이란, 수리시설을 설계하기 위해서 큰 비나 증발의 연구라고 하는 좁은 의미에서부터, 수문학(hydrology)과 기상학을 포함시킨 넓은 분야까지, 여러 가지 다른 의미로 이용되는 단어이다. 수리기상학이라고도 불리는 일도 있지만, 수리기상학(數理氣象學, mathematical meteorology)과 한국어로 발음이 같으므로 사용하지 말고, 수문기상학만으로 부르기로 하자.

연구자나 기술자에 의해 수문기상학에 포함되는 대상은 상당히 다르지만, 여기서는 주로 대기중에서 지표에 도달한 비와 눈이 증발하기도 하고, 침투유출해서 하천의 흐름이 되는 과정을 다루는 것으로 하자.

강우와 하천유량의 관계는 옛날부터 잘 알려져 있다. 예를 들면 인도에서는 기원전 4세기경 이미 우량의 관측이 행하여졌다고 한다. 그러나 수문학 상의 경험적인 사실을 설명하기 위해 많은 가설이 제창된 것은 19세기말부터 20세기의 초기에 걸쳐서였고, 더욱 근대적인 과학으로의 발전은 1930년대 이후였다. 근대사회에 있어서는 환경평가 및 수자원의 효과적인 이용과 재해대책 상의 요청에 입각해서, 이 분야의 급속한 개발이 강하게 기대되는 일이 되었다. 유네스코가 내세운 IHD(국제수문 10년 개획, 1965~1974)는 그의 하나의 증명이 된다.

1 강수·융설·증발

강수나 적설의 장소적인 분포는 수목 등에 의해 차단, 융설, 지표면의 저유, 지하로의 침투, 대기 중으로의 증발산 등의 현상을 대기과학적으로 취급할 수가 있다. 그래서 지금까지 한 지점 또는 비교적 좁은 집수역에서 많은 연구가 이루어지고 있다. 그와 같은 연구의 성과는 더욱이 넓은 지역의 물의 수지를 정성적 또는 정량적으로 견적하기 위해서 도움이 된다. 그러나 집수역은 일반적으로 균질하지는 않기 때문에 어떤 장소에서 성립하는 관계는 더욱 넓은 지역에 그대로 적용할 수는 없는 것이다.

(1) 우량의 분포

어떤 지역에 몇 개의 우량관측점을 배치해서 지역의 총우량 또는 평균우량(면적우량, 지역우량)을 구할 때의 오차는 관측점 수의 1/2~1/3 거듭제곱에 역비례한다. 그 관계는 지형의 복잡함, 기후조건, 대상으로 하는 강우기간의 길이 등에 의해 달라진다.

우량의 표고, 사면방위, 해안에서의 거리, 강우를 가져오는 요란의 기상학적 특징 등에 의해 통계적인 차이를 나타내는 일이 많다. 이와 같은 우량분포의 규칙성을 이용해서, 면적우량의 추정정밀도를 높이려는 방법이 여러 가지로 고안되고 있다.

(2) 적설의 분포

집수역의 적설총량 또는 평균적설량을 아는 데에는 종종 산지의 적설을 추정할 필요가 생긴다. 적설의 실지답사나 항공사진에 의한 적설조사가 이 목적을 위해서 행해진다. 또 더욱이 넓은 지역에 대해서의 적설상태를 아는 데에는 인공위성에 의한 지표면 사진이 이용될 수 있다.

산악사면의 적설은 그림 13.1에 나타내는 것과 같은 특징을 나타내는 일이 자주 있다. 또 같은 사면이라면 적설의 깊이와 적설수량 사이에는 많은 경우 거의 일차적인 관계가 발견된다. 평탄한 맨땅에 비교해서 사이가 뜨고 성긴 침엽수림의 적설은 90%, 조밀한 수림에서는 60% 정도의 적설이 된다. 골짜기의 가운데나 평탄한 곳보다 산등성이의 적설이 적은 것은 말할 것도 없다.

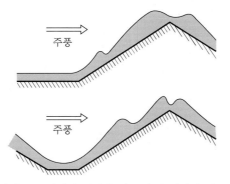

그림 13.1 **산악사면의 적설분포** 전면이 평야의 경우(위)와 산악이 있는 경우(아래), 吉田에 의함

적설의 실지답사(snow survey, 적설측량) 결과에서 적설의 지역총량을 구하는 데에는 이들의 특징을 생각해서 지역을 구간으로 나누어, 구간별로 적설의 고도분포와 등고선 간의 면적을 구한다. 적설의 총량은 고도별의 평균적설수량과 대응하는 면적을 곱해 서로 더한 것이다. 이 방법은 **등적설수량면적법**(等積雪水量面積法)이라고도 한다.

(3) 융설

자세하게 보면, 융설의 과정은 대단히 복잡하지만, 융설량의 추정에는 다음의 어느 쪽인가의 방법이 잘 응용된다.

- **열수지법**(熱收支法) : 설면의 알베도를 β, 수평면에 입사하는 직달일사량과 산란일사량의 합을 Q, 실효방사를 R, 공기에서의 열의 유입을 Q_k, 수증기의 증발과 응결의 잠열을 Q_p로 한다면, 융설수량(h_c)는

$$h_c = \frac{1}{8}\left\{(1-\beta)\,Q - R + Q_k \pm Q_p\right\} \tag{13.1}$$

이 된다. β, Q, R은 측정가능해서, ($Q_k \pm Q_p$)는 기온과 풍속의 관측치에서 추정할 수 있다.

- **도일법**(度日法, degree day method) : 어떤 날의 융설량을 일평균기온의 어는점 이상의 값으로 나눈 것이 대체로 일정하다고 하는 경험적인 사실을 응용한다. 그 값은 **도일융설계수**(度日融雪係數) 등으로 불리고, 대체로 2~6 mm/C・일의 범위에 있다. 예를 들면 일평균기온이 1.0 C라면, 융설의 하루 양은 2~6 mm 이다.

(4) 증발

호수나 저수지에서의 증발량 또는 지표면에서의 증발산량의 추정은 일반적으로 대단히 어렵다. 지금까지 물질 또는 에너지의 보존법칙에 근거한 물수지법이나 에너지 수지법 또는 난류수송이론 즉, 공기역학적 방법이 실지에 적용되고 있다.

그림 13.2는 방사량・기온・습도・풍속을 가정했을 때, 깊이가 다른 호수의 증발량이 연간으로 어떠한 변화를 나타낼까, 열수지법으로 추정한 결과이다. 이 그림에서 얕은 호수면에서의 증발은 난후기의 7월에 정점이 있지만, 깊어질수록 정점이 늦어지는 상태를 알 수가 있다. 또 연변화의 진폭은 깊은 호수일수록 크다.

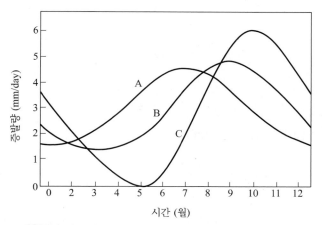

그림 13.2 **깊이가 다른 호수의 증발량의 연변화** A : 수심 3 m, B : 수심 30 m, C : 더욱 깊은 호수, 山本에 의함

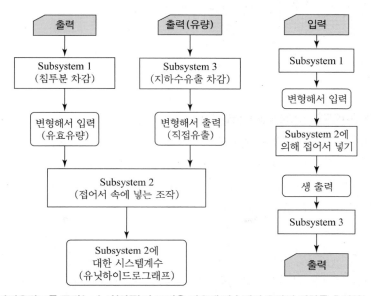

그림 13.3 **단위유량도를 구하는 순서(왼쪽)와 그것을 이용해 강수에서 유량의 변화를 추정하는 순서(오른쪽)**

② 유출현상과 유량예보

강수의 지하로의 침투와 하천으로의 유출은 한 지점 또는 비교적 좁은 시험지에서 하나의 의미로 추적이 가능하다. 넓은 집수역을 취급하는 경우에는 강수 → 유출의 대기과학적인 인상을 만족시킬 모델을 생각한다. 그 대표적인 것으로 **단위도법**(單位圖法)과 **직렬형저유모델**(直列型貯留 --)이 거론된다. 이 경우, 실제로 측정할 수 있는 것은 입력한 강수와 출력된 유량만으로, 표면유

출·중간유출·지하수유출 등이 어떻게 되어 있는가를 알 수가 없으므로, 모델이 실체에 맞고 있다고 하는 보증이 없다. **비선형유출해석법**(非線型流出解析法)은 모델의 임의성을 피하기 위한 시도의 하나이다.

단위유량도(單位流量圖, unit hydrograph)는 1932년에 셔만(Sherman)이 제창한 것으로, 어떤 강우에 의한 전유출량은 그 강우의 유효우량에 비례하고, 유량의 시간적 변화의 모양은 항상 변하지 않는다고 하는 가정에 근거한다. 단위유량도를 구하는 데에는 강수량에서 증발 등의 손실분과 심층으로의 침투분을 차감한 것과, 유량에서 지하수유출을 제외한 것을 비교해서 차례를 따라 수정하는 방법이 잘 이용된다(그림 13.3 참조).

스가와라의 직렬형저유모델은 하방과 측면에 유출구를 가진 몇 개의 용기를 직렬로 배치해서 집수역을 모의하고, 최상단의 용기에 강수를 넣었을 때의 유출을 구하는 방법이다. 유출의 비선형법을 나타내는 데에 형편이 좋지만, 각각의 용기의 상수를 정하는 데에 잔손질의 수고가 든다.

원격측정장치 등에 의해 시시각각의 유역우량을 안다면, 그 값을 유출모델의 입력으로 하류측 수지점의 유량의 변화를 예상할 수 있다. 유량을 수위로 원래대로 고치는 데에는 수위유량곡선을 사용한다. 이 방법은 홍수예보 등에 유효하게 응용되고, 적절한 유량예보치가 있다면 출수의 예보시간을 길게 할 수가 있다.

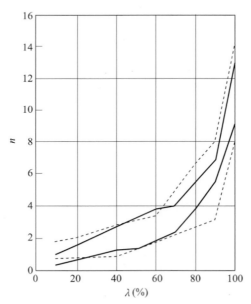

그림 13.4 지역마다 다른 $\lambda - n$ 곡선의 예

③ 통계수문학

물을 이용하는 일이라든가 홍수대책을 위해서 댐이나 제방(둑) 등을 만들기도 하고, 수리시설을 운용하는 기준을 정할 때, 어떤 장소의 고수·저수의 도수와 계속시간이 필요하다. 충분히 긴 기간에 걸쳐서 수위유량의 균질한 관측치가 있다면 이 목적에 이용할 수 있다. 그러나 일반적으로 우량이나 적설에 비교해 수위·유량의 관측치의 연수는 짧고, 또 집수역이나 측수의 조건이 변해서 균질성이 유지되지 않는 일이 있으므로, 보조자료로서 우량 등의 통계치를 사용하기도 하고, 강수 → 유출의 모델에 의해 강수량을 유량으로 변환한 값이 이용된다.

댐을 구축해서 저수지를 만들었을 때, 평균해서 이용할 수 있는 수량을 강수량의 관측치에서 견적하는 방법 중 하나인 $\lambda - n$ 곡선법이 있다. 매월 사용하는 수량을 $q\,mm$으로 한다면, 연간을 통해서 이 사용량을 확보하는 데에 필요한 저수지의 용량은 $V = n\,q$로 표현된다. n은 저수지 용량이 이용수량의 몇 개월분에 해당하는가를 나타내고, q를 누적연평균강수량의 $\lambda\%$로 한다면, λ의 함수이다. 다른 조건이 같다면, 동일의 λ에 대해서 n의 값이 작을수록, 저수지는 경제적이다. 실제의 관측치로 만든 $\lambda - n$ 곡선을 보면, λ가 약 70%를 넘으면 n이 급하게 커지는 경향을 나타내는 일이 많다(그림 13.4 참조).

하천유량의 연변화의 특징은 집수역의 수리지질특성에도 의하지만, 수원지대의 강수량과 융설 조건에 크게 좌우된다. 그림 13.5는 가로축은 강수량, 세로축은 유출량을 잡고, 유출률을 100%로 다시 고치고, 강수와 유출의 계절에 의한 변화의 형을 분류한 것이다. (b), (c)와 같이 한랭다설

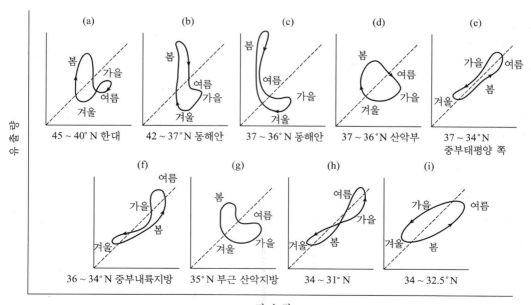

그림 13.5 강수량과 유출량의 연변화

지에서는 강수량이 적은 봄, 집수역에 저장되어 있던 적설에 의한 유출이 탁월하고, (e)나 (h)에서는 다우기와 풍수기가 일치하고 있는 것이, 이 그림에서 잘 알 수가 있다. 이와 같이 해서 강수량과 유출량으로 구분하면 각 지역의 특색에 맞는 분류가 가능하게 된다.

3 항공기상

여러 교통기관 중에서도, 기상의 영향을 가장 받기 쉬운 것은 역시 항공기일 것이다. 비행시간·소비연료 등이 바람이나 기온에 좌우될 뿐만 아니라, 이착륙의 가부랑 비행의 안정성에 이르기까지 기상조건을 무시할 수는 없는 것이다.

항공기의 운항에 관련되어 있는 기상을 **항공기상**[航空氣象, aeronautical(aviation) meteorology]이라고 하고, 응용기상의 한 분야로 취급하고 있다. 항공기의 운항에 필요한 기상정보는 광역적·수량적인 것임과 동시에, 그 정보는 신속성을 중요시하고 있다. 정보의 내용은 항공기 및 그 비행에 직접 영향을 주는 요소, 즉 바람, 시정, 악천, 운저의 높이, 기온, 기압과 그들의 변동에 관한 관측치, 예보치이다. 난기류 등도 포함되고, 근년에는 바람전단(wind shear)이나 대기 중에 부유하는 화산분연에 관한 정보 등도 내도록 되어 있다.

1 비행계획

비행기는 끊임없이 바람에 흘러가지만 그 영향은 비교적 저속도의 피스톤기 쪽이 크다. 제트기는 기온이 높으면 물체를 운동방향으로 미는 힘이 저하해서 활주거리가 길어지고, 적재중량이 제한되는 일도 있지만, 공기밀도가 작고 높은 공중을 빠른 속도로 비행하는 쪽이 경제적이므로, 쫓는 바람을 효과적으로 이용하는 것이 중요한 문제이다. 비행계획은 이와 같이 비행기의 성능과 바람이나 기온 등의 조건을 알고 목적지에 도달하는 가장 유리하고 안전한 코스를 결정하고, 비행시간·탑재연료 등을 산출하는 것이다.

천기도를 이용해서 최적항로를 정하는 일을 **기압배치비행**(氣壓配置飛行)이라 하고, **단일편류보정법**(SDC 법)과 **파동전진법**(WFM)이 있다. 소비연료나 악천후역의 회피까지 고려해서 놓기에는 **항로공간법**(航路空間法)을 이용한다.

단일편류보정법(單一偏流補正法, SDC 법)은 출발지와 도착지의 비행고도등압면의 높이의 차를 비행기의 대기속도로 나누고, 그 값에 따라서 도착지의 위치를 수정해서 비행 중의 기수방위를 구하는 방법이다. 비행기가 지형풍(지균풍)에 의한 편류(비행기가 바람 때문에 수평으로 밀려 항

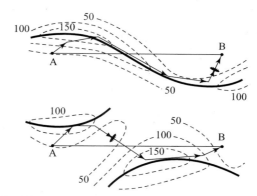

그림 13.6 제트기류를 이용한 출발지 A에서 목적지 B에 도달하는 코스 점선은 상공의 등풍속선으로 숫자는 노트 (knot), 굵은 실선은 제트기류의 축, 根本順吉 외 7인(1979)에 의함

로를 벗어나는 일)를 받는 것을 가정했으므로 가정이 성립하면, 계산한 기수방위로 비행하면 목적지의 상공에 도달한다.

파동전진법(波動前進法, WFM)은 비행시간의 최단코스를 구하는 방법으로, 시파선법(時波線法) 이라고도 한다. 지도 상에 우선 무풍시에 출발지에서 1시간으로 도달할 수 있는 원호를 그리고, 다음에 목적지 방향의 양쪽 3에서 5의 방향에 대해서 바람의 영향을 가감하고 1시간 후의 예상 도달지점을 구해 부드러운 곡선으로 연결한다. 2시간 후의 최원도달선(시점선)은 이 곡선 상의 몇 개의 점에서 출발하고 같은 순서로 곡선을 그리면, 그들의 포물선으로 표시된다. 이와 같이 이어서 목적지에 도착할 때까지 시점선을 그린다. 코스를 정하는 데에는 역으로 목적지까지 바람의 영향을 넣어서 시점선을 더듬어올라가면 된다(그림 13.6 참조).

이상의 방법은 항로에 여유가 있는 경우에 이용할 수 있는 것이지만, 혼잡한 경로에서는 사전에 몇 개의 코스를 고정하고, 기상조건에 따라서 그의 어느 것인가를 선택하게 되는 것이다.

주된 항공로에 사용되고 있는 음속 이하의 제트기의 순항고도는 200 hPa(약 12 km) 정도이다. 이것에 대해서, 실용단계에 계속 들어가고 있는 마하(Mach) : 2~3의 초음속여객기(SST)는 순항고도가 50 hPa(20 km 이상)의 고도에서, 항공기에도 여러 가지의 문제를 하고 있다(그림 13.7 참조).

• 고속이므로 풍속 그 자체는 그다지 문제가 되지 않지만, 풍속의 연직전단에 의해 발생하는 청천난류(CAT) 의 영향을 받는다.
• 성층권에서 잘 보이는 기온이 큰 변동이 연료소비량에 영향을 미친다.
• 초음속이기 때문에 발생하는 충격파에 의한 소음이 지상에 어떻게 전반하는가? 이것은 기온과 바람의 연직분포에 좌우된다.

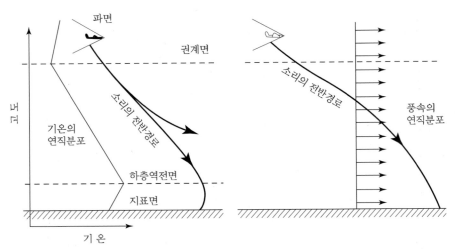

그림 13.7 **SST의 충격파에 의한 소리의 지표로의 전달경로** 왼쪽 : 온도의 영향, 오른쪽 : 바람의 영향, 근본순길 외 7인(1979)에 의함

② 항공기상 서비스

비행기의 행동범위가 넓어짐에 따라서 항공기상의 서비스도 국제적인 통일이 될 필요가 있다. 현재 행하여지고 있는 서비스의 시스템은 국제연합의 전문기관인 **국제민간항공기관**(ICAO : International Civil Avigation Organization)과 세계기상기관(WMO : World Meteorological Organization)이 협의해서 결정한 것이다. 기상을 이용하는 쪽이 항로의 결정과 이륙에서 착륙까지, 기상대나 항공교통업무기관에서 제공하는 서비스의 경과를 다음에 이야기하기로 하자. 단 이것은 국제선을 기준으로 한 것이어서 국내선에서는 더욱 간략화된다.

- 항공기후표 · 항공기후도지는 항로나 운항계획을 결정할 때의 참고자료이다. 전자는 시정 · 운저고도, 상승한계, 연직시정 · 바람 · 기온 등의 통계표가, 후자에는 공역(어떤 지역의 상공)이나 항공로의 기상상의 특징 등이 게재되어 있다.
- 운항의 관리자는 출발예정시각의 12시간에서 수 시간 정도 전에, 예보관으로부터 항공기상 정보를 받아서, 최종적으로 계획을 만든다.
- 기장은 출발예정의 약 1시간 전에 예보관으로부터 항공기상정보로서 그림 등을 인수받아, 구두해설(브리핑, briefing)을 듣기도 하고 질문도 한다. 이것에 의해, 계획의 일부를 변경하는 일도 있다. 제공된 것은 경우에 따라서는 다르지만,

- 목적지나 대체지 등의 비행장예보 : 이것에는 풍향·풍속·돌풍의 유무·시정·천기·운량· 구름의 높이·기온 등의 예상이 포함된다.
- 등압면예상천기도 : 700 hPa, 500 hPa 또는 300 hPa의 바람과 온도를 알 수 있다.
- 악천후예상천기도(prognostic chart of significant weather) : 운항상 특히 주의하지 않으면 안 되는 뇌우·열대저기압·우박(박, 누리)·난기류·착빙 등이 예상되는 지역이 그림으로 표시되어 있다.
- 그 외에도 예상단면도·제트기류도·권계면천기도 등이 제공되는 일도 있다.
- 이륙 후에 기장은 주로 관제기관을 통해서 기상의 정보를 받는다. 기상감시국(Meteorological Watch Office)은 여러 가지 기상보고를 수집·해설해서 관제본부로 보낸다. 악천후일 때는 공역경보가 발표된다. 이것을 위험기상정보(SIGMET=SIGnificant METeorological information)라고 한다. 또 각 비행장의 기상상황을 알기 위해서는 시시각각의 볼멧(VOLMET, 항공기상정보, 국제기상방송시스템) 방송을 수신한다. 한편 비행기 상에서도 기상관측을 수행해서 비행장으로 송신한다. 그래서 착륙 후에는 비행 중의 기상상황을 예보관에게 전달해 준다.
- 착륙 시에는 관제탑에서, 비행장의 시정·운량·구름의 높이·기압고도계의 수정치 등을 알려준다. 운저의 높이, 시정 등이 비행기의 안전한 착륙이 불가능한 정도까지 나빠졌을 때(최저기상조건, weather minimum)는 그 비행장은 폐쇄되고, 대체비행장이 정해진다. 최저기상조건은 착륙할 때의 진입한계고도와 활주로시거리로 정해지고, 주요공항에서는 고도 60 m, 거리 800 m이다. 지방공항에서는 이 값이 300 m와 2~3 km를 필요로 한다.

③ 악천후와 사고

항공기상정보를 받아서 빈틈없는 비행계획을 갖춘 비행기도 예상 외의 악천후을 우연히 만나는 일이 있다. 이때 기장은 관제관의 지시나 조언에 따라 자신의 판단으로 비행기의 안전을 확보하지 않으면 안 된다. 비행기의 성능에도 의하지만 주된 악기상조건은 다음과 같다.

(1) 시정과 시일링

하늘이 구름으로 덮여 있는 경우의 운저의 높이가 시일링(ceiling : 운저고도, 상승한계, 연직시정)으로, 지면이 인정할 수 있는 높이의 가늠이다. 유시계비행(有視界飛行, 조종사의 시각에 의지하여 하는 비행, VFR ; Visual Flight Rules)이 가능할까, 계기비행(計器飛行, 계기에 의존하는 비행, IFR ; Instrument Flight Rules)이 필요할까는 시정과 시일링의 값으로 결정한다. 유능한 조종사라도 악시계에 의한 오인은 있을 수 있는 것이다.

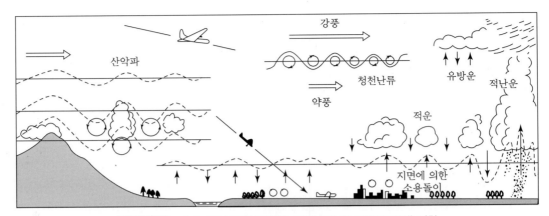

그림 13.8 **여러 가지 난기류의 발생** 근본순길 외 7인(1979)에 의함

(2) 악기류

난류(turbulence)라든가 악기류 등으로 불리고, 수 10 m∼수 km의 규모를 가진 와나 연직기류에 의해, 비행기는 불규칙한 가속도를 받는다. 상층풍의 관측결과나 구름의 형태 등에서 난기류의 존재가 추정되는 일도 있지만, 잘 알 수 없는 경우도 있다. 청천난(기)류(晴天亂(氣)流, CAT ; Clear－air turbulence) 때문에 중대한 사고를 일으키는 예도 적지 않다(그림 13.8 참조).

(3) 착빙

과냉각수적이 날개·프로펠러·풍속계통풍공·안테나 등에 부착해서 두꺼운 얼음층이 되는 일이 있다. 이것을 착빙이라고 한다. 다양한 대책이 있다. 단, 고공의 비행에서는 거의 문제가 되지 않는다.

(4) 뇌우

악시정·난기류·착빙·전격(번개처럼 갑작스럽게 들이침) 등의 악조건이 중첩되어 있는 것이 뇌우이다. 고립된 뇌우라면 회피할 수 있지만, 널리 퍼진 뇌우역이나 선상으로 줄지어선 뇌우군은 이따금 중대한 장해가 된다. 틈새가 있으면 발달단계의 적란운은 피해 쇠멸기에 있는 곳을 통과하는 방법을 취하는 것이 좋다.

사고와 기상조건의 관계는 단순하지 않고, 규명이 곤란한 일도 적지 않다. 구름 형태는 난기류의 판단에 여러 모로 도움이 된다. 운정이 기울어져 교란되어 있기도 하고, 산의 표면을 따라서 춤을 추듯이 올라가는 것과 같은 적운은 강한 교란의 존재를 나타낸다. 확실한 파상(물결 모양)의 고적운이나 고층운의 하방에는 난기류가 있는 것으로 생각해도 좋다. 또 굴절하거나 교차하는 가을의 권운은 상공의 난기류의 징조이다.

4　농업기상

　품종이나 비료의 개량에 의해 농업은 불리한 기상조건을 극복할 수 있는 것은 아닌가라고 하는 소리도 있다. 그러나 기상환경이 작물의 생육에 밀접한 관계를 가지고 있는 이상, 농업기상이 농업기술의 중요한 하나의 이익이 되는 것은 이후도 변하지 않을 것이다.

　기후변화에 대해서는 많은 학설이 있지만, 기후가 고정된 것이 아니고 변화하는 점에 대해서는 일치하고 있다. 그 가장 큰 영향의 하나는 세계적인 규모에서의 식량생산이어서 농업기상과 깊은 관계를 가지고 있다.

① 농업과 기후

　기후는 각각의 지역에 적합한 작물이나 가축의 종류·품종을 좌우할 뿐만 아니고, 표준적인 재배기간이나 관리방법에 영향을 주는 것이 많다. 이 목적에 대해서, 일반적인 기후통계치로는 충분하지 않은 일이 많다. 농작물의 생물이 살아가는 길, 농사의 계절, 재해의 종류나 일어나기 쉬운 기간 등을 나타내는 기후통계가 필요하게 된다.

　예를 들어 보자. 수도재배(물속에서 벼를 기름)의 대체적인 기후한계는 최난월의 평균기온이 20 C 이상, 5~10월의 평균기온이 16 C 이상으로 되어 있다. 또, 귤의 적지는 연평균기온이 15 C 이상으로, 최저기온이 -5C 이하로 되지 않는 곳, 대마는 일평균기온 0 C 이상의 누적온도가 2,600~2,900 C 이상을 필요로 한다.

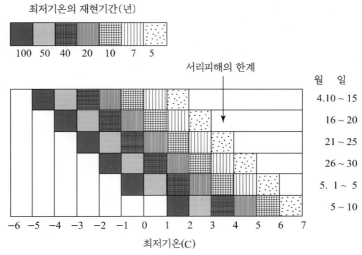

그림 13.9　어떤 지역의 최저기온의 재현기간 기간은 4월 10일~5월 10일까지, 서리의 피해를 가져오는 것과 같은 기온은 4월 하순에는 평균 5~7년마다, 5월 상순에는 10~40년 마다 일어난다.

이와 같이 기후통계치는 간행되어 있는 자료에서 구해진다. 한편, 기상조건이 어떤 한계치 이하나 이상으로 되어 있을 때 일어나는 재해의 발생도수를 추정하기 위해, 기상조건의 재현기간을 구하는 방법이 있다. 예를 들면, 서리의 염려는 일최저기온 3~4 C 이하에 대응하기 때문에, 이전의 기후자료를 사용해서 서리기간의 최저기온의 재현기간을 계산한다면, 서리피해의 발생도수를 가늠할 수 있다. 그림 13.9는 이와 같은 통계치를 그림으로 표시한 것이다.

재현기간

기후변동이 어떤 값과 같아질까, 그것을 넘을까라고 하는 데 요하는 평균기간을 재현기간(再現期間, return period)이라고 한다. 기간의 값은 현상의 출현확률에 대응해서 정해진다. 예를 들면, 연간최대풍속이 25 m/s 이상이 된 것이 20년간에 4회였을 때, 25 m/s의 재현기간은 20/4＝5, 즉 5년이다. 출현확률은 4/20＝0.2가 된다. 재현기간은 건조물의 설계기준 등에 잘 사용되지만, 안전율을 염두에 둘 필요가 있다. 개략적으로 말해서, 안전율을 50%로 한다면 재현기간은 50% 증가, 90%로 보았을 때는 10배의 길이의 재현기간을 취하지 않으면 안 된다. 이 때문에, 종종 관측치가 이용되는 기간보다도 긴 재현기간을 추정할 필요가 있다. 추정에는 최소자승법이나 굼벨(Gumbel)의 이중지수분포를 응용하는 방법이 있다.

농작물이나 과수 등의 생육조건을 기후와 관련시키기 위해 옛날부터 여러 가지 기후지수가 생각되어 왔다. 강수량의 기온에 대한 비는 건조의 정도를 나타내고, 증발량에 대한 비는 **강수효과비**(降水效果比)라고도 말하여진다. 손스웨이트(C. W. Thornthwaite, 1899~1963)가 제창한 증발산위는 토지가 물로 포화했을 때에 기대되는 증발산량이지만, 이것도 지수의 하나로 생각할 수 있다. 누적기온은 일평균기온이 어떤 기준치를 넘었을 때, 넘은 만큼의 값을 점차로 더해 합한 것이다. 원래 작물이 어떤 생육단계에 도달했을 때에는 일정의 적산온도가 필요하다고 하는 생각에 근거한 것이다. 기준온도는 가을 파종(씨뿌리기)의 작물에서는 5 C, 벼나 여름 야채는 10 C, 고온을 필요로 하는 작물의 성숙에는 15 C 등이 이용된다. 이런 생각은 식물의 생리에서 보아 문제가 없는 것은 아니지만, 대체적인 가늠으로 편리하므로 잘 사용된다. 벼의 생리에 관계하는 기상요소로서는 습구온도가 가장 좋은 것이라고 여겨지고 있다.

② 천후의 경과와 농업

품종의 선정이나 작물을 심는 면적의 결정 등에는 계절예보가 농작물의 계획이나 재해의 대책에는 순일(10일)~24시간의 예보가 중요한 것은 말할 것도 없다. 이것에 대해서 매일의 날씨경과를 올바르게 파악하는 것은 가뭄의 피해·병충해 등 비교적 완만하게 발생하는 농업기상재해의 가능성을 준비하는 데에 필요할 뿐만 아니라, 예보를 보완하기 위해서도 소중하다.

벼농사를 예로 든다면, 이른 봄의 많은 눈에 대해서는 묘판(못자리)의 인공융설촉진이나 위탁묘대 등의 대책을 생각할 수 있다. 냉해는 영양생리기간이 평균적으로 저온 때문에 생기는 것「지연형」과 생식생장기의 일시적인 저온에 의한 「장해형」으로 크게 구별되지만, 관개(농사에 필요한 물을 논밭에 대는 일)의 물의 승온은 어느 쪽의 경우에도 효과가 있다. 또 질소·인산의 시비료를 주기도 하고, 제초제(농작물은 해치지 않고 잡초만 없애는 약)의 사용 등에 임해서도 이전의 날씨경과를 고려하지 않으면 안 된다.

③ 기후의 인공개량

불리한 기상조건을 극복하는 데에는 대규모의 용수공사나 인공강우 등도 생각할 수 있지만, 미기후나 소기후의 조건을 개선·이용하는 다양한 방법이 있다. 방풍림·방풍원(바람을 막기 위한 울타리)·높게 세운 것·방조림(해풍, 쓰나미 등을 막기 위한 해안지방의 숲), 가열·훈연 등에 의한 뽕나무·과수의 방상(서리를 막음), 비닐하우스·터널에 의한 승온 등, 또 사면을 이용한 귤이나 딸기의 재배 등이 그 예이다.

이와 같은 농업기상기술의 발전과 논이나 밭의 물수지·열수지의 연구는 많은 미기상의 측정방법을 개발시켰을 뿐만 아니고, 난류이론이나 실용수문학의 발전에도 큰 공헌을 하고 있다.

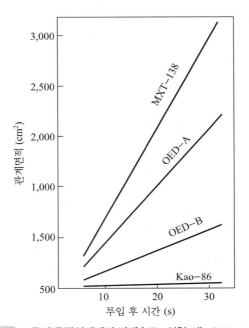

그림 13.10 4종의 증발억제제의 전개속도 실험 예, 佐橋·山本에 의함

수온상승제, 논의 표면으로부터의 증발을 억제하는 것은 농업용수의 절약보다도 보온효과의 점에서 주목된다. 증발을 억제하기 위해서 수면에 단분자막을 만드는 방법은 이미 1800년대 말에 레일리(Rayleigh)의 연구가 있고, 1927년에 랭뮤어(Langmuir)의 보고가 간행되어 있다. 잘 이용되고 있는 것은 OED라고 불리는 고급 알코올의 일종으로, 예를 들면 $C_{22}H_{45}OH$는 친수성의 OH가 수면에 붙어서, 연직으로 발수성의 $C_{22}H_{45}$가 뻗어, 증발을 억제한다. 분자의 길이는 마이크론(미크론, micron, μ, 1/104 cm) 정도로, 3 g 있으면 10아르(are, 1 a = 100 m^2 = 30.25 평) 정도의 수면에 퍼진다(그림 13.10 참조).

증발의 억제효과는 50%, 때로는 90%에도 미친다. 논의 온도상승효과는 평균해서 1 C 정도이지만, 낮 동안은 7~8 C에도 되는 일이 있다. 바람이 불어 모아지기 쉬운 것이 결점으로 물이 조금이라고 오염되어 있으면, 원래로는 돌아가지 않는다.

5 해양기상

기상과 해양이 관련되는 분야는 아주 넓다. 해양기상(학)[海洋氣象(學), marine meteorology]의 대부분은 역학적으로 기상에 좌우되고 있고, 열역학적으로는 서로 연관되어 있다. 그래서 거기에 해양기상 또는 해상기상이라고 하는 하나의 특별한 분야가 열려져 왔다. 바다를 항행하기 위해서는 바다에 가장 큰 영향을 주고 있는 기상을 알지 못하면 안 되는 것이다. 따라서 해양기상이라고 하는 분야는 응용기상학 중에서도 가장 일찍 열려진 분야이다. 오히려 기상학의 뿌리는 여기서도 구할 수 있을 것이다.

오늘의 선박은 범선(돛단배)시대와는 비교도 되지 않을 정도로 진보하고 있고, 또 항해술도 인공위성 등의 이용에 의해 크게 변화하고 있다. 따라서 종래의 해상기상의 어떤 분야는 그 이용 가치가 점점 떨어지고 있는지도 모른다. 그러나 시대가 바뀌어가면서 또 새로운 해상기상의 분야가 나타난다. 파랑예보의 진보나 위성에 의한 새로운 해양기상정보의 충실함에 의해, 지금의 해양기상의 분야는 큰 발전과 비약이 기대되고 있다.

1 바람과 외양파랑

바람이 불면 바다가 거칠어진다. 이것은 아는 사실이지만, 이것을 대기과학적으로 보면, 어떤 해역에 바람이 불면, 바다는 바람의 에너지를 받아서 파가 이는데, 그 때에,

- 풍속이 강할수록
- 취주거리(吹走距離, fetch : 거의 일정한 바람이 불고 있는 풍상측의 거리)가 길수록
- 취속시간(吹續時間, duration : 거의 일정한 바람이 불고 있는 시간)이 길수록

파는 발달한다. 원래 이것은 외양의 경우로, 연안에서는 해저의 영향 등이 있어, 이것만으로는 설명이 다 되지는 않는다.

또 이들의 바람의 에너지가 크면 파는 어디까지 발달해서 커질까라고 하면, 그것에는 한계가 있어서 파고(파의 정상에서 곡까지의 수직거리)가 파장(파의 마루에서 마루까지의 수평거리)의 1/7 정도가 되면, 파의 모양이 험준해져 파는 부서지므로 그 이상으로는 발달하지 않는다. 역으로 말하면, 부서지기 전의 파는 충분히 발달한 파로, 바람의 의해 주어진 에너지와 파가 내부마찰이나 「부서짐」에 의해 자신이 소비하는 에너지와가 같은 상태에 있는 파라고 할 수 있다.

예를 들면 풍속이 10노트(knot, 5 m/s)의 바람에서 취주거리는 10 해리(해리, 18.5 km), 취속시간은 2.4시간이고, 또 30노트(15 m/s)의 바람에서는 280 해리(518 km), 23시간으로 각각 파의 발달은 한계가 되고, 취주거리나 취속시간이 이 이상이 되어도, 파는 발달하지 않는다. 각 풍속에 대한 취주거리와 취속시간의 이 한계치를 최소취주거리(F_m), 최소취속시간(t_m) 이라고 한다(표 13.1을 참조).

이상의 풍속 · 취주거리 · 취속시간과 외양(난바다, 외해)에 있어서의 풍랑의 발달의 관계를 상관도로 나타낸 것 중, 대표적인 것이 부렛슈나이더(Bretschneider)의 것이다(그림 13.11). 도표의 세로축에는 풍속(노트)을 가로축에는 취주거리(해리)를 취하고 있다. 예를 들면 풍속이 30 노트로, 취주거리가 150해리, 취속시간 6시간의 바람의 경우, 풍속 30 노트의 세로축과 150 해리의 가로축에서, 파고 3.8 m, 주기 7.8초의 파로 추정할 수 있다. 또 한편 30 노트의 종축과 6시간의 취속시간에서 파고 2.5 m, 주기 6.3초의 파를 추정할 수 있다. 이 양 추정치 중, 파고가 낮은 것을 취한다. 이것은 6시간의 취속시간으로 그 이상의 파의 발달이 통제되리라고 생각되기 때문이다.

표 13.1 풍속에 의한 최소취주거리와 최소취속시간(P. N. J. 법)

풍속 V(노트)	10	12	14	16	18	20	22	24
최소취주거리 F_m(해리)	10	18	28	40	55	75	100	130
최소취속시간 t_m(시간)	2.4	3.8	5.2	6.6	8.3	10	12	14
풍속 V(노트)	26	28	30	32	34	36	38	40
최소취주거리 F_m(해리)	180	230	280	340	420	500	600	700
최소취속시간 t_m(시간)	17	20	23	27	30	34	38	42
풍속 V(노트)	42	44	46	48	50	52	54	56
최소취주거리 F_m(해리)	830	960	1,100	1,250	1,420	1,610	1,800	2,100
최소취속시간 t_m(시간)	47	52	57	63	69	75	81	88

* P. N. J. 법 : Pierson, Neumann, James가 유도한 파랑의 예보법

부렛슈나이더(Bretschneider)

에스엠비법(SMB method, Sverdrup Munk Bretschneider method)으로, 바람에 의하여 발생하는 유의파(有義波)의 파고와 주기를 추정하는 실용적인 방법의 하나이다. 1943년 Sverdrup과 Munk가 제안한 연구결과를 1952년 Bretschneider가 관측치를 보충하여 수정한 것으로, 유의파고 및 주기를 풍속과 취송거리 또는 취송시간에 의하여 산정한다.

그러나 이 부렛슈나이더(Bretschneider)의 도표에는 최소취주거리, 최소취속시간의 사고가 들어 있지 않은 것을 지적해 두고 싶다. 또 여기서 파고와 주기라고 말하고 있는 것은 유의파의 파고와 주기의 것이다. 유의파란 연속되는 N개의 파를 관측했을 때, 높은 쪽에서부터 순서대로 선택한 $N/3$개의 파의 평균파고와 평균주기를 가진 파이다.

이상에서 언급한 것은 외양에서 바람에 의해 일어나는 파에 대해서 말한 것이다.

해상에 파가 한 번 일어나면, 중력과 해면의 표면장력에 의해 원래의 평평한 해면으로 돌아가려고 하는 복원운동이 일어난다. 이 운동은 파동이 되어 주변으로 전달되어 퍼져나가는데 이것을

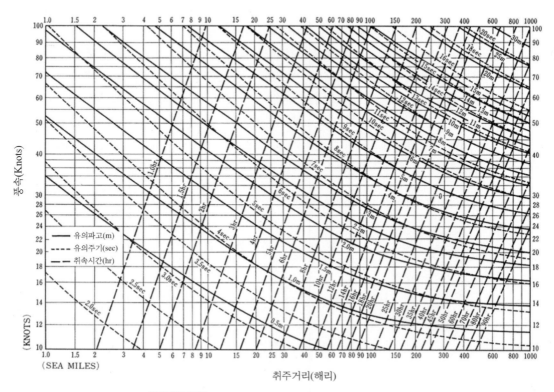

그림 13.11 풍속, 취주거리, 취속시간에서 파랑의 계산

파의 전파(傳播)라고 한다. 이렇게 해서 어떤 해역에서 발생한 파는 다른 해역으로 전해져 가는데, 이 파를 파도(波濤, 너울, swell)라고 한다. 전파해 감에 따라서 너울은 점차로 에너지를 소모해서 쇠약해져 간다. 파의 에너지의 소모는 파형기울기(파고/파장)의 자승에 비례하므로, 파형의 완만한 모양을 한 파장이 긴 너울은 에너지를 소모하는 것이 적으므로, 상당히 긴 거리를 전파해 간다. 파의 주기라는 것은 하나의 파가 통과하고 나서 다음의 파가 지나갈 때까지의 시간을 말하지만, 12시간 후에 너울이 전파해 가는 거리와 파고와 주기의 변화와의 관계를 주기별로 보면 표 13.2와 그림 13.12와 같이 된다.

예를 들면 처음의 주기 10초에서 6 의 높이의 너울은 12시간 후에는 200 해리(370 km)를 건너고(200 해리는 표 13.2의 감쇠거리), 주기는 11 초가 된다. 풍향과 같은 방향으로 나아간 너울은 $6 \times 0.77 = 4.6$ m(0.77은 표 13.2의 파고비)의 파고가 되지만, 풍향과 30° 다른 방향의 파고는 더욱 그의 87%로 감소해서 $4.6 \times 0.87 = 4.0$ m가 되고, 60° 방향이 다른 것은 50%로 감소해서 $4.6 \times 0.50 = 2.3$ m가 된다(그림 13.12의 30°와 60°의 값).

표 13.2 **너울(파도)의 계산표(12 시간 후)** (H_D : 12 시간 후의 파고, H_F : 최초의 파고), 根本順吉 외 7인에 의함

낭원의 파의 주기(s)	감쇠 후의 파의 주기(초)	감쇠거리(해리)	파고비 H_D/H_F
18	19	350	0.86
17	18	330	0.86
16	17	310	0.85
15	16	290	0.84
14	15	270	0.83
13	14	250	0.82
12	13	240	0.80
11	12	220	0.78
10	11	200	0.77
9	10	180	0.75
8	9	160	0.73
7	8	150	0.70
6	7	130	0.65
5	6	110	0.59
4	5	90	0.51
3	4	79	0.40

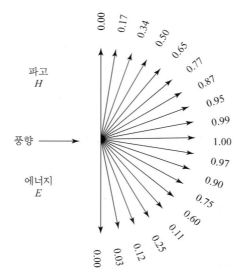

그림 13.12 **각전반에 의한 파고와 에너지와의 감쇠도표** 根本順吉 외 7인에 의함

② 외양파랑의 예보

파랑을 예보하는 방법은 유의파법과 스펙트럼법으로 대별할 수 있다.

유의파법(有義波法)이라고 하는 것은 풍속, 취주거리, 취속시간에 의해 해면에 어떤 높이에서 어떤 주기를 가진 유의파가 생길까를 예상하는 방법으로, 그 대표적인 것은 이미 부렛슈나이더(Bretschneider)의 상관도를 이용해서 그 예상법을 보였다. 이 방법은 간단해서 관측치와의 비교가 용이한 반면, 스펙트럼법에 비교해서 복잡한 해면상태를 적절하게 표현할 수 없는 일과 파의 발생이나 소산과정의 표현이 충분하지 않다고 하는 결점이 있다.

스펙트럼법에서는 해면의 파를 빛의 경우와 같이 주기가 다른 무수한 파가 서로 겹쳐 간섭해서 생겨 있다고 간주한다. 그래서 풍랑을 에너지·스펙트럼의 형으로 예상하는 방법이다. 이 방법은 1955년 경부터 발달해 온 것으로 파랑예보의 고도의 수치계산이 전자계산기에 의해 신속하게 처리될 수 있게 된 것이 이 발달에 큰 기여를 했다.

일본의 외양파랑의 24시간예보의 개략을 보면 다음과 같이 되어 있다. 파랑의 수치계산은 북서태평양의 51×51 지점, 381 km 격자의 각 격자점에 대해서 행하는데, 그 전에 우선 24시 전(앞 : 9시를 기점으로 해서, 다음 날의 9시)의 해상의 바람의 예측을 기상의 수치예보에서 각 격자점에 대해서 계산한다. 얻어진 풍향, 풍속, 마찰속도의 예상치를 파를 구하는 모델식에 넣어서 우선 파의 에너지·스펙트럼을 계산하고, 이것에서 유의파고(有義波高), 탁월파향(卓越波向), 주기 등을 계산해서 외양파랑의 예상도가 얻어진다. 그림 13.13은 9시의 예상도와 실황도이다. 또한 여기에 나타나 있는 파의 높이는 풍랑과 파도를 합성한 파랑의 파고이다.

이상은 외양파랑의 예상이지만 육지에 가까운 연안의 파랑이 되면, 국지풍이나 해륙풍, 거기에 육지의 지형이나 해저지형 등 다양한 요소를 고려하지 않으면 안 되어서 연안파랑(沿岸波浪)의 예측은 외양에 비교해서 대단히 곤란하다.

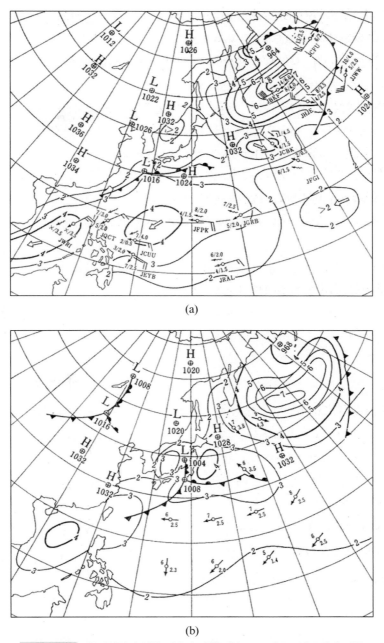

(a)

(b)

그림 13.13 외양파랑의 실황도(a)와 예상도(b)　根本順吉 외 7인에 의함

③ 해양기상의 이용

해양기상의 이용은 배의 항행뿐만이 아니고, 수산이나 항만의 제시설의 방재, 구축 등 대단히 넓은 범위에 미치고 있다. 또 사회나 경제의 발전에 수반해서 그 이용도 여러 방면으로 복잡하게 되어 있다. 앞에서 언급한 파랑의 예보 등도 옛날에는 해상천기도로 대부분 부족함이 없었던 것이 지금에는 복잡한 해면상황 그 자체의 예상을 구해 그것이 금일의 발전의 계기로도 되었다.

경제운항의 문제는 범선시대를 제쳐 놓고라도, 기관운항선이 되고 나서는 지리적 최단거리의 항법이 주목적으로 되었다. 따라서 지구표면에 그린 큰 원이 주요항로가 되고, 근소하게 해류나 계절별의 바람 등을 가미해서 운항이 도모되었다.

제2차 세계대전을 계기로 제트기류 등을 이용한 항공기의 최소시간항법의 개발에 자극되어 항해상에도 파랑도나 파랑예보를 이용해서 경제운항을 실시하는 기운이 높아졌다. 이것에 의해 운항시간은 평균으로 태평양에서는 16시간, 대서양에서는 6시간 각각 단축되었다고 알려져 있다.

최근의 항법은 파랑, 바람, 해류, 조류, 안개, 시정, 기온, 수온, 또 계절적으로는 해빙, 유빙 등 항해에 영향을 주는 요인을 모두 계산기에 넣어서, 가장 적절한 항로를 선택해서 취항하는 최적항법이 취해지고 있다. 단, 단시간에 목적지에 빨리 도착한다고 하는 것만이 아니고, 각각의 배의 목적에 걸맞게 선택한다. 예를 들어 여객선이라면 보다 쾌적한 항해가 이루어질 수 있는 것을 목적으로 항로가 선정된다.

한편 수산에 대해서도 해양기상의 이용은 점점 확대되어 가고 있다. 특히 해양신질서시대를 맞이해서, 한정된 어장에서 최대의 효과를 높이는 것이 큰 과제가 되어 점점 해양기상의 중요성이 증대되어 가고 있다. 이것에는 지금까지 언급한 바다의 파랑이나 연안의 파랑의 예상 등의 요망이 높아질 뿐만 아니고, 해수온도, 해류의 변동 등 해류에 의해 신속한, 보다 정확한 파악이 필요하게 된다. 정지기상위성이나 궤도위성에 의한 해황관측의 진보발전에 이후 기대하는 것이 크다.

6 오염대기

오염학의 입장에서는 수질오염, 토양오염 등의 여러 가지의 오염들이 있을 것이다. 그래서 그 중의 하나인 대기오염[大氣汚染, air pollution(contamination)]도 여기에서 속한다고 생각하고 있다. 그러나 대기과학의 입장에서는 여러 우리의 대기과학의 부분 중에 오염대기가 존재한다. 따라서 이제까지는 '대기오염'이라고 깊은 생각 없이 습관적으로 사용하여 왔지만, 이제는 그 의미를 정확하게 새겨 『오염대기[汚染大氣, polluted(contamination) atmosphere]』라고 불러주는 것이 우리의 입장에서 옳은 일이라고 생각한다.

도시나 공장지대의 오염대기는 경계층 내에서 국지기상의 영향을 받는 현상으로서 기상학의 응용부문에 속한다. 여기서는 일반적으로 높은 농도의 오염상태가 취급되고 있다. 한편, 농도가 낮지만 범지구적 규모 또는 광범위하게 대기를 오염시키고 있는 상태를 대기의 **배경오염**[背景汚染, background pollution (contamination)]이라고 한다. 대기의 성분을 바꾸고, 기후의 변동을 가져올 가능성 등에서, 기상학의 중요한 문제의 하나로 대두되고 있다. 도시나 공장지대의 오염대기가 일반적으로 수 10 km의 규모의 현상인 것에 대해서, 100~1,000 km에 걸쳐서 오염물질이 수송되고, 또한 그 오염물질이 검출되어서 그 영향이 문제가 되는 일이 있다. 오염물질의 장거리수송이 최근 거론되고 있다. 이 절에서는 이들의 문제를 다루어 참조로 하자.

① 대기의 오염물질

인간활동에 의해 배출되는 물질은 오염대기의 발생원이 되는 일이 많지만, 자연현상도 대기 중에 다양한 물질을 운반 공급하고 있다. 예를 들면 황화합물은 화산활동에 의해, 또 해면이나 하구·호수에서도 대기 중에 방출되고 있다. 따라서 대기의 오염물질을 조사하는 경우, 천연의 대기의 성분을 알아야 하는 일이 종종 필요하게 된다. 표 13.3은 특정의 오염원에서 멀리 떨어져 있는 지상의 천연의 대기의 성분을 나타낸 것이다. 이것에 의하면, 예를 들면 이산화황(SO_2)의 배경수준은 0.02 ppm의 농도가 되는 일도 있다. 도시의 오염대기에서는 더 한자릿수 높은 값으로 논의되고 있다.

표에는 나타나 있지 않지만, 대기에는 미립자로서의 에어로졸도 포함되어 있다. 입자의 지름이 10 μm를 넘으면 낙하속도가 커지므로 그것보다 작은 입자가 대기 중에 부유하고 있다. 청정한 대기 중에서도 종종 수 10 μg/m^{3}의 미립자를 포함하고 있다.

대기 중의 오염물질은 그 발생원에서 보면 천연의 것과 인간활동에 의한 것이 있다. 천연의 발생원에서는 예를 들면 삼림의 화재, 풍진, 화산의 분화, 식물의 활동 등이 있다. 삼림화재와 풍진에서의 먼지, 화산분화에 의해서는 황화합물, 이산화탄소 등이, 또 식물의 활동에 의해서는 휘발성의 탄화수소 외에도 다량의 꽃가루도 방출된다.

또 오염물질은 1차오염질과 2차오염질로 나누어서 생각할 수가 있다. 전자에 대해서 후자는 오염원에서 배출된 직후의 상태가 대기 중에서 변질되어서 새로운 오염물질이 된 것을 말한다. 화석연료를 연소시켜서 SO_2가 배출되어 대기 중에서 그것이 산화되어 더욱 대기 중의 수증기와 화합해서 이차오염질의 H_2SO_4의 수적(황산박무)이 되는 것은 그 한 예이다. 현재 도시의 오염대기에서 문제가 되어 있는 광화학산화체(phtochemical oxidant)는 광화학반응에 의해 발생한 2차 오염질인 산화성물질(oxidant)의 일이다. 이것에는 오존 O_3, PAN(peroxyacetyl nitrate, 질산과

표 13.3 지표대기 중의 기체성분과 그 농도(부피비)

대기의 성분	농도		
	%(10^{-2})	ppm(10^{-6})	ppb(10^{-9})
질소 N_2	78.09		
산소 O_2	20.95		
아르곤 Ar	0.93	9,300	
이산화탄소 CO_2		400~200	
네온 Ne		18	
헬륨 He		5.2	
메탄 CH_4		1.5~1.2	
크립톤 Kr		1.1	
수소 H_2		1.0~0.4	
산화이질소 N_2O		0.6~0.25	
일산화탄소 CO		0.2~0.01	
크세논 Xe		0.086	86
오존 O_3			50~0
황화수소 H_2S			20~2
암모니아 NH_3			20~0
이산화황 SO_2			20~0
포름알데히드 CH_2O(formaldehyde)			10~0
이산화질소 NO_2			3~0
수증기 H_2O	4 %~40 ppm		

산화아세틸의 약칭), 또 이산화질소 NO_2도 포함되어 있다. NO_2는 물질을 연소시켰을 때 발생하는 NO가 대기 중에서 산화되어서 생긴다.

오염물질에는 또 기체와 에어로졸이 있다. 후자는 고체 또는 액체의 미립자가 대기 중에서 분산해서 부유하고 있는 것이다. 화석연료를 연소시키면 고체의 미립자, 기체로서는 SO_2, NO, NO_2가 발생하지만, SO_2에서는 황산염이, NO_x에서는 초산염이 각각 에어로졸로서의 2차오염질을 발생시킨다. 자동차의 배기에서는 탄화수소도 방출되고 있다.

② 오염대기와 기상

오염물질은 일단 대기 중에 방출되면 기상상태에 따라서 그 후의 동향이 결정된다. 어떤 지점에서의 오염물질의 농도변화 $\partial C/\partial t$를 대기과학법칙에 따라서 설명하면,

$$\text{농도의 시간적 변화 = 이류 + 확산 + 발생·소멸} \tag{13.2}$$

로 표현할 수 있다. 여기서 우변의 3항은 대기권 밖과의 사이에서 발생·소멸을 제외하면, 모두 기상현상의 함수이다.

　이류항이라고 불리는 제1항은 바람에 의해 어떤 장소에 물질이 운반되었을 때, 유입량과 유출량의 차에 의해 결정된다. 일반적으로 그 효과는 바람에 의한 수송으로 생각해도 좋다. 도시의 오염대기에서는 경계층의 바람이 이 항을 지배하고 있으므로, 해륙풍, 산곡풍 등의 국지적인 바람이 주요한 역할을 한다.

　제2항은 대기의 교란에 의해 대기 중의 물질이 확산됨에 따라서 농도변화가 일어나는 효과를 나타내고 있다. 확산의 효과는 풍향에 수직의 방향으로 현저하게 나타난다. 예를 들면 연돌의 배연(공장의 굴뚝 따위에서 뿜어나오는 연기)은 그의 풍하로 퍼지는 가로 폭과 연직폭의 증가가 기상요소와 어떠한 관계가 있는가가 문제의 중심과제가 된다. 일반적으로 확산하는 물질의 분포는 가우스분포에 따르므로, 연직방향과 수평방향에 대해서 농도의 표준편차 σ를 가지고 확산의 정도를 표현하고 있다. 기상요소와 σ의 대응에 대해서 잘 이용되는 것에는 파스퀼의 안정도(Pasquill's stability) 분류와 확산폭이 있다. 표 13.4와 그림 13.14는(연직방향만) 이것을 나타낸 것이다. 지상의 풍속과 일사, 또는 운량에 대한 안정도를 알면 지상연원에 대한 확산폭이 얻어지게 되어 있다. 이와 같이 확산은 대기의 안정도에 크게 지배되고 있다.

　대기가 강한 안정의 상태에 있는 역전층은 그것을 통해서 오염물질의 연직방향의 확산을 거의 저지해 버리므로, 오염물질의 분포에 중요한 영향을 미친다. 야간에 발달하는 접지역전(방사역전)은 그 속에 오염물질을 가두어 놓기도 하고, 위에서의 오염물질의 확산을 방해하기도 한다. 공기의 침강에 의해 생기는 상공의 침강역전도 그 아래에 오염물질을 가두어 버린다.

　제3항의 발생, 소멸은 인위적 또는 천연의 발생·소멸 이외에 1차오염질에서 2차오염질로 변질이, 개개의 오염질에 대해서는 각각 소멸·발생으로 된다. 강수현상에 의해서도 오염물질은 세척되어서 소멸의 과정을 취한다. 빗방울에 의해 대기권 밖으로 씻겨 흘러가는 효과를 washout(강수세정, 우세), 구름 속에서 각종의 과정을 통해서 행하여지는 것을 rain-out이라고 해서 구별하고 있다. 이들에 대한 적당한 우리의 용어를 찾아야 할 것이다. 중력과 확산에 의한 지표로 침착의 효과도 포함되어 있다.

표 13.4 파스퀼의 안정도 분류

지상풍속 (m/s)	일사량(cal/cm·h)			흐림(8~10) 흐린 밤	야 간 상층운(10~5) 중.하층운(7~5)	운 량 (4~0)
	>50	49~25	<24			
<2	A	A~B	B	D	–	–
2~3	A~B	B	C	D	E	E
3~4	B	B~C	C	D	D	E
4~6	C	C~D	D	D	D	D
>6	C	D	D	D	D	D

* A : 강한 불안정, B : 보통 불안정, C : 약한 불안정, D : 중립, E : 약한 안정, F : 보통안정

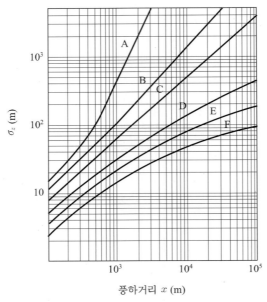

그림 13.14 파스퀼에 의한 연직방향의 확산폭 σ_z 영국 기상국의 파스퀼(F. Pasquill)에 의해 1961년 제안됨

③ 대기의 배경오염

범지구적인 규모로 현재 진행 중의 것에 이산화탄소(CO_2)의 증가가 있다. 전 세기 말에는 290 ppm 이었다고 추정되고 있지만, 현재는 325 ppm 정도가 되어 있다.

대기에 있어서 CO_2의 소멸원과 발생원은 식물의 생장활동과 그 부패이고, 그 농도는 연변화를 하고 있다. 또 하나의 발생원은 화석연료의 연소이다. 또 해양은 대기의 약 60배의 CO_2를 녹이고 있고, 대기 중의 CO_2에 대해서 큰 완충작용을 하고 있다. 대기의 CO_2의 변동은 주로 북반구의 식물이 광합성활동을 수행하는 여름철에 감소하고, 겨울철에 증가하는 연변화를 하면서, 거기에 인간활동에 의한 대기로의 방출이 증가를 더해주고 있다. 신뢰성이 높은 1950년대부터의 측정에 의하면, 지구대기의 CO_2는 0.7 ppm/년으로 증가하고 있다. 근년은 약 1 ppm/년에도 미치고 있다. CO_2는 1.4~15 μm에 걸쳐서 많은 적외흡수대를 가지므로, 온실효과에 의해 대기를 승온시키는 것이 우려되는 점이다.

성층권은 성층이 안정해서 강수현상이 없기 때문에, 거기에 포함되는 물질의 체류시간이 아주 길다. 약 2년으로 추정되고 있다. 따라서 성층권의 오존과 반응해서 오존층을 파괴하는 물질의 침입이 문제가 된다. 그 하나에 할로카본(halocarbon : 할로겐화탄화수소, 메탄수소원자를 모두 할로겐으로 치환한 것의 총칭)이 있다. $CFCl_3$나 CF_2Cl_2는 상품명으로 프레온(Freon) 11, 12로 불리고 있었다. 화학적으로는 불활성이고, 분무제 등에서 대기 중에 에어로졸로 방출되어 왔다.

참고 13-3

프레온

　프레온(Freon, 염화불화탄소)은 탄화수소의 플루오린화 유도체로 미국 뒤퐁사의 상품명이 일반화된 것이다. 무색·무취의 기체로 주로 냉장고나 에어컨 등의 냉매로 사용되어 왔는데, 오존층 파괴의 원인으로 밝혀져 사용이 대체되고 있다.

불활성이라고 하는 것에서, 대류권에서의 수명이 길고, 성층권에서 자외선에 의해 Cl이 다른 것과 떨어져 존재해서 O_3를 파괴하는 반응을 한다. 성층권을 비행하는 제트기가 뿜어낸 수증기나 NO_x도 오존의 파괴에 연결되는 물질들이다.

　대기 중의 에어로졸의 증가는 일사의 차폐효과를 가져오므로, 배경오염으로 중시되고 있다. 그 증가나 일사의 감소는 현재 많은 측정이 싸여 겹치고 있다.

④ 오염물질의 장거리 수송

　도시나 공장지대에서의 오염물질의 확산을 취급하는 경우에는 그 시간이 짧고, 취주거리도 길지 않으므로, 일반적으로 그 사이의 바람 등의 기상상태를 일정하다고 가정해서, 오염물질의 변질이나 지표로의 침착에 의한 발생·소멸은 없는 것으로 가정하고 있다. 따라서 앞에서 보인 농도의 시간변화는 우변의 제2항의 확산항만 독립으로 고려할 수가 있다. $100\sim1,000\,km$에 걸쳐서 수송의 문제에서는 3개의 항은 다 중요한 역할을 한다.

　장거리 수송의 문제는 옛날부터 유럽에서 보이는 것으로, 스웨덴에서는 토양이 보다 강한 산성이 된다고 한다. 그러나 스웨덴에 강하하는 유황분의 50%는 서유럽의 공장지대에서 배출되는 것이라고 여겨지고 있다. SO_2(이산화황, 아황산가스, sulfur dioxide)는 배출되어서 수 $10\,km$ 흘러가면 농도는 옅어지지만, 황산염(유산염, sulfate, $M^I_2SO_4$, $M^I SO_4$ 등)의 에어로졸이 되어, 그 후는 수 일 공중으로 수송되는 것이 된다. 이것이 빗물에 의해 원격의 땅에 낙하한 것이 스웨덴에서 보이는 현상이다.

　같은 종류의 예는 미국의 동부나 중서부에서는 최근 대도시에서 SO_2 농도는 감소하고 있지만 황산염 농도는 오히려 증가하고, 비도시지역에서는 역시 황산염 농도가 증가하고 있다. 이것은 수 $100\,km$를 넘는 2차오염질의 수송의 예로서 받아들여지고 있다. 더욱이 미국의 중서부에서는 $1,000\,km$에 걸쳐서 산화체(oxidant)의 요인물질이 수송되고 있는 것도 분명하게 되어 가고 있다.

7 천후의 제어

천후(天候)를 생각하는 대로 제어(制御)한다고 하는 것은 옛날부터 인간들의 꿈이었을 것이다. 예를 들며, 가뭄일 때 기우(비 오기를 빎) 등에 대한 그 바람은 가장 강한 절심함이었을 것이다.

천후의 제어는 보통 제어할 수 있는 공간의 규모에 따라 소, 중, 대로 구별된다. 소규모의 천후의 제어는 경험적으로 가장 일찍부터 행하여졌던 것으로, 예를 들면 겨울 객실에 화로를 놓는 것도 가장 원시적인 천후의 제어라고 할 수 있다. 그러나 현재의 농업에 있어서의 비닐하우스의 보급 등을 보면, 개개의 것은 공간적으로는 작아도, 전체적으로는 거기서 생산되는 야채류는 우리들의 생활에 없어서는 안 될 불가결한 것으로, 가장 큰 영향을 갖는 천후제어의 하나이다.

중·대규모의 것은 일부 광대한 개척하지 않은 벌판의 관개(灌漑, 농사에 필요한 물을 끌어 논밭에 대는 일, 관수) 등이 행하여지고는 있지만, 천후개조와 같은 것은 이론적인 구상으로 끝나버리고 마는 일이 많았다. 단 가까운 장래에는 모의 등의 단계를 거쳐서 실용으로 접근할 것으로 생각된다.

① 소규모의 천후제어

가장 원시적인 천후의 제어는 농업의 밭이랑세우기, 또는 밭고랑 등에서 볼 수가 있다. 밭이랑을 세움으로써, 또는 일부의 토양을 높여서, 거기에 농작물을 파종하고 또는 심는 것은 옛날부터 경험적으로 해 왔던 것이기는 하지만, 이것에 의해서 지하에는 하나의 특수한 천후환경이 형성된다. 일사는 쌓아놓은 토양에 잘 흡수되어서 온도가 높은 지중환경이 만들어지기 시작될 뿐만 아니고, 부드럽고 폭신폭신하게 갈아진 토양은 공기의 유통이 용이하게 되고, 또 배수(물빼기)도 잘 된다. 이렇게 하여 여기에서 생육하는 농작물은 성장도 빠르고 순조롭게 건강한 생육이 이루어진다. 농경이 시작되었을 때에는 벌써 경험적으로 만들어내기 시작한 천후개량이라고 하는 것이 가능하게 된다.

또 땅두릅 등의 연화재배에 옛날부터 이용되었던 굴(온도나 습도를 유지하기 위해서 토벽으로 둘러친 곳)도 인위적인 특수한 재배환경이다.

이러한 주된 토양환경의 고온화를 모색하는 방법은 소규모적으로는 지상의 온도환경을 바꿀 수 있었다고 해도, 그것은 지표 부근의 필름상의 엷은 층의 극히 미소부분에 지나지 않는다. 한 번 한파가 내습해서 방사냉각이 일어나면, 서리의 피해에서 농작물을 보호하는 데에는 밭이랑은 무력할 뿐만 아니고, 도리어 방사냉각을 부추길 우려마저 있다.

농작물을 외계의 한기로부터 지키기 위해서는 지상의 보호보온에 대한 궁리를 점차로 생각하게 된다. 이것의 가장 초기적인 것이 냉상(태양의 열로 온도를 유지하면서 직접 땅에 심는 것,

cold bed ↔ 온상)이라고 알려진 것으로, 지표부근을 얇게 파고, 그것에 판자둘레를 해서 그 위에 남쪽으로 기울인 종이로 바른 미닫이 등을 설치한 것이다. 이 바닥 속에서 길러진 모종은 야간에는 미닫이로 바깥공기와 떨어져 있게 하고, 또 주간에는 미닫이를 열어서 따뜻한 일사를 넣은 양지를 만들어줌으로써, 외계보다도 긴 여름기간의 환경을 만들어내는 것이 가능하게 되는 것이다.

냉상에 더욱 열을 만들어내는 퇴비(두엄), 구비(마구간에서 나는 두엄)를 깔아넣고, 인위적으로 보온을 생각하게 된다면, 여기에 인공의 온실의 원형이 발족하는 것이 된다.

후에는 열원이 보일러에, 최근에는 석유스토브로 발전해 가고, 더욱 구조는 유리실로 변하고, 소위 온실효과가 가미되면, 여기에 근대적인 온실의 출현을 본다. 그러나 비닐문화의 발달은 유리를 필요로 하지 않게 됨과 동시에, 이 틀은 보다 간단한 대나무 재질이나 철의 가는 파이프 등으로 구조상은 충분히 견딜 수 있게 되고, 유리온실은 보다 간단하고 경제적으로 싼 비닐하우스로 변해 갔다.

이리하여 일상생활에 이용하는 오이, 토마토 등의 야채류까지 계절을 묻지 않고 밥과 반찬에 올라오게 되고 보니, 비닐하우스에 의한 기후개량의 규모는 단순히 국지적, 소규모라고 말하던 시대는 가고, 지금은 야채만이 아니고 딸기, 포도 등의 과일에 이르기까지 우리들이 이용하는 대부분의 야채, 과실의 주류의 역으로까지 도달해 왔다. 원예의 세계에 있어서는 겨울이 없는 시대가 와 있고, 인간이 기후를 제어한 예로서는 가장 성공한 사례라고 말할 수 있는 것으로 되어 가고 있다.

이후 이 기술의 진전은 단순히 보온에 의한 온난한 천후환경의 조성만이 아니다. 예를 들면 탄산가스의 보급에 의한 농장물의 유기성분의 증수(수입이나 수확이 늚)를 꾀하는 등, 특수한 환경의 조성 외에도 온도, 수분, 빛의 조절 등 농작물의 최적한 품질, 증수를 목적으로 한 환경의 창조로 발전해 갈 것이다.

펠릿하우스(pellet house : 여러 겹으로 덮어씌운 집) 등은 이것의 가장 두드러진 것일 것이다. 그림 13.15는 펠릿하우스의 예이다. 이것은 수광면을 투명한 유리 또는 플라스틱의 이중벽으로 하고, 그 6~8 cm의 공간에 일몰 시에는 발포 스티롤(styrol, 독 : 합성수지의 한 가지)의 알맹이를 채워서, 하우스 내의 야간의 방열을 막고, 아침에는 펠릿을 밀어젖혀서 일사를 넣는 구조의 하우스이다. 야간의 하우스 내외의 온도차는 10~20 C에도 미친다. 펠릿은 송풍기에 의해 출입된다.

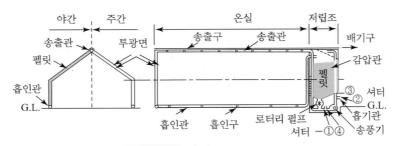

그림 13.15 펠릿하우스의 구조

이상에서 보면, 이제는 소규모라고는 할 수 없게 되었다. 국지적인 천후환경의 제어를 농업생산의 예를 들어서 설명해 왔지만, 이런 종류의 천후의 제어는 흔하게 우리 주변에서 겨울의 난방, 여름의 냉방을 시작으로 한랭해 대책을 위해서 논의해 왔다. 특히 수온상승, 방풍림, 방무림, 황무지로의 배수, 관개용저수지 설치, 살수기(sprinkler, 스프링클러) 등에 의한 한해 대책시설 등 각 방향에 걸쳐서 다양한 종류를 이용할 수 있게 되었다는 것을 부가해서 강조하고 싶다.

② 중규모의 천후제어

중규모적인 천후제어의 중심과제는 「인공강우(人工降雨, artificial rainfall)」라고 할 수 있을 것이다. 옛날부터 큰 전쟁이나 큰 화재의 뒤에는 비가 내리는 일은 경험적으로는 알고 있었고, 이론적으로는 거대한 화력으로 상승기류를 만들어, 이것에 의해 구름을 만들어 비를 내리게 함으로써 인공강우는 달성될 수 있다고 하는 설은 17세기 전반에 이미 미국에서 지적되었다.

그러나 실제로 실험상의 성과로 인공강우의 가능성이 실증된 것은 1946년 미국의 과학자 쉐퍼(J. V. Schaefer)에 의해서이다. 과냉각한 미소수적 속에, 드라이아이스(dry ice)에 의해 과냉각된 미소수적은 빙정핵으로 변화하고, 더욱 이것을 핵으로 해서 눈의 결정으로 발달해서 이것이 녹으면 비가 된다. 소위 베르셰론·휜다이센(Bergeron-Findeisen)의 강우이론의 과정을 실증했다. 더욱이 야외실험의 결과, 과냉각된 구름에 드라이아이스를 뿌림으로써 눈이 생성되는 것이 확인된 것이다. 또 한편 같은 그룹의 보내가트(Vounegut)는 과냉각의 미소수적이 부유하는 눈 속에 빙정과 아주 닮은 결정구조를 갖는 요오드화은(AgI)의 미결정을 살포해 주면, 그 결정을 핵으로 해서 미소수적은 승화해 눈의 결정으로 발달하는 것을 발견했다(1947년).

인공강우는 이상의 실험결과에 근거해서 과냉각 구름 속에서 드라이아이스나 요오드화은의 운종파(雲種播, cloud seeding, 구름씨뿌리기)법을 주류로 해서, 각국에서 다양한 실험이 행하여져 그 규모는 점점 확대되어 거대과학으로 발달해 왔다.

그런데 이 운종파법에 의해 얼마만큼의 강우효과가 있었는가라는 질문에는 그다지 확실한 답변을 하기에는 이르지 못하고 있다. 오히려 실제의 효과는 이 운종파법에 의해 구름을 희박하게 하는 구름을 소산하게 하는 방법이었다고 할지도 모르겠다.

또 강우이론은 꼭 과냉각의 물방울에 한정되지 않고, 큰 수적이 있다면 그것을 중심으로 하는 빗방울의 발달에 의해서도 강우현상이 일어나는 것이(따뜻한 비의 이론) 알려지고 나서는 구름 속에 수적을 만드는 방법과, 또 큰 수적의 핵이 되는 염분입자를 뿌려 살포하는 방법 등이 행하여지고 있다. 그러나 전과 같이 현저한 강우효과는 확인되지 않고 있다.

이상 중규모적인 천후제어의 중심과제인 인공강우술에 대해서 기록했지만, 이 외에도 우박의 억제, 번개의 억제 등이 실험의 대상이 되어 왔지만, 이들 모두 다 구름으로의 종자파(seeding)의 원리를 이용해서 그 효과를 확인하려고 하는 것이었다. 그러나 그 효과에 대해서는 아직도 억측의 영역을 벗어나지 못하고 있다.

태풍(허리케인)에 대해서도 그 중심부에 드라이아이스의 종자파의 실험이 행하여졌지만, 얄밉게도 실험 후에 태풍이 급속하게 발달하기도 하고, 또는 그 진행방향이 급변해서 큰 피해를 발생시켰기 때문에 사회적인 비판을 받는 일이 잦았다. 냉정하게 과학적인 효과를 충분하게 확인하기까지에는 이르지 못하고 있다.

③ 대규모의 천후제어

사막에 물을 대어서 이것을 기름진 땅으로 만들려는 시도는 가장 현실성이 있는 천후개량이다. 사막의 경우는 태양 에너지가 충분해 혜택을 누릴 수 있는 경우가 많기 때문에, 풍부한 물이 주어지면 농작물에서 무한의 결실을 수확할 수 있는 가능성이 있다. 실제로는 이 일은 (구)소련의 카라 쿰(Kara Kum)사막에서 행하여졌다. 이때 1,400 km 이상의 관개수로를 팠는데, 이는 새로운 나일 강(Nile River)으로 「생명의 강」으로 일컬어지고 있다.

더욱이 대규모적인 천후개량은 변경가능한 지리적인 조건을 이용해서, 해류의 흐름을 바꾸고, 주로 난류의 영향범위를 넓혀서, 그것을 따라서 광대한 토지의 온난화를 시도하려고 하는 구상이다.

예를 들면, 베링해협에 제방을 쌓고, 북극해에서의 차가운 해수의 남하를 막아서 연해주나 일본열도, 더욱 나가서 아시아 동해안의 온난화를 시도하려고 하는 생각, 또 역으로 태평양에서의 온난한 해수를 모아 북극해로 끌어들여서 북극해 연안지방의 온난화를 시도한 것 등이다.

마미야해협(間宮海峽, 간궁해협)을 막아서, 오호츠크해에서의 한류를 차단한다면, 동해연안의 연해주는 온난화되어 블라디보스토크(Vladivostok : 러시아 연해주 지방에 있는 항만 도시)는 완전한 얼지 않는 항이 될 것이라고 제창한 소련의 학자도 있었다(그림 13.16 참조).

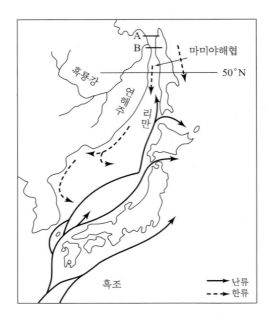

그림 13.16 **마미야해협을 막는 안과 해류** 막는 데에는 A, B의 양 거점의 안이 있다. 根本順吉 외 7인에 의함

　이들의 생각은 현재의 상황에서 생각으로만 끝나고 말았다. 그 이유는 이들의 구상은 항상 형편이 좋은 쪽만을 설명해서 그 반면 어떠한 악영향이 있는가가 소홀하였기 때문이다. 또 실제로 조사해 보면, 아주 크게 주장된 한류나 난류의 영향은 그 정도로 문제가 되지 않기도 하고, 또 마미야해협의 경우와 같이 문제가 되는 해류의 존재 자체가 의심스러웠기도 한 일이 많았다.

　현재 지구의 대기대순환은 전자계산기의 발달과 함께 어느 정도의 모의가 될 수 있게 되어 오고 있다. 가까운 장래에는 이것에 여러 가지 요인을 부여해서 천후개조의 모의도 기대할 수 있을 것으로 생각된다.

　대규모의 천후의 제어는 모의 등에 의해 충분히 그 결과가 평가되고 나서야 비로소 실행될 것이다.

연 습 문 제

01 응용기상이란 무엇인지, 요약해서 설명하라.

02 수문기상이란 무엇이며, 융설량의 추정에 열수지법과 도일법을 설명하라.

03 항공기상의 중요성을 비행계획, 항공기상 서비스, 악천후와 사고의 측면에서 기술하라.

04 농업기상이 우리의 먹거리인 농작물에 어떻게 중요한지, 또 장래에는 농업을 위해서 대기과학이 우리나라에 어떻게 공헌할 것인지를 말해 보라.

05 해양기상이 바다에 대기과학이 이익을 주는 면과, 큰 재앙을 막아주는 작용 등을 기술하라.

06 현재 대기는 어느 정도 오염이 되어 있고, 장래에는 어떻게 될 것으로 예견하며, 나쁜 일이 있다면 그에 대한 대처방안은 무엇인가?

07 천후의 제어에, 소규모, 중규모, 대규모의 각각 어떤 것들이 있었고, 또 미래에는 무엇이 있을 것으로 예측하나?

14 기상정보의 활용

기상정보(氣象情報, meteorological information)란, 한마디로 말하면 기상에 관한 정보를 의미한다.

넓은 의미로는 천기예보, 기상주의보, 기상경보, 기상청에서 무선이나 유선에 의해 방송되고 있는 각종 기상통보, 팩시밀리에 의한 천기도나 예상천기도 등의 방송도 포함된다.

좁은 의미로는 폭풍우나 대우, 대설 등으로 일상생활에 큰 영향을 일으킬 우려가 있는 경우, 기상청이나 기상대가 기상주의보나 기상경보가 발표되기 전에 그 원인이 되는 태풍이나 저기압 등의 상황을 구체적으로 일반의 사람 또는 관계기관에 발표하는 정보의 일을 가리킨다. 예를 들면 태풍이 가까이 오고 있을 때 주의보나 경보가 발표되면, 공공기관에서는 그것에 의해 방재대책을 취하므로, 미리 태풍정보를 내서 그의 염려가 있는 것을 알려주는 목적도 있다. 또한, 건조물을 세우기도 하고, 농작물을 재배할 때 등에서는 풍속, 우량, 기온 등의 기상요소를 아는 것이 하나의 기초가 된다. 이런 의미에서 각종 기후표도 아주 넓은 의미에서의 기상정보라고 할 수 있을 것이다.

대기현상이 우리에게 미치는 영향이 절대적이라고 하는 사실은 예전부터 충분히 잘 알고 있었지만, 천재지변은 어쩔 수 없는 것이라고 간주해서 포기상태였다. 하지만, 현대에 와서는 인간의 지혜로 극복하고 오히려 전화위복의 기회로 삼아 우리 일상생활의 모든 면에 활용해서 좋은 삶을 유지하려고 노력하고 있다. 그것이 어느 정도의 효과를 거두고 있고, 앞으로도 더 좋은 환경을 위하여 대기과학자들은 오늘도 불철주야 끊임없이 노력하고 있다.

1 생활과 경제

본 절에서는 많은 항목 중에서 기초적인 생활과 기상정보의 이용, 옛날부터 관련되어 왔던 의복과 건강, 그리고 새로운 정보로 주목되고 있는 화분증, 자외선 등을 취급하겠다.

　기상정보의 필요성은 사회·경제가 발전함에 따라서 더욱 높아져 가고 있다. 기상변화에 대한 감응도가 업종에 따라 크게 되어 왔기 때문이기도 하다. 예를 들면, 이전의 기상정보는 인명을 지키는 것이 중요시되어, 선박이나 항공기의 안전운항에 이용되어 왔지만, 현재는 그 외에도 경제운항에 활용하는 효과를 중시하게 되었다. 단적으로 말하면, 기상정보가 돈이 되는 시대가 도래하고 있는 것이다. 세계적으로 보면, 조금씩 이 방면의 연구가 진행되어 가고 있는 추세임을 알 수가 있다.

① 의료(옷감이나 옷)

　우리들은 매일매일 천후나 계절에 따라서 의복을 입지만, 이것은 기온·습도·바람 등 외부의 기상조건에 대해서 의복과 신체 사이의 미기상 이른바 의복기상을 쾌적하게 유지하고, 더워나 추위를 느끼지 못하게 막아줄 수 있는 것이 주된 목적의 하나이다.

(1) 의복의 조절작용

　의복은 주위의 기상조건에 따라서, 주로 보온·증발 및 환기작용에 의해 의복 내의 기상을 쾌적하게 유지하는 역할이 있다. 여기서 말하는 쾌적한 기상상태란, 의복 내의 온도·습도·공기의 흐름이 각각, 32 C, 50%, 25 cm/s 전후인 상태이다. 그림 14.1은 쾌적한 상태에 있을 때 몸의 표면에서 의복의 외측까지 온도와 습도(상대습도, 절대습도)를 나타내고 있다. 온도는 외측으로 갈수

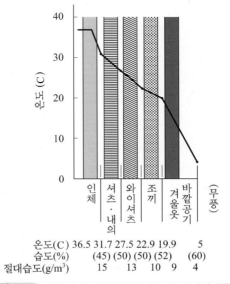

	인체	셔츠·내의	와이셔츠	조끼	겨울옷 바깥공기	(무풍)
온도(C)	36.5	31.7	27.5	22.9	19.9	5
습도(%)		(45)	(50)	(50)	(52)	(60)
절대습도(g/m³)		15	13	10	9	4

그림 14.1 의복 속의 기상상태(小川, 1963년에 의함)

록 낮아지고 있고 절대습도도 감소하지만, 상대습도는 의복 내에서는 거의 변함없이 50% 전후로 일정한 상태를 유지하고 있다.

의복은 보온작용을 한다. 의복 내부에서는 항상 대류·전도·방사 및 증발의 작용에 의해 열의 방산(제멋대로 제각기 흩어짐)이 이루어지고 있다. 여기서 말하는 대류란 피부에 접촉하고 있는 공기가 의복 속을 상승하는 것이고, 그것에 의해 열이 빼앗긴다. 전도는 몸의 열이 주위의 공기에 직접 전달되는 것이다. 방사는 피부에서 적외선이 방출되는 현상이고, 증발체인 인체에서는 항상 방사가 일어나고 있다. 증발은 땀이 나는 등에 의해 수분이 증발하는 것으로, 그때에 기화열을 빼앗아간다. 이와 같은 열이 상실되는 것과 대조적으로 의복은 체온을 일정하게 유지시키는 역할을 한다.

체온에 가장 적합한 것은 공기층의 두께가 6~18 mm, 옷감의 두께는 6.25 mm(0.25 inch) 이상으로, 옷감의 밀도가 작고 부드러운 의복이다.

의복의 내부는 땀 외에 피부나 숨을 쉼으로 수분에 의해 습도가 높아지지만, 의복은 이들의 수분을 호흡해서 옷감의 표면에서 발산시킨다. 수분의 대부분은 땀이고, 증발할 때 약 580 kcal/g의 기화열을 빼앗아서 체온상승을 억제한다. 땀을 흘리는 것은 체온조절의 중요한 기능이고, 한여름의 발한량은 실내에서도 3 kg/day, 낮 동안에 밖을 걸으면 400~600 g/h의 땀이 난다고 한다. 이것이 **증발촉진작용**이다.

공기는 섬유의 틈을 통해서 출입하는 것 외에도 옷깃이나 소매 등의 열린 부분을 통해서 의복 내의 공기를 환기시켜, 습도나 온도에 의한 불쾌감을 막는 작용이 있다. 이 환기량은 의외로 커서 400~600 L/h로 되어 있다. 이것이 **환기작용**이다.

(2) 기상요소와 의복

① 기온과 의복

의복은 주위의 기온이 낮을 때에는 열이 밖으로 달아나지 않도록 하고, 높을 때에는 안으로 들어가지 않도록 하는 역할이 있다. 또 운동 시에는 체온이 상승하므로 역으로 열을 밖으로 방산한다. 그런데 사람들이 실제로 더위와 추위를 느끼는 이른바 체감온도(sensible temperature, 감각온도)는 기온 외에도 풍속과 습도가 크게 관계하고 있고, 이들의 요소를 넣은 체감온도가 고안되고 있다. 그중 잘 알려진 몇 개를 소개하도록 한다.

풍속냉각지수(風速冷却指數, windchill index)는 Siple 과 Passel(1945년)에 의한 것으로, 바람에 의해 잃어버리는 열에너지의 양을 의미하며 다음과 같이 표현한다.

$$풍속냉각지수(kcal/m^2 \cdot h) = \left(\sqrt{100 \times V} - V + 10.5 \right) \times (33 - T) \qquad (14.1)$$

여기서, V : 풍속(m/s)

T : 기온(C)

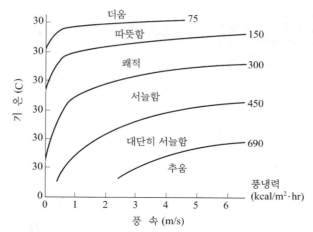

그림 14.2 풍속냉각지수 佐佐木(1982년)의 풍냉각계급의 노모그램을 사용하기 용이하게 함

높은 산에서의 추위의 감각, 추울 때의 체감의 가늠으로서 유효하다. 그림 14.2는 좌좌목의 그림을 보기 쉽게 그래프로 고쳐 그린 것이다. 풍속냉각지수 800 전후라면 통상의 방한복을 입는 것만으로도 쾌적함을 느끼게 된다.

유효온도(有效溫度, effective temperature)는 그림 14.3과 같이, Yaglou가 고안한 것으로 실효온도라고도 한다. 인체가 느끼는 온도의 감각을 기온·습도·풍속을 조합해 실험에서 구한 것이다. 기온(건구온도)과 습구온도의 눈금을 선으로 연결해 풍속(기류)의 곡선과 교점의 온도를 읽으면 된다. 저온과 고온의 부분을 제외하면 일반적으로 잘 적응되고 있다.

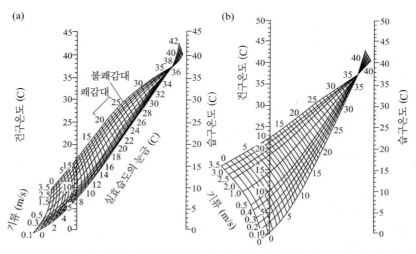

그림 14.3 실효온도(유효온도) (a) 정지로 상의를 입었을 때, (b) 정지로 상의를 벗고, 조끼를 입었을 때, 佐佐木, (1982년)에 의함

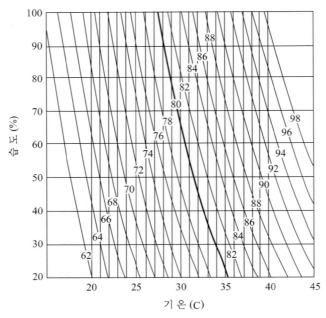

그림 14.4 불쾌지수(宮澤, 1978년에 의함)

불쾌지수(不快指數, discomfort index, *DI*)는 Bosen이 고안한 지수로,

$$DI = 0.81\,T + 0.01\,RH\,(0.99\,T - 14.3) + 46.3 \qquad (14.2)$$

로, 여기서 *T* : 5시의 기온(C), *RH* : 15시의 상대습도(%)이다. 위 식을 그래프로 해서 값을 찾는 표와 같은 역할을 하는 것이 그림 14.4이다. 불쾌지수는 장마기에서 여름에 걸쳐서 높고, 한 여름의 무더운 날에는 80 을 넘는 일이 많다. 보통 지수가 75를 넘으면 반수 이상이 불쾌, 80에는 전원이 불쾌를 느끼는 것으로 되어 있다. 이 지수에는 바람의 요소가 들어 있지 않으므로 옥외에서 실제로 체험하는 느낌과는 일치하지 않지만, 무더위의 가늠으로 잘 이용되고 있다.

② 습도와 의복

공기의 습도와의 관계에서 의복은 습기를 흡수해서 젖기도 하고, 반대로 증발해서 건조하기도 한다. 이 흡습과 건조에는 일정한 한계가 있어, 의복에 포함되어 있는 수분과 공기 중의 습도가 평형상태가 되어 있는 곳에서 흡습·건조가 멈추어버린다. 의복의 수분을 나타내는 용어로는 수분율(水分率, moisture regain)이 사용된다. 이것은 절대건조(습도＝0)의 상태에서 의복의 중량에 대해 실제로 포함되어 있는 수분의 비율을 말하며, 다음 식으로 나타낸다.

$$\text{수분율 } R = \frac{W - W_0}{W_0} \times 1,000(\%) \qquad\qquad (14.3)$$

여기서, W : 실제의 대기 중에서의 의류의 중량(g)

W_0 : 절대건조 상태(습도＝0)에서의 중량(g)이다.

③ 바람과 의복

바람이 있으면 섬유의 극간 등을 통해서 공기가 흘러 의복 내의 대류가 강해진다. 이 때문에 풍속이 빨라짐에 따라서 의복의 보온성이 저하된다. 그물눈이 다소 거친 옷감은 풍속이 6 m/s를 넘으면 급속하게 열손실이 커진다고 한다.

④ 의복과 곰팡이

기온 20~35 C, 습도 75% 이상이 되면 곰팡이가 발생하기 쉽다. 이것을 막는 데에는 고온·다습의 장마기나 여름철은 의복의 보관장소를 높은 시렁·골방의 상단 등 습도가 낮은 곳이나, 온도변화가 작고 통풍이 좋은 장소에 보관하는 것이 효과적이다. 또 햇볕에 쬐는 것도 유효하고, 장마가 거칠 때와 11~2월의 맑게 갠 하늘이 연속되는 날에 의복을 관리해 두는 것이 좋다.

(3) 계절과 의복

계절에 따라서 의복을 바꾸어 입는 것은 주로 기온의 변화에 대응하기 위해서이다. 최저기온과 의복을 갈아입는 시기가 위도에 따라 열대, 온대, 한대에서 다르고, 더위나 추위의 기상상태에 따라서 다른 것은 적응현상 즉 계절순화(季節馴化, acclimatization)의 표현이라고 할 수 있을 것이다. 그림 14.5는 기온과 습도로 표시한 일본의 삿포로와 도쿄의 클라이모그래프(Climograph)이다. 양 지역의 계절변화에는 큰 틈이 있고, 그것이 의복생활에 반영되고 있는 것을 알 수가 있다. 생활양식과 의복소재에 먼저 변화가 있다고 해도, 기본적인 계절감각에는 큰 차가 없다고 생각한다.

(4) 세탁지수

천기예보에 세탁물이 어느 정도 마를까를 예상하는 세탁지수라고 하는 정보가 등장하게 되었다. 사전에 건조실험을 통해서 그 결과를 근거로 고안한 것이다. 지수는 습도·기온·풍속·일사량의 4가지의 기상요소를 사용해서 계산한 것으로, 현재에는 일상의 생활정보로 정착되어 이용하고 있다.

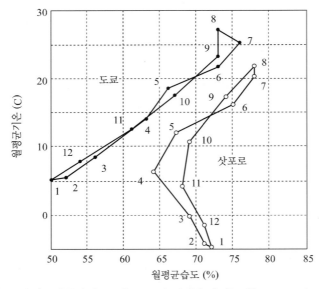

그림 14.5 삿포로와 도쿄의 클라이모그래프 30년 평년치, 숫자는 월, 朝倉正 외 2인(1995)에 의함

① 지수와 실험

지수는 표 14.1과 같고, 가장 잘 마르는 것을 100으로 하고, 100~80은 완전히 마르고, 70~60은 잘 마르고, 50~40은 습함이 남고, 30 이하는 마르지 않는다, 라고 되어 있다. 이 지수의 개발에 있어서는 4계절에 걸쳐 옥외에서 건조실험을 수행하고, 기상조건과 건조의 한계에 대해서 상관식을 얻을 수 있었다. 아울러 손촉감에 의한 건조 정도의 감각을 수분률에 의해 수치로 바꿀 수 있도록 했다. 이것은 손접촉에 의한 습함을 느낌과 수분율이 잘 대응하는 것이 연구의 결과로 밝혀졌다.

② 건조의 한계

세탁물을 마르기 쉬운 상태로 놓으면 시간과 함께 수분이 증발해서 건조해 가지만, 이윽고 건조가 멈추어버리고 만다. 세탁물에 포함되어 있는 수분과 외계의 습도가 평형상태가 되기 때문으로, 이때의 수분률을 평형수분률이라고 한다. 여기가 건조의 한계이고, 그것을 계산하면 어느 정도 마를지 판단할 수 있다.

표 14.1 세탁지수

지 수	계 급	마르는 상태
100, 90, 80	최적	3시간 정도로 완전히 건조. 두꺼운 것도 건조
70, 60	적당	3시간 정도로 잘 마르고, 보통의 세탁물이 건조
50, 40	가능	5시간 정도로 마르지만 습함이 남음
30 이하	부적당	마르지 않음

* 면 속옷을 기준으로 함

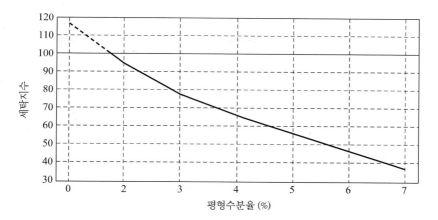

그림 14.6 **세탁지수와 평형수분율(10월)** 朝倉正 외 2인(1995)에 의함

③ 지수의 산출

평형수분율을 실험식을 사용해서 습도·기온·풍속·일사량의 9~15시의 예상치에서 계산하고, 그 값을 건조상태와 수분율의 관계를 이용하여 계급분리해서 지수로 한다. 평형수분율과 지수의 관계는 그림 14.6과 같다.

의료도 기상도 일상생활에 하루라도 관계없는 날이 없고, 거기에다 그들이 밀접하게 연결되어 있는 것은 이미 언급한 대로이다. 이후의 의복소재나 기상분야의 진보는 이러한 생활과학에 새로운 한 면을 보이게 될 것이라고 예견한다.

② 건강

기상현상이 인간의 건강에 미치는 영향에 대해서는 옛날부터 연구되어 왔고, 생기상학 중에서 의학생기상학으로 자리잡고 있다. 고대의 중국이나 그리스에서는 특정 풍향의 바람이 특유의 병을 가져온다고 생각해 그 연장으로 근세 유럽 등에서 기단에 의한 병의 예상 등을 생각하게 되었다. 그러나 기상·기후가 생체에 미치는 영향에 대한 연구가 학문으로서 조직화되어 과학적인 체계가 잡혀간 것은 최근의 일이다. 국제생기상학회의 창설은 인간의 건강에 주어지는 기상의 영향은 그림 14.7과 같이 기온·습도·바람·일사·기압 등의 기상요소의 변화가 직접 영향을 미치는 것, 화분증이나 식중독 등에 기상요소가 병의 원인물질의 증감에 관여하는 것, 계절의 변화 등이 몸 상태에 영향을 주는 것 등 각양각색의 형태가 있지만, 이들의 요인은 서로 작용하면서 건강에 영향을 미치고 있다.

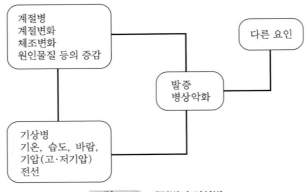

그림 14.7 계절병과 기상병

특정 계절에 많이 발생하기도 하고, 병상의 증세가 악화되는 질환을 계절병(季節病, seasonal disease)이라 한다. 전형적 예로, 겨울의 감기나 여름의 소화기전염병이다. 이들에 대해서 기온·습도 등 시시각각 변화하는 기상요소와 연동해서 증상이 일어나기도 하고, 악화하는 질환을 기상병(氣象病, meteorotropic disease, meteorotropism, meteoropathy)이라고 한다. 예를 들어 상처의 아픔, 류마티스 관절통, 신경통, 심근경색, 혈전(혈관 안에서 피가 엉겨 굳어서 된 덩어리), 기관지천식 등이 있다. 그러나 질환을 악화시키는 기상요소가 어떤 계절에 집중해 있을 경우에는 계절병으로 취급할 수도 있다.

계절병은 그 원인에 따라 3개로 대별하고 있다.

- 기상의 계절적인 변화 자체가 발병이나 증상이 악화되는 요인이 되는 것(순환기계 질환)
- 계절적 변화에 의한 자체의 상태가 바뀌어 발병이나 증상의 악화요인이 되는 것(천식)
- 증상이 원인이 되는 병원균, 꽃가루, 진드기, 병원물질을 매개하는 곤충 등이 계절적인 변화로 증감하는 것(식중독, 화분증, 알레르기성 질환, 일본뇌염, 말라리아 등)

일반적으로 순환기계의 질환이나 호흡기계의 질환은 겨울철에 많고, 소화기계의 질환은 여름철에 많은 경향이 있으나, 최근에는 소화기계의 질환도 겨울철로 다발기가 옮기고 있다고 지적하고 있다. 질환의 겨울철 집중은 영국, 프랑스, 독일 등 유럽의 각국에서 보여지고 있는 현상인데, 이탈리아는 소화기계 질환이 여름에 많고, 아메리카는 다발기의 기간폭이 넓어 집중기는 확실하지 않다. 나라별의 비교에 대해서는 같은 계절에 대해서도 기후의 차이가 있고, 그 외에도 생활 의료기술의 수준차이 등을 고려할 필요가 있다.

또 습도에 대해서는 다른 기상요소에 의해 질환이 악화되는 환자군에서는 습도변화도 질환이 악화한다고 하는 관계가 있지만, 그 외의 군에서는 명확한 관계는 보고되어 있지 않다. 각 기상요소와 질환과의 관계에 대해서는 많은 보고가 있지만 현재에도 불확정한 요소가 많다. 기상요소가 질환에 영향을 주고 있는 것은 확실한 일이지만, 질환의 발생·악화에는 개인을 둘러싼 각종 외적요인이 많이 있어 이 영향을 어떻게 평가하고, 빼낼 것인가 하는 문제가 있다.

③ 화분증

화분(花粉, 꽃가루)이나 실내의 먼지를 원인으로 하는 알레르기성 질환 등을 일으키는 것이 화분증(花粉症)이다. 알레르기의 연령구성을 보면 저연령의 알레르기에서는 아토피가 태반으로 그 주된 원인도 진드기의 시체를 주체로 하는 집안먼지인데, 10대 후반에서는 알레르기성 비염이 과반수를 차지하게 되었다. 원인도 나이가 들어감에 따라서 증가한다. 봄이라고 하는 계절에 한정된 일과성의 질환이기는 하지만, 국민병의 양상을 띠고 있다.

다음에 식생활의 변화에 의해 동물성 단백질의 섭취량이 증가하고 있는 것, 특별히 유아기에 알레르기 체질의 증가가 문제되고 있다. 더욱이 오염대기의 복합작용이다. 현재는 오염물질 중의 탄소미립자 등의 관여가 지적되고 있다.

날아서 흩어지기 시작할 때 필요한 적산최고기온은 저위도일수록 높아 400~3,500 C, 북쪽지방에서는 낮아 200 C 정도이다. 나날의 날아서 흩어지는 수는 감나무의 수꽃의 개화가 촉진될 것인지 아닌지와, 수꽃에서 방출된 꽃가루를 수송하는 기류의 유무에 따라 증감한다. 개화의 촉진은 주로 기온의 상승에 의한 것으로 생각되어진다. 방출된 꽃가루는 대다수가 숲의 주변에 낙하해 버리지만, 일부는 바람에 의해 수송된다. 이때 대기의 상태가 불안정하기도 하고, 해륙풍 등의 발달에 의해 대규모적인 국지풍의 순환이 형성되면 꽃가루는 보다 멀리 수송되게 된다. 또한 이 과정에서 국지전선이 발생하면 전선 하에서 대량의 꽃가루가 관측되는 일이 있다. 일반적으로는 화분이 많이 비산하는 조건으로 맑고 기온이 높을 것, 바람이 강할 것 등이 지적되고 있다.

④ 자외선

성층권 오존층의 파괴, 이것에 의해 유해자외선의 증가는 지구환경문제 중에서도 건강에 직접 관련되어 있기 때문에 보다 시급한 과제이다. 지구에 쏟아지는 태양광 중 파장이 400 nm~100 nm(1 nm, 나노미터, 10^{-9} m)의 영역이 자외선(紫外線, ultra violet, UV)이다. 이들의 파장에 따라 다음의 4개 영역으로 나누어져 있다(단위 : nm).

$$400{\sim}320 \,:\, \text{UVA(A 자외선)}$$
$$320{\sim}280 \,:\, \text{UVB(B 자외선)}$$
$$280{\sim}190 \,:\, \text{UVC(C 자외선)}$$
$$190{\sim}100 \,:\, \text{진공자외선} \qquad\qquad (14.4)$$

단, 파장경계의 취하는 방법에 대해서는 연구자 간에 다소의 차가 있다. 이중 지상에서 관측되는 자외선은 파장이 대략 300 nm보다 긴 것이다. 즉, UVA와 UVB의 장파장 쪽이 반이다. 이것보다도 파장이 짧은 자외선은 대부분 성층권 오존에 의해 흡수되고 있다고 생각하고 있다.

덧붙여서 오존전량이 10%가 감소하면 인간은 물론 모든 생물에 있어서 유해한 UVB는 세계적으로 보아 연평균 약 20% 증가한다고 하는 계산이다. 피부의 염증은 UVB 중에서도 파장이 짧은 것일수록 일어나기 쉽고, UVB의 20%의 증가는 악성피부암의 발생률이 40%~50% 증가한다고 한다.

자외선(UV)의 생체작용 중 일반적으로 잘 알려져 있는 것은 살갗이 타는 것인데, 이 자외선과 햇볕에 피부가 타는 것을 "해탐"이라 하자.

의학적으로는 피부가 빨개지는 일광피부암(日光皮膚癌, 선번＝sunburn)과 피부의 빨강색이 사라진 후 흑갈색으로 되는 염중 후 색소침착(炎症後 色素沈着, 선탠＝suntan)으로 구별되고 있다. 선번은 UV의 조사(햇빛 따위가 내리쬠)에 의해 누구에게도 일어나는 급성피부반응이고, 주로 UVB에 의한다. 피부에 홍반이 인정되는 반응을 일으키는 것에는 필요한 **최소조사량**(最小照射量)을 MED(minimal erythema dose)라고 하며, 각 개인에 따라 차가 있다.

한여름의 해안가에서 1 MED는 폭로시간은 20~25분이고, 1시간당 3 MED를 수광하는 것이 된다. 일반적으로는 가려움이나 가벼운 아픔을 동반하는 해탐에서는 4 MED, 수포(물거품)가 생기는 것 같은 경우에는 8 MED 이상을 연속해서 수광한 것으로 생각된다. 선번은 수광한 다음날을 피크로 점차로 사라져가지만, 3~4일째경부터 선탠이 시작되고, 일주일간 후에 피크가 된다. 선탠의 정도도 개인·인종에 따라 차이가 크지만 다음해까지 남는 일도 있다. 선탠의 것을 **지연성흑화**(遲延性黑化, delayed tanning, DT)라고 말하는 일도 있어, 이 DT는 피부 내에 새로운 멜라닌 색소가 형성된 결과이다.

사람의 피부는 선번이나 선탠의 정도에 따라 표 14.2와 같이 분류되고 있다. 형 1은 북구계 백인에서 해탐은 하기 어려우나, 피부암에 대한 위험성은 가장 크다. 한국인의 경우는 거의 형 3 또는 4이나 형 2에 가까운 사람은 1과 같이 발암 위험성이 크다고 하는 것을 알아두고 있지 않으면 안 된다. 또 피부의 UV에 대한 저항력은 계절에 따라 변하고 있다. 한국인의 경우 초여름부터 한여름에 걸쳐서 강한 UV를 쬐어 점차로 저항력이 증가해서 가을에 가장 강해진다. 그후 차차로 저항력이 감소하고, 봄에 가장 약해지고 있다. 또 해탐은 앞서 말했듯이 주로 UVB에 의해 일어나지만 UVA도 UVB의 생체에의 작용을 강하게 하는 역할을 한다.

자외선의 강도는 계절·시간·지리적 조건, 또 기상조건 등에 의해 변화한다. 지리적으로는 태양에 가까운 적도 부근일수록 UV양이 많아지고, 북반구에 있어서는 하지의 전후 5~7월이 가장 많다. 한국에 있어서는 하지 때가 장마기에 해당하기 때문에 실제 관측되는 UV양은 5월이 가장 많고, 이어서 7월, 8월의 순으로 되어 있다. 시간적으로는 정오를 전후해서 1시간이 극히 많고, 한 여름의 맑은 해안 등에서는 이 2시간에 약 6 MED의 UV를 수광하는 것이 된다. 또 UV는 높은 지역일수록 많아지고, 그 비율은 표고 100 m마다 1.3%의 증가로 된다. 지표면 위 1.5 m에서 관측한 결과로는 설면이 제일 커서 70~80%, 특히 신설에서는 거의 100%에 가까운 반사율을 보이고 있다. 수면에서는 파의 상태에 따라 차가 있어 5~20%, 모래땅은 건조한 상태에서 8~

표 14.2 자외선에 대한 피부형

	선 번	선 택	
형 1	있음	없음	백인
형 2	있음	조금	K-1
형 3	있음	있음	K-2
형 4	없음	있음	K-3
형 5	불명료	불명료	중남미
형 6	불명료	불명료	흑인

* 한국인의 대부분은 형 3, 4이다. Fitzpatrick(1979)에 의함

17%, 습한 경우는 약 4%이다. 그 외에 콘크리트에서 5.5%, 잔디에서 1.2% 등이 보고되고 있다.

또 자외선은 태양으로부터 직접 도달하는 것과 도중 산란되어오는 것의 합계치여서 햇살을 차단해도 자외선이 완전히 차단되는 것은 아니다. 천기에 따라 UV양은 쾌청일 때에 비교해서 얇은 흐림에서 65%, 흐린 날 약 30%로 되어 있다. 또한 자외선양은 전천일사량과 거의 연동되어 있어 그 양은 전천일사량의 4~7%이다. 또 공기의 혼탁도·수증기량 등을 무시하면 대략 그 값은 계산에 의해 구하는 것도 가능하다.

인간에 있어서 태양이 없는 생활은 생각할 수 없고, 태양 밑에서의 쾌적감은 인공적으로는 결코 얻을 수 없는 것이다. 자외선에 있어서도 사람의 피부 내에서의 비타민 D의 형성, 강한 살균작용 등 유용한 면도 적지 않다. 그러나 최근의 의학·광생물학에 있어서 진보의 결과, 태양광 중 유난히 자외선이 생체에 주는 유해성이 분명하게 되어 있다. 피부암의 발생에 대해서는 80% 이상의 피부암이 안면에 편재하는 일, 같은 안면에서도 자동차의 핸들 쪽에 많은 것, UV에 대한 저항력이 작은 백인에 많은 것, 같은 인종에서는 저위도에 사는 자, 옥외 노동자에 많은 것 등 여러 가지의 증거가 거론되고 있고, 성층권 오존의 감소에서 피부암의 증가가 우려되고 있다.

현재 평균수명이 늘어나고, 밖에서 지내는 기회도 증가해서 자외선에 폭로되는 시간이 길어지고 있다. 서양에 비교하면 아직 다른 암에 비교해서 피부암의 발생률은 낮지만, 이후 증가하는 우려가 지적되고 있다.

1980년대에 유행했던 구릿빛의 살결은 현재에는 거의 부정되고 있는데, 강한 자외선을 피하는 올바른 지식을 갖는 일이 필요하다. 자외선을 피하기 위해서는 의복, 모자, 우산 등에 의한 차단, 선스크린(sun-screen)제를 바르는 방법이 있다. 피부에 부작용 등을 생각하면 의복 등에 의한 방법이 바람직하지만, 이것도 완전한 것은 아니고 양자의 병용이 더욱 효과가 크다.

자외선지수는 표 14.3과 같다.

표 14.3 자외선지수

자외선지수	0~2	3~4	5~6	7~8	9 이상
자외선강도	매우 낮음	낮음	보통	높음	매우 높음

⑤ 경제활동

  기상정보의 필요성은 경제가 발전하면 할수록 높아만 가고 있다. 그것은 기상정보가 돈이 되기 때문이다. 이렇게 대기정보가 경제적 가치가 있기 위해서는 다음의 조건이 필요하다.

  ① 천기예보의 정확도가 높을 것
  ② 특정지역·시각의 예보를 양적으로 표현할 수 있을 것
  ③ 정보전달 수단이 발전하고, 비용이 저렴할 것
  ④ 기상정보의 이용법과 이용하는 경제효과가 명확할 것

등이 있다. 이중 ①과 ②는 기상기술의 발전 그 자체로 기상정보의 경제활동을 지탱하는 기초이다. 또 새로운 정확도가 높은 기상정보의 개발은 새로운 이용분야의 개발에 연결되므로 중요하다. 예를 들면 정밀도가 높은 격자점예측치(grid point value, GPV)의 이용이 이제까지는 기상정보에 매력이 없었던 업계에서도 관심을 갖게 하는 결과를 만들어냈다. 실례로 이제까지는 "곳에 따라 비"라는 예보에는 아무런 도움이 안 되었던 예보가 GPV에 의해 강우의 구체적인 지역과 시각에 따른 예보로 건설업계는 이것을 이용하여 능률이 좋은 공사계획을 세워서 불필요한 인건비를 줄이는 등의 효과를 보고 있다.

  계절상품에 있어서 가장 이용가치가 높은 것은 장기예보와 주간예보이지만, 현재의 정밀도로는 이용했을 때의 이익과 손실이 어느 쪽이 클지 문제가 되고 있다. 따라서 당면한 것은 무엇보다도 **예보정밀도**의 향상이 중요하다. ③은 급속하게 발달하고 있다. ④는 가장 미개척분야로 경제나 에너지 전문가는 경제활동의 외생인자로 기상을 중요하게 보고 있다.

  기상과 경제활동과의 관계는 천기 – 경제혼합(weather – economic mix)이라고 불리고 있다. 경제와 기상의 전문가가 협력할 필요성을 강조한 것이다. 기상자료는 공표되지만, 개개의 기업활동에 관계되는 자료는 공표되지 않는 것이 보통이다. 그렇기 때문에 한 회사가 기상정보에 의해 이익을 높이기 위해서는 기상전문가가 사원이 되어 협동으로 일하지 않으면 안 된다고 지적하고 있다. 즉 쌍방에서 자료를 제공받아서 연구가 진행되고 있는 예가 많아지고 있다는 것이다. 이와 같은 예로, 기상정보를 이용하고 있는 전력이나 운수업계의 이익창출 등이 있다.

⑥ 소비생활

소비는 소득과 함수관계에 있지만 소득이 어느 수준에 도달하면, 소득이 증가한다고 해서 그것이 꼭 소비로 연결된다고는 단정할 수 없다. 예를 들면, 불경기가 되었을 때 소득이 는다고 해도 그것이 곧바로 소비로 연결되지가 않는다. 그 원인으로는 다음과 같은 것을 들 수 있다.

- 소비자는 이미 필요한 물건을 충분히 확보하고 있다.
- 수입은 장래의 생활방위를 위해서 저축으로 돌리고 있다.
- 불순한 날씨가 소비를 둔화시키고 있다.

위의 3가지 원인이 장사를 좌우하는 것은 경기가 70%, 날씨가 30%였던 시대가 예전에 있었으나, 현재 경제가 충분히 성숙된 사회에서는 "날씨가 70%, 경기가 30%"로 변해버렸다.

물건이 넘쳐흐르는 시대에 살고 있는 현대의 소비자들에게는 더욱 새로운 물건을 갖고 싶어 하도록 궁리해야 할 시대가 된 것이다.

즉 소비활동을 일으키는 기폭약과 촉진제가 무엇인가를 간파할 필요가 있다. 그런데 모든 사람에게 동등하게 작용하는 인자는 "날씨"이다. 사람들이 모이는 곳에는 장사가 된다고 하는 철칙이 있다. 사람의 행동은 좋은 날씨·고온일 때는 활발하고, 비·저온일 때는 위축된다. 예를 들면, 슈퍼에서는 비가 오면 손님이 10여 %가 감소하는 일이 있다. 즉 날씨는 소비활동의 기폭약의 역할을 하고, 촉진제는 행동을 일으키는 소비자에게 갖고 싶어 하도록 상품진열을 하는 것이다. 소비자의 취향을 사전에 간파해서 잠재적인 수요를 깨내는 것이 촉진제가 되는 일도 있다.

소비활동의 자세한 분석에 의하면, 기상의 소비에의 영향은 단순히 기온과 상품진열의 차이에 의한 원인이 아니고, 기상의 변화가 소비자의 소비·구매행동 그 자체를 규정한다고 하는 인간행동학·심리학적인 요인이 된다고 하는 견해가 강하게 대두되고 있다.

소비자는 날씨·기온·바람 등의 기상상태에 따라 행동을 바꾼다. 예를 들면, 여름에 목·금요일이 무더운 맑은 날로 주말도 더우면 에어컨·선풍기를 사고 싶지만, 주말이 비로 서늘하면 사고 싶다고 하는 행동이 무디어진다. 소비자가 쇼핑을 할 때에도 날씨가 마음이 쓰이는 순서를 조사해 보았다. 여름에는 비, 천둥번개, 더위 순이고 그 다음에 강풍을 들고 있다. 겨울에는 적설, 비, 추위, 강풍의 순이다. 이들로부터 여름에는 비, 겨울에는 적설이 가장 소비자행동을 둔화시키는 요인이 되고 있음을 알 수 있다.

추운 겨울이 일찍부터 찾아오면 11월부터 겨울상품이 활기를 띠게 된다. 부인복의 경우는 고급 긴 코트나 드레스, 밍크코트 등이 잘 팔리면서 핸드백 등의 몸 주위에 붙이는 잡화도 더불어 같이 팔리게 된다. 에어컨, 전기 카펫, 등유팬히터, 가스스토브 등의 판매가 촉진된다. 식품은 식용유, 햄, 소시지, 냄비 전골류 등의 수요가 급증한다. 반면 야채는 저온과 적은 비로 성장이 늦어져 가격이 상승하므로 소비자는 구입을 자제한다. 감귤류는 산지를 덮친 한파로 인해 얼어서 오는 피해를 입어 품질의 저하와 함께 출하량이 줄어 가격이 올라간다. 한편 김이나 미역 종류는 추워지면 풍작이 되어 가격이 폭락한다.

따뜻한 겨울의 소비 패턴은 통상의 겨울과는 많이 다르다. 여름에나 좋아했던 천연과즙, 우유, 맥주 등의 소비가 는다. 보너스가 나올 연말쯤에는 따뜻한 날씨 관계로 겨울상품이 부진을 면치 못하고 경기는 냉각하기 시작한다. 이런 날씨가 20여일만 계속되어도 겨울상품은 치명타를 입는 다고 해도 과언이 아니다. 겨울의류의 경우, 소비자의 관심은 1월의 큰 세일로 향하게 되고 좋은 물건을 싸게 구입하려고 한다. 따라서 따뜻한 겨울의 해는 예년보다 세일이 빨리 시작되고 남아 있는 재고를 어떻게 처리할 것인가가 숙제로 남게 된다. 난동에 불경기까지 겹치면 겨울상품은 전연 팔리지 않아 날씨의 영향이 어느 정도인가를 실감하게 된다. 이로 인하여 대형매장이 마이 너스 성장이 되어 심한 경우는 도산하기도 한다고 한다. 일반적으로 난동인 해는 교통사고가 많 아진다고 한다. 그 이유는 따뜻하므로 사람들의 움직임이 활발해지는 까닭에 교통사고가 증가하 는 것으로 분석하고 있다.

차가운 여름이 되면 여름상품의 전쟁은 7월이 승부라고 하는데 7, 8월이 저온이 되면, 장사들 은 참패로 끝나고 만다. 차가운 여름은 냉해를 가져와 벼의 작황이 나빠 대흉작이 되어, 농촌 의 현금수입이 감소해 지방경제에 큰 타격을 준다. 채소류의 불량으로 소비자 가계를 압박해서 소비활동의 불활성화를 초래한다. 맥주, 청량음료, 아이스크림 등은 여름의 저온과 오랜 비는 천 적과 같이 되어 문자 그대로 부진이 된다. 특히 맥주는 장마가 끝난다고 하는 기상청의 발표가 있으면서 소비가 급증하여 한여름에는 절정에 올라야 하는데 개점휴업 상태가 되고 말았다. 특히 에어컨과 선풍기의 판매는 완전히 바닥이 되어 경기가 없어, 이에 따른 냉방수요의 저조는 전력 수요의 급감을 가져온다. 한편 가정용 가스의 소비는 수온의 저하와 삶는 물건의 증가로 소비가 는다. 저온과 오랜 비는 소비활동의 현저한 둔화로 외식산업의 손님을 줄이고 야채 등의 감소는 채솟값을 급등시킨다. 또 레저산업의 경우는 먼 길의 출타를 꺼리게 해서 철도회사, 항공사, 호텔 의 수입을 감소시키는 반면, 영화관, 테마파크 등의 가족동반 나들이가 많아 이들의 수익을 높인 다. 여름의류는 완전히 바닥을 기지만, 전천후형의 신발이나 우산의 판매는 촉진되는 등의 소비 패턴은 통상의 여름과는 전연 다른 양상을 보인다.

더운 여름의 이상기온은 차가운 여름과는 반대의 양상을 보인다. 일반적으로 몹시 더운 여름 에는 장마걷힘이 평소보다 빠르고 더위가 늦게까지 남아 더운 여름의 기간이 길고 여름상품 판 매 전쟁의 수명이 길다. 개인소비가 활발해서 경기를 자극하여 좋은 경기를 형성한다. 에어컨 ·선풍기 등의 가전제품의 품귀현상이 일어나고 전력소비가 급증하여 기온이 1 C 상승할 때마다 많은 전력이 요구되므로 전력계획의 정확한 기온의 예측이 필요하다. 연일 열대야와 더운 여름이 계속되면 맥주, 청량음료, 아이스크림, 여름의류 등의 업계는 호황을 맞이한다. 레저산업의 경우 도 풀장이 있는 호텔, 유원지, 여행업계 등도 만원사례가 된다. 여름휴가가 끝날 즈음에는 오이, 토마토, 무, 감귤 등의 야채의 품귀현상으로 값이 상승하는 등, 물건부족 현상이 일어나는 등 소비패턴이 보통의 여름과는 아주 다른 모양이 된다.

⑦ 천기판매증진책

천기판매증진책(天氣販賣增進策, weather merchandising, WMD)이란, 유통업계가 아무리 철저하게 합리화로 진행한다고 해도 날씨에 불확실성의 요인을 고려하지 않고는 이루어지지 않는다. 따라서 소비자가 사고 싶은 상품을 적절하게 제공하기 위해서는 기상정보를 이용해서 합리적으로 관리해야 한다. 즉 상품의 기획에서 제조, 판매의 각 촉진계획, 구입, 재고관리 등의 모든 과정이 체계적으로 이루어져, 이익을 최대로 하는 데 도움이 되고자 하는 것이다.

(1) 상품의 계절성과 기온감응도

소비자는 계절에 따라 사고 싶은 상품이 다르므로 상품에는 계절성이 크다. 그중에는 계절에 관계없이 일반적인 상품도 있지만, 유통업계에서는 계절상품이 중요하다. 상품의 계절성을 결정하는 요인으로는 기온이 크지만 계절감도 있다. 예를 들면 7월과 9월은 거의 비슷한 기온분포를 해도 7월의 맥주판매량이 많다. 이것은 9월은 가을에 가깝다고 하는 계절 감각이 아닐까 한다.

(2) 기온 1 C의 경제효과

계절상품은 날씨에 좌우되는데 그중에서도 특히 기온에 아주 민감하다. 그런데 기온이 어떤 값을 넘으면 나타나게 된다. 예를 들면 여름철의 전력소비량은 일최고기온이 26 C를 넘어서면 기온의 상승과 함께 급증한다. 맥주는 일평균기온이 22 C를 넘는 경우에 기온상승의 경제효과가 나타난다. 즉 계절상품의 판매량과 기온과의 관계는 어떤 특정한 한계치를 넘으면 기온 1 C 상승·하강함에 따라서 판매량이 증가·감소한다. 이것이 "기온 1 C의 경제효과"이다. 세계기후회의 (1979년)에 의하면, 세계평균기온이 0.5 C 상승하는 경우 미국의 총임금은 310억 달러($) 감소, 주거·의료비도 50억 $ 감소하지만 전력수요는 71억 $ 증가한다고 한다. 양적으로 기온의 경제효과를 평가한 것은 이것이 처음이었을 것이다. 일본은 해양성기후로 무더운 여름이 극성을 부리므로 방에 에어컨 없이는 못 산다고 할 정도이다. 따라서 평균적으로 일본은 기온 1 C에 대한 에어컨의 경제효과는 약 20만 대에 이른다고 한다.

2 교통과 여가활동

열차나 자동차의 운전, 선박·항공기의 운행은 기상조건에 의해 좌우되는 것은 물론이고, 이들을 안전하게 그리고 정시에 운행시키기 위해서는 끊임없이 기상상태에 주의할 필요가 있다. 안전운전을 위해서 주의하지 않으면 안 되는 기상조건으로는 강풍, 큰 비, 고조, 파랑, 눈사태, 안개, 벼락, 난기류, 착빙 등이 있다.

철도나 항공기·선박의 운행기관은 각각의 운행의 안전을 꾀하기 위해서 필요한 기상관측을 수행함과 동시에, 관측자료는 기상관서로도 통보되어 천기예보 작성에 이용되고 있다. 기상청은 이들의 교통기관을 대상으로 한 기상업무를 실시해서 교통안전의 확보에 기여하고 있다.

최근 여가를 즐기는 인구가 증가하고 있고, 여가의 종류도 매년 늘어 다양화되고 있다. 그것에 수반되어서 여가에서의 사고도 증가하고 있지만, 기상조난의 원인은 변화가 보이지 않고 매년 같은 기상현상에서 발생하고 있다. 기상에 의한 조난은 어느 정도의 지식이 있다면 막을 수 있는 경우가 많다. 그래서 여가에 있어서의 기상학을 배우는 방법이나 기상정보의 사용법이 거론되고 있다.

① 육상교통

교통규제나 사고 등 교통장해의 원인에는 기상이 크게 관계를 하고 있고, 고속도로에서는 큰 눈이나 노면의 동결, 일반도로에서는 큰 비 등이 중요한 현상으로 되어 있다. 이들의 대기현상에 대해서 고속도로에서는 한후기를 통해서 설빙대책이 행해지고, 난후기와 일반도로에서는 대우에 대한 속도규제 등의 각종의 대책이 이루어지고 있다. 이들 대책의 기초가 되는 것은 기상정보이고, 기상청이 발표하는 일반의 천기예보·주의보 등과 컨설턴트에 의한 도로를 대상으로 한 상세한 기상예보, 예를 들면 강설의 시작과 끝의 시간, 도로 동결의 예상 등 작업에 직결되는 정보가 널리 이용되고 있다.

유럽에서는 많은 나라들이 도로기상정보시스템(Road Weather Information System, RWIS)을 도입하고 있다. 이 시스템의 주된 기능은 다음과 같다.

- 도로의 미기후에 관한 정보
- 도로상의 노면과 기상의 관측
- 도로기상예보 : 기온, 노면온도, 풍속, 구름, 습도, 안개, 강수현상, 서리, 결빙, 강설, 노면동결 등
- 이들 정보의 전산망

등으로 되어 있다. 기상에 관한 도로교통의 안전과 원활한 흐름의 확보를 위해서는 말할 것도 없이 기상정보가 기능적으로 활용되는 것이 필수적이다. 장래는 이 방향의 기상정보가 더욱 충실 해질 것도, 온라인시스템 등 정보의 전송·표시의 기능도 크게 향상될 것이 기대된다.

(1) 철도

일반적으로 육상 교통기관의 운행이 광범위하게 혼란한 경우는 강풍, 폭설 등의 격렬한 기상 현상에 의한다.

강풍에 의한 재해로는,

- 폭풍에 의한 열차의 지연이나 전복
- 철교의 파손
- 해안지의 모래와 돌의 퇴적이나 염분의 날아서 흩어짐에 의한 선로나 전선로의 피해
- 전선로나 통신로의 폭풍에 의한 파손, 넘어지거나 무너짐

등이 있다.

수해에 관한 것에는 선로유실, 도상유실, 선로침수, 토사유입, 둑 무너짐, 낙석, 벼랑(절벽)무너 짐, 하천증수 등이 있다. 설해로서는, 선로 상으로의 눈의 퇴적, 분기부의 동결, 교량 그 외의 건조물의 눈의 하중에 의한 파손, 통신선이나 전선로의 눈의 하중에 의한 파손, 신호등에 눈이 달라붙음, 차량기기로의 착설이나 동결 등이 있다. 기타 안개나 연무에 의한 시정장해도 운전에 큰 영향을 끼친다.

이와 같은 기상조건이 철도의 운전이나 안전에 큰 영향이 있는 것으로부터, 기상청과 국철 사 이에는 철도기상통보에 관한 합의가 있고, 재해방지에 양자가 협력하고 있다.

(2) 도로

노면동결, 적설, 안개, 비, 바람 등의 기상현상은 미끄러짐, 시정장해, 주행불안정, 지연, 사고 등의 도로교통 상의 장해가 된다. 이 형태는 지역이나 장소, 도로구조 등에 의해 다르고, 또 교통 조건에 의해서도 달라진다. 이와 같은 기상현상에 기인하는 도로교통장해를 하나로 논하는 것은 어려운 일이다. 그러나 일반적으로, 기상장해와 관련하는 기상요소로는 표 14.4와 같은 것들을 생각할 수가 있다.

고속도로 관리사무소에 있어서는 기상장해를 배제해서 안전확보를 꾀하기 위해서 도로연선 상의 기상현상을 파악하기 위해서 도로기상관측관측기기를 설치하고, 그 정보를 대책작업, 교통 규제 판단자료의 하나로 취급하고 있다. 도로연선에 설치되어 있는 기상관측 관측기기로는, 노온 계(동결방지 대책용), 기온계(동결예지, 강설예지용), 풍향풍속계(강풍대책용), 우설량계(붕재 대 책용), 강수검지기(동결검지예지용), 투과율계·시정계(안개·눈의 시정장해검지용), ITV(공업용

표 14.4 기상장해에 관련되는 기상요소

기상장해	관련 기상요소
노면동결	겨울날 일수, 겨울철(12~3월) 강수일수, 강설일수, 1개월 평균기온
강·적설	최대적설심, 강설일수, 동일일수, 적설일수
안 개	안개일수, 청천일수
바람, 비	폭풍일수, 강설일수, 강수량, 강수일수

텔레비전＝industrial television, 도로 상의 현상 확인용) 등이 있다. 기상청이 발표하는 예경보, 기상정보의 분석결과 등에 의해 동결방지제 산포, 제설, 배설 등의 작업을 행하는 행동체제나 교통폐쇄가 예측되는 경우의 비상체제의 준비가 행해지고 있다.

② 해상교통

화물선·탱커(tanker : 석유운송선, 유조선)·여객선 등 해운선박의 해난 중, 기상에 관련하는 경우는 강풍·높은 파도·짙은 안개(농무)가 주된 요인으로 되어 있다. 그중 가장 많은 것은 장마기의 농무이고, 바다에 끼는 안개를 해무라고 한다. 해운선박에 대한 기상·해상정보는 기상청에서의 예보·주의보·경보·FAX 방송 등이 있고, 또 기상컨설턴트에 의한 기상·해상의 예보·정보가 석유·LNG 등의 적재선이나 페리(ferry, ferryboat) 등에 널리 이용되고 있다.

해난의 원인이 되는 기상현상으로는 시계불량이다. 이것은 거의 바다에 끼는 해무 중 짙은 안개인 농무에 의해서 일어난다. 바다는 육지와 달라서 안개가 될 수 있는 수증기의 공급을 바다에서 마음대로 공급받을 수 있는 조건에 있어 특히 안개가 많이 낀다. 또 발달된 저기이나 태풍으로 인한 강풍과 높은 파도는 해난사고의 위험성을 항상 가지고 있다. 따라서 이들에 의한 해난사고가 발생하지 않도록 향상 기상정보에 귀를 기울이고 대비해야 할 것이다.

(1) 파랑·풍파·파도

수면 상에 바람이 불면 우선 파장 수cm의 세파(잔물결)가 생긴다. 바람이 계속 불면 파는 바람에서 에너지를 받아 파고와 파장을 증대시키고, 점차로 큰 파로 발달해 간다. 이와 같이 바람에서 에너지를 받아 계속 발달하는 파를 풍파[風波, wind wave, 풍랑(風浪)]라고 한다. 외모는 극히 불규칙하지만, 개개의 파의 마루는 날카롭고, 마루의 길이는 파장 2~3배 정도이다. 풍파는 풍속이나 취주거리·취속시간에 의해 그 크기가 결정되는 것으로, 생긴 파는 바람과는 관계없이 움직인다. 강풍역에서 발생한 파가 무풍역에 나오기도 하고, 바람이 약해지기도 하면서 바람에서 파로의 에너지공급이 정지되고, 파는 고유의 성질에 따라서 전파된다. 이것을 파도(波濤, 너울,

swell)라고 한다. 풍파에 비교해서 주기적이고 마루는 둥근 모양을 띠고 있다. 여름이 끝날 무렵 태평양 연안에 밀어닥치는 파도는 남방양상의 태풍역에서 발생한 파가 파도가 되어 전파해 오는 것이다. 풍파와 파도를 총칭해서 **파랑**(波浪, ocean(sea) waves)이라고 한다.

(2) 파의 기본성질

실제의 파랑은 극히 복잡한 양상을 띠고 있고, 그 거동을 간단히 표현하는 것은 무리이다. 여기서 우선 가장 기본적인 파로서의 규칙적인 정현파(sine파)에 대해서 그 성질을 정리해 두자. 그림 14.8에 나타낸 것 같이, 파의 파장 L, 주기 T, 파고 H(진폭 $a = H/2$)로 정의되고, 파속은 $C = L/T$이 된다.

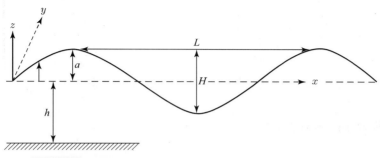

그림 14.8 **파의 기본성질** L : 파장, H : 파고, a : 진폭, h : 수심

(3) 풍파의 성질

실제의 풍파(풍랑)는 극히 복잡한 양상을 띠고 있다. 해면이 돌연 솟아올라와 순식간에 파의 마루가 형성되어 진행이 시작되었다고 생각하면 다음 순간 수 분 이내에 다시 쇠약해져서 보이지 않게 된다. 파가 다른 파를 추월하기도 하고, 서로 교호하는 것이 나타나기도 해서 해면은 끊임없이 변화하고 있다. 앞의 파의 기본성질에서는 파를 간단하고 규칙적인 정현파로 표현했지만, 실제 파의 기록을 보면 파형은 정현파형과는 달리 파고나 주기가 각파마다 다르고 복잡하게 나타남을 알 수 있다.

(4) 연안 천해역에서의 파의 변형

깊은 바다에서는 파는 표면파로서의 고유성질을 갖지만, 수심이 파장의 1/2 보다 얕아지면 해저의 영향을 받아서 파고 및 파향이 변한다. 파고와 파향을 변화시키는 요인으로는 파의 굴절·천수변형·쇄파(파가 부서짐) 및 해저마찰이 있다. 굴절은 수심이 얕을수록 파의 진행속도가 늦어지기 때문에 파의 마루의 수심이 깊은 곳에 있는 부분이 빨리 진행하고, 얕은 곳에 있는 부분이 천천히 진행함으로써 파의 진행방향이 바뀌는 현상이다. 파의 굴절은 곶(호수나 바다로 뾰족하게 나온 땅)의 선단과 같은 돌출부에서는 파의 에너지가 수렴해서 파고가 높아진다. 반대로 만의 깊은 곳 등은 파의 발산역이 되어 파고는 낮아진다. 천수변형은 수심이 얕아짐에 따라 파고가 변화하는 현상이다. 파가 먼 바다에서 천해역(바다가 얕은 지역)으로 진입하면 우선 파고가 다소 낮아지는데, 수심이 파장의 1/6 인 곳에서 최소가 되고, 그리고 나서 해안을 향해서 다시 높아져간다. 깊은 바다의 파가 점점 변형되면서 천해역으로 진입할 때, 수심이 얕아져서 파고와 거의 같아지는 부근에서 현저한 쇄파가 일어난다. 해저마찰은 물입자의 궤도운동을 방해함으로써 파에너지를 소모시킨다. 따라서 해저마찰이 효과를 갖는 것은 수심이 파장의 1/2보다 얕은 해역뿐이다.

(5) 파도의 전파

풍파의 구조를 스펙트럼적으로 생각하면, 파도의 전파는 다음과 같이 설명할 수 있다. 즉 강풍역에서 발달하는 풍파는 스펙트럼적으로 폭넓은 범위의 주파수성분과 방향성분으로 이루어져 있다. 각 성분파는 각각의 전파방향에, 각각의 주파수에 의해 정해진 군속도(진동수가 다른 파동이 서로 겹쳐서, 진폭이 바뀐 한 무리의 파동이 전파되어 가는 속도)로 진행하므로 시간이 경과함에 따라서 파에너지는 공간적으로 가로방향 및 세로방향으로 넓게 분산해서 파고를 낮춘다. 이것을 각각 **주파수분산** 및 **방향분산**이라고 한다.

파랑의 전파에 수반되는 파에너지의 감쇠의 주된 원인은 방향분산과 주파수분산이라고 생각하고 있지만, 물입자의 궤도운동의 내부마찰 및 공기저항에 의해서도 에너지가 소실된다. 이것은 파장(주기)이 짧은 파 쪽이 효과가 크므로 단파장(단주기)의 성분파가 빨리 감쇠한다. 이 결과 파도의 파장(주기)은 평균적으로 길어진다. 장주기의 파에 대해서는 내부마찰이나 공기저항에 의한 에너지 소모는 대단히 작으므로 파도는 대단히 장거리를 전파할 수 있다. 그 예로 태평양에서 장거리에 걸쳐서 전파하는 파도의 관측을 하여, 오스트레일리아(Australia)와 뉴질랜드(New Zealand)의 남쪽 해상에서 발생한 풍파가 파도가 되어 북상해서, 알류샨 열도(Aleutian Islands)까지 도달한 것을 확인하고 있다. 즉 남극에 가까운 남태평양에서 멀리 북극에 가까운 북태평양까지 파도로 전파되어 밀려온다는 뜻이다.

(6) 파랑예보

파랑추산을 위해 현재 업무적으로 이용되고 있는 방법은 스펙트럼법이 주류를 이루고 있지만, 취급이 간단한 이유로 유의파법도 일부에서 잘 이용되고 있다.

파랑의 상태를 스펙트럼으로 표현하고, 각 성분파의 에너지 증감을 시간을 추적계산해서 파랑의 예측을 행하는 방법을 스펙트럼법(spectral method)이라고 한다. 이 스펙트럼법의 기본식은 에너지 평형방정식에 근거하고 있다. 스펙트럼법은 유의파법에 비교해서 복잡한 파랑의 성질을 보다 적절히 표현할 수 있고, 파랑의 발달·전파·감쇠를 합리적으로 기술할 수 있는 등의 장점을 가지고 있지만, 계산양은 상당히 많아지는 것이 흠이다.

유의파고·취주거리·취속시간의 관계를 이용해서 파랑을 예측하는 방법을 유의파법(有義波法, significant wave method)이라고 한다. 이 방법은 1940년대 초기에 개발된 이래, 관측치가 증가함에 따라 점차로 개량되어 왔다. 윌슨(Wilson)은 비교적 새로운 신뢰도가 높은 자료만을 이용해서 해석하고 고쳐서 유의파고와 유의파주기의 발달 식을 만들어, 취속시간에 의한 유의파의 발달을 계산할 수 있게 만들었다.

③ 항공교통

항공기의 이륙·착륙·비행 중, 어느 경우도 기상의 영향을 크게 받게 된다. 항공기상정보는 특별히 규정된 형식과 방법으로 항공기상대에서 항공국·관제관, 항공회사로 제공된다. 항공기에 필요한 정보는 목적비행장과 대체비행장의 기상, 항로 상의 바람, 악천의 정보 등이 있고, 예보는 비행장예보·항공로예보·공역예보가 통보되고 있는 등, 항공은 국제화로 세계 각지의 공항의 정보가 필요하게 되고, 또 국내에서도 앞으로 점점 항공기의 시대가 열려 국내 예보도 항공기를 위한 예보가 발달할 것으로 생각된다.

(1) 항공기상에 필요한 기상정보

항공기가 비행하는 경우에 필요로 하는 기상정보는

- 사전의 비행계획과 출발할 때
- 순항할 때
- 착륙의 준비와 착륙할 때

이다. 사전의 비행계획이란 비행루트·적재량·필요연료·비행고도·도착시각 등을 계획하는 것으로, 이 경우는 필요로 하는 기상정보는 목적공항이나, 목적공항이 악천의 경우의 대체비행장의 비행장예보와 순항 시에는 필요한 예상고층천기도나 악천예상도 등의 정보이다. 출발 시에는 항공기는 적하도 연료도 최대한으로 실어 중량이 무거워 최대이륙중량에 가깝게 되기 때문에 활주로를 가득 사용해서 이륙한다. 이 때문에 이륙성능에 영향을 주는 바람, 기온, 기압 등의 정확한 기상관측정보를 필요로 하게 된다. 아울러서 이착륙 시의 양력은 바람과 기온에 관계한다. 양력은 대기속도의 2승에 비례하므로 속도가 2배가 되면 양력은 4배가 된다. 그렇기 때문에 이착륙일 때는 대기속도를 높이기 위해서 향하는 바람을 이용한다. 기온은 3 C 상승하면 공기밀도는 약 1% 감소하므로 양력도 1% 감소한다. 기압은 비행고도측정의 보정에 사용된다. 비행 중의 항공기에 필요한 기상정보는 실시간의 고층의 풍향·풍속, 악천정보, 그리고 착륙하는 목적공항의 관측정보와 비행장 예보이다. 착륙준비와 착륙 시의 정보로는 목적공항에 내려앉을 수 있을까, 기장이 판단하지 않으면 안 되지만, 이 경우의 목적공항이나 대체비행장의 예보와 관측치가 필요하게 된다.

(2) 항공기의 운항에 영향을 미치는 기상현상들

이착륙이나 순항 중의 항공기의 안전이나 쾌적성에 영향을 미치는 기상현상으로는 다음과 같은 것들이 있다.

- 이착륙에 영향을 주는 것으로, 바람의 급변이나 교란으로는 횡풍, 강풍과 돌풍(gust), 저층의 풍전단, 하강돌연풍(downburst) 등이 있고, 또 운저고도나 악시정, 강우, 눈과 착빙 등이 있다.
- 순항 중에 영향을 주는 것으로는 발달한 적란운, 난기류 속에는 구름 속의 난기류·청천난기류(clear air turbulence, CAT)와 산악파가 있다. 착빙, 뇌전, 열대저기압(태풍), 화산의 분연 등이 있다.

이들의 현상에 대해서 몇 개를 생가해 보기로 하자.

- 저층의 바람전단(wind shear) : 저층에 있어서의 연직 또는 수평방향의 풍향이나 풍속의 차가 있는 바람전단은 항공기의 대기속도(공기에 대한 항공기의 속도)의 급변을 가져와, 이것에 수반되는 항공기는 양력(비행기의 날개 같은 얇은 판을 유체 속에서 작용시킬 때, 진행방향에 대해여 수직·상향으로 작용하는 힘)이 변화하기 때문에 이착륙에 있어서 대단히 위험하다.

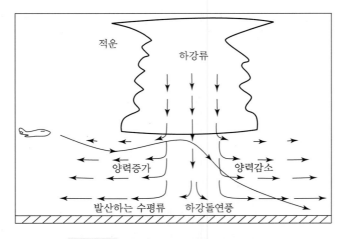

그림 14.9 하강돌연풍의 항공기에 대한 영향

- 하강돌연풍(下降突然風, downburst) : 적란운이나 국지적인 웅대적운에서의 하강기류가 폭발적으로 발산해서 일어나는 파괴적인 기류를 하강돌연풍이라고 한다. 이중 수평방향으로 4 km 이상으로 퍼지는 것을 대돌연풍(macroburst), 4 km 미만의 현상을 소돌연풍(microburst)이라고 해서 분류하고 있다(그림 14.9 참조). 시카고대학의 등전철야에 의해 처음으로 발견되었다. 저공으로 비행하고 있는 항공기에 있어서는 극히 위험한 현상이다. 또한 하강돌연풍은 비의 강도나 퍼짐을 측정하는 외에도 바람의 강도나 분포를 측정하는 기능을 첨가한 도플러 레이더(Doppler radar)로 검출하는 것이 가능하다.
- 악시정(惡視程) : 안개나 운저가 낮은 구름 등은 항공기의 이착륙에 악영향을 끼친다. 항공기가 공항에 안전하게 이착륙할 수 있을까는 각 공항에 있어서의 조건이 다르지만, 시정과 운고 및 활주로시거리(runway visual range, RVR)는 항공기가 이착륙을 할 수 있는 최저기상조건(weather minimum)을 결정하는 데에 중요한 요소가 된다.
- 적란운(積亂雲) : 발달한 최성기의 적란운 속에는 강한 상승기류나 하강기류가 일어나 구름 속에서는 난기류가 발생하고 있고, 더욱이 뇌격·우박·착빙이나 하강돌연풍 등의 현상을 동반하고 있는 경우가 있으므로 항공기에 있어서는 대단히 위험하다.
- 청천난기류(晴天亂氣流, CAT) : 구름이 없는 청천(맑게 갠 하늘) 속에서 발생하는 난기류인 CAT는 눈에 보이지 않기 때문에 예상이 어려워 항공기에 있어서는 아주 위험하다. CAT는 통상, 상공 5~12 km의 깊은 기압의 골 부근이나 제트기류 및 제트전선(안정층)에 수반되어 발생하는 경우가 많다. 이것은 제트기류 주변에서는 강풍의 축이 있기 때문에 주변과의 속도차(바람전단)가 크게 되기 때문이다. 더욱이 제트기류가 고기압성으로 만곡하는 근방에서는 CAT의 발생률은 높아지므로 주의할 필요가 있다.
- 산악파(山岳波) : 산 등에 의해서 강제적으로 만들어지는 파동으로 난기류가 발생하기 쉽다. 산악파는 산의 풍하방향(바람이 불어나가는 방향)으로 규칙적으로 강한 난기류를 발생시켜, 때로는 파상운을 동반하는 것이 특징이다.

④ 여가활동

기상에 의한 재해나 어려움은 어느 정도의 기상지식을 사전에 알고 있다면 피할 수 있는 경우가 많다. 그래서 여가활용인 레저에 있어서 기상학을 배우는 방법 및 기상정보의 사용법을 익히도록 하자.

- 천기도를 그릴 수 있도록 연습하자. 평상시부터 신문이나 텔레비전에서 천기도를 보고 기상현상에 관심을 갖고, 예상을 세워보도록 하자.

- 기상정보를 반드시 듣는다. 최근에는 산속의 작은 집에서 천기도를 그리는 사람을 볼 수 없을 뿐만 아니고, 천기예보를 듣지 않고 출발하는 사람들도 많다. 또, 산속의 작은 집이나 현지의 사람으로부터 정보를 얻는 것도 소중해서 주의를 받았다면 따른다.
- 국지적인 현상이나 천기예보의 수정 등도 있으므로 항상 구름이나 바람의 변화에 주시하고, 관천망기(하늘의 기상상태를 육안으로 보고 경험에 비추어서 날씨를 예견해 보는 것)를 해 본다.
- 위험한 기상요인이 있다면 비록 다른 사람이 행동하고 있어도 자신은 따라 행동하지 않아야 하는 자기관리와 예상 외의 천후에 우연히 만나도 먼저 위험에서 피한다고 하는 위기관리능력을 높일 필요가 있다.
- 피로동사의 우려가 무엇인지를 알고, 피로동사는 바다·산·하늘의 레저 조난(재난을 만남)의 공통의 원인이 되어 있다. 예방해서, 내의나 우비 등은 기능성이 좋은 것을 착용하고, 체온이 내려가지 않도록 소지품을 유효하게 사용하는 것이 중요하다.
- 스카이레저(sky + leisure : 스카이다이빙·행글라이더·패러글라이더·열기구 등 하늘을 이용하는 레저)에서는 3가지의 여유(① 금전적·② 시간적·③ 정식적)를 가지고 있어야 한다고 일컬어지고 있다. 이 말은 어떠한 여가생활에도 적용이 되는 말이다.
  ① 금전적 여유란, 비싼 용구나 장비를 갖추는 것이 아니고, 안전을 지키기 위해서의 투자를 서운하지 않게 하는 것을 가리키고 있다. 예를 들면, 우산을 싼 비닐우산이 아니고, 투습성과 방수성능을 갖춘 우비를 구입하는 것이 좋고, 눈산을 등산할 때는 설붕매설자탐지기(매설 beacon)나 무선기 등이 최근에는 필수휴대품으로 되어 있다. 임대도 있으므로 작은 비용을 아끼려다가 아까운 목숨을 잃은 일은 없도록 마음을 쓰기 바란다. 또 외양항해 등 보다 거대하고 위험성이 있는 것에 도전하는 경우에는 통신위성에서 기상정보를 입수하는 등 최신의 장비에 대해서 연구나 구입자금이 필요하게 된다.
  ② 시간적 여유란, 비바람이 심하다는 날씨예보가 나와 있는 데도 며칠 안 되는 모처럼의 휴일이 왔으므로 출발해 버리는 일, 또는 급한 일이 있으므로 돌아가지 않으면 안 된다고 무리하게 행동해 버리는 등의 어리석음을 말하는 것이다.
  ③ 정신적인 여유는, 어떠한 위험한 상황에 빠져도 혼란상태로 되지 않도록 정신적 여유를 갖는 것도 여가활용에는 필요하다는 것이다.
- 여가를 위해서의 대기과학을 의무로 배우기보다는 흥미를 가지고 자연에서 재미있게 공부한다고 하는 자세로 임하면 몸에 익히는 것도 빠르고, 자연을 보다 깊이 이해하는 것이 되므로, 인생을 풍부한 것으로 해 줄 것임에 틀림이 없다.

(1) 스포츠와 기온

스포츠의 최적기온은 물론 종목에 따라서 다르다. 일반적으로, 중위도의 운동에서는 19~21 C로 생각하고 있다. 그러나 단거리 경주 등과 같이 단시간에 격심한 운동을 동반하는 스포츠의 적당한 기온은 27~28 C로 높다. 반대로, 마라톤과 같이 장시간에 걸친 지구력의 운동은 5~15 C에서 좋은 기록이 나오고 있다. 최적기온을 온대지방을 기준으로 해서 예로 본다면, 단시간의 심한 운동은 한여름을 제외하고 6~9월이 적당한 기온이고, 장시간의 운동은 11~3월, 중간 정도의 운동이라면 4~5월 및 10월이 최적기온이다.

(2) 관천망기

천기예보가 발표되는 것은 수치예보의 기본이 되는 관측치가 측정되고 나서 8시간 이상 경과한 뒤가 된다. 또 날씨, 지형 등에 영향을 받으므로 그 토지지역의 특유의 습성이 있다. 이와 같은 시간 차이나 기상의 국지성을 보충하기 위해서 구름이나 바람·기온 등의 변화를 보고 예상하는 관천망기가 레저에는 중요하다. 옛날부터 전해내려오는 날씨속담에서 과학적으로 아웃도어(outdoor)의 정보로 사용할 수 있는 것을 몇 개 모아보자.

- 권운이 방사상으로 나타나면 악천의 징조 : 권운(줄무늬 모양)은 저기압이나 태풍의 전면에서 선두를 자르고 나타난다. 방사상으로 보이는 것은 눈의 착각으로 실제는 평행으로 줄지어 있다. 권운은 이윽고 권층운이 되어, 중층운이나 하층운이 나타나면 본격적으로 날씨는 나빠진다.

- 비행운이 남으면 다음날 비 : 비행운이 점차로 두꺼워져서 언제까지나 사라지지 않을 때는 비의 징조이다. 저기압이 접근해 오기 전에는 상층에 습한 공기가 들어온 것을 알 수 있다. 반대로, 비행운이 나와도 두꺼워지지 않고 수분으로 사려져버릴 때는 청천(맑게 갠 하늘)이 지속된다.

- 산에 입운이 걸리면 비 : 입운[삿갓구름, cap(collar) cloud]은 독립된 산의 꼭대기에 걸리기도 하고, 산정을 둘러싸고 나타나는 삿갓이나 모자모양의 형태의 구름으로 층적운의 일종이다. 삿갓모양을 한 이 구름이 높은 산과 같은 독립봉에 잘 나타난다. 저기압의 전면에서 수증기를 많이 포함하고, 남쪽으로부터의 바람이 불고, 산정(산의 꼭대기) 근처가 강풍이 되어 나타난다. 고산에 입운이 나타나면 악천이 될 확률이 70~80%, 거기다 적운(지형의 영향으로 산악의 풍하측에 발생하는 구름으로, 거의 이동하지 않고 공중에 매달린 것과 같이 보이는 구름, 층적운의 일종)이 동시에 나타나면 확률은 85%로 높아진다.

- 동쪽은 천둥번개, 비는 내리지 않고 : 뇌운은 일반적으로 상공의 서풍으로 흘러가므로 동쪽에 뇌운이 있어서 멀어져 간다면 비는 내리지 않는다. 반대로 서쪽에 뇌운이 있으면 뇌우를 경계하는 것이 좋다.

- **구름이 빨리 달릴 때는 천기가 나빠짐** : 구름의 움직임이 빠르다는 것은 상층에 강한 바람이 불고 있다고 하는 증거이다. 이윽고 저기압이 진전해 와서 풍우가 강하게 된다.
- **구름이 둑에 보이면 돌풍** : 구름의 제방이란 한랭전선을 따라서 줄지어 있는 적란운이다. 전선이 접근하면 돌풍이 불고 뇌우가 된다. 구름의 둑이 보이거든 배는 재빨리 피난하지 않으면 안 된다.
- **수면이 조용해도 수평선에 파가 일면 돌풍** : 적란운이 발생하면 그 밑에서는 돌풍이 분다. 멀리서 수면에 파가 일면 적란운이 접근해 올 우려가 있다.
- **해저가 탁해지면 비** : 저기압이 접근해서 바람이 강해지면 풍랑이 높아지기 때문에 해저가 탁해진다. 드디어 저기압이 접근해 와서 비가 내린다.
- **해명이 들리면 폭풍우** : 해명이란, 파도가 해안에서 부딪쳐서 나는 소리가 지면을 통해 들리는 메아리로, 폭풍우의 전조로 여겨진다. 태평양 연안에서 태풍이 접근해 와서 파도(여울)가 밀려오면, 「동 - 」이라고 소리가 들려올 때가 있다. 해명이 들려오게 될 때에는 태풍이 접근해 오고 있다.

⑤ 등산

등산에 필요한 기초적인 기상에 대해서는 이미 앞에서 언급했으므로, 여기서는 주로 겨울산의 기상에 대해서 설명하도록 하겠다.

겨울산에서는 겨울철의 기상변화의 양상을 파악해서 행동하는 것이 좋다. 기본적인 기압배치의 변화는, 저기압의 통과 → 계절풍의 불어나감 → 이동성고기압 → 저기압의 접근이라고 하는 순서이다. 단, 겨울의 최성기 등은 이동성고기압이 나타나지 않고 겨울형이 느슨해지면 다음의 저기압이 진전해 오는 일도 있다.

(1) 겨울형의 기압배치

겨울철에는 저기압의 통과 후에 대륙의 고기압이 뻗어나오면 서고동저의 겨울형 기압배치가 된다. 대륙의 고기압의 중심기압이 1,050~1,060 hPa이 되어 있으면 강한 동형이 된다. 저기압이 동해 상에서 발달하면 계절풍은 더욱 강해진다. 겨울형의 강도는 등압선의 수로 대체적인 판단은 할 수 있다. 5개 이상 걸리면 강한 겨울형으로, 풍속은 지상에서 10 m/s 이상, 높은 산에서는 20~30 m/s의 강풍이 된다. 산에서는 지형의 영향이 있으므로 장소에 따라서는 순간풍속은 40~50 m/s에 달하는 수도 있다. 겨울산에서의 안전보행의 한계는 풍속 20~25 m/s이므로 강한 겨울형에서의 행동은 삼가지 않으면 안 된다. 또한 높은 산의 상공 5,500 m 부근의 기온이 -35 C 이하가 되면 큰 눈이 될 우려가 있다.

(2) 겨울의 저기압

겨울의 저기압은 봄이나 가을과 같이 동해저기압·2구저기압·동지나해저기압이 있다. 이들의 저기압에 대해서 겨울철에 주의해야 할 점을 들자. 동해저기압은 남풍이 강하고, 전선이 통과하는 전후는 돌풍이 불고, 기온이 올라가 비나 진눈깨비가 내리기 때문에 눈사태의 위험성이 대단히 높다. 풍향의 급변은 눈사태를 유발하기 때문에 전선의 통과 시는 더욱 위험하다. 특히 동해 쪽의 산에서는 푄현상으로 기온이 올라가게 되고, 눈이 느슨해진 곳으로 전선이 통과하므로 눈사태가 많이 발생한다. 2구저기압도 동해저기압과 같이 눈사태의 위험이 크다. 동해 쪽도 낮은 산에서 높은 산까지 습한 눈의 맹렬한 눈보라가 되어, 강수량이 많다. 강풍이 불어, 특히 눈보라와 함께 강한 난류를 만든다. 강수량이 많으므로 신설의 눈사태가 일어나기 쉽다. 동지나해저기압이 남쪽 해안에 접근해서 통과하면 습한 눈이 되고, 낮은 산은 진눈깨비가 차가운 비가 된다. 한편, 동해 쪽에 저기압이 발달하는 경우에는 눈바람이 강해진다.

(3) 백시현상

백시현상(白視現象, white out)이란 심한 눈보라와 눈의 난반사로 주변이 온통 하얗게 보이는 현상이다. 적설기의 시계불량에 의한 방향판단의 실수는 무설기보다 더 큰 위험을 동반한다. 설산에서는 안개나 보라 등의 시계불량 외에도 이와 같은 백시현상이 있으므로 주의하지 않으면 안 된다. 이것은 시계 내가 진백으로 보여, 구름과 설면의 구별이 되지 않는 현상이다. 낮 동안 하늘이 엷게 긴 구름으로 덮여, 지표면이 한결같은 모양인 하얀 눈으로 덮여 있을 때에 일어난다. 이때, 구름을 투과한 산란광과 설면에서 반사한 빛의 양이 거의 같아지므로 그림자가 생기지 않게 되어, 설면의 요철(凹凸: 오목함과 볼록함)이나 목표물을 구별할 수가 없게 되고, 상하좌우의 판별도 어려워진다. 백시현상이나 시계불량일 때는 돌아다니지 말고, 그 현상이 없어질 때까지 기다리는 것이 좋다.

(4) 눈사태

눈사태는 일반적으로 산의 사면이 35~45°에서 많고, 성질이 다른 눈의 층이 생겼을 때, 강풍이나 풍향의 급변, 사람이나 동물의 움직임 등이 계기가 되어 발생한다. 난기의 이류나 강우가 있으면 낮은 산사태나 눈사태(slush avalanche)가 일어난다.

눈사태의 대책으로서는 입산의 1개월 전부터 천기도에 주목하고, 눈의 성질이나 강수량을 조사해 적설의 이력을 머리에 넣어둘 필요가 있다. 예를 들면, 입산일에 겨울형이 약해졌어도 그 이전에 쌓인 눈이 많다면 보다 눈사태의 위험이 증대된다. 그런데 눈사태에 의한 조난이 발생한 날은 어떠한 천기도가 많았던가, 눈사태 조난발생지점에 관한 자료에서 조사해 보면, 겨울형의 기압배치가 가장 많아 전체의 약 40%를 차지하고 있다. 그중 1/4은 겨울형일 때이지만, 나머지는 보통 또는 약한 겨울형이었다. 약한 겨울형이라도 상공에 한기가 남아 있을 때 및 강한 겨울형이 느슨한 날은 사고가 발생하기 쉽다. 겨울형에 이어 많은 것은 2구저기압에서 26%이었다. 3번째는 남안저기압에 15%이었다. 4번째는 동해저기압과 이동성고기압에서 11%이었다. 이동성고기압에서는 강설 후에 사고가 발생하고 있고, 이것은 전 일까지 쌓인 눈이 다 치워지지 않은 상태에서 행동을 했기 때문으로 생각되어진다. 또한 강설량이 많은 해는 눈사태의 사고가 많다. 마지막으로는 눈사태에 의한 사고방지를 위해 점검하는 습관을 갖자.

⑥ 스키

(1) 스키여행

스키여행(ski tour)을 하기 위해서는 앞 절에 있는 겨울산의 기상지식이 필요하다. 초심자는 겨울산 경험자와 동행해서 장비를 갖추는 것이 상식이다. 사고의 대부분은 스키어(skier : 스키를 타는 사람)들이 좋은 날씨에 이끌려, 가벼운 마음으로 홀가분한 차림으로 스키여행에 나가면, 날씨가 급변해서 조난을 당하는 경우이다. 동해저기압이 접근하기 전의 일시적인 맑게 갠 하늘이나 이동성고기압의 호천에서 여행에 나갈 때 저기압의 접근으로 천후가 악화해서, 식량도 겨울장비도 없었기 때문에 조난을 당한다. 라고 하는 것이 조난의 전형적인 형태이다. 스키여행의 사고의 대부분은 출발 전에 천기예보를 들으면 막을 수 있는 것들이다. 또한 경험자라도 스키경로를 벗어났을 경우에는 눈사태에 특히 주의하지 않으면 안 된다.

(2) 스키연습장

스키연습장 내에서는 보통은 눈사태의 우려가 없지만, 과거에는 몇 건인가의 사고가 발생한 일이 있다. 스키장의 눈사태는 표층 눈사태가 많고, 연습장 밖에서 발생한 눈사태가 연습장으로 유입되는 비율이 높다. 또 깊이 쌓인 눈을 찾아서 코스 이외로 들어가는 눈사태를 만나는 경우도 보인다. 급경사 및 상부가 급사면으로 되어 있는 연습장에서는 강설 후는 눈사태를 주의하지 않으면 안 된다. 스키연습장에서 알아두면 좋은 것은 겨울형의 기압배치의 산설형(山雪型)과 이설형(里雪型)의 구별이다. 강한 겨울형에서 산설형의 경우는 맹렬한 보라와 짙은 안개로 시계가 나빠져 충돌사고가 일어나기 쉽다. 리프트(lift)는 장소에 의하기는 하지만 대체로 풍속 15 m/s 이상이 되면 멈춘다. 강한 산설형일 때는 승강기나 곤돌라(gondola)는 멈추고, 대단히 추운 데도 무리를 해서 슬로프에 나가는 것은 부상의 근원이다. 그러나 초보자일 때는 산설형이 되면 스키장의 적설이 증가하므로, 강설 직후는 초보자 등의 기회가 된다. 한편, 이설형은 산에는 강설이 적지만 평야에서는 많다. 이설형이 지속되기도 하고, 강설량이 많은 경우에는 도로나 철도 등의 교통기관의 혼란에 주의하지 않으면 안 된다.

젤스키연습장에서 주의해야 할 천기도형은 동해저기압과 2구저기압이다. 어느 쪽도 저기압의 통과 시와 통과 후에 겨울형으로 강한 바람이 불고, 거의 승강기는 운전중지가 된다. 동해저기압의 통과 시는 표고 2,000 m 부근에서도 비나 진눈깨비가 내리므로 우비가 필요하게 된다. 강우로 눈은 습하고, 저기압의 통과 후는 한기가 들어와서 기온이 저하하기 때문에 대단히 얼어붙은 설면이 되고, 스키연습장 상태는 최악이 된다. 기상정보에서 저기압이 그해 맨 처음으로 강한 남풍이 발달해서 통과할 때는 기온의 급하게 올라간다고 하는 방송이 있으면, 스키에 나가는 것을 중지하는 쪽이 현명하다.

(3) 스키복·왁스와 기온

스키복(skiwear)을 입을 때에 고민하는 것은 속내의를 무엇으로 할 것인가이다. 두꺼운 옷으로 하면 의외로 더워서 땀을 흘리게 되므로, 다음날 얇은 옷을 입고 외출했다가는 맹렬한 눈보라로 추워서 스키를 할 입장이 아닌 경험도 스키어들은 많다. 또 왁스를 칠했는데도 잘 지쳐지지 않는 일도 있다. 만능, 설질용 왁스를 사용했는데도, 추위가 강한 날이나 따뜻한 날은 설질에 맞지 않고 도리어 지침이 나빠지므로 위험하다. 설질에 맞는 왁스를 선택하면 회전도 편해지고 숙달도 빨라진다. 그래서 기상정보를 통해서 옷과 왁스를 선정할 필요가 있다. 단, 표고차나 위도에 의한 지역차 및 계절에 의한 차이가 있으므로 아침의 천기예보를 보고 예상최고기온과 그 평년차·전일차에 주목해서, 자세한 점검을 할 필요가 있다.

(4) 피로동사와 기상

산악조난의 원인은 눈사태가 가장 많고, 그 다음에 피로동사(疲勞凍死)이다. 이것은 주로 기상에 대해서의 판단 잘못이나, 무시에 의해 무리한 행동을 해서 복수의 희생자를 내는 것으로 생각되어진다. 눈사태는 발생의 예상이 어려운 면도 있으므로 겨울산의 등산자는 고도의 기상지식이 요구된다. 한편 동사는 겨울산에서만 일어나는 것으로 오해하기 쉽기 때문에, 피로동사라고 불리게 되었지만, 매년 동사에 대한 무지나 무방비에 의해 같은 사고가 반복되고 있다. 동사란 체온이 20 C 이하가 되어 사망하는 것으로, 그 원인은 2종류가 있다. 하나는 체온을 유지하기 위해서 에너지를 소모해 결국 체온이 저하해서 사망한다. 에너지의 보급이 없으면 여름산에서도 일어난다. 또 하나는 체온이 급속하게 빼앗길 경우로, 저온의 물속에 떨어졌을 때나 의복이 젖은 데다 강풍이 불었을 때이다. 의복이 젖으면 물의 냉각작용과 증발열에 의해 체온을 빼앗긴다. 풍속이 1 m/s 늘 때마다 체감온도는 1 C 내려가고, 젖은 피부의 온도는 1.1~1.7 C 내려간다. 2,500 m 이상의 산에서는 진한여름에도 비가 오는 날에는 최고기온은 10 C 전후이다. 강한 비나 땀으로 젖은 몸에 강풍이 불면 체온은 급격하게 내려가 사고능력도 떨어지므로 위험을 회피하기 위한 판단도 할 수 없게 된다.

⑦ 해양스포츠

해양스포츠(marine sports)는 바다 위에서 윈드서핑(windsurfing), 서핑(surfing), 카누, 스노클링, 제트스키 범퍼튜브, 바나나보트, 발리볼, 스피드보트 등을 즐기는 것으로, 해양스포츠에는 다양한 종목들이 있다. 지금 우리나라가 선진국 대열에 들어가고 잘 살게 되어 수입이 늘고, 토요일이 휴일이 되었다. 금요일 오후부터 토요일, 일요일, 경우에 따라서는 월요일 오전까지 2~3일 정도의 시간적인 여유와 휴가비용에 여유가 생겼다. 이렇게 되면, 해양스포츠와 선진국의 고급 스포츠인 승마가 주목을 받게 되어 있다.

해양스포츠에서 일어나는 사고 중, 기상·해양이 원인으로 발생하는 것은 의외로 많다. 『기상·해양의 부주의 및 무시』가 원인이 되어 발생한 사고의 비율은 스쿠버다이빙(scuba diving : 수중호흡기를 이용한 잠수)이 전체의 약 25%, 보드세일링(boardsailing, windsurfing : 수상스포츠의 일종으로 새로운 레저로 각광을 받고 있다. 요트의 일종인 보드세일링은 혼자서 돛을 단 보드를 타고 돛의 방향을 조절하여 경주하는 스포츠) 이 약 30%, 서핑(surfing, 파도타기) 및 바다낚시가 대략 50%에 미치고 있다.

이 숫자들은 머린레저붐(marine leisure boom, 해양여가유행)으로 용구의 진보나 시설의 증가 등에 의해 손쉽게 이용하게 된 반면, 기상·해양의 지식이 결핍된 미숙한 채로 바다에 나가 버리는 사람들이 많은 것을 나타내고 있다. 사고가 일어나는 날은 바다가 거칠어져 있기 때문에 구조에 어려움이 생기게 된다. 사람이 바닷속에서 생존가능한 시간은 한정되어 있기 때문에, 바다의 조난은 사망사고로 연결되는 경우가 많다.

기상·해양의 지식은 바다에서 안전하게 활동하기 위해서, 기술의 제1인 것을 스포츠를 시작하기 전에 인식할 필요가 있다. 또 바람을 읽고, 파도를 알고, 조석(tide)의 흐름과 구름을 관찰하는 것은 안전을 확보함과 동시에 해양스포츠를 즐기는 기초이기도 하다.

해상의 기상현상의 주요한 특징으로는 지형에 의한 영향이 없으므로 한랭전선 및 온난전선의 통과 시의 기상의 변화(기온·기압·풍향·풍속·강수·구름 등)가 확실하게 드러나고 있는 것을 들 수 있다. 해상에서는 육상보다 "변화가 심하다"라고 하는 것을 염두에 두지 않으면 안 된다.

⑧ 스카이레저

스카이레저(sky leisure)는 스카이다이빙·행글라이더·패러글라이더·열기구 등 하늘을 이용하는 여가활동이다. 동력을 달지 않고 자연의 힘만을 이용해서 크고 넓은 공중을 나는 스포츠이므로, 나는 기술이 있어도 기상의 지식이 없으면 잘 비행을 잘할 수 없다.

날기 위해서 주목해야 하는 것은 국지적인 바람이나 상승기류의 발생이기 때문에 천기예보의 예보구역보다도 상당히 범위가 좁은 지형 등에 영향을 받는 기상현상의 이해가 필요하게 된다. 나는 것에 대해서는, 천기도에서 총관규모(종관규모)의 기상변화를 파악하고, 현지에서는 국지적인 바람이나 기류의 흐름을 읽고 미세한 기상변화를 항상 관찰한다.

스카이레저는 짧은 시간의 판단 잘못이나 마음의 느슨함이 사고로 직결되기 때문에, 자연을 대상으로 한 레저 중 가장 엄격한 스포츠라고 일컬어지고 있다. 그러나 올바른 기상지식을 가지고 있다면, 위기에 직면해도 혼란상태에 빠지는 일은 적어지므로, 냉정하고 침착하게 위기에 대처해서 사고를 막는 일도 가능하게 된다.

(1) 패러글라이더·행글라이더

패러글라이더(paraglider)는 바람의 힘이나 공기의 흐름 따위를 이용하여 공중을 날 수 있는 특수한 직사각형 낙하산으로, 높은 산의 절벽 등에서 뛰어내려서 바람으로 부풀려 떠오른다.

행글라이더(hang glider)는 조종자가 자신의 다리로 도움닫기하여 이륙하고 착륙하는, 공기보다 무거운 고정익 글라이더를 말한다. 이 글라이더의 경기는 체공시간을 경쟁하는 것이다. 인간이 날개 밑에 매달려 나는 글라이더로, 구조가 간단하고 가벼우며 조립식으로 되어 있다. 사람이 사면을 달림으로써 생긴 공기의 흐름으로 양력을 얻어 날아오른다.

패러글라이더의 발상은 잠수낙하산(diving parachute, 다이빙 파라슈트)이고, 행글라이더는 우주선 회수용의 낙하산(parachute, 파라슈트)으로서 발안된 안내가 시작이었다. 발상은 달랐어도, 어느 쪽도 바람을 타고, 상승기류를 잡아 비상을 즐기는 스포츠이다. 비행사는 언제, 어디서, 어느 정도 강도의 상승류가 있을까를 예측하고, 적당한 강도의 풍속과 맞는 바람과 열상승풍의 발생을 파악해서, 고도의 획득 또는 유지를 해야 한다.

(2) 열기구

열기구는 LPG(프로판가스)를 연료로 해서, 버너(burner)로 따뜻하게 한 기체의 부력에 의해 비행한다. 버너로 불을 붙이기도 하고 끄기도 해서 기구(balloon) 내의 온도를 상하로 이동시켜서 고도를 바꾼다. 착륙 시에는 기구의 정점에 있는 총배기판(rip valve)을 열어서 열기를 내보낸다. 한편, 수평방향으로의 조종은 고도에 의한 풍향의 차이를 교묘하게 이용한다. 즉, 바람의 방향과 풍속은 높이에 따라 다르기 때문에, 비행고도를 바꾸어서 가고 싶은 방향의 바람을 찾아서 그 층의 바람의 흐름을 탄다.

⑨ 골프

골프(golf)에서 가장 주의하지 않으면 안 되는 것은 낙뢰[落雷, flash to ground, ground discharge, cloud－to－ground lightning(discharge), thunderbolt : 대지방전, 구름과 대지 사이의 방전]이다. 골프채를 머리 위로 들어올리면 벼락[(cloud－to－)ground discharge, stroke, thunderbolt]을 유도하기 쉽다. 골프를 하는 사람들은 피뢰[避雷, lightning protection : 벼락(낙뢰)의 피해를 예방하고, 벼락이 떨어진 경우에는 그 피해를 최소한으로 줄이려는 지식이나 수단 방법을 말함. 낙뢰를 피함]에 대해서 올바른 지식을 가지고 있을 필요가 있다.

골프에 적합하지 않는 날씨는 안개(fog)이다. 안개는 비가 그치는 밤에 급속하게 맑아서 기온이 내려간 날의 아침이나 야간방사냉각이 강한 날의 아침에 발생하기 쉽다. 비가 오는 중에 골프를 하는 사람은 없겠지만, 비가 그친 후에도 습도가 높고 잔디의 미끄러짐이라든지 궂은 날씨에서는 골프를 삼가는 것이 좋다.

공해연구소에 의하면, 농약의 대기 중에서의 농도는 살포 당일보다도 그 수 일 후와 소량의 강우 후에 높아진다고 한다. 또 살충제 다이아지논(diazinon)은 7, 8월의 고온 시에는 높은 농도를 나타내는 것이 확인되었다.

비거리(나는 거리)와 기온과의 관계는 모 대학의 조사에 의하면, 무풍의 경우 공의 초속 40～60 m/s에서는 고온보다 저온의 쪽이 비거리가 증가한다. 초속 70 m/s에서는 기온에 의한 변화는 없지만, 초속 80 m/s가 되면 저온보다 고온의 쪽이 비거리는 는다. 즉, 아마추어 골퍼는 여름보다 겨울 쪽이 비거리를 연장하는 데에 좋은 것이 되고, 프로는 여름에 잘 띄울 수 있다.

⑩ 승마

승마[乘馬, horse (back) riding]는 동물(애완동물)과 같이 운동을 하는 유일한 스포츠이다. 또한 신사복인 승모복을 입고, 귀족과 같이 경비가 많이 드는 귀족스포츠이다. 지금은 일반인은 골프를 선호하자만, 선진국에서 상류층이 즐겨 하는 운동은 역시 승마이다. 승마는 잘 알려지지 않았지만, 갖가지 질병의 치료와 예방이 탁월하다. 승마를 하면 전신운동이 되며, 마치 약장사가 떠드는 만병통치약과 같은 역할을 한다. 승마 역시 다른 스포츠와 같이 기상에 직접 관련이 되어 있다. 실내 승마장에서는 우천의 염려는 없겠지만, 기온, 습도 등 기상요소의 지배를 받아 승마에 영향을 미친다. 외승(밖에 말을 타고 나감)을 할 때는 다른 스포츠와 동일하게 대기현상에 그대로 노출이 되어 기상의 지배를 직접 받게 된다. 따라서 앞에서 언급한 사항들이 그대로 적용이 된다. 예를 들면, 외승을 할 때는 야외이므로 벼락이나 구름상태에 의한 우천, 안개, 폭풍우, 태풍 등의 악천후를 주시한다. 그러기 위해서는 천기예보나 관천망기, 천기도의 작성 등의 앞에서 언급한 기상지식들을 습득할 필요가 있다.

(1) 승마를 배우는 길

승마는 말이 운동을 하는 것이고 사람은 그 위에 타고 있으니까 쉽다고 간단하게 보통 사람들은 생각할 수 있다. 필자 자신이 과거 수십 년간 승마를 했고, 또 승마장(천마승마목장 : 충남 공주)까지 경영을 하고 있어, 후배와 승마인을 양성하고 있기도 하다. 그래서 생각해 보면, 승마는 결코 쉬운 운동이 아니다. 그렇다고 일반인들이 생각하는 것처럼 무서움의 대상도 아니다. 말은 친근하고 온화해서 정을 주면 한없이 가까워지는 애완동물이다.

승마를 배우려면 자격이 있고 유능하고 경험이 풍부한 교관에게서, 대략 1년 정도의 기간을 두고 기초부터 철저하게 이론과 실기를 정확하게 배워야 한다. 그렇지 않으면 보통 속세에서 격정하는 말 타는 것(승마)은 위험한 것이라고 하는 사실이 실현되는 것이다. 승마는 배울 때에도 위험이 있지만, 실전은 외승에서이다. 기초교육(기본자세, 평형유지, 고삐조절 등)이 제대로 되지 않고 몇 달된 미숙자가 외승을 하면, 야외에서 일어나는 돌발사고에 승마자가 대처를 하지 못하고 자신이 없어 당황해서 사고를 유발하는 것이다.

또 승마는 다른 운동과는 달리 혼자 잘하면 되는 것이 아니고, 말과 호흡을 맞추어서 인마일체가 되어야 하는 것이므로, 마필과도 잘 타협을 해야 한다. 특히 우리나라는 원래 승마용 마필이 아닌 경마장의 폐마를 제대로 훈련도 되지 않은 상태로 외승을 하면, 말이 과거의 경마장에서 옛 모습이 연상이 되면 언제든지 돌발사고가 일어나는 것이다. 그러니 마필은 확실하게 승마훈련을 받은 말을 타야 한다. 사고 없는 안전한 승마를 즐기는 길은 제대로 된 교관으로부터 완전한 기초교육을 받고, 승마용 말을 선택해야 승마의 진가가 발휘된다.

그림 14.10 승마의 기마자세 모습   기승자 : 저자 소선섭 교수의 모습

그림 14.10은 필자의 기마(말을 탐) 모습이다. 승마에 관심이 있는 독자를 위한 교재로서 이론은 본인의 저서 『소선섭(대표전자) 외 5인, 2010 : 승마와 마사. 스포츠북스, 458쪽』을 소개한다. 앞으로 우리나라가 더욱 잘살게 되면 승마는 보통의 국민스포츠가 될 것이다. 그때를 대비해서 본인과 후손들에게도 지금부터 준비해 두면 어떠할까!

승마가 마필(말)에 관한 모든 것으로 일반인들은 알고 있지만, 실은 이 분야를 마사과학(馬事科學, Horse Affairs Science, HAS)이라고 한다. 마사과학은 마필에 관한 모든 부분을 다 포함하고 있는 것이다. 우선은 마사과학에 어떤 분야들이 있는가를 간단히 소개하도록 한다. 자세하게는 『소선섭(대표전자)외 5인, 2010 : 승마와 마사. 스포츠북스, 425~435』를 참조하면 된다.

(2) 마사과학의 분류

- 승마(horse riding)
- 경마(horse racing)
- 비월(jumping)
- 마장마술(equitation, horsemanship, the art of riding), 마상기예
- 마필의 생산(production), 정가, 경매
- 목장(ranch, 초지조성, 건초 등)
- 영양(nutrition, 먹이)
- 말의 의학(equine veterinary medicine, 말의 건강)
- 재활치료(rehabilitation care, 인간의 치료)
- 마구장비(horse equipment, harness, horse gear, 안장, 굴레, 가죽 등)
- 말고기(horsemeat, horseflesh, 앵육) 식당, 가죽세공, 기름, 뼈(한약제), 분뇨(버섯)
- 장제(horse · shoeing)
- 조교 : 조교사(wild horse trainer, 조련×)
- 교관, 관리사(조선시대의 관리 이름) 등

3 녹색에너지와 수자원

녹색에너지(green energy)란 무엇일까? 다음의 첫 절에서는 「재생가능에너지」라고 하는 용어를 사용해서, 「자연에너지」와 「신에너지」라고 하는 호칭도 있다. 그런데 이들이 다를까라고 하면 다르겠지만, 거의 같은 의미로서 사용되는 일이 많다. 여기서는 특히 다름이 문제가 되지는 않는다. 이 말들은 주로 석유·석탄·천연가스로 대표되는 재래형의 화학연료에 의한 에너지와 대비

해서 사용된다. 원자력에너지도 「녹색에너지」와 대비되는 것일 것이다.

그렇다면 『녹색에너지』란 무엇일까? 화석연료에서는 이산화탄소(CO_2)를 비롯해서, 질소산화물(NO_x)이나 황산화물(SO_x) 등이 배출되는 데에 비해서 이들을 배출하지 않는 것을 그렇게 말하는 것일까? 그러면 『재생에너지』란 무엇일까? 사용해도 없어지지 않는 것일까? 재활용 가능의 의미일까? 자연에너지와 공통하는 이미지로, 「자연적으로 흐르고 있는 에너지를 그 도중에서 다른 형태의 에너지로 변경해서, 최종적으로는 다시 원래의 자연으로 내지는 순환으로 되돌려 준다」라고 하는 생각이 가장 적합할 것 같다.

물은 보편적으로 인간의 주위에 널리 존재하고 있어서, 인간은 각자의 생명유지를 위해서 물을 섭취하고, 물을 이용해서 식량을 생산하고, 물은 문명활동을 위해서 역사적으로 활용되어 왔다. 그리고 점점 문명이 고도로 발달하면서 물의 사용량은 증대하고, 최근에는 자연환경의 일부로서도 중요시하게 되었다. 한편 자원이란 자연에 의해 주어지는 것, 기술의 발전에 의해 생산에 도움이 되는 것이다. 그런데 우리들 인간의 주위에 골고루 존재하고 있는 것의 대표적인 것으로서 공기가 있다. 공기도 또한 인간의 생명유지나 많은 생산활동에는 필요 불가결한 것이다. 그러나 현재 공기를 자원으로써 인정하고 있는 예는 드물다. 물과는 달리, 공기는 손쉽게 수고도 들지 않고 이용할 수 있으므로 존재를 인식하지 않아도 된다.

즉, 자원이란 단순히 생산활동에 필요한 것이라는 뜻만이 아니고, 그 물질의 유한성, 이용에 이르기까지의 경제성이라고 하는 개념이 포함되어 있다고 생각된다. 자원으로 유한한 물은 당연히 중요한 자원의 하나로 되어 있고, 물을 안정적으로 공급하는 것은 나라의 중요한 정책의 일부가 되어 있다. 최근 세계적 규모로 기후의 온난화가 문제되고 있는데, 이 영향을 가장 크게 받는 것도 역시 수자원(水資源, water resources)일 것이다. 특히 생활수준의 향상, 경제활동의 고도화, 친수사상의 보급 등에 의해 물의 수요량은 증대하고 있는 추세이지만, 최근의 강수량의 감소경향이나, 댐 등의 수자원 개발의 곤란함이 겹쳐, 유한한 자원으로서의 물 문제가 우리에게 점점 중요해지고 있다.

① 재생가능 에너지

1973년의 제1차 석유쇼크를 계기로 해서 세계적으로 재생가능 에너지원에 관한 연구와 이용기술의 개발이 본격화되었다. 이것은 주로 탈화석연료(脫化石燃料)로서의, 이른바 석유대체 에너지의 의미가 강했다고 할 수 있을 것이다. 그 후 79~80년의 제2차 석유쇼크를 거쳐서 연구개발이 더욱 진전되고 있는 중에 석유시장이 안정성을 되찾았다. 한편, 오존층의 파괴·지구온난화라고 하는 인류의 생활환경의 위기가 신중하게 느껴져 온 결과, 지구환경의 보호라고 하는 새로운 시점에서 녹색에너지로서의 재생가능(再生可能, renewable) 에너지가 주목을 받게 된 것이다. 그러면 재생가능 에너지란 무엇을 가리키는 것일까? 그것에 해당한다고 생각되는 것을 다음에 열거해 보자.

① 태양방사(일사)　　　② 풍력　　　　　　　③ 수력

④ 파력　　　　　　　　⑤ 해양온도차　　　　⑥ 해류

⑦ 농도차　　　　　　　⑧ 조석·조류　　　　 ⑨ 지열

⑩ 바이오매스(bio-mass)

이들 중 ①의 태양에너지의 역할은 가장 크고, 본질적으로는 ②~⑦까지가 태양에너지가 변환되어 모습을 바꾼 것이다. ⑧은 지구·달·태양 간의 만유인력과 원심력이 그 원천이고, ⑨는 지구내부에 그 에너지원이 있어 이것이 지표 부근으로 흘러나오는 것이다. 또 ⑩에서도 태양에너지의 기여가 빠질 수 없다. 이것은 태양에너지가 결정적으로 태양에너지를 직접 고정하는 것은 식물이고, 이것을 식물연쇄로 동물이 식물을 취함으로써, 이 에너지는 동물로 변환되는 것이다.

② 태양에너지의 이용과 태양전지

본 절에서의 표제에 있는 녹색에너지나, 앞 항의 제목 중 재생가능 에너지라고 하는 말을 듣고 가장 먼저 떠오르는 것은 태양에너지일 것이다. 그것은 태양에너지의 이용기술이 일찍부터 실용화되어, 눈으로 볼 수 있는 기회도 많아졌기 때문이다. 개인주택의 지붕이나 큰 시설의 옥상에 급탕용의 집열기가 설치되어 있는 것을 보는 것은 이제는 보기 드문 풍경이 아니고, 공원의 시계가 태양전지로 작동하고, 태양-전탁(전자식 탁상계산기)의 보급도 대중화되고 있는 실정이다.

지금부터도 알 수 있듯이 태양에너지의 이용은 크게 나누어서 열로서의 이용과 빛으로서의 이용으로 나눌 수 있다. 또 각각에 집광식과 비집광식이 있다. 열이용으로서는 태양광발전소나 태양열온수기·솔라 하우스(solar house : 태양열 난방주택) 등이 주이고, 대규모적인 태양광발전소에서 위와 같이 주변에 있는 것까지 폭넓다.

집광식의 대표는 태양열발전이다. 열발전에서는 발전용의 증기 터빈을 돌리기 위해서 200~300 C의 고온이 필요해서, 태양광을 거울 등으로 집광해서 이용한다. 온수기나 태양전지도 필요에 따라 효율 등을 고려해서 집광해서 이용되는 일도 있다. 집광하는 방식으로 공통된 것은, 집광하고 있는 물건이 일사량을 구성하는 직달일사(직사일광)와 산란일사(청공·구름에 의한 산란광) 중 전자만으로 이루어진 것이다. 이것은 당연하다면 당연한 일이지만, 집광일까 비집광일까라고 하는 설문에 대한 해답은 그 장소의 기상(일사)조건에 의존하는 것이 여기서는 중요하다. 그것은 바로 일조시간(日照時間)이다. 일조시간은 직달일사가 있는 시간에 대응하므로 열발전의 운전가능 시간의 지표가 된다. 또한 같은 일조시간이라도 고위도 쪽이 이용상 불리하다. 그것은 고위도일수록 대기로정(지구대기에 입사한 태양직달광이 지표에 도달할 때까지 통과하는 공기량)이 크기 때문에 대기에 의한 일사의 감쇠가 커서, 직달일사강도(直達日射强度)가 낮기 때문이다.

한편, 태양열온수기나 태양냉난방용 집열기는 그 필요로 하는 온도가 수 10 C 정도로 낮은 일도 있어, 특히 집광계 없이 이용되는 일이 많아, 있다고 해도 간단한 반사판이 붙어 있는 정도이다. 태양전지도 거의 같은 사용방법을 취하고 있다. 이것은, 직달일사만이 아니고 산란일사도 동등하게 이용하는 것을 의미한다. 즉 양 성분을 포함하는 전천일사량의 많음과 적음이 적합의 판단기준이 된다.

그런데 비집광식 이용기기는 수광면을 남쪽으로 경사지게 해서 설치하는 일이 많다. 물론 그쪽이 받는 일사량이 많은 것이 기대되기 때문이지만, 그러면 최적의 경사각은 몇 도일까? 이것도 역시 또 그 지역의 기상(일사)조건에 의존하는 것이 된다. 사면에 입사하는 일사에는 태양방향에서의 직달성분, 푸른 하늘이나 구름에서의 산란성분만이 아니고, 지표에서의 반사성분도 포함된다. 직달성분은 그 면이 태양과 정대할 때에 최대가 된다고 하는 것은 말할 것도 없다.

태양광전지는 대기환경에 영향을 미치는 NO_x, SO_x, 지구온난화를 가져온다고 하는 이산화탄소를 발생하지 않는 녹색의 발전방식이어서, 이후 이와 같은 의미에서도 중요한 역할을 수행해 나갈 것으로 생각되고 있다. 현재 주력으로 되어 있는 석유화력발전의 대체로서 태양광발전을 이용하는 경우, 시험 삼아 계산할 경우, 발전시설의 제조단계·건설단계에서 발생하는 양도 고려해 넣어도, 이산화탄소의 삭감량은 75∼99%에 달하는 것으로 보이고 있다.

현재 태양전지 보급의 애로사항은 가격이지만, 그것도 점점 내려가고 있다. 지구 상의 각지에 태양광발전소를 배치하고, 그들을 초전도 케이블로 연결해서 네트워크를 짜서, 항상 낮 반구에서 발전을 계속하는 꿈과 같은 계획도 있다. 이렇게 되면, 낮과 밤은 원래부터 날씨의 좋고 나쁨에 좌우되는 태양에너지의 약점도 극복되는 것은 아닐까!

③ 풍력

풍력(風力, wind force)이란 바람의 세기, 바람이 물체에 미치는 힘으로, 풍력은 풍속으로 나타낸다. 눈으로도 연기가 오르는 상태나 수목의 흔들림, 건물의 피해 정도, 파도의 높이 등과 같은 지상 및 해상에서 일어나는 상태를 보고 대강의 풍력을 정하기도 한다.

풍력발전(風力發電, wind mill)은 바람의 힘을 이용하여 풍차를 돌려 발전기를 회전시켜서 발전하는 것이다. 수풍면적(바람을 받아들이는 면적) A의 이상 풍차가 바람에서 이끌어 내는 에너지 W는 다음과 같이 표현된다.

$$W = 2\rho A V^3 \tag{14.5}$$

여기서 V는 풍속이고, ρ는 밀도이다. 따라서 풍차에서 이끌어내는 에너지는 풍차의 면적에 비례하고, 풍속의 3승에 비례하는 것이 된다. 풍력발전은 다양한 형태의 풍차를 이용하여 바람이 가지는 운동에너지를 기계적 에너지로 변환하고, 이 기계적 에너지를 발전기를 구동하여 전력을 얻어내는 것이다. 이러한 풍력발전은 무한정의 청정에너지인 바람을 동력원으로 하므로 기존의 화석연료나 우라늄 등을 이용한 발전방식과는 달리 발열에 의한 열공해나 대기오염이나 방사성 누출 등과 같은 문제가 없는 무공해 발전방식이다.

전력공급원으로서 풍력에너지의 이용은 1891년, 100여 년 이전에 이미 덴마크에서 시작이 되었다. 덴마크, 독일, 미국, 일본 등 선진국들은 지하자원인 석유에너지의 고갈로 인한 대체에너지 중 무한한 청정에너지인 풍력이 전체의 약 10~20% 정도는 차지하리라고 전망하면서 많은 기대를 걸고 개발에 박차를 가하고 있다. 우리나라도 이에 뒤떨어지지 않도록 연구에 열을 가해야 할 것이다.

④ 조력·파력

조력(潮力)과 파력(波力)은 어느 쪽도 해양에 존재하는 에너지이다. 그러나 그의 발생원인은 전혀 다르다. 조력은 밀물·썰물의 간만(간조와 만조 ; 밀물과 썰물)에서 얻어지는 에너지이고, 그 간만은 주로 지구와 달 사이에 작용하는 만유인력과 그 운동에 의한 원심력이 근원이다. 거기에 지구와 태양 사이의 인력과 원심력이 더해진다.

조력은 조석차에 의한 위치에너지를 이용하는 방법과 그것으로부터 파생하는 조류의 운동에너지를 이용하는 방법이 있다. 조석은 다른 많은 자연에너지와 비교하면 다음과 같은 중요한 특징을 갖는다.

- 예보가 가능하다. 간조·만조의 시각이나 해면의 높이를 정확하게 예측할 수 있다.
- 계절변동이 적고, 안정된 에너지원이다. 조차(간조·만조의 해면의 높이의 차)는 대조(만월과 신월 부근)·소조(상현·하현 부근)와 월령에 따라 바뀌지만 월평균을 취하면 연간 거의 변하지 않는다.
- 환경에 대한 영향이 적다. 일사·바람·해양온도차 등, 다른 에너지원은 대규모로 이용하면 자연의 밸런스가 무너져 기상·기후에 영향을 미칠 가능성이 있지만, 조력의 경우는 그럴 염려가 적다.

조석발전소의 입지조건으로는 조차가 큰 것은 말할 것도 없지만, 필요한 제방의 길이와 저수지 면적 또는 연간발전량과의 비가 좋은 조건을 측정하는 유효한 지표가 된다.

한편, 파력은 바람에 의해 일어나는 파의 에너지이지만, 바람은 원래 일사에 의한 대기의 가열·대류로 발생하는 것이므로, 태양에너지의 변형이라고 할 수 있다.

바람이 수면으로 불면 우선 잔물결(소파, 세파 : 파장 수 cm, 주기 1초 이하, 속도 수십 cm/s 이하)이 일어난다. 그 바람이 장시간·장거리에 걸쳐서 불면 파도는 점점 커진다. 이것이 풍파(파장 수십 m, 주기 수 초, 속도 10 m/s 이상)이다.

풍파는 그것을 발생시킨 바람이 부는 범위 밖으로 퍼져나간다. 그 사이에 주기·파장 모두 길어져서 큰 파도(＝너울, 파장 백 수십~이백 수십 m, 주기 10초 이상, 속도 십 수~20 m/s)가 된다. 이와 같이 파도는 바람이 없는 곳도 전파해 간다. 또 풍파에 대해서도 바람이 멈춘 후 바로 사라지는 것이 아니고, 그 역도 성립한다. 소위 물결의 에너지분포는 바람의 그것과 시간적·공간적으로 평활화한 성질을 갖고 있다.

⑤ 수력발전

수력(水力, waterpower; hydraulic power)이란, 물에 의해 발생하는 힘, 또는 물이 가지고 있는 운동에너지나 위치에너지를 이용하여 어떤 일을 효과적으로 하였을 때의 물의 동력을 의미한다.

수력발전(水力發電, hydroelectric power)은 19C의 산업혁명 시대에도 사용되었을 정도로 역사가 깊다. 현재 우리나라에서도 화력발전과 병행해서 수력발전에 의해 전력을 얻고 있으나, 그 비중은 점점 커지고 그의 중요함은 새삼 강조할 필요가 없다고 생각한다.

수력발전소의 입지조건은 우선 저수지를 포함하는 발전설비가 만들어지기 쉬운 지형일 것, 또 집수역에 충분한 강수량이 있을 것 등이 최저한의 조건일 것이다. 비·눈 등의 형태로 내린 강수가 하천에 유출하는 과정은 다음과 같이 분류된다.

- 지하수유출 : 지하의 비교적 깊은 곳으로 침투해서, 일단 지하수류가 된 후 하도로 흘러나온 것
- 중간유출 : 지하의 얇은 부분에 침투한 후, 하도로 흘러나오는 것
- 표면유출 : 침투의 속도는 제한되어 있어, 그것을 넘는 부분이 침투하지 못하고 지표면을 흘러서 하도에 도달한 것

이들이 어떠한 비율이 되는지는 식생·지질·지형·강수량 등에 의존한다. 이와 같이 유출해 온 수량은 그 유역의 유출량이라 하는데, 강수량과는 같지 않다. 강수의 일부는 침투하기 전에 증발하나, 또는 침투한 후 식물에 흡수되어 잎의 증산 등으로 소실된다. 유출량과 강수량의 비를 유출계수라고 하는데. 유출계수는

$$\text{유출계수} = \frac{\text{유출량}}{\text{강수량}} \tag{14.6}$$

이다. 유출계수의 평균은 0.7~0.8 정도이다. 유출계수가 추정된다고 하면 유출량은 유역의 강수량에서 구할 수 있다. 다른 표현을 하면, 유출량

$$\text{유출량} = \text{강수량} - \text{손실량} \tag{14.7}$$

으로도 나타낼 수 있다. 이것을 다른 학자는 이론포장수량으로 정의하고 이것을 근거로 해서 더욱 월별의 적설·융설을 고려한 유효포장수량을 정의했다. 즉 눈으로 온 물은 한랭지에서는 다음 달 이후로 넘어가 지방에 따라서는 해빙 때까지 녹지 않고 쌓여서 굳어진 눈으로서 봄의 융설기에 한 번에 유출한다. 이들을 고려해서 실제로 월별로 유출하는 수량을 견적하는 것이 유효포장수량이다. 앞으로 이것의 이용이 증가할 것이고, 특히 중소규모의 수력이용의 계획에 있어서 큰 기여를 할 것으로 기대된다.

수력에너지량을 간단히 말하면, 강의 유량으로 얻어지는 낙차의 곱에 비례하므로 구체적으로는 그것에 의해 적당한 장소를 선정하면 된다. 즉 우량이나 유량이 많은 것만으로 낙차가 나오지 않으면 의미가 없다. 수력의 경우, 기상조건(강수량)과 밀접한 관계를 갖고 있는 유출량과 지형조건에 의해 규정되는 낙차와는 동등한 중요성을 갖고 있는 것이 된다.

⑥ 수자원

국연수회의에 의하면, 지구 상의 표면적 부근의 물의 총량은 14 억 km^3로, 이들 물의 부존량 및 순환속도 등의 내역을 표 14.5에 정리했다. 지구규모의 차원에서 물의 부존량을 볼 경우 그 총량은 거의 일정하고, 그것을 인간이 이용하면 물의 형태나 수질은 변하지만, 그것이 물이라는 사실은 변하지 않는다. 물은 지표면이나 해면에서 수증기로 증발해서 이것이 강수 → 유출 → 증발의 순환을 반복하며 결국은 지구규모로서는 강수량과 증발량이 거의 일정하게 균형을 유지하고 있다.

표를 보면 물의 거의가 염수(97.3%)이고, 극의 얼음과 육수를 포함한 담수는 전체의 근소한 2.7%에 지나지 않는다. 거기에서 극의 얼음을 제외하면 담수는 전체의 0.6%로, 그것도 그중 대부분이 지하수로 있어 결국 인간이 바로 이용할 수 있는 표류수는 극히 적은 1/10,000 %인 1,200 km^3에 지나지 않는다.

표 14.5 지구표면 부근의 수량과 순환일수

항 목		전 량 (km^3)	백분율 (%)	순환속도 (년)	순환량 (km^3/년)
해 양		$1,362 \times 10^6$	97.3	3,200	425×10^3
극의 얼음		29.3×10^6	2.1	12,200	2.4×10^3
육 수	표류수	0.0012×10^6	0.0001	0.032	38×10^3
	호 소	0.3×10^6	0.02	3.4	38×10^3
	지하수	8.5×10^6	0.61	650	13×10^3
대기 중의 수증기		0.017×10^6	0.001	0.034	496×10^3
총 량		$1,400.1182 \times 10^6$	100		

* 국연수회의, 1977년, 1991년 추가

가령 전세계의 인구를 60억(6×10^9)명이라고 한다면. 1 인당의 수량은 200 m³로 아주 조금이다. 그러나 표류수의 순환속도는 0.032년이라고 한다. 결국 1년에 약 30회 정도가 교체되니, 실로 우리는 200 m³의 표층수를 년에 30회 정도 이용할 수 있는 기회가 있는 셈이 된다. 한편 육수의 대부분을 점하고 있는 지하수는 표층수에 비해 7,000배로 방대하지만, 순환속도는 자릿수가 다르게 늦고, 따라서 자원으로서의 회복력은 하천수에 비해서 자릿수가 다르게 작은 것을 나타내고 있다. 따라서 수자원의 활용에 있어서는 양적 평가만이 아니고 자원의 순환속도(회복속도)도 넣어주는 것이 중요하다.

해양은 지구 전체의 강수의 78%를 차지하고 있으며 증발량은 86%로 증발량 쪽이 많다. 그러나 지구 전체로서의 해역과 육역의 면적비(71% 대 29%)를 고려해도 해역 쪽이 육역보다도 여분의 강수나 증발이 있다. 한편 육수에 대해서 보면 해양과는 반대로 강수량 쪽이 증발량보다 많아진다. 이것은 유역에서의 강수량은 유역에서 공급하는 것이 아니고, 해양에서 증발한 수분이 육역에서 강수가 되고 있는 것을 나타내고 있다.

⑦ 현황과 부존양의 파악

물은 우리 인간이 자신의 생명을 유지하기 위해서 없어서는 안 될 물질인 동시에 식량생산활동 등을 위해서 옛날부터 소중한 자원의 일부로서 활용되어 왔다. 그리고 경제활동의 발전에 수반되는 공업생산의 확대에 의해 용수로서의 물의 사용량도 증대의 방향을 거쳐 왔다. 나라의 경제활동의 단계에서 보면, 국민총생산(GNP)과 생활·공업·농업용수의 총량과는 정(+)의 상관, 즉 비례관계에 있다. 선진공업국은 물의 생산성이 높은 반면, 개발도상국은 물의 생산성이 낮아, 세계평균의 1/2을 밑도는 나라가 많다고 한다. 취수의 많고 적음을 지배하는 최대요인은 그 나라의 산업구조와 생활수준이라는 결론에 도달한다.

수자원의 이용목적은 크게 농업용·공업용 그리고 도시용으로 나누어져 있다. 강수량에서 증발산에 의해 잃어버리는 양을 빼고, 면적을 곱한 값을 수자원부존양(水資源賦存量)이라고 한다. 식으로 표현하면,

$$수자원부존량 = 강수면적 \times (강수량 - 증발산) \tag{14.8}$$

전세계를 평균한 수자원부존양의 이용률은 겨우 8% 정도이다. 선진국의 이용률은 20% 정도가 되지만, 후진국의 경우는 낮다. 우리나라도 낮은 쪽에 속한다. 이 이용률을 높여야 하는 과제를 가지고 있다.

수자원의 효율적인 이용을 검토하는 경우, 우선 거론되는 것이 댐 건설에 의한 하천량 조절인데, 최근에는 겨울철 산악지대에 쌓이는 눈을 적극적으로 저유해서 융설(눈이 녹음)을 늦추어서 이용하는 설댐에도 관심이 향하고 있다. 댐에 저유되어 있는 물의 관리나 설댐의 효과적인 운용

등의 테마는 결국에는 강우 – 유출, 강설 – 융설 문제가 되고, 이것을 취급하는 분야가 수문기상학(hydrometeorology)이다.

어떤 유역이 있어서 수자원의 부존양이나 유효이용 검토의 제1보는 그 유역 내의 장기적·단기적인 강수량의 공간적 분포를 정확하게 파악하는 것이지만, 이것은 쉽지 않다. 일반적으로 강수량은 지형의 영향을 받기 쉬워, 유역 내의 강우분포를 정확하게 구하기 위해서는 가능한 한 조밀한 우량관측점을 설치하면 좋지만, 현실은 그렇지 못하다. 현재 일반적으로 이용할 수 있는 자료로는 자동기상관측시스템(Automatic Weather System, AWS)에 의한 자료가 있는데 이 장치는 전국에 약 400여 개가 깔려 있다. 이 관측소의 간격으로 강우의 상당한 부분을 포착할 수 있으나, 인가가 없는 산악지대는 비교적 관측소가 없기 때문에 이것을 보완하는 특별한 우량계를 설치하는 것이 바람직하다. 또 기상레이더(weather radar)를 이용해서 우량을 파악하기도 한다.

겨울철 산악지대에 저유되는 적설은 다른 부존형태의 수자원에 비해서 해(년)에 따른 편차가 작고, 시간적으로 장기간 천천히 유출되고, 그러나 막대한 양에 달하기 때문에 수자원으로서의 이용가치가 높다. 특히 융설기 직전의 유역 내에 저유되어 있는 적설상당수량(積雪相當水量, water equivalent of snow)의 파악은 논의 관개기(물을 대는 시기)에서 여름철의 물 수요기에 걸쳐서 물이용 대책에 중요한 정보를 준다. 적설상당수량은 눈을 녹인 물의 깊이를 의미하는데, 이것은 적설심과 적설밀도에서 계산된다. 적설심은 자동관측이 되는데, 적설밀도는 채설기를 이용해서 사람이 직접 측정할 수밖에 없다. 그래서 융설기 직전에 관측자가 유역 내에 실제로 들어가 대표적인 산지사면에서 적설심과 적설밀도를 우선 조사한다. 이것을 스노우서베이(snow survey)라고 한다. 그래서 고도와 적설수량과의 관계를 구해, 이 관계를 이용해서 유역 내에 있어서의 최대적설수량의 총량을 추정한다. 이와 같은 수준으로 최대적설수량의 총량이 구해지면, 이번에는 기온정보(예측치도 포함) 등으로 융설기 전반의 융설량을 미리 예측할 수 있다.

⑧ 원격측정에 의한 조사

원격측정(remote sensing, 리모트센싱)은 대상물에 접촉하지 않고 그것의 특성을 계측하는 것을 의미한다. 일반적으로는 인공위성 등에 의한 관측에서 자료를 구하는 것에 사용되고 있다. 원격측정의 응용대상은 각종자원의 탐사, 곡물수확량 예상, 토지피복·이용의 조사, 해양·호소·하천 등의 오염감시, 화산활동의 모니터링(monitoring), 기온·수증기량·풍속의 연직분포 추정 등 대기과학 부문에 널리 사용된다. CO_2, O_3, CH_4 등의 온실효과 미량기체의 모니터링 등에서 지형, 해면고도, 파고와 같은 거리측정에 관한 것 등 다양하고, 응용대상에 따른 자료의 취득에 사용되는 감지기[sensor(센서)]나 자료의 해석수법도 각양각색이다.

수자원 조사를 하는 데 있어서 우선 몰라서는 안 되는 것이 해당지역에 있어서의 면적강수량(面積降水量, precipitation over area)일 것이다. 면적강수량이란 지점강수량에 대한 말로, 어떤 면적을 점하는 지역에 내린 강수의 총량인데, 다양한 방법으로 이 면적강수량을 추정해 왔으나 진값을 구하는 것은 거의 불가능하다. 한편, 기상레이더는 전파의 강수입자에 의한 반사의 강도를 측정함으로써 직접적이 아닌 강수량의 공간적 분포를 알 수가 있다. 여기서 그들의 장점을 살려서 지상 우량계와 기상레이더 자료를 합성해서 임의의 지점에서의 정밀도는 높이를 측정하여 유역의 강수량을 면적으로 정밀도 좋게 감시하는 수법을 삽입하는 곳이 늘어 왔다.

한편 적설의 분포에 대해서는 기상인공위성의 자료가 활용되고 있다. 단, 이들의 위성에서는 수자원 관리자가 정보로 최종적으로 필요한 임의의 지점에서의 적설상당수량은 직접적으로는 측정할 수 없지만, 적당한 일 간격의 인공위성에서의 설선정보를 이용해서 유역 내에 있어서의 최대적설상당수량의 분포를 간접적으로 추정하는 시도가 이미 행해져서 양호한 정밀도가 얻어지고 있다.

4 산업

자연환경 중에서도 대기과학은 인간생활에 대해서 가장 중요한 것 중의 하나이다. 전쟁 후 눈부신 과학기술의 진보에 의해, 기상이 산업에 미치는 영향은 없어진 것과 같은 착각에 빠지는 사람도 있겠지만, 사살은 오히려 그와는 반대의 현상이 진행되고 있다.

1 농업

현재 식용작물이 900여 종, 원료작물이 약 1,000여 종, 사료·녹비(綠肥, 생풀이나 생나무의 잎으로 만들어 완전히 썩지 않는 거름 ; 풋거름)작물이 400여 종이 세계 각지에서 재배되고 있다. 이들 중에서는 7,000~12,000년 전에 작물이 된 보리류, 6,000년 전에 작물이 된 벼, 그리고 약 4,000년 전에 작물이 된 옥수수 등이 있다. 인류는 이들의 작물을 품종개량함으로써 보다 다수로 미미한 근대품종을 육성하고, 많은 농업기술을 사용해서 식량을 생산하고 있다.

(1) 농작물

기상조건이 다른 각 지역에서의 작물화된 작물군은 각각 발아·성장·개화·결실의 각 단계에 적합한 일정의 환경조건, 특히 기상조건을 갖추고 있다. 즉, 육종(생물이 가진 유전적 성질을 이용하여 새로운 품종을 만들어내거나 기존 품종을 개량하는 일)기술에 의해 조금씩 개량되고 있지만, 각 작물 및 품종은 온도·일조시간·일사량·수분공급도(우량) 등에 대해서 일정의 요구를 가지고 있다.

예를 들면, 각 작물의 온도요구도를 나타내는 데 재배기간의 평균기온이나 유효적산기온이 잘 이용되고 있다. 유효적산기온은 작물재배 기간 내의 일평균기온이 10 C 이상의 기간에 대해서, 일평균기온을 적산한 것이다. 이것을 이용하면, 주요작물의 온도요구도에 의하면, 1,000~2,000 지역이 보리류(보리과)의 재배지역인데, 이것은 북쪽에서부터 귀리, 보리, 밀의 순서로 재배대가 줄지어 있다. 2,500 이상의 지역에서는 벼 재배대로 북쪽에서부터 조생품종·중생품종·만생품종 이 재배되고 있다. 이와 같이 온도자원의 분포에 따라서 고위도에서 저위도 방향으로 밀·감자 ·옥수수·대두(콩)·벼, 그리고 열대·아열대작물군과 재배대가 대륙 위에 규칙적으로 나열되어 있다.

(2) 경지의 기상환경

작물이 생육하는 공간은 지하 1 m에서 지상 수 m까지 미치고 있다. 입사하는 태양에너지의 분배과정을 통해서 온도·습도 등의 복잡한 변화가 생기고, 그 속에서 작물은 수량을 형성하고 있다. 그렇기 때문에 작물이 생육해서 수량을 형성하는 공간 – 경지는 농업생산에 있어서 제일 중요한 장이다. 경지의 각 층 및 환경형성 요인은 작물 자신을 중심으로 에너지·물질의 흐름을 통해서 상호작용의 망을 형성하고 있다. 이 체계의 망 구조의 경지환경은 외부에서의 작용에 따라서 복잡한 반응을 나타낸다. 경지환경을 올바르게 예측해 합리적으로 이용하고, 더 나아가 관리하는 것은 각각의 과정 외에 서로의 상호작용의 해명이 필요하다. 여기서는 에너지와 물질의 흐름·교환을 주대상으로 해서 경지의 기상환경을 해명한다.

경지에는 태양방사(단파방사)와 천공·구름에서의 장파방사가 입사하고 있다. 이 에너지는 광합성, 물의 증발, 식물체·토양의 가열 등에 이용된다. 또 경지 자신도 그 절대온도 4승에 비례하는 강도로 장파방사를 천공으로 방출하고 있다.

이와 같이 태양의 열을 받아들이고 방출하는 과정을 통해서 열수지를 한다. 또 강수에 의해 들어온 물을 사용하고 배출해서 식물의 생육과 함께 물수지를 조절하고 있다. 식물의 잎에는 $1 \times 10^4 \sim 2 \times 10^4/cm^2$개의 밀도로 작은 구멍인 기공이 열려 있다. 이것을 통해서 수증기·이산화탄소 등이 잎의 안팎으로 교환되고 있다. 이 교환능력을 규제하는 것이 기공저항(氣孔抵抗)이고 기공의 밀도와 기공의 개도에 의해 크게 변화한다.

(3) 하우스농업

두께 0.1 mm의 필름 또는 2 mm의 유리로 공간을 덮어, 겨울철에도 야채, 과수의 생육에 좋은 조건의 기상환경을 내부에 만들어 주고 있다. 이것을 이용하는 하우스농업은 야채·과실·꽃의 생산에 중요한 역할을 담당하고 있다. 또 많은 농업의 주수입원이 되고 있다. 이와 같은 피복재배(被覆栽培, 태양열을 차단하는 재배방식)는 비닐하우스, 플라스틱하우스, 유리하우스, 터널하우스 등의 종류가 있다. 이들의 시설 내에는 야채가 주년 재배되고, 또 과수의 조기재배나 이기작이 행해지고 있다. 그리고 계절에 관계없이 각종 야채나 과실이 시장에 공급되어, 소비자들을 즐겁게 하고 있다. 앞으로 이 하우스농업은 더욱 발달하여 환경을 완전히 제어하는 하우스농업 즉, 식물공장이 태어나서 활기를 띨 것이다.

비닐 또는 유리로 덮은 공간의 온도상승은 태양방사와 장파방사에 대한 이들 피복물의 투과율의 차와 온실효과(溫室效果, greenhouse effect)로, 이들 비닐이나 유리에 의한 난기의 잡아둠의 효과이다. 낮 동안은 태양광의 50~60%가 이 피복물을 통하여 내부로 들어와 하우스 내에 흡수되어 온도상승의 열원이 된다. 더워진 공기의 열은 냉각된 벽면을 관류(꿰뚫어 흐름)해서, 또는 틈을 통하기도 하고, 또 환기에 의해 외부로 방출된다.

② 임업

임업(산림업)이라 함은 각종 임산물에서 경제적 이윤을 위하여 삼림을 경영하는 사업이다. 다양한 식물이 무리를 이루고 생존하는 삼림은 지구 상의 생물의 주된 무대로, 생물계를 지탱하는 다양한 종류의 풍부한 보배이다. 긴 세월에 걸쳐서 수목의 광합성활동에 의해 생산된 목재는 건축자재·연료·종이의 원료로서 옛날부터 인류에 이용되어 왔다. 또 광합성활동을 통해서 바이오매스 및 삼림토양 중에 저장되어 있는 탄소는 지구 상에서의 탄소균형에 있어서 중요한 역할을 하고 있다. 그 외에 삼림은 비옥한 표토를 우식·풍식에서 지키고, 수자원을 함양하고 있다. 따라서 광대한 육지를 덮고 있는 삼림은 지구환경의 보전, 생태계의 유지 그리고 인류의 생존에 있어서 없어서는 안 되는 존재이다.

(1) 삼림면적의 감소

삼림이 차지하고 있는 지구 상의 면적은 84.5억 ha(8.45×109 ha, 1 ha 3,000평)로 세계의 육지면적의 약 57%를 차지하고 있다. 인류의 삼림이용은 석기시대부터 시작되었고, 인구의 증가에 따라서 점차적으로 강화되어 왔다. 건축·연료·조선 그리고 농지확대를 위해서 세계 중의 삼림은 벌채되고 점차로 축소되어 사라져가고 있다. 이러한 경향은 20세기에 들어서서 현저하게 강화되었다. 삼림면적의 감소는 20세기 후반이 되어서는 더욱 급격히 진전되어 현재는 40억 ha로 추정되고 있다. 특히 광대한 바이오매스를 갖고 있는 열대림의 감소가 급속히 진행되고 있다. 1981~1990년의 10년간에 1.69억 ha의 열대림이 벌채되었다. 이러한 경향이 앞으로도 계속된다면 다가오는 금세기 말에는 생물계의 보고인 열대림의 소실의 위험성이 있다. 또 중위도대의 삼림도 개발과 산성우 피해에 노출되어 있다.

이와 같은 삼림면적의 감소는 우리 인류에게는 커다란 위협이 아닐 수 없다. 한 사람이 산소를 마시려면, 광합성작용에 의한 호흡으로 탄산가스를 흡입하고 산소를 내뿜는 나무가 대략 평균해서 400 그루가 필요하다고 한다. 즉 지구 상에 존재하는 사람의 수에 비례해서 약 400배의 나무 수가 존재하지 않으면 안 된다는 뜻이 된다. 인류의 존재에는 절대적인 임야의 존귀한 가치를 알고 보호해야 함은 우리의 절대적인 의무이다.

(2) 삼림의 기상환경

삼림의 특징은 두꺼운 층 내에 일사의 흡수·산란하는 낙엽군이 분포하고 있는 것이다. 또 평탄하고 균질한 작물밭과는 달리 높이가 다른 수목이 군을 이루고 있다. 그렇기 때문에 일사는 엽군 내에서 잘 흡수·다중반사되고, 깊숙이 들어감에 따라서 급격히 감쇠한다. 이와 같이 삼림의 성질은 독특한 방사환경을 형성시켜, 그것은 삼림의 기상환경·광합성활동 그리고 숲의 경신에도 큰 영향을 미친다. 삼림이 형성되기에는 거기에 적합한 온도와 습도, 열수지의 구조를 가지고 있어, 이들의 분포와 삼림이 관련을 가지고 있다.

삼림의 바람환경을 보면, 평균풍속의 기울기는 군락상층역에서 가장 크고, 군락 내로 들어가면서 급감한다. 지표 부근의 수간층에서는 다시 풍속이 강해지는 경향이 명료하게 보인다. 군락 내에 엽군이 조밀하게 분포하고 있는 작물군락 내의 풍속은 안쪽으로 들어감에 따라서 거의 지수함수적으로 감쇠한다. 숲속에서의 바람의 교란 또는 풍식(바람의 숨)은 살림 속에서의 운동량, 열량, 수증기량, 이산화탄소량의 수송, 확산에 중요한 역할을 하고 있다. 특히 이 풍식은 평균농도구배와 역방향으로 열량 등을 운반하는 것이 최근의 관측으로 알려졌다. 또 숲속에서의 이산화탄소는 심야에 그 양이 최고가 되고 낮에 최저가 되며, 숲의 아래 땅 부근에서 최대, 나무 끝위에서 최소가 되는 등의 일변화를 한다. 이와 같이, 이산화탄소환경과 탄소균형도 삼림형성에서 특징지어 주는 요인의 하나이다.

(3) 삼림의 기상재해

임목은 묘목이식에서 벌채까지 적어도 30~40년, 보통은 50~100년간이라는 세월이 필요하다. 그래서 위험기상을 가져오는 이상기상을 만날 확률은 1년생의 많은 작물에 비교해서 높다. 큰 기상재해를 만나면 수십 년의 수고와 기대소득이 허사가 되는 일도 있다. 그러므로 육림(나무를 심어 숲을 가꾸는 일)에 있어서는 위험기상 발생의 지역적 특징이나 임목의 기상재해 저항성 등을 고려하지 않으면 안 된다.

기상재해 중에 바람의 피해는 태풍이나 온대저기압에 의한 강풍이 20 m/s를 넘어 장시간 불면 발생하기 시작하고, 30 m/s를 넘으면 내풍성이 강한 삼림에서도 피해가 나온다, 강풍이 강우·강설을 동반하면 피해는 더욱 급증한다. 동해(얼음의 피해)는 조림이 고랭지로 확산되면서 나타난 기상재해이다. 토양이 동결해서 물을 빨아들일 수 없게 되는 조건에서 많이 발생한다. 방지에는 이식한 묘목을 채취한 잡초로 덮어, 방사냉각과 차가운 건풍(마른 바람)으로부터 보호하는 것이 중요하다. 또 눈, 가뭄, 물의 피해가 있다. 기상재해를 가져오는 위험기상은 기온이 너무 낮으면 동해나 설해가, 너무 높으면 서열해나 가뭄의 피해가 발생한다. 우량이 너무 많으면 수해를, 지나치게 적으면 한해를 입는다.

임야화재는 인위적인 원인도 있지만, 연소에는 기상조건(공기의 습도, 온도, 풍속 등)이 강하게 관계하고 있기 때문에 간접적인 기상재해이다. 임야화재는 겨울에서 봄에 걸쳐서 소건조계에 많이 발생한다. 소건조계에는 산야의 기상조건은 사막에 가깝다. 이 시기에 수일간 건조청천이 계속되어 일최저습도가 40% 이하로 내려가면 임야화재의 발생확률이 급증한다. 20% 이하로 내려가면 발생확률은 100%에 가깝게 된다. 이때 야화의 원인은 부주의나 낙뢰, 강풍에 의한 나무들끼리의 마찰열로 발화한다.

③ 수산업

수산은 바다나 강 따위의 물에서 나는 것 또는 그런 산물을 의미하며, 이 산물이 육산물의 상대적인 개념으로 수산물이 된다.

(1) 기상의 지배를 받는 바다

지구표면적의 약 70%를 차지하는 해양은 인류의 생존에 없어서는 안 될 동물성 단백질의 중요한 공급원으로 되어 있다. 특히 섬이나 해변가에 사는 사람들은 옛날부터 육류 및 식물의 많은 부분을 바다에서 얻어 왔다.

어선이나 배가 안전하게 항해하기 위해서는 바람과 함께 풍향이 얼마나 중요한가를 바다사람들은 알고 있다. 연안이나 난바다(외양, 외해 : 육지에서 멀리 떨어진 넓은 바다, 천기예보에서 한반도를 중심으로 육지에서 동해는 20 km, 서해와 남해는 40 km 밖의 바다는 먼바다, 이내의 바다는 앞바다)에 있어서 어획작업과 어선항해는 강풍, 높은 파도, 농무(짙은 안개), 선체착빙 등 삼엄한 악기상에 시달리고 수없이 많은 비참한 해난사고를 당해 왔다.

제2차 세계대전 이후 기상사업은 눈부시게 발전되어 왔으나, 해난사고는 그 이후도 줄을 이었다. 19세기가 되어서, 유럽과 미국의 선진국들에서 기상경보, 천기예보가 조직적으로 시작된 최대의 이유는 해난사고를 방지하기 위함이었다. 라디오의 기상통보는 어선사고를 방지하는 데 중요한 역할을 담당하고 있다. 지금도 연안 부근에서 조업을 하는 소형어선들이 많이 있어, 풍랑이 높다거나 농무일 때는 조업이 곤란하다. 출어 전은 물론, 조업 중에도 상시 기상정보를 수집하여 정확한 선상의 날씨의 판단이 요구된다.

해양표층의 수온·염분·용존산소량 등은 기상과 밀접한 상호작용을 하고 있는 기본적인 해황 요소이고, 동시에 해양생태계의 저변을 지지하고 있는 식물플랑크톤은 기상의 영향을 강하게 받고 있다. 즉 육상의 식물과 같이, 식물플랑크톤은 일사에너지를 이용해서 광합성을 하고 있다. 해면에 도달하는 일사량은 운량에 의해 변화하고 있다. 연안·내만역에서는 큰 비에 의한 탁류의 유입으로 염분의 이상 저하와 해저에 토사퇴적이 이루어져, 조개류 등에 큰 영향을 미친다. 표층 물고기의 산란·부화·생육·먹이가 되는 동물플랑크톤은 작은 규모에서 지구규모까지의 대기 – 해양 상호작용을 강하게 받고 있다. 어업이나 연안증양식업은 해상기상의 직접적인 영향을 받는 숙명에 놓여 있다. 따라서 기상정보를 활용해서 해난사고를 방지하고, 안전하게 조업하는 것이 산업존립의 대전제이다.

(2) 조업과 기상조건

해상에 있어서 어로작업의 난이도는 기상조건에 크게 좌우된다. 또 배의 크기, 내파(파도에 견딤)성능, 조업형태, 선원들의 숙련도 등에 의해 조업가능한 기상조건이 달라진다. 더욱이 어항에서 어장까지의 왕복항해의 도상 및 어장주변해역에 있어서의 전복·좌초·충돌 등의 해난사고를 일으키는 원인으로서 강풍, 고파, 농무, 선체착빙, 해빙 등의 살벌한 해양기상조건이 있다.

① 강풍과 고파

어선이 해상에서 조업하고 항해하는 중에 가장 장해가 되는 것은 강풍이 계속 불어 발달하는 높은 파도이다. 어선으로서는 만 내나 연안에서 조업하는 소형의 고기잡이배에서 원양까지 나가는 중·대형의 배까지 있다. 풍파에 의한 조업제약의 정도는 배의 크기, 어업의 종류, 조업형태에 따라 다르다. 풍랑의 발달은 풍속·취송거리(바람에 불려 이동하는 거리)·취속시간에 의해 결정된다. 풍랑의 파고특성으로 사용되는 용어 중 유의파고(significant wave height)란 계속해서 밀려오는 100개의 파도 중 높은 쪽에서 1/3을 취해서 이들을 평균한 파고이고, 이것은 숙련된 사람이 경험적으로 목시관측(맨눈으로 보아 관측하는 일)으로 얻어진 파고와 거의 일치한다.

② 농무

농무(짙은 안개)는 시정을 현저하게 나쁘게 하는 해무(바다에 생기는 안개)가 주이다. 해양 상을 항해하는 선박이 있어서 충돌·좌초 등의 위험성이 있고, 특히 해면 부근을 유영하는 어군을 눈으로 찾아서 조업하는 경우에는 어선조업이 곤란하다. 냉수역(차가운 물 지역)에 습하고 따뜻한 공기가 불어와 발생하는 이류무(advection fog)가 가장 대표적인 해무이고, 지속시간이 긴 농무이다. 앞으로 농무주의보가 발령되어야 할 해역에서는 레이더를 활용해서 해난방지에 노력해야 할 필요가 있다.

③ 선체착빙

강한 한풍(차가운 바람)이 거칠게 불어대는 겨울의 해양에 있어서 해수의 보라가 어는점 이하로 냉각된 선체에 내려 얼어붙은 선체착빙(船体着氷, icing on a hull)은 얼음이 점차로 두께가 증가해서 선체 상부의 중량을 현저하게 증가시켜서 중심을 높이기 때문에 거친 바다에서 전복되어 참혹한 해난사고를 일으킬 위험성이 있다. 선체착빙을 일으키는 조건은 기온과 풍속으로 결정된다. 기온이 −3 C로 풍속 8 m/s에 달하면 약한 착빙이 시작되고, 기온이 −6 C로 내려가고 풍속 10 m/s를 넘으면 강한 착빙이 일어난다. 또 850 hPa 면(고도 약 1,500 m)의 기온이 −15 C가 되면 착빙이 시작되고, −18 C를 넘으면 강한 착빙이 일어나는 것이 알려져 있다. 그렇기 때문에 기상전송으로 고층천기도를 수신함으로써 착빙 발생지역을 피해서 항해하는 일이 가능하게 될 것이다.

④ 유빙(流氷, pack ice)

고위도의 해역에서는 유빙의 존재가 조업과 항행에 장해가 되고, 해빙에 충돌·접촉해서 선체·스크루(screw : 선박의 나선 추진기)·타(키) 등을 파손시키는 일이 있다. 또 다시마 등의 해조류에 큰 피해를 주는 일도 있다. 따라서 기상청은 기상인공위성·항공기관측·레이더관측 등의 고층관측을 하여, 해빙역의 실황을 포착해 해빙도를 기상전송으로 발표하고, 또 해빙예보를 해야 한다.

(3) 수산증·양식과 기상

수산증·양식은 수온·염분·조도·용존산소량 등의 환경조건을 완전히 조절해서 산란에서 치어(새끼물고기)까지의 종묘생산을 행하는 단계도 있지만, 어느 정도 생육된 후에는 자연에 가까운 양식지 등에서 사육하는 것이 보통이다. 일반적으로 하천·호소·내만·연안해역 등의 자연의 장소에 있어서, 소위 조방적(거칠고 면밀하지 않음)인 증·양식이 행하여지고 있다. 따라서 증·양식을 하기 위해서는 각각의 장소의 기온·강수량·풍계 등의 기상특성에 대한 충분한 이해를 함과 동시에 기상요란, 해에 따라서 계절의 지속 등에 대해서 적절한 대책을 강구할 필요가 있다.

① 내수면

하천·논·연못·수로·양어장 등의 내수면에 있어서는 많은 어류의 내수면 증·양식이 이루어지고 있다. 가장 기본적인 것은 물고기의 생육에 필요한 양질의 물의 수량과 수위가 유지되는 것이다. 연강수량은 상당히 큰 폭으로 변동하고, 해에 따라서는 갈수기가 오래 지속되거나, 홍수로 수해를 일으키는 일이 있다.

수심이 얕은 호소에서는 밑바닥까지 대류혼합이 미쳐, 전층에 걸쳐서 수온의 계절변화가 크다. 한편 난후기의 수온상승은 표층부로 한정되어, 밀도성층이 발달해서 하층수와의 사이에 현저한 약층이 존재한다. 매년 호소수온은 일사량·풍속·강수량, 더욱이 결빙기간의 다름 등에 의해 변동하고 있다. 인공호의 경우는 홍수조절·관개 등의 기능을 하기 위해 수위의 변화가 심하다. 또 수온도 단기간에 크게 변하기 때문에 양식의 장소로는 그다지 적절하지 않다. 수온의 연직분포에는 바람이 크게 역할을 하고 있고, 얕은 호수에서는 취송류의 발달이 해저에 퇴적된 진흙을 말아 올려 밑바닥 진흙에 포함되어 있는 영양분류를 수중으로 방출해 부영양화에 기여하고 있다.

연못이나 논은 수심이 얕기 때문에 일사의 흡수나 증발잠열방출 등에 의한 수온변화가 심하다. 여름의 고온 및 겨울의 저온기에 미꾸라지같이 진흙 속에 파고들어가 견딜 수 있는 습성을 가진 것은 문제가 없지만, 다른 어종들은 장소를 옮겨주지 않으면 안 된다. 햇빛이 잘 들지 않는 연못이나 논은 식물플랑크톤의 증식이 나쁘고, 또 수온도 낮은 쪽으로 이동하기 때문에 양식장으로는 적합하지 않다. 연못의 수위·저수량은 일부의 용수지를 제외하고 그 해의 강수량에 의해 변화하고, 양식 가능생산량은 수량에 좌우되는 숙명을 가지고 있다.

대부분의 일급 하천의 상류에는 댐이 만들어져 있으므로 어느 정도의 큰 비까지는 댐 홍수조절기능을 발휘해서 거의 일정한 하천수량을 가질 수 있지만, 태풍내습 시나 집중호우일 때는 하천수량이 현저하게 증대하고, 대량의 토사유출도 가세해서 하천바닥의 상태를 일변시켜, 산란에 부적합한 상태로 만들기도 하고, 말(수초·해초의 총칭)이 돋아나지 않는 일이 있다. 그러나 다른 견지에서 보면, 하천의 퇴적오염을 씻어내는 역할을 하고 있는 일도 있어, 일시적인 피해를 주어서 하천을 소생시키는 일도 있다.

하천수의 흐림은 대우나 융설에 의한 물이 증가에 의한 토사의 유입이나 강바닥에 침전해 있던 진흙이 들어 올려져서 일어난다. 부유물질은 아가미에 상처를 입히거나 판막을 막거나 해서 물고기에게 직접적인 피해를 입힌다. 또 수중에 도달하는 태양광을 강하게 감쇠시키므로 말(조)이나 식물플랑크톤의 광합성에 영향을 준다. 대량의 융설수를 수원으로 하는 하천에서는 수온이 내려가고 해에 따라서 적설량의 차이로 3~7월경의 수온은 달라진다. 하천수량이 극단으로 감소하면 여름철의 수온이 너무 높아져 은어 등의 폐사가 발생한다. 또 산란·부화시기의 수온변화는 자원재생산에 큰 영향을 미친다.

② 하구·내만역

김양식 그물의 설치시기는 가을철의 수온에 좌우된다. 계절풍이 약하고 15 C 이상의 고온이 지속되면 병이 발생하기 쉽다. 따라서 김양식의 시기판단에 장기예보가 활용되고 있다. 김의 수량·품질은 영양염류의 보급상태에 따라 크게 영양을 받는다. 그것은 강수량의 다소에 따르는 하천유량의 증감에 좌우되고, 더욱이 김에 영양을 공급하기 위해서 해조류와 적당한 파랑이 필요하다. 내만역(內灣域)은 파랑이 그다지 발생하지 않고, 난바다에서의 파도의 영향도 적어 많은 양식망들이 설치되어 있다.

하구역(河口域)에 있어서의 기상재해는 대우 홍수 시에 대량의 토사·유목·쓰레기 등이 하천에서 유출되어 오는 일이 있다. 하천은 일시적으로 정화되지만, 하구역에서는 반대로, 조개류는 두꺼운 진흙으로 덮여 질식사해 버리는 일이 있다.

내만역에서는 대량의 담수유입에 의해 양식어의 대량 죽음을 부르는 일이 있다. 또 급격한 염분저하는 물고기의 침투압 조절기능을 넘고, 탁류의 증대는 먹이를 먹는 활동을 저하시키므로 활어조(산 물고기를 넣어 두는 곳)를 이동시키는 등의 대책이 필요하게 된다. 태풍 접근에 의한 고조와 폭풍에 의한 고파는 양식시설에 많은 손해를 끼친다. 한편 태풍은 먹이를 주거나 배설에 수반되는 자가오염으로 해저에 퇴적된 침전물을 제거하는 역할도 하고 있다.

④ 건축업

고대에서 현재까지 한 민족이나 나라의 문명·문화, 전통과 역사라고 하는 것 중에는 건축물이 빠지지 않는다. 그런데 이 건축물의 형태나 내부구조는 전적으로 기상·기후에 의해 토착의 전통적인 건축물로 굳어짐을 알 수 있다. 예를 들어 냉온방장치가 발달되지 않았던 옛날의 열대우림의 기후라면 어떻게 하면 더위와 습기를 막을까하는 궁리를 하게 되었을 것이다. 그래서 그늘을 많게 하고 습기를 제거하는 짚으로 만든 자리를 사용하는 등의 습관이 전통을 만들고 이런 것들이 쌓여서 문명·문화를 형성했을 것이다(그림 14.11은 이들의 한 예).

그림 14.11 덥고 습한 지역의 건축 양식의 한 예(한옥의 마루)

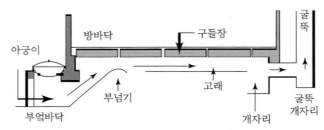

그림 14.12 춥고 건조한 지역의 건축양식의 한 예(한옥의 온돌구조)

춥고 건조한 지대에서는 벽을 두껍게 하고 습기를 보존하는 형태와 재질을 사용해서 혹독한 자연환경에서 벗어나려고 하는 방향의 전통으로 갔을 것이다(그림 14.12는 이들의 한 예). 강풍과 강우가 많은 기후에서는 지붕을 바람에 날아가지 않도록 단단히 묶는 습관과 많은 비를 대비해서 지붕의 경사가 급해져서 비가 빨리 내려가도록 구상했을 것이다. 이와 같이 건축물들의 특성은 기상과 기후에 완전히 의지해서 결정됨을 알 수 있다.

(1) 열

실내에 있어서 인간은 실내공기의 온도·습도·기류속도 및 주위에서의 방사라고 하는 4가지 환경요소의 영향을 받아 더위와 추위를 느낀다. 이와 같은 감각을 냉온감(冷溫感)이라고 하고, 이들에 영향을 주는 온도 등의 환경요소를 온열 4요소(溫熱四要素)라고 한다.

중립의 냉온감, 간단히 말하면 덥지도 춥지도 않는 감각을 유지하는 것을 목적으로 실내에 열을 가하기도 하고 실내에서 열을 제거하기도 하는 것이 난방(暖房, heating) 또는 냉방(冷房, cooling)이다. 이와 같은 난방 또는 냉방에 필요한 열량을 난방부하 또는 냉방부하(冷房負荷)라고 한다.

부위의 단열성이나 기밀성·일사투과성 등의 이외에도 실내기상에 영향을 미치는 건축적 요소로서 건물의 열용량(heat capacity)이 있다. 이것은 물체의 온도를 단위온도만큼 상승시키는 데 필요한 열량을 의미한다.

지구환경문제를 배경으로 다시 생(덜다, 줄이다)에너지가 주목되고 있다. 건축의 분야에 있어서도 화석연료의 소비를 억제하기 위해서 생에너지에 대한 기준이 강화되기도 하고, 생에너지 건축에 관한 연구·개발이 보다 적극적으로 진행되고 있다. 일반적으로 말해서 생에너지에는

- 에너지수요를 낮추는 방법
- 에너지소비기기(관측측기)의 효율을 높이는 방법
- 화학연료 이외의 에너지원을 사용하는 방법

의 3가지 방법을 생각할 수 있다.

(2) 바람

건축과 바람과의 관계에 있어서 중요하다고 생각되는 사항으로, 건물풍(빌딩풍)·자연환기·통풍의 3가지에 대해서 언급한다. 이 외에도 강풍에 의한 건축이 파괴되는 등의 강풍재해가 있지만 이것에 대해서는 재해의 항목에서 따로 취급하므로 여기서는 생략한다.

건물풍(빌딩풍, building wind)은 건물에 의해 형성된 국지풍을 말한다. 도시 내부에는 높은 건축물이 많아 지표면에서는 바람이 약하다. 그러나 건물에 기류가 부딪쳐 갈라져 불게 되면 강한 바람이 형성된다, 이것은 일조문제나 전파장해 등과 같이 건축이 그 주위의 환경에 주는 영향의 하나이다.

자연환기도 바람이 건축에 주는 영향의 하나이다. 환기를 하기 위해서는 실내의 공기를 외부로 배출하는(동시에 배출된 양과 같은 공기가 외부에서 실내로 유입된다) 힘이 필요한데, 그것을 환기구동력(換氣驅動力)이라고 한다. 환기구동력이라고 해도 송풍기 등의 인위적인 힘을 이용해서 행하는 환기를 강제환기라고 한다. 한편 건물의 외벽·지붕 등에 자연적으로 발생하는 풍압력이나 건물과 외기의 온도차에 의해 발생하는 부력에 의해 환기가 자연적으로 이루어지는데 이것을 자연환기(自然換氣)라고 한다. 가능하면 자연의 순리에 따르는 이것으로 행하는 것이 좋다.

여기서 건물 중에 존재하는 미소한 극간을 막아 건물 전체의 기밀성(氣密性, 공기가 통하지 못하는 상태)을 높이는 것이 생에너지로 중요하게 된다. 특히 한랭지에서는 이와 같은 자연환기에 의한 냉난방부하가 벽이나 창에서의 관류부하에 필적되므로 생에너지 기준에 있어서도 한대지방의 주택에 대해서만큼은 이 기밀성이 필요하다고 할 수 있다.

냉방이 없던 시대에는 통풍만이 여름철 서늘하게 하는 유일한 방법이었다. 따라서 여름 무더운 날씨에서는 통풍에 대한 배려가 각별해서 전통적으로 건축은 개폐가 가능한 큰 창이 있었다. 그러나 근년이 되어서 냉방이 보급되어 통풍을 목적으로 한 개구부의 필요성이 점점 사라지고 있고, 오히려 겨울철의 열손실을 억제하는 것을 감안해서 남쪽 이외의 창을 작게 하는 경향이 있다. 또 도심부에 있어서는 과밀화나 열섬[열도(熱島), heat island]에 의한 서열화(더워지고 뜨거워짐) 때문에 여름철의 서늘한 자연풍이 감소하고 있고, 이와 같은 경향에 한층 박차를 가하고 있는지도 모르겠다. 통풍을 효과적으로 하기 위해서는 건물 속에 바람의 입구와 출구를 설치하는 것이 필요하고, 이것들에 의해 형성되는 바람이 지나가는 길을 통기윤도라고 한다.

(3) 물

건축에 아주 근원적인 목적의 하나로서 비와 이슬을 막기 위함을 들 수 있는데, 다우지역에 건설된 건물에서는 특히 중요시되고 있는 기능이고, 비가 새는 건축은 결함건축으로 보는 것이 보통이다.

빗물의 침입을 막는 방법에는 크게 나누어서 2가지의 방법이 있다. 하나는 방수공법(防水工法)이라고 불리는 것으로, 아스팔트나 합성고분자 루핑(roofing : 지붕을 씌울 때 쓰는 건축재료)과 같이 물의 침투성을 전연 없는 소재로 우수가 침입할 것 같은 부분을 면적으로 완전히 덮는 방법이다. 또 하나는 극간이 생기는 부위에 경사 또는 물기를 빼는 등의 여러 가지의 궁리를 해서 우수의 침입을 막는 방법으로, 우종이라고 한다.

도시지역에 있어서 수자원대책의 하나로서 건물주변에 내린 비를 모아두어 생활용수로 이용하는 것을 우수이용(雨水利用, 빗물이용)이라고 하는데, 근년 이와 같은 우수이용을 행하는 설비를 갖춘 건물이 증가하고 있다.

적설지에서는 지붕에 쌓이는 눈이 건축과 기상의 관계를 나타내는 전형 예의 하나로 되어 있다. 다설지역에서는 지붕의 적설하중은 건축물에 있어서 무시할 수 없는 하중이고, 소위 눈내림 작업이 필요하게 된다. 눈내림의 작업은 위험한 작업이므로 가능한 한 눈내림을 하지 않아도 좋을 지붕형상이 궁리되고 있다. 이와 같은 지붕형상으로서 낙설(落雪)지붕과 무락설(無落雪)지붕이라고 하는 상반되는 2가지가 알려져 있다. 낙설지붕은 지붕의 기울기를 급하게 하고, 지붕을 잇는 재료도 적설이 미끄러지기 쉬운 재료로 해서 적설이 낙하하기 쉽도록 한 지붕이다. 그러나 낙하 시에 건물 주위의 사람이나 물건에 위해를 가할 우려, 낙하한 눈의 처리 등 주의해야 할 사항도 많다. 한편, 무락설지붕은 반대로 지붕구배를 평탄하게 해서 낙설하지 않도록 한 지붕이다. 이와 같은 지붕은 젖은 무거운 눈이 2 m 이상이나 쌓이는 호설지대 등에는 적절하지 않지만, 눈이 건조해서 가벼운 추운 지방 등에서는 문제가 적어 보급되고 있다.

건축에 관련되는 많은 것에는 여러 가지 형태로 수분이 포함되어 있으므로 이들이 무엇인가의 원인으로 상변화(相變化)를 일으키면 각양각색의 장해를 가져오는 일이 있다. 상변화를 일으키는 원인 중에서 가장 빈도가 높고 또 영향도 큰 것이 바깥기온의 변화(특히 저하)이고, 이와 같은 장해도 기상과의 관련성이 강하다고 할 수 있다. 이 대표적인 예가 결로해(結路害)와 동해(凍害)이다. 공기 중의 수분이 응축해서 액수(液水, 액체의 물, liquid water)가 되는 것을 결로라고 하는데, 건축에 있어서 결로는 여러 가지의 메커니즘(mechanism)으로 일어나므로 대책을 세우는 데는 우선 그 메커니즘을 특정하는 것으로부터 시작하지 않으면 안 된다. 결로 중에서 가장 대표적인 것이 실내의 수증기가 부위(창이나 외벽이 많음) 표면에서 응축·이슬이 맺히는 표면결로이다. 이것은 부위의 표면온도가 실내의 공기의 이슬점온도보다 낮기 때문에 일어나는 현상이므로 외기온의 저하에 기인하는 경우가 많다.

(4) 도시·건축과 지구환경문제

현대의 대도시에서는 세계 속에서 대량의 물질과 에너지를 모아서 소비하고 정보나 제품을 만들어내지만, 동시에 대량의 폐기물과 폐열도 배출한다. 거기에는 근대공업문명의 상징적인 모습도 볼 수 있고, 지구환경문제의 원인이 응축되어 있다. 온난화 기체나 폐열 등은 도시에서 대량으로 배출되고, 삼림자원은 도시에 있어서 대량으로 소비되고 있다. 도시와 지구환경과의 관계를 생각할 때 이와 같은 지구환경에 대한 영향의 원흉으로서 도시의 위치선정이 우선 고려될 수 있다. 이것이 도시·건축과 지구환경문제에 있어서의 제1의 시점이 된다. 이와 같은 견해나 문제설정에 대해서는 건축을 포함한 도시 전체나 거기서 이루어지는 인간활동 전체가 미치는 영향력을 낮은 것으로 바꾸어 가는 것이 중요하며, 문제는 건축에만 국한되어 있는 것이 아니고 인간활동 전체에 미친다는 것이다. 현재 지구환경문제로 취급하고 있는 것은 이와 같은 시점에서 제시되어 있는 것이 많다. 건축분야에 있어서도, 재료의 생산에서 건물의 운용 더 나아가서는 건물의 폐기까지 미치는 건축물의 일생에 있어서 방출되는 온난화 기체를 최소화하려고 하는 연구가 이루어지고 있다.

5 방재

기상학·대기과학은 방재(防災, 폭풍, 홍수, 지진, 화재 따위로부터 재해를 막는 일, disaster prevention)를 가져오는 현저한 대기현상의 기구를 해명하고, 방재의 미연방지 내지는 확대방지에 기여하는 것을 목적의 하나로 발전해 왔다. 이 성과로서의 기상업무는 방재에 대해서 2가지의 역할을 하고 있다. 하나는 기상예보에 기인해서 기상재해의 발생에 관한 경보를 하는 것이고, 또 하나는 일상의 기상과 재해에 관한 지식의 보급활동이다.

재해(災害, disaster)란 우발적 또는 단발적인 사고에 의해 피해가 생기는 경우라고 정의할 수 있다. 그 원으로는 폭풍·홍수·지진·쓰나미(진파) 등의 자연현상에 의한 것과 화재·폭발·유독가스 발생 등의 인위적인 것으로 대별할 수 있다. 전자는 자연재해, 후자는 인위적 재해이다. 인위적 재해에 유사한 것으로 공해가 있다. 공해는 일상적인 사업활동 등에 기인하는 항상적이고 광범위한 피해가 생기는 경우가 있다.

① 풍해

(1) 풍속과 피해

바람이 물체에 작용하는 힘을 풍압이라고 하며, 풍속의 자승에 비례한다. 따라서 바람이 강해지면 그 힘은 급속하게 증가한다. 단위면적당 바람이 작용하는 힘을 풍압력(風壓力)이라고 한다. 풍압력 $P[\text{kgw/m}^2(\text{kgw} : \text{중량킬로그램})]$는 다음 식으로 표현된다.

$$P = c \cdot F \tag{14.9}$$

여기서, F : 동압력(kgw/m²), c : 풍압계수이다. 동압력은 바람이 갖는 에너지로, 바람을 갑자기 막았을 때 받는 힘(압력)에 상당한다. 또한 이것은 풍속의 2승에 비례하므로 다음과 같이 표현된다.

$$F = 0.5 \frac{\rho V^2}{g}, \quad P = 0.5 \frac{\rho c V^2}{g} \tag{14.10}$$

여기서, V : 풍속(m/s), ρ : 공기의 비중량(kgw/m³), g : 중력가속도(m/s² := 9.8)이다. 풍압계수 c는 바람의 에너지가 풍압에 의해 변환되는 비율이다. 바람을 받는 물체의 방향·형상 등에 의해 다르다. 풍압계수는 풍향에 수직인 건물이 풍상 측(바람의 불어오는 쪽)의 면에서 약 0.8이고, 풍하 측(바람이 불어 나가는 쪽)에서 약 −0.4이고, 합계하면 건물에 가해지는 동압력의 약 1.2배가 된다. 또 사람이 직립해서 서 있는 경우 바람을 받는 면적은 약 0.7 m²(높이 1.6 m, 폭 0.4 m)로, 건물에 대한 풍압계수를 적용하면, 풍속 5 m/s의 경우 약 1.4 kg, 15 m/s의 경우 약 11 kg, 25 m/s의 경우 32 kg의 힘으로 눌려지는 것에 상당한다. 태풍정보에서 전해지는 강풍역의 풍속 15 m/s와 폭풍역의 풍속 25 m/s에서는 풍압이 풍속의 자승에 비례하므로 힘으로 약 3배의 차이가 있다. 실제 바람은 시간적으로 변동하고(풍식이라고 부름) 있으므로 풍압도 변화한다. 따라서 풍식의 변화가 심한 돌풍 등 풍속이 급속하게 변하는 경우 첨가되는 힘의 변화도 크므로 강풍 시에는 바람의 파괴력이 한층 증대된다.

평균풍속은 끊임없이 변하고 있는 풍속을 1~10분간의 공기의 이동거리(풍정이라 함)를 측정해서 그 시간으로 나눈 것이다. 어떤 순간의 풍속을 **순간풍속**이라 하고, 순간풍속의 최대치를 **최대순간풍속**이라고 하며 평균풍속의 1.5~3배 정도가 된다. 이 비율을 **돌풍률**(突風率)이라 불러, 풍속변동의 크기를 나타내고 있다. 풍속의 경우는 평균풍속도 중요하지만, 피해가 최대순간풍속 의해 일어나는 경우가 많으므로, 일반인 상대의 정보에서도 평균풍속과 순간풍속을 명확하게 구분해서 알려줄 필요가 있다.

기상관서에서의 풍속(지상풍)의 높이는 10 m이다. 그런데 풍속은 높이에 따라 변화하고 있고, 보통은 증가하고 있다. 요즘 도시의 고층건물이 많아 그곳에서의 풍속은 기상관서의 풍속을 그대로 사용해서는 안 되고 높이에 따라 다음 실험식으로 계산해서 사용해야 한다.

건축물의 높이 h(m)가 16 m 이하의 경우는 높이의 1/2승에 비례하는 다음 식을 사용하고

$$\text{풍압력}(\text{kgw/m}^2) = 60\sqrt{h} \tag{14.11}$$

를 사용하고, 건축물의 높이 h(m)가 16 m 이상의 부분에는 높이의 1/4 승에 비례하는 다음 식

$$\text{풍압력}(\text{kgw/m}^2) = 120\sqrt[4]{h} \tag{14.12}$$

를 사용하여 고쳐주면 된다.

(2) 강풍해

일반적으로 나무는 평균풍속이 17 m/s 정도에서 부러지기 시작하여 25 m/s 이상이 되면 뿌리도 뽑히기 시작한다. 이러한 **강풍해**(强風害)의 경우 열차나 자동차 등의 차량은 주로 가로로 부는 바람에 의해 탈선, 전복, 운전불능 등이 있다. 이런 사고는 주로 풍속이 25 m/s 이상일 때 일어난다. 항공기의 경우는 바람의 영향을 한층 더 받기 쉽다. 이착륙 시에는 활주로의 난기류, 바람전단 등, 운항 중에는 대류운 등의 난기류, 청천난기류, 산악파 등이 사고의 원인이 된다. 바람은 해수면에 작용해서 해수면의 주기적인 상하운동(파동)과 해수의 수송을 발생시킨다. 전자가 풍랑이고, 후자가 고조의 원인이 된다.

② 용권재해

용권(龍卷, spout)은 아주 심한 바람에 의해 극심한 피해를 가져오는 것과, 국소적이고 단시간의 현상인 것, 발현빈도가 적은 것, 예보가 곤란한 것들이 특징이다. 우리나라에서는 회오리바람 정도로 취급해서 가벼운 것으로 취급하는 경향이 있으나, 미국같이 넓은 지역에서는 육상의 용권을 토네이도(tornado)라 하여 피해가 막심하므로 무서운 존재로 되어 있다. 용권은 그 발생기구의 해명도 충분하지 않고 또 국지적이고 단수명이어서 사전에 유무의 예보는 태풍이나 저기압의 예보에 비해서 적중률이 현저하게 낮다.

③ 염해

해상에서는 해수의 보라의 증발에 의해 소금입자가 생성되고 있다. 그래서 해상에서 육지를 향해서 부는 바람에는 염분이 포함되어 있다. 해염입자는 해상에서 육지를 향하는 바람에 의해 운반된다. 강풍에 의해 내륙까지 운반되어 온 염분이 송배전시설에 부착되어 절연장해에서 정전, 식물에 부착해서 고사시킨다. 겨울에 이 염분이 눈에 포함되어 같은 피해를 일으킨다. 또한 계절풍에 의한 강설에 포함되어 발생되는 피해도 많다. 이러한 염분에 의한 피해들을 모두 모아서 염해라고 한다.

④ 파랑해 · 고조해

해수면에 바람이 계속 불면 해수는 바람에서 에너지를 받아서 파동이 발생 · 발달한다. 바람에 의해 계속 발달하는 파도를 **풍랑** 또는 **풍파**라고 한다. 풍랑이 바람으로부터의 에너지공급이 끊기어 물의 점성에 의해 감쇠되면서 전해지는 파를 **너울** 또는 **파도**라고 한다. 풍랑과 너울을 총칭해서 **파랑**이라고 부른다. 풍랑의 발달은 풍속 외에도 취주거리(fetch : 거의 일정한 바람이 불고 있는 풍상 측의 거리), 취주시간(거의 균일한 바람이 계속 불고 있는 시간) 및 해면 부근의 대기의 안정도로 결정된다. 취주거리·취주시간이 길수록 발달이 크다.

파랑은 항행 중의 선박의 침몰·전복·손상·표류·좌초 등의 해난을 발생시킨다. 일반적으로 항행의 안전에 지장이 예상되는 파랑이 예측 또는 관측되는 경우는 출항중지 또는 항로변경의 조치를 취하는 것이 통례이다. 그러므로 운휴·지연 등의 해상교통상의 장해가 발생한다. 연안에서의 파랑재해는 항만시설의 손괴, 해안침식, 정박 중의 선박의 손괴·표류·좌초, 수산업시설의 손괴·유출, 방파제나 호안을 넘는 파도에 의한 가옥의 손괴·침수, 낚시꾼이나 유영 중의 사고 등이 있다. 파랑의 생성원인이 바람인 것으로부터 파랑해를 발생시키는 기상조건이 광역의 강풍해와 거의 같다. 다만 파랑해의 특유한 현상은 피해지역에서는 강풍을 동반하지 않는 너울에 의한 재해도 있다.

고조란, 태풍이나 저기압의 중심 부근에서의 기압저하로 인한 해수의 빨아올려짐과 강풍에 의한 해수의 불려모음에 의한 해수면(조위)이 이상적으로 높아지는 현상이다. 기상에 기인하는 조위(기상조라고 부름)에 조석에 의한 조위의 간만(천문조라고 부름)이 겹쳐서 고조의 규모가 좌우된다. 고조가 만조 시에 발생하면 조위는 현저하게 높아진다. 강풍에 의한 풍랑·너울을 동반하는 일이 많고, 조위의 상승에 의한 피해가 더해져, 풍랑에 의한 피해가 확대된다. 하천 하류부에서는 강우에 의한 수위의 상승이 첨가되어 조위가 한층 높아져 고조와 홍수가 겹쳐서 큰 피해가 되는 일이 많다. 방재의 손괴, 저지대에서의 침수, 항만설비의 손괴, 선박의 파괴, 유출 등이 대표적인 고조해들이다. 따라서 고조의 예보·경보는 그 지역의 주요 항만 등의 보호에 지대한 영향을 미치므로 앞으로 더욱 그의 중요성이 강조되고 있다.

⑤ 수해

수해(水害)는 물에 의한 피해로, 그 원인으로는 기상상황에서 정의하는 경우, 좁은 의미로는 강우에 기인하는 재해가 있고, 넓은 의미로는 융설(녹는 눈)을 포함하는 경우가 있다. 일반적으로 대우해, 호우재해라고 부르는 일이 많다. 엄밀히는 피해를 발생시키는 것은 비가 지상에 도달한 후의 육수, 즉 하천이나 땅속의 물이어서, 풍해와는 달리 비가 직접 가해작용을 하는 것은 아니다. 한편 수해를 재해의 형태별로 보면 홍수와 토사재해로 크게 구별할 수 있다. 홍수와 토사재해는 육수에 의한 재해이지만, 해수에 의한 재해인 고조를 수해에 포함시키는 일도 있다. 홍수는 다량의 유수에 의한 피해이고, 침수해·잠수(괸 물)해를 포함한다. 이 외에 토양침식·유출 및 범람역의 토사퇴적은 홍수에 동반되어 발생하는 일이 많다. 토사재해는 지중의 수분에 토사와 함께 이동하는 산·사태(사면붕괴) 및 토석류, 지중의 수분이 토사를 이동시키는 땅미끄러짐이 주된 것이다.

6 설해 · 눈사태 · 착빙해

설해(雪害)는 눈에 의한 피해로, 강설·땅날림(눈이 공중으로 날리는 것)에 의해 발생하는 풍설해가 있다. 이것은 강풍을 동반하는 강설에 의해 발생하는 경우와 강풍에 의해 적설이 불려 올라가서 발생하는 경우가 있다. 착설은 지상이나 건물 등에 도달한 눈으로 전선 등 통상은 눈이 쌓이기 어려운 물체에 눈이 부착하는 것을 말한다. 착설해(着雪害)로는 전선에 눈이 부착하면 눈의 중량에 의해 전선이나 진주·철탑의 넘어져 무너짐이 발생한다. 때로는 광범위하게 정전이나 통신두절 등이 일어나 일상의 활동에 큰 지장을 가져온다. 또한 적설의 형태가 변화하는 때에 발생하는 융설해(눈이 녹아 발생하는 피해), 눈사태, 낙설(눈이 떨어짐)이 있다. 설해대책으로는 강설·적설의 깊이의 정보뿐만이 아니고, 적설의 밀도, 적설 후의 설질의 변화, 눈이 내릴 때의 바람·기온의 정보 등이 같이 필요하다.

눈사태는 사면 상의 눈이 미끄러져 떨어지는 현상이다. 발생구조는 토사재해와 닮아 있다. 눈의 피해 중 가장 인적·물적 피해가 크다. 다량의 눈이 있는 상당히 급준한 산간부에 있는 주거지나 교통로에서는 더욱 재해의 위험이 크다.

착빙해(着氷害)는 달라붙은 물이 얼어서 일어나는 피해로, 착설과 유사한 현상으로, 착빙과 우빙이 있다. 착빙은 과냉각수적의 운립이 얼어붙은 것이다. 전선·철탑·수목에 부착해서 착설과 같은 피해를 주는 것 외에도 비행 중의 항공기날개에 부착해서 양력의 저하나 플랩(flap : 비행기의 보조 날개)의 작동불능이 일어나는 일도 있다. 우빙(雨氷)은 비가 과냉각현상에 의해 순간적으로 동결(얼어붙음)하는 것이다. 0 C 이하에서 비가 올 경우에 발생하고, 내륙부에서는 지상 부근만이 0 C 이하로 냉각되어 거기에 비가 올 경우가 있다. 착설·착빙과 같은 피해 외에도 전차가선에 부착하고 집전불능이 되는 일이 있다. 전차가선은 서리의 부착에 의해서도 집전불능이 되는 일이 있다.

7 빙해 · 동해

얼음에 의한 피해가 빙해(氷害)이고, 내부의 물이 얼어 동결하기 때문에 오는 피해가 동해(凍害)이다. 바닷물이 어는 해빙은 해안에 정착하고 있는 정착빙과 해상에 표류하고 있는 유빙으로 구분된다. 유빙은 파랑·바람·조류에 의해 표류하고, 강풍이나 풍랑에 의해 큰 운동량을 얻으면 충돌하는 경우 큰 파괴력을 갖는다. 해상에서는 선박의 손상·침몰·항행장해 및 어업조업 장해가 발생한다. 연안에서는 항만시설의 파손, 항만기능의 장해, 어업시설의 손상이 발생한다. 유빙의 소재 및 예측정보에 의해 위험해역의 항행·조업을 피할 수 있다. 선체착빙은 해빙의 보라가 선체상부에 얼어붙어 배의 복원력의 저하로 인하여 전복·침수가 발생한다. 동상해는 토양 중의 수분이 동결·팽창하여 지면이 융기하는 것을 동상이라고 하고, 이로 인한 피해가 동상해(凍上害)

이다. 융기양은 지상 1 m 정도로서 지상의 건축물의 경사·균열, 지반이나 철도·도로 상의 균열
·융기, 수도관·가스관·전선의 균열·절단이 일어난다. 땅속의 온도가 어는점 이하가 되는 한랭
지에서 발생한다. 그 외에도 수도관의 동결·파손, 농작물의 동해가 있다. 어느 쪽도 통상은 온난
하나 저온의 대책이 불충분한 지역에서 발생한다.

⑧ 낙뢰해·우박해

낙뢰해는 천둥번개에 의한 낙뢰가 원인이 되는 피해로, 적란운이 가져오는 심한 기상현상으로
낙뢰·강박(우박이 내림)·돌풍 및 단시간의 강우이다. 뇌재는 극히 격렬한 현상인 반면, 직접 피
해를 입는 지역이 아주 한정되어 있는 특징이 있다. 낙뢰를 받는 것은 뇌우에 들어간 지역 중
극히 일부의 장소이고, 또 강박 및 돌풍에 의한 피해가 발생하는 것의 일부 제한된 지역이다.
그러니 사전에 발생장소를 알아내는 것도 곤란하다. 그렇기 때문에 기상정보에 있어서는 실제상
황을 빨리 전달하는 것이 효과적이므로 정보전달의 체계가 과제이다. 또 방재대책에 있어서는
비용 대 효과의 평가를 실은 대응책이 과제이다.

우박에 의한 피해가 우박해(雨雹害)이다. 직경 5 mm 이상의 고체(얼음)의 강수입자를 우박이
라 하고, 5 mm 이하의 투명한 것은 빙산(氷霰), 불투명한 것을 설산(雪霰)이라고 정의하고 있다.
우박의 낙하속도는 직경 1~5 cm일 때는 9~33 m/s로 직경이 커질수록 낙하속도도 빨라진다.
더욱이 우박은 고체이므로 충격력 또한 대단히 커진다. 해외의 화제로는 직경 30 cm 정도인 우
박에 대한 보도가 있으나, 전문가의 측정에 의하면 1970년 3월 미국 켄사스주에서의 직경 19
cm, 중량 766 g이 최대로 되어 있다. 우박이 차지하는 지역인 강박역은 폭이 10 km 이하, 길이
수~수십 km로 최대 100 km 정도의 대상이다. 띠(band)의 방향은 대략 뇌운의 이동방향과 일치
한다. 우박에 의한 피해는 농작물의 손상, 지붕, 창유리, 비닐하우스의 파손과 이로 인한 채소
등의 피해가 있고, 사람과 가축의 손상도 발생한다. 또한 과수원에서의 과일의 피해도 적지 않다.
따라서 우박으로부터의 피해를 줄이기 위한 대책 또한 필요하다.

⑨ 냉해·한해

냉해(冷害, 저온에 의한 피해)나 한해(旱害, 가뭄에 의한 피해)는 대우나 폭풍의 단기격심형의
재해에 대해서 장기완만형의 재해이다. 냉해는 농수산업 피해 및 사회적·경제적인 영향이 크다.
난동·한동·서하·냉하·장우·일조부족 등 보통과 크게 다른 천후에 의해서도 같은 피해나 영향
이 있는 일이 있다.

한해는 가뭄에 의한 피해로, 물 부족에 의한 산업용수·생활용수의 부족을 가져온다. 또 대규모의 화재가 발생하기 쉽다. 현저한 한해는 장마나 태풍의 내습에 의한 강수량이 평년을 극단적으로 밑돌 때에 발생한다. 물 부족은 수원의 배치상황이나 수리권에 수반되는 급수계통에 의해 기상상황의 영향의 출현방법이 다른 것과 함께 지역적인 차가 크다.

⑩ 기타 기상재해

안개·눈·비·연무·땅날림·풍진·황사·화산진 등이 시정을 저하시켜 **시정장해**를 일으킨다. 시정장해는 주로 교통에 영향을 준다. 농무나 땅날림이 원인의 주범이다. 시정 불량에 의해 육상교통은 출동, 해상교통은 충돌이나 좌초, 항공기에서는 이착륙 시의 사고가 발생한다. 또 이들의 사고를 방지하기 위해서는 운행·항행중지나 서행운전을 하는 것으로부터 결항·지연에 의해 미연에 방지할 수 있지만, 돌연 발생하는 땅날림이나 터널출구에서의 농무가 위험하다. 시정장해가 되는 시정은 각각의 교통기관의 정지거리나 신호시인거리에 의해 다르다. 보통의 기상청 발표의 농무주의보는 대략 육상은 100 m 이하, 해상은 500 m 이하의 시정을 기준으로 하고 있다. 유시계비행에 의한 이착륙에서는 5,000 m 이상이 필요한 것으로 되어 있다. 또 안개·날림 등에 의한 시정장해는 산악조난의 큰 원인이 되고 있다.

비·눈 등의 강수입자는 전파를 산란시켜 전파강도를 감쇠시키는 **전파장해**를 일으킨다. 강수입자와 같은 정도 또는 짧은 파장을 갖는 센티파·밀리파·마이크로파가 가장 영향을 받는다. 전파의 감쇠량은 전파경로상의 강수강도가 클수록 현저하다. 큰 비가 올 때는 마이크로파 통신이나 이들의 파장을 사용하고 있는 위성통신·위성방송에 장해가 발생하는 일이 있다. 또 대류권의 전기현상, 초고층의 전기현상이 전파장해를 일으킨다.

스포츠·레저에서도 **기상장해**가 생긴다. 승마·등산·스키·해수욕·서핑·요트·캠프 등 야외에서의 여가활동(스포츠·레저)에서는 통상의 생활·활동 시에 비해서 일반적으로 재해나 사고가 많다. 야외활동에 있어서, 화재원인은 대부분의 경우 인위적인 것이고, 자연현상이 직접적인 원인이 되는 경우는 분화·낙뢰 등 아주 드문 일이다. 불이 나는 기상조건으로는 풍속·습도가 화재의 발생 및 확대를 조장하는 유인 및 확대요인으로 작용하고 있다. 기상관서에서는 화재의 예방에 주의를 요하는 습도를 예상한 경우에는 건조주의보를 발표한다. 건조주의보의 발표기준은 지역에 따라 다소 다르지만, 대략 실효습도 50~60% 이하, 일최저습도 25~45% 이하에서 발표한다.

연 습 문 제

01   기상은 우리생활에 어떻게 쓰이고 있는지 조사해 보자.

02   기상이 우리의 매일의 생활만이 아니고, 살아가는 매일의 경제에는 어떠한 영향을 미치고, 금전적인 손익은 어떻게 되는지 생각해 보자.

03   육·해·공의 교통에 기상이 어떻게 영향을 주는지, 하나하나 따져 그 중요함을 입증하라.

04   시간적·금전적인 여유가 생기면 여가를 즐기게 되는데, 난데없이 기상이 방해가 되는 일이 있다. 이것을 피하려면 어떠한 기상지식들을 가져야 하는지 논의해 보자.

05   앞으로 화석에너지에서 녹색에너지로 전환을 해야 하는 과제가 있다. 어떤 재생에너지들이 있고, 앞으로 이들의 문제점을 푸는 방법은 무엇일까?

06   지구 상에는 많은 물이 있다. 그러나 우리가 이용하는 수자원에는 한정이 있다. 이 제한을 풀고, 여유 있는 물을 사용하려면 어떻게 해야 하나?

07   우리의 대기과학은 산업에도 빠질 수가 없다. 분문에서 기술한, 농업·임업·수산업·건축업을 포함해서, 이 외에도 다른 산업분야들에도 우리의 기상이 어떻게 작용하는지 살펴보아라.

08   기상은 우리의 생명을 키워주는 생명의 지침 역할을 한다. 그러나 때로는 기상현상의 많고 적음은 우리에게 재앙을 안겨주기도 한다. 이러한 재난을 막으려면 어떻게 해야 하는지, 방재에 대해서 논하라.

부 록

1 그리스문자(Greek alphabet)

Alpha	A	α		Nu	N	υ
Beta	B	β		Xi [zăi, săi]	Ξ	ξ
Gamma	Γ	γ		Omicron	O	o
Delta	Δ	δ		Pi	Π	π
Epsilon	E	ε		Rho	P	ρ
zeta	z	ζ		Sigma	Σ	σ
Eta	H	η		Tau	T	τ
Theta	Θ	θ		Upsilon	Y	υ
Iota	I	ι		Phi [făi]	Φ	φ, ψ
Kappa	K	κ		Chi [kăi]	X	χ
Lambda	Λ	λ		Psi [psai, psi]	Ψ	ψ,
Mu	M	μ		Omega	Ω	ω

2 로마숫자

I=1   V=5   X=10   L=50   C=100   D=500   M=1,000

	0	XIII	13	XXVI	26	XC	90
I	1	XIV	14	XXVII	27	C	100
II	2	XV	15	XXVIII	28	CI	101
III	3	XVI	16	XXIX	29	CII	102
IV	4	XVII	17	XXX	30	CC	200
V	5	XVIII	18	XXXI	31	CCC	300
VI	6	XIX	19	XXXII	32	CD	400
VII	7	XX	20	XL	40	D	500
VIII	8	XXI	21	XLI	41	DC	600
IX	9	XXII	22	L	50	DCC	700
X	10	XXIII	23	LX	60	DCCC	800
XI	11	XXIV	24	LXX	70	CM	900
XII	12	XXV	25	LXXX	80	M	1,000

예 : MCMLXXIV (or mcmlxxiv) = 1,974

3   10의 승수

※ 승수 : 정수제곱 배를 나타내는 접두어

양	명 칭	기 호
10^{18}	엑사 (exa)	E
10^{15}	페타 (peta)	P
10^{12}	테라 (tera)	T
10^{9}	기가 (giga)	G
10^{6}	메가 (mega)	M
10^{3}	킬로 (kilo)	k
10^{2}	헥토 (hecto)	h
10	데카 (deca)	da
10^{-1}	데시 (deci)	d
10^{-2}	센티 (centi)	c
10^{-3}	밀리 (milli)	m
10^{-6}	마이크로 (micro)	μ
10^{-9}	나노 (nano)	n
10^{-12}	피코 (pico)	p
10^{-15}	펨토 (femto)	f
10^{-18}	아토 (atto)	a

4 대기과학 단위 · 환산표

* 국제단위계(SI)에 준한다.

(1) 기본단위

양	명 칭	기 호	양	명 칭	기 호
길 이	미터(meter)	m	열역학온도	켈빈(kelvin)	K
질 량	킬로그램(kilogram)	kg	광 도	칸델라(candela)	cd
시 간	초(second)	s	물질량	몰(mole)	mol
전 류	암페어(ampere)	A			

(2) 조립단위 : 대기과학 관련만

양	명 칭	기 호	SI 기본단위	SI 단위 외
주파수	헤르츠(hertz)	Hz	$1/s$	
힘	뉴턴(newton)	N	$m \cdot kg/s^2$	J/m
압력 · 응력	파스칼(pascal)	Pa	$m^{-1} \cdot kg \cdot s^{-2}$	N/m^2
에너지	줄(joule)	J	$m^{-2} \cdot kg/s^2$	$N \cdot m$
일 · 열량	줄(joule)	J	$m^{-2} \cdot kg/s^2$	$N \cdot m$
일율 · 전력	와트(watt)	W	$m^{-2} \cdot kg/s^3$	J/s
전기량 · 전하	쿨롬(coulomb)	C	$A \cdot s$	$A \cdot s$
전압 · 전위	볼트(volt)	V	$m^2 \cdot kg/(s^3 \cdot A)$	J/C
광속	루멘(lumen)	lm		$cd \cdot sr$
조도	룩스(lux)	lx		Lm/m^2
방사능	베크렐(becquerel)	Bq	$1/s$	
면적	평방미터(meter)	m^2		
체적	입방미터(meter)	m^3		
밀도	킬로그램/입방미터	kg/m^3		
속도 · 빠르기	미터/초	m/s		
가속도	미터/(초)^2	m/s^2		
각속도	라디안/초	rad/s		
열류밀도	와트/평방미터	W/m^2	kg/s^2	
방사조도	와트/평방미터	W/m^2	kg/s^2	
열용량	줄/켈빈	J/K	$m^2 \cdot kg/(s^2 \cdot K)$	
엔트로피	줄/켈빈	J/K	$m^2 \cdot kg/(s^2 \cdot K)$	
비열	줄/(킬로그램 · 켈빈)	$J/(kg \cdot K)$	$m^2/(s^2 \cdot K)$	
질량엔트로피	와트/(미터 · 켈빈)	$W/(m \cdot K)$	$m^2 \cdot kg/(s^3 \cdot K)$	
열전도율	와트/(미터 · 켈빈)	$W/(m \cdot K)$	$m^2 \cdot kg/(s^3 \cdot K)$	
파수	1/미터	1/m		

(3) 보조단위

- 평면각(라디안＝radian, rad) : 원주 상에서 반경의 길이와 같은 원호를 취할 때 2 개의 반경 사이에 낀 각도. 전원주의 각도는 $2\pi\,\mathrm{rad}$.
- 입체각(스테라디안＝steradian, sr) : 반경 1 m 의 구면 상의 $1\,\mathrm{m}^2$의 면적이 중심에 대해서 뻗는 입체각. 전구면이 중심에 대해서 뻗는 입체각＝$2\pi\,\mathrm{sr}$.

(4) 보족(補足)

길이 : 1 cm(CGS 단위계)＝$10^{-2}\,\mathrm{m}$, 1 해리(nautical mile)＝1,852 km

면적 : 1 cm^2(CGS 단위계)＝$10^{-4}\,\mathrm{m}^2$

체적 : 1 cm^3(CGS 단위계)＝$10^{-6}\,\mathrm{m}^3$

각도 : 1 도($°$)＝$\dfrac{2\pi}{360}$ rad, 1 분($'$)＝$\dfrac{1}{60°}$, 1 초($''$)＝$\dfrac{1}{60'}$

시간 : 1 일(day, d)＝24 시(hour, hr, h)＝1,440 분(minute, min)
$\qquad\qquad$＝8.64×10^4 초(second, s)

속도 : 1 cm/s(CGS단위계)＝$10^{-2}\,\mathrm{m/s}$

풍속 :

m / s		knot(해리 / hr)		km / hr		mile / hr
1	=	1.944	=	3.600	=	2.237
0.514	=	1	=	1.852	=	1.151
0.278	=	0.540	=	1	=	0.621
0.447	=	0.869	=	1.609	=	1

가속도 : cm/s^2(CGS 단위계)＝$10^{-2}\,\mathrm{m/s}^2$, 중력가속도 g＝980.665 cm/s^2＝9.80 m / s^2

밀도 : g/cm^3(CGS 단위계)＝$10^3\,\mathrm{kg/m}^3$

온도 : 섭씨(C)＝(5/9)(F－32)

$\qquad$ 화씨(F)＝(9/5) C＋32

$\qquad$ 절대온도(열역학적 온도, K)＝C＋273.15

힘 : g·cm/s^2＝dyne(CGS단위계)＝$10^{-5}\,\mathrm{N}$

압력 : Pa＝N/m^2＝$\mathrm{m}^{-1}\cdot\mathrm{kg}\cdot\mathrm{s}^{-2}$

$\qquad$ hPa＝10^2 Pa＝mb＝10^2 N/m^2＝$10^2\,\mathrm{m}^{-1}\cdot\mathrm{kg}\cdot\mathrm{s}^{-2}$

$\qquad$ g/(cm·s^2)＝dyne/cm^2(CGS 단위계)＝10^{-1} N/m^2＝10^{-1} Pa

$\qquad$ bar＝10^6 dyne/cm^2(CGS 단위계)＝10^5 Pa

$\qquad$ mb＝10^{-3} bar＝10^2 Pa＝hPa

$$1 \text{ 기압(표준기압)} = 760 \text{ mmHg(정의)} = 1.013\ 25 \times 10^6 \text{ dyne/cm}^2$$
$$= 10.132\ 5 \text{ N/m}^2 = 1013.25 \text{ hPa}$$

일·에너지 : $\text{erg} = \text{cm}^2 \cdot \text{g} \cdot \text{s}^2 = \text{dyne} \cdot \text{cm(CGS 단위계)} = 10^7 \text{ J}$

일의 열당량 $A = 2.386 \times 10^{-8} \text{ cal/erg}$

열의 일당량 $B = 4.186 \times 10^7 \text{ erg/cal}$

열량 : 온도를 지정하지 않는 경우, $\text{cal(calorie)} = 4.186\ 05 \text{ J}$

15 C의 경우, $\text{cal}_{15} = 4.185\ 5 \text{ J}$

국제증기표 $\text{cal I. T.} = 4.186\ 8 \text{ J}$

열화학. $\text{cal} = 4.184\ 0 \text{ J(정의)}$

※ 국제증기표회의가 1956년 채택한 IT칼로리(기호 calit), 열화학칼로리(기호 calth) 등이 있다.

$\text{kcal} =$ 또는 큰칼로리 $= 1.000 \text{ cal}$

(5) 열역학적 단위, 상수, 환산

$\text{kWh} = 3.6 \times 10^6 \text{ J}$

$\text{kw} = 3.6 \times 10^6 \text{ J/hr}$

건조공기의 정압비열 $\quad C_p = 0.240 \text{ cal/(g} \cdot \text{K)} = 1.003 \times 10^7 \text{ erg/(g} \cdot \text{K)}$
$$= 1,003 \text{ m}^2/(\text{s}^2 \cdot \text{K})$$

건조공기의 기체상수 $\quad R_d = 0.068\ 56 \text{ cal/(g} \cdot \text{K)} = 0.287 \times \text{ erg/(g} \cdot \text{K)}$
$$= 278 \text{ m}^2/(\text{s}^2 \cdot \text{K})$$

수증기의 응결의 잠열 $\quad L = L_{vw} = 597.26 - 0.559 \times t(\text{온도 C}) \text{ cal/g}$

(0 C)의 경우 $\qquad\qquad = 597.3 \text{ cal/g} = 25.120\ 8 \times 10^5 \text{ m}^2/\text{s}^2$

(6) 대기 중의 가열·냉각량

1) 단위질량이 단위시간에 받는 열량 Q_M

Q_M .... $\text{erg/(g} \cdot \text{s)} = 10^{-4} \text{ kJ/(ton} \cdot \text{s)} = 2.065 \times 10^{-3} \text{ cal/(g} \cdot \text{day)}$

2) 단위면적당의 공기기둥이 단위시간에 받는 열량(Q_F ; flux형)

Q_F .... $\text{cal/(cm}^2 \cdot \text{day)} = 1.157 \times 10^{-5} \text{ cal/(cm}^2 \cdot \text{s)}$

$\text{cal/(cm}^2 \cdot \text{s)} = 8.64 \times 10^{-4} \text{ cal/(cm}^2 \cdot \text{day)}$
$$= 4.186 \times 10^7 \text{ erg/(cm}^2 \cdot \text{s)}$$

$\text{W/cm}^2 = \text{J/(cm}^2 \cdot \text{s)} = 2.064 \text{ cal/(cm}^2 \cdot \text{day)}$

또한 cal/cm^2＝ly(langley, 랭글리)라는 단위가 종종 사용된다.

위의 1)과 2)는

$$Q_F = \int Q_M \, \rho \, dz = \frac{1}{g} \int Q_M \, dp \qquad\qquad (\text{부}1)$$

의 관계로 환산할 수 있다.

3) 대기가 단위시간에 받는 온도변화 Q_M / C_p

    Q_M / C_p ..... C/day＝0.24 cal/g＝2.78×10^{-6} cal/(g · s)

           ＝1.16×10^2 erg/(g · s)

열에너지는 운동에너지와 관련해서 m^2/s^{2}으로 표시되는 일도 있지만, 단위질량에 포함되는 에너지 사이에는

$$\text{m}^2/\text{s}^2 = 10^4 \text{ erg/g} \qquad\qquad (\text{부}2)$$

의 관계가 있다.

5 대기과학의 분류

_____는 신종학문 분야

1. 대기요소의 원리, 관측기기(測器, instrument) 및 관측(觀測, observation)

 1.1. 기압(氣壓, pressure)

 1.2. 온도(溫度, air temperature)

 1.3. 습도(濕度, humidity)

 1.4. 바람(wind, breeze) : 풍향·풍속(風向·風速, wind direction, wind speed)

   1.4.1. 풍력발전(風力發電, generation of wind power)

 1.5. 구름[雲, cloud]

 1.6. 강수(降水, precipitation)

 1.7. 적설(積雪, snow cover, deposited snow)

 1.8. 증발(蒸發, evaporation)

 1.9. 시정(視程, visibility)

   1.9.1. 안개[霧, fog]

   1.9.2. 대기오염(大氣汚染, air pollution)

 1.10. 방사(放射, 輻射, radiation)

 1.11. 일사(日射, 太陽放射, solar radiation)

 1.12. 일조(日照, sunshine)

 1.13. 지중온도(地中溫度, soil temperature)

 1.14. 대기현상(大氣現象, atmospheric phenomenon)

 1.15. 천기(天氣 = 날씨, weather)

2. 기초대기과학(基礎大氣科學, basic atmospheric science = atmoscience)

 2.1. 유체역학(流體力學, fluid dynamics)

   2.1.1. 역학대기(力學大氣, dynamic atmosphere)

   2.1.2. 지구유체역학(地球流体力學, global fluid dynamics)

   2.1.3. 열역학(熱力學, thermal dynamics)

   2.1.4. 교통류(交通流, traffic flow)

   2.1.5. 식물과 유체역학(植物과 流體力學, plants and fluid dynamics)

 2.2. 대기방사(大氣放射, 大氣輻射, atmospheric radiation)

 2.3. 대기대순환(大氣大循環, general circulation)

2.4. 총관대기(總觀大氣, 總觀大氣, synoptic atmosphere, 時系列 포함)

    2.4.1. 총관규모의 바람(總觀規模의 風, wind of synoptic scale)

    2.4.2. 총관규모의 강우(總觀規模의 降雨, rainfall of synoptic scale)

2.5. 중소규모의 대기요란(中小規模의 大氣擾亂,

        disturbance of meso- and small scale)

    2.5.1. 중(간)규모요란[中(間)規模의 擾亂, intermediate(medium) scale disturbance,

        mesoscale disturbance]

    2.5.2. 호우(豪雨, heavy rain. heavy rainfall), 뇌우(雷雨, thunderstorm)

    2.5.3. 용권(龍卷, tornado, spout, waterspout, '용오름'은 잘못됨)

2.6. 극대기(極大氣, polar atmosphere)

2.7. 열대대기(熱帶大氣, tropical atmosphere)

    2.7.1. 태풍(颱風, typhoon)

2.8. 중·상층대기(성층권, 중간권)[中·上層大氣(成層圈, 中間圈),

        middle·upper atmosphere(stratosphere, mesosphere)]

    2.8.1. 중간대기의 미량성분(中間大氣의 微量成分, minute component of

        middle atmosphere)

    2.8.2. 초고층대기(超高層大氣, upper atmosphere)

2.9. 대기경계층(大氣境界層, atmospheric boundary layer, 난류 포함)

    2.9.1. 접지(기)층[接地(氣)層, surface boundary layer]

    2.9.2. 국지순환(局地循環, local circulation, 열적원인)

        2.9.2.1. 해륙풍(海陸風, land and sea breeze)

    2.9.3. 국지풍(局地風, local winds)

    2.9.4. 안개[霧, fog]

2.10. 행성대기(行星大氣, planetary atmosphere, 惑星大氣)

3. 대기성분(大氣成分, atmospheric component)

  3.1. 화학대기(化學大氣, chemistry atmosphere)

  3.2. 운대기(雲大氣, cloud atmosphere)

    3.2.1. 얼음(氷)의 물리적 특성(properties of ice)

  3.3. 대기전기학(大氣電氣學, atmospheric electricity, 천둥번개, 雷電)

  3.4. 에어로졸(aerosol)

  3.5. 설빙학(雪氷學, snow and ice)

  3.6. 대기광학(大氣光學, atmospheric optics)

  3.7. 대기음향학(大氣音響學, atmospheric acoustics)

3.8. 구름학(nephology, 구름의 형태학)

4. 기후(氣候, climate)

4.1. 대기후(大氣候, macroclimate)

4.2. 중기후(中氣候, mesoclimate)

4.3. 소기후(小氣候, microclimate)

4.4. 도시기후(都市氣候, city climate, urban climate)

   4.4.1. 열도(熱島, 열섬, heat island)

4.5. 고기후(古氣候, paleoclimate); 古氣候學(paleoclimatology)

4.6. 기후변화(氣候變化, climatic change)

4.7. 기후모델링(climate modeling)

5. 응용대기(應用大氣, applied atmosphere)

5.1. 일기예보[日氣豫報, weather forecast(ing), weather prediction]

   5.1.1. 수치예보(數値豫報, numerical weather prediction)

5.2. 대기오염(大氣汚染, air pollution)

5.3. 산업대기(産業大氣, industrial atmosphere);

   산업기상(産業氣象, industrial meteorology)

5.4. 항공대기(航空大氣, aeronautical atmosphere);

   항공기상(航空氣象, aeronautical meteorology)

5.5. 해양대기(海洋大氣, marine atmosphere)

   해양기상(海洋氣象, marine meteorology)

5.6. 수문대기(水文大氣, hydroatmosphere) = 수리대기(水理大氣)

   수문기상(水文氣象, hydrometeorology) = 수리기상(水理氣象)

5.7. 대기재해(大氣災害, atmospheric disaster);

   기상재해(氣象災害, meteorological disaster)

5.8. 생대기(生大氣, bioatmosphere); 생기상(生氣象, biometeorology)

5.9. 농업대기(農業大氣, agricultural atmosphere, agroatmosphere)

   농업기상(農業氣象, agricultural meteorology, agrometeorology)

5.10. 산악대기(山岳大氣, mountain atmosphere);

    산악기상(山岳氣象, mountain meteorology)

5.11. 생물과 대기(生物과 大氣, biology and atmosphere)

5.12. 위성대기과학(衛星大氣科學, satellite atmospheric science)

5.13. 레이더대기과학(레이더大氣科學, radar atmospheric science)

5.14. 대기제어(大氣制御, atmospheric control)

5.15. 대기통계(大氣統計, atmospheric statistics)

6. 전산대기과학(電算大氣科學, computation atmospheric science)

6.1. 그래픽처리(그래픽處理, graphic processing) S/W

6.2. DB 구축(DB 構築, data base development)

6.3. 병렬화[立(並)列化, paralyza(sa)tion]

7. 기타(the others)

7.1. 통계수법(統計手法, statistical method)

7.2. 실험기술(實驗技術, experimental skill)

7.3. 사진기술(寫眞技術, photographic technique)

7.4. 대기사업(大氣事業, atmospheric business),

기상회사(氣象會社, meteorological company)

7.4.1. 어학, 용어, 논문의 쓰는 방법

(language study, terminology and method of writing a paper)

7.4.2. 연구 및 대기사업체제(大氣事業体制)

(study and system of atmospheric business)

7.4.3. 회의(會議, conference)

7.4.4. 문헌(文獻, reference), 간행물(刊行物, publication)

7.4.5. 대기과학사(大氣科學史, history of atmospheric science)

7.5. 대기교육(大氣敎育, atmospheric education)

7.6. 인물(人物, person)

7.7. 기상캐스터(氣象캐스터, meteorological caster),

대기캐스터(大氣캐스터, atmospheric caster)

7.8. 대기과학 관련 잡지(大氣科學 關聯 雜誌,

journal with atmospheric science)

7.9. 지구 관련 분야(地球 關聯 分野, field with earth)

7.10. 천문(天文, astronomy)

7.11. 해양(海洋, ocean)

7.12. 측지(測地, geodesy, 測地學)

7.13. 지리(地理, geography)

7.14. 고체지구(固体地球, solid earth)

참 고 문 헌

■ **국내**

김광식 외 14인, 1973: 한국의 기후, 일지사. 157쪽.

김승옥, 2002: 우리나라 지중온도의 관측현황 및 기후학적 특성, 공주대학교 대기과학과 석사논문, 57쪽.

곽종흠·김여상·소선섭·우영균·이원국·최석원·김칠영, 1995: 지구과학개론, 교문사, 539쪽.

곽종흠·소선섭, 1985: 일반기상학, 교문사, 347쪽.

소선섭, 1996: 대기·지구통계학, 공주대학교 출판부, 547쪽.

소선섭, 2005: 날씨와 인간생활, 도서출판 보성, 204쪽.

소선섭·서명석·이천우·소은미, 2007: 고층대기관측(우수학술도서). 교문사, 492쪽.

소선섭·소은미, 2011: 역학대기과학(우수학술도서), 교문사, 2쇄 발행, 777쪽.

소선섭·소은미·소재원·박종숙, 2011: 대기측기 및 관측실험, 교문사, 309쪽.

소선섭·이천우·김맹기·소은미, 2009: 대기관측법, 개정판, 교문사, 529쪽.

소선섭(대표저자) 외 5인, 2010: 승마와 마사, 스포츠북스, 458쪽.

소선섭, 1996: 기상역학서설주해, 공주대학교 출판부, 312쪽.

소선섭·박인석, 1995: 사진관측에 따른 구름의 분류, 공주대학교 사범대학 과학교육연구소, 과학교육연구 제26집, 83-98.

소선섭·손미연, 1991: 대천지방의 안개발생특성, 한국지구과학회지, 12(3), 217-229.

소선섭·이천우, 1986: 기상관측법, 교문사, 377쪽.

소선섭·전삼진, 1997: 우리나라에서 관측된 구름의 분류. 한국지구과학회지, 제18권 6호, 565-578.

소선섭·정창희, 1992: 기상역학서설, 교학연구사, 455쪽.

예보업무편람, 1977: 기상청, 제8장 예보용어. 8-1~8-8.

최광선, 1999: 기상관서 관측상수 정밀측정연구, 기상청, 39-40.

한국지구과학회 편, 1999: 지구과학개론, 교학연구사, 818 쪽.

■ **국외**

古川 武彦=監譯, 椎野 純一·伊藤 朋之=譯, 2009: 最新氣象百科. ドナルド·アーレン(C. Donald Ahrens) 原著, Meteorology Today(An Introduction to Weather, Climate, and the Environment), 丸善株式會社, 583頁.

關岡 滿, 1981: 氣象學. 東京敎學社, 初版發行, 120頁.

根本 順吉·新田 尙·曲田 光夫故·倉嶋 厚·久保木光熙·安藤隆夫·篠原武次·原田 朗, 1979: 氣象. 共立出版株式會社, 初版1刷發行, 296頁.

山本 義一, 1979(第 5刷): 新版 氣象學槪論, 朝倉書店, 第1刷(1976年), 235頁.

山本莊毅, 1968: 陸水. 共立出版.

山岸米二郎, 2011: 氣象學入門. Ohmsha(オ-ム社), 234頁.

奧田 穰(譯者)・千田昌平(スクールマスター), 1979(初版4刷發行): モダンサイエンスシリーズ 氣象學の基礎 (上), 大氣圈の科學. D. H. McIntosh, A. S. Thom 原著, 1975年 初版1刷發行, 共立出版株式會社, 148頁.

奧田 穰(譯者)・千田昌平(スクールマスター), 1977: モダンサイエンスシリーズ 氣象學の基礎(下), 總觀氣象 學と豫報. D. H. McIntosh, A. S. Thom 原著, 初版1刷發行, 共立出版株式會社, 134頁.

日本氣象學會敎育と 普及委員會 編, 1980: 敎養の氣象學, 朝倉書店, 初版第1刷, 224頁.

齋藤 鍊一, 1984(11版發行): 氣象の敎室. 東京堂出版, 初版發行(1968年), 492頁.

正野 重方, 1971(第 9版發行): 槪論氣象學, 地人書館, 初版發行(1961年), 169頁.

正野 重方, 1980(第 17版發行): 氣象學總論, 地人書館, 初版發行(1958年), 356頁.

國立天文臺 編, 2009: 理科年表, 平成 21年 机上版 第82冊, 丸善株式會社, 1038頁,

久保 亮王・長倉三郎・井口洋夫・江澤 洋 等, 1994: 岩波 理化學辭典. 岩波書店, 第4版, 1629頁.

氣象ハンドブック編集委員會, 1981: 氣象ハンドブク, 第 4 刷, 朝倉書店, 698頁.

山岸 米二郎 監譯, 2005: オックスフォード 氣象辭典. 朝倉書店, 306頁.

二宮 洸三・山岸 米二郎・新田 尙 共編, 2000: わかりやすい 氣象の用語事典, 株式會社 オーム社, 304頁.

日本氣象學會編, 2004: 氣象科學事典. 東京書籍株式會社, 637頁.

朝倉 正・關口 理郎・新田 尙, 1995: 新版 氣象ハンドブック, 初版第 1刷, 朝倉書店, 773頁.

地學團體硏究會・地學事典編集委員會, 1982: 增補改訂 地學事典. 平凡社, 1612頁.

淺井 富雄・內田 英治・河村 武 監修, 2004: 氣象の事典, 平凡社, 556頁.

和達 淸夫 監修, 1980: 新版 氣象の事典, 東京堂出版, 704頁.

和達 淸夫 監修, 1993: 最新 氣象の事典,. 東京堂出版, 607頁.

日本氣象學會, 1979: 學術用語集 氣象學編, 文部省, 第 4刷 發行, 140頁.

田島成昌 編, 1980: 英和・和英・不和 氣象用語集, 株式會社 成山堂書店, 364頁.

岡田式松, 1931: 氣象測機學. 岩波書店.

高尾俊則・下道正則・伊藤眞人・宮川幸治, 1995: 昭和基地で觀測された紫外 域日射-雲面反射によゐ增幅とオ ゾンホ ルの影響-. 高層氣象台彙報, 第55号, 23-29.

關口 武, 1974: 風の塔. 時事通信士, 290.

宮澤淸治, 1978: 天氣圖と氣象の本. 國際地學協會, 127頁.

氣象聽, 1993: 紫外域日射觀測指針.

氣象聽, 1994: 平成 5 年觀測成果. オゾン層觀測年報, 第5号.

氣象聽觀測部測候課, 1962: 放射觀測指針(草案). 39-56.

氣象測器-地上氣象觀測篇, 1996: 鈴木宣直等, 氣象硏究ノート. 第185号, 日本氣象學會, 155頁.

大田正次・篠原式次, 1973: 氣象觀測技術. 地人書館, 270頁.

渡邊淸光・筑紫丈夫・新井重男, 1985: 放射收支計ガイド. (財)日本氣象協會, 技術情報 No.56.

鹽原匡貴・淺野正二, 1992: シリコン製ドーム付キ赤外放射計のドーム効果の正量和と測定 誤差について. 氣象研究所研究報告, 第43卷, 第1号, 17-31.

王炳忠, 1993: 太陽輻射能的測量與標準. 科學出版社, 北京.

伊藤朋之・上野丈夫・梶原良一・下道正則・上窪哲郎・伊藤眞人・小林正人, 1991: 地上到達赤外線量の監視技術の開發. 研究時報(氣象聽), 43卷 5号, 213-273.

伊藤眞人・下道正則・梶原良一, 1994: 波長別紫外域日射觀測の基準化について. 高層氣象台彙報, 第54号, 43-55.

一木明紀, 1978: 風放型放射計によゐ全波放射計の晝夜蓮續測定についての 諸問題. 高層氣象台彙報, 39, 41-48.

佐々木 隆, 1982: 健康と氣象. 現代 氣象テクノロジー 5, 朝倉書店, 208頁.

日本 氣象廳, 1971: 地上氣上觀測法. 大東印刷工藝株式會社, 195-198.

池田弘・一木明紀, 1978: 風防型放射計の鳥害防止について. 高層氣象台彙報, 39, 49-51.

下道正則・伊藤眞人(1995), 波長別紫外域日射計のボールダー國際相互比較, 高層氣象台彙報, 第55 号, 11-18

Albrecht, B and S. K. Cox, 1997: Procedures for improving pyrgeometer performance, J. Appl. Meteror., 16, 188-197.

Aldrich, L. B., 1949: The Abbot Silverdisk Pyrheliometer, Smithsonian Miscellaneous Collections, vol. 111, No.14.

Baur, F., 1936: Meteor. Zeit, 53, 237-247.

Burroughs, William J., Bob Crowder, Ted Robertson, Eleanor Vallier-Talbot, Richard Whitaker, 2008: Weather. The Five Mile Press, 288 pp.

Berliand, T. G. and Danilchenko, V. Y., 1961; The continental distribution of solar radiation. Gidrometeoizdat.

Boas, Mary L., 1983: Mathematical method in the physical sciences, 2nd edition, p. 352-381.

Brewer, A. W., 1973: A replacement for the Dobson spectrophotometer Pageoph, 106-108, 919-927.

Brusa, R. W., 1983: Solar Radiometry. WRC Davos, Publication No.598.

Coulson, K. L., 1975: Solar and Terrestrial Radiation, Methods and Measurements. Academic press, 279-304.

Courvoisier, P., 1950: Über einen neuen Strahlungsbillanzmesser. Verhanl. Schweiz. Naturforsch. Gesellsch. 130 : 152.

Enz, J. W. and J. C. Link and D. G. Baker, 1975: Solar radiation effects on pyrgeometer performance, J. Appl. Meteor., 14, 1297-1302.

Fröhlich, C., 1991: History of Solar Radiometry and the World Radiometric Reference. Metrologia, 28.

Funk, J. P., 1959: Improved polyethylene-shielded net radiometer. J. Sci. Instrum. 36, 267-270.

Gier, J. T. and R. V. Dunkle, 1951: Total hemispherical radiometers. Trans. Am. Inst. Elec. Eng. 70, 339.

Glazebrook, R., 1923: A Dictionary of Applied Physics vol. Ⅲ, 699-719, Machllan and Co., Limited. London.

Hirose, Y., 1994: Determination of Genuine Direction Characteristics of Pyranometer. Instruments and Observing Methods. Report No. 588.

ISO 9060, 1990(E): Solar energy-specification and classificational of instruments for measuring hemispherical solar and direct solar radiation.

Kano, M. and M. Suzuki, 1976: On the Calibration of the Radiometer for Longwave Radiation (II). — The Case of Pyrgeometer — Meteorology and Geophysics, Vol. 27, No. 1, 33-39.

Kano, M · M. Suzuki and A. Yata, 1973: On the Calibration of the Radiometer for Longwave Radiation (I). — The Case of Net Radi-ometer — Meteorology and Geophysics, Vol. 24, No. 2, 249-261.

Kano, M · M. Suzuki and M. Miyauchi, 1975: On the Measurement of Hemispherical Longwave Radiation Flux in the Daytime. Meteorology and Geophysics, Vol. 25, No. 3, 111-119.

La Seur, N. E., 1954: J. Met.. 11, 43.

Lorenz, E. N., 1965: Tellus. 17, 312-333.

Luther, F. M., 1985: Climate and Biological Effects. Whitten R. C. and S. S. Prasad eds., Ozone in the Free Atmosphere, Van Nostrand Reinhold Company Inc., 243-282.

Major, G, 1994: Cirtribution Correction for Pyrheliometers and Diffusometers. WMO/TD-No.635.

Middleton, W. E. K. and Spilhaus, A. F., 1953: Meteorological Instruments. University of Toronto Press.

Nationa Research Council, 1979: Protection against depletion of stratospheric ozone by chlorofluorocarbons. National Academy of Science, Washington, D,C..

Pastiels, R., 1959: Contribution a L'ètude Problème des Mëthodes Actionmëtriqes. Publication Serie A. No. 11. Institut Royal Mëtë-orologique debelgique.

Platridge, G. W., 1969: A net long-wave radiometer. Quart. J. Roy. Meteorol. Soc. 95, 635-638.

Ralph E. Hushchke et, al., 1986: Glossary of Meteorology. American Meteorological Society, 4th printing, p.638.

Robinson. N., 1996: Solar Radiation. Elsevier Publishing Company.

Rodhe, B., 1973: The Representation of the IPS 1956 by Stockholm Reference Pyrheliometer No. A 158. Third International Pyrheliometer Comparisons, Final Report, WMO-No.362.

Sato, T., 1983: A method to measure the day time long wave radiation. J. Meteor. Soc. Japan. 61, 301-305.

Schulze, R., 1953: Über ein Strahlungsmessgerät mit ultrarodurch-lässiger Wind-schutzhaube am Meteorologichen Observatorium Hamburg. Geofis. Para. Appl. 24, 107.

SCI-TEC., 1990: Brewer ozone spectrometer. operator's manual, OM-BA-C 05 Rev. C.

Scotto, J. · Cotton, G. · Urbrach, F. · Berger, D. and T. Fears, 1988: Biologically effective ultraviolet radiation; Surface measurements in the United States, 1974 to 1985. Science, 239, 762-763.

Smithsonian Institution, 1954: Annals the Astrophysical Observatory of the Smithsonian Institution. vol. 7.

Smagorinsky, J., 1969: Bull. Amer. Soc., 50, No. 5, 286-311.

Teisserence de Bort, L., 1881: B. C. M. F. Anales, 4, 17-62.

UNEP/WMO, 1989: Scientific assessment of stratospheric ozone: 1989.

Wardle, D. I. · Walshaw, C. D. and T. W. Wormell, 1963: A New Instrument for Atmospheric Ozone. Nature, 199, 1177-1178.

Wierzejewski, H, 1973: A Discusson of the Measuring and Evaluation Techniques used with the Angstrom Dompensation Pyrheliometer. Third Internaional Phrheliometer Comparisons 1970. WMO-No. 362.

WMO, 1965: Guide to Meteorological Instrument and Observing Practices. Second Edition. WMO-No. 8. TP. 3.

WMO, 1981: Technical Note. 172, 51-.

WMO, 1983: Guide to Meteorological Instruments and Methods of Observation. Fifth edition, WMO-No.8.

WMO, 1983: Guide to Meteorological Instruments and Methods of Observation. Fifth edition, Chap. 9. Measurement of Radiation.

WMO, 1986: Revised Instruction Manual on Radiation Instrument and Measurements. eds. by Claus Fröhlich & Julius London, WCRP Publication series No. 7, WMO/TD-No.149.

WMO, 1986: Revised Instruction Manual on Radiation Instruments Measurements. WCRP Publications No.7, WMO/TD-No.149.

World Radiometic Reference(WRR), 1977: Cimo Ⅶ, Annex Ⅵ TO Recommendation 3. WMO-No.490.

Yasuda, N., 1975: Measurement of thermal radiation flux during daytime. J. Meteor. Soc. Japan, 53, 263-266.

찾아보기

저자 소개

소선섭(蘇鮮燮) --

학 력　공주사범대학 지구과학교육과 졸(1972년)
　　　서울대학교 대학원 지구과학과 졸(1974년)
　　　일본 동경대학(東京大學) 대학원 연구생, 석사, 박사(1977~1983년)
　　　대기과학 전공, 이학박사(東京大學)
　　　현재 : 공주대학교(1983년부터) 대기과학과(1994년~) 교수

연락처　대학 : 우 314-710, 한국 충남 공주시 신관동 182, 공주대학교 자연과학대학 대기과학과
　　　　Tel (041) 850-8528, 전송 850-8843, E-mail: soseuseu@kongju.ac.kr
　　　천마승마목장(天馬乘馬牧場): 한국 충남 공주시 이인면 주봉리 323
　　　　Tel (041) 858-1616, homepage: cafe.naver.com/pegasusranch

저 서　기상역학서설(교학연구사, 1985)　　　　　　일반기상학(교문사, 1985)
　　　기상관측법(교문사, 1986)　　　　　　　　지구과학개론(교문사, 1987)
　　　지구물리개론(범문사, 1992)　　　　　　　지구과학실험(교문사, 1992)
　　　기상역학서설 주해(공주대학교 출판부, 1996)　대기관측법(교문사, 2000)
　　　지구유체역학입문(공주대학교 출판부, 1996)　승마입문(공주대 대기과학과, 2000)
　　　대기·지구통계학(공주대학교 출판부, 1996)　천둥번개(대기전기학, 대기과학과, 2000)
　　　대기과학의 레이더(대기과학과, 2000)　　　승마와 마필(공주대학교 출판부, 2003)
　　　기상역학주해(공주대학교 출판부, 2003)　　날씨와 인간생활(도서출판 보성, 2005)
　　　고층대기관측(교문사, 2007)　　　　　　　역학대기과학(교문사, 2009)
　　　대기측기 및 관측실험(교문사, 2011)

소은미(蘇恩美) --

학 력　공주대학교 자연과학대학 대기과학과 졸업
　　　공주대학교 자연과학대학 대기과학과 석사 졸업
　　　공주대학교 자연과학대학 대기과학과 박사 수료

경 력　공주대학교 자연과학대학 대기과학과 시간강사
　　　한국교원대학교 지구과학교육과 시간강사
　　　전북대학교 지구과학교육과 시간강사

연락처　E-mail : soeunmi80@kongju.ac.kr

저 서　고층대기관측(교문사, 2007)　　　　　　　대기관측법 개정판(교문사, 2009)
　　　역학대기과학(교문사, 2009)　　　　　　　대기측기 및 관측실험(교문사, 2011)
　　　역학대기과학주해(공주대 대기과, 2012)

소재원(蘇在元) --

학 력　공주대학교 자연과학대학 대기과학과 졸업
　　　공주대학교 자연과학대학 대기과학과 석사 졸업
　　　공주대학교 자연과학대학 대기과학과 박사 과정
　　　현재 : (주)진양공업 기상환경연구소 재직

연락처　E-mail : sojaewon84@nate.com

저 서　대기측기 및 관측실험(교문사, 2011)
　　　역학대기과학주해(공주대 대기과, 2012)

노유리(盧瑜悧) --

학 력　공주대학교 자연과학대학 대기과학과 졸업
　　　공주대학교 자연과학대학 대기과학과 졸업

연락처　E-mail : llcloverylll@nate.com

저 서　역학대기과학주해(공주대 대기과, 2012)

입문대기과학

2014년 2월 25일   제1판 1쇄 인쇄
2014년 2월 28일   제1판 1쇄 펴냄

지은이   소선섭
펴낸이   류제동
펴낸곳   **청문각**

전무이사   양계성 | 편집국장   안기용 | 책임편집   우종현 | 본문디자인   디자인이투이
표지디자인   트인글터 | 제작   김선형 | 영업   함승형
출력   한컴 | 인쇄   영진인쇄 | 제본   서울제본

주소   413−120 경기도 파주시 교하읍 문발로 116 | 우편번호   413−120
전화   1644−0965(대표) | 팩스   070−8650−0965 | 홈페이지   www.cmgpg.co.kr
등록   2012. 11. 26. 제406−2012−000127호

ISBN   978−89−6364−198−0   (93450)
값   25,000원

* 잘못된 책은 바꾸어 드립니다.